全国中等职业技术学校机械类通用教材

钳工工艺与技能训练

（第 二 版）

人力资源和社会保障部教材办公室组织编写

中国劳动社会保障出版社

简介

本书主要内容包括：绪论，钳工基础，钳工基本技能，机床夹具，装配工艺与技能，卧式车床装配与调整，机械设备的润滑、密封与保养。

本书由尚根宣主编，徐东方、房胜、王岩、赵峰、刘磊参加编写；赵孔祥主审。

图书在版编目(CIP)数据

钳工工艺与技能训练/尚根宣主编. —2版. —北京：中国劳动社会保障出版社，2014
全国中等职业技术学校机械类通用教材
ISBN 978-7-5167-1366-2

Ⅰ. ①钳… Ⅱ. ①尚… Ⅲ. ①钳工-工艺学-中等专业学校-教学参考资料 Ⅳ. ①TG9

中国版本图书馆CIP数据核字(2014)第273710号

中国劳动社会保障出版社出版发行
（北京市惠新东街1号 邮政编码：100029）
*
河北鹏盛贤印刷有限公司印刷装订 新华书店经销
787毫米×1092毫米 16开本 27印张 639千字
2014年11月第2版 2025年1月第14次印刷
定价：46.00元
营销中心电话：400-606-6496
出版社网址：http://www.class.com.cn
http://jg.class.com.cn

前 言

为了更好地适应全国中等职业技术学校机械类专业的教学要求，全面提升教学质量，人力资源和社会保障部教材办公室组织有关学校的骨干教师和行业、企业专家，在充分调研企业生产和学校教学情况、广泛听取教师对现有教材使用情况的反馈意见的基础上，吸收和借鉴各地职业技术院校教学改革的成功经验，对现有全国中等职业技术学校机械类通用教材中所包含的车工、钳工、模具钳工、工具钳工、铣工、焊工、冷作工、磨工、铸工等工艺（理论）与技能训练（实践）一体化教材进行了修订。

本次教材修订工作的重点主要体现在以下几个方面：

第一，科学构建理实一体化教学单元。

根据学校实际教学开展情况，吸收和借鉴一体化课程教学改革成果，在考虑教学可操作性前提下，进一步梳理了工艺理论与技能训练的配合关系，将二者有机地融为一体，科学构建“做中学”“学中做”的一体化教学单元，以适应学校理实一体化教学的需要。

第二，及时更新教材内容。

根据企业岗位的需要和教学实际情况的变化，确定学生应具备的能力与知识结构，对部分教材内容及其深度、难度做了适当调整；根据相关专业领域的最新发展，在教材中充实新知识、新技术、新设备、新材料等方面的内容，体现教材的先进性；采用最新的国家技术标准，使教材更加科学和规范。

第三，紧密衔接职业技能鉴定要求。

教材编写以2009年修订的车工、机修钳工、装配钳工、工具钳工、铣工、焊工、冷作钣金工、磨工、铸造工等国家职业技能标准为依据，涵盖国家职业技能标准（中级）的知识和技能要求，并在与教材配套的习题册中增加了针对相关职业技能鉴定考试的练习题。

第四，精心设计教材形式。

在教材内容的呈现形式上，尽可能使用图片、实物照片和表格等形式将知识点生动地展示出来，力求让学生更直观地理解和掌握所学内容。尤其是在教材插图的制作中采用了立体造型技术，增强了教材的表现力。

第五，提供全方位教学服务。

本套教材配有习题册和方便教师上课使用的电子课件，电子课件和习题册答案可通过中国人力资源和社会保障出版集团网站（http：//www.class.com.cn）下载。

本次教材的修订工作得到了辽宁、江苏、山东、河南、湖北、湖南等省人力资源和社会保障厅及有关学校的大力支持，在此我们表示诚挚的谢意。

人力资源和社会保障部教材办公室

2014年6月

目录

绪　论

在人类改造客观世界的过程中，大量地使用了各种各样的机器与设备，如交通运输中的汽车、火车、轮船、飞机，建筑施工中的起重设备，机械加工中的各种机床，工业、民用制冷空调机组等。这些机器或设备都是由零件组成的，而零件都是由工程材料（如钢铁、有色金属、复合材料等）制成的。为了完成整个生产过程，机械制造厂一般都有铸工、锻工、焊接工、热处理工、车工、钳工、铣工、磨工等多个工种。其中，钳工是起源较早、技术性较强且操作技能要求较高的工种之一。

钳工是使用钳工工具或设备，按技术要求对工件进行加工、修整和装配的工种，其特点是手工操作多、灵活性强、工作范围广、技术要求高，且操作者本身的技能水平直接影响加工质量。

钳工基本操作技能包括划线、錾削、锯削、锉削、刮削、研磨、钻孔、扩孔、锪孔、铰孔、攻螺纹、套螺纹、矫正、弯形、铆接、粘接、锡焊、技术测量和简单的热处理，以及对部件、机器设备进行装配、调试与修理等。

钳工工艺与技能训练是一门研究钳工所需的工艺理论与专业技能的专业技术课。课程的任务是使学生掌握钳工应具备的专业理论知识与操作技能，培养学生理论联系实际、分析和解决生产中一般技术问题的能力。学完本课程后，应达到以下教学要求：

（1）掌握钳工常用量具、量仪的结构、原理、使用及保养方法。

（2）理解金属切削过程中常见的物理现象及其对切削加工的影响。

（3）掌握钳工常用刀具的几何形状、使用及其刃磨方法。

（4）了解钻床的结构，能使用钻床完成钻、扩、锪、铰等加工。

（5）掌握钳工应具备的理论知识及有关计算，并能熟练查阅钳工方面的手册和资料。

（6）掌握钳工应会的操作技能，能对钳工加工制造的工件、装配质量进行分析，能解决实际生产中一般技术问题。

（7）理解钳工常用夹具的有关知识，掌握工件定位、夹紧的基本原理和方法。

（8）能独立制订中等复杂工件的加工工艺。

（9）了解钳工方面的新工艺、新材料、新设备、新技术，理解提高劳动生产率的有关知识。

（10）熟悉安全、文明生产的有关知识，养成安全、文明生产的良好习惯。

（11）学生在毕业前经过职业技能鉴定达到中级钳工的水平。

本课程的学习方法：

本课程是一门实践性很强的专业课，学习时应以技能训练为主线，并坚持用理论知识指导技能训练，通过技能训练加深对理论知识的理解、消化、巩固和提高。要求学生必须认真观察，细心模仿老师的示范操作，并进行反复练习，达到掌握各项操作技能的目的。

综合技能训练是单项技能训练的综合、巩固与提高阶段，在进行综合技能训练前，应首先复习各单项技能训练的理论知识，通过老师的指导，提高学生勤于观察、思考和独立分析问题、解决问题的能力。

第一单元

钳 工 基 础

钳工是切削加工、机械装配和修理作业中的手工作业，是机械制造中最古老的金属加工技术，因常在钳工工作台上用台虎钳夹持工件操作而得名。19 世纪以后，随着各种机床的发展和普及，虽然大部分钳工作业实现了机械化和自动化，但在机械制造过程中钳工仍是广泛应用的基本技术。其原因是：划线、刮削、研磨和机械装配等钳工作业，至今尚无适当的机械设备可以完全代替手工操作；某些精密的样板、模具、量具和配合表面，仍需要依靠工人的手工操作进行精密加工；在单件小批量生产、修配工作或缺乏设备条件的情况下，采用钳工制造某些零件仍是一种经济实用的方法。

课题一 钳工一般知识

一、钳工主要任务及种类

1. 钳工的主要任务

钳工是使用钳工工具或设备，按技术要求进行工件的划线与加工、机器的装配与调试、设备的安装与维修及工具的制造与修理等工作的工种，应用在以机械加工方法不方便或难以解决的场合。其特点是以手工操作为主、灵活性强、工作范围广、技术要求高，操作者的技能水平直接影响产品质量。因此，钳工是机械制造业中不可缺少的工种。钳工的主要任务是：

（1）零件的划线与加工　零件加工过程中的划线、精密加工（如刮削、研磨、锉削样板和制作模具等）以及检验和修配等。

（2）机器的装配与调试　把零件按装配技术要求进行装配，并经过调整、检验和试车等，使之成为合格的机械设备。

（3）设备的安装与维修　当机械设备在使用过程中发生故障、出现损坏或长期使用后精度降低、影响使用时，可以由钳工进行维护和修理，使之能够正常使用。

（4）工具的制造与修理　制造和修理各种工具、夹具、量具、模具及各种专用设备。

2. 钳工的种类

钳工的工作范围非常广泛，需要掌握的技术理论知识和操作技能比较复杂。目前，《中华人民共和国职业分类大典》将钳工划分为装配钳工、机修钳工和工具钳工三类。

（1）装配钳工　装配钳工主要从事工件加工、机械设备的装配与调试工作。

（2）机修钳工　机修钳工主要从事各种机械设备的安装、调试和维修工作。

（3）工具钳工　工具钳工主要从事工具、夹具、量具、辅具、模具、刀具等的制造和修理工作。

二、钳工工作场地及安全文明生产常识

钳工工作场地是指钳工的固定工作地点。合理组织钳工的工作场地，是提高劳动生产率，保证产品质量和安全生产的一项重要措施。钳工的工作场地一般应当具备以下要求：常用设备布局安全、合理，光线充足，远离振源，道路畅通，起重、运输设施安全可靠等。

在现代工业生产中，作为一名钳工，要增强“安全第一，预防为主”的意识，严格遵守安全操作规程，养成文明生产的良好习惯，避免疏忽大意而造成人身事故和国家财产的重大损失。

钳工安全文明生产常识：

（1）工作时必须穿戴防护用品，否则不准上岗。

（2）不得擅自使用不熟悉的设备和工具。

（3）使用电动工具时，插头插座必须完好，外壳要接地，并应配戴绝缘手套、胶靴，防止触电。如发现防护用具失效，应立即修补或更换。

（4）多人作业时，必须有专人指挥调度，密切配合。

（5）使用起重设备时，应遵守起重工安全操作规程。在吊起的工件下面，禁止进行任何操作。

（6）高空作业时必须戴安全帽，系安全带。不准上下投递工具或零件。

（7）易滚、易翻的工件，应放置牢靠。搬动工件时要轻放。

（8）试车前要检查电源连接是否正确，各部分的手柄、行程开关、撞块等是否灵敏可靠，传动系统的安全防护装置是否齐全，确认无误后方可开车运行。

（9）使用的工、夹、量、刃具应分类依次排列整齐，常用的放在工作位置附近，但不要置于钳工工作台的边缘处。精密量具要轻取轻放，工、夹、量、刃具在工具箱内应放固定位置并整齐安放。

（10）工作场地应保持整洁。工作完毕，对所使用的工具、设备都应按要求进行清理、润滑。

三、“6S”管理

1.“6S”管理的含义

“6S”由日本企业的“5S”扩展而来，是指在生产现场中对人员、机器、材料、方法等生产要素进行有效的管理，这是日本企业一种独特的管理办法。当前，我国部分企业已借鉴此管理理念和方法，效果显著。“6S”是整理（Seiri）、整顿（Seiton）、清扫（Seiso）、清洁（Seiketsu）、素养（Shitsuke）、安全（Security）六项活动的统称，由于这六项活动每一个词的第一个字母都是“S”，所以简称“6S”。

2.“6S”管理的内容

（1）整理　将现场物品分为有用的和无用的，并将无用的物品清除掉。

（2）整顿　合理规定现场物品放置的位置、数量和方法，并做必要的标识。

（3）清扫　对现场环境进行综合治理，清除工作场所的垃圾、灰尘、污渍及其他污染源，避免和消除水、电、气“跑、冒、滴、漏”，使现场达到清洁、美观、卫生。

（4）清洁　持续推进整理、整顿、清扫工作，使之日常化、制度化、规范化，并始终处于受控和不断改进状态。

（5）素养　通过经常性的培训督导、文化熏陶和不断创新，培养员工良好的职业素质和个人修养，使6S的管理要求逐渐变成全体员工的自觉行为。

（6）安全　以实现健康安全为目标，建立职业健康安全管理体系，开展必要的职业健康安全知识和技能培训，增强全员安全意识，提高员工安全防范和事故应急处理能力。对作业现场各类危险源进行积极的综合治理，消除或减小员工可能面临的职业健康安全风险。

四、钳工常用设备

1. 钳工工作台

钳工工作台如图1—1—1所示，其主要作用是安装台虎钳，放置工具、量具和工件等。

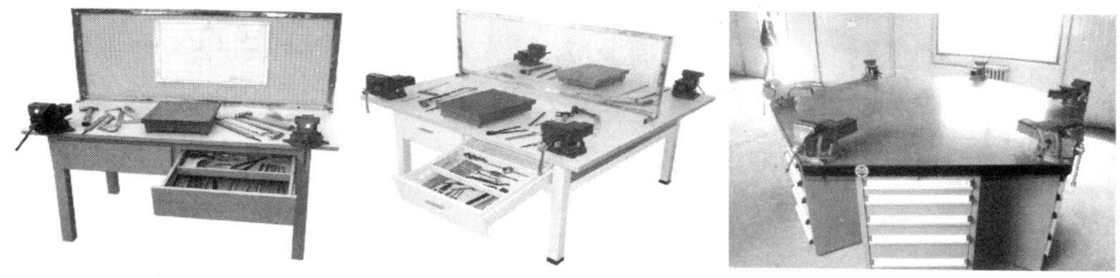

图1—1—1　钳工工作台

钳工工作台多用木材或钢材制成，台面的形式一般为长方形，也可制成五边形或六边形，台面尺寸由工作需要确定。钳工工作台的高度一般以800～900 mm为宜，装上台虎钳后，钳口高度与一般操作者的手肘平齐，使操作方便省力，如图1—1—2所示。

图1—1—2　台虎钳在钳工工作台上的合适高度

2. 台虎钳

台虎钳是专门夹持工件的通用夹具，其规格用钳口的宽度表示，常用规格有100 mm、125 mm、150 mm等。其类型有固定式和回转式两种，如图1—1—3所示，两者的主要构造和工作原理基本相同。由于回转式台虎钳的钳身可以相对于底座回转，能满足各种不同方位的加工需要，因此使用方便，应用广泛。

回转式台虎钳的活动钳身通过导轨与固定钳身的导轨孔作滑动配合。丝杆装在活动钳身上，可以旋转，但不能轴向移动，它与安装在固定钳身内的丝杆螺母配合。摇动手柄使丝杆旋转，就可带动活动钳身相对于固定钳身作轴向移动，起夹紧或放松工件的作用。弹簧借助

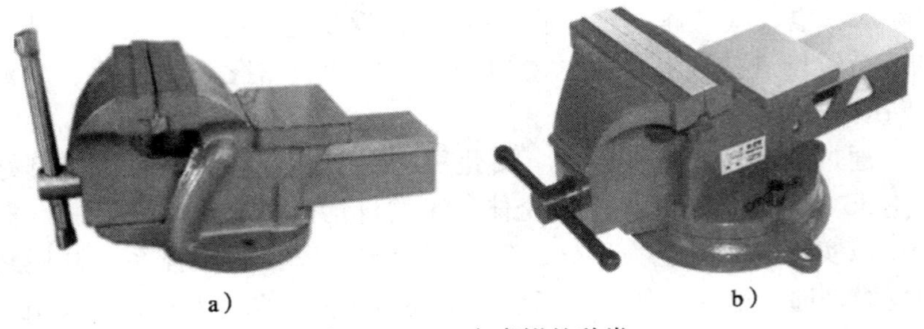

a） b）

图 1—1—3 台虎钳的种类

a）固定式 b）回转式

挡圈和开口销固定在丝杆上，其作用是当放松丝杆时，可使活动钳身及时地退出。在固定钳身和活动钳身上各装有钢制钳口，并用螺钉固定。钳口的工作面上制有交叉的网纹，使工件夹紧后不易产生滑动。钳口经过热处理淬硬，具有较好的耐磨性。固定钳身装在转座上，并能绕转座轴线转动，当转到要求的方向时，扳动夹紧手柄使夹紧螺钉旋紧，便可在夹紧盘的作用下把固定钳身紧固。转座上有三个螺栓孔，用以与钳工工作台固定。

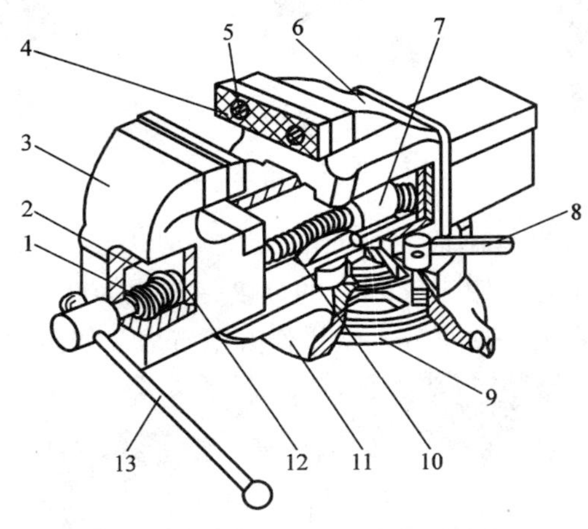

图 1—1—4 回转式台虎钳的结构

1—弹簧 2—挡圈 3—活动钳身 4—钢制钳口 5—螺钉 6—固定钳身 7—丝杆螺母 8—夹紧手柄 9—夹紧盘 10—丝杆 11—转座 12—开口销 13—手柄

台虎钳安装在钳工工作台上时，必须使固定钳身的工作面处于钳工工作台边缘以外，以保证夹持长条形工件时，工件的下端不受钳工工作台边缘的阻碍。台虎钳必须牢固地固定在钳工工作台上，不让钳身在工作中松动，否则会影响工作质量。

小提示

台虎钳的使用注意事项：

（1）夹紧工件要松紧适当，只能用手扳紧手柄，不得借助其他工具加力。

（2）强力作业时，应尽量使力朝向固定钳身。

（3）不允许在活动钳身的光滑平面上敲击作业。

（4）丝杆、螺母等活动表面应经常清洗、润滑，以防生锈。

3. 砂轮机

砂轮机如图1—1—5所示，主要用来磨削各种刀具或工具，如磨削錾子、钻头、样冲、划针等。按外形不同，砂轮机分为台式砂轮机和立式砂轮机两种。砂轮机主要由电动机、砂轮、机座、托架和防护罩组成。为减少尘埃污染，砂轮机应配有吸尘装置。

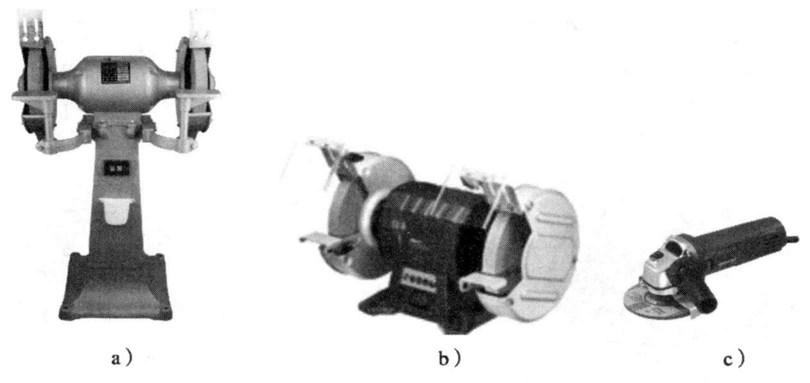

a） b） c）

图1—1—5 砂轮机

a）立式砂轮机 b）台式砂轮机 c）角磨机

小提示

砂轮质地硬而脆，工作时转速较高，因此，使用砂轮机时应遵守安全操作规程，严防砂轮碎裂或造成人身事故。砂轮机的使用注意事项：

（1）砂轮的旋转方向应正确（按砂轮机罩壳上箭头所示），使磨屑向下方飞离砂轮。

（2）启动砂轮机后，应等砂轮转速达到正常后再进行磨削。

（3）磨削时要防止刀具或工件撞击砂轮或施加过大的压力。当砂轮外圆跳动严重时，应及时修整。

（4）砂轮机的搁架与砂轮间的距离一般应保持在3 mm以内，并且当砂轮因磨损而直径变小时，应及时调整，否则容易使磨削件轧入，造成事故。

（5）磨削时，操作者不要站立在砂轮的正对面，而应站在砂轮的侧面或斜对面。

4. 钻床

钻床是加工孔的设备。钳工常用的钻床有台式钻床、立式钻床和摇臂钻床等。

（1）台式钻床 如图1—1—6所示，台式钻床是一种小型钻床，简称台钻，一般用来钻直径在13 mm以下的孔。钻床的规格是指钻孔的最大直径，常用的有ϕ6 mm和ϕ12 mm等规格。

（2）立式钻床 如图1—1—7所示，立式钻床一般用来钻中、小型工件上的孔，其规格有ϕ25 mm、ϕ35 mm、ϕ40 mm、ϕ50 mm等。它的功率较大，可实现机动进给，因此可获得较高的生产效率和加工精度。另外，它的主轴转速和机动进给量都有较大的变动范围，因而可适应不同材料的加工和进行钻孔、扩孔、锪孔、铰孔及攻螺纹等多种工作。

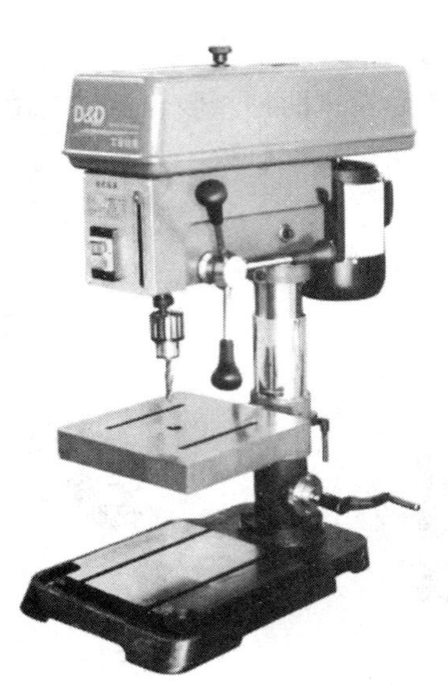

图 1—1—6　台式钻床

图 1—1—7　立式钻床

（3）摇臂钻床　如图 1—1—8 所示，摇臂钻床主要用于较大、中型工件的孔加工。其特点是操作灵活、方便，摇臂不仅能升降，而且还可以绕立柱做 360°的旋转。

图 1—1—8　摇臂钻床

小提示

钻床的使用注意事项：

（1）使用前必须先进行空运转试车，待机床各机构能正常工作时方可操作。

（2）变换主轴转速或机动进给量时，必须在停车后进行。

（3）钻通孔时必须使钻头能通过工作台面上的让刀孔，或在工件下垫上垫铁，以免钻坏工作台面。

（4）用完后必须将机床外露滑动面及工作台面擦干净，并对各滑动面及各注油孔加注润滑油。

（5）经常检查润滑系统的供油情况。

复习思考题

1. 在机械制造及生产过程中，钳工主要担负哪些工作任务？目前钳工分为哪几类？

2. “6S”管理的内容是什么？

3. 钳工常用设备有哪些？

4. 参照图1—1—4所示回转式台虎钳的结构，结合钳工训练教室所使用的台虎钳，完成台虎钳的拆卸、保养与装配工作。

课题二 钳工常用测量器具

为了保证零件和产品的质量，在生产中必须用相关测量器具对零件或产品的尺寸及形状进行有效的测量和检验。可单独或与其他装置一起用以确定几何量值的器具称为几何量测量器具（简称“测量器具”）。根据国家标准GB/T 17164—2008《几何量测量器具术语　产品术语》以及测量器具的用途和特点，测量器具分为长度测量器具、角度测量器具、形位误差测量器具、表面结构质量测量器具、齿轮测量器具、螺纹测量器具以及其他测量器具等七大类。

一、长度测量器具

通用于在平面内测量长度量的测量器具称为长度测量器具。长度测量器具包括卡尺类、千分尺类、指示表类和实物量具类等。钳工常用的长度测量器具有游标卡尺、外径千分尺、光滑极限量规、塞尺、量块、百分表等。

1. 游标卡尺

游标卡尺是指利用游标原理对两同名测量面相对移动分隔的距离进行读数的测量器具，它具有结构简单、使用方便、精度中等及测量尺寸范围大等特点，可用来测量零件的外径、内径、长度、宽度、厚度、深度和孔距等，是一种应用较为广泛的常用量具。

（1）游标卡尺的结构及类型　游标卡尺是由尺身及能在尺身上滑动的游标尺等组成，其具体结构如图1—2—1所示（普通游标卡尺）。

游标卡尺按其结构和用途的不同，除普通游标卡尺外，还有带台阶测量面游标卡尺、微视差游标卡尺、带圆弧内测量爪游标卡尺和单面游标卡尺等。各类游标卡尺的结构及特点见表1—2—1。

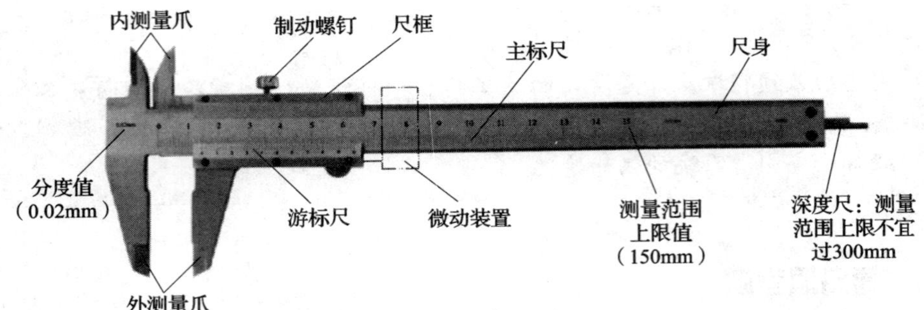

图 1—2—1　游标卡尺

表 1—2—1　　其他游标卡尺的结构及特点

类型	图示	特点
带台阶测量面游标卡尺	台阶测量面	在普通游标卡尺的基础上，增加了台阶测量面，可测量零件的台阶尺寸
微视差游标卡尺	尺身标记面　游标标记面	此类游标卡尺是将主标尺标记表面与游标尺标记表面制作在同一平面内，以便减少视差
带圆弧内测量爪游标卡尺		在下测量爪上附加圆弧内测量爪，以便于测量孔径（读取示值应减去内测量爪的尺寸）
单面游标卡尺		此类游标卡尺的示值范围的上限值一般较大，主要用于大尺寸的测量

（2）游标卡尺的基本参数

1）标尺间距　标尺间距是指沿着标尺长度同一条线测得的两相邻标尺标记之间的距离。游标卡尺尺身上的标尺间距为 1 mm。

2）测量范围　测量范围是指测量器具的误差在规定极限内的一组被测量的值（被测量

值的下限值至上限值的范围）。钳工常用的游标卡尺的测量范围有 0～150 mm、0～200 mm、0～300 mm 等几种。

3）分度值　分度值是指对应两相邻标尺标记的两个值之差。游标卡尺的分度值有 0.02 mm、0.05 mm 和 0.10 mm 三种。

分度值是测量器具所能直接读出示值的最小单位量值，它反映了该测量器具的测量精度高低。一般来说，分度值越小，测量器具的精度越高。对于数显测量器具则用分辨力（能被有效辨别的显示装置的示值间的最小差异）来表示。

4）最大允许误差（允许误差极限）　最大允许误差是指测量器具由技术规范、规程等所允许的误差极限值，它是测量器具本身各种误差的综合反映。游标卡尺外测量的最大允许误差见表 1—2—2。

表 1—2—2　　游标卡尺外测量的最大允许误差（摘自 GB/T 22523—2008）

<table>
<tr><th rowspan="3">测量范围
/mm</th><th colspan="3">最大允许误差</th></tr>
<tr><th colspan="3">分度值/mm</th></tr>
<tr><th>0.02</th><th>0.05</th><th>0.10</th></tr>
<tr><td>0～70</td><td>±0.02</td><td rowspan="3">±0.05</td><td rowspan="5">±0.10</td></tr>
<tr><td>0～150</td><td rowspan="2">±0.03</td></tr>
<tr><td>0～200</td></tr>
<tr><td>0～300</td><td>±0.04</td><td>±0.06</td></tr>
<tr><td>0～500</td><td>±0.05</td><td>±0.07</td></tr>
<tr><td>0～1000</td><td>±0.07</td><td>±0.10</td><td>±0.15</td></tr>
</table>

（3）游标卡尺的标记原理　钳工常用游标卡尺的分度值有 0.02 mm、0.05 mm 两种，如图 1—2—2 所示。

1）分度值为 0.02 mm 的游标卡尺　尺身上主标尺间距（每小格长度）为 1 mm，当两测量爪合并时，游标尺上的 50 格刚好与主标尺上的 49 mm 对正。则游标尺间距（每小格长度）为 49/50 = 0.98 mm，主标尺间距与游标尺间距每格相差 1 − 0.98 = 0.02 mm，即 0.02 mm 就是该游标卡尺的分度值（最小读数值）。

2）分度值为 0.05 mm 的游标卡尺　尺身上主标尺间距（每小格长度）为 1 mm，当两测量爪合并时，游标尺上的 20 格刚好与主标尺上的 19 mm 对正。主标尺与游标尺每格之差为 1 − 19/20 = 0.05 mm，此差值即为该游标卡尺的分度值。还有一种 0.05 mm 的游标卡尺，游标尺上的 20 格刚好与主标尺上的 39 mm 对正，则游标尺间距（每小格长度）= 39 mm/20 = 1.95 mm，主标尺两格与游标尺一格相差 0.05 mm，这种放大刻度的游标卡尺线条清晰，容易看准。

（4）游标卡尺的示值读取方法　游标卡尺是以游标零线为基准进行读数的，其读数步骤为：

1）读整数　在主标尺上读出位于游标尺零线左边最接近的整数值。

2）读小数　用游标尺上与主标尺刻线对齐的刻线格数，乘以游标卡尺的分度值，读出小数部分。

3）求和　将两项读数值相加，即为被测尺寸数值，如图 1—2—3 所示。

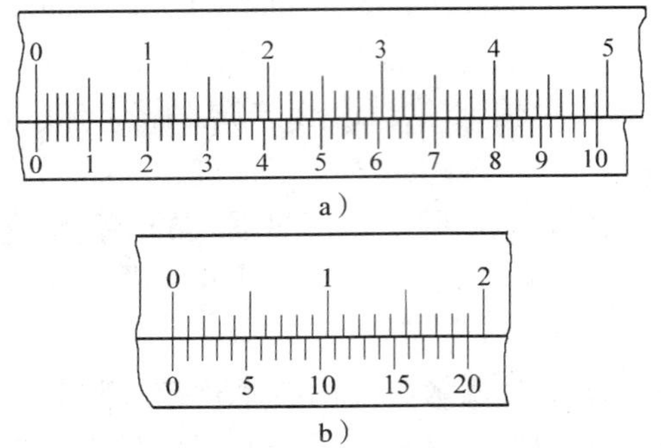

图 1—2—2　游标卡尺的标记原理

a）分度值 0.02 mm 的游标卡尺

b）分度值 0.05 mm 的游标卡尺

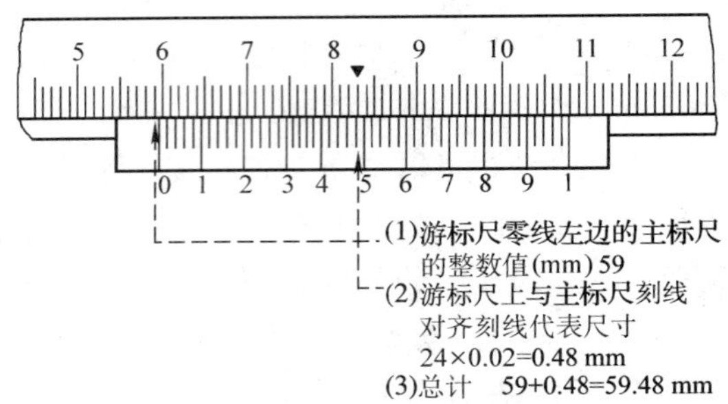

图 1—2—3　游标卡尺的示值读取方法

（5）游标卡尺的使用方法

1）测量外尺寸　测量外尺寸的方法如图 1—2—4 所示。

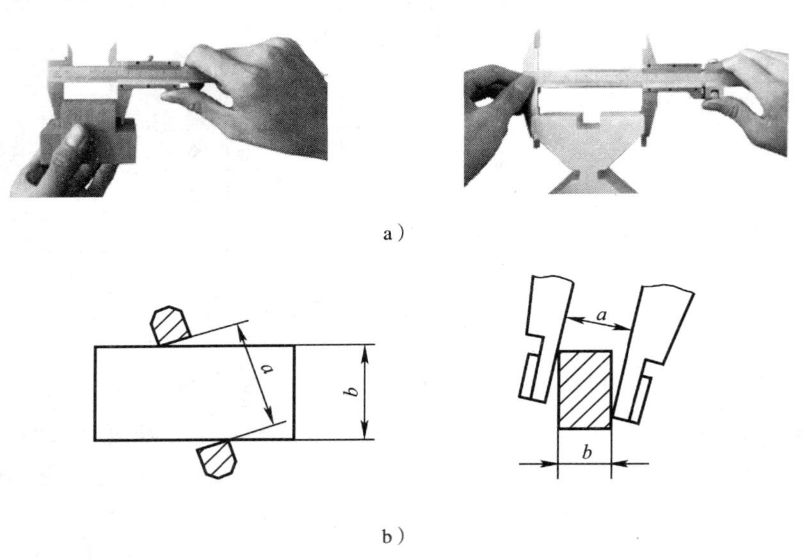

图 1—2—4　测量外尺寸的方法

a）正确　b）错误

测量外形尺寸小的零件时，左手拿零件，右手握尺，外测量爪张开略大于被测零件尺寸，以固定量爪贴住零件，用右手拇指慢慢推动游标尺，使两量爪轻轻地与被测零件表面接触，读出尺寸数值。

测量外形尺寸较大的零件时，应将零件放在平板或工作台上，两手操作卡尺，左手握住尺身，右手握住尺身并推动游标尺靠近被测零件表面（尺身与被测零件表面垂直）。旋紧紧固螺钉，右手拇指转动微动螺母，使两量爪与被测零件表面接触，读出数值。

测量外尺寸时，游标卡尺测量面的连线应垂直于被测量表面，不能偏斜。

2）测量槽宽和内尺寸　测量槽宽和内尺寸的方法如图 1—2—5 所示。

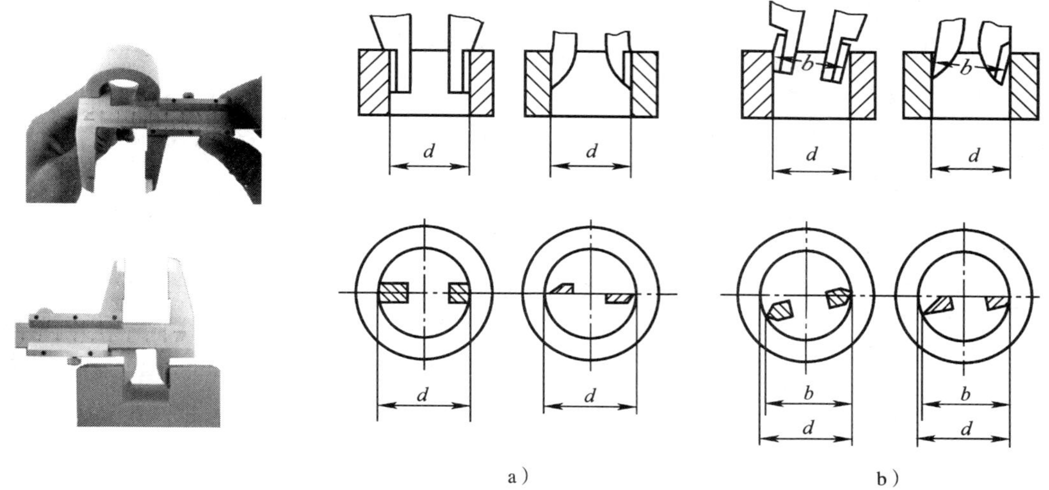

图 1—2—5　测量内尺寸的方法

a）正确　b）错误

测量槽宽和孔径较小的零件时，内测量爪张开应略小于被测量零件尺寸，然后用右手拇指慢慢拉动游标尺，使两个量爪轻轻地与被测表面接触，读出尺寸。

测量槽宽和孔径较大的零件时，应将零件放在平板或工件台上，双手操作卡尺，用卡尺的下量爪测量，测量后的读数应加上量爪 10 mm 的宽度尺寸。测量时，尺身应垂直于被测表面，用右手拉动游标尺，接近零件被测表面，旋紧紧固螺钉，右手拇指轻转微动螺母使量爪和被测表面接触，轻轻摆动一下卡尺（前后方向），使量爪处于槽的宽度和孔的直径部位，读出数值。

测量内尺寸时，两内测量爪测量应在孔的直径上，不得倾斜。

3）测量孔深或高度尺寸　测量孔深或高度尺寸时，应使深度尺的测量面紧贴孔底，游标卡尺的端面与被测件的表面接触，且深度尺要垂直，不可前后左右倾斜，用手拉动游标尺，带动深度尺测出尺寸，如图 1—2—6 所示。

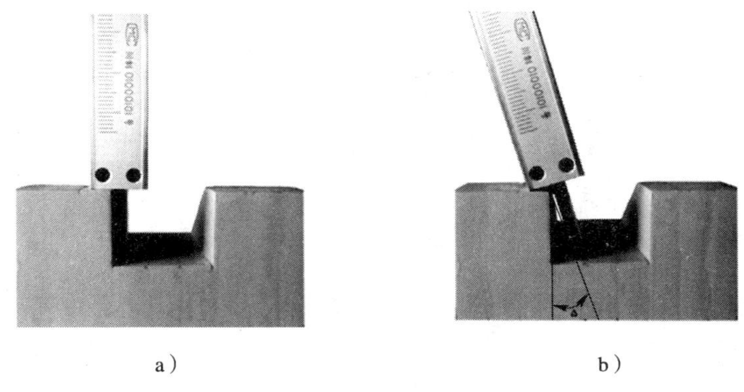

图 1—2—6　测量深度的方法

a）正确　b）错误

小提示

游标卡尺的使用注意事项：

（1）游标卡尺只适用于中等精度（IT10～IT16）尺寸测量和检验，应按零件的尺寸及精度要求合理选用。

（2）不能用游标卡尺测量铸、锻件毛坯尺寸，也不能用游标卡尺测量精度要求过高的零件。

（3）使用前要检查游标卡尺测量爪和测量刃口是否平直无损；两测量爪贴合时有无漏光现象，主标尺和游标尺的零线是否对齐。

（4）读数时，游标卡尺应置于水平位置，视线垂直于标尺标记表面，避免视线歪斜造成示值读取误差。

知识链接

其他常用卡尺

（1）数显卡尺（见图1—2—7） 数显卡尺是利用电子测量、数字显示原理，对两同名测量面相对移动分隔的距离进行读数的测量器具。其特点是读数直观准确，使用方便而且功能多样。当数显卡尺测得某一尺寸时，数字显示部分就清晰地显示出测量结果。使用米制/英制转换键，可用米制和英制两种长度单位分别进行测量。

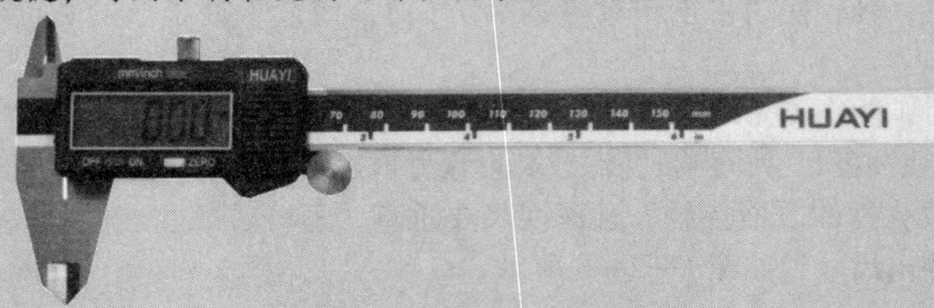

图1—2—7 数显卡尺

（2）带表卡尺（见图1—2—8） 带表卡尺是利用机械传动系统，将两同名测量面的相对移动转变为指示表指针的回转运动，并借助尺身标尺和指示表对两同名测量面相对移动所分隔的距离进行读数的测量器具。其分度值一般为0.01 mm，它是由指示表标记代替游标读数，读数直观，使用方便。

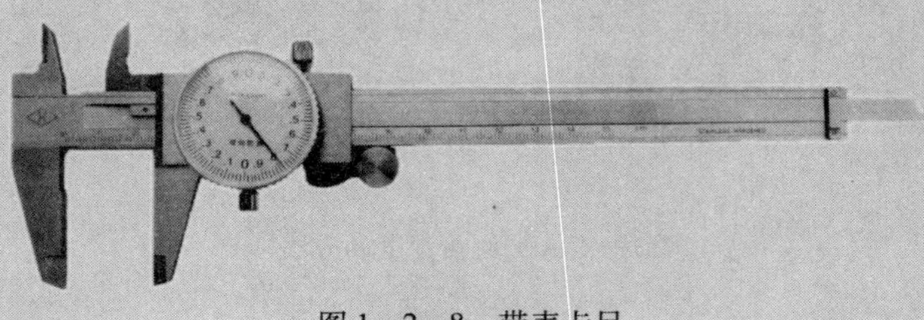

图1—2—8 带表卡尺

（3）游标深度卡尺（见图1—2—9） 利用游标原理对尺框测量面和尺身测量面（或测量爪的深度测量面）相对移动分隔的距离进行读数的测量器具。主要用来测量孔的深度、台阶的高度和沟槽深度。

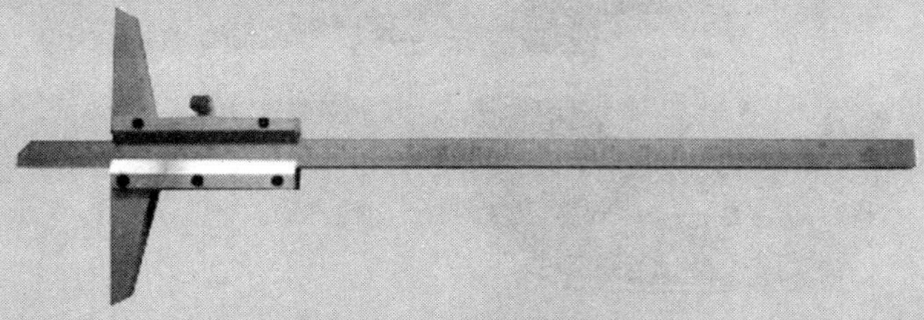

图1—2—9 游标深度卡尺

（4）游标高度卡尺（图1—2—10） 利用游标原理对装在尺框上的划线量爪或测量头工作面与底座工作面相对移动分隔的距离进行读数的测量器具。主要用来测量零件的高度和划线。

图1—2—10 游标高度卡尺

2. 外径千分尺

外径千分尺是指利用螺旋副原理，对尺架上两测量面间分隔的距离进行读数的外尺寸测量器具。外径千分尺是一种较精密量具，其测量精度比游标卡尺高，用来测量加工精度要求较高的零件，应用广泛。

（1）外径千分尺的结构 外径千分尺的结构形状如图1—2—11所示，它由尺架、固定测砧、测微螺杆、固定套管、微分筒、测力装置和锁紧装置等组成。外径千分尺应附有调零位的工具，测量范围下限大于或等于25 mm的外径千分尺应附有校对量杆，尺架上应安装隔热装置。

（2）外径千分尺的基本参数

1）分度值 外径千分尺的分度值有0.01 mm和0.001 mm、0.002 mm、0.005 mm等几种（分度值为0.001 mm、0.002 mm、0.005 mm的称为微米千分尺），其中分度值为0.01 mm的外径千分尺最为常用。

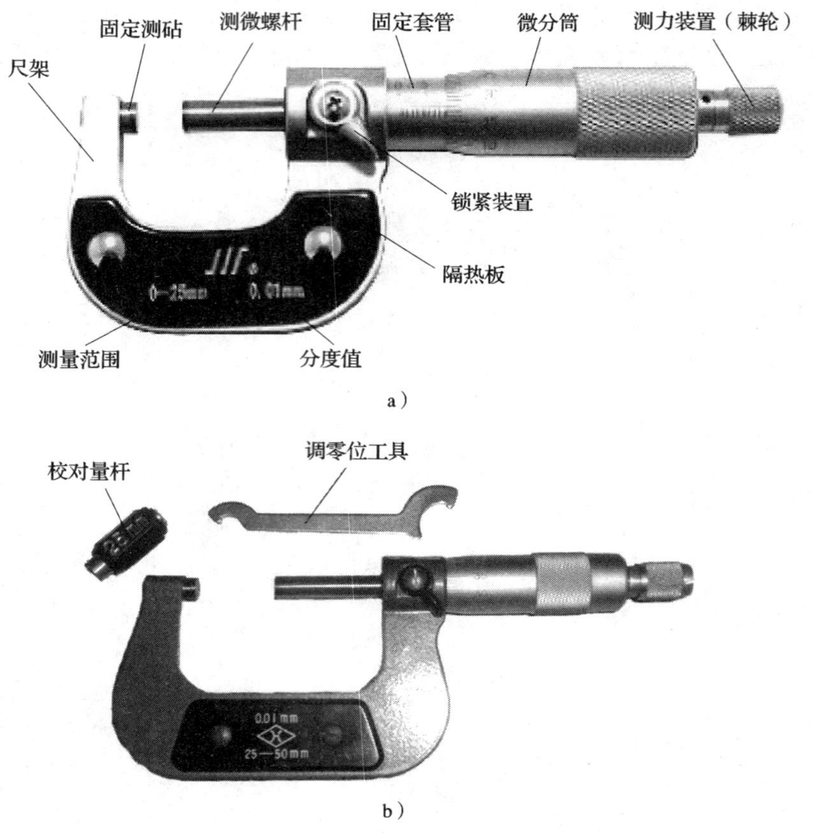

图 1—2—11　外径千分尺的结构

a）0～25 mm 外径千分尺　b）25～50 mm 外径千分尺

2）测量范围　外径千分尺的测量范围是指被测量值的下限值至上限值的范围。测量范围在 500 mm 以内时，每 25 mm 为一种规格，如 0～25 mm、25～50 mm 等；测量范围在 500～1 000 mm 时，每 100 mm 为一种规格，如 500～600 mm、600～700 mm 等。

（3）外径千分尺的标记原理　分度值为 0.01 mm 的外径千分尺，其标记原理如图 1—2—12 所示，在固定套管的基准线两侧分别有两排标记，标有数字的一排间距为 1 mm，另一排为每毫米标记的中分线，即上、下两相邻标记的间距为 0.5 mm；在微分筒圆锥面的圆周上有 50 个等分标记。由于外径千分尺测微螺杆的螺距为 0.5 mm，因此，当微分筒（与测微螺杆相连接）旋转 1 周时，测微螺杆就轴向移动 0.5 mm。若微分筒旋转 1/50 周时（转过 1 格），则测微螺杆移动的轴向距离为 0.5 mm/50 = 0.01 mm。由此可知，该外径千分尺的分度值为 0.01 mm。

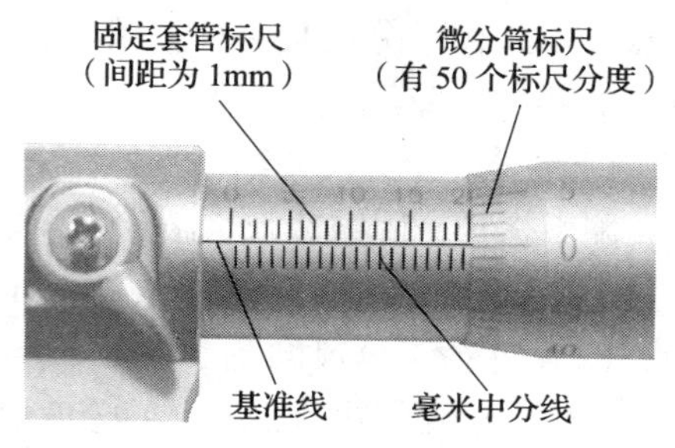

图 1—2—12　外径千分尺的标记原理

（4）外径千分尺的示值读取方法

1）在固定套管上读出与微分筒相邻近的标记数值。

2）用微分筒上与固定套管的基准线对齐的标记格数，乘以外径千分尺的分度值（0.01 mm），读出不足 0.5 mm 的数值。当微分筒上的标尺标记与基准线不对齐时，应估读到小数点第三位数。

3）将两项读数相加，即为被测尺寸的数值，如图 1—2—13 所示。

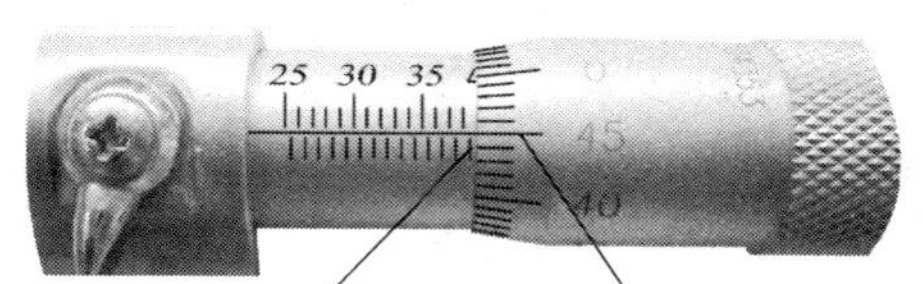

图 1—2—13　外径千分尺的示值读取方法

（5）外径千分尺的使用方法

1）选用与零件尺寸相适应的千分尺。如被测零件的基本尺寸是 50 mm，则应选用 50 ~ 75 mm 的千分尺。

2）先将千分尺及零件的测量表面擦干净，然后左手握尺架，右手转动微分筒，使测杆端面和被测零件表面接近。

3）用右手转动棘轮，使测微螺杆端面和零件被测表面接触，直到棘轮发出响声为止，读出数值。

4）测量结束后，应反向转动微分筒，使测微螺杆端面离开被测表面后，再将千分尺退出。

小提示

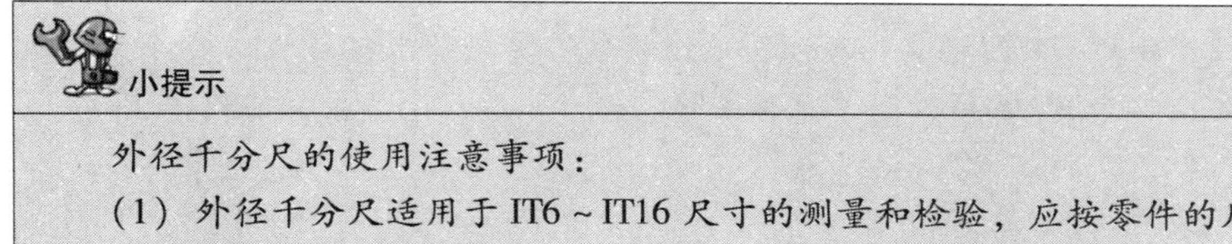

外径千分尺的使用注意事项：

（1）外径千分尺适用于 IT6 ~ IT16 尺寸的测量和检验，应按零件的尺寸及精度要求正确合理地选用外径千分尺。

（2）外径千分尺的测量面应保持干净，使用前应校对零位，如图 1—2—14 所示。

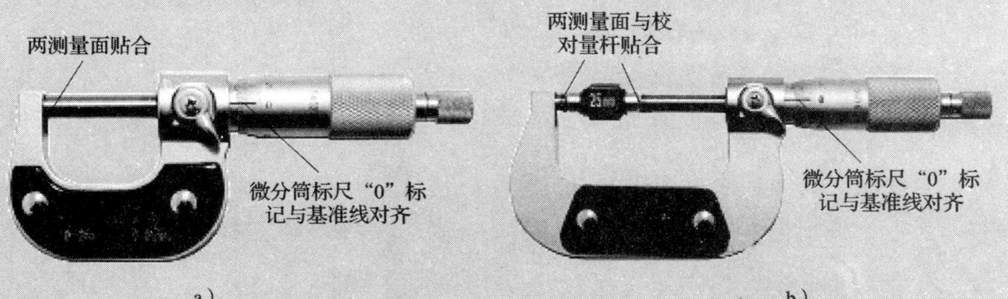

图 1—2—14　外径千分尺校零

a）测量范围 0 ~ 25 mm　b）测量范围 25 ~ 50 mm

（3）测量时，外径千分尺要放正，并注意温度的影响。

（4）测量外径时，测微螺杆轴线应通过零件中心。

（5）测量尺寸较大的平面时，为了保证测量的准确度，应多测几个部位。

（6）测量小型零件时，用左手握零件，右手单独操作。

（7）不能用外径千分尺测量毛坯或转动的零件。

（8）为防止尺寸变动，可转动锁紧装置，锁紧测微螺杆。

（9）使用完毕，应将外径千分尺擦净放置在专用盒内。若长时间不用，应涂上专用防锈油保存以防生锈。

知识链接

其他常用千分尺

（1）内测千分尺　具有两个圆弧测量面，适用于测量内尺寸的千分尺，其刻线方向与千分尺的刻线方向相反，如图1—2—15a所示。主要用来测量内径及槽宽等尺寸。

（2）深度千分尺　利用螺旋副原理，对底板基准面与测量杆测量面间分隔的距离进行读数的深度测量器具，如图1—2—15b所示。主要用来测量孔的深度、台阶的高度和沟槽深度。

（3）壁厚千分尺　具有球形测量面和平测量面及特殊形状的尺架，适用于测量管材壁厚的外径千分尺，如图1—2—15c所示。

（4）三爪内径千分尺　利用螺旋副原理，通过旋转塔形阿基米德螺旋体或移动锥体使三个测量爪作径向位移，使其与被测量内孔接触，对内孔尺寸进行读数的内径千分尺，如图1—2—15d所示。

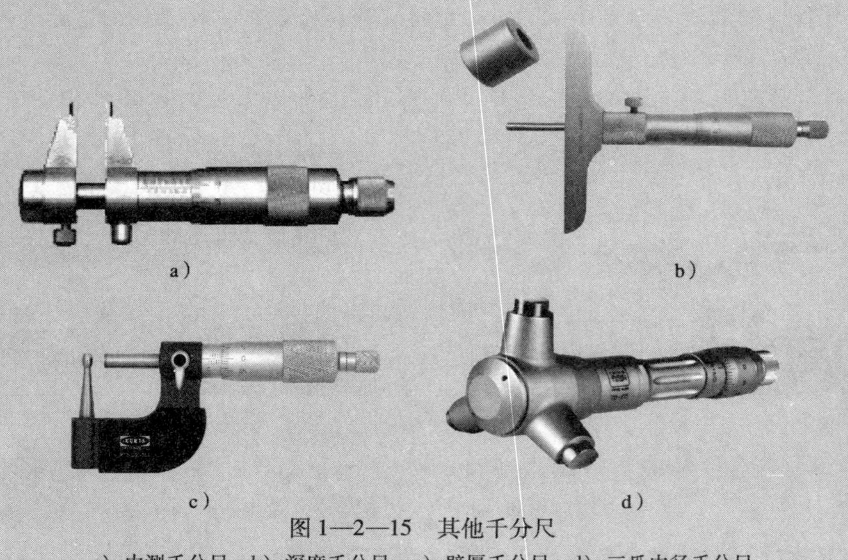

a）　b）　c）　d）

图1—2—15　其他千分尺

a）内测千分尺　b）深度千分尺　c）壁厚千分尺　d）三爪内径千分尺

3. 实物量具

前面介绍的长度测量器具，如游标卡尺等，它们的最大特点是可以直接读出被测零件的尺寸数值。此外，还存在一类长度测量器具，它们是以固定形态复现或提供给定量的一个或多个已知量值的器具，称为实物量具（简称“量具”），如光滑极限量规（卡规、塞规等）、塞尺和量块等。

（1）塞规　塞规是指用于孔径检验的光滑极限量规（具有以孔径或轴径的上极限尺寸和下极限尺寸为标准测量面，能以包容原则反映被检孔或轴边界条件的实物量具），其测量面为外圆柱面。其中，圆柱直径具有被检孔径下极限尺寸的一端为孔用通规，具有被检孔径上极限尺寸的一端为孔用止规，如图 1—2—16 所示。

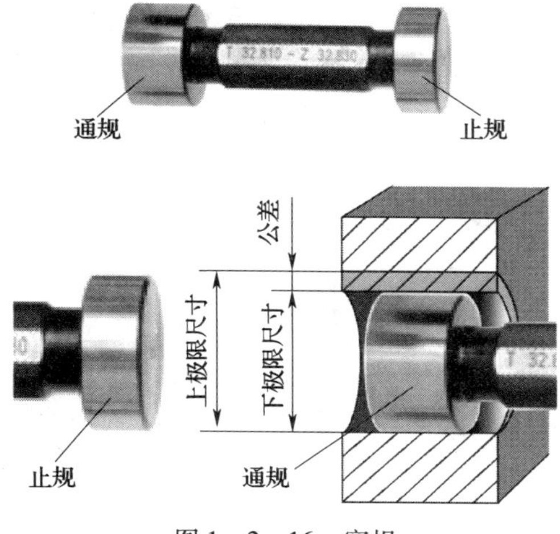

图 1—2—16　塞规

塞规是一种专用测量器具，它不能读出被测零件的实际尺寸数值，但是能判断被测零件的尺寸是否合格。当用塞规检验零件时，如果通规能通过，止规不能通过，说明这个零件尺寸是合格的；否则为不合格。塞规有多种形式和规格，其中钳工常用来检验铰孔精度的锥柄圆柱塞规结构如图 1—2—17 所示。

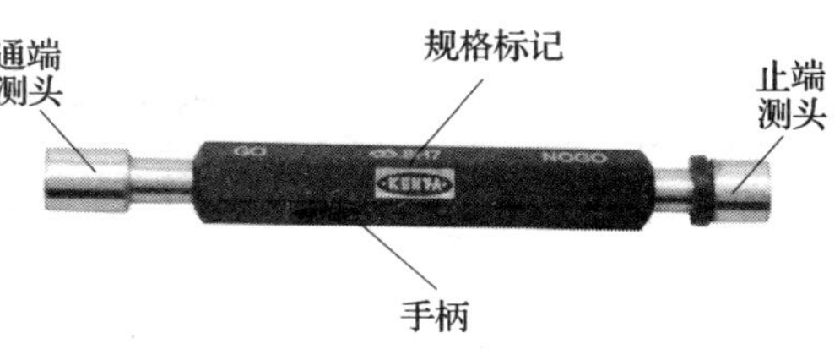

图 1—2—17　锥柄圆柱塞规

（2）卡规　卡规是用于轴径检验的光滑极限量规，其测量面为两对称的平面。两测量面间距具有被检轴径上极限尺寸的为轴用通规，具有被检轴径下极限尺寸的为轴用止规。卡规有两端使用和一端使用两种形式，如图 1—2—18 所示。用卡规检验轴类零件时，如果通规能通过且止规不能通过，说明该零件的尺寸在允许的公差范围内，是合格的。二者缺一不可，否则，就不合格。卡规的特点是检验效率高，在成批大量生产中应用广泛。

（3）塞尺　塞尺是具有准确厚度尺寸的单片或成组的薄片，用于检验间隙的实物量具。它有两个平行的测量平面，如图 1—2—19 所示。其厚度尺寸系列见表 1—2—3。

成组塞尺由多片厚度不同的单片塞尺所组成，常用成组塞尺的规格见表 1—2—4。

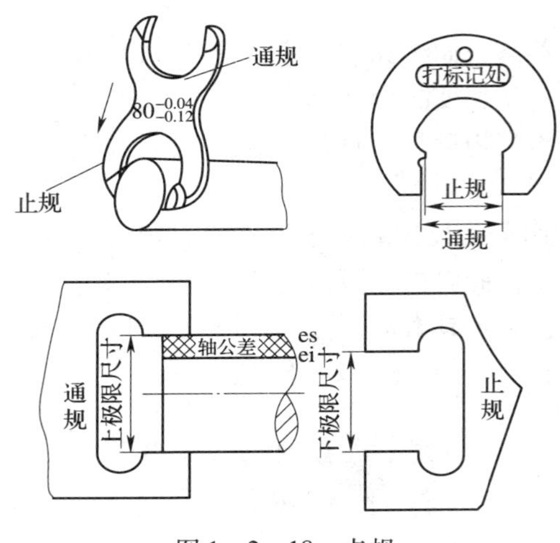

图 1—2—18　卡规

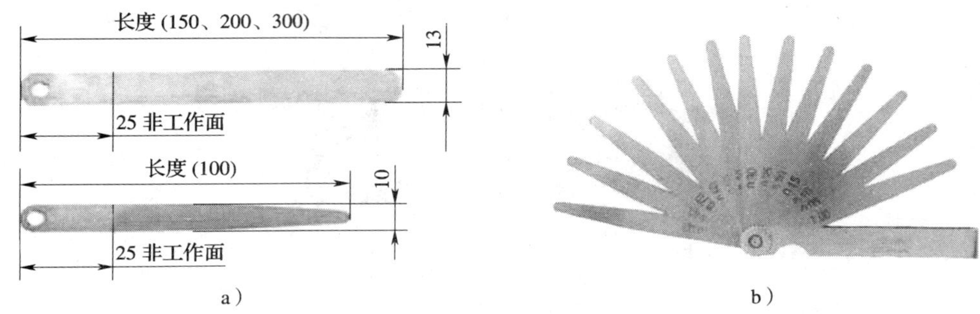

图 1—2—19　塞尺

a）单片塞尺　b）成组塞尺

表 1—2—3　　塞尺厚度尺寸系列（摘自 GB/T 22523—2008）

厚度尺寸系列/mm	间距/mm	数量
0. 02，0. 03，0. 04，…，0. 10	0. 01	9
0. 15，0. 20，0. 25，…，1. 00	0. 05	18

表 1—2—4　　成组塞尺的片数及组装顺序（摘自 GB/T 22523—2008）

成组塞尺的片数	塞尺的长度/mm	厚度尺寸及组装顺序/mm
13	100，150，200，300	0. 10，0. 02，0. 02，0. 03，0. 03，0. 04，0. 04，0. 05，0. 05，0. 06，0. 07，0. 08，0. 09
14		1. 00；0. 05，0. 06，…，0. 10；0. 15，0. 20，0. 25，0. 30，0. 40，0. 50，0. 75
17		0. 50；0. 02，0. 03，…，0. 10；0. 15，0. 20，…，0. 45
20		1. 00；0. 05，0. 10，0. 15，…，0. 95
21		0. 50；0. 02，0. 02，0. 03，0. 03，0. 04，0. 04，0. 05，0. 05，0. 06，0. 07，0. 08，0. 09，0. 10；0. 15，0. 20，…，0. 45

塞尺可单片使用，也可多片叠起来使用，在满足所需尺寸的前提下，片数应越少越好。使用前必须清除塞尺和零件上的污垢与灰尘。测量时，用塞尺片直接塞入间隙，当一片或数片能塞进两贴合面之间，以稍感拖滞为宜，则一片或数片的厚度（可由每片上的标记值读出），即为两贴合面的间隙值。塞尺容易弯曲和折断，测量时动作要轻，不能用力太大，不允许强行插入，也不允许用于测量温度较高的零件。使用完毕，应将塞尺擦拭干净，并涂上一薄层工业凡士林，然后将塞尺折回夹框内，以防锈蚀、弯曲和变形。

用塞尺配合直角尺检测零件垂直度的方法，如图1—2—20所示。

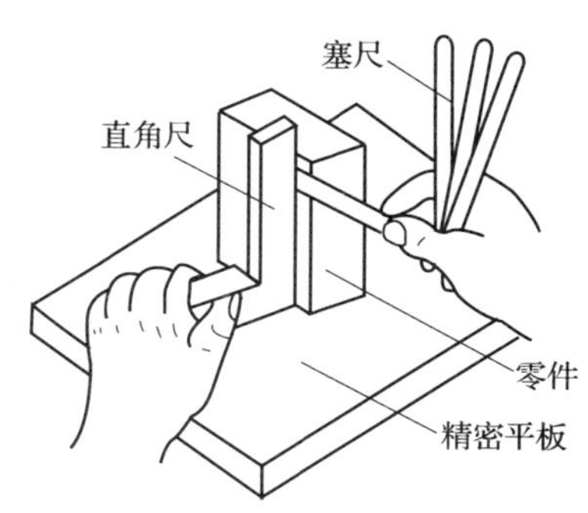

图1—2—20　用塞尺配合直角尺检测零件垂直度

（4）量块　量块是具有一对相互平行测量面，且两平面间具有准确尺寸，其横截面为矩形的实物量具。量块是机械制造业中长度尺寸的基准，它可以用于测量器具和测量仪器的检验校验、精密划线和精密机床的调整，附件与量块并用时，还可以测量某些精度要求较高的零件尺寸。

1）量块的结构　如图1—2—21a所示，量块是用不易变形的耐磨材料（如铬锰钢）制成的长方形六面体。它有两个工作面和四个非工作面，工作面是一对相互平行且平面度误差及表面粗糙度值极小的平面，并具有较好的研合性，其准确度等级分为K级、0级、1级、2级和3级共五个级别（K级最高，3级最低）。量块按材质分为钢制量块、硬质合金量块和陶瓷量块等。

2）量块的应用　为了便于使用和管理，量块一般成套使用，组装在特制的木盒中，如图1—2—21b所示。常用成套量块的基本尺寸系列和块数见表1—2—5。

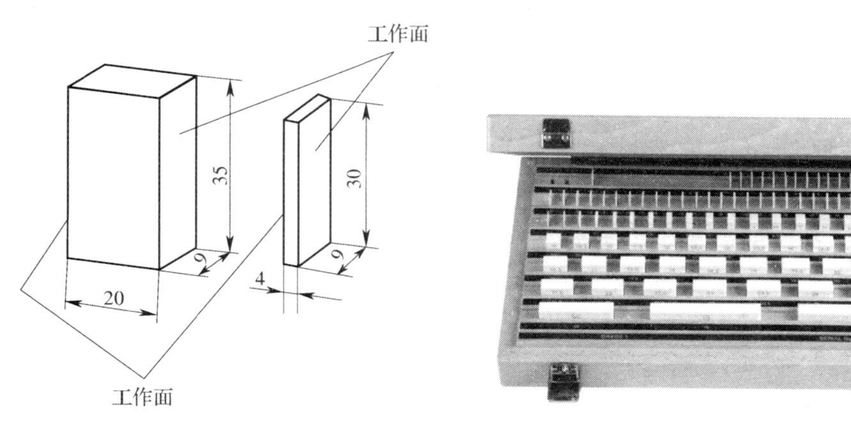

图1—2—21　量块
a）量块的结构　b）成套量块

表 1—2—5　常用成套量块的基本尺寸系列和块数（摘自 GB/T 6093—2001）

套别	总块数	级别	基本尺寸系列/mm	间隔/mm	块数
1	91	0，1	0.5	—	1
			1	—	1
			1.001，1.002…1.009	0.001	9
			1.01，1.02…1.49	0.01	49
			1.5，1.6…1.9	0.1	5
			2.0，2.5…9.5	0.5	16
			10，20…100	10	10
2	83	0，1，2	0.5	—	1
			1	—	1
			1.005	—	1
			1.01，1.02…1.49	0.01	49
			1.5，1.6…1.9	0.1	5
			2.0，2.5…9.5	0.5	16
			10，20…100	10	10
3	46	0，1，2	1	—	1
			1.001，1.002…1.009	0.001	9
			1.01，1.02…1.49	0.01	9
			1.1，1.2…1.9	0.1	9
			2，3…9	1	8
			10，20…100	10	10
4	38	0，1，2	1	—	1
			1.005	—	1
			1.01，1.02…1.09	0.01	9
			1.1，1.2…1.9	0.1	9
			2，3…9	1	8
			10，20…100	10	10

利用量块的研合性，把不同基本尺寸的量块进行组合可得到所需要的尺寸。为了工作方便，减少累积误差，选用量块时，应尽可能选用最少的组合块数，一般情况下块数不超过 5 块。选取时，应根据所需组合的尺寸，从最后一位数字开始选择，每选一块，至少应减少组合尺寸一位数字，以此类推，直至组合成完整的尺寸。例如，所要组合的尺寸为 38.935 mm，从 83 块一套的盒中选取：

38.935	组合尺寸
−1.005	第一块量块尺寸
37.93	
−1.43	第二块量块尺寸
36.5	
−6.5	第三块量块尺寸
30	第四块量块尺寸

即选用 1.005 mm、1.43 mm、6.5 mm、30 mm 量块共四块。

小提示

量块的使用注意事项：

（1）量块属精密量具，应轻拿轻放，在桌上放置量块时只允许非工作表面与桌面接触。

（2）测量时应注意灰尘和温度对测量精度的影响。

（3）用完后的量块应及时擦净，涂上凡士林后放入盒中。

（4）为了保持量块的精度，一般不允许用量块直接测量零件，尽量用护块接触零件。

4. 百分表

指示表是指利用机械传动系统，将测杆的直线位移转变为指针在度盘上的角位移，并由度盘进行读数的测量器具。其中，分度值为0.1 mm的称为十分表，分度值为0.01 mm的称为百分表，分度值为0.001 mm、0.002 mm、0.005 mm的称为千分表，钳工常用的是分度值为0.01 mm的百分表。

百分表属长度类指示式测量器具，主要用来测量零件的尺寸、形状和位置误差，也可用于检验机床的几何精度或调整零件的装夹位置偏差。

（1）百分表的结构　百分表的外形及结构如图1—2—22所示，主要由测头、测杆、大小齿轮、指针、度盘、表圈等组成。

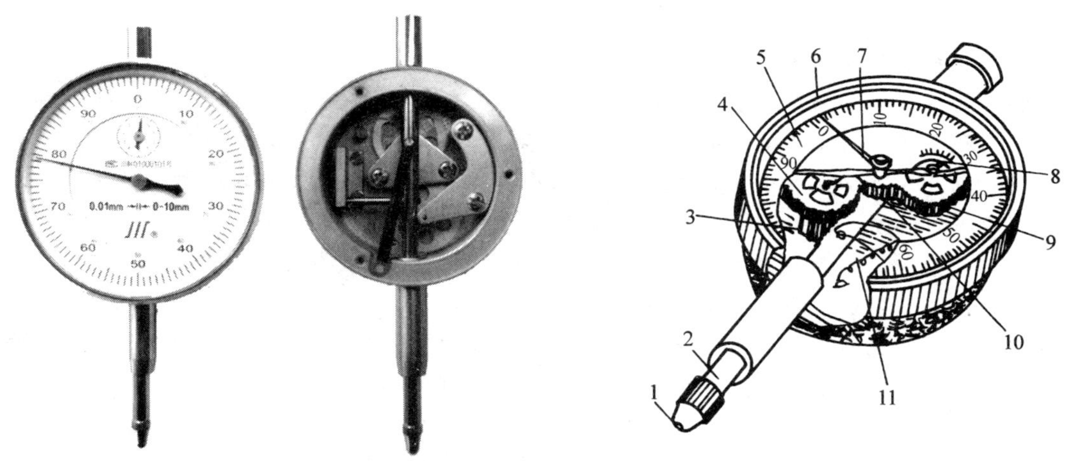

图1—2—22　百分表的结构

1—测头　2—测杆　3—小齿轮（$z=16$）　4、9—大齿轮（$z=100$）　5—度盘　6—表圈　7—长指针　8—转数指针　10—小齿轮（$z=10$）　11—拉簧

（2）百分表的量程和精度　百分表的量程一般有0～3 mm、0～5 mm和0～10 mm三种规格。百分表按制造精度可分为0级、1级和2级，可用来进行IT6～IT16精度零件的测量和检验。

（3）百分表的标记原理　百分表测杆上的齿距是0.625 mm。当测杆上升16齿时（即上升$0.625\times16=10$ mm），16齿的小齿轮正好转1周，与其同轴的大齿轮（$z=100$）也转1周，从而带动齿数为10的小齿轮和指针转10周。即当测杆移动1 mm时，长指针转一周。由于度盘上共等分100格，所以指针每转一格，表示齿杆移动0.01 mm。故百分表的分度值为0.01 mm。

（4）百分表的示值读取方法　测量时，测杆被推向管内，测杆移动的距离等于短指针的读数（测出的整数部分）加上长指针的读数（测出的小数部分）。

（5）百分表的使用方法

1）用百分表检测零件的尺寸和平行度　测量时，表座置于平板平面上，安装好百分表后，选择与零件尺寸相符的量块组合，置于表的测杆下。调整表的测杆与量块平面垂直，使表的测头对量块平面有 0.5～1 mm 的压入量，然后调整表圈使指针对准零位。测量时，先用右手慢慢抬起活动测杆，将零件放入表的测头下，再慢慢放下活动测杆，用手前后、左右移动工件，使表的测头在零件平面上的不同部位测量，观察表的指针变化情况，测出零件尺寸和平行度，与标准量块对比，判断尺寸是否合格。

2）用百分表测量零件的圆跳动　测量时，将零件用两顶尖顶住，百分表的测头触及零件外圆面，并有 0.3～0.5 mm 的压入量。转动零件一周，表针所指的最大与最小读数差即为圆跳动的误差值。

3）用百分表检测台阶面的平行度　检测时，将零件置于精密平板上，用专用表座或万能表座把百分表装上并紧固，将装上表的表座置于平板表面上，把百分表的测头与零件被测表面接触，有 0.1～0.2 mm 的压入量。测量时，表座不动，用手前后、左右移动零件，使表的测头在被测面上不同部位测量，表针所指的最大与最小读数差即为平行度误差值。

小提示

百分表的使用注意事项：

（1）使用前，应检查测杆活动的灵活性。即轻轻推动测杆时，测杆在套筒内的移动要灵活，没有任何阻滞现象，每次手松开后，指针能回到原来的标记位置。

（2）使用时，必须把百分表固定在专用表座或磁性表座上。切不可贪图省事，随便夹在不稳固的地方，否则容易造成测量结果不准确或摔坏百分表。

（3）测量时，不要使测杆的行程超过它的测量范围，不要使测头突然撞到零件上，也不要用百分表测量表面粗糙或有显著凹凸不平的零件。

（4）测量平面时，百分表的测杆要与被测平面垂直；测量圆柱形零件时，测杆要与零件的中心线垂直，否则将使测杆活动不灵，测量结果不准确。

（5）为方便读数，在测量前一般将指针与度盘的“0”标记对齐。

（6）测量过程中，尽量不使测头做过多无效的运动，否则会加快零件磨损。

（7）百分表不用时，应使测杆处于自由状态，以免使表内弹簧失效。

知识链接

其他常用百分表

（1）内径百分表　内径指示表是指利用机械传动系统，将活动测头的直线位移转变为指针在度盘上的角位移，并由度盘进行读数的内尺寸测量器具。其中，分度值为 0.01 mm 的称为内径百分表。它可用来测量孔径和孔的形状误差，对于测量深孔极为方便。

内径百分表的外形与结构如图1—2—23所示。测量时，测头通过摆块使杆上移，推动百分表指针转动而指出读数。测量完毕，在弹簧力的作用下，测头自动回位。

通过更换固定测头可改变百分表的测量范围。内径百分表的示值误差较大，一般为±0.015 mm。因此，在每次测量前都必须用外径千分尺进行校对。

（2）杠杆百分表　杠杆指示表是指利用机械传动系统，将杠杆测头的摆动位移转变为指针在度盘上的角位移，并由度盘进行读数的测量器具。其中，分度值为0.01 mm的称为杠杆百分表，量程有0～0.8 mm、0～1.6 mm两种规格。杠杆百分表常用于在机床上校正零件的安装位置或用在普通百分表无法使用的场合，其结构如图1—2—24所示。

杠杆百分表在使用时，应安装在相应的表座或专门的夹具上。

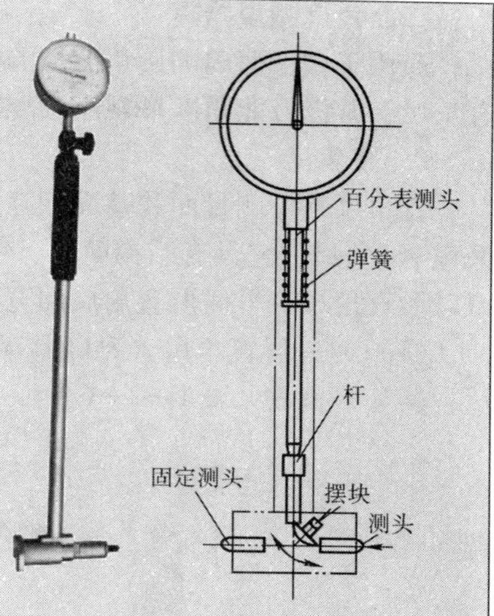

图1—2—23　内径百分表

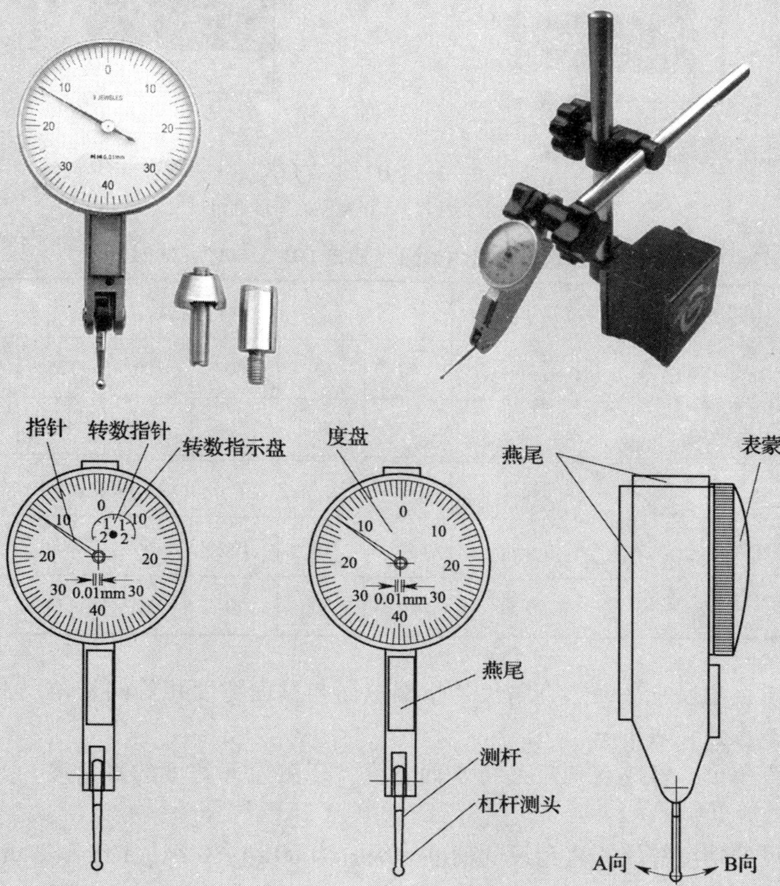

图1—2—24　杠杆百分表

二、角度测量器具

通用于在平面内测量角度量的测量器具称为角度测量器具。钳工常用的角度测量器具有直角尺、游标万能角度尺、正弦规等。

1. 直角尺

直角尺是指测量面和基面相互垂直，用于检验直角、垂直度和平行度误差的测量器具，又称 90°角尺。它具有结构简单、使用方便、制造精度高、稳定性好等特点。钳工常用的有刀口形直角尺、平面形直角尺和宽座直角尺等。

（1）刀口形直角尺　刀口形直角尺是指两测量面为刀口形的直角尺，如图 1—2—25 所示，其基本参数见表 1—2—6。

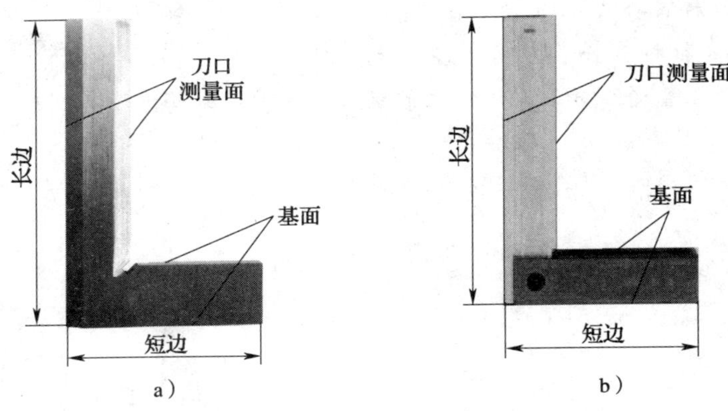

图 1—2—25　刀口形直角尺

a）平面刀口形直角尺　b）宽座刀口形直角尺

表 1—2—6　　常用刀口形直角尺基本参数（摘自 GB/T 6092—2004）

平面刀口形直角尺	精度等级	0 级、1 级						
	长边/mm	50	63	80	100	125	160	200
	短边/mm	32	40	50	63	80	100	125
宽座刀口形直角尺	精度等级	0 级、1 级						
	长边/mm	50	75	100	150	200	250	300
	短边/mm	40	50	70	100	130	165	200

（2）平面形直角尺　平面形直角尺是指测量面与基面宽度相等的直角尺，如图 1—2—26 所示，其基本参数见表 1—2—7。

（3）宽座直角尺　宽座直角尺是指基面宽度大于测量面宽度的直角尺，如图 1—2—27 所示，其基本参数见表 1—2—7。

（4）直角尺的精度等级　直角尺的精度等级分为 00 级、0 级、1 级和 2 级共四个级别，其中 00 级直角尺主要用于检验量具；0 级一般用于检验较精密工件；1 级和 2 级用于检验一般精度的工件。常用直角尺的最大允许形位误差值见表 1—2—8。

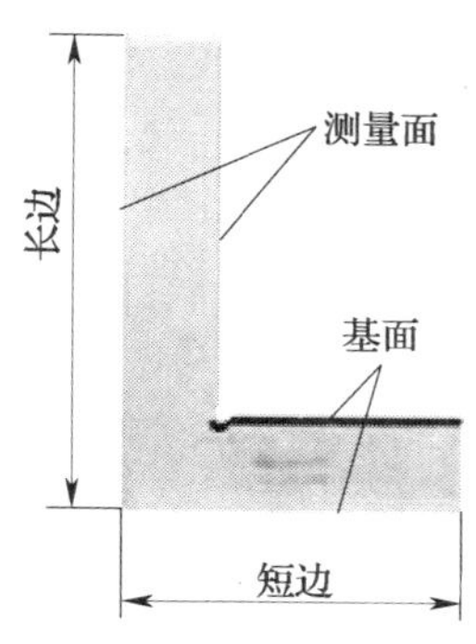

图 1—2—26　平面形直角尺

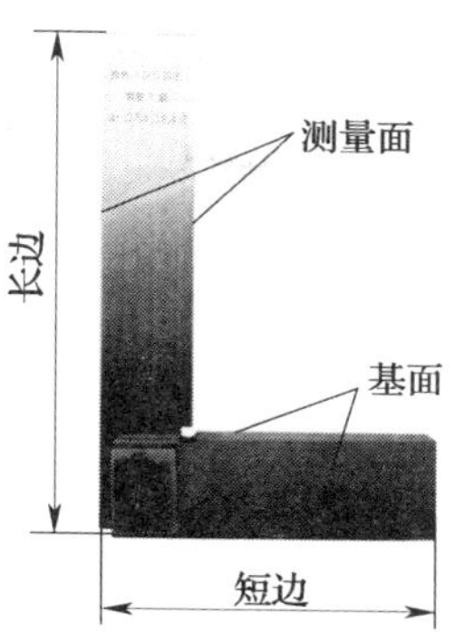

图 1—2—27　宽座直角尺

表 1—2—7　　常用平面形和宽座直角尺基本参数（摘自 GB/T 6092—2004）

<table>
<tr><td rowspan="3">平面形直角尺</td><td>精度等级</td><td colspan="7">0 级、1 级、2 级</td></tr>
<tr><td>长边/mm</td><td>50</td><td>75</td><td>100</td><td>150</td><td>200</td><td>250</td><td>300</td></tr>
<tr><td>短边/mm</td><td>40</td><td>50</td><td>70</td><td>100</td><td>130</td><td>165</td><td>200</td></tr>
<tr><td rowspan="3">宽座直角尺</td><td>精度等级</td><td colspan="7">0 级、1 级</td></tr>
<tr><td>长边/mm</td><td>63</td><td>80</td><td>100</td><td>125</td><td>160</td><td>200</td><td>250</td></tr>
<tr><td>短边/mm</td><td>40</td><td>50</td><td>63</td><td>80</td><td>100</td><td>125</td><td>160</td></tr>
</table>

表 1—2—8　　常用直角尺的最大允许形位误差值（摘自 GB/T 6092—2004）

<table>
<tr><td rowspan="2">长边（测量面长度）/mm</td><td colspan="4">测量面相对于基面的垂直度最大允许误差/μm</td><td colspan="4">测量面的平面度或直线度最大允许误差/μm</td></tr>
<tr><td>00 级</td><td>0 级</td><td>1 级</td><td>2 级</td><td>00 级</td><td>0 级</td><td>1 级</td><td>2 级</td></tr>
<tr><td>40、50</td><td>1</td><td>2</td><td>4</td><td>8</td><td rowspan="5">1</td><td rowspan="2">1</td><td rowspan="2">2</td><td rowspan="2">4</td></tr>
<tr><td>63、75、80、100</td><td>1. 5</td><td>3</td><td>6</td><td>12</td></tr>
<tr><td>125</td><td rowspan="2">2</td><td rowspan="2">4</td><td rowspan="2">8</td><td rowspan="2">16</td><td>1. 5</td><td>3</td><td>6</td></tr>
<tr><td>150、160、200、250</td><td rowspan="2">2</td><td rowspan="2">4</td><td rowspan="2">8</td></tr>
<tr><td>300、315</td><td>3</td><td>6</td><td>12</td><td>24</td></tr>
</table>

小提示

直角尺的使用注意事项：

（1）使用前，必须将直角尺和零件被测面擦干净。

（2）如图 1—2—28 所示，使用时，先将直角尺的基面紧贴零件的测量基准面，然后逐步慢慢向下移动（直角尺基面不可与零件基准面分离），使直角尺的测量面与零件的被测表面接触，用眼睛平视观察透光情况，凭经验根据光隙强弱进行估测，或用塞尺在最大间隙处试塞获取数值。

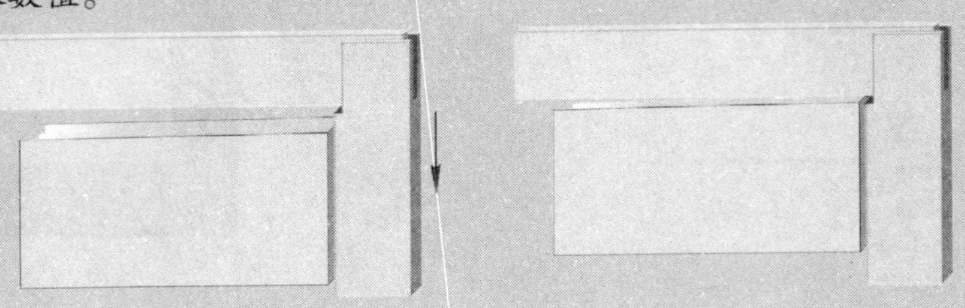

图 1—2—28　直角尺的使用方法

（3）直角尺要轻拿、轻放，不许与其他工、量具堆放。

（4）使用完毕，应将直角尺擦净放置在专用盒内。若长时间不用，应涂上专用防锈油保存，以防生锈。

2. 游标万能角度尺

游标万能角度尺是指利用活动直尺测量面相对于基尺测量面的旋转，对两测量面间分隔的角度利用游标原理进行读数的角度测量器具。主要用来测量零件和样板的内、外角度和进行角度划线。它有Ⅰ型、Ⅱ型两种类型，其测量范围分别为0°～320°和0°～360°，其中Ⅰ型游标万能角度尺应用较为普遍。

（1）游标万能角度尺的结构　Ⅰ型游标万能角度尺的结构如图1—2—29所示，主要由主尺、游标尺、直角尺、直尺、基尺和扇形板等组成。其游标尺固定在扇形板上，基尺和主尺连成一体，游标尺与主尺可做相对回转运动，直角尺和直尺可根据需要通过卡块安装到扇形板上。

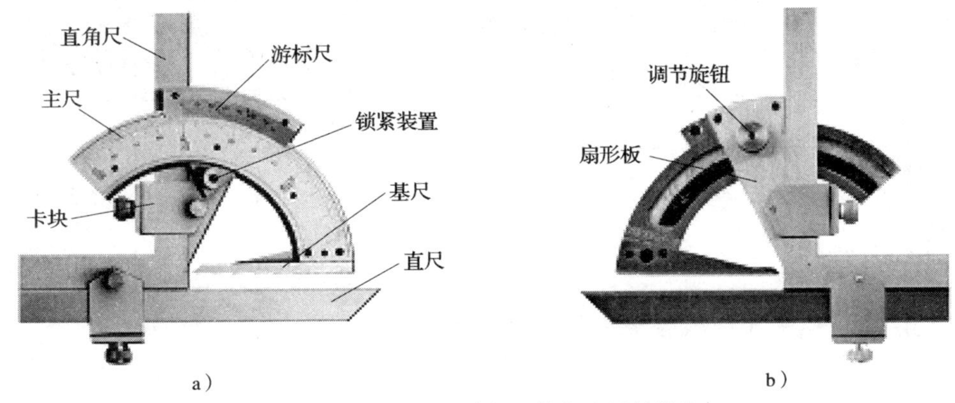

图 1—2—29　Ⅰ型游标万能角度尺的结构

a）正面图　b）背面图

（2）游标万能角度尺的标记原理　游标万能角度尺的分度值有5′和2′两种（常用2′）。

分度值为2′的游标万能角度尺的标记原理如图1—2—30所示，主尺每格标记的弧长对应的角度为1°，游标尺标记是将主标尺上29°所占的弧长等分为30格，每格所对的角度为29°/30，因此游标尺1格与主尺1格相差：

$$1^\circ - \frac{29^\circ}{30} = \frac{1^\circ}{30} = 2'$$

即游标万能角度尺的分度值为 2′。

（3）游标万能角度尺的示值读取方法　游标万能角度尺的示值读取方法与游标卡尺相似，即先从主尺上读出游标尺“0”标记前的整“度”数，然后在游标尺上读出“分”的数值（格数 × 分度值），两者相加就是被测零件的角度数值，如图 1—2—31 所示。

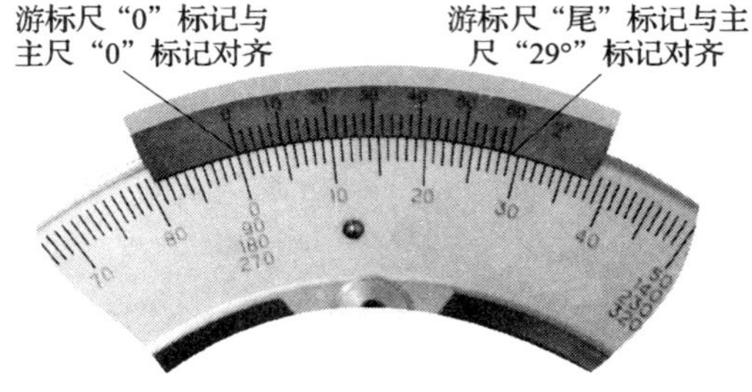

图 1—2—30　游标万能角度尺的标记原理

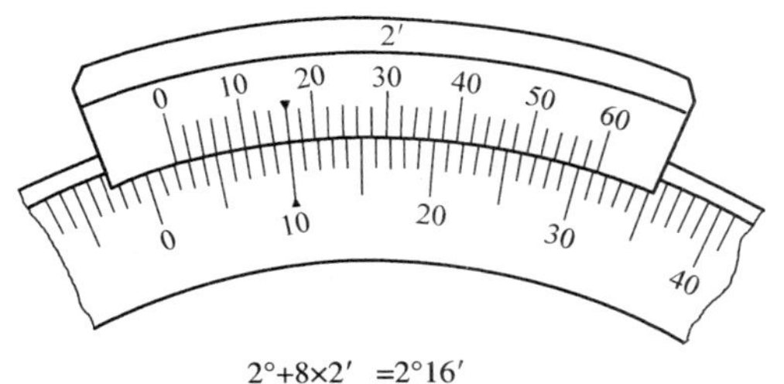

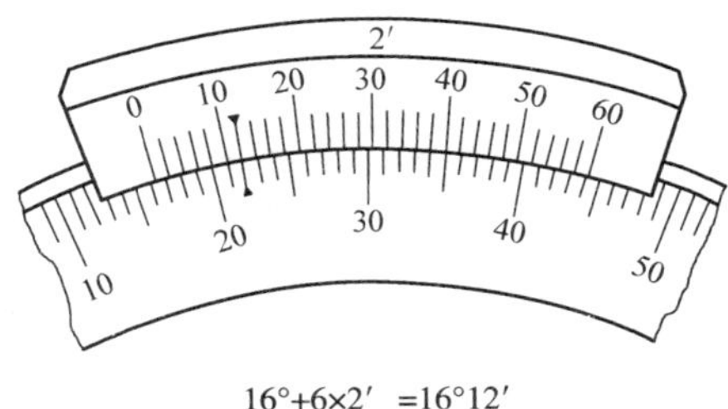

图 1—2—31　游标万能角度尺的示值读取方法

（4）游标万能角度尺的使用方法　使用 I 型游标万能角度尺时，可通过主尺与直角尺、直尺的相互组合，将测量范围（0°～320°）划分为 4 个测量段，其组合形式和测量方法如图 1—2—32 所示。

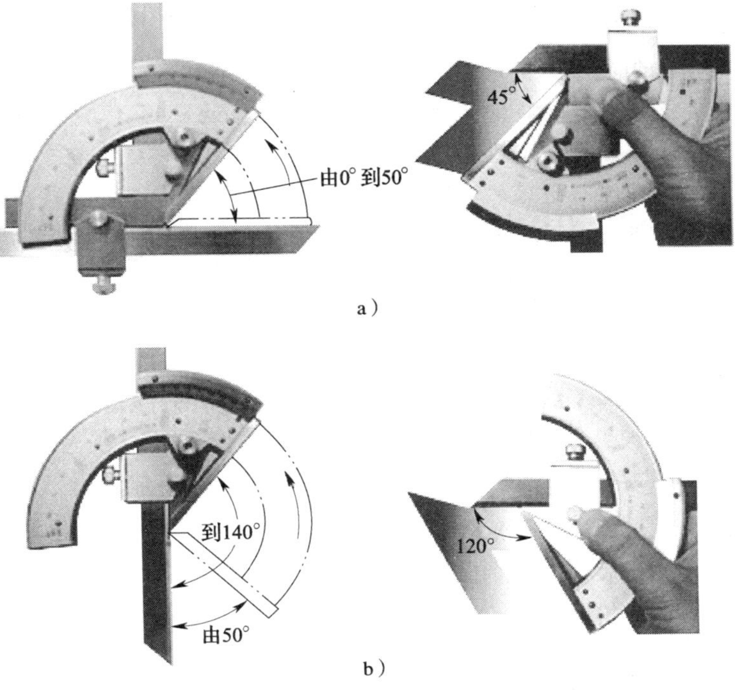

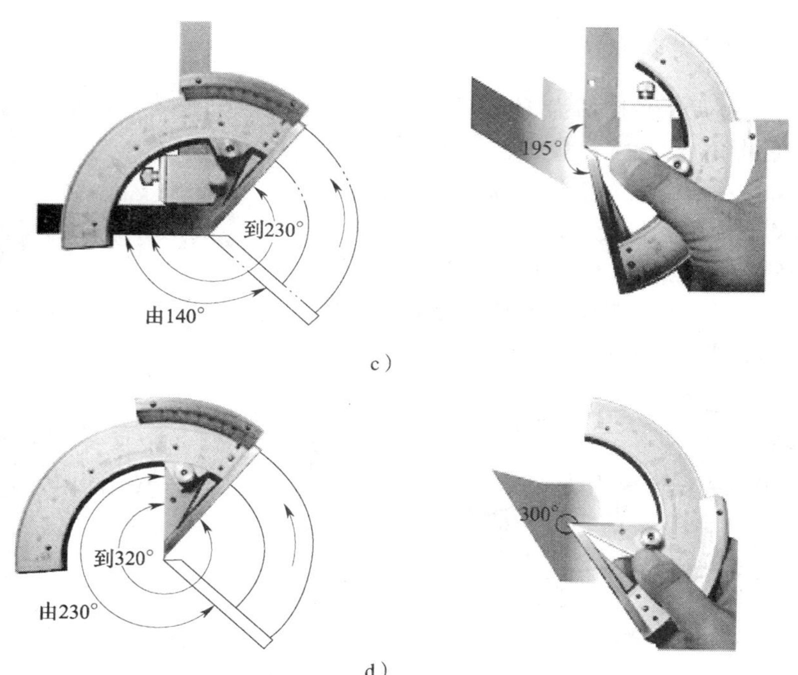

图 1—2—32　游标万能角度尺的组合形式和测量方法

a）测量范围 0°～50°　b）测量范围 50°～140°　c）测量范围 140°～230°　d）测量范围 230°～320°

小提示

游标万能角度尺的使用注意事项：

（1）根据测量零件的不同角度，正确组合其测量范围。

（2）使用前，必须将游标万能角度尺和零件被测面擦干净，并检查主尺和游标尺的零线是否对齐，基尺和直尺是否漏光。

（3）测量时，零件应与角度尺的两个测量面在全长上接触良好，避免误差。

（4）使用完毕，应将游标万能角度尺擦净放置在专用盒内。若长时间不用，应涂上专用防锈油保存以防生锈。

3. 正弦规

正弦规是指根据正弦函数原理，利用量块的组合尺寸，以间接方法测量角度的测量器具。它有Ⅰ型、Ⅱ型两种类型，且有 0 级、1 级两种准确度等级。钳工常用的普通正弦规由平台工作面和直径相同且轴线互相平行的两个支承圆柱所组成，如图 1—2—33 所示。正弦规的规格用两个圆柱体的中心距表示，一般有 100 mm、200 mm 两种，其中心距要求很精确。

正弦规是一种测量零件角度或锥度的精密测量器具。使用时，将正弦规放置在精密平板上，零件放在正弦规工作台面上，在正弦规一个圆柱的下面垫上一组量块，如图 1—2—34 所示。量块组的高度根据被测零件的角度或锥度通过计算获得。然后用百分表测量零件上表面两端的高度，若两端高度相等，说明零件测量面与平板平行，此时零件的角度或锥度与计算值一致；否则说明零件的角度或锥度与计算值存在一定误差。

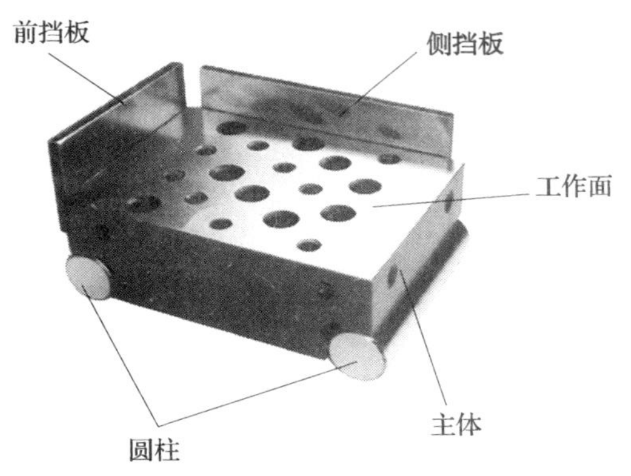

图 1—2—33　正弦规

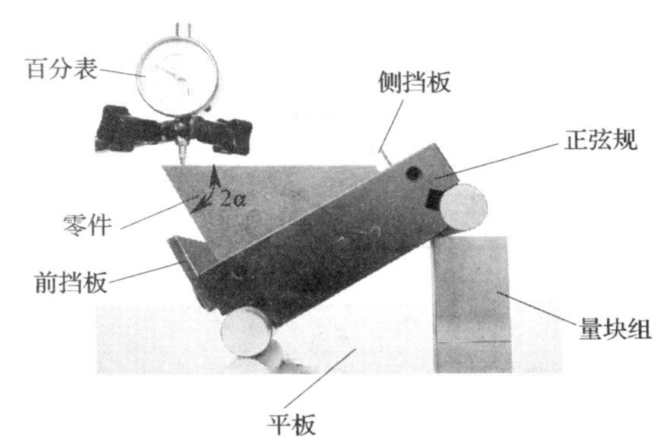

图 1—2—34　正弦规的使用方法

所需量块组的高度可按下式计算：

$$h = L\ \sin 2\alpha$$

式中　h——量块组高度，mm；

L——正弦规中心距，mm；

2α——被测零件角度，(°)。

例 1—2—1　使用中心距为 100 mm 的正弦规，检验圆锥角为 5°的圆锥塞规，求圆柱下应垫量块组的高度。

解：由题意知　$L = 100$ mm，$2\alpha = 5°$，则

$$h = L\ \sin 2\alpha = 100 \times 0.087\ 155\ 7 = 8.716\ (\text{mm})$$

答：正弦规圆柱下应垫量块组尺寸为 8.716 mm。

三、形位误差测量器具

专用于形状和位置误差测量的测量器具称为形位误差测量器具。钳工常用的形位误差测量器具有刀口尺、平板、方箱等。

1. 刀口尺

刀口尺是指具有一个刀口状测量面，用于测量工件平面形状误差的测量器具，其结构如图 1—2—35 所示，主要用来测量零件的直线度或平面度误差。它具有结构简单，操作方便，测量效率高等优点，是机械加工常用的测量器具。

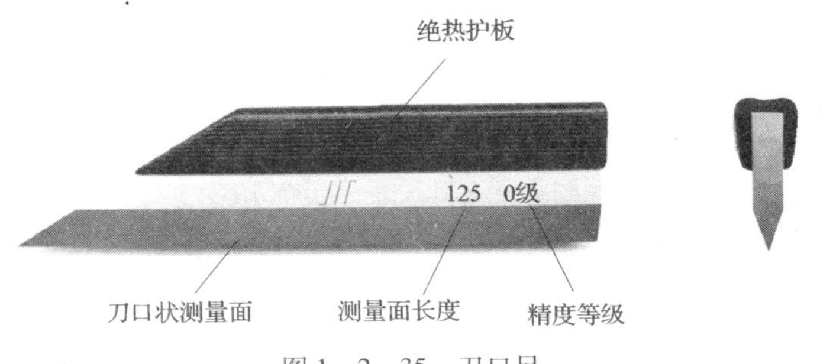

图 1—2—35　刀口尺

(1) 刀口尺的规格及精度等级　常用刀口尺的精度等级分为 0 级和 1 级两个级别，其规格及最大允许直线度误差见表 1—2—9。

表 1—2—9　常用刀口尺的规格及最大允许直线度误差（摘自 GB/T 6091—2004）

规格 （测量面长度/mm）	测量面直线度最大允许误差/μm	
	0 级	1 级
75	0.5	1.0
125	0.5	1.0
200	1.0	2.0
300	1.5	3.0
400	1.5	3.0
500	2.0	4.0

（2）用刀口尺测量平面度的方法

1）手握刀口尺的绝热护板，使刀口测量面轻轻地（凭刀口尺的自重）与零件被测表面接触，采用透光法检查，如图 1—2—36a 所示。如刀口尺测量面与被测线之间透光均匀一致，说明该处较平直（间隙大于 2.5 μm，透光颜色为白色；间隙为 1 ~ 2 μm，透光颜色为红色；间隙为 1 μm，透光颜色为蓝色；间隙小于 1 μm，透光颜色为紫色；间隙小于 0.5 μm，则不透光）。如透光不均匀或光隙较大时，可借助于塞尺试塞获取其间隙值，如图 1—2—36b 所示。

2）刀口尺应垂直放在零件表面上，并在纵向、横向、对角方向多处逐一进行测量，如图 1—2—36c 所示，其最大直线度误差即为该测量面的平面度误差。

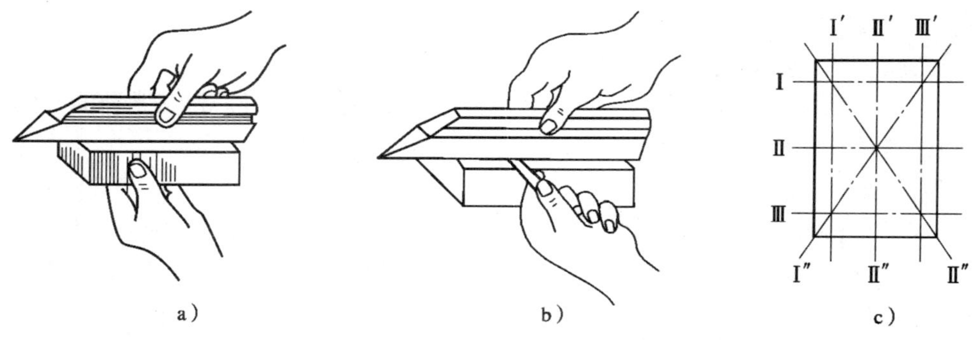

图 1—2—36　用刀口尺测量平面度的方法

a）用透光法检查　b）用塞尺配合检查　c）检测位置

小提示

刀口尺的使用注意事项：

（1）测量前，应确保刀口尺测量面及被测平面整洁，且没有毛刺、碰伤、锈蚀等缺陷。

（2）使用刀口尺时，手应握持绝热护板，以避免温度影响测量结果和产生锈蚀。

（3）使用刀口尺时不得碰撞，以确保其工作棱边的完整性，否则将影响测量的准确度。

（4）在变换测量位置时，应将刀口尺提起，不得在零件表面上拖动，以免刀口测量面磨损，影响刀口尺精度。

（5）测量时，刀口尺测量面与零件被测表面的接触位置应符合最大光隙为最小条件。

（6）使用完毕，应将刀口尺擦净后放置在专用盒内。若长时间不用，应涂上专用防锈油并用防锈纸包好以防生锈。

2. 平板

平板是用于零件检测或划线的平面基准器具，又称为平台，其结构如图 1—2—37 所示。钳工常用的铸铁平板采用优质细密的灰口铸铁或合金铸铁等材料制造，其工作面硬度应为 170 ~ 220HB。

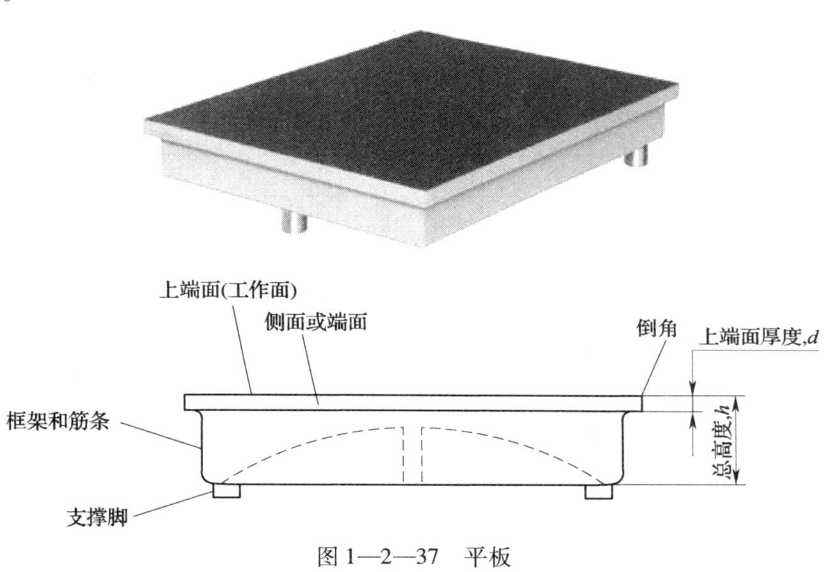

图 1—2—37 平板

平板工作面可作为各种检验工作、精度测量用的基准平面，用于机床机械检验测量基准，检查零件的尺寸精度或形位偏差，并作精密划线；也可用涂色法检验零件平面度。平板具有准确、直观、方便的优点。在经过刮研的铸铁平板上推动百分表座或零件比较顺畅，无发涩感觉，方便了测量，保证了测量准确度。

钳工常用平板的规格及平面度公差见表 1—2—10。准确度等级为 0 级和 1 级的平板工作面应采用刮研法进行精加工；准确度为 2 级和 3 级的平板工作面允许采用机械加工方法进行精加工。

表 1—2—10 常用平板的规格及平面度公差（摘自 GB/T 22095—2008）

平板尺寸（公称尺寸）/mm	对角线长度（近似值）/mm	边缘区域（宽度）/mm	准确度等级对应的整个工作面平面度公差值/μm			
			0 级	1 级	2 级	3 级
矩形						
160 × 100	188	2	3	6	12	25
250 × 160	296	3	3. 5	7	14	27

续表

平板尺寸（公称尺寸）/mm	对角线长度（近似值）/mm	边缘区域（宽度）/mm	准确度等级对应的整个工作面平面度公差值/μm			
			0 级	1 级	2 级	3 级
400×250	471	5	4	8	16	32
630×400	745	8	5	10	20	39
1000×630	1180	13	6	12	24	49
1600×1000	1880	20	8	16	33	66
方形						
250×250	354	5	3.5	7	15	30
400×400	566	8	4.5	9	17	34
630×630	891	13	5	10	21	42
1000×1000	1414	20	7	14	28	56

小提示

铸铁平板的使用注意事项：

（1）铸铁平板的支承点应垫好、垫平，保证每个支承点受力均匀，保证整个平板平稳放置。

（2）使用平板时，零件要轻拿轻放，不要在平板上挪动比较粗糙的零件，以免对平板工作面造成磕碰、划伤等损坏。

（3）为了防止铸铁平板整体变形，使用完毕后，要将零件从平板上拿下来，避免零件长时间对平板重压造成铸铁平板的变形。

（4）铸铁平板不用时要及时将工作面清洗干净，然后涂上一层防锈油，并用防锈纸盖上，用平板的外包装将铸铁平板盖好，以防止平时不注意对平板工作面造成损伤。

（5）铸铁平板应安装在通风、干燥的环境中，并远离热源和有腐蚀的气体、液体。

（6）铸铁平板按国家标准实行定期周检，检定周期根据具体情况可为 6~12 个月。

3. 方箱

方箱是由相互垂直的平面组成的矩形基准器具，又称为方铁。钳工常用的方箱是用铸铁（HT200）制成的具有 6 个工作面的空腔正方体或长方体，其中一个工作面上有 V 形槽，其结构如图 1—2—38 所示。

图 1—2—38　方箱

方箱主要用于零、部件的平行度、垂直度等的检验和划线时支承零件，精度分为 1、2、3 三个等级。钳工常用铸铁方箱的规格见表 1—2—11。

表 1—2—11　　常用铸铁方箱的规格及精度要求（摘自 JB/T 3411.56—99）

铸铁方箱规格 /mm	工作面的平面度			工作面的垂直度、平行度及 V 形槽对底面和侧面的平行度		
	精度等级/μm					
	0 级	1 级	2 级	0 级	1 级	2 级
100×100×100	3.5	7	15	7	15	30
150×150×150	4	9	17	8	18	35
200×200×200	4.5	10	20	9	20	40
250×250×250	5	11	22	10	22	45
300×300×300		12	25		25	50
400×400×400		15	30		30	60
500×500×500			35			

铸铁平板和铸铁方箱配合使用，可以检测零件的平面度和垂直度。高精度的铸铁方箱可以作为小型的平台使用，也可以作为直角测量的基准，还可以作为等高的铸铁垫箱使用。铸铁方箱的纵横方向各有一条 V 形槽，可以作为轴类的夹具。

四、表面结构质量测量器具

表面粗糙度比较样块是指采用特定合金材料和加工方法，具有不同的表面粗糙度参数值，通过触觉和视觉与其所表征的材质和加工方法相同的被测件表面作比较，以确定被测件表面粗糙度的实物量具。

1. 表面粗糙度比较样块的分类

根据加工方法的不同，表面粗糙度比较样块分为铸造、机械加工（包括磨、车、镗、铣、插和刨）、抛丸喷砂加工、电火花加工和抛光加工（含研磨和锉削）表面粗糙度比较样块等几大类。各类按加工工艺和表面特征的不同，又分为多种，如磨外圆、磨平面、磨内孔表面粗糙度比较样块等。

为了便于使用和管理，表面粗糙度比较样块分为组合式和单组式包装，如图 1—2—39 所示。其中，钳工常用的有锉削表面粗糙度比较样块和手研表面粗糙度比较样块，具体参数见表 1—2—12。

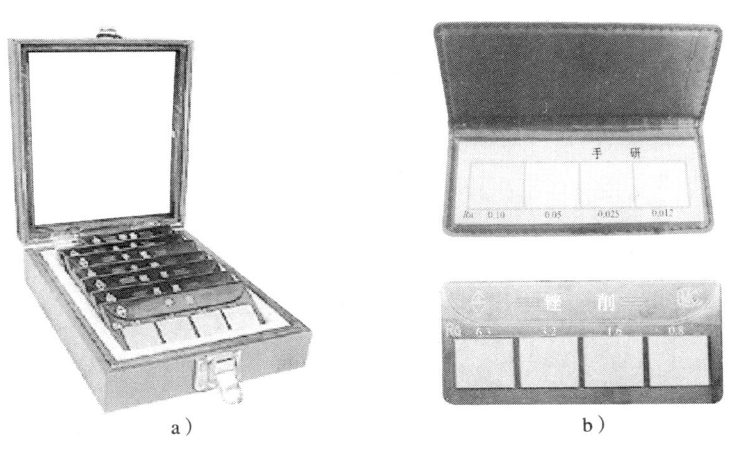

a）　　　　b）

图 1—2—39　表面粗糙度比较样块

a）组合式（研磨、外磨、平磨、车、刨、立铣和平铣）　b）单组式（手研和锉削）

表 1—2—12　锉削和手研表面粗糙度比较样块参数公称值（摘自 GB/T 6060—2008）

表面粗糙度比较样块分类	块数	表面粗糙度参数 *Ra* 公称值/μm			
手研	4	0.10	0.05	0.025	0.012
锉削	4	6.3	3.2	1.6	0.8

2. 表面粗糙度比较样块的使用方法

表面粗糙度比较样块是检查加工后零件表面的一种比对量具，它的使用方法是以样块工作面的表面粗糙度为标准，凭触觉（如手摸）或视觉（可借助放大镜、比较显微镜等）与待检查的零件表面进行比对，根据零件加工痕迹的深浅来确定表面粗糙度是否符合图样（或工艺）要求。当被检查零件表面的加工痕迹深浅程度相当或者小于样块工作面加工痕迹深度时，则被检查零件表面粗糙度一般不大于样块的标记公称值。

小提示

表面粗糙度比较样块的使用注意事项：

（1）所选用的样块和被检查零件的加工方法必须相同，同时，样块的材料、纹理、表面色泽等应尽可能地与被检查零件一致，如图 1—2—40 所示。

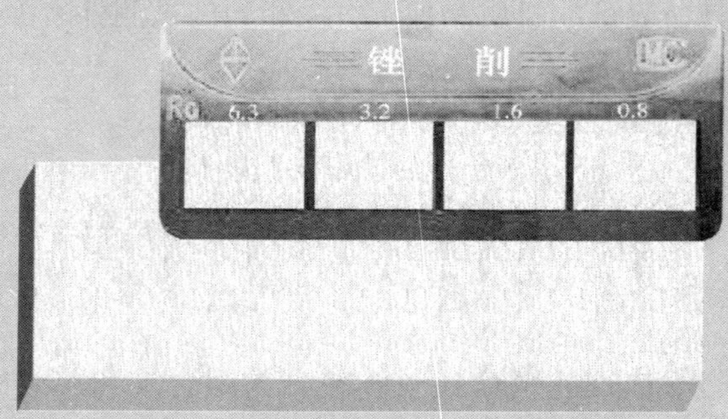

图 1—2—40　锉削表面粗糙度对比

（2）用表面粗糙度比较样块进行比对，只能定性测量，无法得到表面粗糙度的定量值。因此，要求检验者具有丰富的实践经验。

（3）表面粗糙度比较样块一般用于检查表面质量要求不严格的零件。

知识拓展

便携式表面粗糙度测量仪

随着加工制造技术的不断提高，人们对所加工的零件表面质量要求越来越高，当零件需要获得精确的表面粗糙度误差值时，常采用便携式（手持式）表面粗糙度测量仪进行测量，如图 1—2—41 所示。它具有体积小、测量精确、迅速方便等特点，广泛适用于生产现场、实验室、计量室等场合。其测量原理是：

测量零件表面粗糙度时，将传感器放在零件被测表面上，由仪器内部的驱动机构带动传感器沿被测表面做等速滑行，传感器通过内置的锐利触针感受被测表面的粗糙度，此时零件被测表面的粗糙度引起触针产生位移，该位移使传感器电感线圈的电感量发生变化，从而在传感器输出端产生与被测表面粗糙度成比例的模拟信号，该信号经过放大之后进入数据采集系统，再对采集的数据进行数字滤波和参数计算，将测量结果以数字和图形方式在液晶显示器上读出，也可在打印机上输出（图1—2—41所示的手持式表面粗糙度测量仪自带打印装置），还可以与PC机进行通讯并提供强大的高级分析功能。

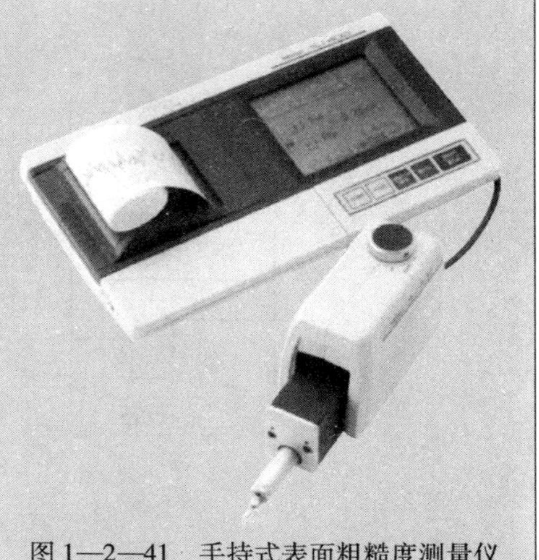
图1—2—41　手持式表面粗糙度测量仪

五、常用测量器具的维护与保养

为了保持测量器具的精度，延长其使用寿命，对测量器具的维护和保养必须要注意。为此，应做到以下几点：

（1）测量前应将测量器具的测量面擦洗干净，以免脏物存在而影响测量精度和加快测量器具的磨损。不能用精密测量器具测量粗糙的铸、锻件毛坯或带有研磨剂的表面。

（2）测量器具在使用过程中，不能与刀具、工具等堆放在一起，以免磕碰；也不要随便放在机床上，以免因机床振动而使测量器具掉落而损坏。

（3）测量器具不能当作其他工具使用，例如用千分尺当小手锤使用，用游标卡尺划线等都是错误的。

（4）温度对测量结果的影响很大，精密测量一定要在20℃左右进行；一般测量可在室温下进行，但必须使零件和量具的温度一致。测量器具不能放在热源（电炉子、暖气设备）附近，以免受热变形而失去精度。

（5）不要把测量器具放在磁场附近，以免使其磁化。

（6）发现精密测量器具有不正常现象（如表面不平、有毛刺、有锈斑、尺身弯曲变形、活动零部件不灵活等）时，使用者不要自行拆修，应及时送交计量部门检修。

（7）测量器具应保持清洁。测量器具使用后应及时擦拭干净，并涂上防锈油放入专用盒内，存放在干燥处。

（8）精密测量器具应定期送计量部门鉴定，以免其示值误差超差而影响测量结果。

技能训练

阀盖测量

1. 训练内容

选用合适的量具对如图1—2—42所示的阀盖进行测量。

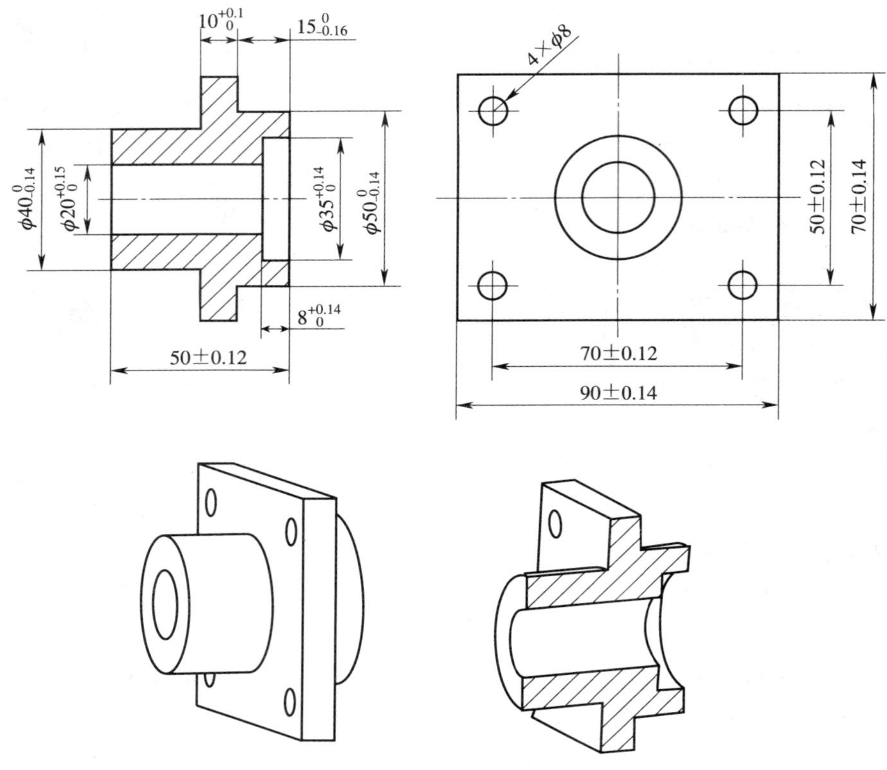

图 1—2—42　阀盖

2. 训练准备

量具：游标卡尺。

材料：阀盖，45 钢。

3. 操作步骤

零件图样上需要测量的尺寸不但包括外径和内径，还包括深度尺寸和长方形的外形尺寸，尺寸精度在 IT10 ~ IT12 之间。通过分析，选用游标卡尺进行测量。

4. 评分标准（见表 1—2—13）

表 1—2—13　　　　**评分标准**

序号	项目与技术要求		配分	评分标准	检测结果		得分
					学生自检	教师检测	
1	测量	测量前的检测并校对零位	10	不符合要求全扣			
2		正确使用游标卡尺	10	酌情扣分			
3		外圆 $\phi40^{+0}_{-0.14}$ mm	6	读数不正确全扣			
4		外圆 $\phi50^{0}_{-0.14}$ mm	5	读数不正确全扣			
5		长度 50 ±0. 12 mm	5	读数不正确全扣			
6		宽度 $10^{+0.1}_{0}$ mm	5	读数不正确全扣			
7		长度 90 ±0. 14 mm	5	读数不正确全扣			

续表

序号	项目与技术要求		配分	评分标准	检测结果		得分
					学生自测	教师检测	
8	测量	宽度 70 ±0. 14 mm	5	读数不正确全扣			
9		内径 $\phi20^{+0.15}_{0}$ mm	5	读数不正确全扣			
10		内径 $\phi35^{+0.14}_{0}$ mm	5	读数不正确全扣			
11		深度 $8^{+0.14}_{0}$ mm	8	读数不正确全扣			
12		深度 $15^{0}_{-0.16}$ mm	5	读数不正确全扣			
13		孔距 50 ±0. 12 mm	8	读数不正确全扣			
14		孔距 70 ±0. 12 mm	8	读数不正确全扣			
15	安全文明生产		10	酌情扣分			

注：学习时可根据具体情况更改测量件的形状和尺寸。

校对块测量

1. 训练内容

选用合适的量具对如图 1—2—43 所示的校对块进行测量。

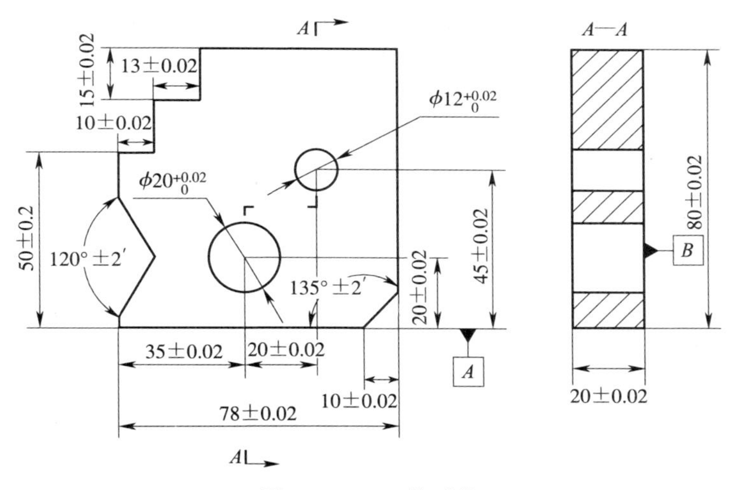

图 1—2—43　校对块

2. 训练准备

工具、量具：游标卡尺、外径千分尺、深度千分尺、三爪内径千分尺、游标万能角度尺、百分表（含磁性表座）、内径百分表、杠杆百分表、量块、正弦规、棉布。

材料：校对块，45 钢。

3. 操作步骤

零件图样上需要测量的尺寸有外形尺寸、深度尺寸、孔的位置尺寸、孔径和角度，尺寸精度较高，因此在选择量具时要符合测量要求。外形尺寸可以选用外径千分尺测量，也可以采用量块配合杠杆百分表测量；深度尺寸可以选用深度千分尺测量；孔的位置尺寸要用量块配合杠杆百分表测量；孔径可采用三爪内径千分尺或内径百分表测量；角度采用游标万能角度尺或正弦规测量。

4. 评分标准（见表1—2—14）

表1—2—14　　评分标准

序号	项目与技术要求		配分	评分标准	检测结果		得分
					学生自检	教师检测	
1	测量	外径千分尺测量尺寸	20	一处读数不正确扣5分			
2		深度千分尺测量尺寸	10	一处读数不正确扣5分			
3		内径千分尺测量孔的尺寸	10	一处读数不正确扣5分			
4		内径百分表测量孔的尺寸	5	一处读数不正确扣5分			
5		游标万能角度尺测量角度	10	一处读数不正确扣5分			
6		正弦规测量角度	10	一处读数不正确扣5分			
7		百分表、量块测量尺寸	15	一处读数不正确扣5分			
8		正确使用各类量具	10	一处不符合要求扣5分			
9	安全文明生产		10	酌情扣分			

复习思考题

1. 简述塞规的使用方法。

2. 用量块组配下列尺寸：（1）47.43 mm；（2）68.315 mm。

3. 用中心距为100 mm的正弦规，测量角度为30°的零件，求应垫量块组的高度尺寸。

4. 简述表面粗糙度比较样块的使用方法及注意事项。

5. 识读图1—2—44所示游标卡尺表示的被测尺寸的数值，游标卡尺的分度值为0.02 mm。

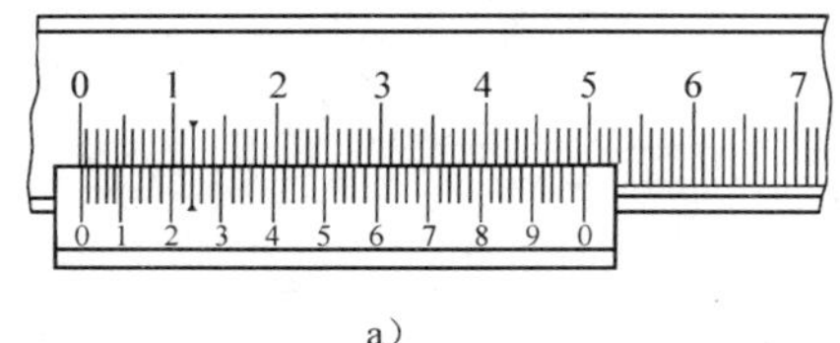

a)

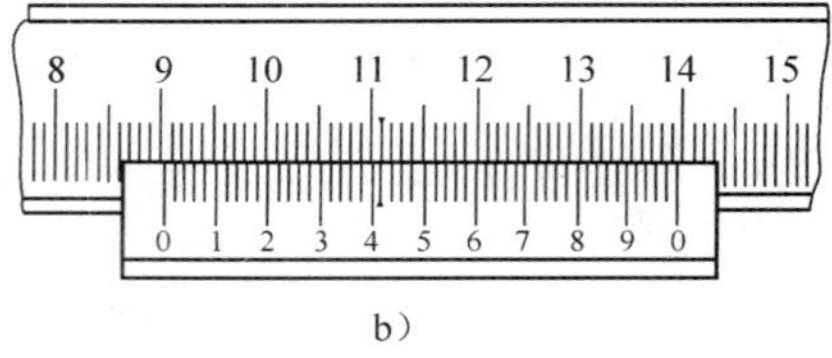

b)

图1—2—44

6. 识读图1—2—45所示外径千分尺表示的被测尺寸的数值。

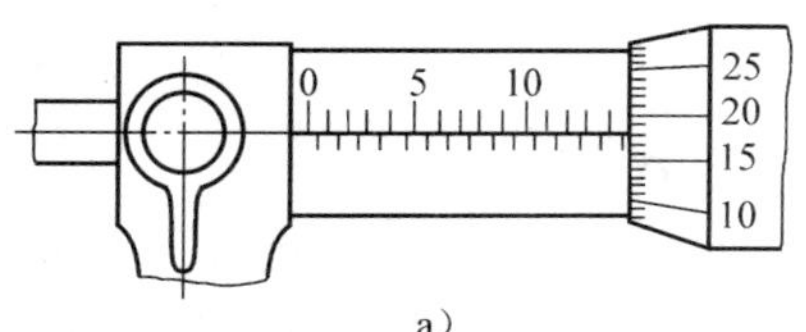

a)

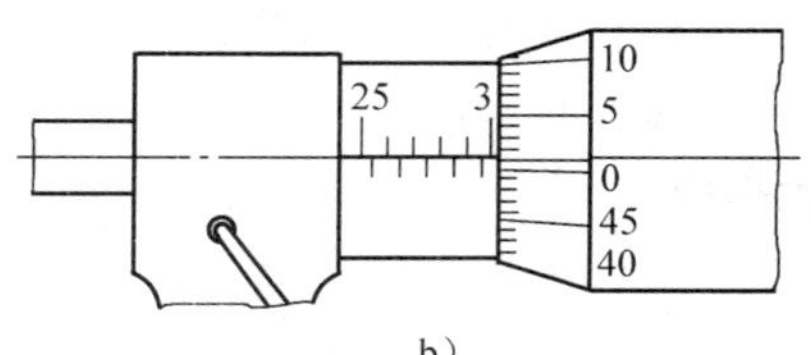

b)

图1—2—45

7. 选用合适量具对图 1—2—46 所示弯板进行测量。

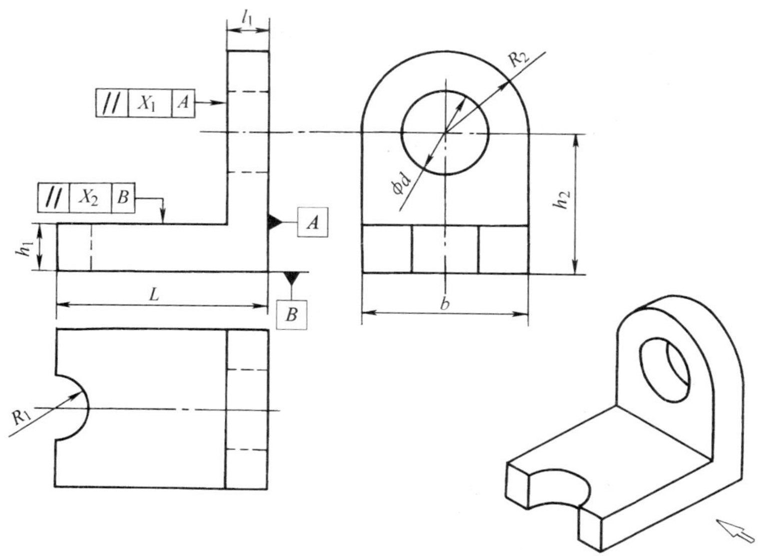

图 1—2—46

第二单元

钳工基本技能

课题一 划线

一、划线概述

划线是指在毛坯或工件上，用划线工具划出待加工部位的轮廓线或作为基准的点和线，这些点和线标明了工件某部分的尺寸、位置和形状特征，并确定了加工的尺寸界线，如图2—1—1所示。在机械加工中，划线主要涉及下料、锉削、钻削及车削等加工工艺。

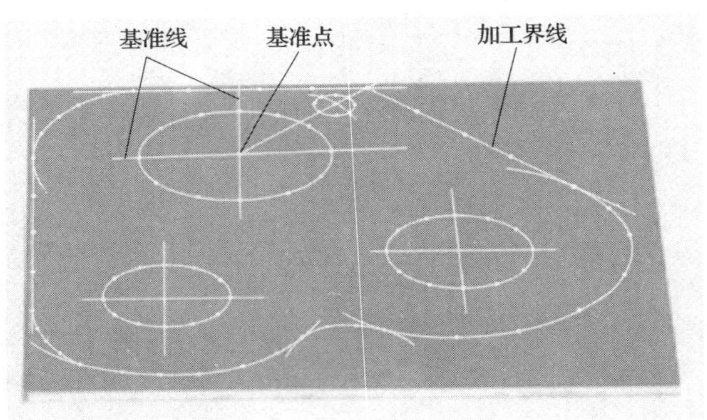

图2—1—1 划线

划线分平面划线和立体划线两种。只需要在工件一个表面上划线即能明确表示加工界线的，称为平面划线（见图2—1—1和图2—1—2）；需要在工件几个互成不同角度（通常是互相垂直）的表面上划线才能明确表示加工界线的，称为立体划线（见图2—1—3）。

在进入粗、精加工时，需要凭借划出的基准线和加工界线，作为校正和加工的依据。划线的主要作用如下：

（1）确定工件的加工余量，使机械加工有明确的尺寸界线。

（2）便于复杂工件在机床上安装，可以按划线找正定位。

（3）能够及时发现和处理不合格的毛坯，避免加工后造成损失。

（4）采用借料划线可以使误差不大的毛坯得到补救，使加工后的零件仍能符合要求，提高毛坯的利用率。

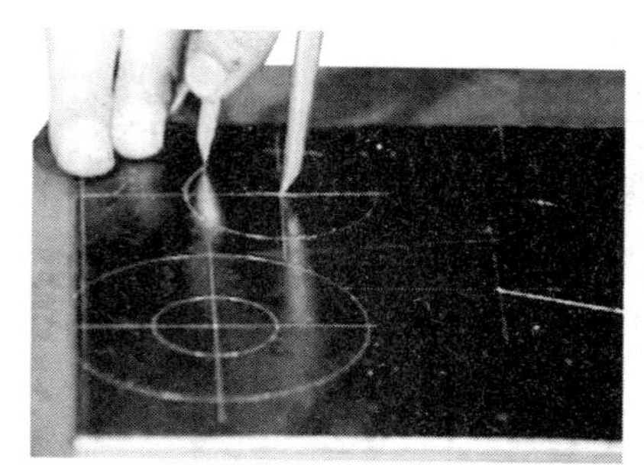

图 2—1—2　平面划线

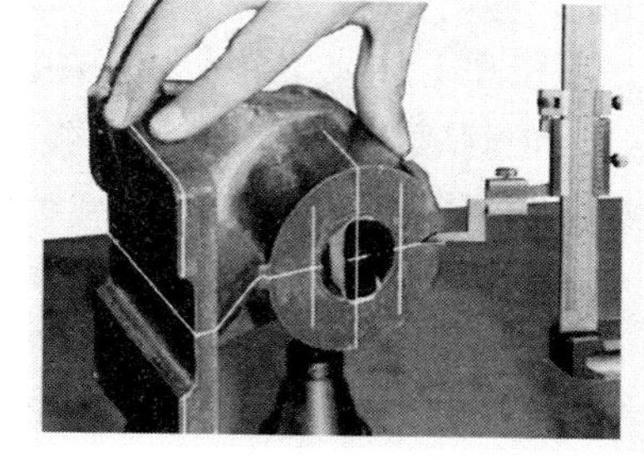

图 2—1—3　立体划线

划线是机械加工的重要工序之一，广泛用于单件和小批量生产。划线的准确与否，将直接影响产品的质量和生产效率的高低。划线除要求划出的线条清晰均匀外，最重要的是保证尺寸准确。划线精度一般为 0.25 ~ 0.5 mm。因此，工件的最后加工精度必须通过测量来保证。

二、划线工具

1. 划线平板

划线平板如图 2—1—4 所示，其作用是用来安放工件和划线工具，并在其工作面上完成划线及检测过程。划线平板由钢、铸铁、大理石等材料制作而成，最常用的是铸铁平板。划线平板一般用木架或铁架支承，高度在 1 m 左右。根据使用要求不同，其精度等级和面积大小可根据实际情况进行选择。精度有 0 级、1 级、2 级、3 级四个等级，0 级精度最高。常用的面积有 300 mm × 400 mm、600 mm × 800 mm、1 500 mm × 1 000 mm 等。在大工件划线时，若平板面积较小，可用两个或多个平板拼接使用。

图 2—1—4　划线平板

小提示

划线平板的使用注意事项：

（1）安装时，使工作面保持水平位置，以免日久变形。

（2）要经常保持工作面的清洁，防止铁屑、沙粒等划伤表面，为防止平板受到撞击，在放置工件、使用工具时要轻拿轻放。

（3）平板工作面各处要均匀使用，以免局部磨损。

（4）划线结束后要把平板表面擦净，涂油防锈。

（5）按有关规定定期检查，并给予及时调整、研修，以保证工作面的水平状态及平面度。

2. 划针

划针是直接在毛坯或工件上划线的工具。在已加工表面上划线时常使用 ϕ3～5 mm 的弹簧钢丝或高速钢制成的划针，其长度约为 200～300 mm，尖端磨成 15°～20°，并经淬火处理以提高其硬度和耐磨性（硬度可达 55～60HRC）；在铸件、锻件等表面上划线时，常用尖部焊有硬质合金的划针。划针如图 2—1—5 所示。

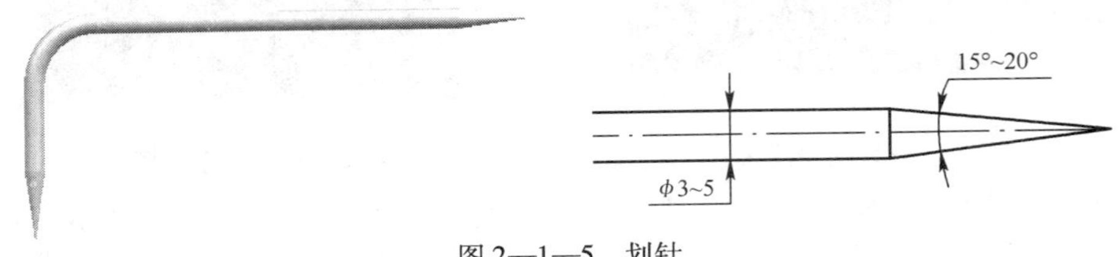

图 2—1—5 划针

划线的线条宽度应保证在 0.05～0.1 mm 内。划针通常与钢直尺、三角尺、划线样板等导向工具配合使用。

小提示

划针的使用注意事项：

（1）用划针划线时，一手紧压导向工具，防止其滑动，另一手使划针尖紧靠导向工具的边缘，并使划针上部向外倾斜约 15°～20°，同时向划针前进方向倾斜 45°～75°，如图 2—1—6 所示。这样既能保证针尖紧贴导向工具的基准边，又能方便操作者观察。水平线应自左向右划，竖直线自上向下划，倾斜线的走向趋势是自左下向右上划，或自左上向右下划。

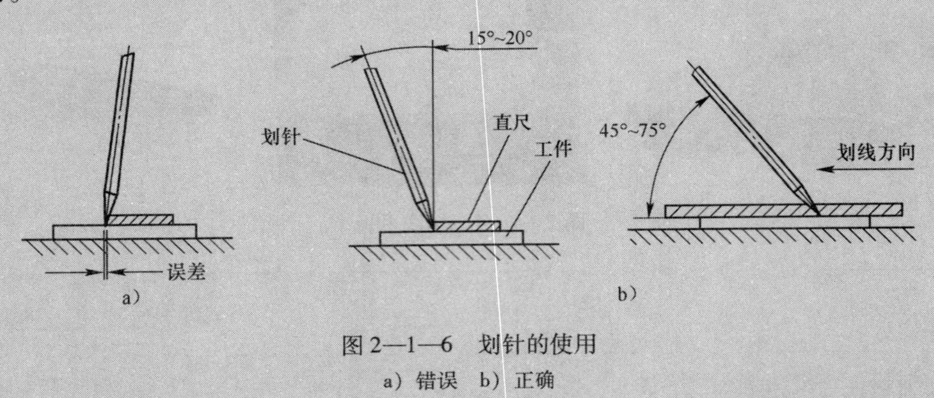

图 2—1—6 划针的使用

a）错误 b）正确

（2）划线时用力大小要均匀适宜，一根线条应一次划成，既要保证线条均匀清晰，又要控制线条宽度。

3. 划规

划规是用来划圆和圆弧、等分线段和角度、量取尺寸的工具。划规一般用中碳钢或工具钢制成，两脚尖端淬硬，硬度可达 48～53HRC，有的在两脚端部焊有一段硬质合金，使用时，耐磨性更好。

钳工常用的划规有普通划规、扇形划规、弹簧划规和长划规等，如图 2—1—7 所示。

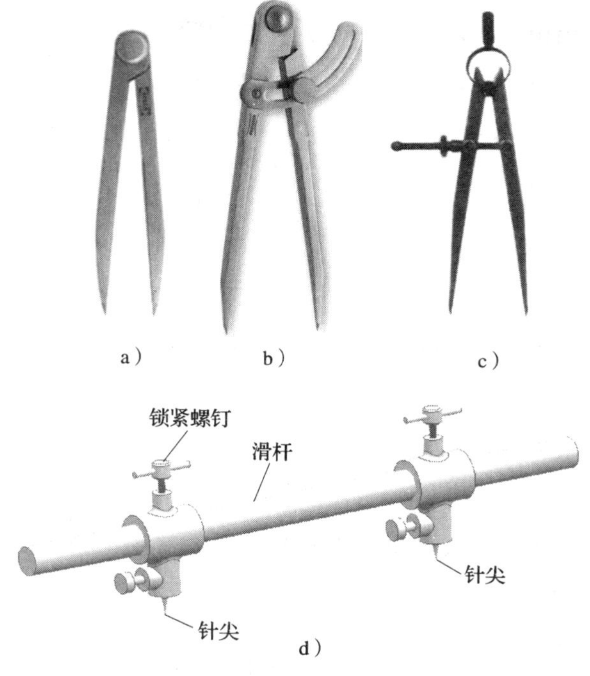

图 2—1—7　划规

a）普通划规　b）扇形划规　c）弹簧划规　d）长划规

普通划规因结构简单，制造方便而应用广泛，但要求两脚铆接处松紧适当。过松，在测量和划线时易使两脚活动，尺寸不稳定；过紧，又不便调整。

扇形划规因有锁紧装置，两脚间的角度较稳定，结构也较简单，常用于粗毛坯表面的划线。

弹簧划规易于调整角度，但用来划线的一脚易滑动，结构刚度差，因此，只限于在半成品表面上划线。

长划规专用于划大尺寸圆或圆弧，其两个划规脚位置可调节。

图 2—1—8 所示为划规的使用方法，图 2—1—8a 所示为量取尺寸，图 2—1—8b 所示为划圆弧，图 2—1—8c 所示为用划规划出平行于工件边且有一定距离要求的平行线。

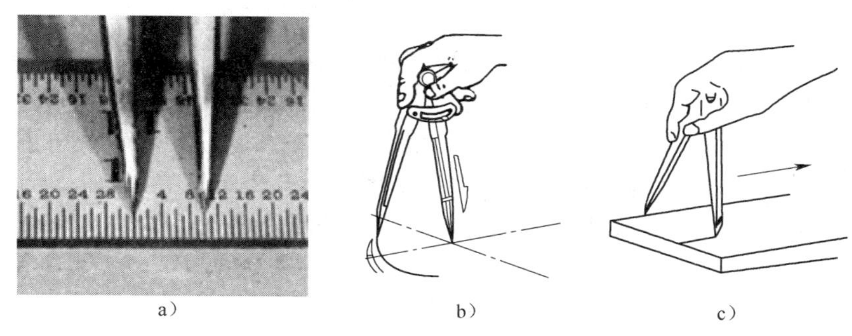

图 2—1—8　划规的使用方法

a）量取尺寸　b）划圆弧　c）划平行线

划规使用前，应将其脚尖磨锋利，以保证划出的线条清晰。划规两脚长度要磨得稍有不等，两脚合拢时脚尖才能靠拢，以便于划出小尺寸圆弧。划圆弧时，应压住划规一脚加以定心，转动另一脚划线，划规要基本垂直于划线表面，可略有倾斜，但不能太大；两脚尖应在同一平面内，否则尺寸要做些调整，如图 2—1—9 所示。

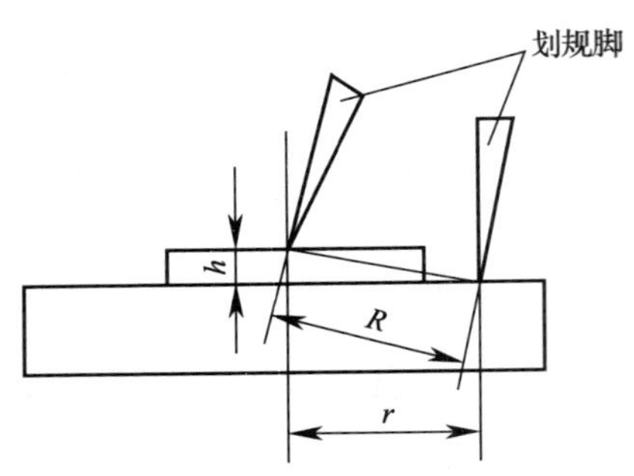

图 2—1—9　在中心与圆周有高度差的表面上划线

4. 划线盘

划线盘是直接在工件上划线或找正工件安放位置的常用工具，如图 2—1—10 所示。一般情况下，划针的直头用于划线，弯头用于找正工件安放位置。

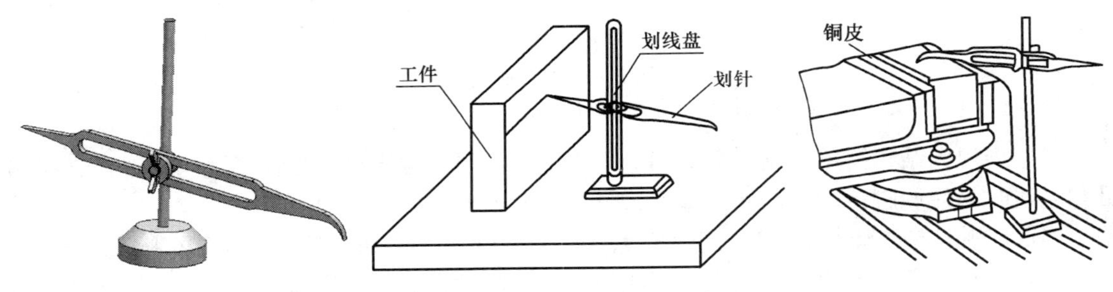

图 2—1—10　划线盘及其使用方法

在使用划线盘时，利用夹紧螺母可调节划针的高度。使用时应使划针基本处于水平位置，划针伸出端应尽量短，以增大其刚度，防止抖动，且划针的夹紧要可靠。用手拖动底盘划线时，应使底盘始终贴紧平台移动。划针移动时，其移动方向与工件划线表面之间成 45°~75°夹角，以使划针顺利运行，线条一次划出。在划较长的直线时，应采用分段连接的方法，避免在划线过程中由于划针的弹性变形和划线盘本身的移动而造成划线误差。

5. 游标高度尺

游标高度尺是精确的量具及划线工具，可用来测量高度，又可用其量爪直接划线，如图 2—1—11 所示。其读数精度为 0.02 mm，划线精度可达 0.1 mm 左右，一般用于半成品划线，不允许用于毛坯划线。若在毛坯上划线，易碰坏其硬质合金划线脚。

6. 钢直尺

钢直尺是一种简单的测量工具和划线时的导向工具，其使用方法如图 2—1—12 所示。在尺面上刻有尺寸刻线，刻线间距多为 1 mm，最小刻线间距为 0.5 mm，其规格（长度）有 150 mm、300 mm、1 000 mm 等。

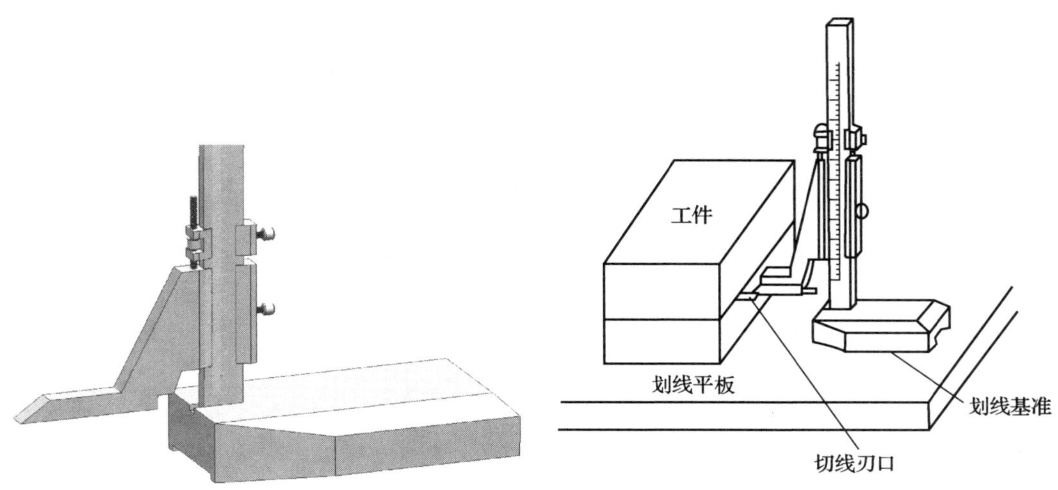

图 2—1—11　游标高度尺及其使用方法

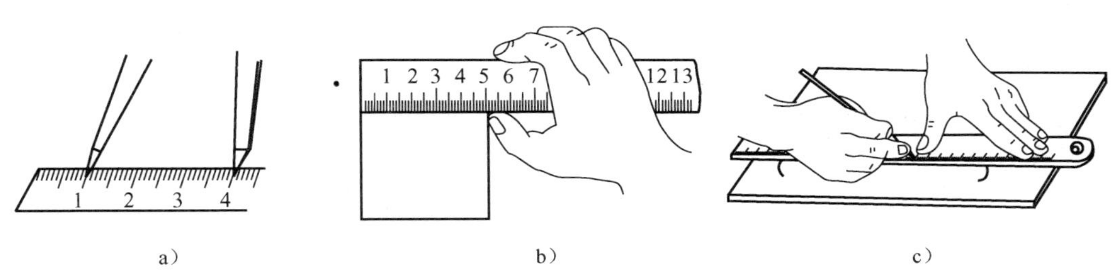

图 2—1—12　钢直尺的使用方法
a）量取尺寸　b）测量尺寸　c）划直线

7. 样冲

样冲用于在工件所划的线条上打样冲眼，作为加强加工界线标志；或用于圆弧中心或钻孔时的定位中心打眼（称中心样冲眼），如图 2—1—13 所示。

工件划线后，在搬运、装夹等过程中可能将线条磨掉，为了保持划线标记，通常用样冲在已划好的线上打上小而均匀的样冲眼。

样冲一般由工具钢制成。在工厂，可用旧的丝锥、铰刀等改制而成。其尖端和锤击端经淬火硬化，硬度可达 55 ~ 60HRC，尖端一般磨成 45° ~ 60°，划线用样冲的尖端可磨锐一些，而钻孔用样冲的尖端可磨钝一些。

开始打样冲眼时，为便于观察，样冲向外倾斜，使样冲尖端对正线的中部，然后直立样冲，用锤子敲击样冲顶部，以保证样冲眼的位置准确，如图 2—1—14 所示。

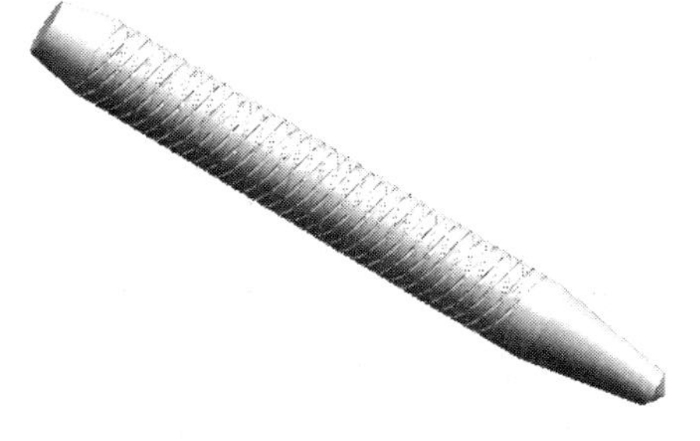

图 2—1—13　样冲

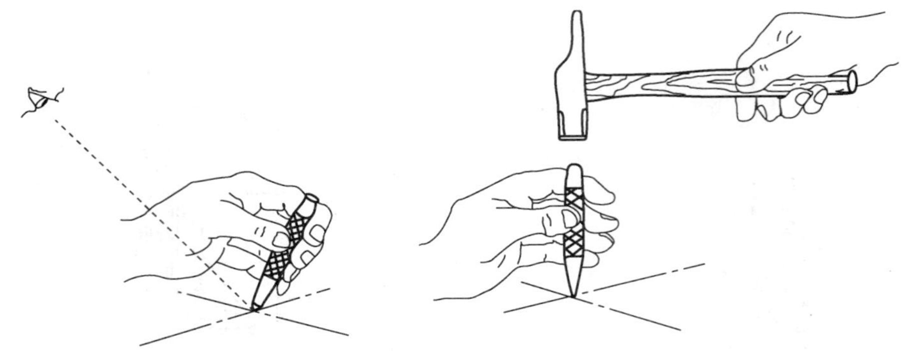

图 2—1—14　样冲的使用方法

小提示

样冲的使用注意事项：

（1）样冲眼应打在线宽的正中间，不可偏离线条，且间距要均匀。样冲眼间距由线的长短及曲直决定，如图 2—1—15 所示。在短线上样冲眼间距小些，而在长直线上间距可大些。在曲线上样冲眼间距应小些，直径小于 20 mm 的圆周上应有 4 个样冲眼，而直径大于 20 mm 的圆周线上应有 8 个样冲眼；在线条的相交处和拐角处必须打上样冲眼。另外，在曲面的凸出部分必须打样冲眼，因为此处更易磨损。在用划规划圆弧的地方，要在圆心上打样冲眼，作为划规脚尖的立脚点，防止划规滑动。

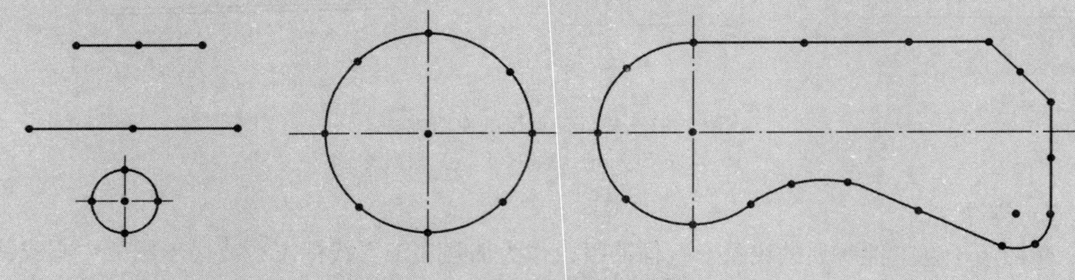

图 2—1—15　样冲眼的位置要求

（2）样冲眼的深浅要适当。粗糙毛坯表面样冲眼应深些；较光滑表面样冲眼要浅或不打样冲眼；薄工件样冲眼要浅，以防变形；孔的中心样冲眼要打深些，以便钻孔时钻头对准中心；软材料不需打样冲眼，精加工表面绝不可以打样冲眼。

8. 辅助工具

（1）垫铁　垫铁是用来支持、垫平和升高毛坯工件的工具。常用的有平垫铁、斜垫铁两种，如图 2—1—16 所示。斜垫铁能对工件的高低作少量的调节。

（2）V 形架　V 形架主要用来支承工件的圆柱面，使圆柱的轴线平行于平台工作面，便于找正或划线。V 形架常用铸铁或碳钢制成，其外形为长方体，工作面为 V 形槽，两侧面互成 90°或 120°夹角，如图 2—1—17 所示。支承较长工件时，应使用成对的 V 形架。成对的 V 形架必须成对加工，且不可单个使用，以免单个磨损后产生两者的高度尺寸误差。

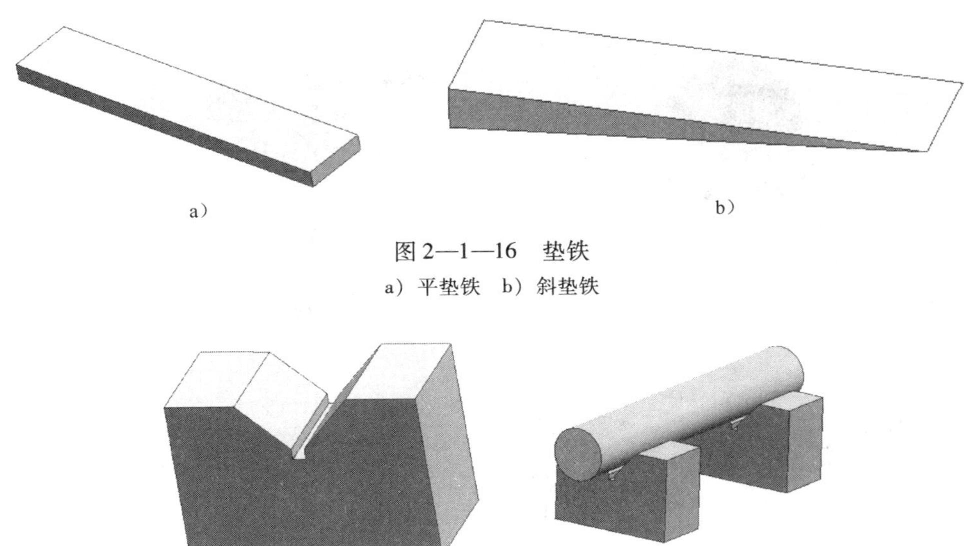

图 2—1—16　垫铁

a）平垫铁　b）斜垫铁

图 2—1—17　V 形架

（3）直角铁　直角铁如图 2—1—18 所示，可用来装夹工件并在它的垂直面上划线。装夹时可用 C 形夹头或压板。

（4）方箱　方箱是由铸铁制成，一般是中间带有方孔的立方体或长方体，如图 2—1—19 所示。较小或较薄的工件可夹持在方箱上，翻转方箱可一次划出全部相互垂直的线条。方箱还可当靠铁使用。

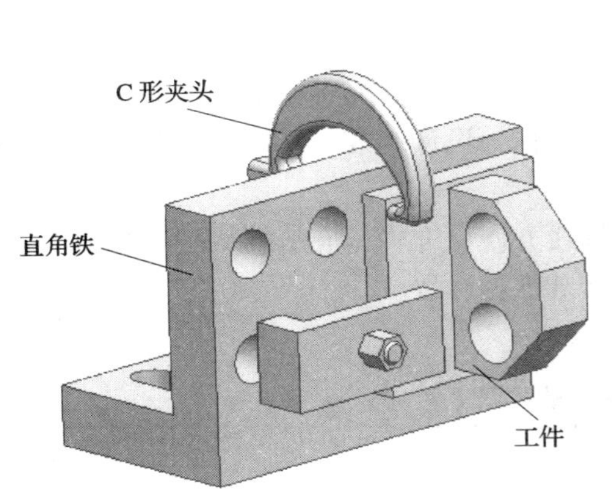

图 2—1—18　直角铁

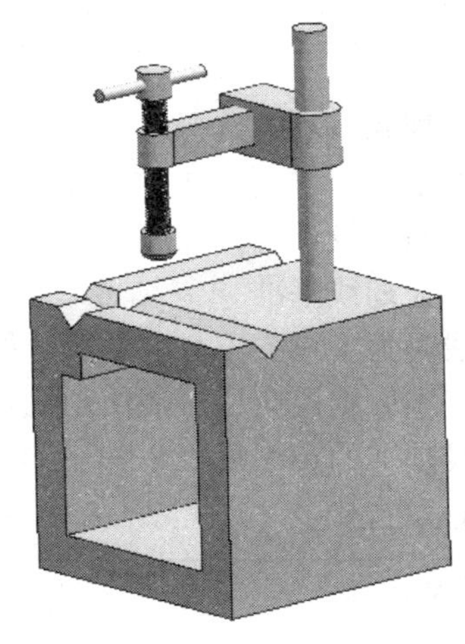

图 2—1—19　方箱

（5）千斤顶　千斤顶是用来支持毛坯或不规则工件进行划线的工具，如图 2—1—20 所示。它可较方便地调节工件各处的高度。常用的螺旋千斤顶由螺杆、螺母、底座、锁紧螺母等组成，旋转螺母就能调节千斤顶螺杆的高度，锁紧螺母就能固定螺杆的位置。千斤顶的顶端一般制成带球顶的锥形，使支承既可靠又灵活。若要支承柱形工件或较重工件，可将顶部制成 V 形架。

 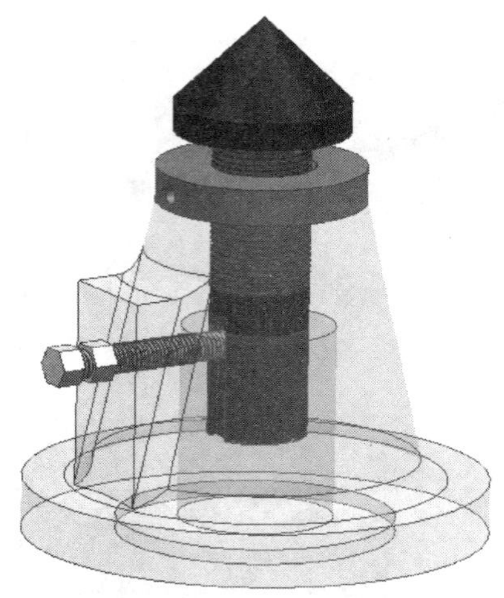

图 2—1—20　千斤顶

小提示

千斤顶的使用注意事项：

（1）千斤顶底部要擦净，工件要平稳放置。调节螺杆高低时，防止千斤顶产生移动，以防工件滑倒。

（2）一般工件用 3 个千斤顶支承，且 3 个支承点要尽量远离工件重心。在工件较重部分用 2 个千斤顶，另 1 个千斤顶支承在较轻的部位。

三、划线基准的选择

基准是指图样（或工件）上用来确定生产对象上几何要素间的几何关系所依据的那些点、线、面。设计时，在图样上所采用的基准，称为设计基准。划线时，在工件上所采用的基准，称为划线基准。

划线时为了减少不必要的尺寸换算，使划线方便、准确，应从划线基准开始。划线基准选择的基本原则是应尽可能使划线基准与设计基准相一致。

划线基准的类型见表 2—1—1。

表 2—1—1　　划线基准的类型

序号	基准类型	图示	说明
1	以两个互相垂直的平面（或直线）为基准		该工件有互相垂直的两个方向尺寸，每一个方向上的尺寸都是依据外平面来确定的，这两个平面就是每一个方向上的划线基准

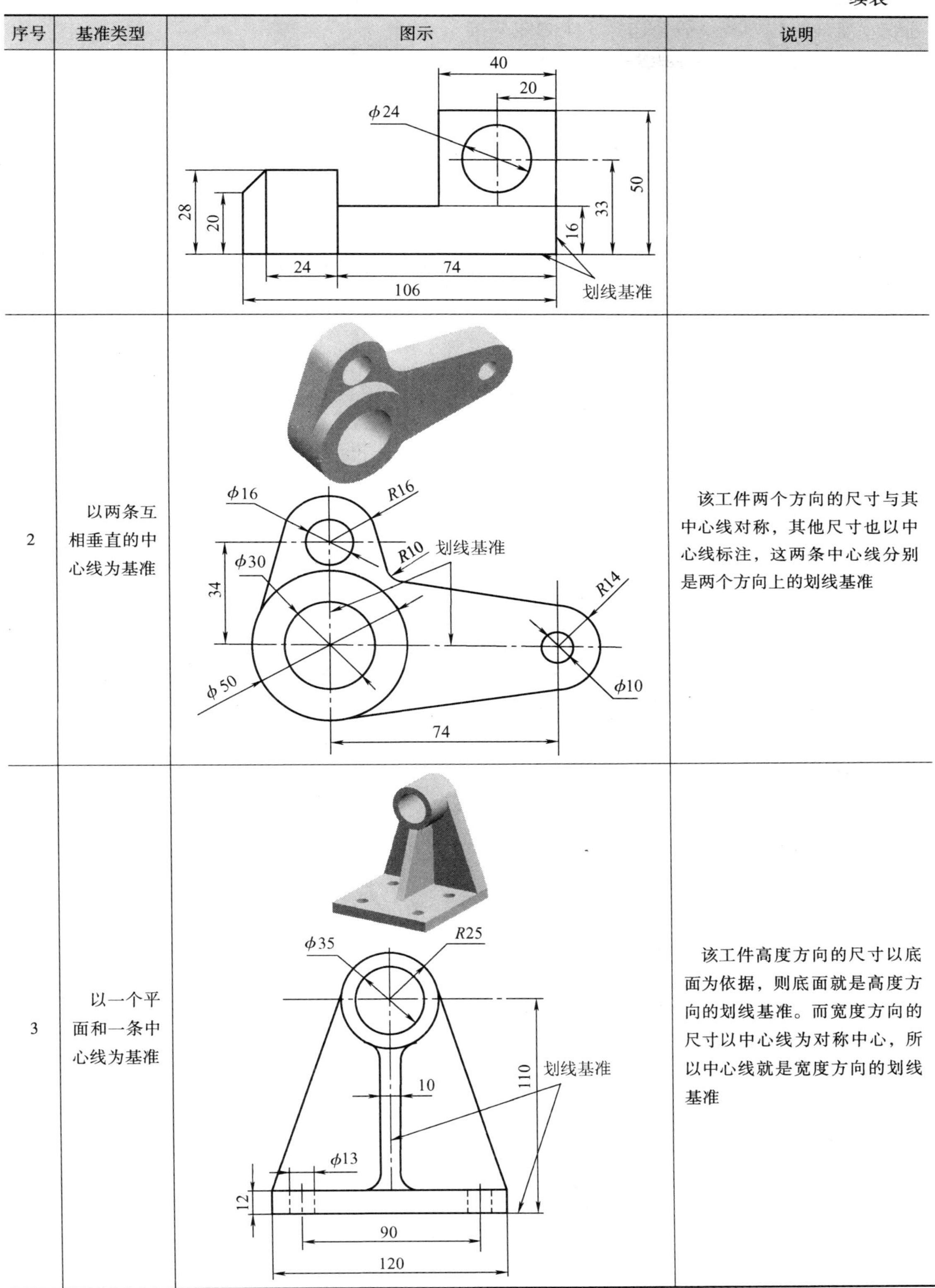

续表

序号	基准类型	图示	说明
2	以两条互相垂直的中心线为基准		该工件两个方向的尺寸与其中心线对称，其他尺寸也以中心线标注，这两条中心线分别是两个方向上的划线基准
3	以一个平面和一条中心线为基准		该工件高度方向的尺寸以底面为依据，则底面就是高度方向的划线基准。而宽度方向的尺寸以中心线为对称中心，所以中心线就是宽度方向的划线基准

划线时在工件的每一个方向都需要选择一个划线基准。因此，平面划线一般要选择 2 个划线基准；立体划线一般要选择 3 个划线基准。

四、划线前的准备工作和划线步骤

1．划线前的准备工作

划线前，首先要看懂图样和工艺文件，明确划线的任务；其次是检查工件的形状和尺寸是否符合图样要求；然后选择划线工具；最后对划线部位进行清理和涂色等。

（1）工件的清理　对铸、锻毛坯件，应将型砂、毛刺、氧化皮除掉，并用钢丝刷刷净，对已生锈的半成品将浮锈刷掉。

（2）工件的涂色　为了使划出的线条清晰，一般应在工件的划线部位涂上一层薄而均匀的涂料。涂色时，涂层要涂得薄而均匀，太厚的涂层反而容易脱落。常用的涂料配方及应用见表 2—1—2。

表 2—1—2　　常用划线涂料配方和应用

名称	配制方法	应用
石灰水	石灰水加适量牛皮胶	用于铸件、锻件等表面较为粗糙的毛坯（白底黑线）
划线蓝油	2% ~4% 龙胆紫加 3% ~5% 虫胶漆和 91% ~95% 酒精混合而成	用于已加工表面或黄铜等有色金属（蓝底白线）

（3）在工件的孔中装中心塞块　当在有孔的工件上划圆或等分圆弧时，为了在求圆心和划线时能固定划规的一脚，须在孔中塞入塞块，如图 2—1—21 所示。常用的塞块有铅条、木块或可调塞块。铅条用于较小的孔，木块和可调塞块用于较大的孔。

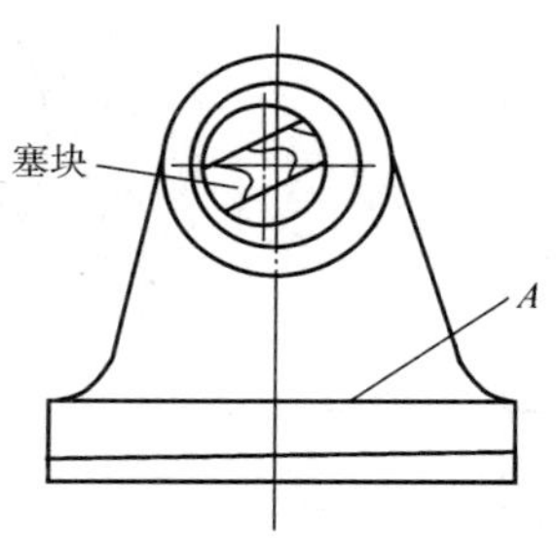

图 2—1—21　装中心塞块

2．划线步骤

（1）分析图样，了解需要划线的尺寸、部位、作用、要求及有关的加工工艺。

（2）清理，涂色。

（3）确定划线基准。

（4）初步检查毛坯的误差情况。

（5）正确安放工件和选用划线工具。

（6）进行划线。

（7）详细检查划线的准确性以及是否有漏划的线条。

（8）在加工界线上打样冲眼。

五、划线的找正与借料

1．找正

对于毛坯工件，划线前一般应先做好找正工作。找正就是利用划线工具（如划线盘、直角尺、单脚规等）使工件上有关毛坯表面处于合适位置，加工余量得到合理分配。找正时应注意的问题如下：

（1）当工件上有不加工表面时，应按不加工表面找正后再划线，这样可使加工表面和不加工表面之间保持尺寸均匀。

如图 2—1—21 所示的轴承座毛坯，内孔和外圆不同心，底面和上平面 A 不平行，划线前应进行找正。在划内孔加工线之前，应先以外圆（不加工）为找正依据，用单脚规找出其中心，然后以求出的中心为基准划出内孔的加工线，这样内孔和外圆就可以达到同心要求。在划轴承座底面加工线之前，应以上平面 A（不加工表面）为依据，用划线盘找正成水平位置，然后划出底面加工线，这样底座各处的厚度就比较均匀。

（2）当工件上有两个以上不加工表面时，应选重要的或较大的不加工表面为找正依据，并兼顾其他不加工表面，这样划线后的加工表面与不加工表面之间才比较均匀，而使误差集中到次要或不明显的部位。

（3）当工件上没有不加工表面时，可通过对各自需要加工的表面自身位置找正后再划线。这样可使各加工表面的加工余量均匀，避免加工余量相差悬殊。

2. 借料

当工件尺寸、形状、位置上的误差和缺陷难以用找正划线方法补救时，就需要利用借料的方法来解决。

借料就是通过试划和调整，将各加工表面的加工余量互相借用，合理分配，从而保证各加工表面都有足够的加工余量，而使误差和缺陷在加工后排除。

借料划线时，应首先测量出工件的误差程度，确定借料的方向和大小，然后从基准开始逐一划线。若发现某一加工面的余量不足，应再次借料，重新划线，直至各加工表面都有允许的最小加工余量为止。

如图 2—1—22 所示是内孔、外圆偏心量较大的锻件毛坯。当不顾及内孔而先划外圆再划内孔时，加工余量不足（见图 2—1—22a）。如果不考虑外圆先划内孔，则划外圆时加工余量仍然不足（见图 2—1—22b）。只有内孔、外圆同时考虑，相互借用才能保证内孔、外圆均有足够的加工余量（见图 2—1—22c）。

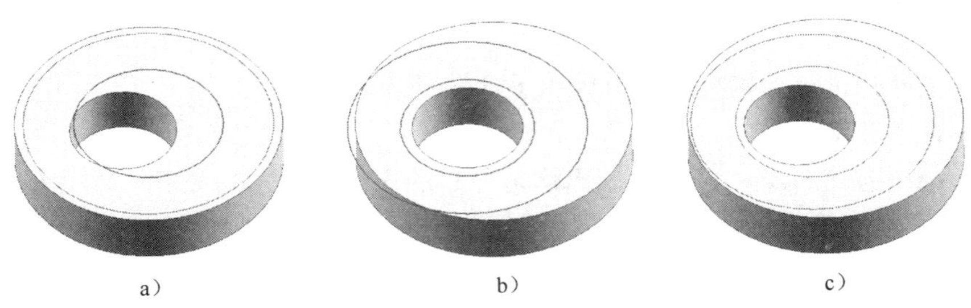

a） b） c）

图 2—1—22 圆环的借料划线

a）以外圆找正 b）以内孔找正 c）借料划线

六、分度头的使用与划线

1. 分度头结构

分度头是铣床上等分圆周用的附件，钳工常用来对中、小型工件进行分度和划线。其优点是使用方便，精确度较高。

分度头的主要规格是以顶尖（主轴）中心线到底面的高度（mm）表示。例如 FW125 型万能分度头，其主轴中心到底面的高度为 125 mm。常用万能分度头的型号有 FW100、FW125、FW160 等。分度头的外形如图 2—1—23a 所示。

分度头的传动系统如图 2—1—23b 所示。分度前应先将分度盘 8 固定（使之不能转动)，再调整手柄插销 9，使它对准所选分度盘的孔圈。分度时先拔出手柄插销，转动手柄 10，带动分度主轴转至所需要分度的位置，然后将插销重新插入分度盘中。

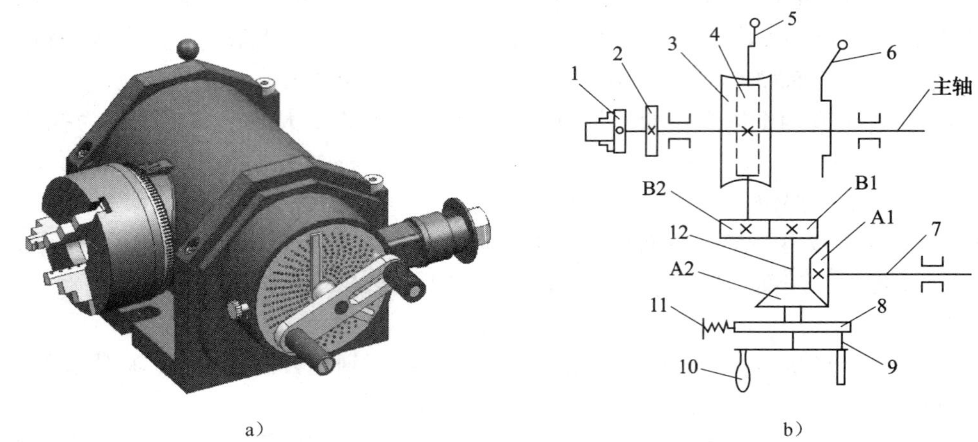

a)　　b)

图 2—1—23　分度头

a) 分度头外形　b) 分度头传动系统

1—卡盘　2—刻度盘　3—蜗轮　4—蜗杆　5—蜗杆脱落手柄　6—主轴锁紧手柄

7—挂轮轴　8—分度盘　9—定位插销　10—手柄　11—锁紧螺钉　12—轴

2. 分度头分度

分度头分度的原理是：当手柄 10 转一周，单头蜗杆 4 也转一周，和蜗杆啮合的 40 个齿的蜗轮 3 转一个齿，即转 1/40 周，被卡盘夹持的工件也转 1/40 周。如果工件作 z 等分，即每次分度主轴应转 $1/z$ 周，手柄 10 每次分度应转过的圈数可由下式确定：

$$n=\frac{40}{z}$$

式中　n——工件转过每一等分时，分度头手柄转过的圈数；

z——工件的等分数。

例 2—1—1　在工件某一圆周上划出均匀分布的 8 个孔，求每划完一个孔的位置后，手柄应转多少圈才能划第二个孔？

解：

$$n=\frac{40}{z}=\frac{40}{8}=5$$

答：每划完一个孔的位置后，手柄应转过 5 圈再划另一个孔的位置。

有时，工件的等分数计算出来的手柄转数不是整数。如：要把一圆周等分 12 等份，手柄转过的圈数 $n=\frac{40}{z}=\frac{40}{12}=3\ \frac{1}{3}$。这时就要利用分度盘，根据分度盘各孔圈的孔数（见表 2—1—3），将 1/3 分子、分母同时扩大相同的倍数，使扩大后的分母数等于某一孔圈的孔数，而扩大后的分子数就是手柄转过的孔数。根据表 2—1—3，若将 1/3 分子、分母同时扩大，则手柄转过的圈数有 $n=\frac{40}{12}=3\ \frac{1}{3}=3\ \frac{8}{24}=3\ \frac{10}{30}=3\ \frac{14}{42}=3\ \frac{17}{51}=3\ \frac{18}{54}=3\ \frac{19}{57}=3\ \frac{22}{66}$等多种选择。一般情况下，应尽可能选用孔数较多的孔圈，因为孔圈的孔数越多，分度误差越小。所以此例应尽量选用66孔的孔圈进行分度，即分度手柄应在66孔的孔圈上转3圈后再转过22个孔距。

表2—1—3　分度盘的孔数

分度头形式	分度盘的孔数
带一块分度盘	正面：24、25、28、30、34、37、38、39、41、42、43 反面：46、47、49、51、53、54、57、58、59、62、66
带两块分度盘	第一块　正面：24、25、28、30、34、37 　　　　反面：38、39、41、42、43 第二块　正面：46、47、49、51、53、54 　　　　反面：57、58、59、62、66

用分度盘分度时，为使分度准确而迅速，避免每分度一次要数一次孔数，可利用安装在分度头上的分度叉进行计数。即分度时，先根据计算的孔距数调整好分度叉，在每次转动手柄前，应拨动调整好的分度叉到达定位插销的初始位置。图2—1—24所示为分度叉的结构及每次分度转8个孔距的情况。

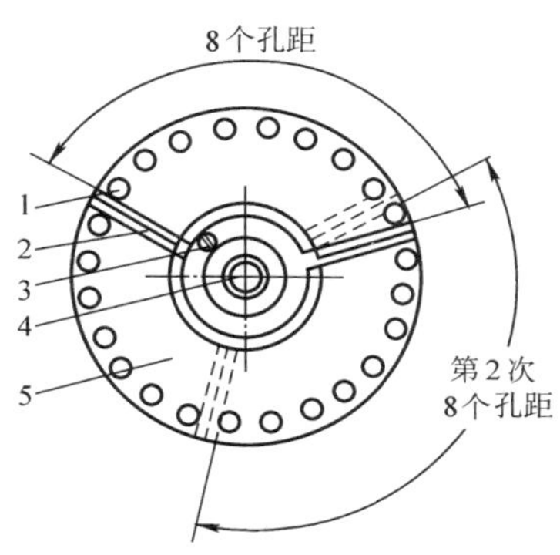

图2—1—24　分度叉

1—插销孔　2—分度叉　3—紧固螺钉　4—心轴　5—分度盘

小提示

分度盘的使用注意事项：

(1) 为保证分度准确，分度手柄每次必须按同一方向转动。

(2) 当分度手柄将到预定孔位时，注意不要让它转过头，定位销要刚好插入孔内。

(3) 如发现已转过头，则必须反向转过半圈左右后再重新转到预定的孔位。

(4) 在使用分度头时，每次分度前必须先松开分度头侧面的主轴锁紧手柄，分度头主轴才能自由转动。分度完毕后，要紧固主轴，以防主轴在划线过程中松动。

(5) 对于分度精度要求不高的工件，可利用装在主轴上的刻度盘直接分度。

3. 分度头划线

钳工在划线工作中，主要是采用简单分度法进行分度。划线前应先将分度头卡盘调整到水平位置，把分度头放在划线平板上，将工件用卡盘夹持，配合游标高度尺，即可进行分度划线，如图 2—1—25 所示。利用分度头可在工件上划出水平线、垂直线、倾斜线和圆的等分线或不等分线。

图 2—1—25　分度头划线

技能训练

平面样板划线

1. 训练内容

完成如图 2—1—26 所示平面样板的划线工作。

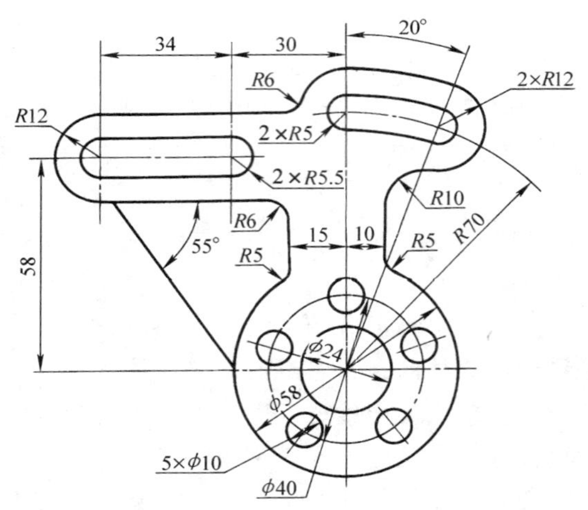

图 2—1—26　平面样板

2. 训练准备

（1）工具、量具：钢直尺、直角尺、游标万能角度尺、划线平板、划针、划规、样冲、锤子、石灰水。

（2）材料：120 mm×120 mm×2 mm 薄板，Q235。

3. 操作步骤（见表 2—1—4）

该工件需要划线的部位有两个方向，属于平面划线。根据划线基准的类型，应选择两条相互垂直的中心线为划线基准，注意在找出圆心位置后要先打上样冲眼。

表 2—1—4　　操作步骤

步骤	操作内容	图示
准备工作	准备好所有划线工具，并对工件进行清理和表面涂色	
确定划线基准	分析图样，根据划线基准的类型选择以 ϕ24 mm 圆的水平和垂直中心线为划线基准。根据划线基准和最大轮廓尺寸确定两基准线在工件上的合理位置。工件下方的最大圆为 ϕ58 mm，即半径为 29 mm，水平中心线距下边界只要大于 29 mm 即可满足划线要求。垂直中心线左侧的最大尺寸为 76 mm，即垂直中心线距左边界只要大于 76 mm 即可满足划线要求。工件备料尺寸为 120 mm × 120 mm，为了使划出的图样在钢板上处于中心位置，确定水平基准距下边界 35 mm，垂直基准距左边界 80 mm。画出两基准线，并在两线交点处打样冲眼	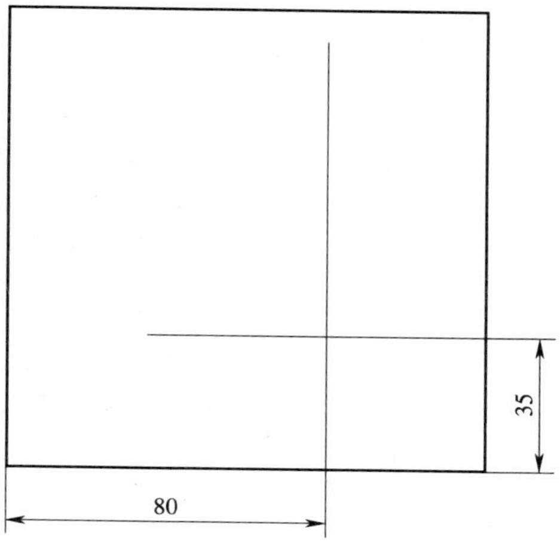 35 80
划线	（1）划 ϕ24 mm、ϕ40 mm 圆周线及 ϕ58 mm 圆弧线，将 ϕ40 mm 圆周五等分，在等分点上打上样冲眼，并划出 5 个 ϕ10 mm 圆周线	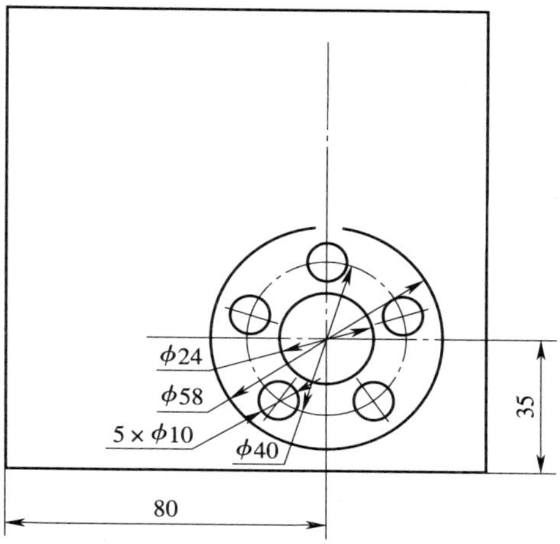 ϕ24 ϕ58 5×ϕ10 ϕ40 35 80

续表

步骤	操作内容	图示
	（2）以垂直中心线为基准，划出尺寸分别为15 mm和10 mm尺寸线，并以5 mm为半径，分别划出两条与ϕ58 mm圆弧的过渡圆弧	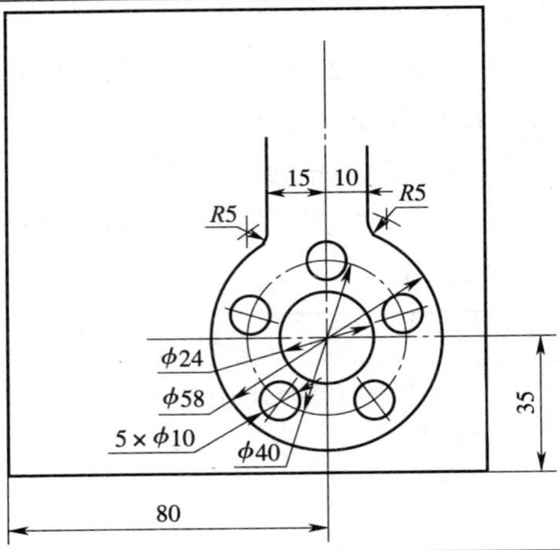 15　10　R5　R5　ϕ24　ϕ58　5×ϕ10　ϕ40　35　80
划线	（3）作20°倾斜线；以两基准线的交点为圆心，以70 mm为半径划弧，分别与垂直线和倾斜线相交，在交点上打上样冲眼；用划规分别划出两处*R*12 mm圆弧和两处*R*5 mm圆弧；以两基准线的交点为圆心，分别以*R*（70＋12）mm、*R*（70＋5）mm、*R*（70－5）mm划弧，分别与*R*12 mm和*R*5 mm圆弧相切，并作*R*10 mm圆弧分别与直线和*R*12 mm圆弧相切	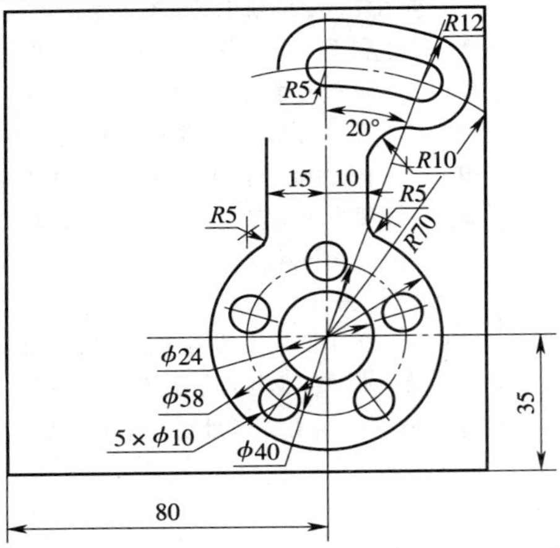 R12　R5　20°　R10　15　10　R5　R5　R70　ϕ24　ϕ58　5×ϕ10　ϕ40　35　80
	（4）划出与水平基准距离为58 mm的平行线；划出与垂直基准距离分别为30 mm和64 mm的平行线，在交点上打样冲眼；划出*R*12 mm和*R*5.5 mm的圆弧线；划出圆弧的切线；分别划出两处*R*6 mm的过渡圆弧；划55°倾斜线	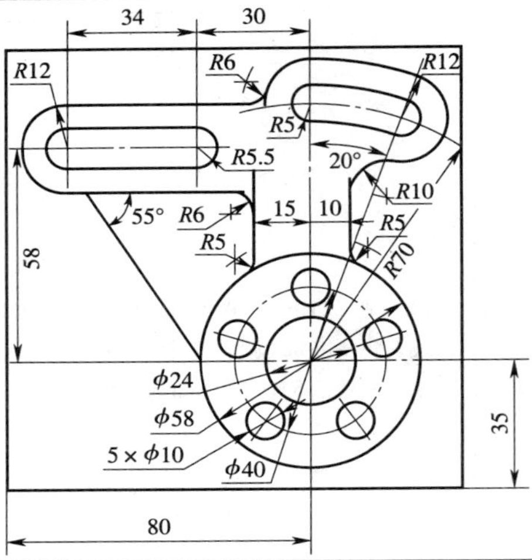 34　30　R12　R6　R12　R5　R5.5　20°　R10　55°　R6　15　10　R5　R5　R70　58　ϕ24　ϕ58　5×ϕ10　ϕ40　35　80
检查校对	线条全部划完后，全面检查是否有漏划线条，最后按要求打上样冲眼	

小提示

划线时的注意事项：

（1）保持划线平板的整洁，对暂不使用的平板应涂油加盖保护。

（2）划针不用时，应套上塑料套，以防伤人。

（3）工具要放置合理，左手用的工具放在工作位置的左边，右手用的工具放在工作位置的右边，并要整齐、稳妥。

（4）必须正确掌握划线工具的使用方法及划线动作要领。

（5）划线时要保证所划线条尺寸准确、线条清楚、粗细均匀，样冲眼准确合理、距离均匀。

（6）较大工件的立体划线，安放工件位置时应在工件下加上垫木，以免发生事故。

（7）工件在划线后都必须做一次仔细的复检校对工作，避免出现差错。

（8）为熟悉图形的作图方法，操作前可做一次纸上练习。

（9）划线完毕，收好工具，清理工作场地。

4. 评分标准（见表2—1—5）

表2—1—5 评分标准

序号	项目与技术要求		配分	评分标准	检测结果		得分
					学生自检	教师检测	
1	测量	涂色薄而均匀	5	不符合要求全扣			
2		工具准备齐全	6	不符合要求全扣			
3		作图步骤、方法正确	8	不符合要求全扣			
4		线条清晰、无重线	12	一处不符合要求扣2分			
5		圆弧过渡圆滑	12	一处不符合要求扣2分			
6		划线尺寸误差小于0.3 mm	24	一处不符合要求扣2分			
7		样冲眼分布合理正确	18	一处不符合要求扣2分			
8		工具选用合理、操作正确	10	一处不符合要求扣2分			
9	安全文明生产		5	酌情扣分			

轴承座划线

1. 训练内容

完成如图2—1—27所示轴承座的划线工作。

2. 训练准备

（1）工具、量具：钢直尺、游标高度尺、宽座直角尺、划线平板、划针、划规、样冲、锤子、中心塞块、斜垫铁、千斤顶、石灰水、棉纱。

（2）材料：轴承座，HT200。

3．操作步骤

该轴承座需要加工的部位有底面、轴承座内孔、2 个螺钉安装孔及其上平面、2 个大端面。加工这些部位时的找正线和加工界线都要划出，需要划线的尺寸共有 3 个（互相垂直）方向，属于立体划线。工件需要安放三次才能划出所需的全部线条。轴承座毛坯上已铸造有 ϕ50 mm 毛坯孔，需先安装塞块并做好其他准备工作。

划线基准选定为轴承座内孔的两个相互垂直的中心平面Ⅰ—Ⅰ和Ⅱ—Ⅱ，以及 2 个螺钉孔的中心平面Ⅲ—Ⅲ，如图 2—1—28 所示。

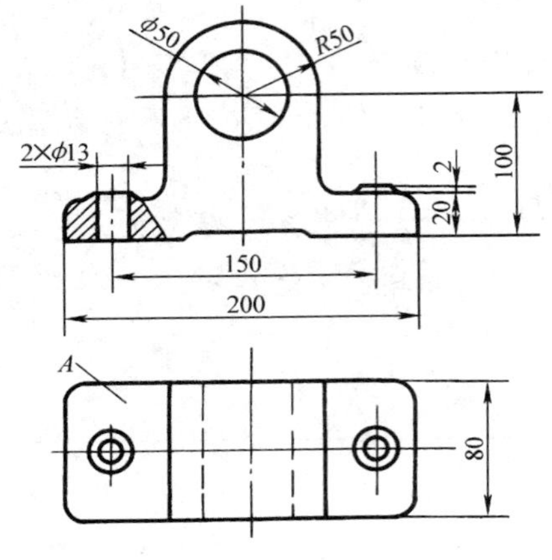

图 2—1—27　轴承座

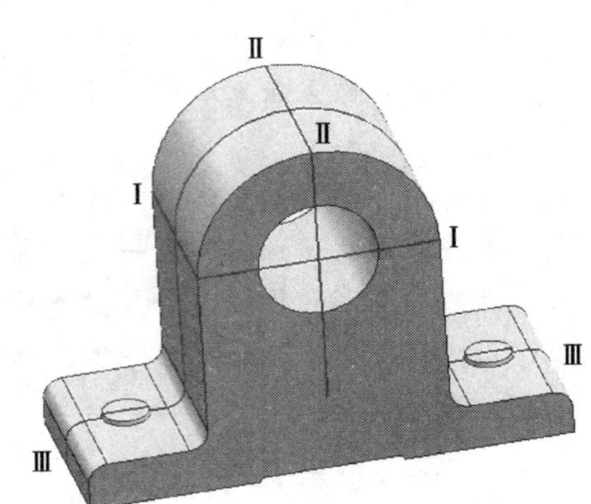

图 2—1—28　划线基准的确定

具体操作步骤见表 2—1—6。

表 2—1—6　　操作步骤

步骤	操作内容	图示
准备工作	将毛坯件，特别是划线部位的型砂、浇注口、污垢清除干净，并将划线部位涂色	
划底面加工线	这一方向的划线工作将牵涉到主要部位的找正和借料 （1）先确定 ϕ50 mm 轴承座内孔和 R50 mm 外轮廓中心。由于外轮廓不加工，因此应以 R50 mm 外圆为找正中心的依据，即先在装好中心塞块的孔两端用划规求出中心，然后用划规试划 ϕ50 mm 圆周线，看内孔四周是否料厚均匀，如果内孔与外轮廓偏心过多，就要做适当的借料 （2）用三个千斤顶支持轴承座底面，调整千斤顶高度并用划线盘找正，使两端孔中心初步调整到同一高度。由于 A 面不加工，为了保证在底面加工后尺寸 20 mm 的厚度在各处都均匀一致，还要用划线盘找平 A 面。两端孔中心既要保持同一高度，A 面又要保持水平位置。两者发生矛盾时，要兼顾两方面进行调整。待两端孔中心确定后，在孔中心打上样冲眼，划出基准线Ⅰ—Ⅰ和底面加工线、两个螺钉孔的上平面加工线	

续表

步骤	操作内容	图示
划两螺钉孔的中心线	将工件侧翻90°用千斤顶支持，通过千斤顶的调整和划线盘的找正，使轴承座内孔两端的中心处于同一高度，同时用直角尺按已划出的底面加工线找正垂直位置。划出Ⅱ—Ⅱ基准线、两个螺钉孔的中心线	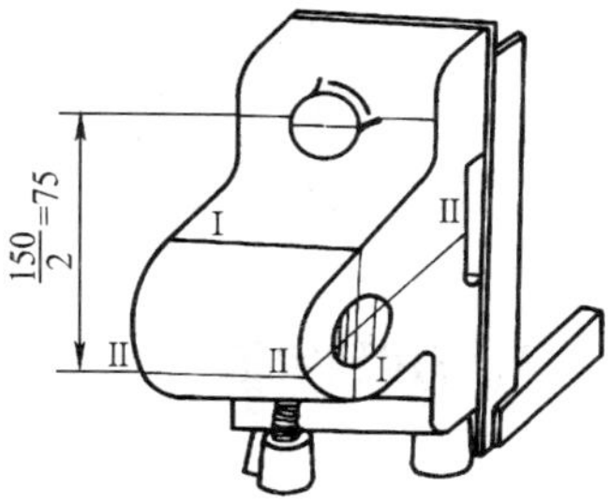 $\frac{150}{2}=75$ Ⅰ Ⅱ Ⅱ Ⅱ Ⅰ
划两个大端面的加工线	将工件翻转至图示位置，用千斤顶支持工件，通过千斤顶的调整和直角尺的找正，分别使底面加工线和Ⅱ—Ⅱ中心线处于垂直位置。以两个螺钉孔的中心为依据，试划两大端面的加工线。若有两面加工余量相差过多的情况，可通过上下调整螺钉孔的中心来借料。调整满意后即可划出Ⅲ—Ⅲ基准线和2个大端面的加工线	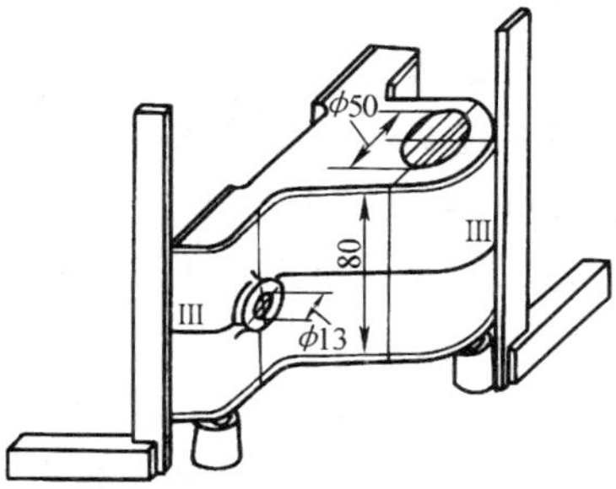 φ50 80 Ⅲ Ⅲ φ13
划圆周线	用划规划出轴承座内孔和2个螺钉孔的圆周尺寸线。若在划线时轴承座孔中心不加中心塞块，则必须在轴承座孔的上下母线和左右母线分别划出尺寸界线	
检查校对	检查无误后，在所划线条上打上样冲眼	

4. 评分标准（表2—1—7）

表2—1—7　　　　评分标准

序号	项目与技术要求		配分	评分标准	检测结果		得分
					学生自检	教师检测	
1	划线	工具选用合理、操作正确	6	不符合要求全扣			
2		三个位置垂直度找正误差小于0.4 mm	24	一处超差扣8分			
3		三个位置尺寸基准的位置误差小于0.6 mm	24	一处超差扣8分			
4		划线尺寸误差小于0.3 mm	18	一处超差扣3分			

续表

序号	项目与技术要求		配分	评分标准	检测结果		得分
					学生自检	教师检测	
5	划线	线条清晰、无重线	8	一处不符合要求扣2分			
6		冲眼分布合理、正确	10	一处不符合要求扣2分			
7	安全文明生产		10	酌情扣分			

复习思考题

1. 划线基准有哪三种基本类型？平面划线和立体划线时，各需选择几个划线基准？

2. 什么叫找正？为什么要找正？

3. 什么叫借料？在什么情况下需要进行借料划线？

4. 简述划线的步骤。

5. 用分度头在工件某圆周上划出均匀分布的20个孔，求每划完一个孔的位置后，分度手柄应转过的转数。

6. 要在一圆柱面上划出16条等分的平行于轴线的直线，求每划一条线后，分度手柄应转几转后再划第二条线？

7. 现有一个圆环毛坯，其外圆为ϕ69 mm，内孔为ϕ25 mm，由于铸造缺陷，使得内外圆圆心偏移了5 mm。图样要求其内外圆都加工，内孔为ϕ32 mm，外圆为ϕ62 mm。用1∶1比例画图并计算借料方向和大小。

8. 如图2—1—29所示为一样板，要求在2 mm薄板料上把全部线条划出。

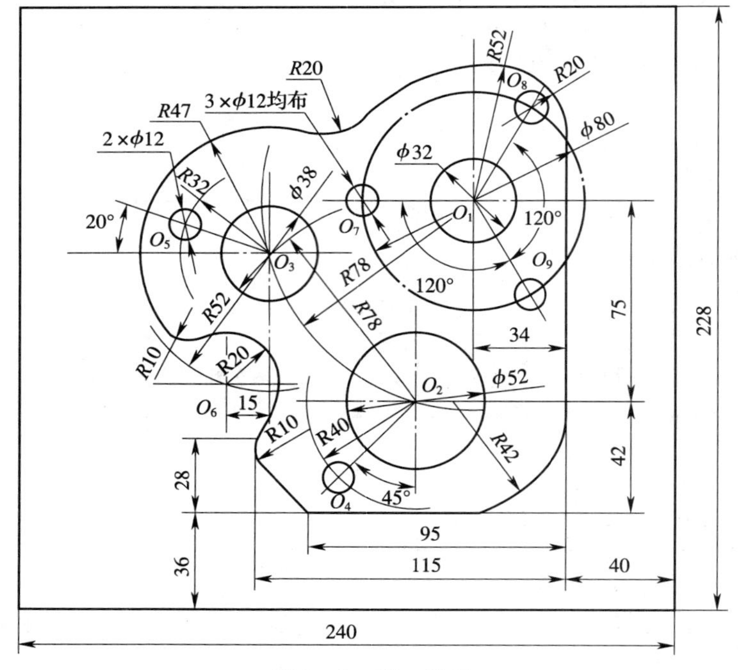

图2—1—29　样板

9．完成如图 2—1—30 所示支座的划线。

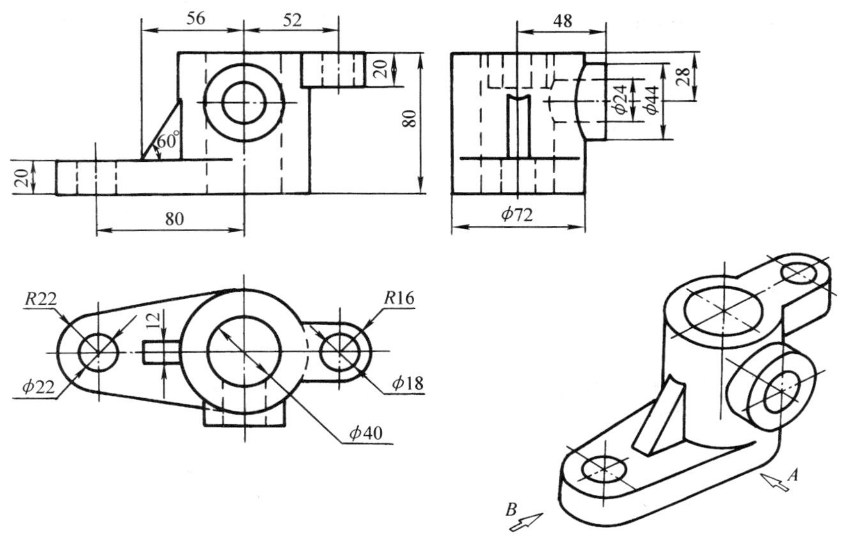

图 2—1—30　支座

课题二 錾削

用锤子敲击錾子对金属进行切削加工的操作方法，称为錾削，如图 2—2—1 所示。錾削是一种粗加工，一般按所划加工线进行加工，平面度可控制在 0.5 mm 之内。目前主要用于不便于机床加工或机床加工不经济的场合，如去除毛坯上的毛刺、飞边、浇冒口，切割板料、条料，錾削平面、沟槽、油槽等。錾削加工具有很大的灵活性，它不受设备、场地的限制，可以在其他设备无法完成加工的情况下进行操作。通过錾削，可以提高锤击的准确性，为其他敲击性工作打下扎实的基础。因此，錾削是钳工一项较为重要的基本操作。

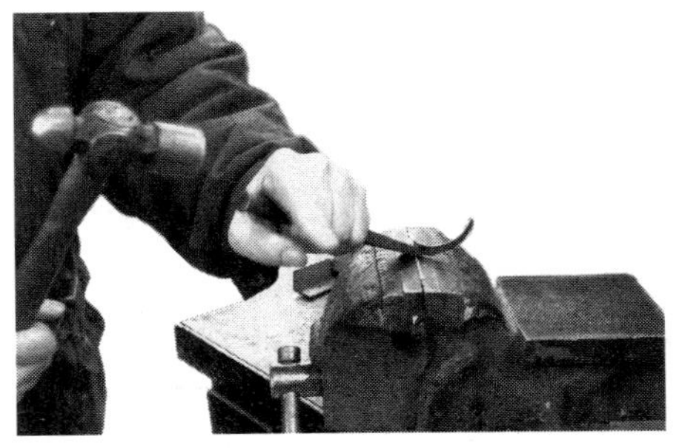

图 2—2—1　錾削

一、錾削工具

錾削时所使用的工具主要是錾子和锤子。

1. 錾子

錾子是錾削用的刀具，一般用碳素工具钢（T7A）经锻打成型后，再经刃磨和热处理而成，其硬度要求是切削部分为 56 ~62HRC，头部为 32 ~42HRC。

錾子由切削部分、头部及錾身组成，如图 2—2—2 所示。其头部有一定的锥度，顶端略带球形，以便于锤击时作用力容易通过錾子的中心线，使錾子容易保持平稳。錾身一般呈六棱形或八棱形，以防錾削时錾子转动。切削部分刃磨成楔形。

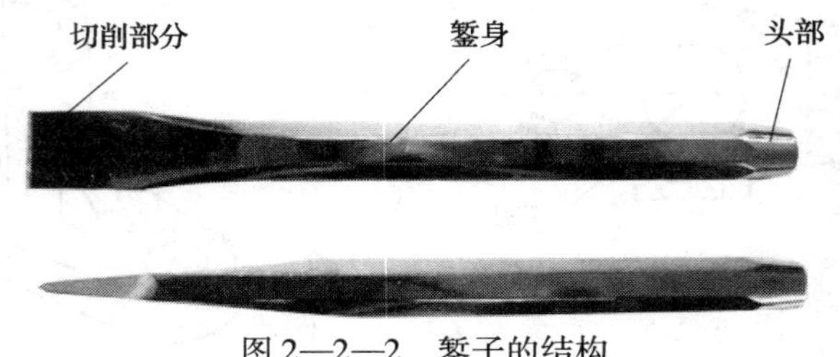

图 2—2—2　錾子的结构

（1）錾子的种类　钳工常用的錾子有扁錾、尖錾、油槽錾，其特点与用途见表 2—2—1。

表 2—2—1　　錾子的特点与用途

种类	图示	特点与用途
扁錾		扁錾的切削刃较长，又称阔錾，其切削部分扁平，刃口略带弧形，主要用来錾削平面、切割板料或条料、去除飞边或毛刺等，如图 2—2—3 所示，是用途最广的一种錾子
尖錾		尖錾又称狭錾或窄錾，切削刃比较短，且刃的两侧自切削刃起向柄部逐渐变窄，以防止錾槽时錾子两侧被工件卡住。尖錾主要用来錾削沟槽以及分割曲线形板料，如图 2—2—4 所示
油槽錾		油槽錾切削刃很短，并呈半圆弧形，为了能在开式的内曲面上錾削油槽，其切削部分做成弯曲形状。油槽錾常用于錾削平面上或曲面上的油槽，如图 2—2—5 所示

（2）錾削切削原理

1）加工形成的表面　切削加工过程中工件上形成三个表面，如图 2—2—6a 所示。

①待加工表面：工件上即将被切除的金属层表面。

②过渡表面：工件上正在被切削的表面（即錾子主切削刃正在切削的位置）。

③已加工表面：工件上已经被切去金属层的表面。

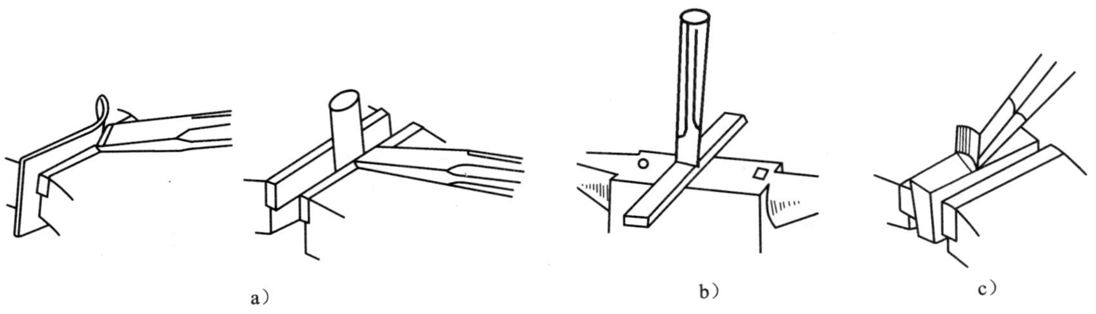

图 2—2—3　扁錾的应用

a）錾削板料、棒料　b）錾断条料　c）錾削窄平面

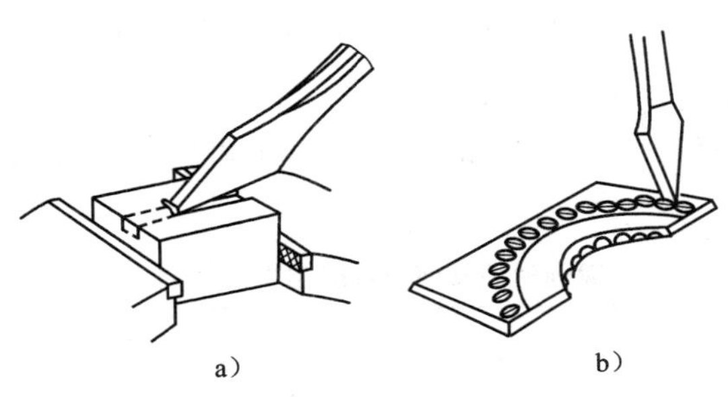

图 2—2—4　尖錾的应用

a）錾槽　b）分割曲线形板料

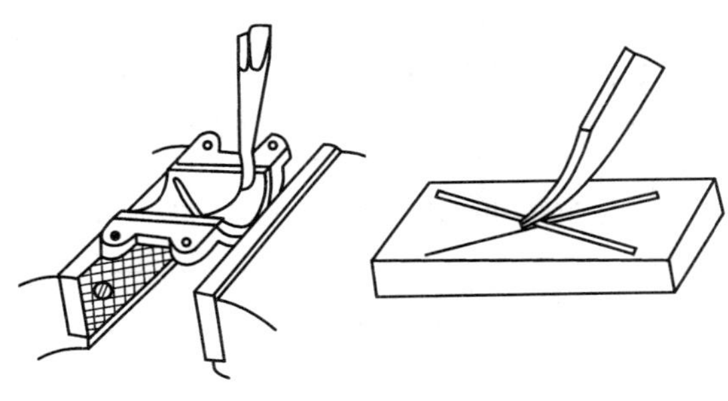

图 2—2—5　油槽錾的应用

2）切削部分的组成　錾子的切削部分包括两个表面和一个切削刃，如图 2—2—6b 所示。

①前面：切削时与切屑接触的面。

②后面：切削时与切削表面相对的面。

③切削刃：前面与后面的交线。

3）辅助平面　确定錾削时的几何角度的辅助平面，如图 2—2—6b 所示。

①切削平面：通过主切削刃上任一点，与工件过渡表面相切的平面。

②基面：通过主切削刃上任一点，并垂直于该点切削速度方向的平面。

这两个辅助平面是相互垂直的，錾削时的几何角度就是在这两个辅助平面内测量的。

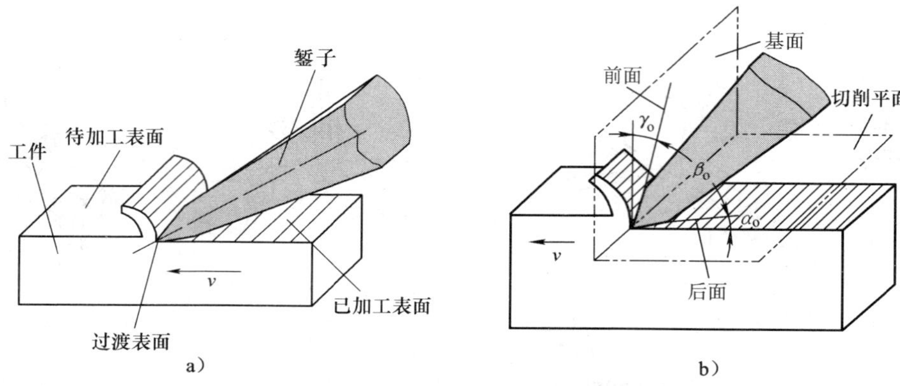

图 2—2—6　錾子工作时形成的表面

a）錾削加工形成的表面　b）錾削时形成的角度

（3）錾削时的几何角度及选择　錾削时，錾子与工件之间应形成适当的切削角度，图 2—2—6b 所示为錾削平面时的情况。錾削时的几何角度的定义及作用和选择分别见表 2—2—2、表 2—2—3。

表 2—2—2　　錾削时的几何角度的定义及作用

几何角度	定义	作用
楔角 β_o	錾子前面与后面之间的夹角	楔角由刃磨形成，其大小对切削性能有直接影响。楔角小，錾削省力，但刃口薄弱，容易崩损；楔角大，錾削费力，錾削表面不易平整。通常根据工件材料的软硬选取楔角的大小
后角 α_o	錾子后面与切削平面之间的夹角	后角大小取决于錾子被握持的方向，其作用是减小后面与切削表面之间的摩擦，使錾子容易切入材料。后角太大会使錾子切入过深，錾削困难；后角太小，易使錾子从切削表面滑出。其对錾削的影响如图 2—2—7 所示
前角 γ_o	錾子前面与基面之间的夹角	前角的作用是减小錾削时的切屑变形。前角越大，切屑变形越小，切削越省力

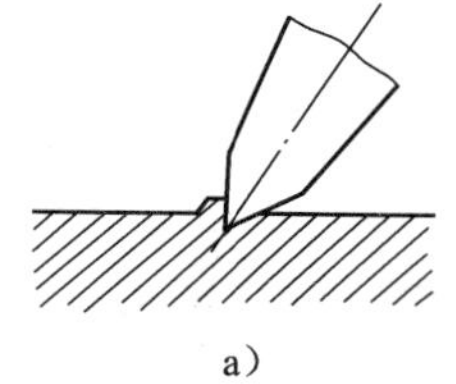

a）

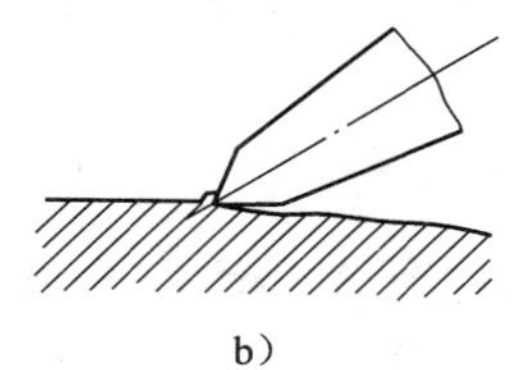

b）

图 2—2—7　后角大小对錾削的影响

a）后角过大　b）后角过小

表 2—2—3　　錾削时的几何角度的选择

工件材料	楔角 β_o	后角 α_o	前角 γ_o
工具钢、铸铁等硬材料	60°～70°	5°～8°	$\gamma_o=90°-(\beta_o+\alpha_o)$
结构钢等中等硬度材料	50°～60°		
铜、铝、锡等软材料	30°～50°		

（4）錾子的刃磨及热处理

1）刃磨要求　錾子切削部分的形状和角度直接影响錾削的质量和工作效率，所以必须按正确的形状刃磨，切削刃要与錾子的几何中心线垂直，并且在錾子的对称平面上，使切削刃锋利。为此，錾子的前面和后面必须刃磨得平整光滑，有时在砂轮机上刃磨后可在油石上精磨，可使切削刃既锋利又不易磨损，延长錾子的使用寿命。

刃磨扁錾时切削刃可略带圆弧，其作用是使切削刃两边的尖角不易伤到平面的其他部分，避免尖角的崩刃，在切削过程中适当减少切削阻力。

刃磨尖錾时切削刃长度应与被加工的槽的宽度相适应，尖錾的两个侧面之间的宽度应从切削刃向錾身处逐渐变窄，使侧面与所加工的槽的侧面之间形成1°～3°的角度，避免在錾槽时被卡住，同时保证槽的侧面平整。

油槽錾切削刃很短，并呈半圆弧形，刃磨时半圆弧应圆滑过渡，后面光滑。

2）刃磨方法　如图2—2—8所示，双手握持錾子，在砂轮的轮缘进行刃磨。刃磨时必须使切削刃略高于砂轮中心，并在砂轮全宽上左右移动，一定要控制好錾子的位置、方向，保证所磨楔角符合使用要求。前、后两面交替刃磨，要求对称。加在錾子上的压力不宜过大，左右移动要平稳、均匀，并经常蘸水冷却，防止退火。检查楔角是否符合要求时，可采用样板检查或目测来判断。

小提示

錾子刃磨时的注意事项：

刃磨錾子时，人应站在砂轮机的斜侧位置，刃磨时应戴好防护眼镜。采用砂轮搁架时，搁架与砂轮距离应在3 mm以内，刃磨时不能对砂轮施加太大的压力，不允许用棉纱裹住錾子进行刃磨。

3）热处理方法　錾子的热处理包括淬火和回火两个过程，其目的是保证錾子切削部分具有较高的硬度和一定的韧性。

1）淬火　将錾子切削部分约20 mm长的一端均匀加热到呈暗樱红色（约750～780℃），取出后迅速浸入水中冷却，浸入深度5～6 mm，如图2—2—9所示，即完成淬火。为了加速冷却，可将錾子沿水面缓缓移动，由于移动时水面会产生一些波动，可使淬硬与不淬硬的界线不十分明显，否则容易在分界处发生断裂。

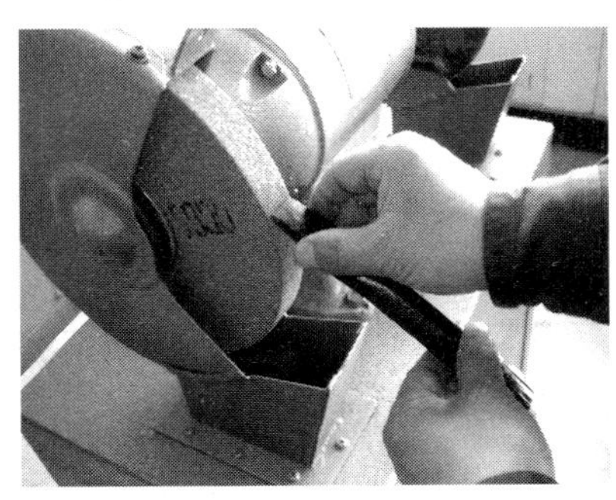

图2—2—8　錾子的刃磨

图2—2—9　錾子的热处理

2）回火　当錾子露出水面的部分呈黑色时将錾子从水中取出，利用上部的余热进行回火，以提高錾子的韧性。回火的温度可从錾子表面颜色的变化来判断。为了容易看清回火的温度变化，从水中取出錾子后迅速擦去氧化皮。錾子刚出水时的颜色是白色，随着刃口温度的逐渐上升，颜色按以下规律起变化：白色→黄色→红色→浅蓝色→深蓝色。当变成黄色时，把錾子全部浸入水中冷却，这种回火称为黄火；如果变成蓝色时，把錾子全部浸入水中冷却，这种回火称为蓝火。黄火的硬度比蓝火高些，但韧性差，蓝火的硬度比较适中，故采用得较多。

錾子热处理过程中较难掌握的是按颜色来判断温度，尤其是回火时的颜色不易看清，时间又短促，故必须认真观察和不断实践，这样才能逐渐掌握。

（5）金属切削过程形成的切屑类型　金属切削过程是刀具从工件表面切去多余金属的过程，也是工件的切削层在刀具前面挤压下产生塑性变形，形成切屑和已加工表面的过程。

切削过程中，刀具推挤工件，首先使工件上的一层金属产生弹性变形，刀具继续前进时，在切削力的作用下，金属产生不能恢复原状的滑移（即塑性变形）。当塑性变形超过金属的强度极限时，金属就从工件上断裂下来成为切屑。随着切削继续进行，切屑不断地产生，逐步形成已加工表面。

由于工件材料和切削条件不同，切削过程中材料变形程度也不同，因而产生了各种不同的切屑，见表2—2—4。

表2—2—4　切屑的类型

类型	带状切屑	挤裂切屑	单元切屑	崩碎切屑
简图				
形态	带状，底面光滑，背面呈毛茸状	节状，底面光滑有裂纹，背面呈锯齿状	粒状	不规则块状颗粒
变形	剪切滑移尚未达到断裂程度	局部剪切应力达到断裂强度	剪切应力完全达到断裂强度	未经塑性变形即被挤裂
形成条件	加工塑性材料，切削速度较高，进给量较小，刀具前角较大	加工塑性材料，切削速度较低，进给量较大，刀具前角较小	工件材料硬度较高，韧性较低，切削速度较低	加工硬脆材料，刀具前角较小
影响	切削过程平稳，表面粗糙度值小，妨碍切削工作，应设法断屑	切削过程欠平稳，表面粗糙度欠佳	切削力波动大，切削过程不平稳，表面粗糙度不佳	切削力波动较大，有冲击，表面粗糙度值大，易崩刃

在生产中最常见的是带状切屑。产生带状切屑时，切削过程比较平稳，因而工件表面粗糙度值较小，刀具磨损也较慢，但带状切屑过长时会妨碍切削工作，并容易发生人身安全事故，所以应采取断屑措施。通过观察不同类型的切屑，便于分析切削过程，可以主动地控制

切削条件，使切屑形态朝有利于生产的方向转化。

2. 锤子

钳工用的锤子（圆头锤）又称榔头，它由锤体、锤柄和倒楔组成，如图 2—2—10 所示。根据用途不同，锤体有软、有硬，锤柄有长、有短。软锤体常用的材料有铅、铝、铜、硬木、橡胶等；有时也可在硬锤体上镶嵌或焊接上一段软材料。软锤体多用于机器装配和零件校正。硬锤体通常用碳素工具钢锻成，并经淬硬处理。锤柄用硬而不脆的木材制成，截面为椭圆形，以便锤体定向，准确敲击；锤柄长度以 350 mm 为宜，过长会使操作不便，过短会使力量不够。锤柄装入锤孔后，打入倒楔，以防锤体脱落。

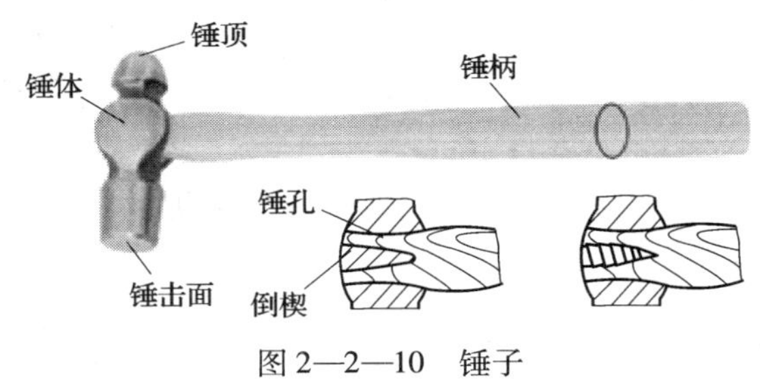

图 2—2—10　锤子

锤子的规格用锤体的质量来表示，钳工常用的有 0.22 kg、0.34 kg、0.45 kg、0.68 kg 和 0.91 kg 等。

二、錾削操作要领

1. 站立姿势

錾削时，身体与台虎钳中心线约成 45°角，左脚前跨半步与台虎钳左边成 30°角，膝盖自然弯曲，右腿站稳伸直，右脚与台虎钳左边成 75°角，两脚相距约 250 ~ 300 mm，如图 2—2—11 所示。重心前移，身体自然。

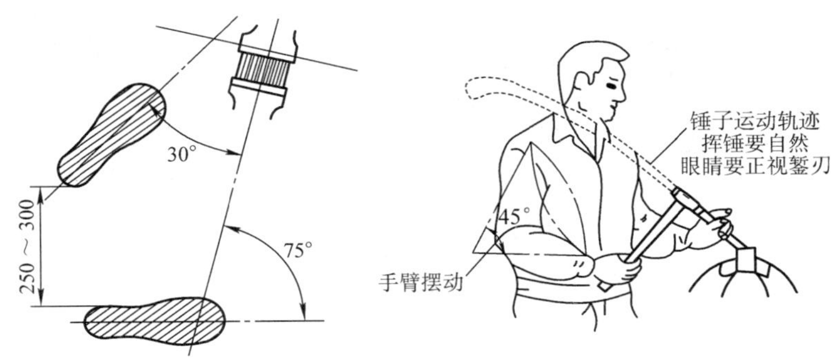

图 2—2—11　站立姿势

2. 錾子的握法

錾子的握法有正握法、反握法和立握法三种，如图 2—2—12 所示。

（1）正握法　手心向下，腕部伸直，用左手的中指、无名指握住錾子，小指自然合拢，拇指、食指自然伸直地松靠，錾子头部应伸出手外约 20 mm，如图 2—2—12a 所示。錾子不能握得太紧，以免敲击时掌心承受的振动过大，或一旦锤子打偏后伤手。錾削时握錾子的手要保持小臂成水平位置，肘部不能下垂或抬高。正握法是錾削中主要的握錾方法。

（2）反握法　手心向上并悬空，手指自然捏住錾子，如图 2—2—12b 所示。

（3）立握法　虎口向上，拇指放在錾子一侧，四指在另一侧捏住錾子，如图 2—2—12c 所示。

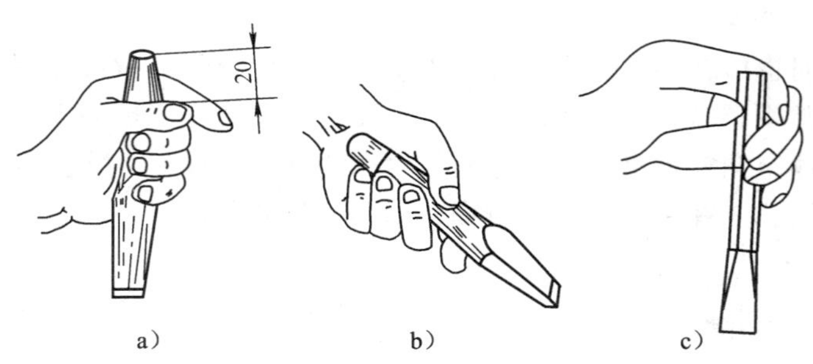

图 2—2—12　錾子握法

a）正握法　b）反握法　c）立握法

3. 锤子的握法

锤子一般采用右手的五个手指满握的方法，大拇指轻轻压在食指上，虎口对准锤体方向，不要歪向一侧，锤柄尾端露出 15 ~ 30 mm。

在敲击过程中握锤的方法有松握法和紧握法两种。

（1）松握法　抬起锤子时，小指、无名指和中指要依次放松，只用大拇指和食指始终握紧锤柄。在锤击时又以相反的次序收拢握紧。采用松握法时由于手指放松，故不易疲劳，且可以增大敲击力量，如图 2—2—13a 所示。

（2）紧握法　在挥锤和锤击过程中五指始终紧握锤柄，如图 2—2—13b 所示。

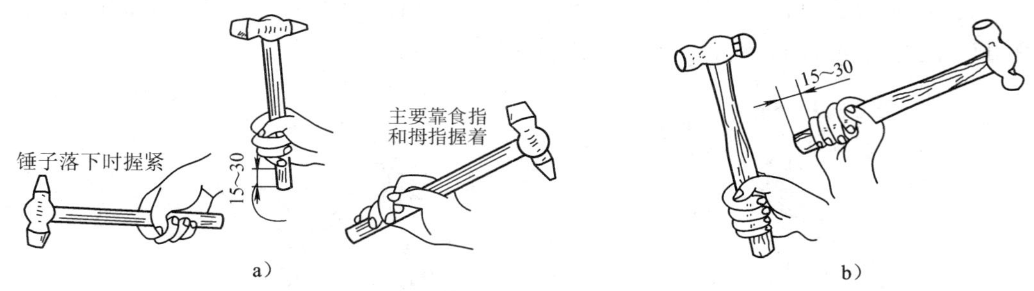

图 2—2—13　锤子握法

a）松握法　b）紧握法

4. 挥锤方法

挥锤方法有腕挥、肘挥和臂挥三种，如图 2—2—14 所示。

（1）腕挥　用手腕的动作进行锤击运动，采用紧握法握锤，一般用于錾削余量较小及起錾和结尾，如图 2—2—14a 所示。

（2）肘挥　用手腕与肘部一起挥动锤击，采用松握法握锤，因挥动幅度较大，故锤击力也较大，应用最广泛，如图 2—2—14b 所示。

（3）臂挥　手腕、肘和全臂一起挥动，其锤击力最大，用于需要大力锤击的工作，如图 2—2—14c 所示。

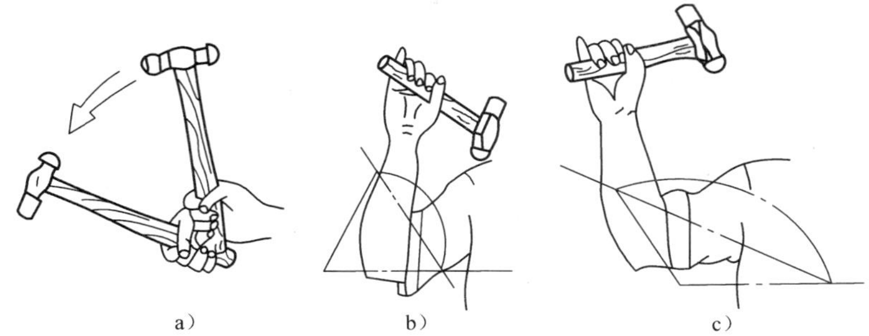

图 2—2—14　挥锤方法
a）腕挥　b）肘挥　c）臂挥

5．锤击速度及要领

（1）锤击速度　錾削时的锤击应稳、准、狠，动作要有节奏地进行，不能太快或太慢，一般肘挥速度约 40 次/min，腕挥速度约 50 次/min。

（2）锤击要领

1）挥锤　肘收臂提，举锤过肩；手腕后弓，三指微松；锤面朝天，稍停瞬间。

2）锤击　目视錾刃，臂肘齐下；收紧三指，手腕加劲；锤錾一线，锤走弧线；左脚着力，右腿伸直。

3）要求　稳——速度节奏 40 次/min；准——命中率高；狠——锤击有力。

三、錾削方法

1．平面錾削

（1）起錾　錾削时的起錾方法有斜角起錾和正面起錾两种。

1）斜角起錾　斜角起錾时，从工件的边缘尖角处轻轻地起錾，将錾子头部向下倾斜，先錾出一小斜面，如图 2—2—15a 所示。由于切削刃与工件的接触面积小，故阻力小，只需轻敲，錾刃较易切入材料。

2）正面起錾　正面起錾时，切削刃应抵紧起錾部位，錾子头部向下倾斜，使錾子与工件起錾端面基本垂直，再轻敲錾子，即可容易准确和顺利起錾，如图 2—2—15b 所示。起錾完成后，按正常方法进行平面錾削。

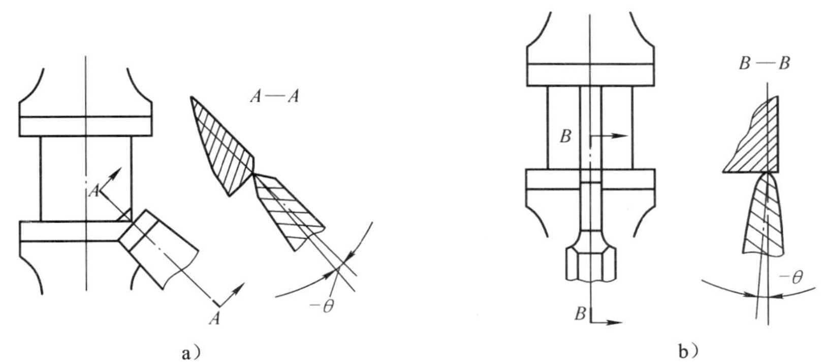

图 2—2—15　起錾方法
a）斜角起錾　b）正面起錾

（2）正常錾削　錾削平面用扁錾进行，每次錾削余量约 0. 5 ~ 2 mm。

錾削较窄平面时，錾子的切削刃最好与錾削的前进方向倾斜一个角度，而不是保持垂直角度，如图 2—2—16a 所示，目的是使切削刃与工件有较大的接触面，且錾子也容易掌握平稳。

錾削较宽平面时，由于切削面的宽度超过錾子的宽度，扁錾切削部分的两侧容易被卡住，增加切削阻力，且不易掌握錾子，影响錾削质量，因此一般应先用尖錾间隔开槽，再用扁錾錾去剩余部分，如图 2—2—16b 所示。

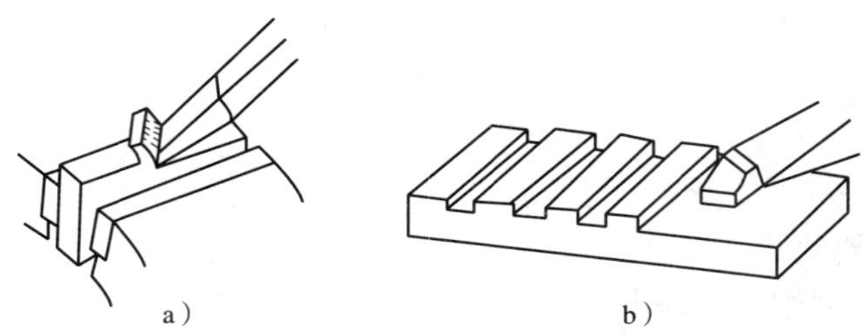

图 2—2—16　平面錾削

a）錾削较窄平面　b）錾削较宽平面

錾削过程中，一般每錾削两三次后，可将錾子退回一些，作一次短暂的停顿，然后再将刃口抵住錾削处继续錾削。这样，既可随时观察錾削表面的平整情况，又可使手臂肌肉有节奏地得到放松。

（3）錾削尽头　在一般情况下，当錾削快到尽头约 10 ~ 15 mm 时，必须掉头錾去余下的部分，如图 2—2—17 所示。当錾削脆性材料时更应该注意，否则尽头部位部分材料会产生崩裂现象，造成废品。

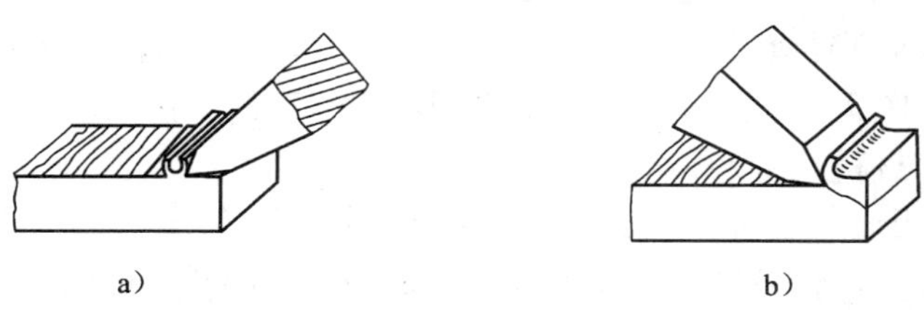

图 2—2—17　尽头部位錾削方法

a）正确　b）错误

2. 槽的錾削

（1）直槽錾削

1）錾削方法　直槽的錾削方法如图 2—2—18 所示。錾削直槽时先根据图样要求划出加工线，并根据直槽宽度修磨好尖錾，采用正面起錾的方法，采用腕挥的挥锤方法，挥锤用力大小要适当，防止錾子刃端崩裂。同时，用力轻重应一致，以保证槽底平整。

2）錾削量的确定

①开始第一遍錾削时，要根据线条（以一条线为依据）将槽的方向錾直，錾削量一般不超过 0. 5 mm。

②以后每次的錾削量应根据槽深的不同而定，一般在 1 mm 左右。

③最后一遍錾削主要是保证加工质量，錾削量应控制在 0. 5 mm 以内。

（2）油槽錾削

1）油槽的作用和加工要求　油槽的作用是向运动机件的摩擦部位输送和储存润滑油，因此，要求油槽必须和机件的润滑油通道相连，槽形精致均匀、深浅一致，槽面光洁、圆滑。

2）油槽錾的几何形状和刃磨要求　油槽錾切削刃的几何形状应与图样上的油槽断面的形状刃磨一致，其楔角大小根据被錾削材料的性质而定，在铸铁上錾削油槽，楔角可取60°~70°。錾子后面（圆弧面）的两侧应逐渐向后缩小，保证錾削时切削刃各点都能形成一定的后角，錾子后面应用油石进行修光，以使錾出的油槽表面较为光洁。在曲面上錾削油槽的錾子，为保证錾削过程中的后面基本一致，錾子的前部应锻成弧形，此时，錾子圆弧刃刃口的中心点仍在錾子整体中心线的延长线上，以便錾削时锤击作用力的方向能朝向刃口錾削方向。

3）錾削油槽的方法　如图2—2—19所示，根据油槽的位置尺寸划线，可按油槽的宽度画两条线，也可只划一条中心线。在平面上錾削油槽时，起錾时錾子要慢慢地切入，直至所要求的尺寸，錾到尽头时刃口必须慢慢翘起，保证槽底圆滑过渡。在曲面上錾削油槽时，錾子的切削情况应随着曲面而变动，使錾削时的后角保持不变。油槽錾好后，再修去槽边的毛刺。

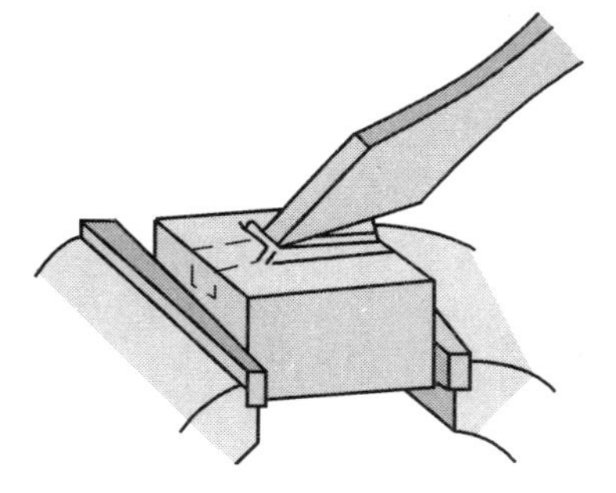

图2—2—18　直槽錾削

图2—2—19　油槽錾削

3. 板料錾削

錾削小尺寸板料时，可将板料夹在台虎钳上进行。錾削时，板料按划线位置与钳口对平后夹紧，使扁錾沿着钳口与板料成45°左右夹角，如图2—2—20a所示，自右向左进行錾削。工件的断面要与钳口平齐，夹持要牢固，以防止在切断过程中板料松动而使切断线歪斜。

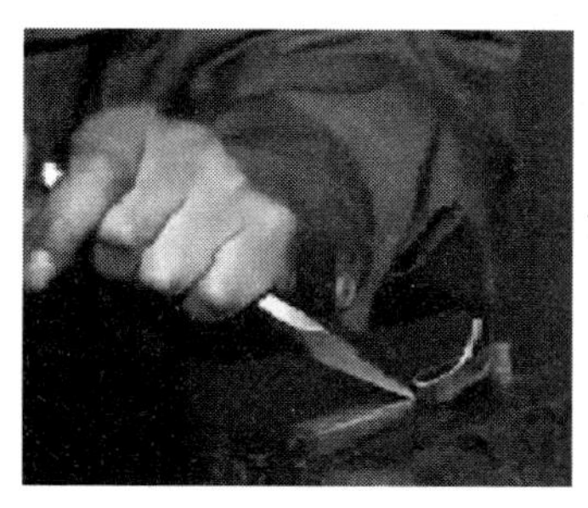

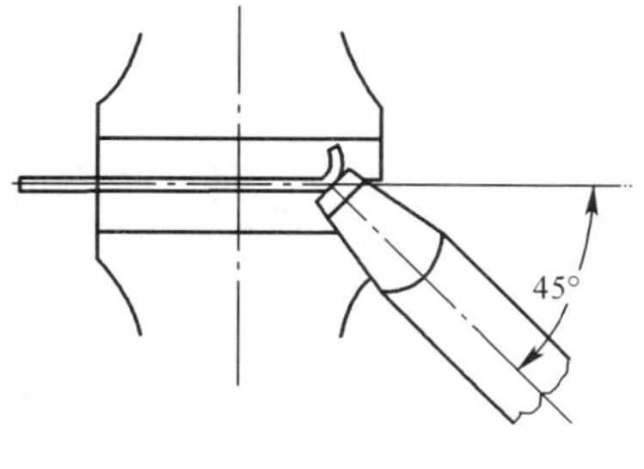

a）

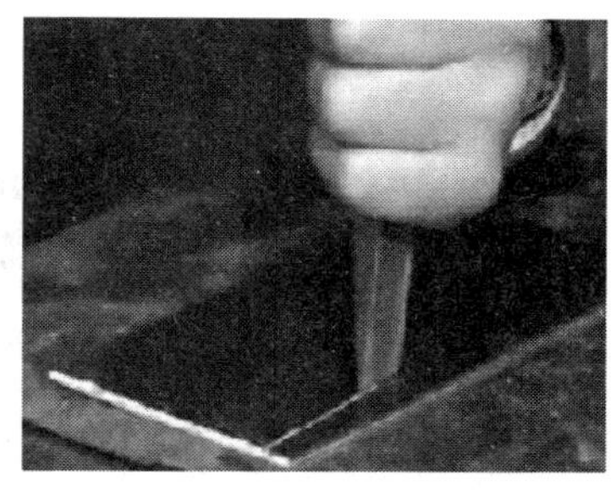

b）

图2—2—20　板料錾削

a）在台虎钳上錾削板料　b）在铁砧上錾削板料

当板料尺寸较大而不便在台虎钳上夹持时，如图 2—2—20b 所示，可放在铁砧或废旧平板上錾削。为保证錾痕前后连接齐整，可把錾子的切削刃磨成弧形，在开始錾削时，錾子稍微倾斜，然后逐步扶正进行錾削。铁砧材料不易过硬，以免损伤錾刃。

有一定厚度及形状复杂板料切断，应先按划线钻出排孔，再用尖錾逐步切断。

技能训练

滑块錾削

1．训练内容

完成如图 2—2—21 所示滑块的錾削加工。

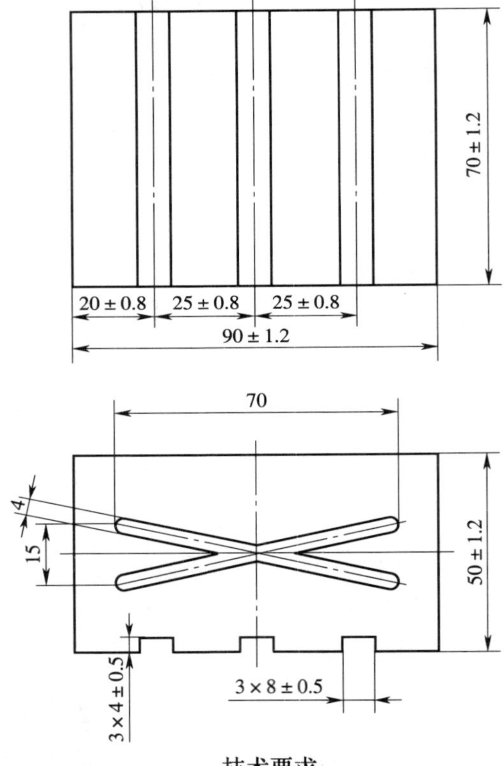

技术要求

（1）外形面平面度误差≤0.8mm，平行度误差≤1.2mm。

（2）直槽底面平面度误差≤0.8mm，直槽侧面平面度误差≤0.5mm。

（3）全部表面粗糙度值 *Ra*12.5μm。

图 2—2—21　滑块

2．训练准备

（1）工具、量具、刀具：扁錾、尖錾、油槽錾、锤子、锉刀、游标高度尺、划线平板、划线靠铁、V 形架、钢直尺、游标卡尺、直角尺、石灰水、木垫块、软钳口。

（2）材料：100 mm × 80 mm × 60 mm，HT200。

3. 操作步骤

本任务是在长方体工件上进行錾削加工，錾削前已在铣床上加工 3 个相互垂直的平面。另外 3 个平面由錾削完成，还要在铣削的平面上錾削直槽和油槽，长方体铣削后外形尺寸为 95 mm × 75 mm × 55 mm，平面錾削后的尺寸为 90 mm × 70 mm × 50 mm。直槽位置尺寸为（20 ± 0.8）mm 和（25 ± 0.8）mm，槽宽为（8 ± 0.5）mm。其中槽底面平面度≤0.8 mm，侧面平面度≤0.5 mm，表面粗糙度均为 Ra12.5 μm。对油槽的要求只有形状和槽底光滑。零件材料为 HT200 灰铸铁，属脆硬性材料。平面錾削余量较大（5 mm），因此每次的切削余量要合理分配。直槽錾削时应采用正面起錾。由于直槽錾削余量为 4 mm，故每次的錾削余量也要合理分配；錾削时要注意保护已加工好的表面不受损伤，要在台虎钳的钳口上加软钳口。

具体操作步骤如下：

（1）准备工作

1）将热处理后的錾子进行刃磨，达到使用要求。

2）检查来料尺寸，在工件划线表面涂上划线涂料。

（2）划平面加工线　将工件放在划线平板上，分别以铣削好的平面为基准，用游标高度尺划出 90 mm、70 mm、50 mm 的尺寸线。

（3）錾削平面　分别錾削 3 个平面，达到平面度、垂直度要求，尺寸达到图样要求，且錾痕整齐、美观。

錾削时最好采用尖角起錾的方法；装夹工件时用木垫块垫在工件下方，当需要夹持已加工表面时，应在钳口上加软钳口。

第一面錾削完毕后，要用钢直尺或刀口尺检查平面度，若能达到要求，第一面即完成。錾削相邻面时要检查平面度及垂直度，使之达到技术要求。

（4）划槽加工线

1）用划线平板、划线靠铁和游标高度尺或划线盘划出直槽加工线。

2）划油槽线时，可先将工件大平面放在平板上，用游标高度尺划出油槽两端的位置，然后用钢直尺和划针划出油槽中心线（或油槽宽度线）。

（5）錾削直槽

1）根据直槽宽度刃磨尖錾刃口尺寸。

2）錾削第一条直槽：起錾应采用正面起錾的方法。錾削余量的选择应按少、多、少的原则进行。第一次的錾削余量应小一些，可取 0.5 mm 以内，这样可使錾削的毛刺较小，錾削速度应慢一些，錾刃的一侧必须与直槽加工线对齐，这样可以较好地控制槽的直线度。錾削快到尽头掉头錾削时，錾刃的一侧仍然与同一条线对齐。第一遍錾削完成后，再按直槽錾削余量 3.5 mm 分层錾削，最后一遍余量应小些，主要是做平整修正。

3）依次錾出其余的直槽。

4）錾削完成后用锉刀修去槽口毛刺。

（6）錾削油槽

1）根据油槽宽度及断面形状刃磨油槽錾。

2）起錾时，錾子应慢慢地加深至尺寸要求。錾尽头时，刃口须慢慢翘起，保证槽底圆滑过渡。

3）錾削完成后用锉刀修去槽口毛刺.

小提示

錾削时的注意事项：

(1) 工件必须夹紧，伸出钳口高度一般以 10 ~ 15 mm 为宜，同时，对于较大的工件夹紧时，为了防止工件在受力时产生松动现象，可在工件下端加上木衬垫。

(2) 錾削时要防止切屑飞出伤人，须在钳工工作台的前端安装防护网，操作者在必要时还可戴上防护眼镜。

(3) 錾屑要用刷子刷掉，不能用手擦或用嘴吹。

(4) 錾削时要防止錾子从錾削部位滑出，为此，錾子用钝后要及时刃磨锋利，并保证正确的楔角。

(5) 錾子和锤子的头部如有明显的毛刺时，要及时用砂轮机磨掉。

(6) 錾削直槽时的注意事项

1) 起錾时錾子刃口要摆平，且刃口的一侧需与槽线对齐，同时，起錾后的斜面口宽度尺寸应与槽形尺寸一致。

2) 錾削时錾子要放正、放稳，其刃口不能倾斜；锤击力要均匀、适当，使錾痕整齐、槽形正确。每錾一条槽最好用一把錾子，这样可以控制槽宽上下一致。

3) 开始第一遍錾削时，必须以一条线为基准进行，并保证把槽錾直。第一遍的錾削精度对整个槽的錾削质量起着重要的作用，如果第一遍把槽錾斜或弯曲，这条槽就不易修好。

(7) 錾削油槽时的注意事项

1) 油槽錾的圆弧面应刃磨得光洁、圆滑，其刃口形状应与油槽断面的形状相符合，使錾削后能得到宽度、深度均符合要求的光洁、圆弧的油槽。

2) 在油槽錾削时要保持錾削角度一致，采用腕挥法锤击，锤击力均匀，使錾出的油槽深浅一致，槽面光滑。

3) 錾削油槽时一般要求一次成形，必要时可进行一定的修整。

知识链接

錾削质量分析（见表 2—2—5、表 2—2—6）

表 2—2—5　　錾削平面时常见的质量问题及产生原因

质量问题	产生原因
表面粗糙	(1) 錾子淬火太硬，刃口崩裂或刃口已磨钝还在继续使用 (2) 锤击力不均匀 (3) 錾子头部已磨平，使受力方向经常改变
錾削面凹凸不平	(1) 錾削中，后角在一段过程中过大，造成錾面凹 (2) 錾削中，后角在一段过程中过小，造成錾面凸
表面有梗痕	(1) 左手未将錾子握稳，而使錾刃倾斜，錾削时刃角啃入 (2) 刃磨錾子时将刃口磨成中凹
崩裂或塌角	(1) 錾到尽头时未掉头錾，使棱角崩裂 (2) 起錾量太多，造成塌角
尺寸超差	(1) 起錾时尺寸不准 (2) 錾削时测量、检查不及时

表 2—2—6 錾削直槽时常见的质量问题及产生原因

质量问题	产生原因
槽口爆裂	錾削量过大，最后未掉头錾削
槽不直	（1）錾子未放正 （2）没有按所划线条进行錾削 （3）掉头錾时未錾在同一直线上
槽底高低不平	尖錾刃口磨斜或錾子斜放錾削
槽底倾斜	（1）尖錾的刃口两端已磨钝或碎裂仍在使用 （2）在同一条直槽上錾削时，尖錾刃磨多次而使刃口宽度缩小
槽口呈喇叭口	每次起錾位置向一侧移动
槽向一侧倾斜	（1）第一遍錾削时方向不正 （2）没有按照所划线条进行錾削

4. 评分标准（见表 2—2—7）

表 2—2—7 评分标准

序号	项目与技术要求		配分	评分标准	检测结果		得分
					学生自检	教师检测	
1	錾削	錾削姿势	5	不符合要求全扣			
2		挥锤及握錾姿势	5	不符合要求全扣			
3		锤击准确性	5	不符合要求全扣			
4		（70 ±1.2） mm	5	超差全扣			
5		（90 ±1.2） mm	5	超差全扣			
6		（50 ±1.2） mm	5	超差全扣			
7		外形面平面度≤0.8 mm（6 处）	6	一处超差扣 1 分			
8		外形面平行度≤1.2 mm（3 组）	9	一处超差扣 3 分			
9		錾痕美观整齐（6 面）	6	一处不符合要求扣 1 分			
10		（20 ±0.8） mm	6	超差全扣			
11		（25 ±0.8） mm（2 处）	4	一处超差扣 2 分			
12		（8 ±0.5） mm（3 处）	6	一处超差扣 2 分			
13		（4 ±0.5） mm（3 处）	6	一处超差扣 2 分			
14		直槽底面平面度≤0.8 mm（3 处）	3	一处超差扣 1 分			
15		直槽侧面平面度≤0.5 mm（6 处）	6	一处超差扣 1 分			
16		油槽形状正确、光滑	8	不符合要求全扣			
17	安全文明生产		10	酌情扣分			

复习思考题

1. 叙述錾子前角、后角、楔角的定义及对錾削的影响。
2. 简述錾削操作要点。
3. 在如图 2—2—22 所示 HT150 材料工件上錾槽。

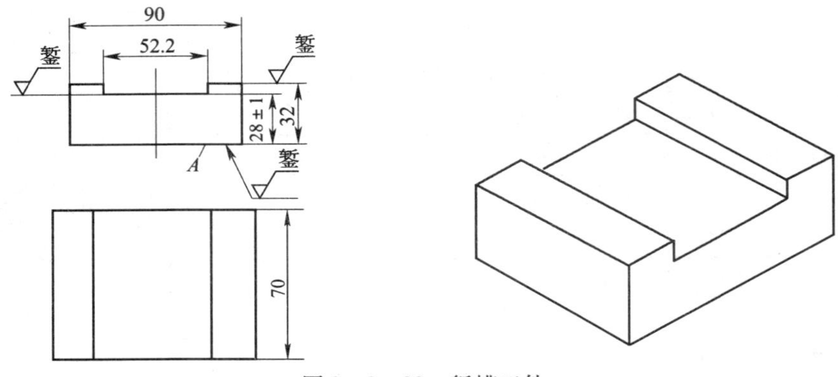

图 2—2—22　錾槽工件

课题三 锯削

用锯削工具（手锯）对材料或工件进行切断或切槽的加工方法称为锯削，如图 2—3—1 所示。锯削是一种粗加工，平面度一般可控制在 0. 5 mm 之内。它具有操作方便、简单、灵活、不受设备和场地限制等特点，应用广泛，是钳工较为重要的基本操作之一。锯削的应用如图 2—3—2 所示。

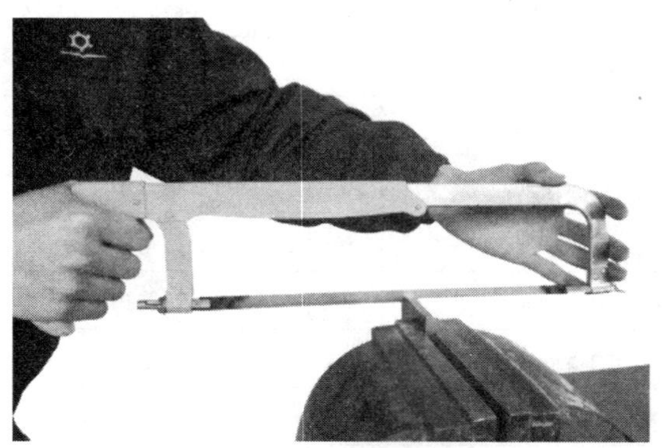

图 2—3—1　锯削

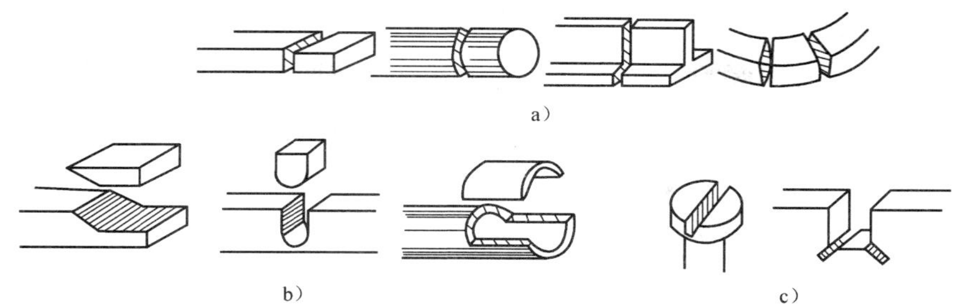

图 2—3—2　锯削的应用

a）锯断各种原材料或半成品　b）锯掉工件上多余部分　c）在工件上锯沟槽

一、锯削工具

手锯由锯弓和锯条两部分组成。

1. 锯弓

锯弓用于装夹并张紧锯条，且便于双手操作。根据其构造可分为固定式和可调式两种，如图 2—3—3 所示。固定式锯弓只能安装一种长度的锯条。可调式锯弓弓架分前、后两段，前段可在后段中伸缩，通过调整可以安装不同长度的锯条。

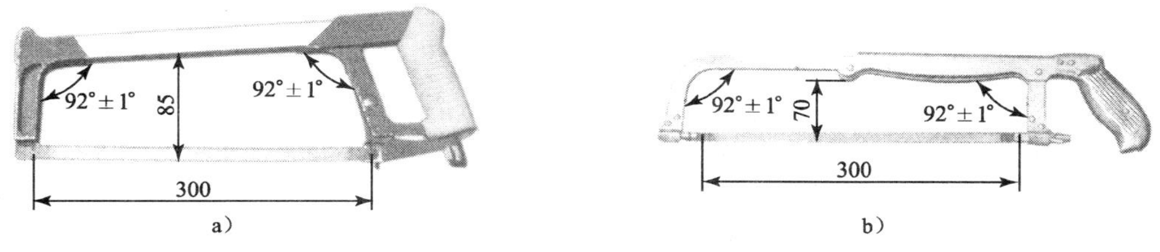

图 2—3—3　锯弓

a）固定式　b）可调式

2. 锯条

锯条是用来直接锯削材料或工件的刀具。锯条（全称为手用钢锯条）的种类较多，按其特性分为全硬型（代号 H）和挠性型（代号 F）两种类型；按使用的材质分为碳素结构钢（代号 D）、碳素工具钢（代号 T）、合金工具钢（代号 M）、高速钢（代号 G）和双金属复合钢（代号 Bi）五种类型；按其形式分为单面齿型（代号 A）和双面齿型（代号 B）两种。钳工常用单面全硬型锯条，其结构及各部位名称如图 2—3—4 所示。

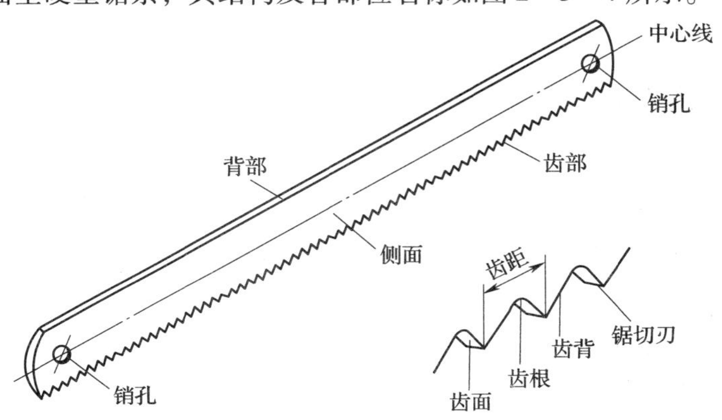

图 2—3—4　锯条结构及各部位名称

（1）锯条的规格及选用

1）锯条的规格　锯条的规格包括长度规格和粗细规格两部分。长度规格用两销孔中心距表示（钳工常用长度为 300 mm 的锯条）；粗细规格用 25 mm 长度内的锯齿数或用齿距（两相邻锯切刃之间的距离）表示。锯条的规格及基本尺寸见表 2—3—1。

表 2—3—1　　锯条的规格及基本尺寸（摘自 GB/T 14764—2008）

锯条形式	长度规格 l/mm	粗细规格		宽度 b/mm	厚度 a/mm
		每 25 mm 内的齿数	齿距 p/mm		
单面齿型（A 型）	300 或 250	32	0.8	12.0 或 10.7	0.65
		24	1.0		
		20	1.2		
		18	1.4		
		16	1.5		
		14	1.8		
双面齿型（B 型）	296	32	0.8	22	0.65
		24	1.0		
	292	18	1.4	25	

锯条标记示例　全硬型、碳素工具钢、单面齿型、长度 $l=300$ mm、宽度 $b=12$ mm、齿距 $p=1.0$ mm 的钢锯条应标记为：

手用钢锯条 GB/T 14764—2008 HTA 300×12×1.0

2）锯条粗细规格的选择　锯条锯齿的粗细应根据材料的软硬和薄厚来选用。

粗齿锯条的容屑槽较大，适用于锯削软材料和较大的表面，因为在这种情况下每锯一次都会产生较多的切屑，容屑槽大就不会产生堵塞而影响切削效率。

细齿锯条适用于锯削硬材料，因硬材料不易锯入，每锯一次的切屑较少，不会堵塞容屑槽，而锯齿增多后，可使每齿的锯削量减少，材料容易被切除，故推锯比较省力，锯齿不易磨损。锯管子和薄板时必须用细齿锯条，否则锯齿容易被钩住而崩断。严格地讲，薄板材料的锯削截面上至少应有两个以上的齿同时参加切削，才可能避免锯齿被钩住或崩断。锯齿的粗细选择见表 2—3—2。

表 2—3—2　　锯齿的粗细规格选择

规格	每 25 mm 长度内的齿数	应用
粗	14～18	锯削铜、铝、铸铁、软钢等
中	22～24	锯削中等硬度钢，厚壁的钢管、铜管等
细	32	薄壁管子、薄板材料等
细变中	32～20	一般工厂中用，易于起锯

（2）锯条的分齿形式　锯条的分齿是指锯条在制造时，使锯齿按一定的规律左右错开，排成一定的形状，以提供锯切间隙。锯条的分齿形式有交叉形和波浪形两种，如图 2—3—5 所示。锯条分齿的目的是使工件上的锯缝宽度大于锯条背部的厚度，从而减小锯缝对锯条的

摩擦，使锯条在锯削时不被锯缝夹住或折断，锯条也不致过热而加快磨损，以确保锯削顺利进行，提高了锯削效率，而且延长了锯条的使用寿命。

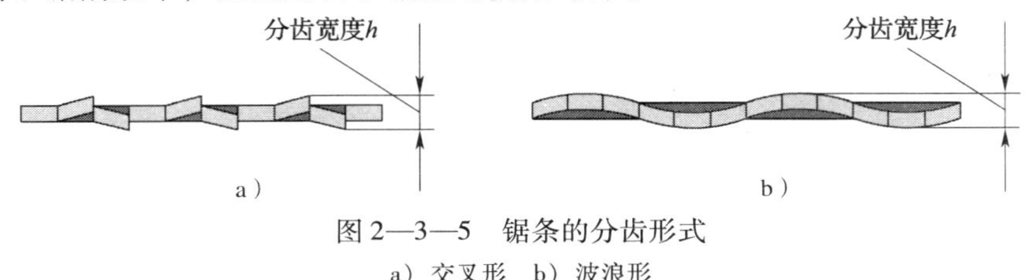

图 2—3—5　锯条的分齿形式

a）交叉形　b）波浪形

（3）锯齿的几何参数　锯条的切削部分由许多均匀分布的锯齿组成，每一个锯齿如同一把錾子，都具有切削作用，如图 2—3—6a 所示。锯齿的几何角度如图 2—3—6b 所示，其参数见表 2—3—3。

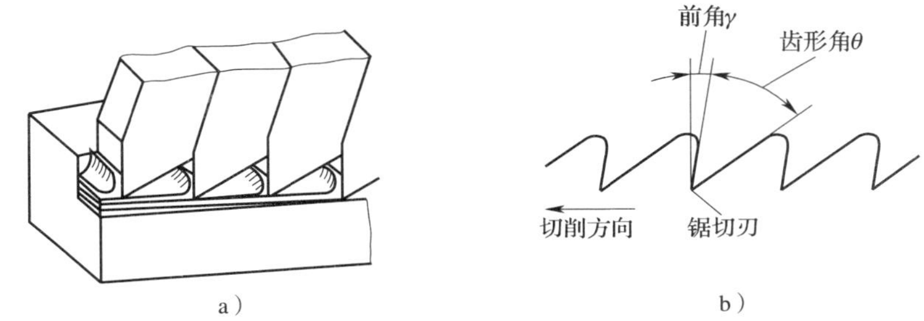

图 2—3—6　锯齿的几何参数

a）锯条的切削部分　b）锯齿的几何角度

表 2—3—3　　锯齿的几何参数（摘自 GB/T 14764—2008）

<table>
<tr><th>齿距 p/mm</th><th>分齿宽度 h/mm</th><th>齿形角 θ/（°）</th><th>前角 γ/（°）</th></tr>
<tr><td>0.8</td><td rowspan="2">0.90</td><td rowspan="3">46～53</td><td rowspan="6">—2～2</td></tr>
<tr><td>1.0</td></tr>
<tr><td>1.2</td><td>0.95</td></tr>
<tr><td>1.4</td><td rowspan="3">1.00</td><td rowspan="3">50～53</td></tr>
<tr><td>1.5</td></tr>
<tr><td>1.8</td></tr>
</table>

（4）锯条的安装　锯条可根据加工需要安装成直向、横向或斜向等。手锯向前推时才起切削作用，因此，锯条安装时一定要注意锯齿应向前倾斜，如图 2—3—7 所示，不能装反，否则锯齿前角变为负值，将不能正常锯削。

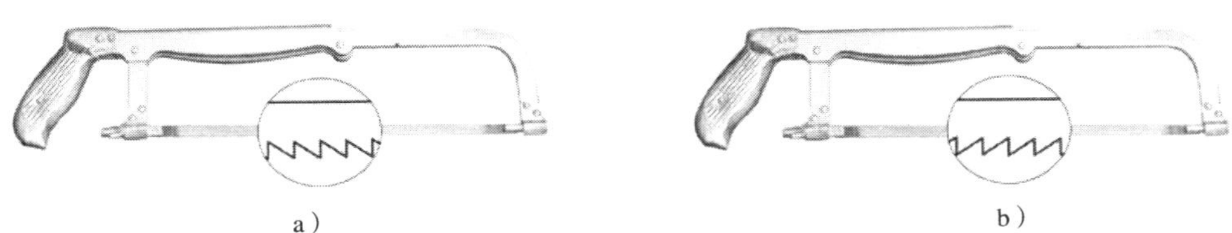

图 2—3—7　锯条的安装

a）正确　b）错误

锯条安装的松紧程度通过调节翼形螺母来控制，松紧程度要适当。若过紧，锯条因受力太大而失去应有的弹性，锯削时稍有卡阻或用力不当就会折断；若过松，锯削时锯条容易扭曲摆动，也容易折断，且锯出的锯缝易发生歪斜。锯条安装的松紧程度以手扳动锯条，感觉硬实为宜。装好的锯条应与锯弓保持在同一平面内，以保证锯缝正直，防止锯条折断。

二、锯削操作要领

1. 工件装夹

锯削时工件应夹持在台虎钳的左侧，以方便操作。工件的伸出端应尽量短，防止工件在锯削过程中产生振动，工件的锯缝线应尽量靠近钳口，一般锯缝离开钳口侧面约 20 mm，锯缝线与钳口侧面保持平行，如图 2—3—8 所示。

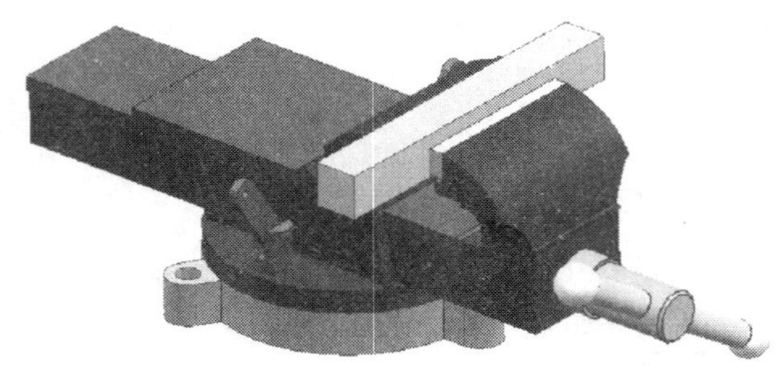

图 2—3—8 工件的装夹

工件要牢固地夹持在台虎钳上，防止锯削时工件移动而导致锯条折断；但对于薄壁管子及已加工表面，要防止夹持太紧而使工件变形或夹坏已加工表面。

2. 锯削姿势

正确的锯削姿势能减轻疲劳，保证锯削质量，提高锯削效率。

（1）手锯握法 握锯时，要自然舒展，右手满握锯柄，也可将食指伸直靠在弓架上，控制锯削时的推力和压力；左手轻扶锯弓前端，配合右手扶正手锯，如图 2—3—9 所示。

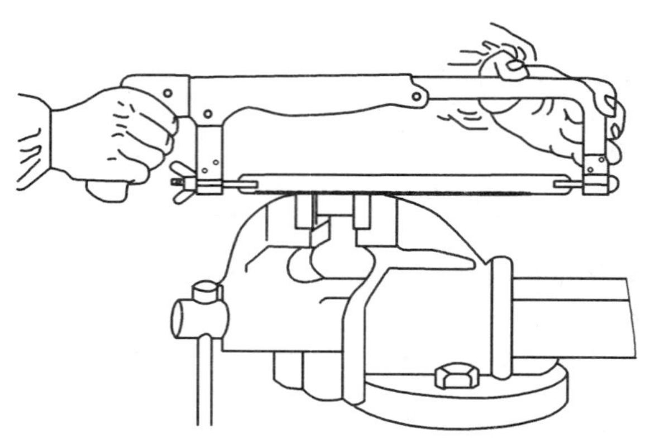

图 2—3—9 手锯握法

（2）站立位置和姿势 锯削的站立位置和姿势与錾削基本相同，左脚前跨半步，膝部要自然并稍弯曲；右脚在后，右腿伸直；两脚均不要过分用力，身体自然稍前倾。双手握锯放在工件上，左臂略弯曲，右臂与锯削方向保持平行，如图 2—3—10 所示。

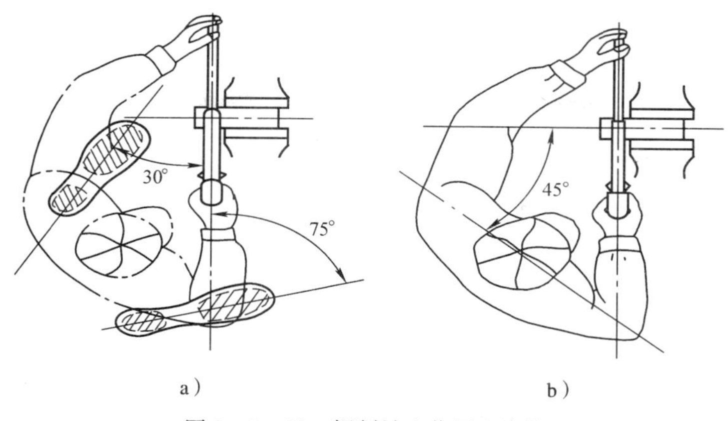

图 2—3—10　锯削站立位置和姿势

a）站立位置　b）姿势

（3）锯削动作

1）锯削开始时，右腿站稳伸直，左腿略有弯曲，身体向前倾斜 10°左右，保持自然，重心落在左脚上。双手握正手锯，左臂略弯曲，右臂尽量向后收，与锯削方向保持平行，如图 2—3—11a 所示。

2）向前锯削时，身体与手锯一起向前运动，当行程达 1/3 时，左腿向前弯曲，右腿伸直向前倾约 15°左右，重心落在左脚上，如图 2—3—11b 所示。

3）随着手锯行程的继续推进，身体倾斜的角度也随之增大，当行程达 2/3 时，身体倾斜约 18°左右，左右手臂均向前伸出，如图 2—3—11c 所示。

4）当锯削最后 1/3 时，身体停止前进，两臂继续推进手锯向前运动，身体随着锯削的反作用力，重心后移，退回到 15°左右，如图 2—3—11d 所示。锯削行程结束后，取消压力，将手和身体回复到最初位置，作第二次锯削。

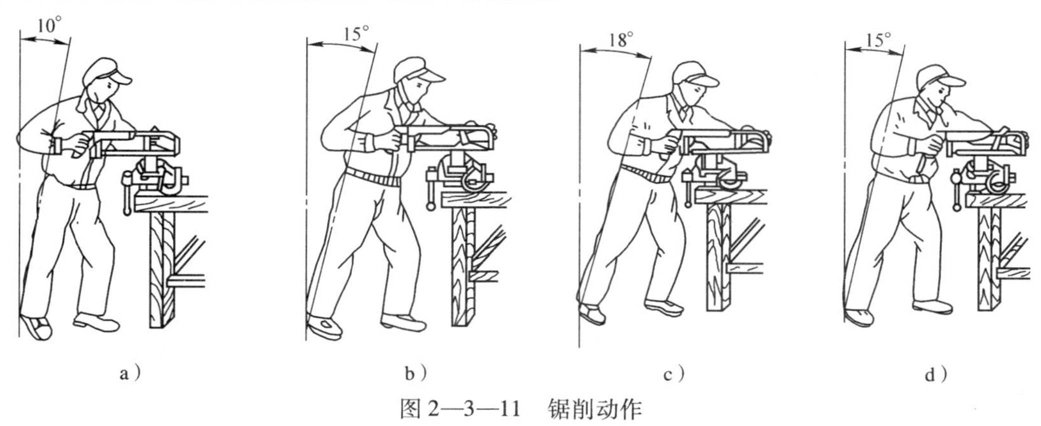

图 2—3—11　锯削动作

（4）锯削压力　锯削时，手锯推出为锯削过程，退回时不参加切削，为避免锯齿磨损，提高工作效率，推锯时，应施加压力，回锯时，不施加压力而自然返回。

锯削硬材料压力可大些，否则锯齿不易切入，造成打滑；锯削软材料时，压力要稍小些，否则锯齿切入过深会发生咬住现象；当工件快锯断时，压力要小，速度要慢，行程要短，并尽可能扶住工件即将掉落下来的部分，防止其自由落下，造成事故。

（5）锯削运动和速度　锯削时手锯的运动形式有两种：一种是直线运动，适用于薄型工件、直槽及锯削面精度要求较高的场合；另一种是小幅度的上下摆动式运动，推锯时左手上翘，右手下压；回锯时右手微上翘，左手下压，形成摆动，这种运动方式操作自然、省力，可减少锯削时的阻力，提高锯削效率，锯削运动大都采用这种运动方式。

锯削时应充分利用锯条的有效全长进行切削，避免局部磨损，从而延长锯条的使用寿命。一般锯削行程不小于锯条全长的2/3。

锯削时的运动速度以40次/min为宜。速度过快，容易使锯条发热，磨损加重；速度过慢，则影响锯削效率。一般在锯削软材料时可适当快些，锯削硬材料时可慢些。必要时可用切削液对锯条进行冷却润滑，以减轻锯条的磨损。锯削行程应保持匀速，返回时速度相应快些。

3. 起锯方法

起锯是锯削运动的开始，起锯质量直接关系到锯削质量和尺寸误差的大小。

起锯的方法有远起锯和近起锯两种。远起锯是指从工件远离操作者的一端起锯，锯齿是逐步切入材料的，不易被卡住，起锯较方便，如图2—3—12a所示。近起锯是指从工件靠近操作者的一端起锯，这种方法如果掌握不好，锯齿容易被工件的棱边卡住，造成锯条崩齿，此时，可采用向后拉手锯作倒向起锯，使起锯时接触的齿数增加，再做推进起锯锯齿就不会被棱边卡住而崩齿，如图2—3—12b所示。

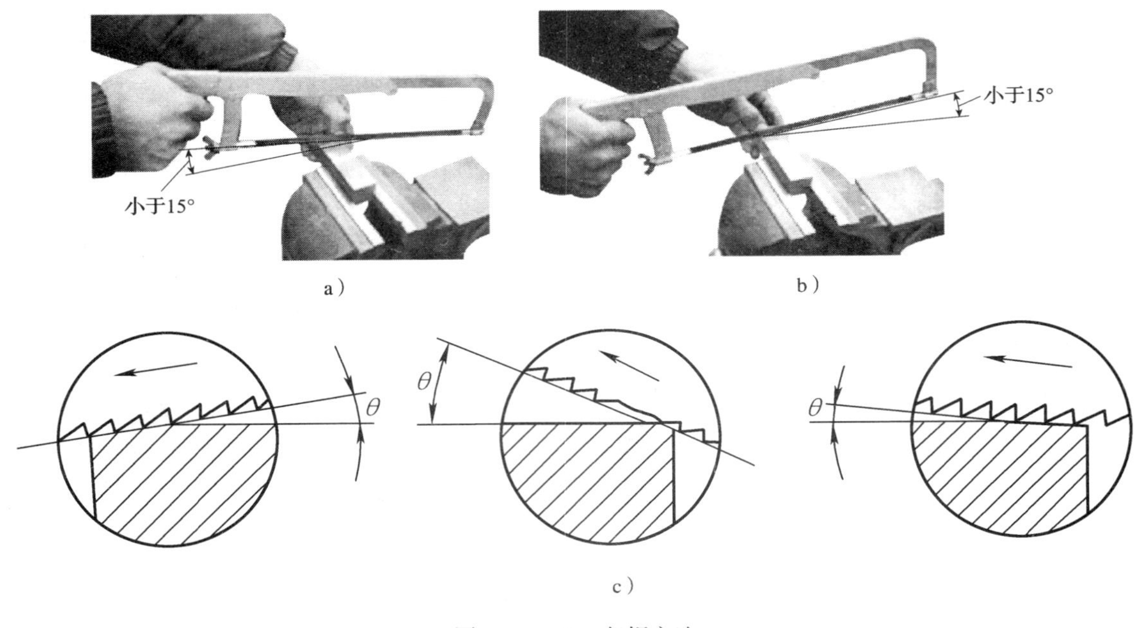

图2—3—12　起锯方法

a）远起锯　b）近起锯　c）起锯角控制

起锯时用左手大拇指靠住锯条，使锯条能正确地锯在所需位置上，起锯行程要短，压力要小，速度要慢。

一般情况下采用远起锯的方法。当起锯锯到槽深2～3 mm，锯条已不会滑出槽外时，左手拇指可离开锯条，扶正锯弓逐渐使锯痕向后（向前）成水平，然后正常锯削。

无论采用哪种起锯方法，起锯角度均要合适，一般约为15°，如图2—3—12c所示。如果起锯角度太大，则起锯不易平稳，锯齿容易被棱边卡住而引起崩齿，尤其是近起锯时。但起锯角度也不易太小，否则，由于同时与工件接触的齿数多而不易切入材料，锯条还可能打滑而使锯缝发生偏离，在工件表面锯出许多锯痕，影响表面质量。

三、各种型材的锯削方法

1. 棒料锯削

锯削棒料时，如图 2—3—13 所示，若要求锯出的断面比较平整，则应从一个方向起锯直到结束，称为一次起锯。若对断面的要求不高，为了减小切削阻力和摩擦力，可以在锯入一定深度后，将棒料转过一定的角度重新起锯。反复几次从不同的方向锯削，最后锯断，称为多次起锯。

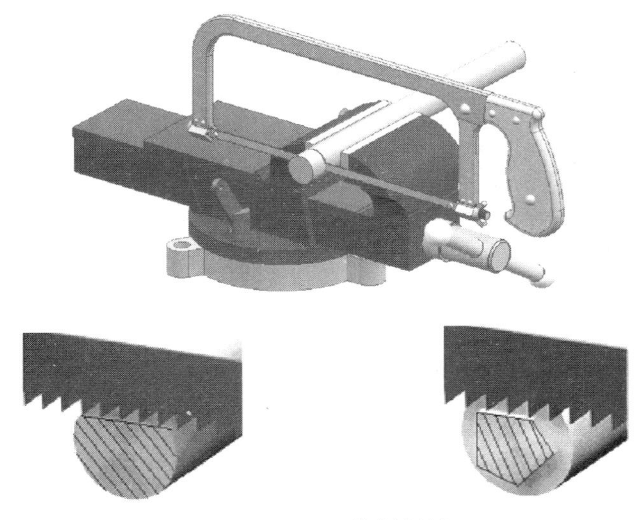

图 2—3—13　棒料锯削

2. 管子锯削

锯削薄壁管子和精加工的管子时，应使用两块木制 V 形或弧形槽垫块夹持，以防止夹扁管子或夹坏管子表面，如图 2—3—14a 所示。锯削时，应选用细齿锯条，不能仅从一个方向起锯锯至结束，否则管壁易钩住锯齿而使锯齿崩裂或锯条折断，如图 2—3—14c 所示。正确的锯削方法是从锯削处起锯到管子内壁处，再将管子顺着推锯方向转动一个角度，仍旧锯到管子内壁处，如此不断改变方向，直到锯断管子为止，如图 2—3—14b 所示。

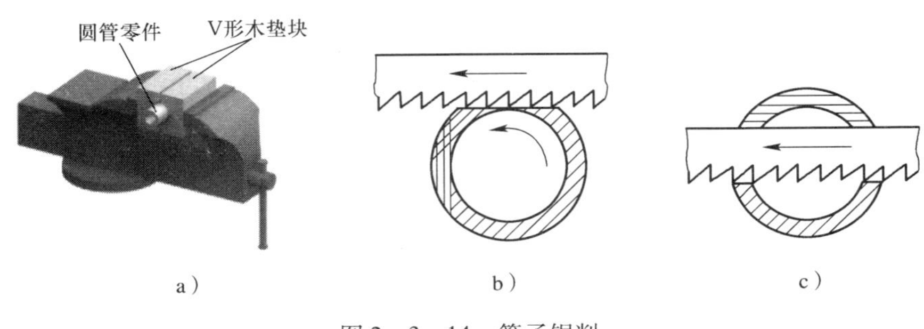

图 2—3—14　管子锯削

a）管子夹持　b）转位锯削　c）不正确锯削

3. 厚板料锯削

板料锯削是钳工练习时使用最多的一种锯削方法。在锯削前，应将工件的锯削部位进行划线，起锯时要注意应在线条的哪一侧起锯。锯削练习时应首先用废料进行基本功练习，通过一段时间的练习后，锯削的平面度应能控制在 0.8 mm 以内，尺寸精度应能控制在 ±0.8 mm 以内，但在实际生产中，锯削尺寸一般应控制在正方向，为下一步的精加工留有足够的加工余量，所以在锯削练习时要求锯削尺寸控制在 +（0.1 ~0.8）mm 范围内。

在锯削时，当锯缝深度大于锯弓高度时，可将锯条转过 90°后重新安装，使锯弓在工件的外侧，或转过 180°，使锯弓放置在工件的底部，继续进行锯削，如图 2—3—15 所示。板料锯削应使锯条从一个方向锯到底，保证锯缝断面平整。

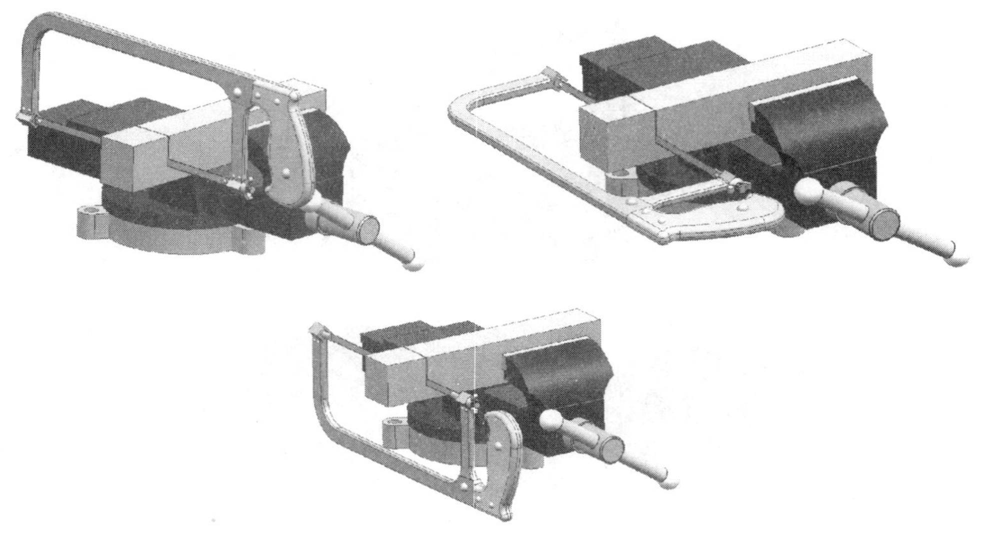

图 2—3—15　厚板料锯削

4. 薄板料锯削

薄板料由于截面小，锯齿容易被钩住而崩齿，因此，锯削时除选用细齿锯条外，还要尽可能从宽面上锯削，这样锯齿就不易被钩住。常用的薄板料锯削方法有两种：一种是将薄板料夹在两木块或金属块之间，连同木块或金属块一起锯下，如图 2—3—16a 所示，这样既避免了锯齿被钩住，又增加了薄板的刚度，锯削时不会出现振动；另一种是将薄板料夹在台虎钳上，如图 2—3—16b 所示，手锯沿着钳口作横向斜推，这样使锯齿与薄板料接触的截面增大、齿数增加，避免锯齿被钩住，但在使用这种方法时，要用金属垫对钳口进行保护，防止锯坏钳口。

5. 型钢锯削

（1）角钢锯削　角钢的锯削应从角钢宽面进行，锯好角钢的一面后，将角钢转过一个方向再锯，如图 2—3—17a 所示，这样才能得到较平整的断面，锯齿也不易被钩住。若将角钢从一个方向一直锯到底，这样锯缝深而不平整，锯齿也易折断。

（2）槽钢锯削　槽钢的锯削也应从槽钢宽面进行，从槽钢三个方向锯削，锯削方法与锯削角钢相似，如图 2—3—17b 所示。

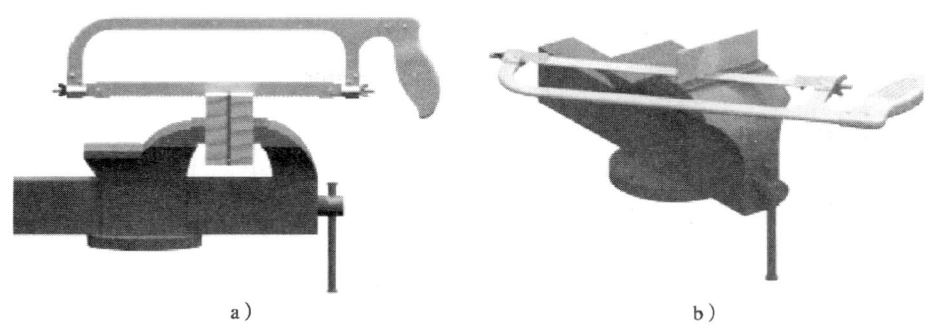

图 2—3—16　薄板料锯削

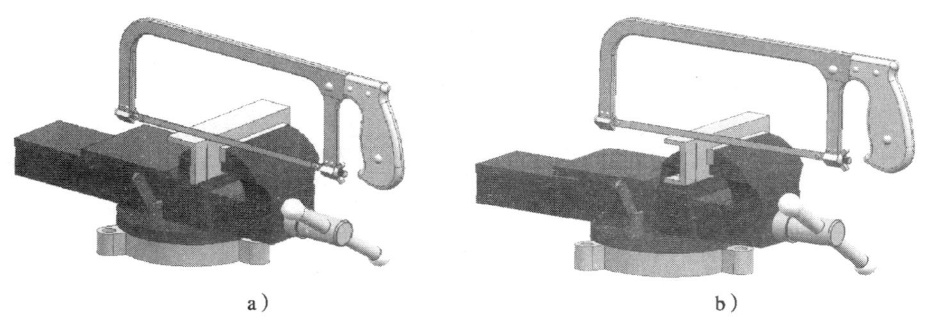

图 2—3—17　型钢锯削

a）角钢锯削　b）槽钢锯削

技能训练

四方体锯削

1．训练内容

完成如图 2—3—18 所示四方体工件的锯削加工。

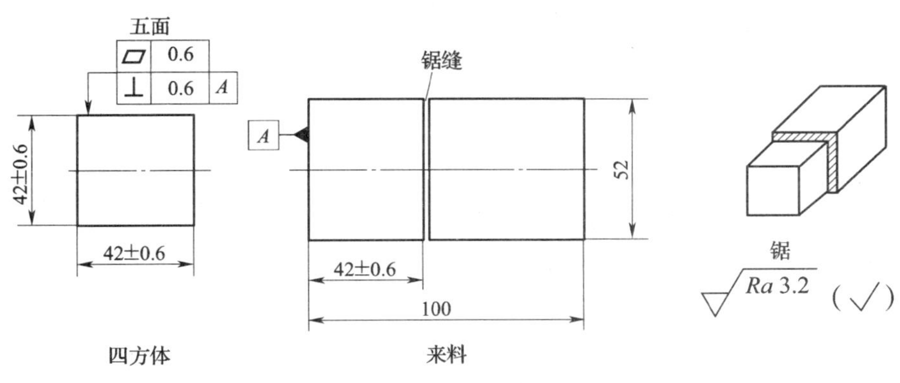

图 2—3—18　四方体工件

2. 训练准备

（1）工具、量具、刀具：划针、样冲、锯弓、锯条、钢直尺、游标卡尺、游标高度尺。

（2）材料：100 mm×52 mm×52 mm，HT200。

3. 操作步骤

（1）检查来料尺寸是否符合图样要求，在工件划线位置涂上划线涂料。

（2）按图样要求划线。

（3）锯削42 mm×42 mm×42 mm四方块。

（4）复检，去毛刺。

备注：锯削加工后的正方体工件转入课题四技能训练正方体锉削；余下材料（57±1）mm×52 mm×52 mm转入课题七综合技能训练（一）的双面V形架制作。

小提示

锯削时的注意事项：

（1）锯条安装松紧要适当，锯削速度不要过快，压力不要过大，锯削时避免突然用力过猛，防止锯削过程中锯条突然折断弹出伤人。

（2）注意工件夹持正确。

（3）要注意所划线条清晰。

（4）注意起锯方法和起锯角的正确合理。

（5）初学者锯削时常有摆动、姿势不自然、摆动幅度过大等错误，必须及时纠正，因此初学者锯削速度应慢些。

（6）要时刻注意锯缝的平直情况，出现偏移应及时纠正。

（7）锯削过程中应尽可能使最多的锯齿参与切削。

（8）锯削时可适当加切削液，降低切削温度，延长锯条使用寿命。

（9）工件将锯断时，锯弓上施加的压力要减小，以避免压力过大使工件突然断开，手向前冲而碰到工件造成事故。工件将锯断时，要用手扶住被锯下部分，防止工件落下砸伤脚或损坏工件。

（10）锯削面不允许修整。

（11）锯削完毕或下班时，应将锯弓上的张紧螺母拧松些，但不要拆下锯条，以免零件散落。

知识链接

锯削质量分析（见表2—3—4）

表2—3—4　锯削时常见的质量问题及产生原因

锯齿损坏及质量问题	产生原因
锯齿折断	（1）锯条装得过紧或过松 （2）锯削时压力太大或锯削用力偏离锯缝方向 （3）工件未夹紧，锯削时有松动

续表

锯齿损坏及质量问题	产生原因
锯齿折断	（4）锯缝歪斜后强行纠正 （5）新锯条在旧锯缝中卡住而折断 （6）工件锯断时，用力过猛使手锯与台虎钳等物相撞而折断 （7）中途停止使用时，手锯未从工件中取出而碰断
锯齿崩裂	（1）锯齿的粗细选择不当，如锯管子、薄板时用粗齿锯条 （2）起锯角度太大，锯齿被卡住后仍用力推锯 （3）锯削速度过快或锯削摆动突然过大，使锯齿受到猛烈撞击
锯齿过早磨损	（1）锯削速度太快，使锯条发热过度而加剧锯齿磨损 （2）锯削硬材料时，未加切削液 （3）锯削过硬材料
锯缝歪斜	（1）工件装夹时，锯缝线未与铅垂线方向一致 （2）锯条安装太松或与锯弓平面产生扭曲 （3）使用两面磨损不均匀的锯条 （4）锯削时压力太大而使锯条左右偏摆 （5）锯弓未扶正或用力歪斜，使锯条偏离锯缝中心平面
尺寸超差	（1）划线不正确 （2）锯缝歪斜过多，偏离划线范围
工件表面拉毛	起锯方法不对，把工件表面锯坏

4. 评分标准（见表2—3—5）

表2—3—5　　　　评分标准

序号	项目与技术要求		配分	评分标准	检测结果		得分
					学生自检	教师检测	
1	锯削	(42 ±0.6) mm（3 处）	30	一处超差扣 10 分			
2		▱ 0.6（5 处）	30	一处超差扣 6 分			
3		⊥ 0.6 *A*（4 处）	20	一处超差扣 5 分			
4		表面粗糙度 *Ra*25 μm	10	升高一级全扣			
5	安全文明生产		10	酌情扣分			

复习思考题

1．锯条的规格如何表示？如何合理地选择锯条？

2. 锯条的粗细规格用什么表示？解释 HTA300×10.7×1.4 的含义。

3. 锯条的分齿指的是什么？有哪两种形式？有何作用？

4. 如图 2—3—21 所示，将一块 65 mm×65 mm×10 mm 的正方形钢板用曲面锯削的方法加工为 ϕ60 mm 的圆形工件。

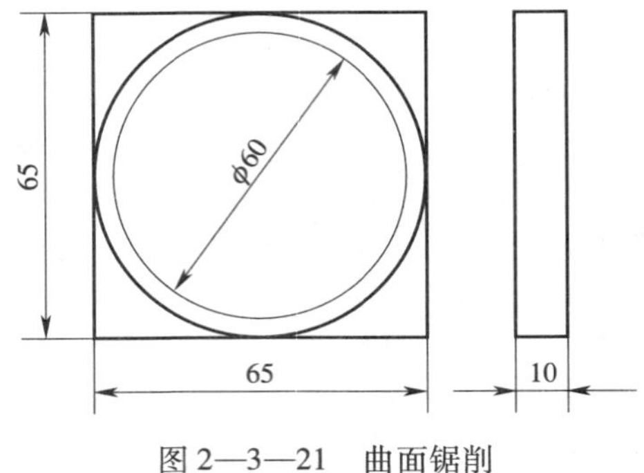

图 2—3—21 曲面锯削

课题四 锉削

用锉刀对工件表面进行切削加工，使工件达到所要求的尺寸、形状和表面粗糙度的操作方法称为锉削，如图 2—4—1 所示。锉削一般是在錾、锯之后对工件进行的精度较高的加工，其精度可达 0.01 mm，表面粗糙度可达 Ra0.8 μm。锉削是钳工的重要操作之一，尽管其效率不高，但在现代工业生产中的用途仍很广泛，可以去除工件上的毛刺，锉削工件的内外表面、各种沟槽和形状复杂的表面，还可以配键、制作样板以及对零件的局部进行修整等。

图 2—4—1 锉削

一、锉刀

锉刀是锉削的主要刀具。锉刀用优质碳素工具钢 T12、T13 或 T12A、T13A 制成，经热处理淬硬后切削部分硬度可达 62～72HRC。为了满足加工高硬度材料的需要，出现了金刚石锉刀。由于锉削工作比较广泛，目前锉刀已经标准化。

1. 锉刀的结构

锉刀由锉身和锉刀柄两部分组成，各部分的名称如图 2—4—2 所示

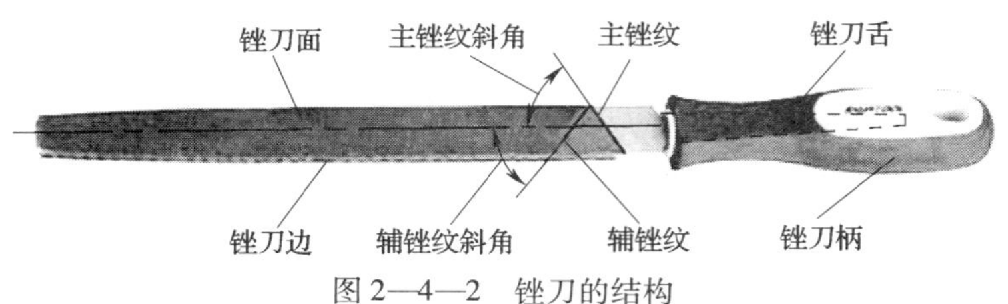

图 2—4—2　锉刀的结构

锉刀面是锉刀的主要工作面，梢部做成凸弧形，锉削时能够抵消两手上下摆动而产生的表面中凸现象，将工件锉平。

锉刀边即锉刀的两个侧面，其中没有锉纹的侧面称为光边，在锉内直角时，将它靠在内直角的一个面上锉削另一个面，可使不加工的表面免受损坏。另一个侧面有齿，用来锉削工件表面的氧化皮。

锉刀舌是安装锉刀柄的部分，用以装入手柄内，便于握持，以传递推力。

为了握住锉刀和用力方便，锉刀必须装上锉刀柄。锉刀柄一般用硬木或塑料制成，圆柱部分应镶铁箍，其安装孔的深度和直径以能使锉刀舌的 3/4 插入锉刀柄孔为宜。锉刀柄表面不得有毛刺、裂纹，涂漆均匀，手感舒适。

锉刀面上有大量锉齿，锉削时每个锉齿相当于一把錾子，对金属材料进行切削。

根据锉齿的排列方式，锉刀的锉纹分为单锉纹和双锉纹两种，如图 2—4—3 所示。单锉纹锉刀只有一个方向的锉纹，由于全齿宽同时参加切削，因此切削时较费力，主要用于锉削铝、铜等软材料。双锉纹锉刀有主、辅锉纹交叉排列，其中主锉纹起主要切削作用，辅锉纹起分屑作用。双锉纹锉刀锉削时，每个齿的锉痕交错而不重叠，锉削面比较光滑，锉屑是碎断的，不易堵塞锉刀面，锉削比较省力，锉齿强度也高，适于锉削硬材料。一般单锉纹采用铣齿加工，双锉纹采用剁齿加工。

图 2—4—3　锉刀的锉纹

a）单锉纹　b）双锉纹

2. 锉刀的种类

锉刀的种类很多，按用途不同，锉刀可分为普通锉、整形锉（什锦锉）和异形锉三类，其特点及应用见表 2—4—1。

表 2—4—1 锉刀的分类、特点及应用

锉刀类型	图示	特点及应用
普通锉	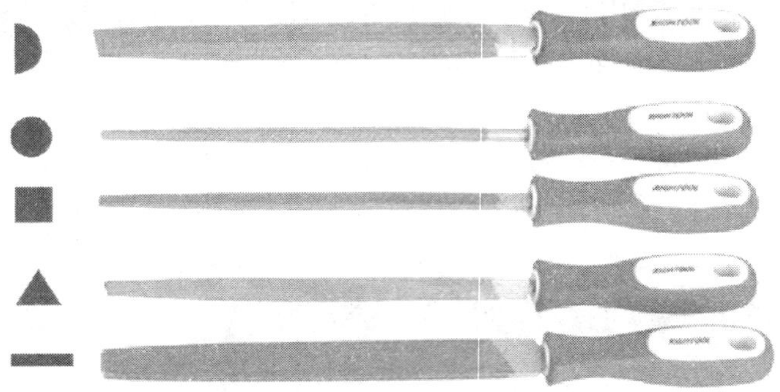	该类锉刀按其断面形状分为平锉、方锉、三角锉、半圆锉和圆锉五种，是钳工最常用的锉削工具
整形锉		通常由多支不同断面形状的锉刀组成，常用的有 5 支、8 支或 10 支为一组。按断面形状有平锉、方锉、三角锉、圆锉、半圆锉、菱形锉、刀口锉、椭圆锉、单边三角锉等多种。主要用于修整工件上的细小部分
异形锉	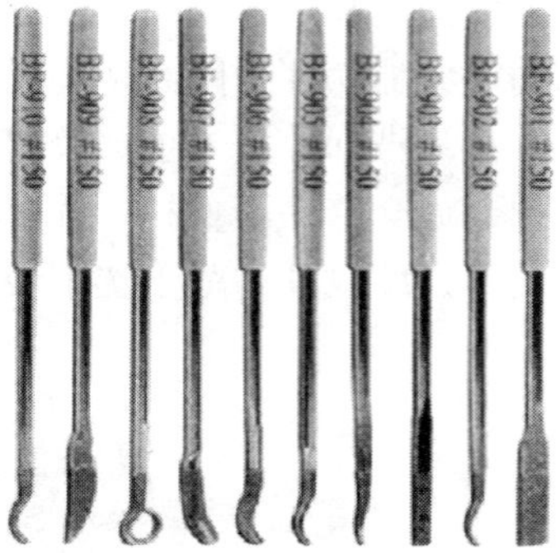	其锉身形状各异，除扁锉、方锉、三角锉、半圆锉、圆锉外，还有刀形锉、菱形锉、单面三角锉、双半圆锉、椭圆锉等，主要用来锉削工件上的特殊表面

3. 锉刀的规格

锉刀的规格包括尺寸规格和锉纹的粗细规格。

（1）尺寸规格　圆锉以其断面直径为尺寸规格，方锉以其边长为尺寸规格，其他锉刀以锉身长度为尺寸规格，常用的有 100 mm、150 mm、200 mm、250 mm、300 mm、350 mm 等。异形锉和整形锉以锉刀全长为尺寸规格。

（2）粗细规格　以锉刀每 10 mm 轴向长度内的主锉纹条数来表示，共分为 1 ~ 5 号。普通锉的锉纹参数见表 2—4—2，锉纹号越小，锉齿越粗。

表 2—4—2　　普通锉刀的锉纹参数（摘自 GB/T 5806—2003）

长度规格/mm	每 10 mm 主锉纹条数					辅锉纹条数	边锉纹条数	主锉纹斜角 λ		辅锉纹斜角 ω		边锉纹斜角 θ
	锉纹号							1～3号锉纹	4～5号锉纹	1～3号锉纹	4～5号锉纹	
	1	2	3	4	5							
100	14	20	28	40	56	为主锉纹条数的75%～95%	为主锉纹条数的100%～120%	65°	72°	45°	52°	90°
125	12	18	25	36	50							
150	11	16	22	32	45							
200	10	14	20	28	40							
250	9	12	18	25	36							
300	8	11	16	22	32							
350	7	10	14	20	—							
400	6	9	12	—	—							
450	5.5	8	11	—	—							

根据 GB/T 5806—2003 规定，锉刀编号的组成顺序为：类别代号—形式代号—规格—锉纹号。如 Q—01h—200—2 应解释为：钳工锉　齐头扁锉　厚型　规格 200 mm　2 号锉纹。

4. 锉刀的选择

锉刀的选择是否合理，直接影响锉削的质量、效率以及锉刀的使用寿命。通常应根据工件表面形状、尺寸大小、材料性质、加工余量大小以及加工精度和表面粗糙度要求的高低来选用。

（1）锉刀断面形状的选择　锉刀断面形状应与工件被加工表面的形状相适应，如图 2—4—4 所示。

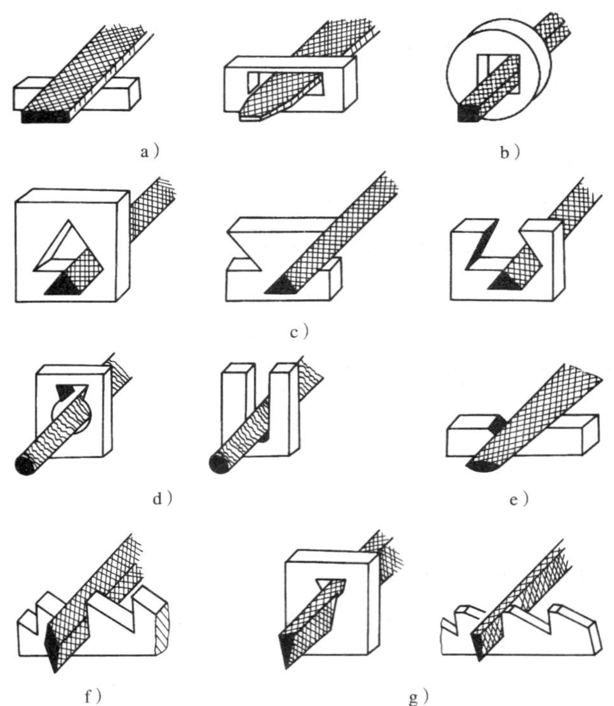

图 2—4—4　锉刀断面形状的选择

a）平锉　b）方锉　c）三角锉　d）圆锉　e）半圆锉　f）菱形锉　g）刀口锉

（2）锉刀粗细规格的选择　一般来说粗齿锉刀用于锉削铜、铝等软金属及加工余量大、精度低和表面粗糙度要求不高的工件；细齿锉刀用于锉削钢、铸铁以及加工余量小、精度要求高和表面粗糙度数值较小的工件；油光锉则用于最后修光工件表面。锉刀粗细规格的选择见表 2—4—3。

表 2—4—3　　锉刀粗细规格的选择

粗细规格	适用场合		
	锉削余量/mm	尺寸精度/mm	表面粗糙度 Ra/μm
1 号（粗齿锉刀）	0.5～1	0.2～0.5	100～25
2 号（中齿锉刀）	0.2～0.5	0.05～0.2	25～6.3
3 号（细齿锉刀）	0.1～0.3	0.02～0.05	12.5～3.2
4 号（双细齿锉刀）	0.1～0.2	0.01～0.02	6.3～1.6
5 号（油光锉）	0.1 以下	0.01	1.6～0.8

（3）锉刀尺寸规格的选择　锉刀尺寸规格根据加工面的大小和加工余量的多少来选择。加工面较大、余量多时，选择较长的锉刀，反之则选用较短的锉刀。

5. 锉刀的正确使用和保养

合理使用和保养锉刀，可延长锉刀的使用寿命，因此，使用时必须注意以下规则：

（1）锉刀放置时避免与其他金属硬物相碰，也不能把锉刀重叠堆放，以免锉纹损伤。

（2）普通锉刀必须装柄使用，以免刺伤手腕。松动的锉刀柄应装紧后再用。

（3）防止锉刀沾水、沾油，以防锈蚀及锉削时锉刀打滑。

（4）锉削时应先认定一面使用，用钝后再用另一面，因用过的锉刀面容易锈蚀，两面同时使用会缩短锉刀的使用寿命。另外，锉削时要充分使用锉刀的有效工作长度，避免局部磨损。

（5）锉削过程中，要及时清除锉纹中嵌的切屑，以免切屑刮伤加工表面。锉刀用完后，应及时用锉刷刷去锉齿中的残留切屑，以免生锈。

（6）不能用锉刀来锉削毛坯的硬皮或氧化皮以及淬硬的工件表面，而应用其他工具或锉刀的锉梢端、锉刀边来加工。

（7）不能把锉刀当作装拆、敲击或撬物的工具，防止锉刀折断造成损伤。

（8）使用整形锉时，用力不能过猛，以免折断锉刀。

二、锉削操作要领

1. 锉刀柄的安装与拆卸

普通锉刀只有装上手柄后才能使用。装锉刀柄前，应先检查锉刀柄头上的铁箍是否脱落，防止锉刀舌插入后松动或裂开；检查锉刀柄孔的深度和直径是否过大或过小，一般以锉刀舌的 3/4 插入锉刀柄孔内为宜。锉刀柄表面不能有裂纹或毛刺，防止锉削时伤手。

锉刀柄的安装方法如图 2—4—5a 所示，先将锉刀舌放入锉刀柄孔中，再用左手轻握锉刀柄，右手将锉刀扶正，逐步镦紧，或用锤子轻轻击打直到锉刀舌插入锉刀柄的长度约 3/4 为止。

锉刀柄的拆卸方法如图 2—4—5b 所示，在平板上或台虎钳钳口轻轻将锉刀柄敲松后取下。

a）　　　　　　　　b）

图 2—4—5　锉刀柄的装拆

a）锉刀柄的安装　b）锉刀柄的拆卸

2. 工件的装夹

工件（特别是薄形工件）必须夹在台虎钳钳口的中部，需锉削的表面略高于钳口，不能太高，防止锉削时工件产生振动，如图 2—4—6 所示。工件夹持要牢固，但不能使工件变形。夹持几何形状特殊工件时要加衬垫，如圆形工件要衬 V 形块或弧形木块。夹持已加工表面或精密工件时，应在钳口与工件之间垫以铜片或铝片，并保持钳口清洁。

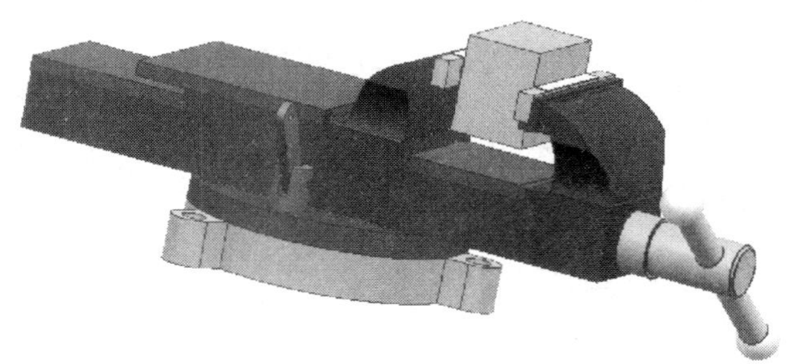

图 2—4—6　工件的装夹

3. 锉刀的握法

锉刀握法的正确与否，对锉削质量、锉削力量的发挥及操作疲劳程度都有一定的影响。由于锉刀的形状和大小不同，锉刀的握法也不同。

（1）大锉刀（250 mm 以上）的握法　右手握锉刀柄，柄端顶住掌心，大拇指放在锉刀柄的上面，其余四指由下向上满握锉刀柄。左手的握锉姿势有两种：一种是将左手拇指肌肉压在锉刀头上，中指、无名指捏住锉刀前端；另一种是用左手掌斜压在锉刀前端，各指自然平放。如图 2—4—7 所示。

（2）中型锉刀（200 mm）的握法　右手握法大致与大锉刀右手握法相同；左手只需用大拇指和食指、中指轻轻扶持即可，不必像大锉刀那样施加很大的压力，如图 2—4—8 所示。

（3）小型锉刀（150 mm）的握法　右手食指伸直，大拇指放在锉刀柄上面，食指靠在锉刀的刀边；左手手指压在锉刀中部，如图 2—4—9 所示。

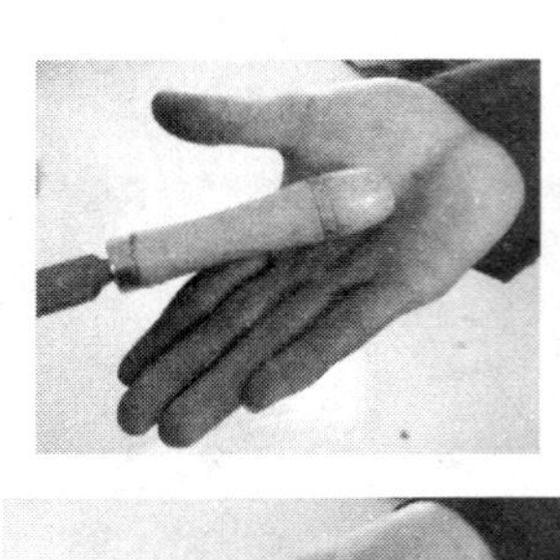
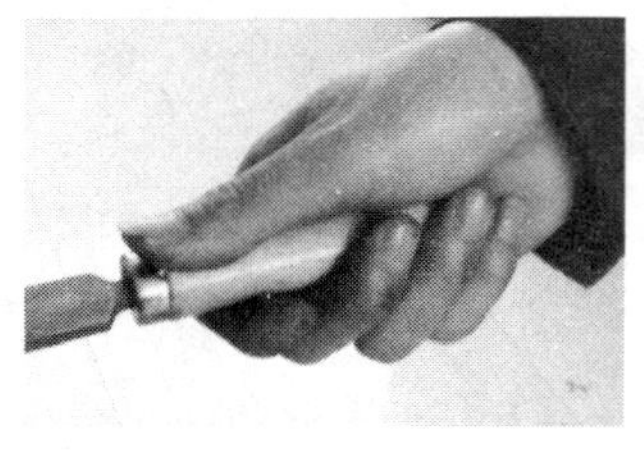
a）
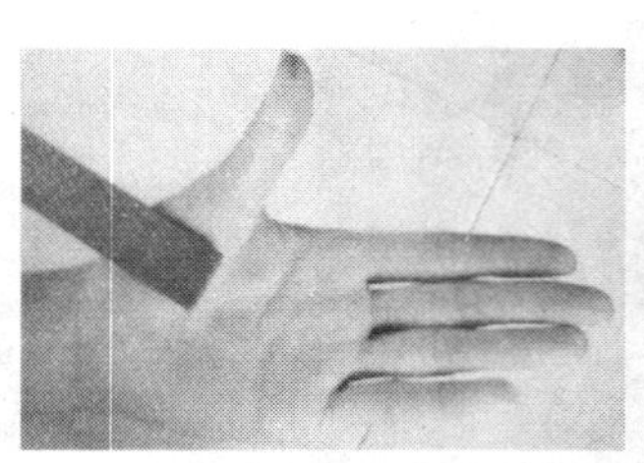
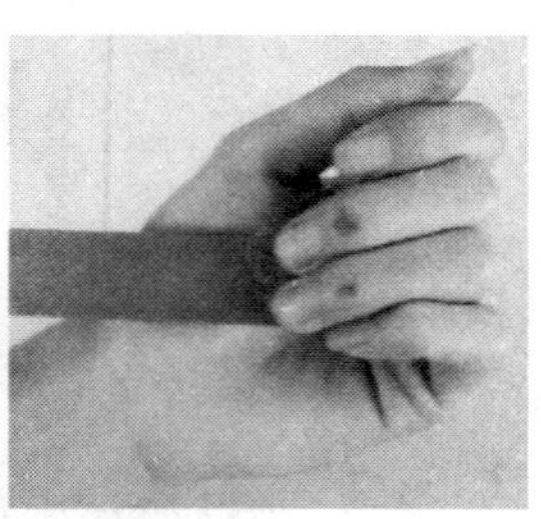
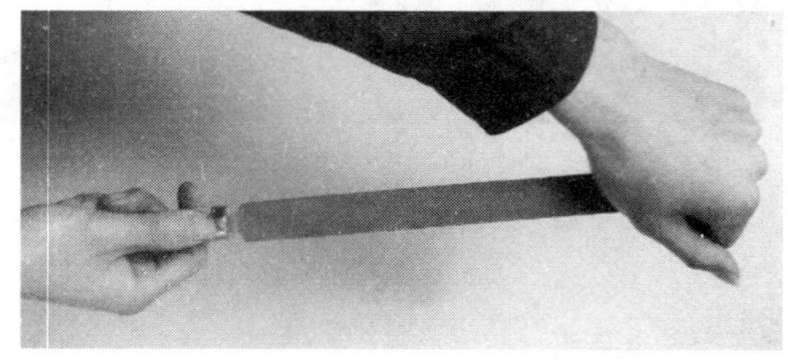
b）

图 2—4—7　大锉刀的握法

a）右手握法　b）左手握法

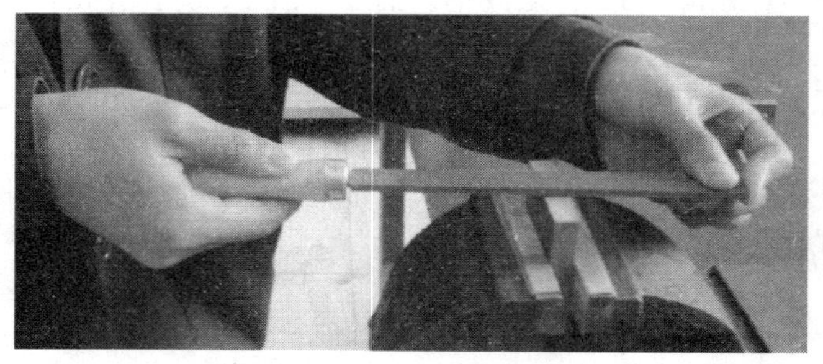

图 2—4—8　中型锉刀的握法

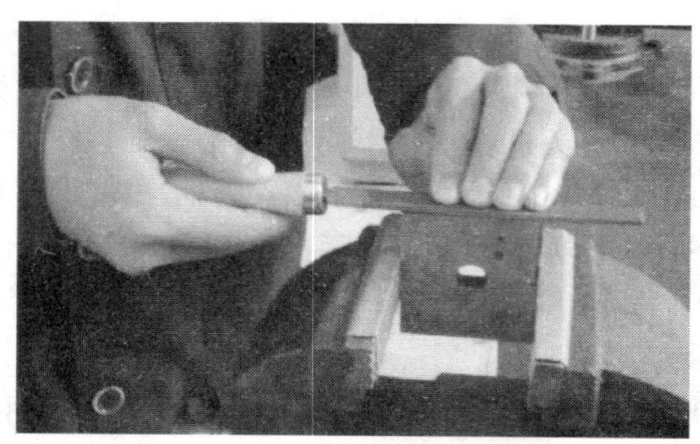

图 2—4—9　小型锉刀的握法

（4）125 mm 以下的锉刀及整形锉的握法　一般只用右手拿着锉刀，食指放在锉刀上面，拇指放在锉刀的左侧，如图 2—4—10 所示。

图 2—4—10　整形锉的握法

4. 锉削的姿势及动作

正确的锉削姿势能够减轻疲劳，提高锉削质量和效率。锉削时，人的站立位置、姿势动作与锯削相似，如图 2—4—11 所示。站立要自然，便于用力，以适应不同的锉削要求。锉削时两手握住锉刀放在工件上，左臂弯曲，小臂与工件锉削面的左右方向保持基本平行，右小臂与工件锉削面的前后方向保持基本平行。右腿伸直并稍向前倾，重心落在左脚，左膝随锉削时的往复运动而屈伸，锉削时要充分利用锉刀的有效长度。锉削的动作是由身体和手臂同时运动合成的。

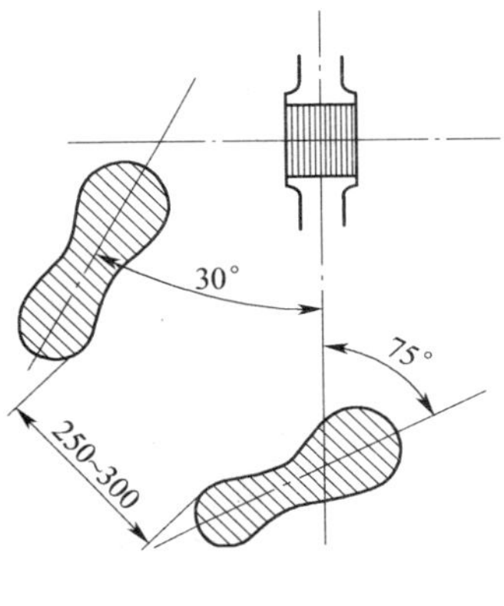

图 2—4—11　锉削时的站立姿势

锉削动作如图 2—4—12 所示，起锉时两手握住锉刀放在工件上面，左臂弯曲，小臂与工件锉削面的左右方向保持基本平行，右小臂与工件锉削面的前后方向保持基本平行，身体略向前倾，与铅垂线保持 10°左右。锉削最初的 1/3 行程时，身体与锉刀一起向前，右腿伸直并在两手锉削作用下带动身体略向前倾，与铅垂线保持 15°左右。当锉刀锉至约 2/3 行程时，身体停止前进，此时身体倾斜角度约为 18°左右。锉削到最后 1/3 行程时，两臂继续将锉刀向前推锉到头，同时，左腿自然伸直并随着锉削时的反作用力，将身体重心后移，使身体恢复原位，并顺势将锉刀收回。当锉刀收回将近结束，开始第二次锉削的向前运动。

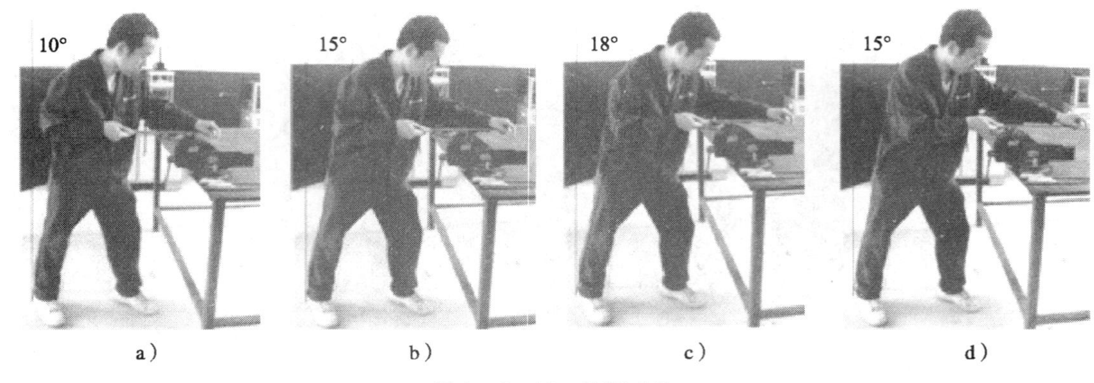

图 2—4—12　锉削动作

5. 锉削用力和锉削速度

（1）锉削用力　锉削时锉刀的平直运动是锉削的关键。锉削用力有水平推力和垂直压力两种。推力主要由右手控制，其大小必须大于锉削阻力才能锉去切屑；而压力由两手控制，其作用是使锉齿深入工件表面。

由于锉刀两端伸出工件的长度随时都在变化，因此两手压力大小必须随着变化，使两手的压力对工件的力矩相等，这是保证锉刀平直运动的关键。锉刀运动不平直，工件中间就会凸起或产生鼓形面。因此，锉削时右手的压力要随锉刀的前进而逐渐增加，左手的压力要随锉刀的前进而逐渐减小，如图 2—4—13 所示。

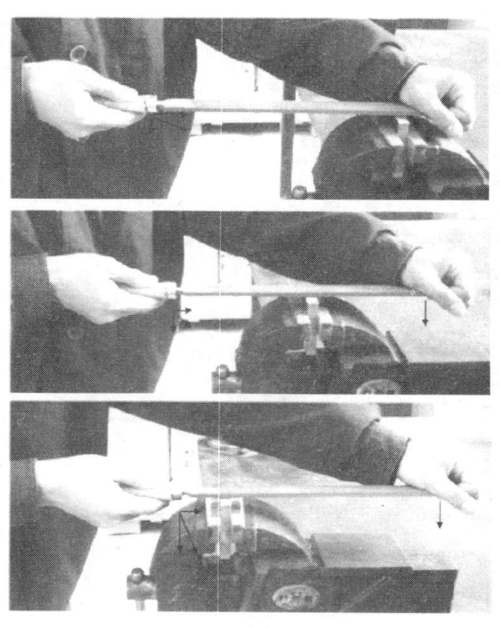
图 2—4—13　锉削用力

（2）锉削速度　锉削速度一般为 40 次/min。太快，操作者容易疲劳，且锉齿易磨钝；太慢，则切削效率低。推出时稍慢，回程时稍快，动作要自然协调。

三、锉削方法

1. 常用的基本锉削方法

锉削时应根据被加工面的形状和要求合理制定锉削方法及工艺。常用的基本锉削方法见表2—4—4。

表2—4—4 常用的基本锉削方法

锉削方法		图示	特点及应用
平面锉削	顺向锉	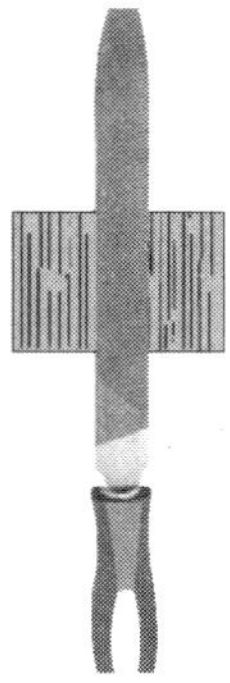	顺向锉是最普通的锉削方法，锉刀运动方向与工件夹持方向始终一致，在锉宽平面时，为使整个加工表面能被均匀地锉削，每次退回锉刀时应在横向作适当的移动。顺向锉的锉纹整齐一致，比较美观，适用于面积不大的平面锉削和最后锉光
	交叉锉	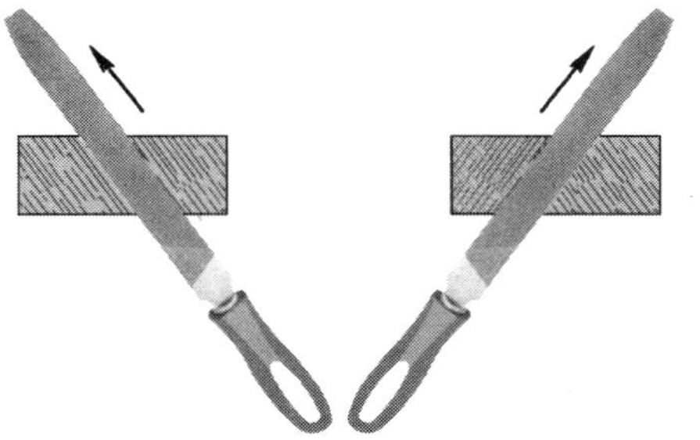	锉刀运动方向与工件夹持方向呈30°~40°角，且锉痕交叉。由于锉刀与工件的接触面大，锉刀容易掌握平衡，同时，从锉痕上可以判断出锉削面的高低情况，便于不断地修正锉削部位。交叉锉一般用于粗加工
	推锉	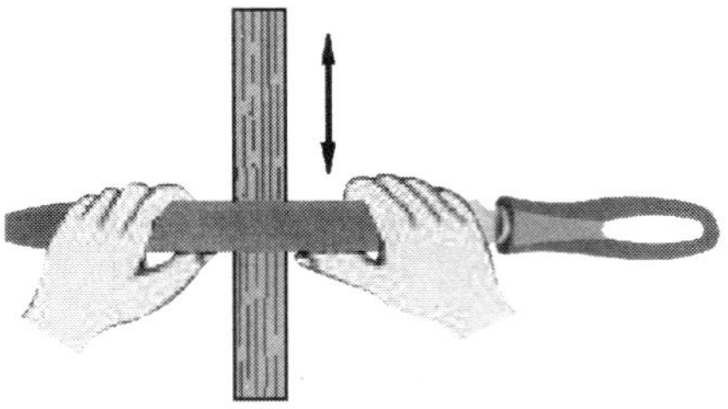	推锉时，锉刀容易掌握平衡，一般用于狭长平面的平面度修整，或锉刀推进受阻碍时要求锉纹一致而采用的一种补偿方法。由于推锉时锉刀的运动方向不是锉齿的切削方向，且不能充分发挥手的力量，故效率低，只适合于加工余量小的场合和修整尺寸
	铲锉	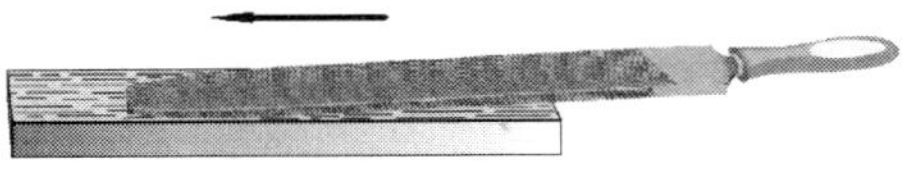	铲锉是利用锉刀前端的弧度对工件表面的局部进行锉削，主要适用于锉削面的修整

续表

锉削方法		图示	特点及应用
曲面锉削	锉削外圆弧面	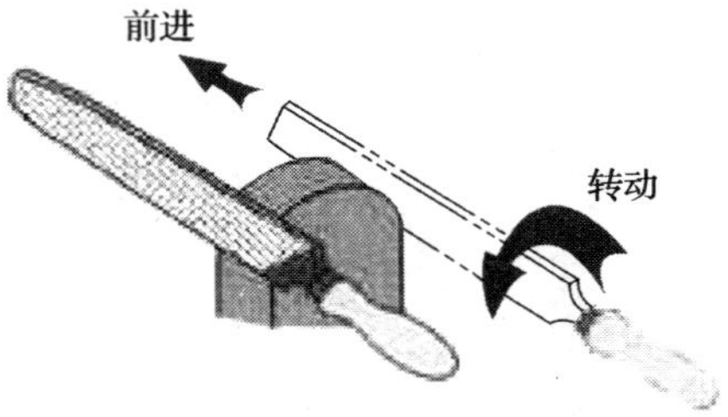 横向锉法 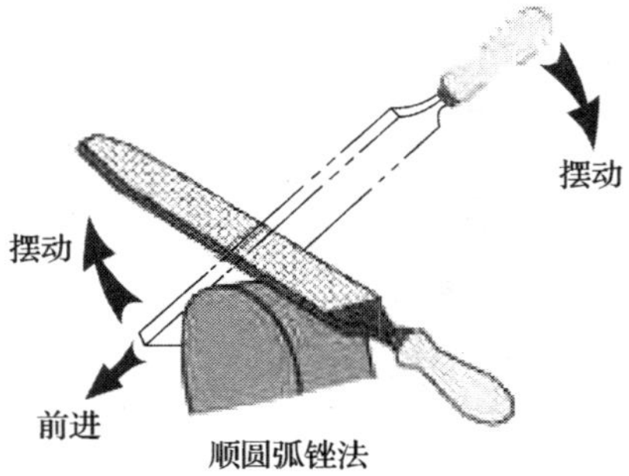 顺圆弧锉法	常见的外圆弧面锉削方法有横向锉法和顺圆弧锉法，锉削时要同时完成两种运动 横向锉时，锉刀沿着圆弧面的轴线方向做直线运动，同时锉刀不断随圆弧面摆动。横向锉锉削效率高，且便于按划线位置均匀地锉近弧线，但只能锉成近似圆弧面的多棱形面，故多用于圆弧面的粗加工 顺圆弧锉时，锉刀在作前进运动的同时，还应绕工件圆弧摆动。顺向锉能得到较光滑的圆弧面、较低的表面粗糙度值，但锉削位置不易掌握且效率不高，适用于精加工
	锉削内圆弧面	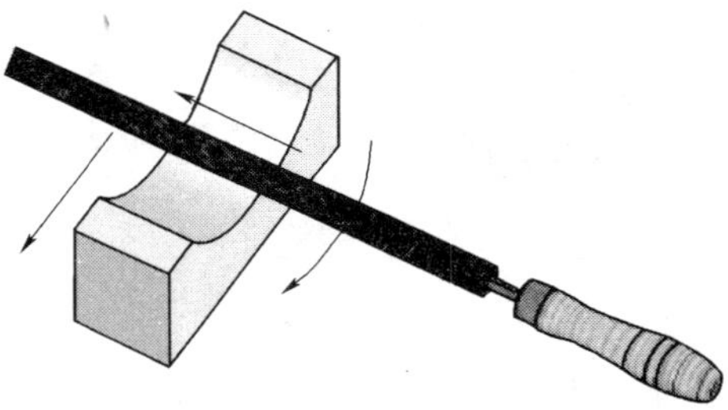	锉刀要同时完成三个运动：锉刀沿轴线作前进运动，沿圆弧面向左或向右移动，绕锉刀轴线转动
	锉削圆球面	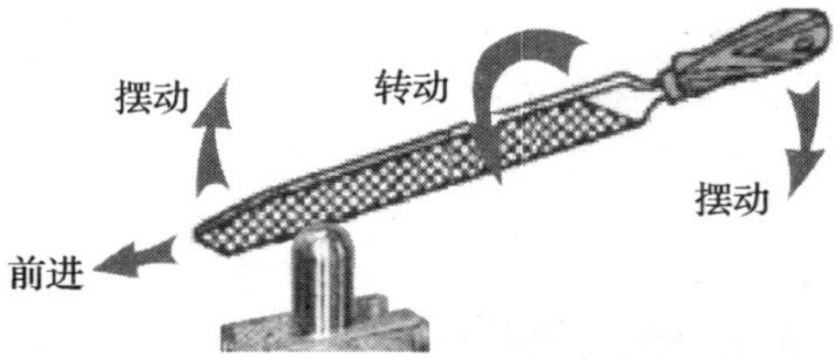	锉削球面时要同时完成三个运动，即锉刀的前进、转动和摆动

2．平面锉削要领

为了快速、有效、准确地达到加工要求，必须按照一定的顺序进行加工，一般按以下原则：

（1）选择最大的平面作为基准面，先把该面锉平，使之达到平面度要求。

（2）先锉大平面后锉小平面。以大面控制小面，测量准确、修整方便、误差小、余量小。

（3）先锉平行面，再锉垂直面。这样，一方面便于控制尺寸，另一方面平行度比垂直度的测量方便。

四、锉削平面质量检测

1．直线度和平面度检测

用刀口尺以透光法来检测，如图 2—4—15a 所示；也可用塞尺进行测量，如图 2—4—15b 所示。检测时要多检测几个部位并进行对角线检测，如图 2—4—15c 所示。

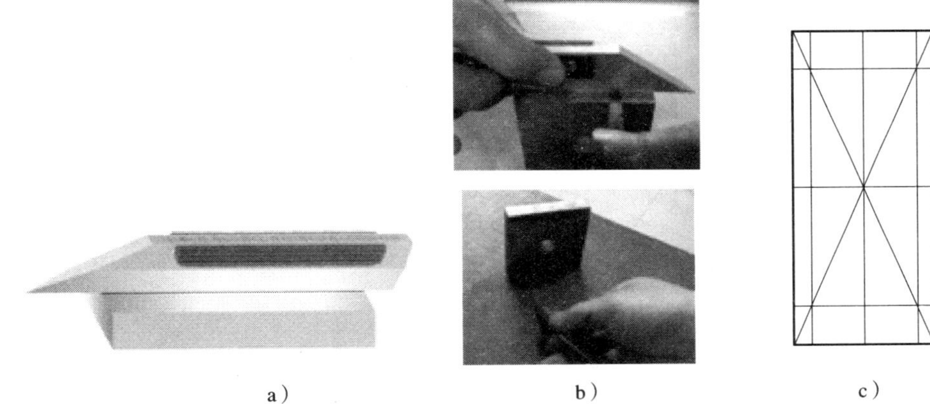

a）　　b）　　c）

图 2—4—15　平面度的检测

a）透光法检测　b）塞尺测量　c）测量位置

2．垂直度检测

用直角尺采用透光法检查，如图 2—4—16 所示。测量时将尺座靠紧在基准面上，尺苗靠在被测量面上，观察被测量面的透光情况。

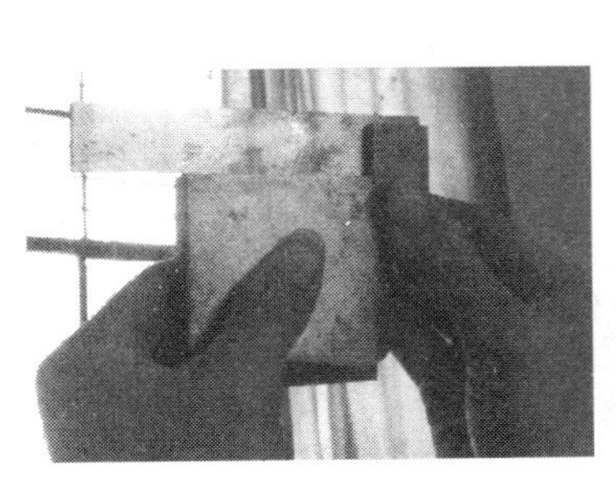

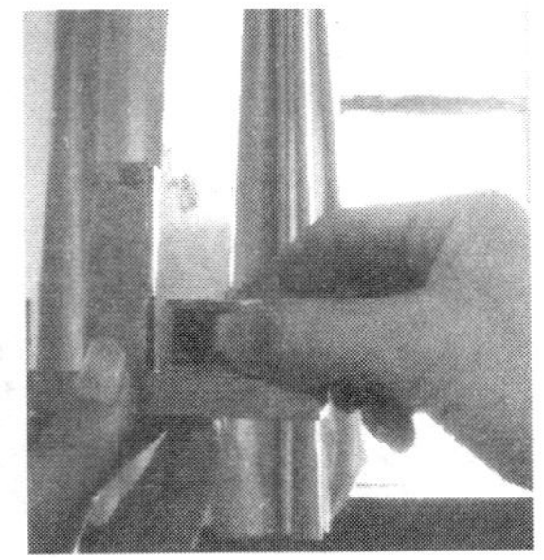

图 2—4—16　垂直度的检测

3. 表面粗糙度检测

一般用眼睛观察即可，也可用表面粗糙度比较样块进行对照检测，如图 1—2—40 所示。表面粗糙度要求较高时，可以用表面粗糙度仪检测，如图 1—2—41 所示。

技能训练

正方体锉削

1. 训练内容

完成如图 2—4—17 所示正方体工件的锉削加工。

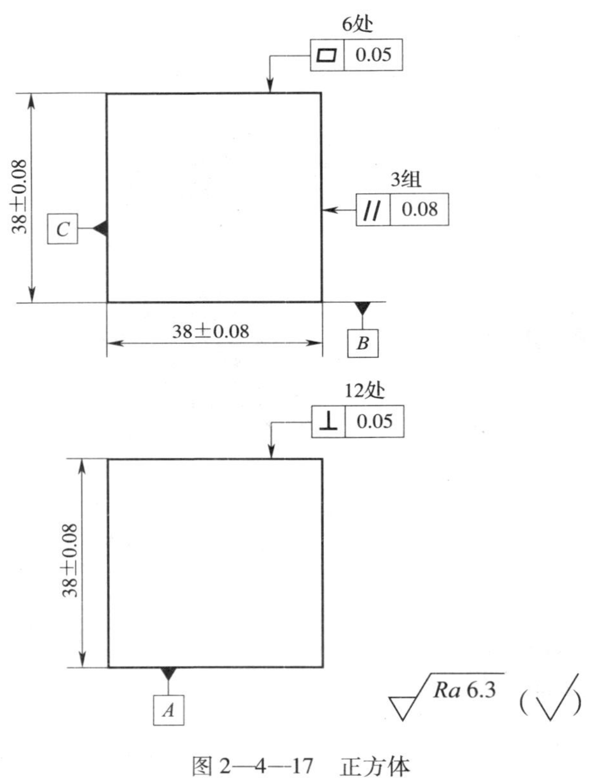

图 2—4—17 正方体

2. 训练准备

（1）工具、量具、刀具：锯弓、锯条、划针、样冲、平锉、软钳口、锉刀刷、游标高度尺、25 ~ 50 mm 千分尺、游标卡尺、直角尺、刀口尺、钢直尺。

（2）材料：由课题三技能训练四方体锯削转入，42 mm × 42 mm × 42 mm。

3. 操作步骤

（1）检查来料尺寸是否符合图样要求，在工件划线位置涂上划线涂料。

（2）按图样要求划线。

（3）锉削基准面 *A*，达到平面度、表面粗糙度要求。

（4）锉削 *A* 面的对应面，达到平面度、平行度、尺寸公差、表面粗糙度要求。

（5）锉削 *B* 面并与 *A* 面垂直，达到平行度、垂直度、表面粗糙度要求。

（6）锉削 *B* 面的对应面，达到平行度、平面度、尺寸公差、表面粗糙度要求。

（7）锉削 *C* 面，达到平面度、垂直度、表面粗糙度要求。

（8）锉削 *C* 面的对应面，达到平面度、平行度、尺寸公差、表面粗糙度要求。

（9）复检，并做必要的修正，去毛刺。

备注：锉削后的正方体转入课题十二综合技能训练（二）的四方体和六角体锉配。

小提示

锉削时的注意事项：

（1）锉削姿势及锉削方法需要反复练习，在训练过程中，需总结经验，若在加工时出现问题，应及时解决。

（2）没有装柄的锉刀、锉刀柄已经裂开或没有锉刀柄箍的锉刀不可使用。

（3）锉削时锉刀柄不能撞击到工件，以免锉刀柄脱落造成事故。

（4）不能用嘴吹锉屑，也不能用手擦、摸锉削表面。

（5）锉刀不可做撬棒或锤子用。

知识链接

锉削质量分析（表 2—4—5）

表 2—4—5　　锉削时常见废品产生原因与预防方法

废品形式	产生原因	预防方法
工件夹坏	（1）已加工表面被台虎钳钳口夹出伤痕 （2）夹紧力太大，使空心工件被夹扁	（1）夹持精加工表面应用软钳口 （2）夹紧力要适当，夹持时应衬 V 形块或弧形木块
尺寸太小	（1）划线不正确 （2）未及时检测尺寸	（1）按图正确划线，并校对 （2）经常测量，做到心中有数
平面不平	（1）锉削姿势不正确 （2）选用中凹的锉刀，而使锉出的平面中凸	（1）加强锉削技能训练 （2）正确选用锉刀
表面粗糙，不光洁	（1）精加工时仍用粗齿锉刀锉削 （2）粗锉时锉痕太深，以至精锉无法去除 （3）切屑嵌在锉齿中未及时清除而将表面拉毛	（1）合理选用锉刀 （2）适当多留精锉余量 （3）及时去除切屑
不应锉的部位被锉掉	（1）锉直角时未用光边锉刀 （2）锉刀打滑而锉坏相邻面	（1）锉直角时选用光边锉刀 （2）注意清除油污等引起打滑的因素

4. 评分标准（见表2—4—6）

表2—4—6　　评分标准

序号	项目与技术要求		配分	评分标准	检测结果		得分
					学生自检	教师检测	
1	锉削	(38 ±0.08) mm (3处)	24	一处超差扣8分			
2		⏥ 0.05 (6处)	12	一处超差扣2分			
3		⊥ 0.05 (12处)	24	一处超差扣2分			
4		// 0.08 (3组)	18	一处超差扣6分			
5		表面粗糙度 *Ra*6.3 μm	12	升高一级全扣			
6	安全文明生产		10	酌情扣分			

复习思考题

1. 普通锉刀的规格用什么表示？如何正确选用锉刀？
2. 平面锉削的基本方法有哪几种？各用在什么场合？
3. 如何检查锉削工件的平面度？
4. 完成如图2—4—18所示L形零件的锉削加工。

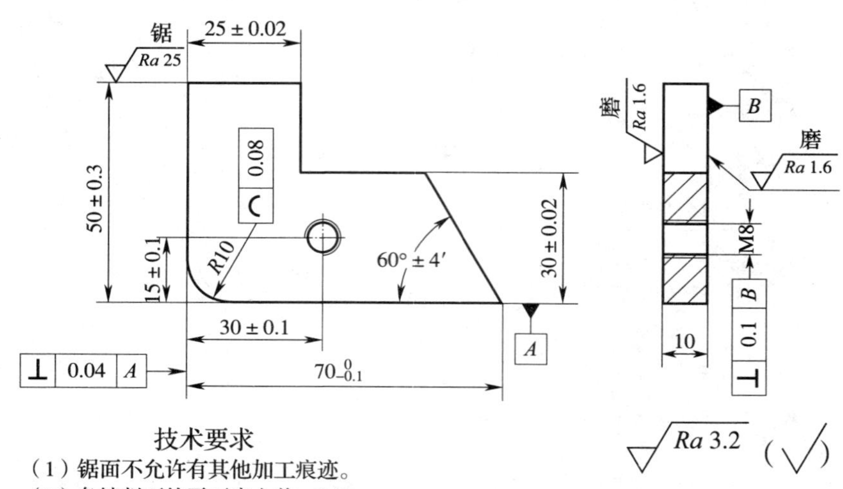

图2—4—18　L形零件图

课题五 刮削

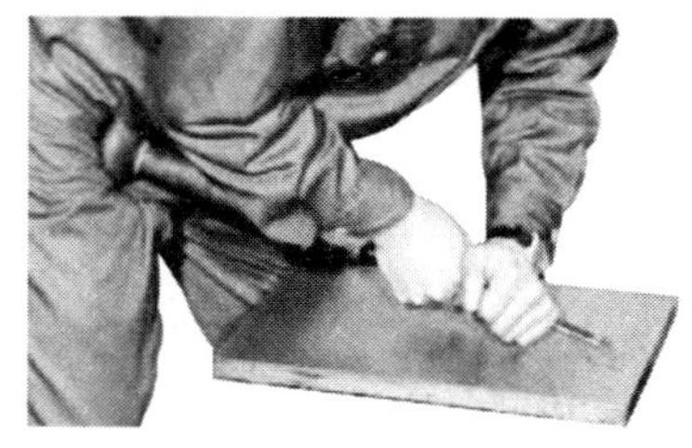
图 2—5—1　刮削

用刮刀刮除工件表面金属薄层的加工方法称为刮削，如图 2—5—1 所示。刮削加工属于精加工工艺。

一、刮削概述

1. 刮削原理

刮削是在工件或校准工具（俗称研具）上涂一层显示剂，经过推研，使工件上较高的部位显示出来（这种显示高点的操作方法称为研点），然后用刮刀刮去较高部分的金属层；经过反复推研、刮削，使工件达到要求的尺寸精度、形状精度及表面粗糙度，所以刮削又称刮研。

2. 刮削的特点及应用

刮削具有切削量小、切削力小、产生热量少、装夹变形小等特点，可避免在车削、铣削、刨削等机械加工中产生的振动、热变形等不良因素，所以能获得很高的尺寸精度、形状和位置精度、接触精度、传动精度和很小的表面粗糙度值。

刮削时，工件受到刮刀的推挤和压光作用，使工件表面组织变得比原来紧密，表面粗糙度值很小。

刮削后的工件表面形成比较均匀的微小凹坑，创造了良好的存油条件，有利于润滑。因此，在机床导轨、滑板、滑座、轴瓦、工具、量具等的接触表面常用刮削的方法进行加工。

刮削虽然有很多优点，但工人的劳动强度大，生产效率低。随着导轨磨床的诞生，较大型企业在制造、修理过程中，对机床导轨、滑板、滑座等配合表面，大都采用了以磨代刮的新工艺。这项新技术不仅能保证产品质量、减轻工人劳动强度，而且还能大大提高生产效率。但某些特殊的场合仍需由刮削加工完成。

二、刮削工具

常用的刮削工具包括刮刀、研具和显示剂，其特点及应用见表 2—5—1。

表 2—5—1　常用刮削工具的特点及应用

工具类型		图示	特点及应用
刮刀	平面刮刀	手刮刀 挺刮刀 弯头刮刀	常用的平面刮刀有直头和弯头两种，按刮削姿势分为手刮刀和挺刮刀。主要用来刮削平面，如平板、平面导轨、工作台等，也可用来刮削外曲面。按所刮表面精度要求不同，可分为粗刮刀、细刮刀和精刮刀三种

续表

工具类型		图示	特点及应用
刮刀	曲面刮刀	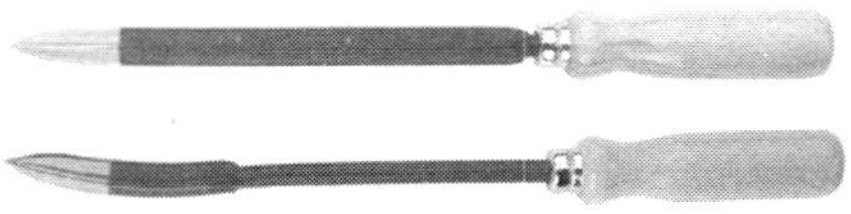 三角刮刀  蛇头刮刀	按刀头形状分为三角刮刀和蛇头刮刀。主要用来刮削内曲面，如滑动轴承内孔等
研具	平面研具	 标准平板 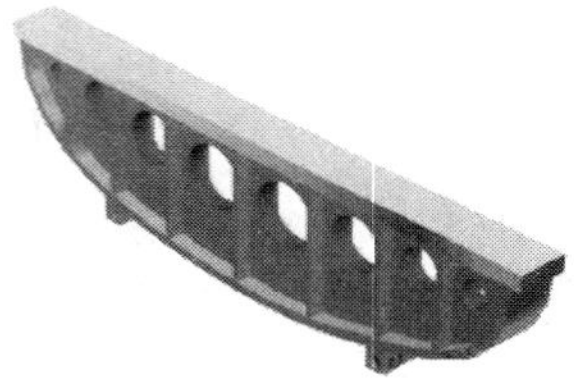 桥形平尺	研具是用来研接触点和检验刮削面精确性的工具，通过与刮削表面磨合，以接触点多少和疏密程度来显示刮削平面的平面度，提供刮削依据。标准平板用来检验较宽的平面；桥形平尺用来检验狭长的平面，如检验机床导轨面的直线度等
	角度研具		用来检验两个刮削面成角度的组合平面，如 V 形导轨面、燕尾导轨面等。其形状有 55°、60°等多种
	曲面研具	一般以相配合的零件为研具，如主轴的轴颈等	用来检验曲面的接触精度和几何精度

续表

工具类型		图示	特点及应用
显示剂	红丹粉		用来显示刮削表面误差位置和大小。将其均匀涂抹于研具或刮削表面，对研后凸起部分就被显示出来 红丹粉分铅丹和铁丹两种，前者呈橘红色，后者呈红褐色。使用时，用机油或牛油调和而成，广泛用于铸铁等黑色金属工件上 普鲁士蓝油是用普鲁士蓝粉和蓖麻油及适量机油调和而成，呈深蓝色。多用于精密工件和有色金属及其合金的工件
	普鲁士蓝油		

三、刮削方法

根据被刮削面的形状，刮削分为平面刮削和曲面刮削两种。

1. 平面刮削

平面刮削有单个平面刮削（如平板、工作台面等）和组合平面刮削（如 V 形导轨面、燕尾槽面等）两种。

（1）平面刮削余量的确定　由于每次刮削只能刮去很薄的一层金属，而且刮削操作的劳动强度很大，所以要求在机械加工后留下的刮削余量不宜太大或太小。若余量太大，则生产效率低；若余量太小，则上道工序的刀痕不能去除；因此，刮削余量一般为 0.05 ~ 0.4 mm。在确定刮削余量时，还应考虑工件刮削面积的大小。面积大时余量大，刮削前加工误差大时余量大，工件结构刚度差时余量也应大些。留有合适的余量，才能经过反复刮削达到尺寸精度及形状和位置精度的要求。平面刮削余量见表 2—5—2。

表 2—5—2　　平面刮削余量　　mm

平面宽度/mm	平面长度/mm				
	100 ~ 500	500 ~ 1 000	1 000 ~ 2 000	2 000 ~ 4 000	4 000 ~ 6 000
100 以下	0.10	0.15	0.20	0.25	0.30
100 ~ 500	0.15	0.20	0.25	0.30	0.40

（2）平面刮刀的刃磨和热处理

1）粗磨　粗磨刮刀在砂轮机上进行，如图 2—5—2 所示，使刮刀刀头基本成形，为热处理做好准备。先粗磨刮刀两平面，分别将刮刀两平面贴在砂轮侧面上，开始时应先接触砂轮边缘，再慢慢平放在侧面上，不断地前后移动进行刃磨，使两面都达到平整，在刮刀厚度上用肉眼看不出有显著的厚薄差别。然后粗磨刀头部分，把刮刀的顶端放在砂轮轮缘上平稳地左右移动刃磨，要求端面与中心线垂直，先以一定倾斜度与砂轮接触，再逐步按图示箭头方向转动至水平。如直接按水平位置靠上砂轮，刮刀会颤抖不易磨削，甚至会发生事故。

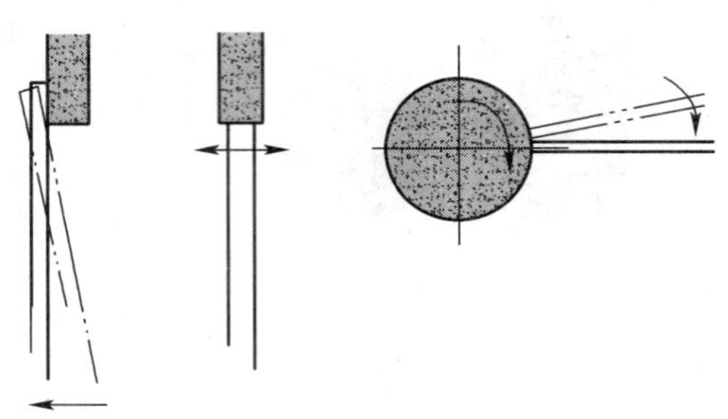

图 2—5—2　刮刀粗磨

2）热处理　将粗磨好的刮刀头部（长约 25 mm）放在炉火中缓慢加热到 780 ~ 800℃（呈樱红色），取出后迅速放入冷水（或 10% 的盐水）中冷却，浸入深度 8 ~ 10 mm，并将刮刀沿着水面缓慢移动，待冷却到刮刀露出水面部分呈黑色时，由水中取出，观察其刃部颜色变为白色时，再迅速将刮刀浸入水中完全冷却即可。

3）细磨　热处理后的刮刀要在细砂轮上进行细磨，基本达到刮刀的形状和角度要求。刮刀细磨时必须经常蘸水冷却，避免刀口部分退火。

4）精磨　精磨刮刀在油石上进行，如图 2—5—3 所示。操作时在油石上加适量润滑油，先按图 2—5—3a 所示箭头方向往复移动刮刀磨两平面，直至平面平整为止。然后精磨端面，如图 2—5—3b 所示，刃磨时左手扶住靠近手柄的刀身，右手紧握刀身，使刮刀直立在油石上，略带前倾（前倾角度根据刮刀楔角的不同而定）地向前推移，拉回时刀身略微提起，以免磨损刃口，如此反复，直到切削部分形状和角度符合要求，且刃口锋利为止。初学时还可将刮刀上部靠在肩上，两手握刀身，向后拉动来磨锐刃口，而向前则将刮刀提起，如图 2—5—3c 所示，此法速度较慢，但容易掌握。

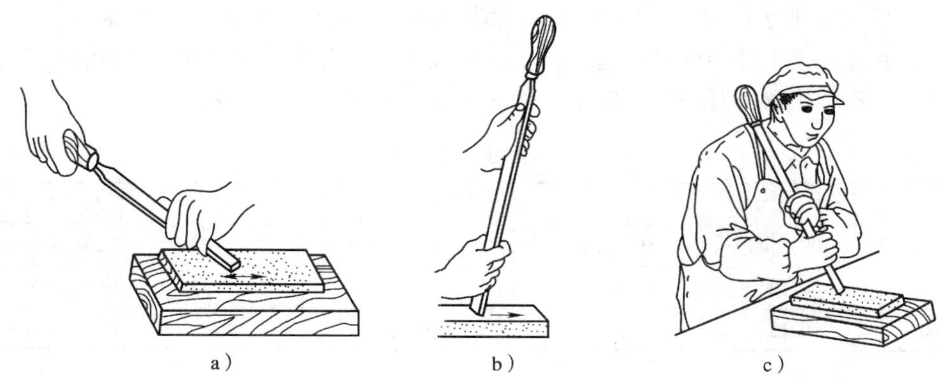

图 2—5—3　刮刀精磨

a）磨平面　b）手持磨端面　c）靠肩且双手握持磨端面

（3）平面刮削姿势　刮削姿势直接影响刮削工作的质量和效率，要根据被刮削面的形状、位置和精度灵活选择，目前采用的有手刮法和挺刮法两种。

1）手刮法　手刮法的姿势如图2—5—4所示，右手如握锉刀柄姿势，左手四指向下握住距刮刀头部约50 mm处，左手靠小指掌部贴在刀背上，刮刀与被刮削表面成25°～30°。同时，左脚前跨一步，上身随着往前倾斜，身体重心移向左腿，这样可以增加左手压力，也易看清刮刀前面研点的情况。刮削时让刀头找准研点，右臂利用上身摆动向前推，同时左手下压，落刀要轻并引导刮刀前进；左手随着研点被刮削的瞬间，以刮刀的反弹作用迅速提起刀头，刀头提起高度为5～10 mm，如此完成一个刮削动作。

手刮动作灵活，适应性强，适用于各种工作位置，对刮刀长度要求也不太严格，姿势可合理掌握，但手较易疲劳，故不适用于加工余量大的场合。

2）挺刮法　挺刮法的姿势如图2—5—5所示，将刮刀柄放在小腹右下侧，左手在前，掌心向下，右手在后，掌心向上，在距刮刀头部70～80 mm处握住刀身。刮削时刀头对准研点，左手下压，右手控制刀头方向，利用腿部和臂部的力量往前推动刮刀；随着研点被刮削的瞬间，双手利用刮刀的反弹作用力迅速提起刀头，刀头提起高度为5～10 mm，如此完成一个刮削动作。

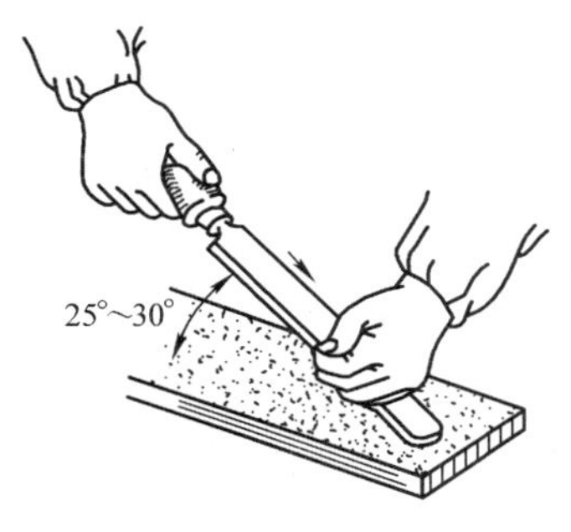

图2—5—4　手刮法

图2—5—5　挺刮法

挺刮法每刀切削量较大，适合大余量刮削，工作效率高，但腰部易疲劳。

（4）平面研点方法　研点的方法应根据不同形状和刮削面积的大小有所区别。图2—5—6所示为平面的研点方法。

1）中小型工件的研点　一般是研具固定不动，工件被刮削面在研具上进行推研。推研时压力要均匀，避免显示失真。如果工件表面小于研具工作面，推研时最好不超出研具；如果工件表面等于或稍大于研具工作面，允许工件超出研具工作面，但超出部分应小于工件长度的1/3，如图2—5—7所示。推研应在整个研具工作面上进行，以防止研具局部磨损。

图2—5—6　平面研点方法

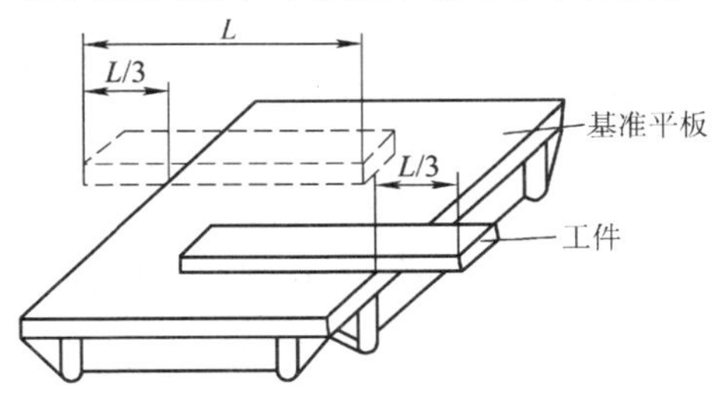

图2—5—7　工件在研具上研点

2）大型工件的研点　将工件固定，研具在工件的被刮削面上推研，如图 2—5—8 所示。推研时，研具超出工件表面的长度应小于研具长度的 1/5。对于面积大、刚度差的工件，研具的质量要尽可能减轻，必要时还要采取卸荷推研。

3）形状不对称工件的研点　推研时应在工件某个部位施加托力或压力（或配重），如图 2—5—9 所示，但用力的大小要适当、均匀。研点时还应注意，如果两次研点有矛盾，应分析原因，认真检查推研方法，谨慎处理。

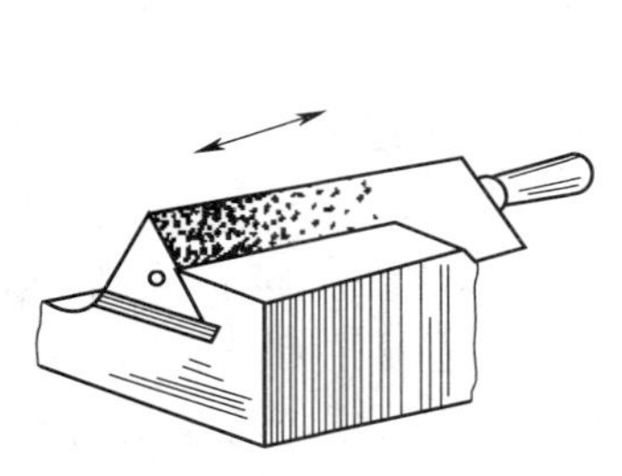

图 2—5—8　大型工件的研点

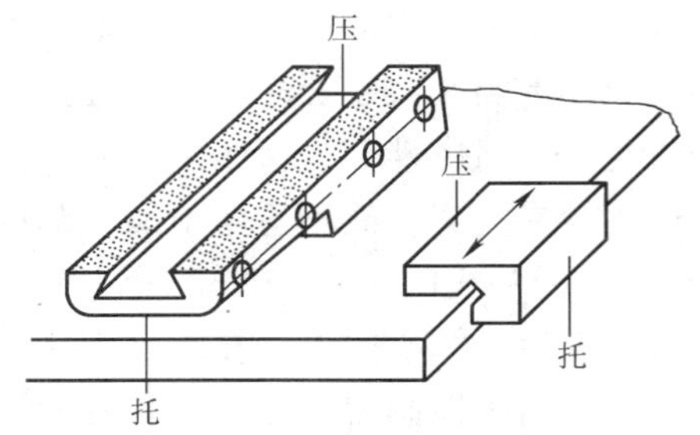

图 2—5—9　不对称工件的研点

4）薄板工件的研点　薄板工件因厚度薄，刚度差，容易产生变形，所以只能靠其自身的重量在平板上推研，即用手轻轻按住推研，并要使工件受的力均匀分布在整个薄板上，以反映其真实的显点，否则，往往会出现中间凹的情况。

（5）平面刮削步骤　为了保证零件的刮削质量，提高生产效率，刮削时一般按粗刮、细刮、精刮和刮花的步骤进行，其方法和工艺要求见表 2—5—3。

表 2—5—3　　**平面刮削的方法和工艺要求**

步骤	方法及工艺要求	刮刀几何角度要求
粗刮	用粗刮刀在刮削面上均匀地铲去一层较厚的金属，目的是去除余量、锈斑及机械刀痕，可采用连续推铲法，使刮削的刀迹连成长片。研点时，显示剂可调得适当稀些，当粗刮到每 25 mm×25 mm 方框内有 3～4 个研点，粗刮即结束	切削刃平直 楔角90°～92.5°
细刮	用细刮刀在经粗刮的表面上刮去稀疏的大块研点，进一步改善不平现象。细刮时可采用短刮法，且随着研点的增多，刀迹逐步缩短。在每刮一遍时，需按一定方向刮削，刮第二遍时要与第一遍交叉方向刮削，以消除原方向的刀迹。研点时，显示剂可调得适当干些，要求涂得薄而均匀。当达到每 25 mm×25 mm 方框内有 10～14 个研点时，细刮即结束	切削刃圆弧半径较大 楔角92.5°～95°

续表

步骤	方法及工艺要求	刮刀几何角度要求
精刮	用精刮刀在细刮的基础上，通过点刮法进一步增加研点，改善表面质量，使刮削面符合各项精度要求。精刮时刀迹要更小，不能重复，落刀要轻，起刀要快，并始终交叉地进行刮削。其显示剂应涂得更薄，只轻微改变刮削面的颜色即可	刀刃圆弧半径较小 楔角95°～97.5°
刮花	刮花的目的一是增加刮削面的美观；二是改善滑动件之间的润滑条件，并且还可以根据花纹的消失多少来判断平面的磨损程度。但是，在接触精度要求高、研点要求多的工件中，不应该刮成大块花纹，否则不能达到所要求的刮削精度。一般常见的刮削花纹有以下几种：  斜纹花  鱼鳞花 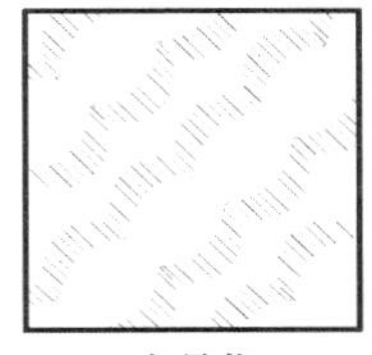 半月花 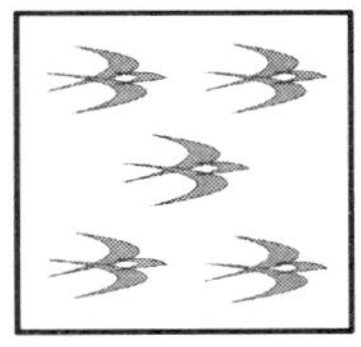 燕子花	

小提示

显示剂的用法：

刮削时，显示剂可以涂在工件表面上，也可以涂在校准工具上。前者在工件表面显示的结果是红底黑点，没有闪光，容易看清，适用于精刮时选用；后者只在工件表面的高处着色，研点暗淡，不宜看清，但切屑不易黏附在切削刃上，刮削方便，适用于粗刮时选用。

在调和显示剂时应注意：粗刮时，可调得稀些，这样在刀痕较多的工件表面上便于涂抹，显示的研点也大；精刮时，可调得干些，涂抹要薄而均匀，这样显示的研点细小，否则，研点会模糊不清。

（6）平面刮削精度检验　刮削精度包括尺寸精度、形状位置精度、接触精度、配合间隙及表面粗糙度等。

刮削面接触精度常用 25 mm×25 mm 正方形方框内的研点（接触点）数来检验，如图 2—5—10 所示。研点的数目越多，接触精度越高。在平面刮削中，各种平面接触精度研点数的要求见表 2—5—4。

图 2—5—11a、b 所示分别为用指示表、框式水平仪检验刮削平面的平面度。有些精度要求较低的机件，配合面间的精度可用塞尺检验，如图 2—5—11c 所示。

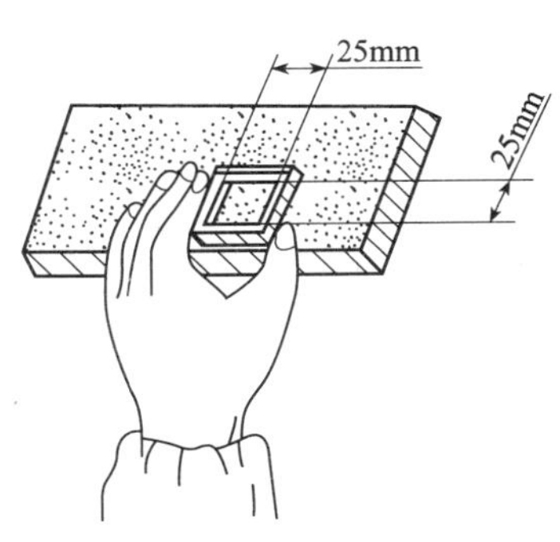

图 2—5—10　刮削面接触精度检验

表 2—5—4　　各种平面接触精度研点数的要求

平面种类	每 25 mm×25 mm 内的研点数	应　　用
一般平面	2～5	较粗糙机件的固定结合面
	5～8	一般结合面
	8～12	机床台面、一般基准面、机床导向面、密封结合面
	12～16	机床导轨及导向面、工具基准面、量具接触面
精密平面	16～20	精密机床导轨、直尺
	20～25	1 级平板、精密量具
超精密平面	>25	0 级平板、高精度机床导轨、精密量具

注：表中 1 级平板、0 级平板系指通用平板的精度等级。

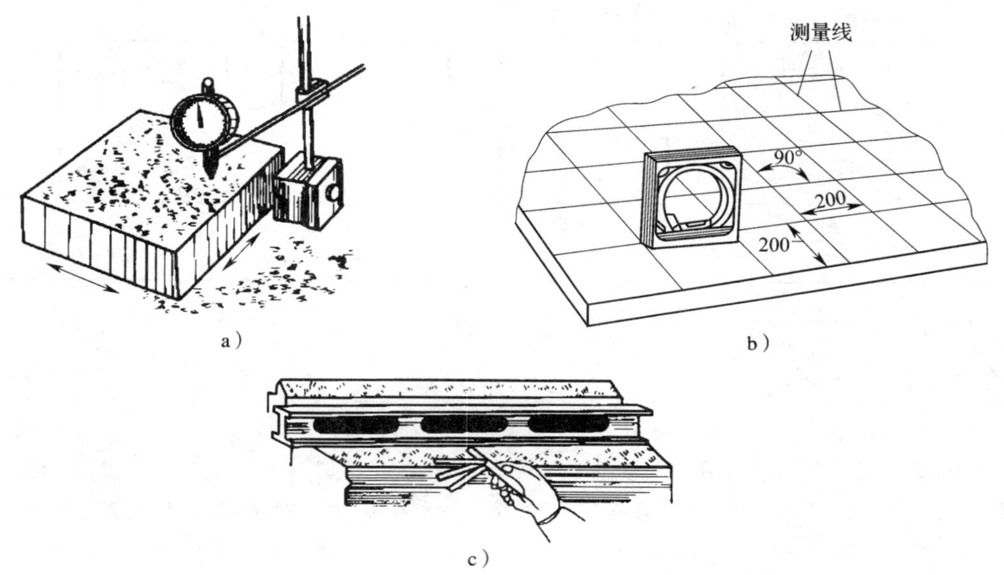

图 2—5—11　刮削面精度检验方法

a）用指示表检测平行度　b）用框式水平仪检测大型工件平面度　c）用塞尺检测配合面间隙

2. 曲面刮削

曲面刮削的原理与平面刮削一样，只是在刮削时使用的刀具以及刀具的使用方法与平面刮削有所不同。

（1）曲面刮削余量的确定　孔的刮削余量见表 2—5—5。

表 2—5—5　　孔的刮削余量　　mm

孔径/mm	孔长/mm		
	100 以下	100～200	200～300
80 以下	0.05	0.08	0.12
80～180	0.10	0.15	0.25
180～360	0.15	0.20	0.35

（2）曲面刮刀的刃磨

1）三角刮刀的刃磨　先将锻好的毛坯在砂轮上进行刃磨，其方法是右手握刀柄，左手握刀身，按切削刃形状进行弧形摆动，同时在砂轮宽度方向上来回移动，基本成形后，将刮刀掉转，顺着砂轮外圆柱面进行修整，直至磨出三个对称的圆弧面，如图 2—5—12a 所示。接着对三角刮刀的三个圆弧面用砂轮的直角开槽（目的是便于精磨），如图 2—5—12b 所示。槽要磨在两刃中间，刃磨时刮刀应稍做上下和左右移动，使切削刃边上只留有 2 ~ 3 mm 的棱边。

淬火后三角刮刀必须在油石上精磨，如图 2—5—12c 所示，右手握柄，左手轻压切削刃，两切削刃同时放在油石上，精磨时顺着油石长度方向来回移动，并按弧形做上下摆动，把三个弧面全部磨光洁，切削刃刃磨锋利。

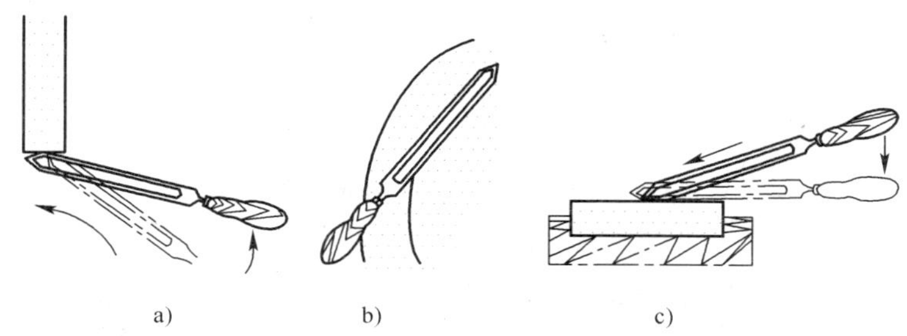

图 2—5—12　三角刮刀刃磨

a）磨弧面切削刃　b）在三角刮刀上开槽　c）在油石上精磨

2）蛇头刮刀的刃磨　如图 2—5—13 所示，粗、精磨蛇头刮刀两平面与刃磨平面刮刀相同，刀头两圆弧面的刃磨方法与三角刮刀磨法类似。

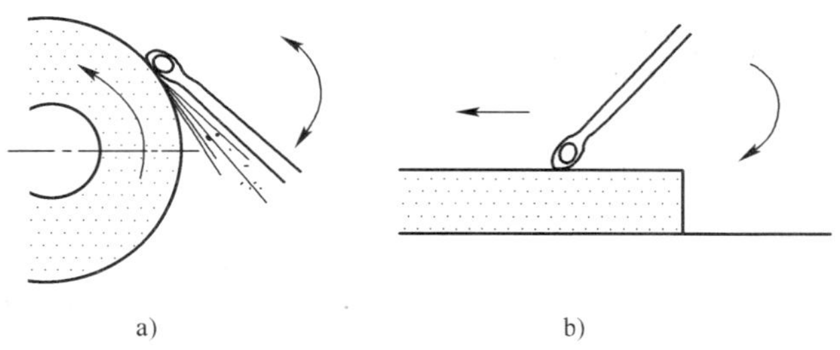

图 2—5—13　蛇头刮刀刃磨

a）两圆弧面的粗磨　b）两圆弧面的精磨

（3）曲面刮削姿势　曲面刮削姿势有两种：一种是刮削内曲面的刮削姿势，另一种是刮削外曲面的刮削姿势。

1）内曲面的刮削姿势　内曲面的刮削姿势有两种：一种如图 2—5—14a 所示，右手握刀柄，左手掌心向下，四指在刀身中部横握，拇指抵着刀身，刮削时右手做圆弧运动，左手顺着曲面方向使刮刀做前推或后拉的螺旋形运动，刀迹与曲面轴线成 45°交叉进行；另一种刮削姿势如图 2—5—14b 所示，刮刀柄搁在右手臂上，左手掌心向下握在刀身前端，右手掌心向上握在刀身后端，刮削时左、右手的动作和刮刀的运动方向与前一种姿势一样。

2）外曲面的刮削姿势　外曲面的刮削姿势如图 2—5—14c 所示，左手在前，右手在后，双手握住平面刮刀的刀身，刮刀柄夹在右腋下，右手掌握刮削方向，左手加压或提起刮刀。刮削时，刮刀与外曲面倾斜约 30°，应交叉刮削。

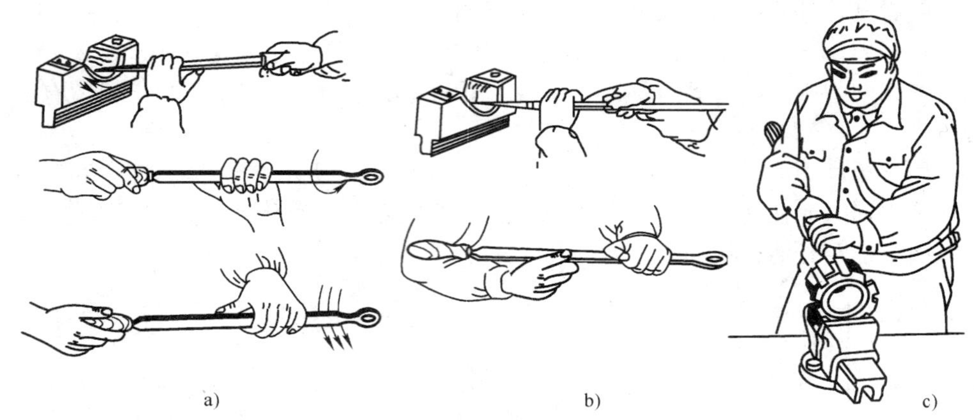

图 2—5—14　曲面刮削姿势

a）内曲面刮削姿势一　b）内曲面刮削姿势二　c）外曲面刮削姿势

（4）曲面研点方法　内曲面研点时用标准轴或与内曲面相配合的轴作为研点工具，如图 2—5—15 所示。刮削有色金属时，可选用蓝油作为显示剂，精刮时可用蓝色或黑色油墨代替，使显点色泽分明。研点时将轴来回转动，不可沿轴线方向移动，精刮时转动角度要小。

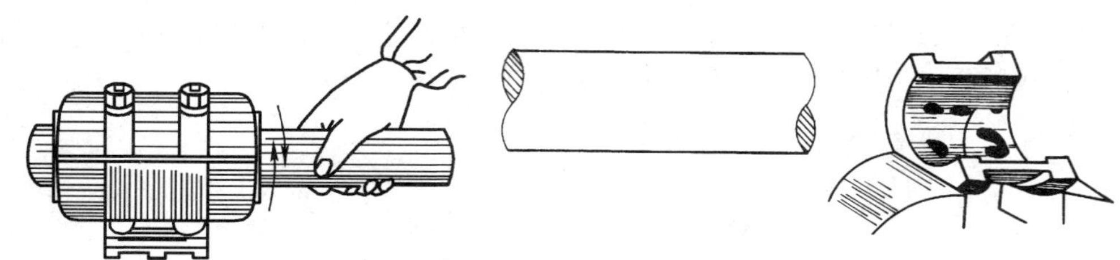

图 2—5—15　曲面研点方法

（5）曲面刮削方法　曲面刮削与平面刮削一样，也要经粗刮、细刮和精刮。粗刮时应使刮刀保持正前角，使得在刮削过程中前角较大，刮出的切屑较厚，刮削速度较快。细刮时刮刀的位置应具有较小的负前角，刮出的切屑较薄，通过细刮，能获得均匀分布的研点。精刮时，刮刀的位置应具有较大的负前角，刮出的切屑很薄，可获得较高的表面质量。

刮削内曲面比刮削平面困难得多，应经常刃磨刮刀，使其保持锋利，避免因刮伤表面而造成返工，研点要刮准，刀迹应比刮平面时短小。对内曲面的尺寸精度更应严格控制，不可因留过多的刮削余量，而增加刮削工作量，也不能因刮削余量过小，造成已刮削到尺寸要求但研点数太少，工件因不符合要求而报废。

对于轴瓦研点时，应根据轴在轴承内的工作情况合理分布，以获得良好的工作效果。例如：在轴承长度方向上，中间研点可以少些；在轴承圆周方向上，受力大的部位，应该刮成较密的贴合点，以减少磨损，使轴承在负荷情况下保持其几何精度。

（6）曲面刮削精度检验　曲面刮削主要用于滑动轴承轴瓦以及有特殊要求的外表面进行刮削。曲面刮削接触精度的检验，也是以 25 mm×25 mm 方框内的研点数而定。滑动轴承轴瓦刮削接触精度研点数的要求见表 2—5—6。

表 2—5—6　　滑动轴承研点数的要求

轴承直径/mm	机床或精密机械主轴轴承			锻压设备和通用机械的轴承		动力机械和冶金设备的轴承	
	高精度	精密	普通	重要	普通	重要	普通
	每 25 mm×25 mm 内的研点数						
≤120	25	20	16	12	8	8	5
>120		16	10	8	6	6	2

技能训练

原始平板刮削

1. 训练内容

完成原始平板的刮削。原始平板材料为 HT200，尺寸为 300 mm×200 mm×20 mm。

技术要求：

（1）刀迹整齐、美观（3 块）。

（2）接触点每 25 mm×25 mm 检验方框内 20 点以上（3 块）。

（3）研点清晰、均匀，任意 25 mm×25 mm 内的研点数允差 6 点（3 块）。

（4）无明显落刀痕，无丝纹和振痕（3 块）。

2. 训练准备

（1）工具、量具、刀具：平面粗、细、精刮刀，显示剂，检验方框。

（2）材料：3 块平板。

3. 操作步骤

一般采用渐进法刮削，即不用标准平板推研，而以 3 块（或 3 块以上）平板依次循环互研互刮，直至达到要求。

先将 3 块平板单独进行粗刮，去除机械加工的刀痕和锈斑等。然后将 3 块平板分别编为 *A*、*B*、*C*，按编号次序进行刮研，其过程要经 3 次循环，如图 2—5—16 所示。

（1）一次循环　先设平板 *A* 为基准，与平板 *B* 互研互刮，使 *A*、*B* 贴合。再将平板 *C* 与 *A* 互研，单刮 *C*，使 *A*、*C* 贴合。然后用 *B*、*C* 互研互刮，这是 *B*、*C* 的平面度略有提高。这种按顺序有规则的互研互刮或单刮，称为一次循环。

（2）二次循环　在上一次 *B* 与 *C* 互研互刮的基础上，按顺序以 *B* 为基准，*A* 与 *B* 互研，单刮 *A*，然后 *C* 与 *A* 互研互刮。这时 *C* 和 *A* 的平面度又有了提高。

（3）三次循环　在上一次 *C* 与 *A* 互研互刮的基础上，按顺序以 *C* 为基准，*B* 与 *C* 平板互研，单刮 *B*，然后 *A* 与 *B* 互研互刮，这时 *A* 和 *B* 的平面度进一步提高。

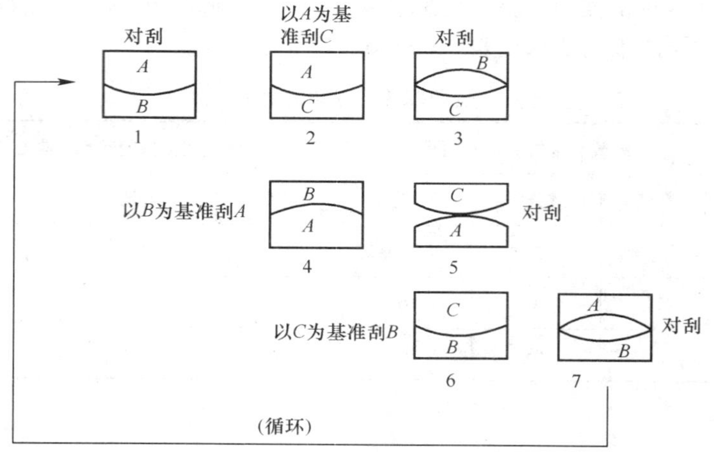

图 2—5—16　原始平板刮削步骤

推研时，应先直研（纵、横向）以消除纵向起伏产生的平面度误差，几次循环后采用对角推研，以消除平面扭曲产生的平面度误差，如图 2—5—17 所示。如此循环次数越多，则平板越精密。直至 3 块平板中任取两块不论直研、横研和对角研都能得到相同的清晰研点，且每块平板上任意 25 mm×25 mm 内均达到 20 点以上，表面粗糙度值小于或等于 $Ra0.8\mu m$，刀迹排列整齐美观，刮削即完成。

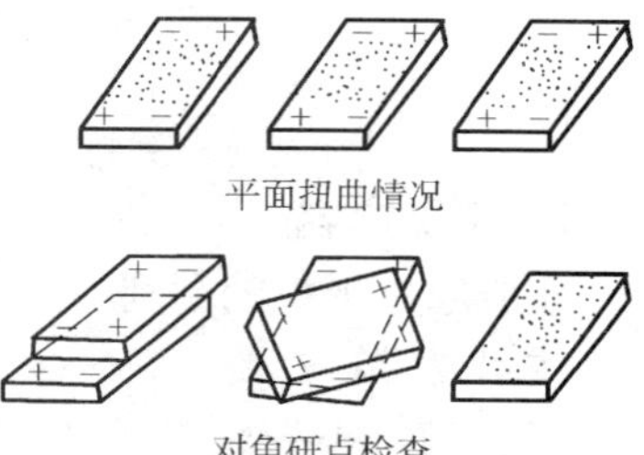

图 2—5—17　对角研点方法

小提示

刮削时的注意事项：

（1）刮削前应对工件修整锐边、毛刺，防止划破手。刮削时戴手套，防止刮刀滑出时工件边角擦伤手。

（2）工件要装夹牢固，大型工件要安放平稳，搬动时要注意安全。

（3）刮削时，刮刀柄应安装可靠，已裂开的刮刀柄须及时更换，防止木柄破裂使刮刀柄穿过木柄伤人。

（4）刮削时，如因高度不够而需站在垫脚板上工作时，必须将垫脚板放平稳后，才可上去操作，以免因垫脚板不稳，用力时跌倒而发生工伤事故。

（5）刮削至工件边缘时，不可用力过猛，以免失控（连刀带人冲出），发生事故。

（6）刮刀用后，刀头部要用纱布包裹好，妥善放置，防止掉下伤脚，校准工具如校准平板、校准直尺等更应安放平稳可靠，以防止变形或损坏。

知识链接

刮削质量分析（见表2—5—7）

表2—5—7　刮削常见的缺陷及其产生的原因

缺陷形式	特征	产生原因
接触点达不到要求	显点小而稀少	刮削刀迹太窄，呈细长形，显点刮不准，刮削面不平，基础差
深凹痕	刀迹太深，局部显点稀少	粗刮用力不均匀，局部落刀太重，多次刀痕重叠
落刀或起刀痕	在刀迹起始或终结处有深刀痕	落刀时压力太大，起刀太慢不及时，起刀太高
振痕	刮削面上呈有规律的波纹	多次同向刮削，刀迹没有交叉
划痕	刮削面上有深浅不一的直线刮痕	显示剂不清洁，研点时有沙粒、铁屑等杂物
丝纹	刮削面上呈粗糙刮痕	切削刃不光洁、不锋利，切削刃有缺口或裂纹

4. 评分标准（见表2—5—8）

表2—5—8　评分标准

序号	项目与技术要求		配分	评分标准	检测结果		得分
					学生自检	教师检测	
1	刮削	刮削姿势（站立、两手）正确	15	不符合要求全扣			
2		刀迹整齐、美观（3块）	15	一块不符合要求扣5分			
3		每25 mm×25 mm面积含20个以上接触点（3块）	24	一块不符合要求扣8分			
4		研点清晰、均匀，每25 mm×25 mm内研点数允差6点（3块）	18	一块不符合要求扣6分			
5		无明显落刀痕，无丝纹和振痕（3块）	18	一块不符合要求扣6分			
6	安全文明生产		10	酌情扣分			

复习思考题

1. 简述平面刮削的步骤。
2. 中小型工件和大型工件的研点方法有哪些不同？
3. 刮削的接触精度用什么方法检验？
4. 完成如图2—5—18所示轴瓦零件内圆弧面的刮削加工。

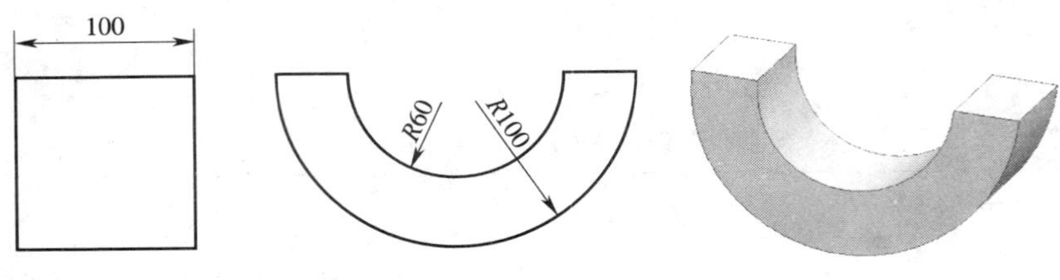

技术要求

（1）刀迹整齐、美观。

（2）接触点每25mm × 25mm方框内8~12点。

（3）研点清晰、均匀，每25mm × 25mm方框内点数允差少于6点。

（4）无明显落刀迹，无丝纹和振痕。

图 2—5—18　轴瓦

课题六 研磨

使用研磨工具（研具）和研磨剂，利用研具和被研工件之间的相对滑动，从工件表面研去一层极薄的金属，使工件获得精确的尺寸、形状和极小的表面粗糙度值的精加工方法，称为研磨，如图 2—6—1 所示。研磨是在其他金属切削加工方法不能满足工件精度和表面粗糙度要求的情况下所采用的一种精密加工工艺，在量具、仪器的生产和修复过程中应用较为广泛。

图 2—6—1　研磨

一、研磨概述

1. 研磨原理

研磨的基本原理是磨粒通过研具对工件进行微量切削，这种微量切削包含物理和化学的综合作用。

（1）物理作用　研磨时一般要求研具材料比被研磨工件的材料稍软一些，这样，当研具受到一定的压力作用时，研磨剂中的微小颗粒（磨料）被压嵌在研具的表面。这些微小的磨料具有较高的硬度，像无数把切削刃。由于研具和工件的相对运动，使半固定或浮动的磨料微粒在工件和研具之间做少量的滑动和滚动，因而对工件产生微量的切削作用，均匀地从工件表面切去一层极薄的金属。借助于研具的精确型面，可以使工件逐渐得到准确的尺寸精度和极小的表面粗糙度值。

（2）化学作用　有的研磨剂由于本身具有的化学性能，在研磨过程中，与空气接触的工件表面很快就会形成一层极薄的氧化膜，而氧化膜又很容易被研磨掉，这就是研磨的化学作用。

在研磨过程中，氧化膜迅速形成（化学作用），又不断地被磨掉（物理作用）。经过这样的多次反复，工件表面就能很快达到预定的要求。由此可见，研磨加工实际体现了物理和化学的综合作用。

2. 研磨作用

（1）研磨可以获得其他加工方法难以达到的高尺寸精度和形状精度。通过研磨后的尺寸精度可达到0.001～0.005 mm。

（2）容易获得极小的表面粗糙度值。一般情况下表面粗糙度为 $Ra1.6\sim0.1$ μm，最小可达 $Ra0.012$ μm。

（3）加工方法简单，不需复杂设备，但加工效率低。

（4）经研磨后的零件能提高表面的耐磨性、抗腐蚀能力及疲劳强度，从而延长了零件的使用寿命。

3. 研磨余量

研磨是微量切削，一般每研磨一遍所能磨去的金属层不超过0.002 mm，因此，研磨余量不能太大，否则会使研磨时间增加，并缩短研具的使用寿命，一般研磨余量控制在0.005～0.030 mm之间比较合适。研磨余量的大小应根据工件加工表面的大小、精度要求以及研磨条件进行合理选择，有时研磨余量可以留在工件的公差范围之内。具体数值可参照表2—6—1、表2—6—2、表2—6—3 选取。

表2—6—1　研磨平面余量　mm

平面长度	平面宽度		
	≤25	26～75	76～150
≤25	0.005～0.007	0.007～0.010	0.010～0.014
26～75	0.007～0.010	0.010～0.014	0.014～0.020
76～150	0.010～0.014	0.014～0.020	0.020～0.024
151～260	0.014～0.018	0.020～0.024	0.024～0.030

表2—6—2　研磨外圆余量　mm

直径	余量	直径	余量
≤10	0.003～0.005	51～80	0.008～0.012
11～18	0.006～0.008	81～120	0.010～0.014
19～30	0.007～0.010	121～180	0.012～0.016
31～50	0.008～0.010	181～260	0.015～0.020

表 2—6—3　研磨内孔余量　mm

孔径	铸铁	钢
25～125	0.020～0.100	0.010～0.040
150～275	0.080～0.100	0.020～0.050
300～500	0.120～0.200	0.040～0.060

二、研具

研具是保证被研磨工件几何形状精度的重要因素，因此，对研具材料、精度和表面粗糙度都有较高的要求。

1. 研具材料

在研磨加工中，研具必须满足两条基本要求：一是研具材料要容易嵌入磨料；二是研具要能较长时间地保持几何形状精度。所以，研具材料的硬度应比被研磨工件的硬度低，组织要细致均匀，具有较高的耐磨性、稳定性以及较好的嵌存磨料的性能。常用研具材料的特点及应用见表 2—6—4。

表 2—6—4　常用研具材料的特点及应用

材料名称	特点及应用
灰铸铁	具有硬度适中、嵌入性好、价格低、研磨效果好等特点，是一种应用广泛的研具材料
球墨铸铁	球墨铸铁比灰铸铁的嵌入性更好，且更加均匀、牢固，常用于精密工件的研磨
软钢	软钢韧性较好，不易折断，常用来制作小型工件的研具
铜	铜的性质较软，嵌入性好，常用来制作研磨软钢类工件的研具，如研磨螺纹或小直径工具等

2. 研具类型

不同形状的工件需要不同形状的研具，常用研具的类型、特点及应用见表 2—6—5。

表 2—6—5　常用研具的类型、特点及应用

研具类型	图示	特点及应用
研磨平板	有槽研磨平板　光滑研磨平板	主要用来研磨平面，如研磨量块、精密量具的测量面等。其中，有槽的用于粗研，光滑的用于精研
研磨环	固定式圆柱孔研磨环　可调式圆柱孔研磨环　圆锥孔研磨环	主要用来研磨轴类工件的外圆柱表面和圆锥表面。研磨环有固定式和可调式两种，固定式研磨环制造简单，但磨损后无法补偿，多用于单件工件的研磨。可调式研磨环的尺寸可在一定的范围内调整，其使用寿命较长

续表

研具类型	图示	特点及应用
研磨棒	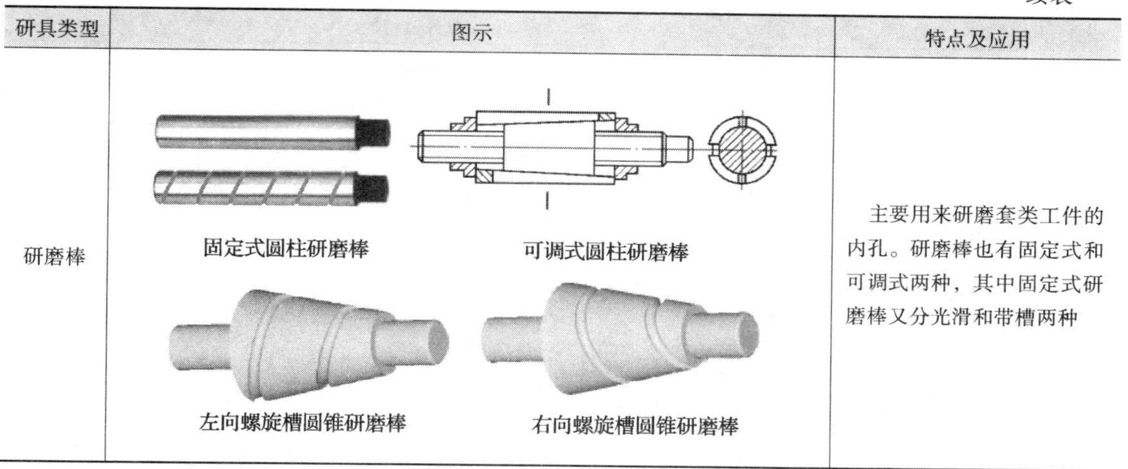 固定式圆柱研磨棒　可调式圆柱研磨棒 左向螺旋槽圆锥研磨棒　右向螺旋槽圆锥研磨棒	主要用来研磨套类工件的内孔。研磨棒也有固定式和可调式两种，其中固定式研磨棒又分光滑和带槽两种

三、研磨剂

研磨剂是由磨料、分散剂和辅助材料调配而成的混合剂。

1．磨料

磨料在研磨过程中起主要的切削作用，研磨工作的效率、工件的精度以及表面粗糙度都与磨料有着密切的关系。磨料的种类很多，使用时应根据零件材料和加工要求合理选择。常用磨料的成分及特性见表2—6—6。

表2—6—6　常用磨料的成分及特性（摘自GB/T 16458—2009）

分类	名称		成分及特性
普通磨料	天然刚玉		一种天然磨料，主要成分 Al_2O_3 含量为90%～95%，密度3.9～4.1 g/cm^3，旧莫氏硬度9
	金刚砂		一种天然磨料，是天然刚玉和赤铁矿或磁铁矿、石英等的混合体，密度3.7～4.3 g/cm^3，旧莫氏硬度8
	石榴石		一种天然磨料，化学式为 A_3B_2［SiO_4］，密度3.5～4.2 g/cm^3，旧莫氏硬度6.5～7.5
	电熔刚玉	棕刚玉	一种人造刚玉磨料，用矾土经电弧炉熔炼制成，Al_2O_3 含量95%左右，并含少量的氧化钛等其他成分，呈棕褐色，密度不小于3.90 g/cm^3
		白刚玉	一种人造刚玉磨料，用铝氧粉经电弧炉熔炼制成，Al_2O_3 含量98%左右，呈白色，密度不小于3.90 g/cm^3
		单晶刚玉	一种人造刚玉磨料，以矾土、硫化物为主要原料，经电弧炉熔炼，颗粒由水解制成，Al_2O_3 含量不小于98%，多为等积状的单晶体，呈浅灰色，密度不小于3.95 g/cm^3
		微晶刚玉	一种人造刚玉磨料，炼制的刚玉溶液经急速冷却而制成，晶体一般小于300 μm，Al_2O_3 含量95%左右，密度不小于3.90 g/cm^3

续表

分类	名称		成分及特性
普通磨料	电熔刚玉	铬刚玉	一种人造刚玉磨料，用铝氧粉加入少量氧化铬在电弧炉内熔炼制成，Al_2O_3 含量不少于 98.5%，多呈粉红色，密度不小于 3.90 g/cm^3
		锆刚玉	一种人造刚玉磨料，是氧化铝和氧化锆的共熔混合物，为微晶结构
		黑刚玉	一种人造刚玉磨料，又名人造金刚砂，由刚玉、铁尖晶石等组成，Al_2O_3 含量不小于 77%，密度不小于 3.61 g/cm^3
	陶瓷刚玉		利用化学法合成氧化铝超细粉体，然后通过烧结的方法而制成的具有微晶结构的刚玉磨料
	碳化硅	绿碳化硅	一种人造磨料，呈绿色光泽的结晶，SiC 含量 98.5% 左右，密度不小于 3.18 g/cm^3
		黑碳化硅	一种人造磨料，呈黑色光泽的结晶，SiC 含量 98% 左右，密度不小于 3.12 g/cm^3
		立方碳化硅	一种人造磨料，碳化硅的低温相，主要物相为 β－SiC，属立方晶系，色泽为黄绿色
	碳化硼		一种人造磨料，分子式为 B_4C，属六方晶系，呈黑色金属光泽，在电炉中用碳素材料还原硼酸制得
超硬磨料	金刚石		目前所知自然界中最硬的物质，化学成分 C，是碳的同素异构体，旧莫氏硬度为 10，密度 3.52 g/cm^3。它包括天然金刚石、人造金刚石、单晶金刚石、多晶金刚石、微晶金刚石、纳米金刚石等
	立方氮化硼		立方晶系结构的氮化硼，分子式为 BN，用人工方法制造。它包括单晶立方氮化硼、多晶立方氮化硼、微晶立方氮化硼、纳米立方氮化硼等

磨料的粗细用粒度表示，粒度是指磨料大小的量度，粒度号是按照国家标准对磨料尺寸所做的分组标志。国家标准把磨料的粒度分为粗磨粒和微粉两部分，GB/T 2481.1—1998 将粗磨粒划分为 F4～F220 共 26 个号，GB/T 2481.2—2009 将微粉划分为 F230～F2000 共 13 个号。应根据零件的精度要求合理选取。

2. 分散剂

分散剂使磨料均匀分散在研磨剂中，并起稀释、润滑和冷却等作用，常用的有煤油、机油、动物油、甘油、酒精和水等。

3. 辅助材料

辅助材料主要是混合脂，常由硬脂酸、脂肪酸、环氧乙烷、三乙醇胺、石蜡、油酸和十六醇等几种材料配成，在研磨过程中起乳化、润滑和吸附作用，并促使工件表面产生化学变化，生成易脱落的氧化膜或硫化膜，借以提高加工效率。此外，辅助材料中还有着色剂、防腐剂和芳香剂等。

根据分散剂和辅助材料的成分和配合的比例不同，研磨剂分为液态研磨剂、研磨膏和固体研磨剂 3 种。液态研磨剂不需要稀释即可直接使用。研磨膏可直接使用或加分散剂稀释后使用，用油稀释的称为油溶性研磨膏，用水稀释的称为水溶性研磨膏。固体研磨剂常温时呈块状，可直接使用或加分散剂稀释后使用。

四、研磨方法

研磨分手工研磨和机械研磨两种。

1. 平面研磨

（1）研磨运动轨迹　手工研磨应选择合理的运动轨迹，对提高研磨效率、工件的表面质量和研具的寿命有直接的影响。为了使工件达到理想的研磨效果，并保持研具的磨损均匀，根据工件的不同形状，可采用的运动轨迹见表2—6—7。

表2—6—7　研磨运动轨迹的特点及应用

类型	图示	特点及应用
直线运动轨迹	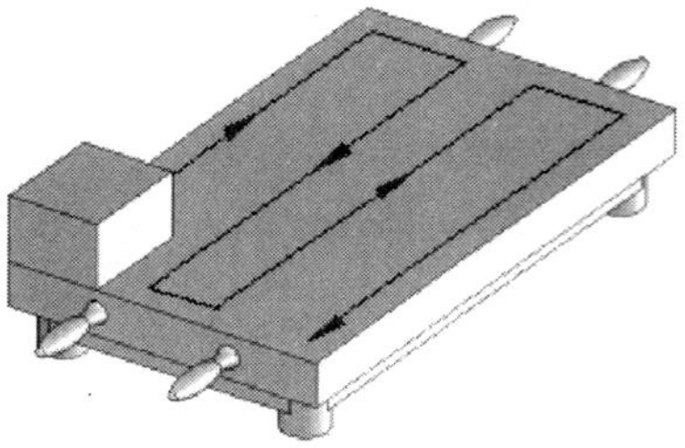	直线运动轨迹可使工件表面研磨纹路平行，适用于狭长平面工件的研磨
直线摆动运动轨迹	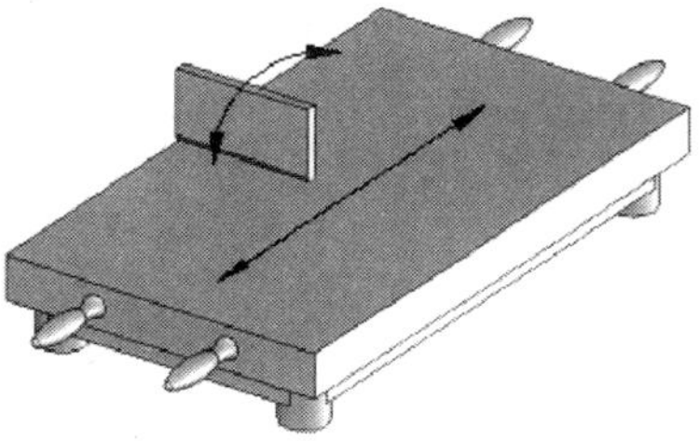	工件在左右摆动的同时做直线往复运动，适用于对平直的圆弧面工件的研磨
螺旋形运动轨迹	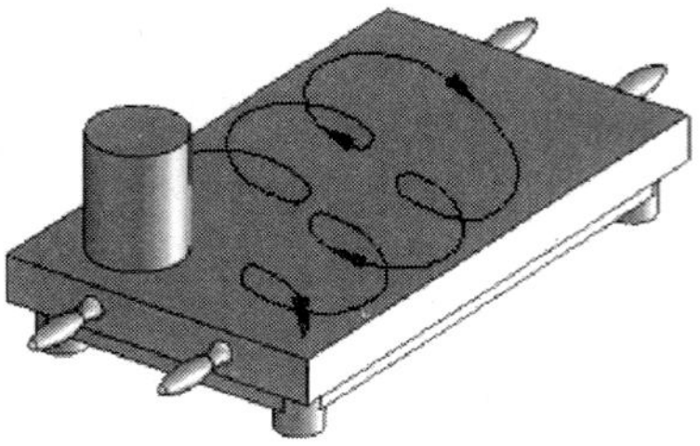	螺旋形研磨运动能使工件获得较高的平面度和很小的表面粗糙度值，适用于对圆柱工件端面进行研磨
“8”字形和仿“8”字形运动轨迹	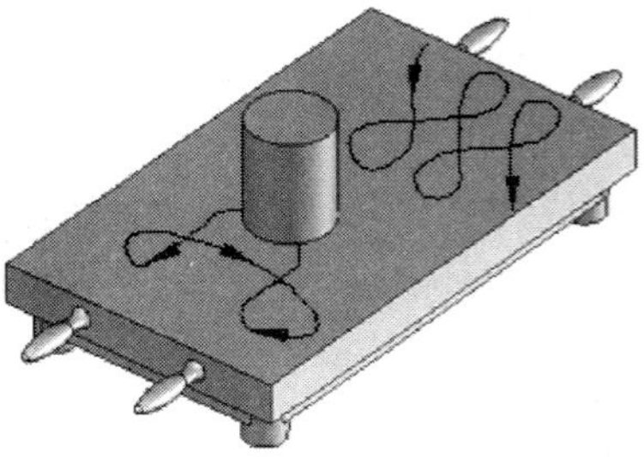	能使研具与工件间的研磨表面保持均匀接触，既提高工件的研磨质量，又能使研具磨损均匀，常用于研磨平板的修整或小平面工件的研磨

（2）研磨压力和速度　研磨过程中，研磨压力和速度对研磨效率及质量有很大影响。压力、速度大，则研磨效率高；但压力、速度太大，工件表面粗糙，工件容易发热而变形，甚至会使磨料压碎而划伤表面。一般对较小的硬工件或粗研磨时，可用较大的压力、较高的速度进行研磨，压力以（1～2）$\times 10^5$ Pa，速度以 40～60 次/min 为宜；而对大的较软的工件或精研时，就应用较小的压力、较低的速度进行研磨，压力以（1～5）$\times 10^4$ Pa，速度以 20～40 次/min 为宜。另外，在研磨中，应防止工件发热，若引起发热，应暂停，待冷却后再进行研磨。

（3）一般平面研磨　研磨平面一般在精磨之后进行。研磨时，研磨剂涂在研磨平板（研具）上，手持工件用 8 字形、螺旋形或螺旋形和直线形运动轨迹相结合的形式沿平板全部表面做相对运动，如图 2—6—2 所示。研磨一定时间后，将工件调转 90°～180°，以防工件倾斜。

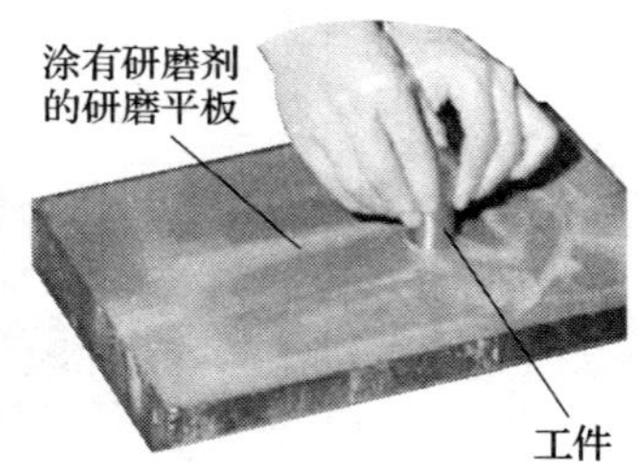

图 2—6—2　一般平面研磨

（4）狭窄平面研磨　狭窄平面应采用直线运动轨迹研磨。为防止研磨平面产生倾斜或圆角，研磨时可用金属块作为“导靠块”，保证研磨精度，如图 2—6—3a 所示。研磨工件数量较多时，可采用 C 形夹头将几个工件夹在一起研磨，既防止了工件加工面的倾斜，又提高了效率，如图 2—6—3b 所示。对于工件上局部待研的小平面、方孔、窄缝等表面，也可手持研具进行研磨。

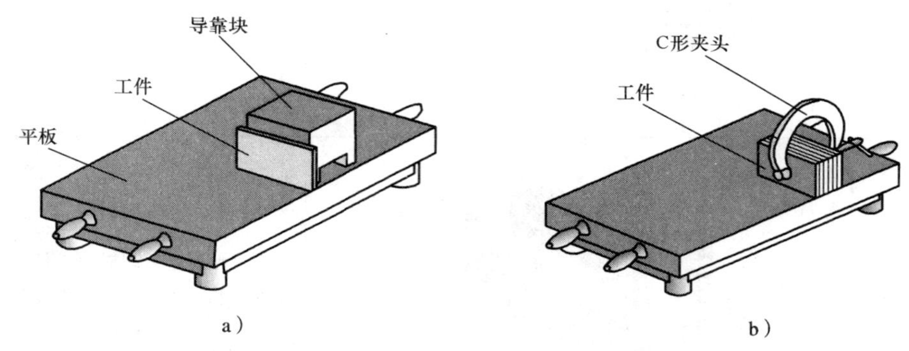

图 2—6—3　狭窄平面研磨
a）利用导靠块研磨狭窄平面　b）利用 C 形夹头研磨狭窄平面

2. 圆柱面研磨

（1）外圆柱面研磨　研磨一般在精磨或精车的基础上进行。工件较短时，用三爪自定心卡盘夹持，如图 2—6—4a 所示；工件较长时，可在后端用顶尖支承，如图 2—6—4b 所示。手工研磨外圆柱面可在车床上进行，研磨时，先在工件表面均匀地涂上研磨剂，套上研磨环并调整好间隙（其松紧程度应以用力能转动为宜），然后开动机床带动工件旋转。用手推动研磨环，通过工件的旋转和研磨环在工件上沿轴线方向做往复运动进行研磨。

研磨时应注意研磨环不得在某一段上停留，而且需要经常做断续的转动，用以消除因重力作用可能造成的椭圆。

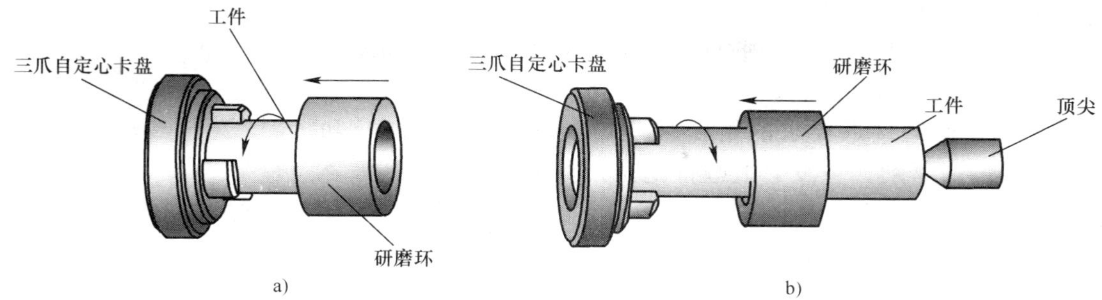

图 2—6—4　外圆柱面研磨方法

a）较短工件的研磨　b）较长工件的研磨

工件的旋转速度应以工件的直径来控制。工件的直径小于 80 mm 时转速为 100 r/min；直径大于 100 mm 时为 50 r/min。

研磨环在工件上的往复移动速度根据工件表面出现的网纹倾斜角度来控制，当出现 45° 交叉网纹时，说明研磨环的移动速度适宜，如图 2—6—5 所示。研磨环的移动速度太慢或太快，都会影响工件的精度和表面粗糙度。

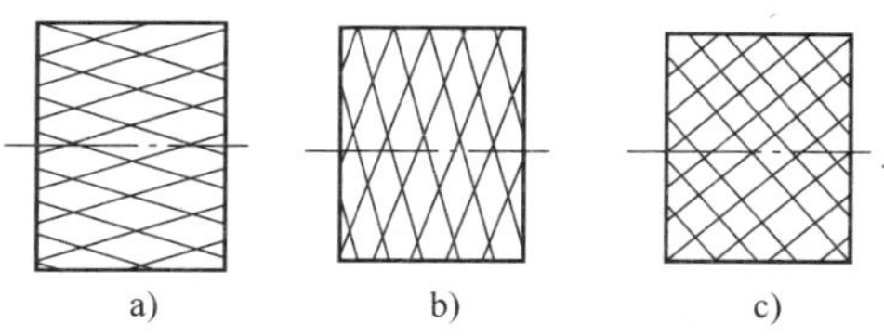

图 2—6—5　外圆柱面研磨时的网纹

a）太快　b）太慢　c）适当

（2）内圆柱面研磨　研磨内圆柱面需在精磨、精铰或精镗之后进行，其方法与外圆柱面的研磨正好相反，研磨时，将研磨棒夹在机床上并转动，把工件套在研磨棒上进行研磨。机体上大尺寸的孔，应尽量置于垂直地面的方向，进行手工研磨（竖研），如图 2—6—6 所示。

研磨时，研磨棒的外径与工件内孔配合应适当，配合太紧，容易将孔表面拉毛；配合太松，孔会被研磨成椭圆形。采用固定式研磨棒时，研磨棒外径应比工件内孔直径小 0.01 ~ 0.025 mm；采用可调式研磨棒时，配合松紧程度一般以手推研磨棒不十分费力为宜。

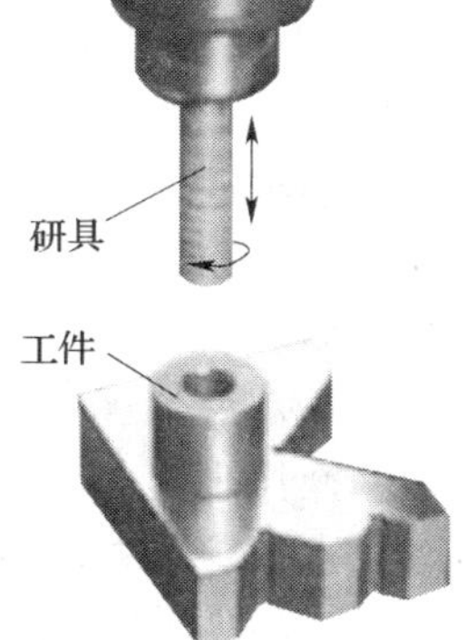

图 2—6—6　内圆柱面研磨方法

研磨时，如工件两端孔口有过多的研磨剂被挤出时，应及时擦去，否则会使孔口扩大，研成喇叭口形状。研磨棒的工作长度应大于工件内孔的长度，一般是工件内孔长度的 1.5 ~ 2 倍，太长会影响研磨精度。

3. 圆锥面研磨

圆锥表面的研磨，包括圆锥孔和外圆锥面的研磨。研磨用的研磨棒（环）工作部分的长度应是工件研磨长度的 1.5 倍，锥度必须与工件锥度相同。研磨一般在车床或钻床上进行，转动方向应和研磨棒的螺旋槽方向相适应。在研磨棒或研磨环上均匀地涂上一层研磨剂，插入工件锥孔中或套入工件的外表面旋转 4～5 圈后，将研具稍微拔出些，然后再推入研磨，如图 2—6—7 所示。研磨接近要求的精度时，取下研具，擦去研具和工件表面的研磨剂，重复套上进行抛光，直至达到加工精度要求为止。

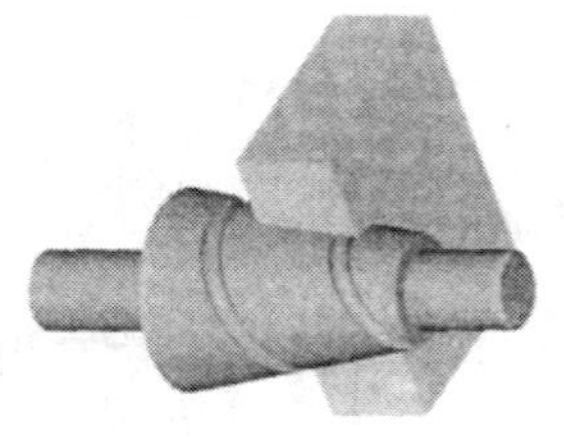

图 2—6—7　圆锥面研磨

技能训练

刀口形直角尺制作

1. 训练内容

完成如图 2—6—8 所示刀口形直角尺的制作。

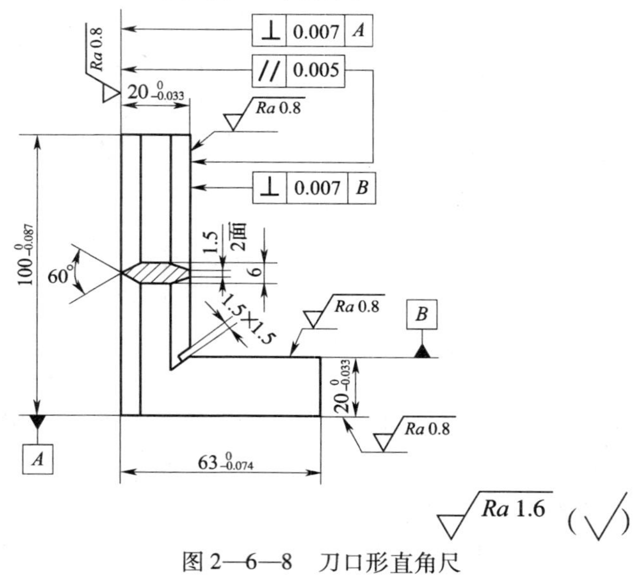

图 2—6—8　刀口形直角尺

2. 训练准备

（1）工具、量具、刀具：锯弓、锯条、平锉、三角锉、钻头、研磨剂、机油、煤油、靠铁、钢直尺、游标卡尺、游标高度尺、直角尺、刀口尺。

（2）材料：100 mm×63 mm×6 mm，45 钢。

3. 操作步骤

（1）检查来料尺寸是否符合图样要求，在工件划线位置涂上划线涂料。

（2）按图样要求划线。

（3）按划线锯去多余材料，留有锉削余量，锯削 1.5 mm×1.5 mm 工艺槽（见图 2—6—9）。

（4）锉削（见图 2—6—10a）

1）以面 1 为基准修整外角垂直度，达到 0. 015 mm、表面粗糙度 $Ra1.6$ μm 要求。

2）以面 1 为基准加工面 5，达到 20 mm 尺寸、平行度 0. 015 mm 要求。

3）以面 2 为基准加工面 6，达到 20 mm 尺寸、平行度 0. 015 mm、面 6 与面 5 垂直度 0. 015 mm 要求。

4）注意面 1、面 2 与面 3 的垂直度小于 0. 05 mm。

（5）划刀口斜面加工线，并对其锉削，达到刀口两侧斜面对称、平整、交线清晰平直（见图 2—6—10b）。

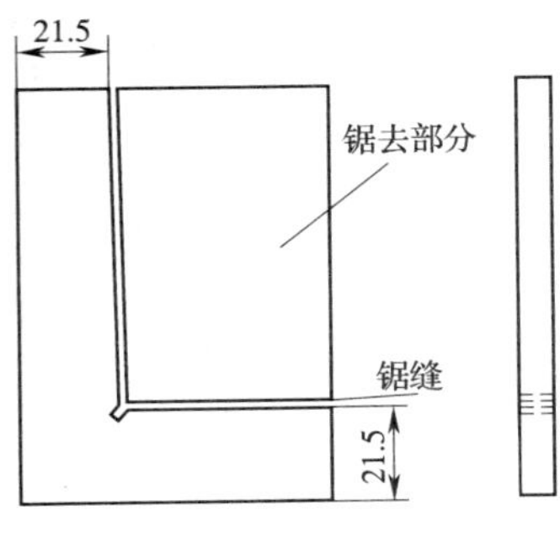

图 2—6—9　锯削

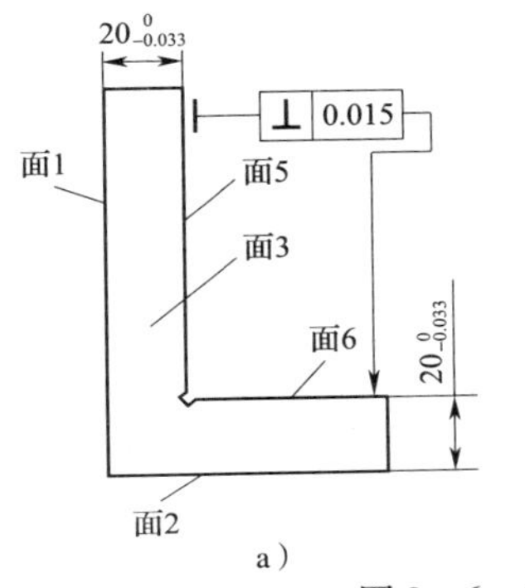

a）　　b）

图 2—6—10　锉削

a）锉削面 1、面 5　b）锉削刀口斜面

（6）热处理。

（7）研磨

1）选用粒度号为 100 ~ 280 的磨料，用靠铁作导靠，粗研磨尺座和尺的内外侧测量面，初步达到图样要求（见图 2—6—11）。

2）选用 W14 - W7 研磨粉，仍用靠铁作导靠，精研磨尺座和尺内外侧测量面达到图样技术要求。

研磨内直角时要用护套保护另一面，以免碰伤。

（8）用煤油对角尺清洗，做全面的精度检查。

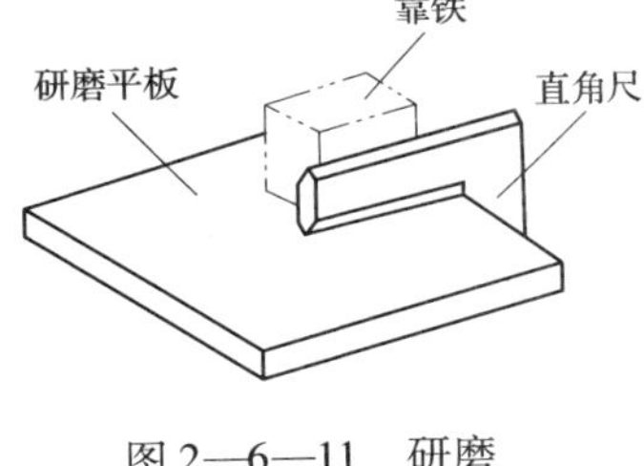

图 2—6—11　研磨

（9）测量

1）以短边面 6 为基准测量直角尺外 90°角（见图 2—6—12a）。

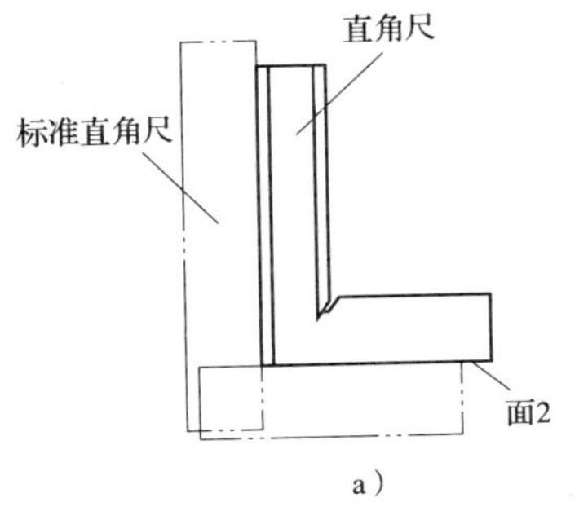

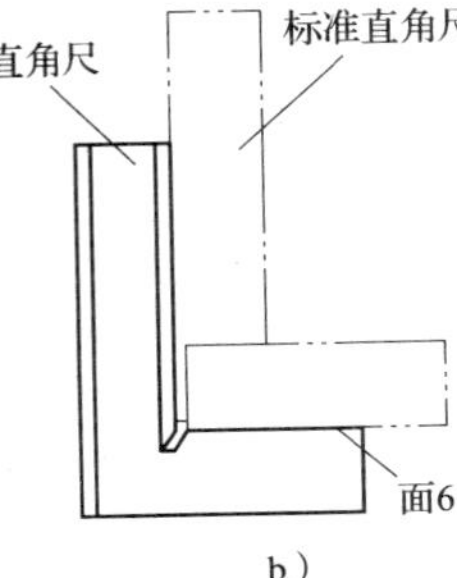

a）　　b）

图 2—6—12　测量

a）测量外 90°角　b）测量内 90°角

2）以短边面 2 为基准测量直角尺内 90°角（见图 2—6—12b）。

小提示

研磨时的注意事项：

（1）锉削刀口斜面必须在平面加工达到要求后进行，并注意不能碰坏垂直面，造成角度不准。

（2）直角尺是以短面为基准测量直角，但在加工时应先加工长直角面。

（3）研磨剂每次上料不宜太多，并要分布均匀，以免造成工件边缘研坏。

（4）研磨时要特别注意清洁工作，不要使研磨剂中混入杂质，以免反复研磨时划伤工件表面。

（5）应经常改变工件在研具上的研磨位置，以防止因研具磨损而降低研磨质量，同时为了使工件均匀受压，应在研磨一段时间后，将工件掉头研磨。

（6）研窄平面时要采用靠铁靠紧，保持平面与侧平面垂直，以避免产生倾斜和圆角。

（7）粗、精研磨工作要分开进行，若粗、精研磨采用同一块平板做研具，在改变研磨工序时，必须做全面清洗，以清除上道工序留下的较粗磨料。

（8）超精研磨前，要用天然油石把嵌入平板表面的硬点磨平，以保证工件得到较小的表面粗糙度值。

知识链接

研磨质量分析（见表 2—6—8）

表 2—6—8　研磨时产生废品的形式、原因及预防方法

废品形式	产生原因	预防方法
表面不光洁	（1）磨料过粗 （2）分散剂不当 （3）研磨剂涂得太薄	（1）正确选用磨料 （2）正确选用分散剂 （3）研磨剂涂布应适当
表面拉毛	研磨剂中混入杂质	重视并做好清洁工作
平面呈凸形或孔口扩大	（1）研磨剂涂得太厚 （2）孔口或工件边缘被挤出的研磨剂未擦去就继续研磨 （3）研磨棒伸出孔口太长	（1）研磨剂应涂得适当 （2）被挤出的研磨剂应及时擦去后再研磨 （3）研磨棒伸出孔口长度应适当
孔椭圆形或有锥度	（1）研磨时没有变换运动方向 （2）研磨时没有掉头研	（1）研磨时应变换运动方向 （2）研磨时应掉头研
薄形工件拱曲变形	（1）工件发热了仍继续研磨 （2）装夹不正确引起变形	（1）不使工件温度超过 50℃，发热后应暂停研磨 （2）装夹要稳定，不能夹得太紧
尺寸或几何形状精度超差	（1）测量时没有在温度为 20℃时进行 （2）不注意经常测量	（1）不要在工件发热时进行精密测量 （2）注意经常在常温下测量

4. 评分标准（见表 2—6—9）

表 2—6—9 **评分标准**

序号	项目与技术要求		配分	评分标准	检测结果		得分
					学生自检	教师检测	
1	研磨	$100_{-0.087}^{0}$ mm	8	超差全扣			
2		$63_{-0.074}^{0}$ mm	8	超差全扣			
3		$20_{-0.033}^{0}$ mm（2 处）	18	一处超差扣 9 分			
4		⊥ 0.007（2 处）	18	一处超差扣 9 分			
5		// 0.005	8	超差全扣			
6		刀口斜面 60°（2 处）	12	一处超差扣 6 分			
7		刀口 1.5 mm	4	超差全扣			
8		槽 1.5 mm×1.5 mm	2	不加工全扣			
9		表面粗糙度 Ra0.8 μm（4 处）	4	一处升高一级扣 1 分			
10		表面粗糙度 Ra1.6 μm（8 处）	8	一处升高一级扣 1 分			
11	安全文明生产		10	酌情扣分			

复习思考题

1. 平面研磨运动轨迹有哪几种形式?

2. 叙述平面研磨的要点。

3. 如图 2—6—13 所示六面体工件，要求研磨其上下两平行平面至图样要求，材料为 45 钢，备料 $50_{+0.02}^{+0.03}$ mm × $25_{+0.02}^{+0.03}$ mm × $10_{+0.02}^{+0.03}$ mm。

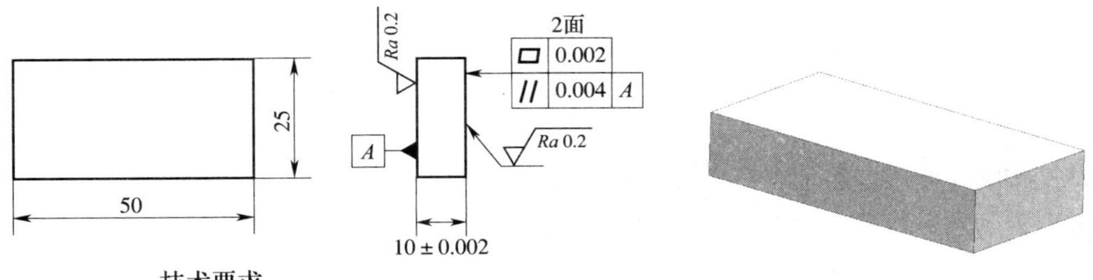

图 2—6—13　六面体

课题七
综合技能训练（一）

一、双面 V 形架制作

1. 训练内容

完成如图 2—7—1 所示双面 V 形架的制作。

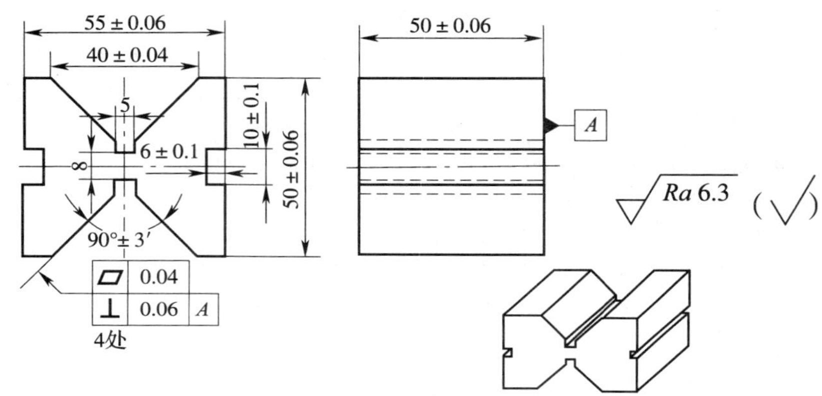

图 2—7—1　双面 V 形架

2. 训练准备

（1）工具、量具、刀具：尖錾、锤子、锯弓、锯条、平锉、三角锉、整形锉、软钳口、木垫块、毛刷、千分尺、游标高度尺、游标卡尺、游标万能角度尺、刀口尺、直角尺。

（2）材料：由课题三锯削技能训练四方体锯削余料转入。

3. 操作步骤

（1）检查来料尺寸是否符合图样要求。

（2）加工外形尺寸，达到（55 ±0.06）mm ×（50 ±0.06）mm ×（50 ±0.06）mm 要求。

（3）按图样要求划出加工线。

（4）锯削两侧直槽、两处 90°V 形槽及两处直方槽。

（5）用尖錾去除两侧直槽及两处直方槽余料，留有锉削加工余量。

（6）根据图样要求锉削各加工表面。

（7）各边侧角去毛刺，复检。

4. 评分标准（见表 2—7—1）

表 2—7—1 评分标准

序号	项目与技术要求		配分	评分标准	检测结果		得分
					学生自检	教师检测	
1	锉削	（55 ±0.06）mm	8	超差全扣			
2		（50 ±0.06）mm（2 处）	16	一处超差扣 8 分			
3		⏥ 0.04（4 处）	12	一处超差扣 3 分			
4		⊥ 0.06 A（4 处）	20	一处超差扣 5 分			
5		90° ±3′（2 处）	12	一处超差扣 6 分			
6		（10 ±0.1）mm×（6 ±0.1）mm 侧槽（2 处）	12	一处超差扣 6 分			
7		表面粗糙度 *Ra*6.3μm	10	升高一级全扣			
8	安全文明生产		10	酌情扣分			

二、T 形块制作

1. 训练内容

完成如图 2—7—2 所示 T 形块的制作。

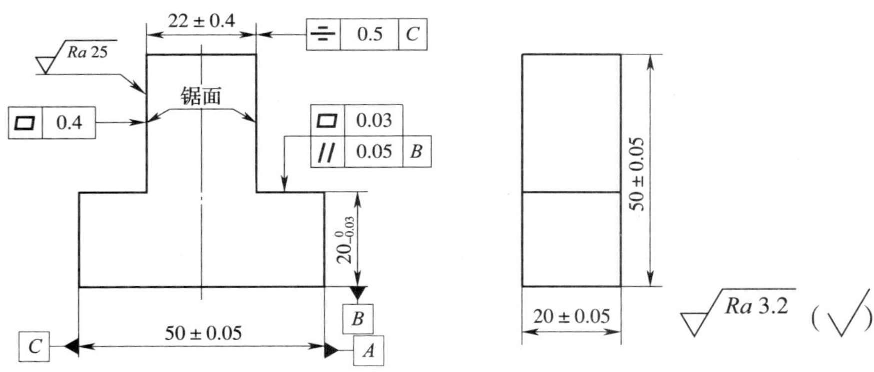

图 2—7—2 T 形块

2. 训练准备

（1）工具、量具、刀具：锯弓、锯条、平锉、三角锉、软钳口、钢直尺、游标高度尺、游标卡尺、千分尺、刀口尺、刀口形直角尺。

（2）材料：52 mm ×52 mm ×22 mm，HT200。

3. 操作步骤

（1）检查来料尺寸是否符合图样要求。

（2）粗、精加工两端面 1 和面 2，达到平面度 0.03 mm 和尺寸（20 ±0.05）mm 的要求

（见图 2—7—3）。

（3）加工 A、B 两面，达到 A 面垂直 B 面的同时与面 1 垂直。以 A、B 两面为划线基准，按图样要求划出所需加工线。

（4）锯削左边直角（见图 2—7—4），保证锯削面与基准 A 面的距离为（36 ±0.5）mm，达到平面度 0.4 mm 的要求。同时锉削面留有 0.5 mm 的加工余量。

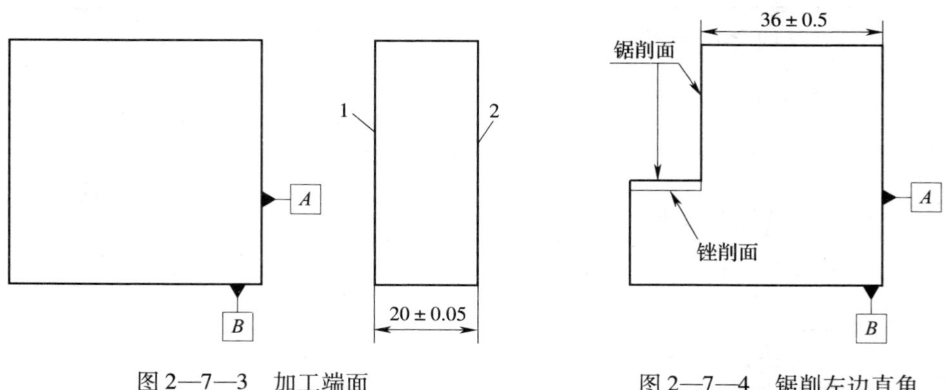

图 2—7—3　加工端面　　图 2—7—4　锯削左边直角

（5）以同样方法锯削右边直角，保证锯削尺寸（22 ±0.4）mm、平面度 0.4 mm 的要求（见图 2—7—5）。

（6）粗、精锉削加工面 3 和面 4，达到 $20_{-0.03}^{\ 0}$ mm 尺寸、平面度 0.03 mm 及与基准 B 面的平行度 0.05 mm 的要求（见图 2—7—6）。

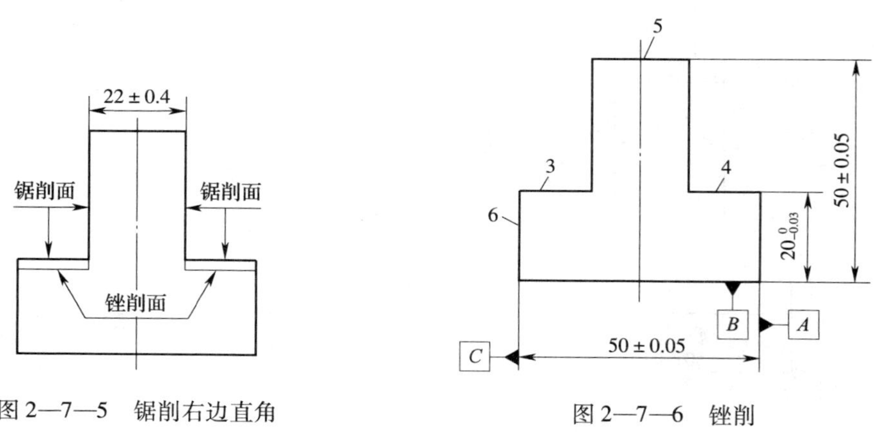

图 2—7—5　锯削右边直角　　图 2—7—6　锉削

（7）粗、精锉削加工面 5，达到（50 ±0.05）mm 尺寸的要求。

（8）粗、精锉削加工面 6，在保证（50 ±0.05）mm 尺寸的前提下，如果锯削对称度有误差时，可适当修整面 6 和基准 A 面，以保证两锯削面对称度 0.5 mm 的要求。

（9）内直角清角。

（10）去毛刺，复检。

备注：加工后的 T 形块用于课题八技能训练 T 形块孔加工。

4. 评分标准（见表 2—7—2）

表 2—7—2　　　　评分标准

序号	项目与技术要求		配分	评分标准	检测结果		得分
					学生自检	教师检测	
1	锉削	(50 ± 0.05) mm (2 处)	12	一处超差扣 6 分			
2		$20_{-0.03}^{0}$ mm (2 处)	12	一处超差扣 6 分			
3		(20 ± 0.05) mm	6	超差全扣			
4		▱ 0.03 (2 处)	12	一处超差扣 6 分			
5		// 0.05 *B* (2 处)	12	一处超差扣 6 分			
6		表面粗糙度 *Ra*3.2 μm	10	升高一级全扣			
7	锯削	(22 ± 0.4) mm	4	超差全扣			
8		▱ 0.4 (2 处)	12	一处超差扣 6 分			
9		⌯ 0.5 *C*	5	超差全扣			
10		表面粗糙度 *Ra*25 μm	5	升高一级全扣			
11	安全文明生产		10	酌情扣分			

知识链接

对称度误差的测量方法

(1) 百分表测量法　凸形块对称度误差的测量方法，如图 2—7—7 所示。

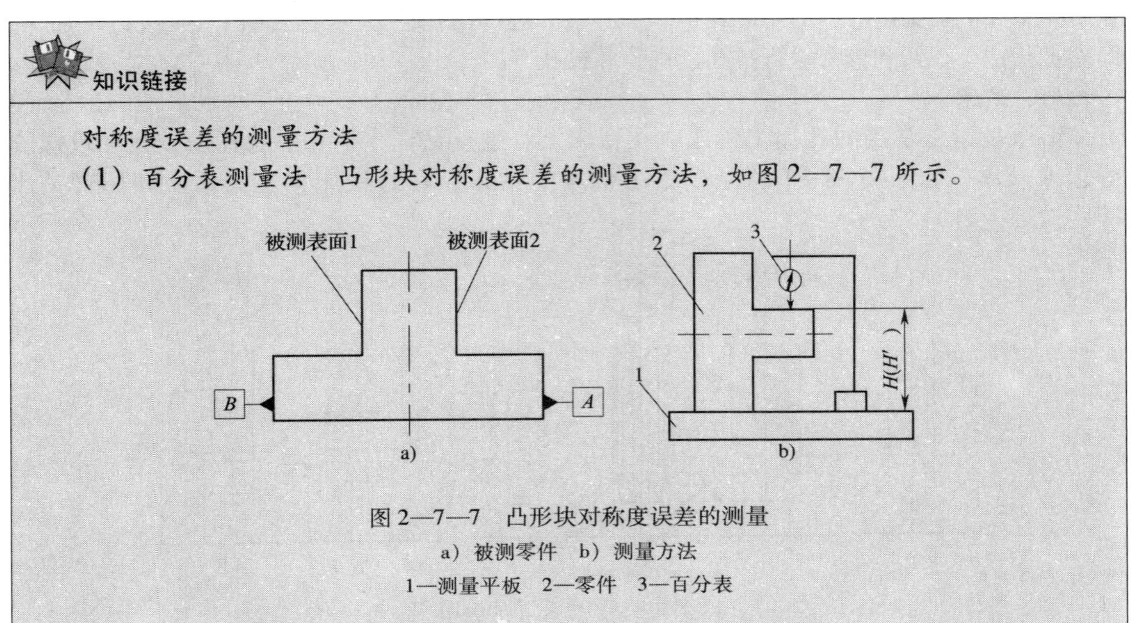

图 2—7—7　凸形块对称度误差的测量

a) 被测零件　b) 测量方法

1—测量平板　2—零件　3—百分表

测量时分别以 A 面和 B 面为测量基准，将百分表的测量触头分别与零件的两个测量表面垂直接触，测量尺寸 H 和 H'，通过尺寸 H 和 H' 之间的比较，确定零件的对称度误差。

（2）间接测量法　在实际生产中，凸形块零件对称度误差常采用间接测量方法进行测量，如图 2—7—8 所示，用图中尺寸 A 来间接保证零件的对称度精度，该尺寸的计算公式为：

$$A = C_{实际尺寸}/2 + (B_{理论尺寸}/2 \pm \delta) \pm 对称度公差/2$$

式中　δ——尺寸 B 的极限偏差。

根据该公式计算出的最大值为尺寸 A 应控制的最大极限值，计算出的最小值为尺寸 A 的最小极限值。

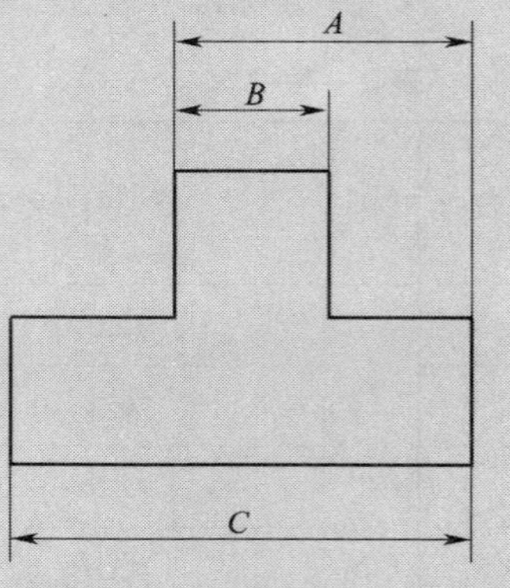

图 2—7—8　凸形块对称度误差的间接测量

课题八
钻床与孔加工

孔加工是钳工的重要操作技能。根据孔的用途不同，孔加工方法可分为两大类：一类是在实体工件上加工出孔，即用麻花钻、中心钻等进行钻孔；另一类是对已有孔进行再加工，即用扩孔钻、锪钻和铰刀进行扩孔、锪孔和铰孔等。

一、钻床

钻床是钳工常用的孔加工机床，在钻床上可进行钻孔、扩孔、锪孔、铰孔和攻螺纹等多项操作，如图 2—8—1 所示。钳工常用的钻床有台式钻床、立式钻床和摇臂钻床等。

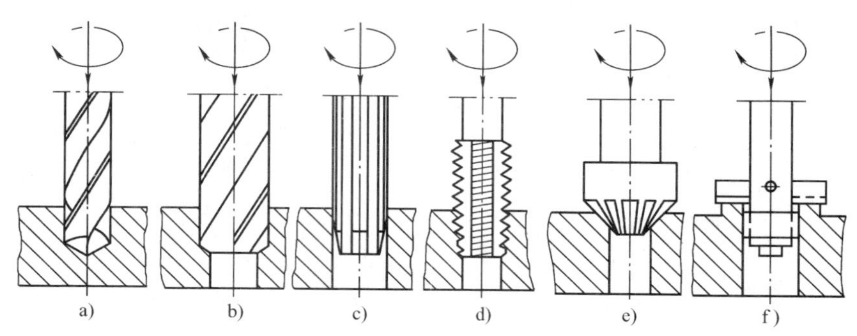

图 2—8—1　钻床的应用

a）钻孔　b）扩孔　c）铰孔　d）攻螺纹　e）锪埋头孔　f）锪平面

1. Z4112 型台式钻床

台式钻床简称台钻，是一种小型钻床，具有结构简单、操作方便、生产效率高、灵活性强、易于维修等特点，应用较为广泛。其规格用最大钻孔直径来表示，常用的有 ϕ12 mm、ϕ6 mm 等几种。图 2—8—2 所示为 Z4112 型台钻的外形结构。

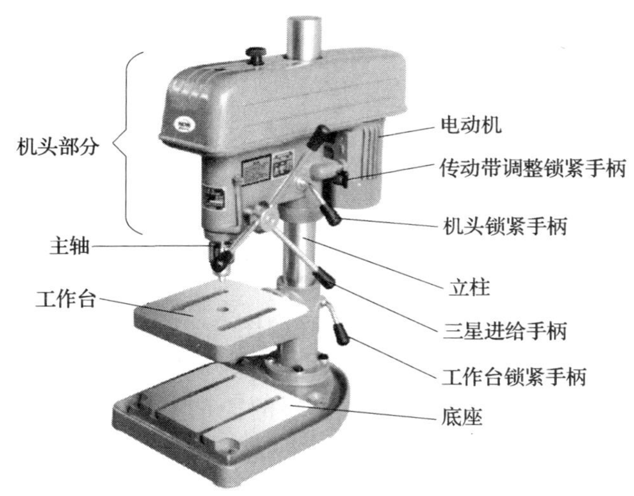

图 2—8—2　Z4112 型台式钻床

（1）Z4112 型台钻的技术规格

最大钻孔直径	ϕ12 mm
立柱直径	ϕ70 mm
主轴最大行程	100 mm
主轴中心线至立柱表面距离	193 mm
主轴端面至工作台最大距离	332 mm
主轴端面至底座最大距离	565 mm
主轴锥度	（莫氏）B16
主轴转速范围	480 ~ 4 100 r/min
主轴转速级数	5 级
电动机功率	370 W
工作台面尺寸	256 mm × 256 mm
底座工作台面尺寸	528 mm × 360 mm
总高	1 037 mm

（2）Z4112 型台钻的结构　如图 2—8—2 所示，Z4112 型台钻主要由底座、立柱、工作台、机头、主轴、主轴变速机构、进给机构、电气控制部分以及电动机等组成。

1）底座（下工作台）　中间有两条 T 形槽，用来固定工件或夹具。

2）立柱　立柱截面为圆形，用来支承工作台和机头。

3）工作台　工作台主要用来安放被加工工件，它可沿立柱上下移动，并能绕立柱转动到任意位置，同时工作台自身还可左右倾斜 45°。

4）机头　机头安装在立柱上，它可沿立柱上下调整所需高度，并能绕立柱转动。在机头下面有一支承保险环。

5）主轴　主轴是钻床的“心脏”，在下端装有钻夹头，主要用来安装孔加工刀具和传递转矩。

6）主轴变速机构　该机构采用塔轮变速方法，如图2—8—3所示。通过改变V带的位置，可实现5种不同的转速。传动带初拉力的调整靠电动机前后移动来完成。

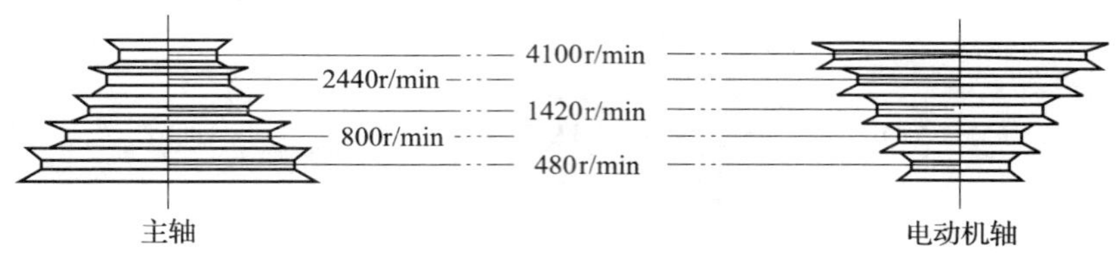

图2—8—3　台钻主轴变速机构

7）进给机构　台钻通常只有手动进给。如图2—8—4所示，三星进给手柄带动齿轮轴转动，再由齿轮轴带动与其啮合的主轴套筒产生移动。在主轴套筒下端的侧面装有进给标尺。在齿轮轴的另一端装有弹簧，使主轴自动抬起复位。

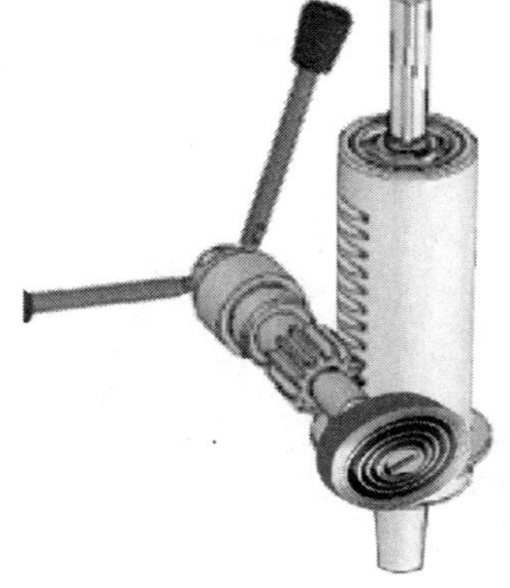

图2—8—4　台钻进给机构

8）电气控制部分　在机头的侧面装有控制开关，可使主轴正转或停车。

（3）Z4112型台钻的传动系统

主运动：电动机→主动带轮→V带→从动带轮→主轴，实现主轴的旋转运动。

进给运动：进给手柄→同轴齿轮→主轴套筒→主轴，实现主轴的轴向进给运动。

小提示

台钻的使用注意事项：

（1）操作前必须穿好工作服，扎好袖口，严禁戴手套，女生发辫应挽在帽子内。

（2）使用前要检查钻床各部件是否正常。

（3）变速时必须切断电源总开关，V带松紧要适当。

（4）调整机头高度后，要及时将保险环移到位，并锁住机头。

（5）停车时，不能用手或其他物品止动主轴的惯性。

（6）凡两人或两人以上在同一台钻床上工作时，必须有一人负责安全，统一指挥，防止发生事故。

（7）工作完毕，关闭机床总电源，擦净机床，清扫工作地点。

2．Z525B型立式钻床

立式钻床简称立钻，是一种中型钻床，其结构较为复杂，可实现自动进给，具有变速方便、使用范围广、性能全等特点，并配备了冷却系统，适用于单件、小批量的中、小型工件孔加工。图 2—8—5 所示为 Z525B 型立钻的外形结构。

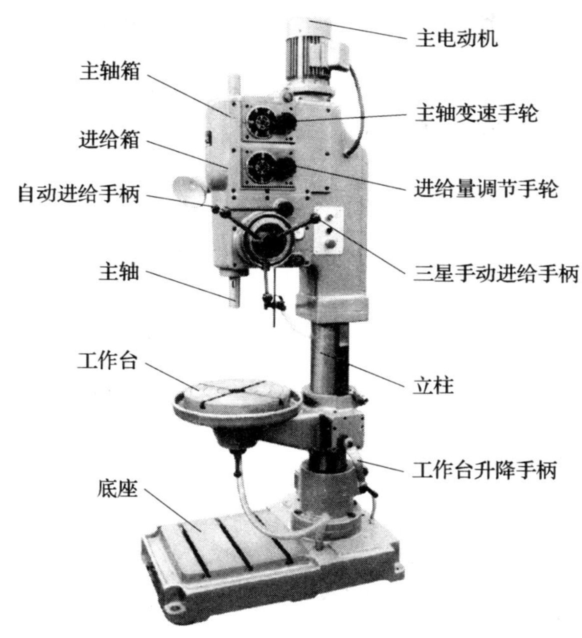

图 2—8—5　Z525B 型立式钻床

（1）Z525B 型立钻的技术规格

最大钻孔直径	ϕ25 mm
主轴锥孔	莫氏 3 号
主轴最大行程	200 mm
主轴中心线至立柱表面距离	315 mm
主轴端面至工作台最大距离	415 mm
主轴端面至底座最大距离	965 mm
主轴转速范围	85 ~ 1 500 r/min
主轴转速级数	6 级
主轴进给量范围	0. 13 ~ 0. 52 mm/r
主轴进给量级数	4 级
工作台移动行程	385 mm
工作台尺寸	ϕ400 mm
底座工作面尺寸	440 mm × 500 mm
主电动机功率	1. 5 kW
冷却泵电动机功率及流量	0. 125 kW，22 L/min
机床外形尺寸（长 × 宽 × 高）	1 050 mm × 730 mm × 2 300 mm

（2）Z525B 型立钻的结构　如图 2—8—5 所示，Z525B 型立钻主要由底座、立柱、工作台、主轴、主轴变速机构、进给机构、冷却系统、照明和电气控制部分等组成。

1）底座（下工作台）　底座是立钻的基础，也是机床的冷却箱。

2）立柱　Z525B 型立钻的立柱为圆柱形，主要用来支承机床的所有零、部件。

3）工作台　该工作台为圆形，松开下面的锁紧手柄，自身能旋转。松开后面的锁紧手柄，可使工作台绕立柱转动 ±180°。利用工作台的这两种运动，能使固定在工作台上的工件的任何位置都能对准主轴的中心。同时，通过转动工作台升降手柄，可使工作台沿立柱停留在所需高度（利用蜗轮蜗杆的自锁功能）。

4）主轴　主轴是钻床的重要部件，对其旋转精度要求较高。在主轴的下端有内锥孔，以便于安装刀具或辅具。主轴的质量由弹簧来平衡，可使主轴停在任意高度位置。

5）主轴变速机构　转动主轴变速手轮可以使主轴方便地获得 6 种不同的转速。但变速前必须停车，以免损坏传动链中的零件。

6）进给机构　该立钻可实现手动和自动进给。采用自动进给时，首先将进给量调节手轮转到所需的进给量挡位，再将端盖拉出，压下自动进给手柄，即可实现自动进给，如图 2—8—6 所示。若需要控制钻孔深度，可调节安装在刻度盘上的撞块的位置，当撞块随刻度盘转动并碰到自动进给手柄座后，使自动进给手柄抬起，自动进给停止。转动三星手动进给手柄还可以随时增大进给量或终止自动进给。

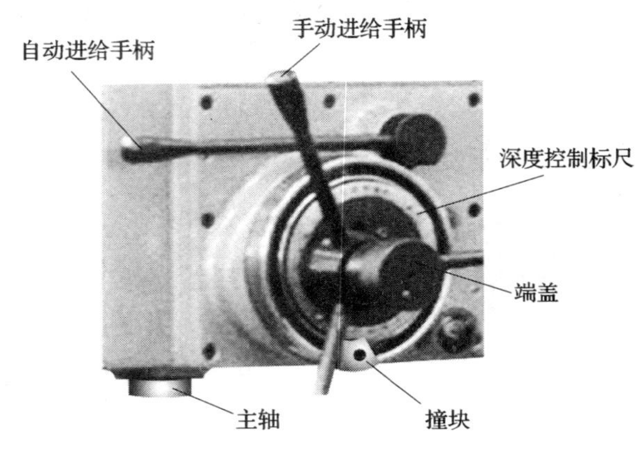

图 2—8—6　Z525B 立钻的进给机构

7）冷却系统　切削液由安装在底座上的冷却泵直接供给，切削液可循环使用。

8）照明　照明采用 24 V 安全电压。

9）电气控制部分　该立钻有正转、反转和停止按钮，主轴的正、反转是靠改变电动机的转向来实现的。冷却泵由转换开关单独控制。

小提示

立钻的使用注意事项：

（1）操作钻床前，须将各操纵手柄移到正确位置，空转试车，在各部机构都能正常工作时，方可操作使用。

（2）开机前，应检查是否有钻夹头钥匙或楔铁插在主轴上。

（3）变换主轴转速或进给量时，必须在停车后进行调整。

（4）调整工作台位置后，必须将工作台锁牢。

（5）严禁在主轴旋转状态下装夹、检测工件。

3. Z3050×16（Ⅰ）型摇臂钻床

摇臂钻床是钳工使用的一种较为大型的孔加工设备，内部结构复杂。目前，该类钻床大部分将机械、液压和电气控制融为一体，其自动化程度较高，适用于在中、大型零件上进行钻孔、扩孔、铰孔、锪平面及攻螺纹等工作，在有工艺装备的条件下，还可以进行镗孔，是具有广泛用途的万能型机床。图2—8—7所示为Z3050×16（Ⅰ）型摇臂钻床的外形结构。

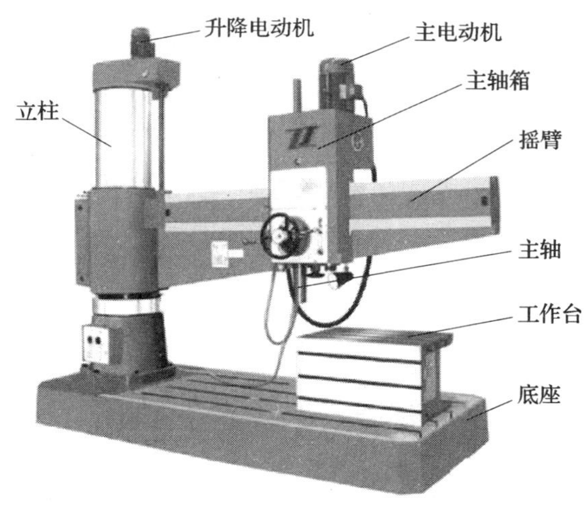

图2—8—7　Z3050×16（Ⅰ）型摇臂钻床

（1）Z3050×16（Ⅰ）型摇臂钻床的特点

1）使用范围广，通用化程度较高。

2）采用液压预选变速机构，可节省辅助时间。

3）主轴正转、停车（制动）、变速、空挡等动作，用一个手柄控制，操作轻便。

4）主轴箱、摇臂、内外柱采用液压驱动的菱形块夹紧机构，夹紧可靠。

5）有完善、可靠的安全保护装置。

（2）Z3050×16（Ⅰ）型摇臂钻床的技术规格

最大钻孔直径	φ50 mm
主轴锥孔	莫氏5号
主轴最大行程	315 mm
主轴中心线至立柱母线距离	最大1 600 mm；最小350 mm
主轴端面至底座工作面距离	最大1 220 mm；最小320 mm
主轴箱水平移动距离	1 250 mm
摇臂升降距离	580 mm
摇臂升降速度	1.2 m/min
摇臂回转角度	±180°
主轴转速范围	25～2 000 r/min
主轴转速级数	16级
主轴进给量范围	0.04～3.2 mm/r
主轴进给量级数	16级
刻度盘每转钻孔深度	122 mm

立柱外径	350 mm
主轴允许最大扭矩	500 N · m
主轴允许最大进给抗力	18 kN
主电动机功率	4 kW
摇臂升降电动机功率	1.5 kW
液压夹紧电动机功率	0.75 kW
冷却泵电动机功率	0.125 kW
机床轮廓尺寸（长×宽×高）	2 500 mm×1 040 mm×2 840 mm
机床质量	3 600 kg

（3）Z3050×16（Ⅰ）型摇臂钻床的操作方法　Z3050×16（Ⅰ）型摇臂钻床的操纵系统主要集中在主轴箱的前面和下面，其位置和名称如图2—8—8所示。

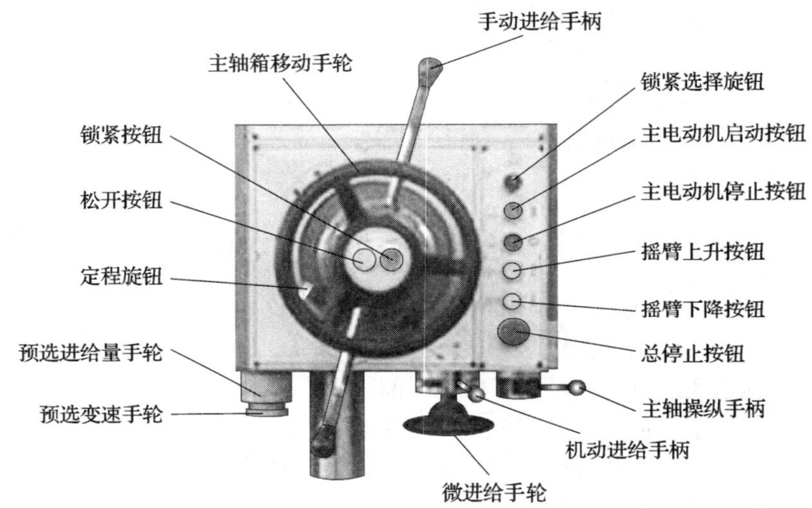

图2—8—8　Z3050×16（Ⅰ）型摇臂钻床的操纵系统

1）主轴的启动　按下主电动机启动按钮，指示灯亮时，主电动机启动。将主轴操纵手柄转至正转（向前）或反转（向后）位置上，主轴即顺时针或逆时针方向转动，中间位置为停止，如图2—8—9a所示。

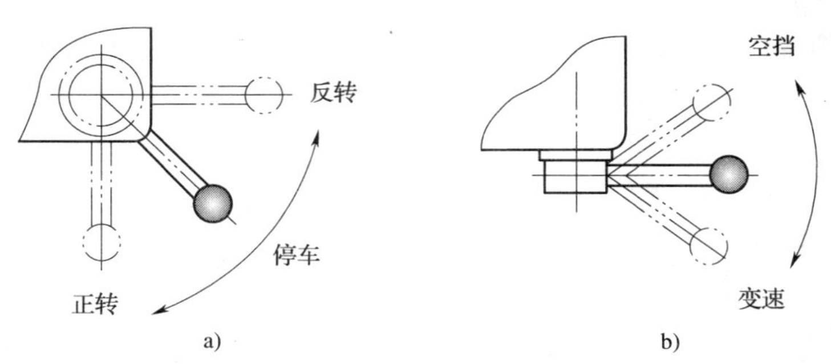

图2—8—9　Z3050×16（Ⅰ）型摇臂钻床的主轴操纵手柄

a）主轴转向　b）空挡与变速

2）主轴的空挡　如图2—8—9b所示，将主轴操纵手柄向上抬起，即可用手轻便转动主轴，如再启动主轴，须先将主轴操纵手柄压至变速位置（离合器接通），再将主轴操纵手柄转至正转或反转位置上。

3）主轴转速及进给量的变换　转动预选变速或进给量手轮，调整到所需的转速及进给量，然后将主轴操纵手柄压至变速位置，即可实现转速或进给量的变换。在主轴运转过程中，也可以进行转速或进给量预选。该机床有三级高转速及三级大进给量，为保证机床和操作者的安全，特设有互锁装置，不能同时选用。

4）主轴的进给　该摇臂钻床可以实现机动进给、手动进给、微动进给以及定程切削。

①机动进给　将机动进给手柄压下，然后将主轴操纵手柄转至所需位置，再将手动进给手柄向外拉出，机动进给即被接通。

②手动进给　在正常位置时转动手动进给手柄，即可实现手动进给。

③微动进给　将机动进给手柄向上抬起，再将手动进给手柄向外拉出，转动微进给手轮，即可实现微动进给。

④定程切削　将定程切削限位手柄拉出，转动刻度盘微调旋钮至图2—8—10a所示位置，使刻度盘上的蜗轮蜗杆脱开啮合，可转动刻度盘至所需切削深度值与箱体上的副尺“0”线大致对齐，再转动刻度盘微调旋钮至图2—8—10b所示位置（180°），此时刻度盘上的蜗轮蜗杆已经啮合，进行微调，直至与“0”线准确对齐。并用另一端的锁紧旋钮，将刻度盘微调旋钮顶紧，推进定程切削限位手柄，接通机动进给。当切削深度达到所需值时，机动进给手柄自动抬起，断开机动进给，完成定程切削。

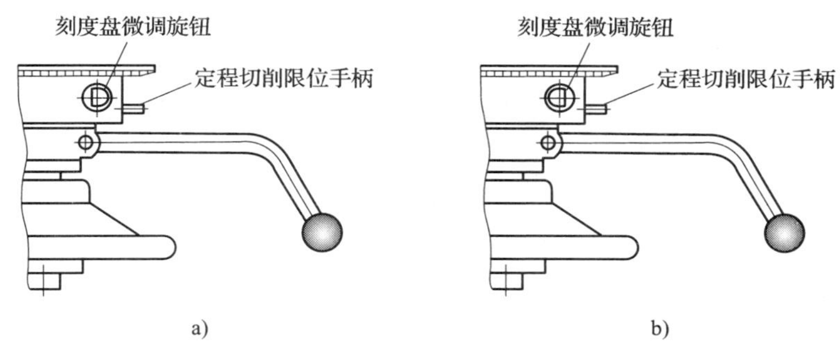

图2—8—10　Z3050×16（Ⅰ）型摇臂钻床的定程切削

a）操纵位置（一）　b）操纵位置（二）

5）主轴箱和立柱的锁紧与松开　主轴箱和立柱的夹紧或松开，既可同时进行，又可单独进行，通过转动锁紧选择旋钮至所需位置，然后按压锁紧按钮或松开按钮即可。

6）摇臂升降　摇臂升降分别由升、降按钮控制。

7）主轴箱沿摇臂导轨移动　直接转动主轴箱移动手轮，即可将主轴箱移动到所需位置。

小提示

摇臂钻床的使用注意事项：

（1）主轴机动进给时，手动进给手柄会同时旋转，操作者应与此手柄保持距离。

(2) 在锁紧状态下，可直接按压升、降按钮，机床能自动完成松开—升降—再锁紧。

(3) 摇臂和主轴箱位置调整结束后，都必须锁紧，以防止钻孔时产生摇晃而发生事故。

4. 钻床的保养

为了延长钻床的使用寿命，确保机床精度，降低机床故障率，在做好日常维护与保养的基础上，应定期进行一级保养。一般每 3 ~ 6 个月进行一次，通常以操作人员为主，维修人员辅助。其保养内容和要求见表 2—8—1。

表 2—8—1　　钻床的一级保养

序号	保养部位	保养内容及要求
一	钻床外部	1. 外表清洁、无油污、无黄袍、无死角，做到“漆见本色、铁见光” 2. 检查紧固件，补齐外部缺件 3. 外露精密表面修光毛刺，清洁无锈蚀 4. 擦拭钻床附件
二	传动机构	1. 检查清洗传动轴、齿轮、齿条等 2. 检查清洗导轨及工作台，清洁无锈、无毛刺 3. 检查、调整手柄、手轮挡位
三	润滑	1. 检查油质、油量 2. 润滑装置齐全、完整、清洁 3. 油路畅通，油窗醒目
四	冷却	1. 清洗过滤网、冷却液箱，无沉淀、无杂物 2. 系统完整，管路畅通，无泄漏
五	电器	1. 检查、清扫电动机及电器箱 2. 检查电器元件触点，要求性能良好、安全可靠

5. 钻床附具

(1) 钻夹头　钻夹头是与钻具相连，用来夹持柄类工具的附具，是钻床的主要附具之一。钻夹头安装在钻床主轴端部，用三个可同心移动的卡爪夹紧钻头或其他工具，其规格用最大夹持直径来表示。钻夹头从结构上分主要有扳手式和手紧式两大类，如图 2—8—11 所示。由于扳手钻夹头具有结构简单、零部件易加工、价格便宜、性能可靠等优点，所以其用途较广。

图 2—8—11　钻夹头

扳手钻夹头按其用途可分为轻型、中型和重型。连接形式有螺纹连接和锥孔连接两种，螺纹连接的钻夹头主要用在手电钻上，锥孔连接的钻夹头主要用在各类钻床上。扳手钻夹头也有很多类型，在钻床上常采用锥孔连接的重型扳手钻夹头，可以承受高速切削（如J2113H—B16 型钻夹头），主要用来装夹 ϕ13 mm 以下的直柄钻头，其结构如图 2—8—12 所示。

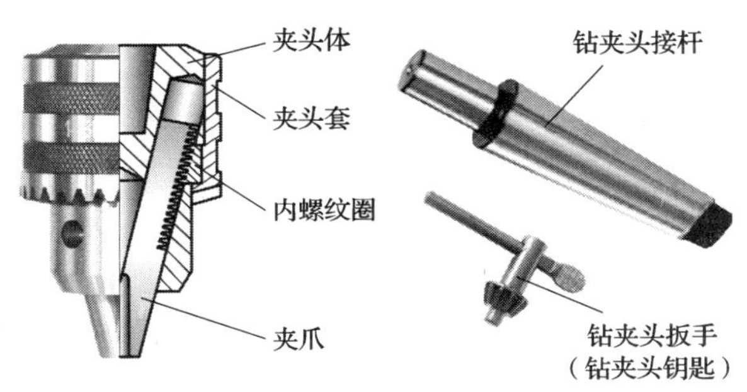

图 2—8—12　钻夹头结构

夹头体的上端有一锥孔，用于连接钻夹头接杆或台钻主轴。钻夹头中的三个夹爪用来夹紧钻头的直柄，当带有小圆锥齿轮的钻夹头扳手（钻夹头钥匙）带动夹头套上的大圆锥齿轮转动时，与夹头套紧配的内螺纹圈也同时旋转。此内螺纹圈与三个夹爪上的外螺纹相配，于是三个夹爪便缩进或伸出，钻头直柄被夹紧或放松。

（2）钻头变径套　钻头变径套用来装夹 ϕ13 mm 以上的锥柄钻头，如图 2—8—13a 所示。由于它采用的是莫氏锥度，其锥度较小，利用摩擦力原理，可以传递一定的转矩，且配合定位精度高，拆卸方便。

标准钻头变径套共有 5 种，使用时，应根据钻头锥柄莫氏锥度的号数和钻床主轴锥孔来选用相应的钻头变径套，见表 2—8—2。

表 2—8—2　　标准钻头变径套标号与内外锥度

标准钻头变径套标号	内锥孔（莫氏锥度）	外圆锥（莫氏锥度）
1 号	1	2
2 号	2	3
3 号	3	4
4 号	4	5
5 号	5	6

当用较小直径钻头钻孔时，用一个钻头变径套不能直接与钻床主轴锥孔相配，此时需要把几个钻头变径套配接起来使用。这样不仅增加了装拆的麻烦，同时也加大了钻床主轴与钻头的同轴度误差值。为此可采用非标钻头变径套，即外圆锥与钻床主轴锥孔一致，内锥孔与钻头锥柄一致。如在 Z3050 × 16（Ⅰ）型摇臂钻床上使用的“内 3/外 5”非标准钻头变径套等。

如图 2—8—13b 所示为用楔铁将钻头从钻床主轴锥孔中拆下的方法。拆卸时楔铁带圆弧的一边要放在上面，否则会把钻床主轴（或钻头变径套）上的长圆孔挤坏。同时要用手握住钻头或在钻头与钻床工作台之间垫上木板，以防钻头跌落而损坏钻头或工作台。

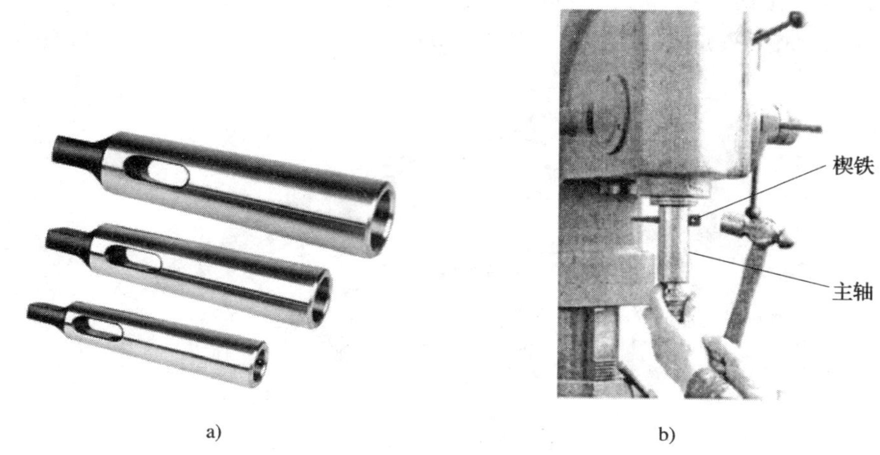

图 2—8—13　钻头变径套及拆卸方法

a）钻头变径套　b）拆卸方法

（3）快换钻夹头　在钻床上加工同一工件时，往往需要调换直径不同的钻头或其他孔加工刀具。如用普通的钻夹头或钻头变径套来装夹刀具，需停车换刀，既不方便，又浪费时间，而且容易损坏刀具和钻头变径套，甚至影响到钻床的精度。这时可采用如图 2—8—14 所示的快换钻夹头。

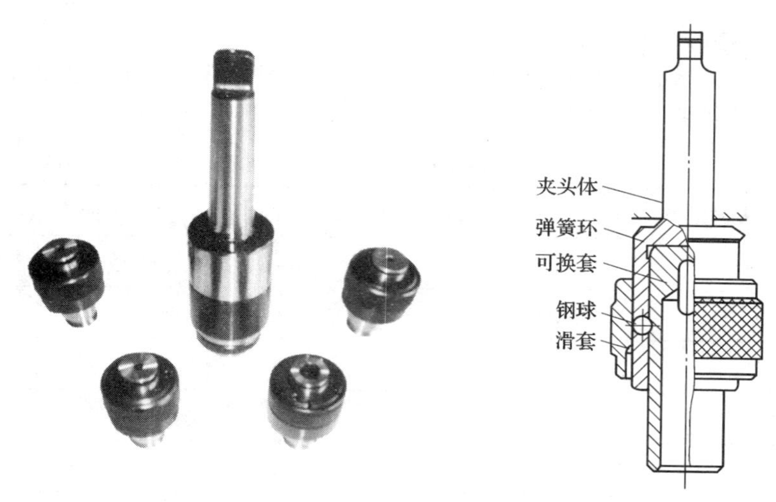

图 2—8—14　快换钻夹头

夹头体的莫氏锥柄装在钻床主轴锥孔内。可换套根据孔加工的需要备有很多个，并预先装好所需的刀具，可换套的外圆表面有两个凹坑，钢球嵌入时便可传递动力。当需要更换刀具时，不必停车，只要用手把滑套向上推，两粒钢球就因受离心力作用而贴于滑套端部的大孔表面。此时另一手就可把装有刀具的可换套取出，把另一个可换套插入，放下滑套，两粒钢球被重新压入可换套的凹坑内，带动钻头继续旋转。弹簧环的作用是限制滑套上下的位置。由此可见，使用快换钻夹头可做到不停车换装刀具，从而大大提高了生产效率，也降低了操作者的劳动强度。

二、钻孔

用钻头在实体工件上加工出孔的方法称为钻孔，如图 2—8—15 所示。

在钻床上进行钻孔时，钻头的旋转是主运动，钻头沿轴向移动是进给运动。

钻削时钻头是在半封闭的状态下进行切削加工，转速高，切削量大，排屑困难，切削温度高，散热困难，钻头易磨损，摩擦严重，钻头易抖动，因此加工精度低，一般尺寸精度只能达到 IT11 ~ IT10，表面粗糙度值只能达到 *Ra*50 ~ 12. 5 μm。

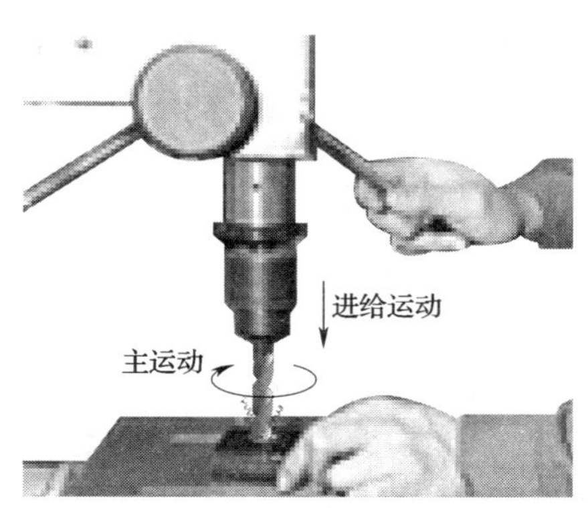

图 2—8—15　钻孔

1. 麻花钻

（1）刀具材料　通常所说的刀具材料是指刀具切削部分的材料，刀具材料性能的优劣直接影响加工表面质量、切削效率以及刀具寿命。

1）刀具材料应具备的性能　在切削过程中，刀具切削部分要承受较大的压力、摩擦、冲击和较高温度的影响。因此，刀具切削部分的材料必须具备良好的性能，否则，不仅会影响加工质量，还会造成安全隐患。

①高硬度　刀具材料的硬度必须高于工件材料的硬度，常温下一般应在 60HRC 以上。

②高耐磨性　刀具材料必须具有良好的抵抗磨损的能力，特别是在高温切削条件下，更需保持应有的耐磨性。通常刀具材料的硬度越高，耐磨性越好。

③足够的强度和韧性　保证刀具在正常切削过程中能够承受压力、冲击和振动，防止刀具崩刃或脆性断裂。

④高耐热性　耐热性是指刀具材料在高温下能够保持高硬度的性能，又称为红硬性或热硬性。它是评定刀具材料的主要性能指标。

⑤良好的工艺性　为了便于刀具的加工制造，刀具材料应具备良好的可加工性和热处理性。可加工性主要是指切削性能和焊接、锻轧性能；热处理性是指热处理变形小、脱碳层薄和淬透性好等。

2）钳工常用的刀具材料（见表 2—8—3）

表 2—8—3　钳工常用的刀具材料

刀具材料	主要性能	主要应用	常见牌号与分类
碳素工具钢	含碳量为 0. 65% ~ 1. 3%，淬火后硬度较高（60 ~ 64HRC），刃磨性好，刃口锋利，价格便宜，但温度超过 200℃ 硬度就显著下降，耐磨性差，淬透性差，淬硬层薄	常用于低速手工刀具，如手用铰刀、锉刀和锯条等	T10A、T12A 等
合金工具钢	与碳素工具钢相比有较高的韧性、耐磨性和耐热性（耐热温度约 220℃），热处理变形小，淬透性较碳素工具钢好	适用于制造丝锥、圆板牙等形状复杂的刀具	9SiCr、CrWMn 等

续表

刀具材料	主要性能	主要应用	常见牌号与分类
高速钢	耐热性好，切削温度达到540～620℃时仍保持其切削性能，强度、韧性和制造工艺性能好，热处理变形小	常用来制造车刀、铣刀、钻头、铰刀和齿轮刀具等，应用广泛	W18Cr4V、W6Mo5 Cr4V2 等
硬质合金	具有高的耐热性，切削温度达1 000℃时硬度仍无明显下降，缺点是韧性很差	通常制成不同形状的刀片，再通过焊接或紧固件镶嵌在刀体上。如车刀、铣刀、铰刀、钻头和刮刀等刀具都可以镶嵌硬质合金刀片	按使用领域的不同分为P、M、K、N、S、H六类，其牌号及应用可查阅 GB/T 18376.1—2008

近年来，随着刀具材料技术、涂层技术的发展和高速切削技术的需求，用于高速切削的钻头、铰刀、丝锥等新型刀具越来越多。各种新型材料的刀具如高速钢涂层刀具、硬质合金涂层刀具、多层涂覆刀具和陶瓷刀具等得到较广泛的应用。

（2）麻花钻概述　钻头的种类较多，如麻花钻、扁钻、深孔钻、中心钻等。其中麻花钻是指容屑槽由螺旋面构成的钻头，钻体部分的形状像麻花一样，它是钳工常用的主要钻孔刀具，主要用来在实体材料上钻削直径100 mm以下的孔。麻花钻的规格用直径表示（靠近切削部分处测量）。

麻花钻的工作部分用W6Mo5Cr4V2或其他同等性能的普通高速钢（代号：HSS）制造，淬火后硬度达62.5～66.5HRC；也可用高性能高速钢（代号：HSS—E）制造，淬火后硬度可达64～68HRC。焊接麻花钻钻柄用45钢或同等性能的其他钢材制造。

麻花钻按制造精度等级分为普通级麻花钻和精密级麻花钻（精密级标记“H”，普通级不标记）；按与钻床的装夹形式分为直柄麻花钻（包括粗直柄、短系列、通用系列、长系列和超长系列）和莫氏锥柄麻花钻（包括通用系列、长系列、加长系列和超长系列）。

（3）麻花钻组成　麻花钻由钻体和钻柄组成，如图2—8—16所示。

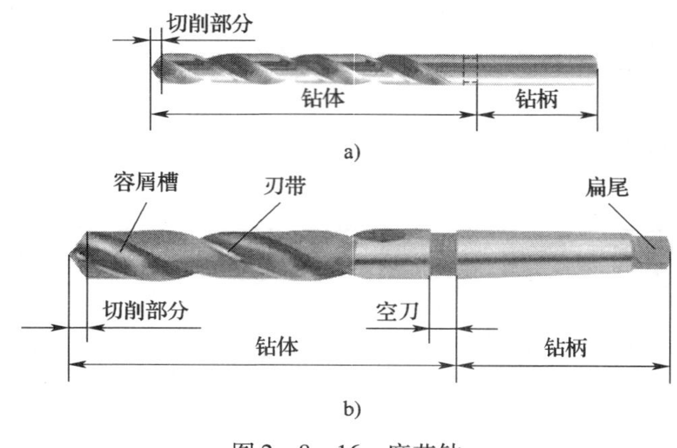

图2—8—16　麻花钻
a）直柄麻花钻　b）锥柄麻花钻

1）钻柄　钻柄是麻花钻的夹持部分，主要用来连接钻床主轴、定心并传递动力。为了便于装夹，通常钻削 ϕ13 mm以下的孔径时，选用直柄麻花钻；钻削 ϕ13 mm以上的孔径时，选用莫氏锥柄麻花钻。在莫氏锥柄的小端有一扁尾，以备嵌入锥孔的槽中，作顶出钻头之用。

2）钻体　麻花钻的钻体包括切削部分（又称钻尖）和由两条刃带形成的导向部分及空刀。

切削部分是指由产生切屑的各要素（主切削刃、副切削刃、横刃、前面、后面、刀尖）所组成的工作部分，如图2—8—17所示，它承担着主要的切削工作。标准麻花钻的切削部分由五刃（两条主切削刃、两条副切削刃和一条横刃）、六面（两个前面、两个后面和两个副后面）和三尖（一个钻尖和两个刀尖）组成。

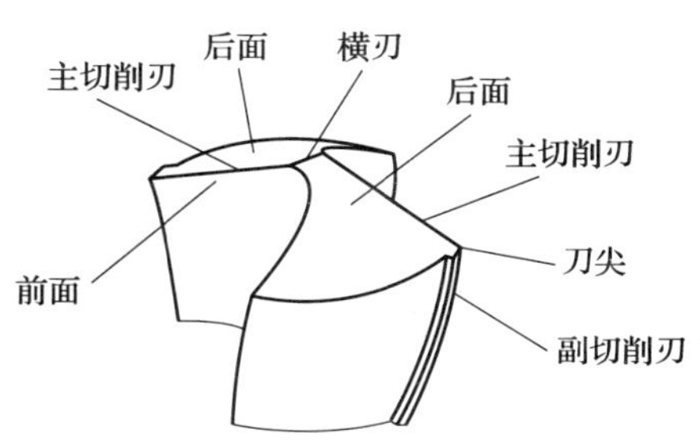

图2—8—17　麻花钻的切削部分

导向部分用来保持麻花钻钻孔时的正确方向，副切削刃（又称刃带导向刃，即刃带与容屑槽的交线）可修光孔壁；为了减少刃带与孔壁的摩擦，便于导向，麻花钻的导向部分直径略有倒锥（用倒锥度表示，每100 mm长度为0.02～0.12 mm，但总倒锥量不应超过0.25 mm）。

空刀的作用是在磨制麻花钻时作退刀槽使用，通常锥柄麻花钻的规格、材料及商标也打印在此处。

（4）麻花钻切削角度

1）确定麻花钻切削角度的辅助平面　为了确定麻花钻的切削角度，需要引进几个辅助平面，见表2—8—4。

表2—8—4　　确定麻花钻切削角度的辅助平面

名称	定义及说明	图示
结构基面	与主切削刃上的外缘转点和横刃转点连线相平行，且通过钻心的平面	结构基面 钻心 横刃转点 外缘转点
基面	通过切削刃选定点，且垂直于该点切削速度方向的平面，实际上是通过该点与钻心连线的径向平面。由于麻花钻两主切削刃不通过钻心，所以主切削刃上各点的基面也就不同	基面 钻心 正交平面 主切削刃上的选定点 切削平面
切削平面	切削刃选定点的切削平面，是由该点的切削速度方向和过该点切削刃的切线两者所成的平面。标准麻花钻主切削刃为直线，其切线就是钻刃本身。切削平面即为该点切削速度方向与钻刃构成的平面	
正交平面	通过主切削刃上选定点并垂直于基面和切削平面的平面	

续表

名称	定义及说明	图示
柱剖面	通过主切削刃上选定点作与麻花钻轴线平行的直线，该直线绕麻花钻轴线旋转所形成的圆柱面的切面	柱剖面 主切削刃上的选定点

2）标准麻花钻的切削角度　标准麻花钻的切削角度如图 2—8—18 所示。

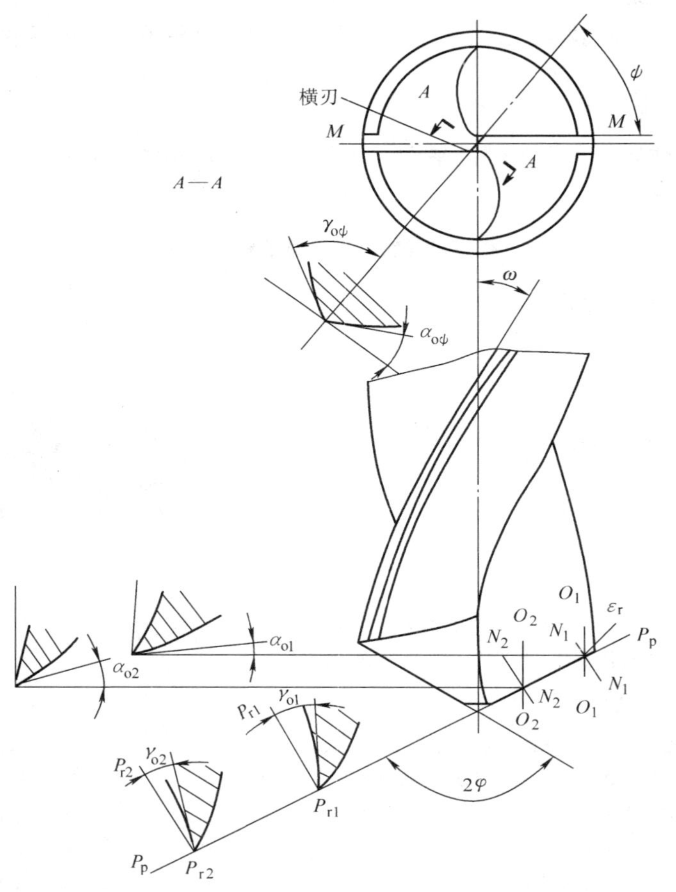

图 2—8—18　标准麻花钻的切削角度

标准麻花钻各切削角度的定义、作用及特点见表2—8—5。

表2—8—5　　标准麻花钻切削角度的定义、作用及特点

切削角度	定义	作用及特点
螺旋角 ω	刃带导向刃上选定点的切线与包含该点及轴线组成的平面间的夹角	麻花钻不同直径处的螺旋角是不同的，外径处螺旋角最大，越接近中心螺旋角越小。螺旋角增大则前角增大，有利于排屑，但钻头刚度下降。麻花钻的螺旋角通常为30°
前角 γ_o	在正交平面（图2—8—18中 N_1-N_1 或 N_2-N_2）内，前面与基面间的夹角	前角大小决定着切除材料的难易程度和切屑在前面上的摩擦阻力大小。前角越大，切削越省力。由于麻花钻的前刀面是一个螺旋面，因此主切削刃上的前角大小是变化的：近外缘处最大，可达 $\gamma_o=30°$；自外向内逐渐减小，在钻心至 $D/3$ 范围内为负值；横刃处的前角 $\gamma_o=-60°\sim-54°$；接近横刃处的前角 $\gamma_o=-30°$
主后角 α_o	在柱剖面（图2—8—18中 O_1-O_1 或 O_2-O_2）内，后面与切削平面间的夹角	主后角的作用是减小麻花钻后面与切削面间的摩擦。主切削刃上各点主后角也是变化的：外缘处较小，自外向内逐渐增大。直径 $D=15\sim30$ mm的麻花钻，外缘处主后角 $\alpha_o=9°\sim12°$；钻心处主后角 $\alpha_o=20°\sim26°$；横刃处主后角 $\alpha_o=30°\sim36°$
顶角 2φ	两条主切削刃在其平行平面 $M-M$ 上的投影间的夹角	顶角影响主切削刃上轴向力的大小。顶角越小，轴向力越小，外缘处刀尖角越大，利于散热和提高麻花钻的使用寿命。但在相同条件下，麻花钻所受转矩增大，切屑变形加剧，排屑困难，不利于润滑。顶角的大小一般根据麻花钻的加工条件而定。标准麻花钻的顶角 $2\varphi=118°\pm2°$，其大小对主切削刃形状的影响如图2—8—19所示
横刃斜角 ψ	主切削刃与横刃在垂直于麻花钻轴线的平面上投影间的夹角	当麻花钻后刀面磨出后，横刃斜角自然形成，其大小与主后角有关。主后角大，则横刃斜角小，横刃较长。标准麻花钻的横刃斜角 $\psi=50°\sim55°$

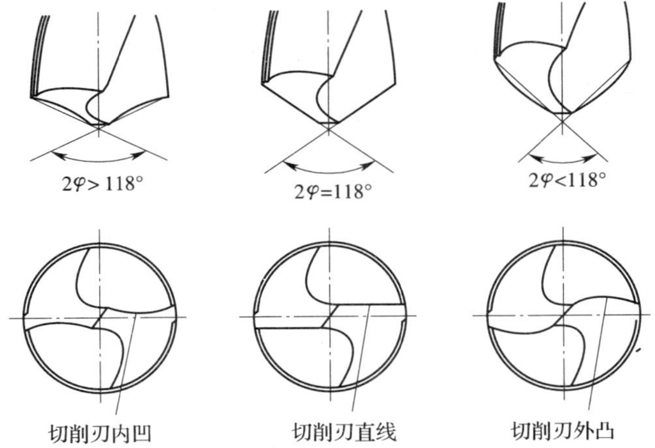

图2—8—19　顶角对主切削刃形状的影响

（5）标准麻花钻的缺点

1）横刃较长，横刃处前角为负值，在切削中，横刃处于挤刮状态，产生很大的轴向力，定心不良。

2）主切削刃上各点前角大小不一样，致使各点切削性能不同。靠近钻心处前角为负，处于挤刮状态，切削性能差，产生热量大，磨损严重。

3）麻花钻刃带处副后角为零。靠近切削部分的刃带与孔壁摩擦比较严重，产生热量大，易磨损。

4）主切削刃外缘处的刀尖角较小，前角很大，刀齿薄弱，而此处的切削速度最高，故产生切削热最多，磨损极为严重。

5）主切削刃长，且全宽参与切削，分屑、断屑、排屑困难。

（6）标准麻花钻的修磨　由于麻花钻存在诸多缺点，因此在使用前，应根据工件材料和加工精度要求的不同，对其切削部分进行修磨，以改善麻花钻的切削性能，提高钻削效率和刀具寿命。标准麻花钻的修磨方法和要求见表2—8—6。

表2—8—6　　标准麻花钻的修磨方法及要求

修磨部位	修磨方法及要求	图示
磨短横刃并增大靠近钻心处的前角	这是最基本的修磨方式。修磨后横刃的长度 b 为原来的1/5～1/3，以减小轴向抗力和挤刮现象，提高麻花钻的定心作用和切削的稳定性。同时，在靠近钻心处形成内刃，内刃斜角 $\tau=20°\sim30°$，内刃处前角 $\gamma_\tau=-15°\sim0°$，切削性能得以改善。一般直径在5 mm以上的麻花钻均须修磨横刃	
修磨主切削刃	主要是磨出第二顶角 $2\varphi_o$（70°～75°）。在麻花钻外缘处磨出过渡刃（$f_o=0.2d$），以增大外缘处的刀尖角 ε，改善散热条件，增加刀齿强度，提高切削刃与刃带交角处的耐磨性，延长麻花钻寿命，减少孔壁的残留面积，有利于减小孔的表面粗糙度值	
修磨刃带	在靠近主切削刃的一段刃带上，磨出副后角 $\alpha_{o1}=6°\sim8°$，并保留刃带宽度为原来的1/3～1/2，以减少对孔壁的摩擦，提高麻花钻寿命	

续表

修磨部位	修磨方法及要求	图示
修磨前面	修磨外缘处前面，可以减小此处的前角，提高刀齿的强度，钻削黄铜时，可以避免“扎刀”现象	磨去 A—A
修磨分屑槽	在两个后面或前面上磨出几条相互错开的分屑槽，使切屑变窄，以利排屑。直径大于15 mm的麻花钻都可磨出分屑槽	a) 前面开槽 b) 后面开槽

2. 群钻

群钻是利用标准麻花钻经合理刃磨而成的生产率高、加工精度高、适应性强、寿命长的新型钻头。在生产实践中，群钻钻型不断改进、扩展，现已形成一整套加工不同材料和适应不同工艺特性的钻型系列。其中标准群钻应用最为广泛，它又是演变成其他钻型的基础。

(1) 标准群钻　标准群钻主要用来钻削碳钢和各种合金结构钢，如图2—8—20所示。标准群钻的修磨要求、效果见表2—8—7。

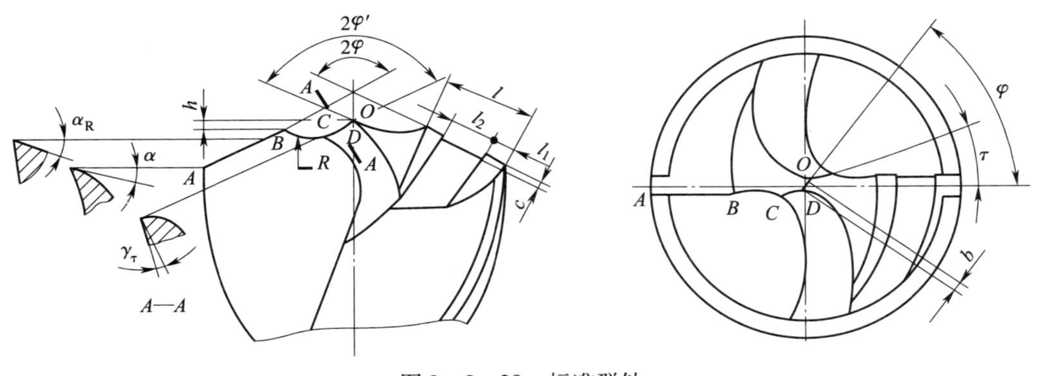

图2—8—20　标准群钻

表 2—8—7　　标准群钻的修磨要求、效果

修磨措施	修磨要求	效果
磨出月牙槽	在后面上对称磨出月牙槽，形成凹形圆弧刃，把主切削刃分成 3 段，即外直刃（*AB* 段）、圆弧刃（*BC* 段）、内直刃（*CD* 段），如图 2—8—20 所示	把主切削刃分成 3 段，有利于分屑、断屑和排屑；降低了钻尖高度，可将横刃磨得较短而不影响钻尖强度，同时大大降低了切削时的轴向阻力，有利于切削速度的提高；钻孔时在孔底切出圆环肋，加强了定心作用和钻头切削时的稳定性，有利用于提高孔的加工质量
磨短横刃	使横刃长度为原来的 1/7 ~ 1/5，同时使新形成的内直刃上的前角也大大增加	减小了切削阻力，可提高切削效率
磨出单边分屑槽	在一条外刃上磨出凹形分屑槽	磨出分屑槽后，使切屑变窄，有利于排屑和切削液的进入，提高了钻头的寿命并且减小了工件变形，提高了加工质量

由表 2—8—7 可见，标准群钻的刃形特点是“三尖、七刃、两种槽”。三尖是由于磨出月牙槽，主切削刃形成三个尖；七刃是两条外直刃、两条圆弧刃、两条内直刃、一条横刃；两种槽是月牙槽和单边分屑槽。

（2）其他常用群钻　除了标准群钻之外，其他常用群钻的工艺特点及修磨方法见表 2—8—8。

表 2—8—8　　其他常用群钻的工艺特点及修磨方法

名称及图示	工艺特点	改进措施
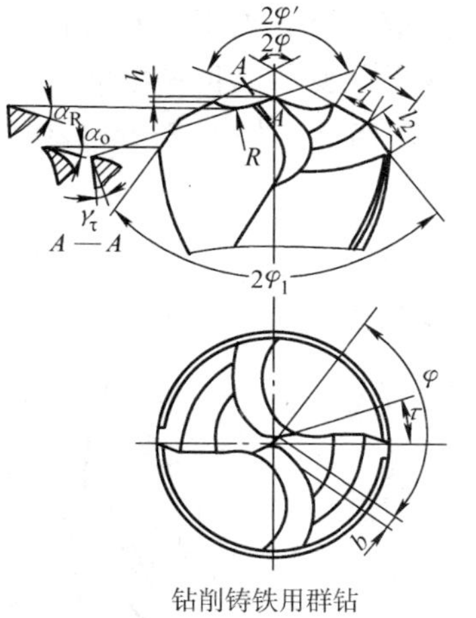 钻削铸铁用群钻	由于铸铁较脆，钻削时切屑呈碎块并夹杂着粉末，挤轧在钻头后面、刃带与工件之间，产生剧烈的摩擦，使钻头磨损。磨损几乎完全发生在刀具后面上，最严重的部位则是切削刃与刃带转角处的后面	①为了增大刀尖处的散热体积，磨出第二顶角，对直径较大的钻头可磨出第三顶角，从而提高钻头的寿命 ②将后角磨得更大，比钻钢材的钻头大 3° ~ 5°，并磨出第二重后角，增大后面与孔底间的容屑空间，有利于切削 ③在刀尖处磨出 *R*0.5 mm 左右的圆角，有利于提高加工质量 ④横刃可磨得更短，约为标准麻花钻的 1/5 ~ 1/7

续表

名称及图示	工艺特点	改进措施
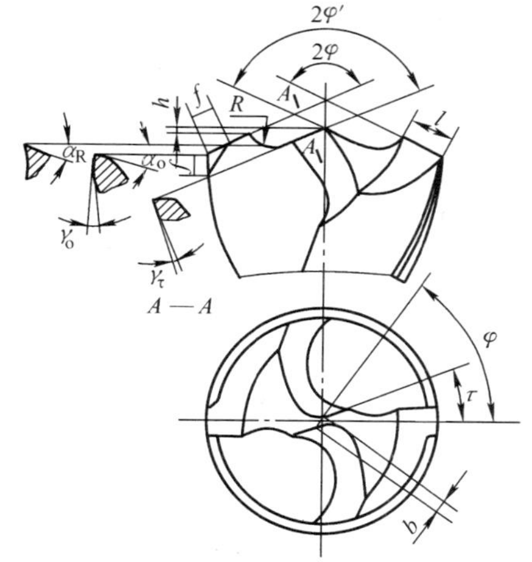 钻削黄铜或青铜用群钻	黄铜和青铜硬度较低，组织疏松，切削阻力较小，若采用较锋利的切削刃，会产生“扎刀”现象。“扎刀”就是钻头旋转时会自动切入工件，轻者使孔口损坏，钻头崩刃；重者将使钻头扭断，甚至会把工件从夹具中拉出造成事故	①为避免扎刀现象，钻头外缘处的前角应磨小 ②为提高生产率，横刃磨得更短 ③主、副切削刃的交角处可磨成半径为0.5～1 mm的过渡圆弧，以减小钻孔表面粗糙度值
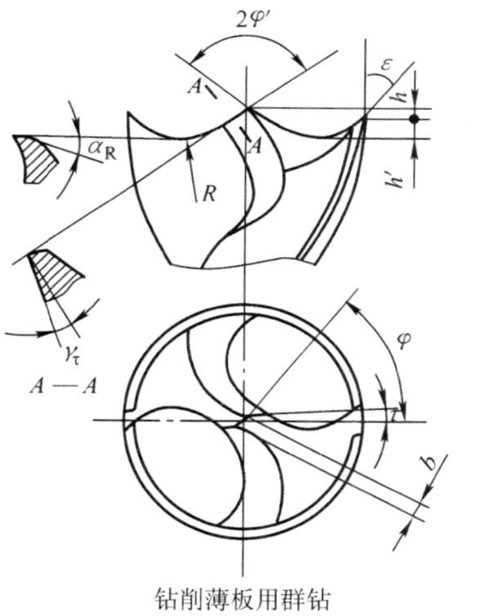 钻削薄板用群钻	在薄板工件上钻孔，不能用标准麻花钻。因为麻花钻的钻尖较高，当钻尖钻穿孔时，钻头立即失去定心作用。同时轴向力又突然减小，加上工件弹动，使钻头切削厚度突然增大，造成孔不圆或孔口毛边很大，甚至扎刀或折断麻花钻	①把麻花钻两主切削刃磨成圆弧形切削刃，形成锋利的两个刀尖，并比钻心刀尖略低0.5～1.5 mm，形成三尖，加强定心作用 ②可将横刃磨得更短，加强定心作用和提高生产率

3. 钻削用量选择

（1）钻削用量　钻削时切削用量包括切削速度、进给量和背吃刀量，如图2—8—21所示。

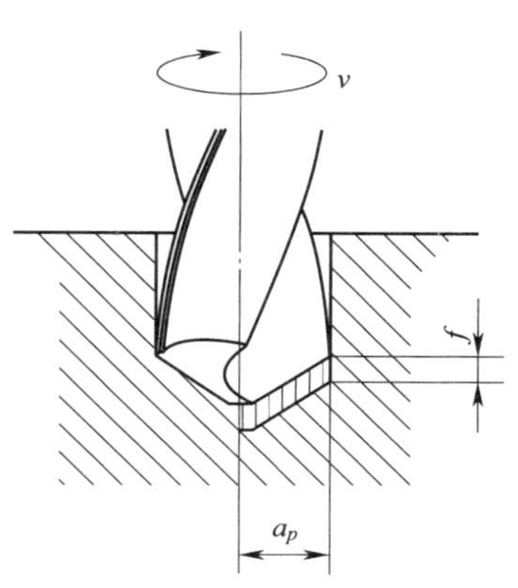

图2—8—21　钻削用量

1）切削速度（v）　指钻孔时钻头直径上一点的线速度。可由下式计算：

$$v=\frac{\pi Dn}{1\ 000}$$

式中　v——切削速度，m/min；

D——钻头直径，mm；

n——钻床主轴转速，r/min。

2）进给量（f）　指主轴每转一转钻头对工件沿主轴轴

线的相对移动量，单位是 mm/r。

3）背吃刀量（a_p）　指已加工表面与待加工表面之间的垂直距离。钻削时的背吃刀量为孔径的一半，即 $a_p = D/2$（mm）。

（2）钻削用量的选择　钻孔时，由于背吃刀量已由孔径决定，所以只需选择切削速度和进给量。

对钻孔生产率的影响，切削速度 v 比进给量 f 大；对孔的表面粗糙度的影响，进给量 f 比切削速度 v 大。综合以上的影响因素，钻削用量的选用原则是：在允许范围内，尽量先选较大的进给量 f，当 f 受到表面粗糙度和钻头刚度的限制时，再考虑选较大的切削速度 v。

1）背吃刀量的选择　直径小于 30 mm 的孔一次钻出，达到规定要求的孔径和孔深；直径为 30 ~ 80 mm 的孔可分为两次钻削，先用（0.5 ~ 0.7）D（D 为要求的孔径）的钻头钻底孔，然后用直径为 D 的钻头将孔扩大至要求尺寸。这样可以提高钻孔质量，减少轴向力，保护机床和刀具等。

2）进给量的选择　当孔的尺寸精度、表面粗糙度要求较高时，应选较小的进给量；钻小孔、深孔时，由于钻头细而长，强度低、刚度差、易扭断，应选较小的进给量。

3）钻削速度的选择　当钻头的直径和进给量确定后，钻削速度应按钻头的寿命选取合理的数值，一般根据经验选取。孔深较大时，应取较小的切削速度。

具体选择切削用量时，应根据钻头直径、钻头材料、工件材料、加工精度及表面粗糙度等方面的要求，凭经验或参考表 2—8—9 和表 2—8—10 选取。

表 2—8—9　高速钢麻花钻的进给量选择

钻头直径 D/mm	<3	3 ~ 6	6 ~ 12	12 ~ 25	>25
进给量 f/（mm/r）	0.025 ~ 0.05	0.05 ~ 0.10	0.10 ~ 0.18	0.18 ~ 0.38	0.38 ~ 0.62

表 2—8—10　高速钢麻花钻的切削速度选择

加工材料	硬度 HBW	切削速度 v /（m/min）	加工材料	硬度 HBW	切削速度 v /（m/min）
低碳钢	100 ~ 125 125 ~ 175 175 ~ 225	27 24 21	可锻铸铁	110 ~ 160 160 ~ 200 200 ~ 240 240 ~ 280	42 25 20 12
中、高碳钢	125 ~ 175 175 ~ 225 225 ~ 275 275 ~ 325	22 20 15 12	球墨铸铁	140 ~ 190 190 ~ 225 225 ~ 260 260 ~ 300	30 21 17 12
合金钢	175 ~ 225 225 ~ 275 275 ~ 325 325 ~ 375	18 15 12 10	灰铸铁	100 ~ 140 140 ~ 190 190 ~ 220 220 ~ 260 260 ~ 320	33 27 21 15 9
铜合金	—	20 ~ 48			
铝合金	—	75 ~ 90			

4. 钻孔操作要点

（1）麻花钻刃磨与检查

1）麻花钻刃磨　一般情况下，麻花钻采用手工刃磨，常在砂轮机上进行，砂轮的粒度为46#～80#，硬度为中等。

如图2—8—22所示，刃磨时，主切削刃保持水平，麻花钻轴线与砂轮圆柱母线在水平面内的夹角约等于顶角 2φ 的一半，右手握住麻花钻的钻体作为定位支点，使其绕轴线转动，使麻花钻整个后面都能磨到，并对砂轮施加压力；左手握住钻柄做上下弧形摆动，将麻花钻磨出正确的后角。刃磨时，两手动作的配合要协调、自然。由于麻花钻的后角在不同半径处是不相等的，所以摆动角度的大小也要随后角的大小而变化。为防止在刃磨时将另一刀瓣的刀尖碰坏，一般采用前面向下的刃磨方法。

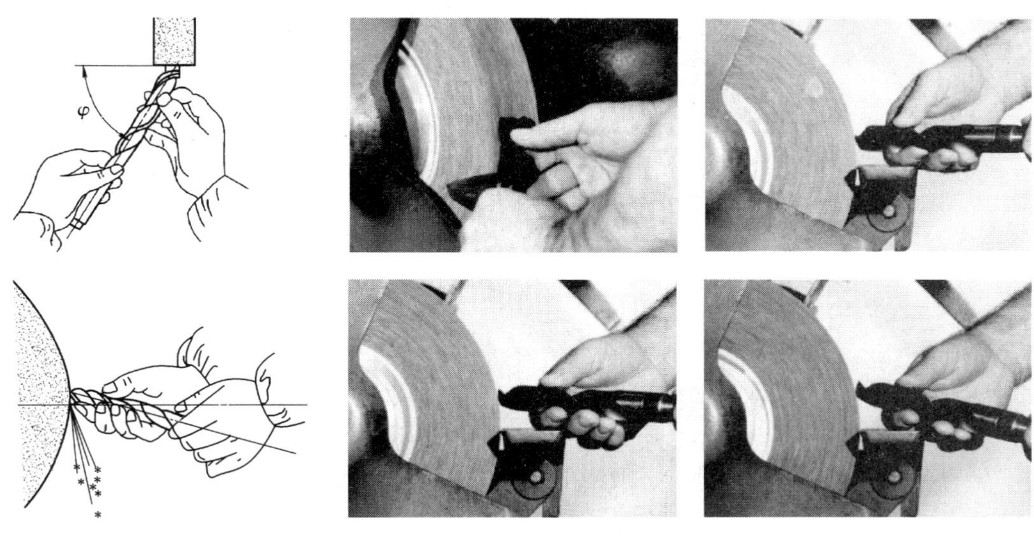

图2—8—22　麻花钻刃磨方法

在刃磨过程中，要随时检查刃磨的正确性，并要适时将麻花钻浸入水中冷却，在磨到切削刃时磨削量要小，停留时间要短，防止切削部分过热而退火。

2）刃磨质量检查　麻花钻刃磨质量的检查一般是通过目测、样板测量以及试切削的方法来进行，主要检查切削角度、后面刃磨质量以及切削刃的一致性等。如图2—8—23所示，用样板检测两条主切削刃是否一样长，检查顶角 2φ 是否正确，最后采用试切削的方法检查切屑是否正常以及测量切削出的孔的孔径及表面粗糙度值是否合格。

（2）钻孔前的工件划线　按钻孔的位置尺寸要求，划出孔位的十字中心线，并打上中心样冲眼，要求样冲眼要小，样冲眼中心要与十字交点重合。按孔的大小划出孔的圆周线，为了便于在钻孔时检查和借正钻孔的位置，对较大的孔径，可以划出几个大小不等的检查圆。当钻孔的位置精度要求较高时，为了避免敲击中心样冲眼时所产生的偏差，也可直接划出以孔中心为对称中心的几个大小不等的方框，作为钻孔时的检查线，如图2—8—24所示。

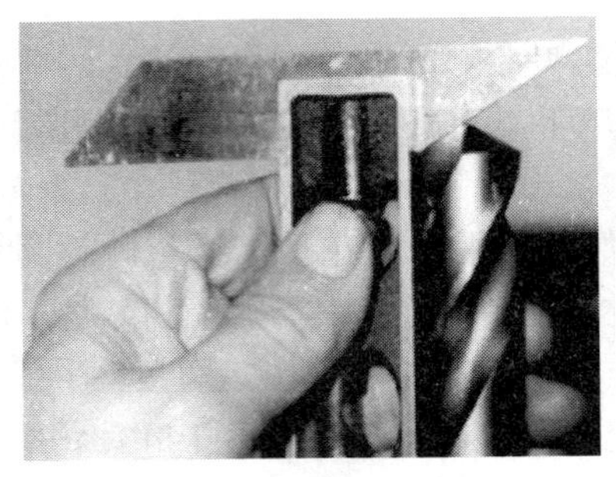
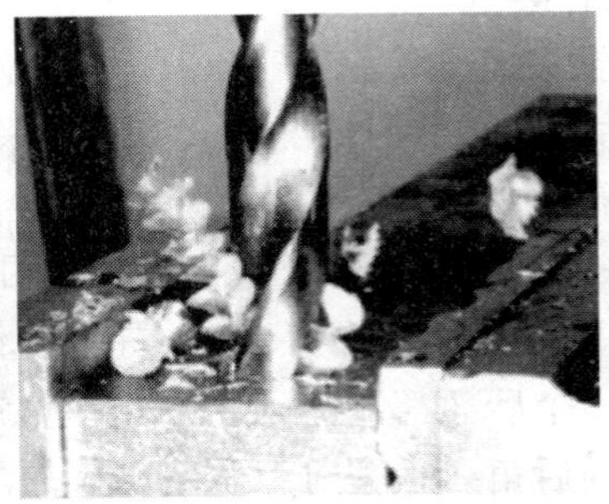

图 2—8—23　刃磨质量检查方法

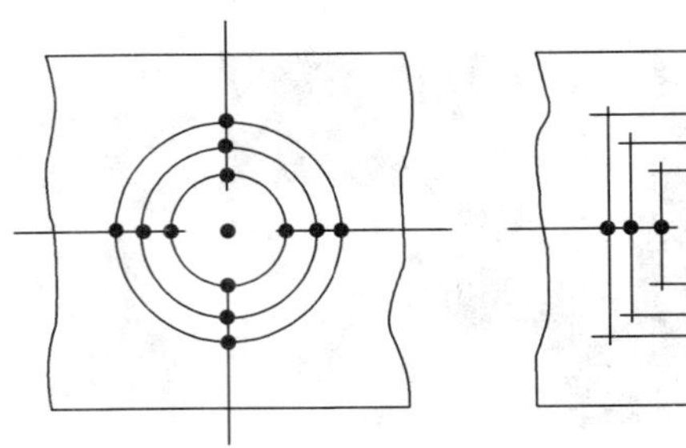

图 2—8—24　孔加工线的划法

（3）工件装夹　钻孔时，应根据钻孔直径大小、工件形状及钻削力大小等情况，采用不同的装夹方法，以保证钻孔的质量和安全。常用的基本装夹方法如下：

1）平整的工件可用平口钳装夹，如图 2—8—25a 所示。装夹时，应使工件表面与钻头垂直。钻直径大于 8 mm 的孔时，必须将平口钳用螺钉或压板固定。钻通孔时，工件底部应垫上垫块，空出落钻位置，以免钻伤钳身。

2）圆柱形的工件可用 V 形架装夹，如图 2—8—25b 所示。装夹时应使钻头轴线垂直 V 形架的对称平面，保证钻出孔的中心线通过工件的轴线。另外，在 V 形架上配以夹紧装置，以防止工件在钻孔时转动。

3）对较大的工件且钻孔直径在 10 mm 以上时，可用阶梯垫铁配压板夹持的方法进行钻孔，如图 2—8—25c 所示。在调压板时应注意以下几点：

①压板厚度与压紧螺钉直径的比例要适当，不能使压板弯曲变形而影响压紧力。

②压板螺钉应尽量靠近工件，垫铁应比压紧表面略高，以保证对工件有较大的压紧力和避免工件在夹紧过程中移位。

③当压紧表面为已加工表面且需要保护时，要用衬垫保护以防压出印痕。

4）底面不平或加工基准在侧面的工件，可用角铁进行装夹，如图 2—8—25d 所示。由于钻孔时的轴向力作用在角铁安装平面之外，因此角铁必须用压板固定在钻床工作台上。

5）在小型工件或薄板件上钻小孔时，可将工件放置在定位块上，并用手虎钳进行夹持，如图 2—8—25e 所示。

6）在圆柱工件端面钻孔时，可用分度头进行装夹，如图 2—8—25f 所示。

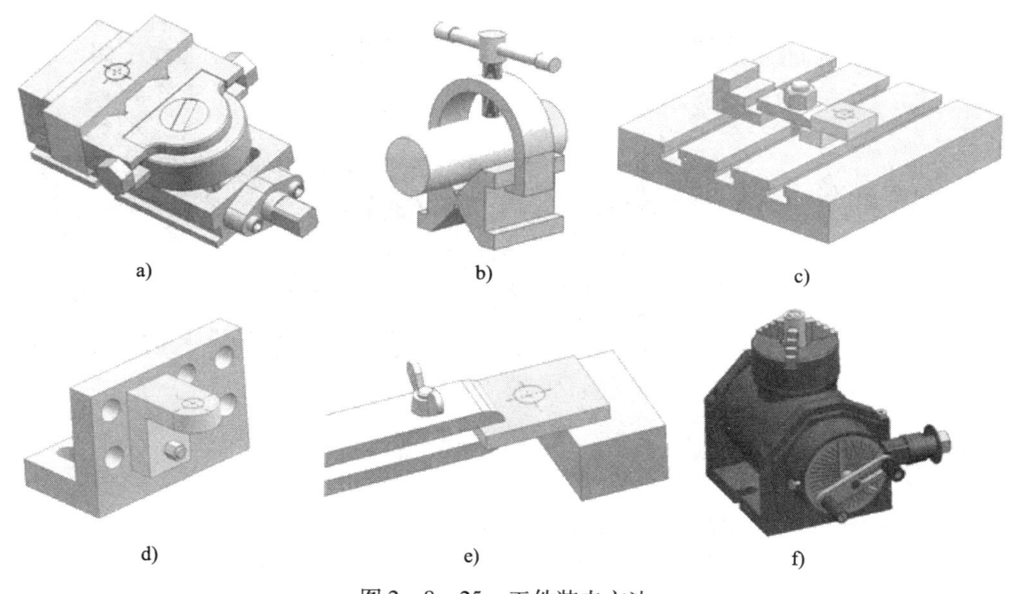

图 2—8—25　工件装夹方法

（4）麻花钻装拆　对于直径小于 13 mm 的直柄麻花钻，可直接在钻夹头中夹持，先将麻花钻柄塞入钻夹头的三只卡爪内，其夹持长度不能小于 15 mm，然后用钻夹头钥匙旋转外套，使环形螺母带动三只卡爪移动，做夹紧或放松动作，如图 2—8—26a 所示。

对于直径大于 13 mm 的锥柄麻花钻，用柄部的莫氏锥体直接与钻床主轴相连。连接时必须将麻花钻锥柄及主轴锥孔擦干净，且使矩形舌部的长向与主轴上的腰形孔中心线方向一致，利用加速冲力一次装接。当麻花钻锥柄小于主轴锥孔时，可加过渡套来连接。过渡套内的麻花钻和钻床主轴上的麻花钻的拆卸，是将楔铁敲入过渡套或钻床主轴上的腰形孔内，楔铁带圆弧的一边要放在上面，利用楔铁斜面的张紧分力，使麻花钻与过渡套或主轴分离，如图 2—8—26b 所示。

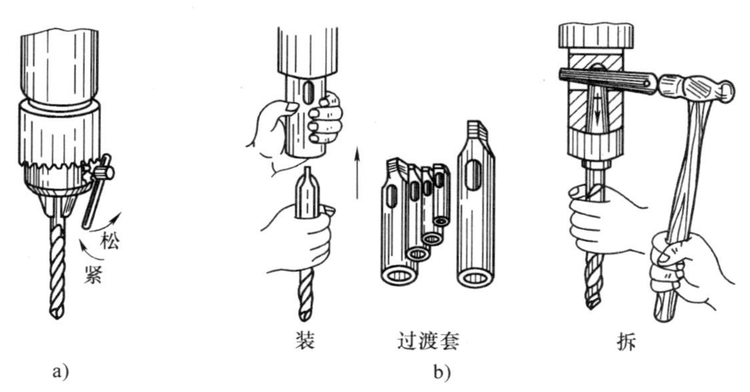

图 2—8—26　麻花钻装拆

a）直柄麻花钻　b）锥柄麻花钻

（5）起钻及找正方法　起钻找正时要先用钻头的钻尖对准所划中心线的样冲眼，如图 2—8—27a 所示，用右手操纵操作手柄，使钻头轻压在工件表面上，左手反转钻夹头，使钻尖再次自动找正对正中心样冲眼。找正后抬起操作手柄，使钻尖与工件表面相离 10 mm 左右，启动钻床。然后如图 2—8—27b 所示，左手轻扶平口钳，右手转动操作手柄，进行正常钻削。

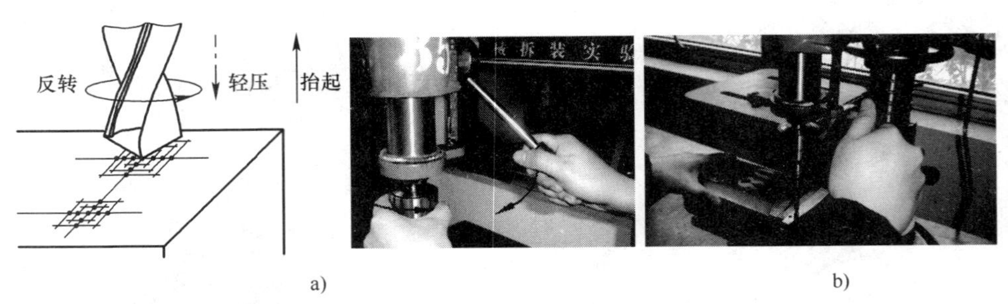

图 2—8—27　起钻方法

a）起钻找正　b）正常钻削

钻孔时，先使钻头对准钻孔中心钻出一浅坑，然后观察钻孔位置是否正确，并要不断校正，使浅坑与划线圆同轴。校正方法：如果偏位较少，可在起钻的同时用力将工件向偏位的相反方向推移，达到逐步校正的目的；如果偏位较多，可以在偏位的反方向打几个样冲眼或用錾子錾出几条槽，如图 2—8—28 所示，以减小该部位的钻削阻力，达到校正的目的。无论采用哪种方法，都必须在浅坑外圆小于钻头直径之前完成。

（6）手动进给操作　钳工钻孔一般以手动进给操作为主，当起钻达到钻孔位置要求后，即可按要求完成钻孔。手动进给时，进给用力不应使钻头产生弯曲，以免钻孔轴线歪斜（见图 2—8—29）。当孔将要钻穿时，必须减小进给量，如果采用自动进给，此时最好改为手动进给。因为当钻尖将要钻穿工件材料时，轴向阻力突然减小，由于钻床进给机构的间隙和弹性变形的恢复，将使钻头以很大的进给量自动切入，会导致钻头折断或钻孔质量降低。

钻不通孔时，可按钻孔深度调整挡块，并通过测量实际尺寸来检查钻孔的深度是否达到要求。钻深孔时，钻头要经常退出排屑，防止钻头因切屑堵塞而扭断。

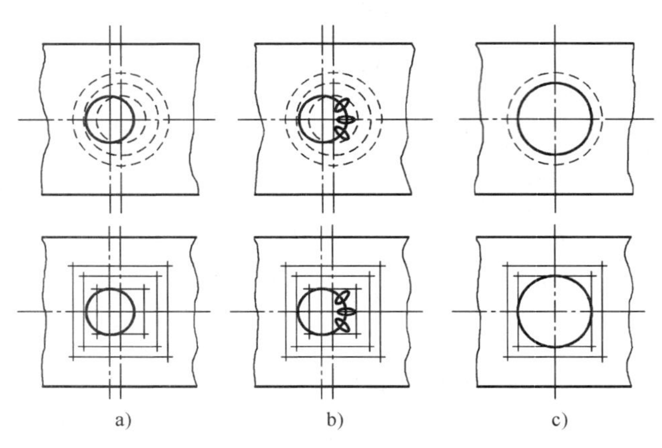

图 2—8—28 起钻偏位校正方法

a）偏离　b）錾槽校正　c）正确

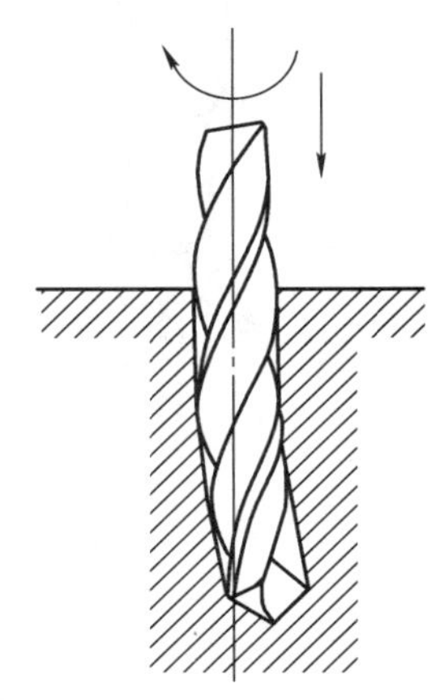

图 2—8—29　钻孔轴线歪斜

5. 钻孔用切削液选择

合理选用切削液可以改善切屑、工件与刀具间的摩擦情况，抑制积屑瘤，从而有效地减小切削力，降低切削温度，提高刀具寿命，防止工件变形和改善已加工表面质量。此外，选用高性能切削液也是改善某些难加工材料切削性能的一个重要措施。

（1）切削液的作用

1）冷却作用　切削液浇注在工件和刀具上，可降低切削温度和减小工件、刀具、夹具、机床的热变形。

2）润滑作用　切削液渗透到刀具、切屑与加工表面之间，形成吸附膜，从而减小摩擦、粘接和磨损，提高已加工表面质量。

3）排屑和洗涤作用　利用浇注或高压喷射切削液来排除切屑或引导切屑流向，并冲洗散落在机床及工件上的细屑与磨粒。

4）防锈作用　在切削液中加入防锈添加剂，与金属表面起化学反应生成保护膜，起防锈、防蚀作用。

（2）切削液的种类及应用　切削液主要有以冷却为主的水溶性切削液和以润滑为主的油溶性切削液两种。切削液的分类及适用范围见表2—8—11。

表2—8—11　　切削液的分类及适用范围

类型			主要组成	性能及适用范围
水溶性切削液	水溶液	普通型	在水中添加亚硝酸钠等水溶性防锈添加剂，加入碳酸钠或磷酸三钠，使溶液微带碱性	冷却性能、清洗性能好，有一定的防锈性能，但润滑性能差。适用于粗磨、粗加工
		防锈型	在水中除添加水溶性防锈添加剂外，加表面活性剂、油性添加剂	冷却性能、清洗性能、防锈性能好，兼有一定的润滑性能，透明性较好。适用于对防锈性要求高的精加工
		极压型	再加极压添加剂	有一定的极压润滑性。适用于重切削和强力磨削
	乳化液	防锈型	常用1号乳化油加水稀释成	防锈性能好，冷却性能、润滑性能一般。清洗性能稍差。适用于防锈性要求较高的工序及一般的车、铣、钻等加工。但由于乳化液对环境污染较大，正逐步被淘汰
		普通型	常用2号乳化油加水稀释成	清洗性能、冷却性能好，兼有防锈性能和润滑性能。适用于磨削加工及一般切削加工
		极压型	常用3号乳化油加水稀释成	极压润滑性能好，其他性能一般。适用于要求良好的极压润滑性能的工序，如拉削、攻螺纹、铰孔等
	合成切削液	多效型	由水、各种表面活性剂和化学添加剂组成	除具有良好的冷却、清洗、防锈、润滑性能外，还能防止对铜、铝等金属的腐蚀作用。适用于多种金属（黑色金属、铜、铝）的切削及磨削加工，也适用于极压切削或精密加工

续表

类型		主要组成	性能及适用范围
油溶性切削液	矿物油	主要有L－M组金属加工用油、柴油、煤油等	润滑性能好，冷却性能差，化学稳定性好，透明性好。适用于流体润滑，可用于冷却、润滑系统合一的机床，如多轴自动车床、齿轮加工机床、螺纹加工机床等
	动植物油	主要有豆油、菜油、棉籽油、蓖麻油、猪油、鲸鱼油、蚕蛹油等	润滑性能比矿物油更好，但易腐化变质，冷却性能差，黏附在金属上不易清洗。适用于边界润滑，可用于攻螺纹、铰孔、拉削
	复合油	以矿物油为基础再加若干动植物油	润滑性能好，冷却性能差。适用于边界润滑，可用于攻螺纹、铰孔、拉削
	极压切削油	以矿物油为基础再加若干极压添加剂、油性添加剂及防锈添加剂等，最常用的有硫化切削油，含硫氯、硫磷或硫氯磷的极压切削液	极压润滑性能好，可代替动植物油或复合油。适用于要求良好极压润滑性能的工序，如攻螺纹、铰孔、拉削、滚齿、插齿以及难加工材料的加工

（3）切削液的选用　在金属切削过程中，一般应根据工件材料、刀具材料、加工性质和工艺要求合理选用切削液。

1）粗加工　粗加工时，切削用量较大，产生大量的切削热。这时主要是要求降低切削温度，应选用冷却为主的切削液，如3%～5%乳化液或离子型切削液。硬质合金刀具耐热性较好，一般不用切削液。

2）精加工　精加工时，切削液的主要作用是减小工件表面粗糙度值和提高加工精度。因此，选用的切削液应具有良好的润滑性能。低速精加工钢料时，可选用极压切削油或10%～12%极压型乳化液或离子型切削液。精加工铜、铝及其合金或铸铁时，可选用10%～12%乳化液或离子型切削液。由于硫能腐蚀铜，所以在切削铜件时，不宜用含硫的切削液。

（4）钻孔用切削液　钻孔一般属于粗加工，钻削过程中，钻头处于半封闭状态下工作，摩擦严重，散热困难。注入切削液是为了延长钻头寿命和提高切削性能，因此应以冷却为主。

钻孔时由于加工材料和加工要求不同，所用切削液的种类和作用也不一样。钻孔用切削液见表2—8—12。

表2—8—12　　钻孔用切削液

工件材料	切削液
各类结构钢	3%～5%乳化液；7%硫化乳化液
不锈钢、耐热钢	3%肥皂加2%亚麻油水溶液；硫化切削油
纯铜、黄铜、青铜	不用；5%～8%乳化液
铸铁	不用；5%～8%乳化液；煤油
铝合金	不用；5%～8%乳化液；煤油；煤油与菜油的混合油
有机玻璃	5%～8%乳化液；煤油

在高强度材料上钻孔时，钻头前面要承受较大的压力，为减少摩擦和钻削阻力，可在切削液中增加硫、二硫化钼等成分，如硫化切削油。

在塑性、韧性较大的材料上钻孔，要求加强润滑作用，在切削液中可加入适当的动物油和矿物油。

孔的精度要求较高和表面粗糙度值要求很小时，应选用主要起润滑作用的切削液，如菜油、猪油等。

三、扩孔

用扩孔刀具对工件上原有的孔进行扩大加工的方法称为扩孔。标准扩孔钻的结构及扩孔原理如图 2—8—30 所示。

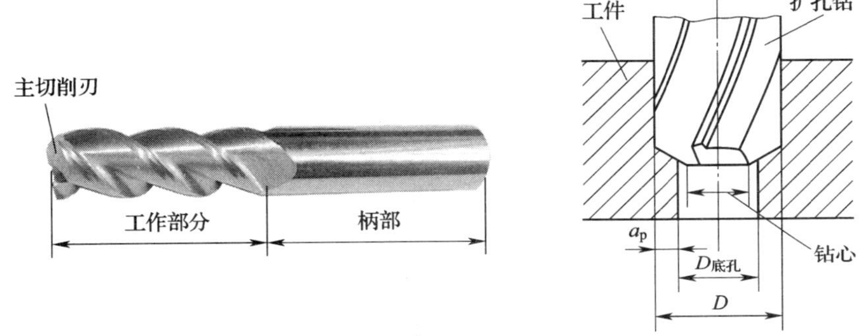

图 2—8—30　扩孔钻的结构及扩孔原理

1. 扩孔的特点

(1) 扩孔钻因中心不切削，无横刃，切削刃只做成靠边缘的一段，避免了横刃切削所引起的不良影响。

(2) 因扩孔产生的切屑体积小，不需大容屑槽，扩孔钻可加粗钻心，提高刚度，切削平稳。

(3) 由于容屑槽较小，扩孔钻可做出较多刀齿，以增强导向作用，一般整体式扩孔钻有 3 ~4 个主切削刃。

(4) 扩孔时，背吃刀量较小，切屑易排出，切削阻力小。

由于扩孔时的切削条件优于钻孔，因此当加工的孔径较大时，为了防止钻孔产生过多的热量造成工件变形或切削力过大，或更好地控制孔径尺寸，往往先钻出比图样要求小的孔，然后再把孔径扩大至要求。扩孔精度可达 IT10 ~ IT9，表面粗糙度值可达 Ra12. 5 ~3. 2 μm，常作为孔的半精加工及铰孔前的预加工。

2. 扩孔操作要点

(1) 用扩孔钻扩孔时，底孔直径约为要求直径的0. 9 倍，进给量为钻孔时的1. 5 ~2 倍，切削速度为钻孔时的 1/2。当采用手动进给时，进给量要均匀一致。

(2) 在实际生产中，也常用麻花钻代替扩孔钻使用，一般用麻花钻扩孔时，底孔直径约为要求直径的0. 5 ~0. 7 倍。用麻花钻扩孔时，应适当减小麻花钻的前角，以防扩孔时扎刀。

(3) 钻孔后，在不改变工件与机床主轴相互位置的情况下，应立即换上扩孔钻进行扩孔，使钻头与扩孔钻的中心重合，保证加工质量。

3．扩孔时常见问题及产生原因（见表 2—8—13）

表 2—8—13　　扩孔时常见问题及产生原因

出现问题	产生原因
表面粗糙	（1）刀具磨损 （2）刀具后角太大 （3）切削液润滑性能差或输送不足 （4）进给量太大
孔轴线与底面不垂直	（1）钻床主轴与工作台面不垂直 （2）工件底面与工作台面间有切屑等污物
孔呈椭圆形	（1）钻床主轴径向圆跳动大 （2）工件装夹不牢固
扩孔位置偏斜或歪斜	（1）预钻孔后，工件和扩孔钻的相对位置发生变化 （2）镗刀扩孔时刀杆直径太小

四、锪孔

用锪钻在孔口表面锪出一定形状的孔或表面的加工方法称为锪孔。锪孔的目的是为保证孔端面与孔中心线的垂直度，以便与孔连接的零件位置正确，连接可靠。

1．锪钻

锪孔时使用的刀具称为锪钻，一般用高速钢制造。按孔口的形状一般分为锥形锪钻、圆柱形锪钻和端面锪钻，可分别锪制锥形沉孔、圆柱形沉孔和凸台端面等。各种锪钻的形状及加工方法见表 2—8—14。

表 2—8—14　　锪钻的形状及加工方法

孔口形状	锪钻类型及说明	锪孔应用及要求
锥形沉孔	标准锥形锪钻	圆锥孔口 锪制时锪钻锥角应与零件图样锥角一致，且保证孔口与孔中心线的垂直度，适用于埋头螺钉连接 按零件锥形沉孔的要求不同，锥形锪钻的锥角有 60°、75°、90°、120°等
	2φ 用麻花钻改制锥形锪钻	

续表

孔口形状	锪钻类型及说明	锪孔应用及要求
圆柱形沉孔	 标准圆柱形锪钻 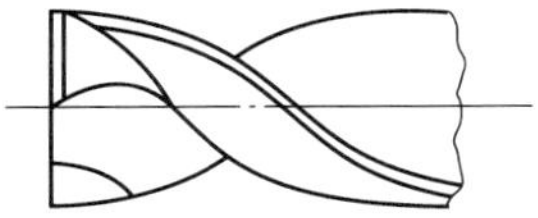 用麻花钻改制圆柱形锪钻	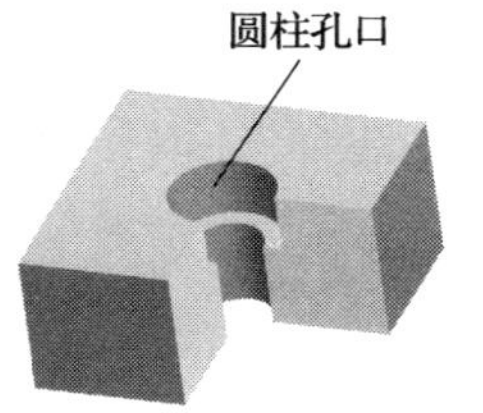 圆柱孔口 用麻花钻改制的平底锪钻锪孔时，必须先用普通麻花钻扩出一个阶台孔作导向，然后再用平底锪钻锪至要求深度，即按照“一钻、二扩、三锪”的顺序进行 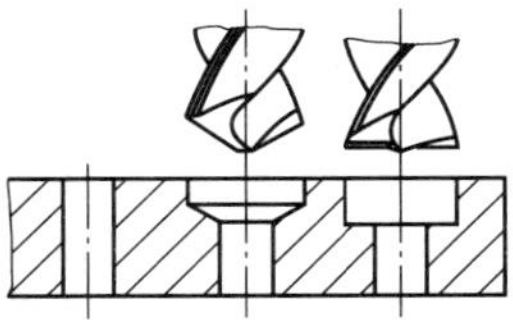
凸台端面	 标准端面锪钻	 端面锪平 将孔口端面锪平，并与孔中心线垂直，能使连接螺栓（或螺母）的端面与连接件保持良好接触，使连接可靠

2. 锪孔操作要点

锪孔时刀具容易产生振动，使所锪出的端面或锥面出现振痕，特别是使用麻花钻改制的锪钻时，振痕更为严重。因此在锪孔时应注意以下几点：

（1）锪孔时的进给量应为钻孔时的 2 ~ 3 倍，切削速度为钻孔时的 1/3 ~ 1/2。精锪时可利用停车后的主轴惯性来锪孔，以减小振动而获得光滑表面。

（2）若用麻花钻改磨成锪钻时，应尽量选用较短的钻头，并修磨外缘处刀具前面，使前角变小，以防振动和扎刀。还应磨出较小的后角，防止锪出多棱形表面。

（3）锪钢件时，应在导柱和切削表面加切削液润滑。

五、铰孔

用铰刀从工件孔壁上切除微量金属层，以提高其尺寸精度和孔壁表面质量的加工方法，称为铰孔，如图 2—8—31 所示。铰孔用的刀具叫铰刀。铰刀是精度较高的多刃工具，具有刀齿数量较多、切削余量小、切削阻力小和导向性好等优点，故加工精度高，一般铰孔加工精度可达 IT9 ~ IT7 级，表面粗糙度可达 $Ra3.2 \sim 0.8\ \mu m$。

图 2—8—31　铰孔

1. 铰刀

(1) 铰刀种类　铰刀的种类很多，按使用方式可分为手用铰刀和机用铰刀；按铰刀结构可分为整体式铰刀和可调节式铰刀；按切削部分材料可分为高速钢铰刀和硬质合金铰刀；按铰刀用途可分为圆柱铰刀和圆锥铰刀；按齿槽形式可分为直槽铰刀和螺旋槽铰刀。常用铰刀的种类、结构、特点及应用见表 2—8—15。

表 2—8—15　　常用铰刀的种类、结构、特点及应用

种类	图示	特点及应用
手用整体圆柱铰刀		手用铰刀用 W6Mo5Cr4V2 或其他同等性能的高速钢制造，其工作部分硬度达 63～66HRC；也可用 9SiCr 或其他同等性能的合金工具钢制造，工作部分硬度达 62～65HRC。手用整体圆柱铰刀的切削部分较长，刀齿做成不均匀分布形式，铰孔时定心好、轴向力小。具有操作方便等特点，应用较为广泛
机用整体圆柱铰刀		机用铰刀用 W6Mo5Cr4V2 或其他同等性能的高速钢制造，其工作部分硬度达 63～66HRC。它分直柄和莫氏锥柄两种，其切削锥角较大，校准部分较短，刀齿做成均匀分布形式
手用可调节铰刀		调节两端螺母可使刀条沿刀体中的斜槽做轴向移动，以改变铰刀的直径。它适用于修配、单件生产以及特殊尺寸（非标）情况下铰削通孔
螺旋槽铰刀		螺旋槽铰刀的切削刃沿螺旋线分布，铰孔时切削平稳，铰出的孔壁光滑。铰刀的螺旋槽方向一般是左旋，以避免铰削时因铰刀顺时针转动而产生自动旋进现象，同时还能使铰下的切屑容易被推出孔外。常用于铰削带有键槽的孔，可防止铰孔时键槽勾住切削刃

续表

种类	图示	特点及应用
锥铰刀		用以铰削圆锥孔。按锥度比分为 1∶10 锥铰刀、1∶30 锥铰刀、1∶50 锥铰刀和莫氏锥铰刀。由于锥铰刀的切削刃全部参加切削，其负荷较重，铰削费力。因此，对于锥度比较大的铰刀分为多支一套，其中粗铰刀的切削刃上开有螺旋形分布的分屑槽，以减轻切削负荷

（2）铰刀结构　如图 2—8—32 所示，铰刀（以整体式圆柱铰刀为例）由柄部和刀体组成。刀体是铰刀的主要工作部分，它包含导锥、切削锥和校准部分。导锥用于将铰刀引入孔中，不起切削作用；切削锥承担主要的切削任务；校准部分有圆柱刃带，主要起定向、修光孔壁、保证铰孔直径等作用。为了减小铰刀和孔壁的摩擦，校准部分直径有倒锥度。铰刀齿数一般为 4 ~8 齿，为测量直径方便，多采用偶数齿。

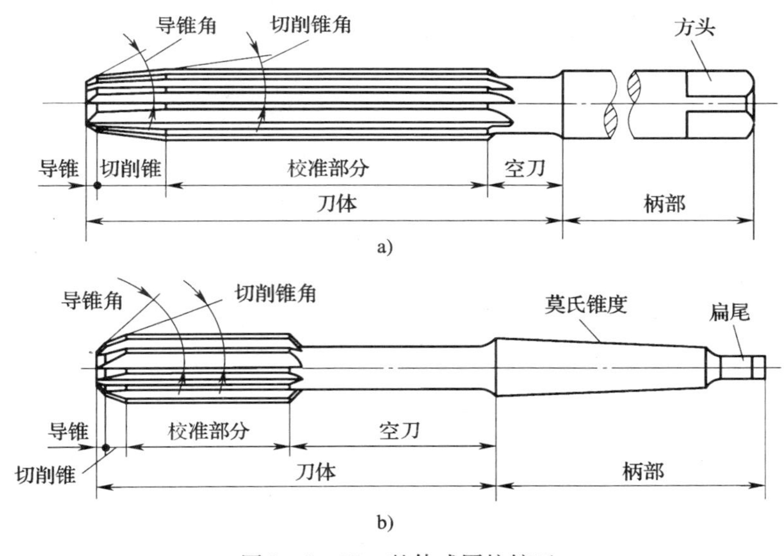

图 2—8—32　整体式圆柱铰刀

a）手用铰刀　b）机用铰刀

知识链接

为了获得较高的铰孔质量，一般手用铰刀的齿距在圆周上不是均匀分布的，但为了便于制造和测量，不等齿距的铰刀常制成 180°对称的不等齿距，如图 2—8—33 所示。采用不等齿距的铰刀，铰削时切削刃不会在同一地点停歇而使孔壁产生凹痕，从而能将硬点切除，提高铰孔质量。

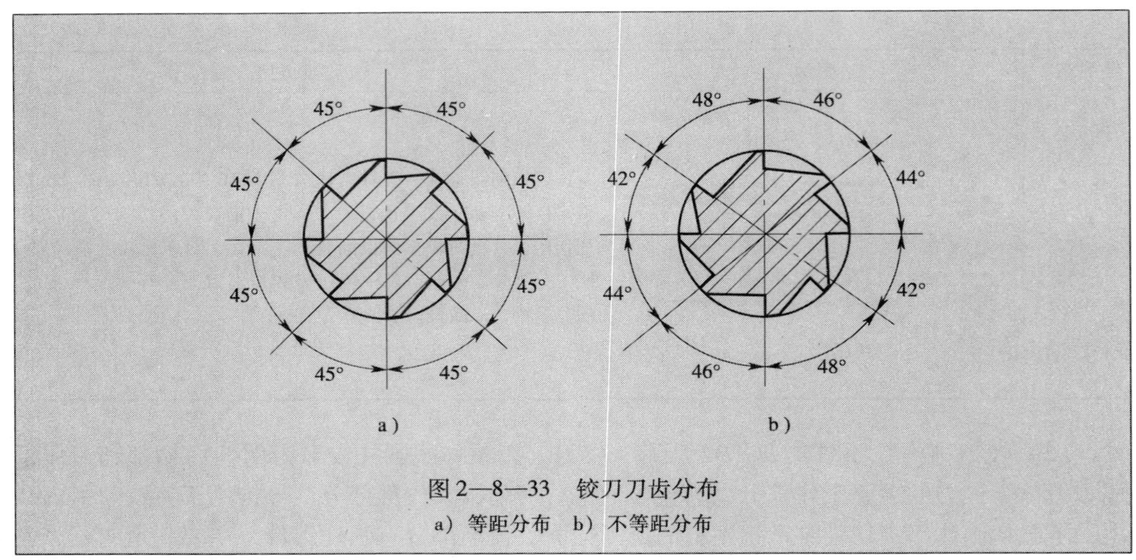

图 2—8—33　铰刀刀齿分布
a）等距分布　b）不等距分布

（3）铰刀的规格　铰刀的规格用切削直径表示，即紧接切削锥之后的铰刀直径。对于常备标准铰刀的直径公差按 m6 制造。另外国家标准还制定了加工 H7、H8、H9 级孔的铰刀直径公差。手用和机用整体式圆柱铰刀的优先采用系列以及铰刀直径公差参数可参考 GB/T 1131.1—2004 和 GB/T 1132—2004。

2. 铰削用量选择

铰削时的切削用量包括铰削余量、切削速度和进给量三个因素。

（1）铰削余量 $2a_p$　铰削余量是指上道工序（钻孔或扩孔）完成后在直径方向上留下来的加工余量。铰削余量既不能太大也不能太小。铰削余量过大，会使刀齿的切削负荷增大，变形增大，切削热增加，被加工表面呈撕裂状态，致使尺寸精度降低，表面粗糙度值增大，同时加剧铰刀的磨损。铰削余量过小，上道工序的残留变形难以纠正，原有刀痕不能去除，铰削质量达不到要求。

选择铰削余量时，应考虑孔径的大小、材料的软硬、尺寸精度、表面粗糙度要求以及铰刀的类型等诸多因素的综合影响。一般粗铰余量为 0.15 ~ 0.35 mm；精铰余量为 0.1 ~ 0.2 mm。用普通标准高速钢铰刀铰孔时，铰削余量可参照表 2—8—16 选取。

表 2—8—16　**铰削余量**　mm

铰孔直径	<5	5 ~ 20	21 ~ 32	33 ~ 50	51 ~ 70
铰削余量	0.1 ~ 0.2	0.2 ~ 0.3	0.3	0.5	0.8

此外，铰削余量的确定与上道工序的加工质量有直接的关系，对铰削前预加工孔时出现的弯曲、锥度、椭圆和不光洁等缺陷应有一定的限制。铰削精度较高的孔时，必须经过扩孔或粗铰，才能保证最后的铰孔质量。因此确定铰削余量时还要考虑铰孔的工艺过程。

（2）机铰切削速度（v）　为了得到较小的表面粗糙度值，必须避免产生积屑瘤，减少切削热以及变形，因而应采取较低的切削速度，可参考表 2—8—17 选取。

（3）机铰进给量（f）　铰孔时进给量要适当，进给量过大铰刀容易磨损，也影响加工质量；过小则很难切下金属材料，对材料产生挤压，使其产生塑性变形和表面硬化，最后导致切削刃撕去大片切屑，使表面粗糙度值增大，并加快铰刀的磨损。进给量可参考表2—8—17选取。

表2—8—17　　机铰切削速度和进给量选用

工件材料	切削速度 v/（m/min）	进给量 f/（mm/r）
钢	4~8	0.4~0.8
铸铁	6~10	0.5~1
铜或铝	8~12	1~1.2

3. 铰孔操作要点

(1) 铰刀的安装　在手工铰孔时，常用的工具是铰刀和铰杠，铰刀安装在铰杠的方孔中，然后进行铰削，如图2—8—34所示。

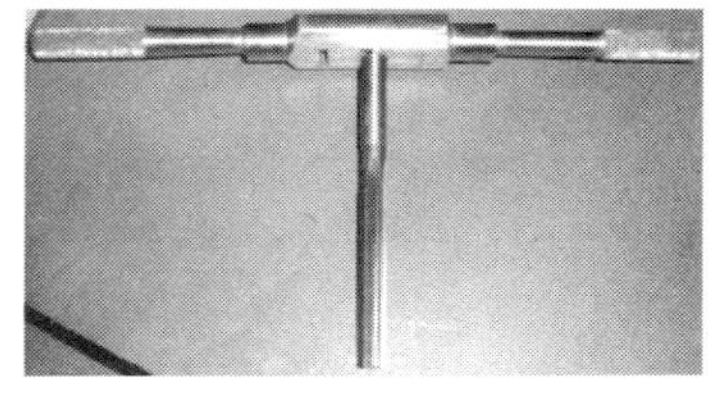

图2—8—34　手用铰刀的安装

(2) 手工铰孔方法　手工铰孔的方法如图2—8—35所示，在起铰时，一般采用单手对铰刀施加压力，所加压力必须通过铰孔轴线，同时慢慢转动铰刀起铰；正常铰削时，两手用力要平衡、均匀、平稳，不得有侧向压力，同时适当向下加压，使铰刀均匀地进给以保证铰刀正确切削，从而获得较小的表面粗糙度值，并避免孔口形成喇叭形或将孔径扩大；铰孔时不论进刀还是退刀，铰刀都不能反转，否则会使切屑卡在孔壁和后面之间，将孔壁拉毛，铰刀也容易磨损，甚至崩刃。

a)

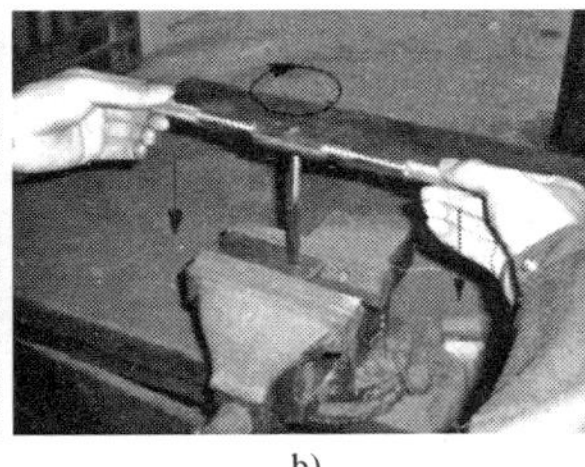

b)

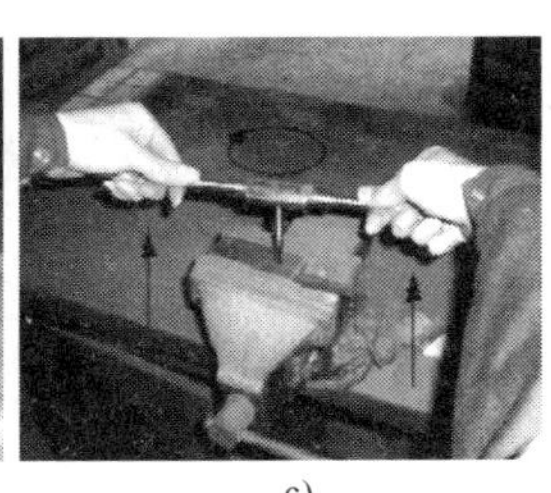

c)

图2—8—35　手工铰孔方法

a) 起铰　b) 正常铰削　c) 铰刀退出

(3) 锥孔铰削方法　铰削尺寸较小的圆锥孔时，可先按小端直径钻出底孔，要求留有一定的铰削余量，然后用锥铰刀铰削。对于锥度比较大或尺寸和深度较大的圆锥孔，为减小铰削余量和刀齿负荷，铰孔前可先钻出阶梯孔，如图2—8—36所示，然后再用锥铰刀铰削。铰削过程中要经常用相配的圆锥销检验铰孔的尺寸，如图2—8—37所示。

(4) 机动铰孔　机铰时，应使工件一次装夹进行钻、扩、铰削工作，以保证铰刀中心线与钻孔中心线一致。铰削完毕后，要等铰刀退出后再停车，以防止将孔壁拉出痕迹。

4. 铰孔用切削液选择

铰孔时，铰刀与孔壁摩擦较严重，必须选用适当的切削液，以减少摩擦和散热，同时将切屑及时冲掉，提高铰孔质量。切削液的选用见表2—8—18。

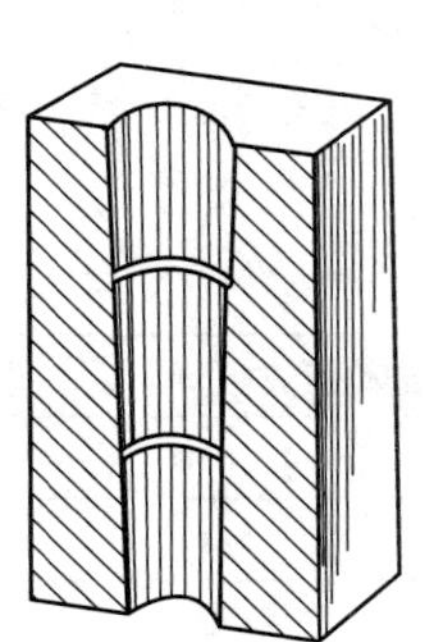

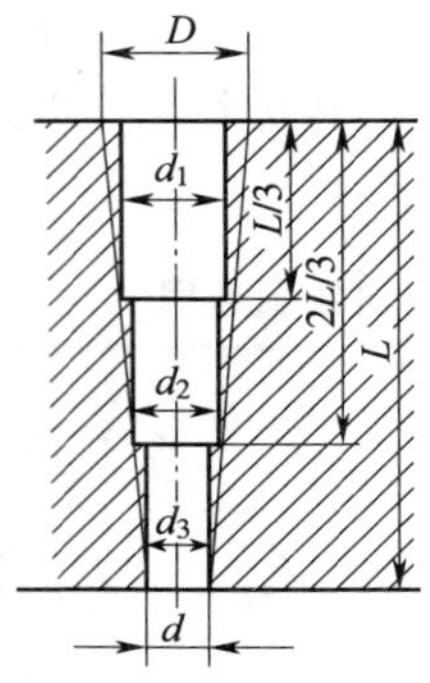

图 2—8—36　钻阶梯孔　　　　图 2—8—37　用圆锥销检验铰孔尺寸

表 2—8—18　　**铰孔时切削液的选用**

工件材料	切削液选择类型
钢	（1）10% ~20%乳化液 （2）铰孔质量要求较高时，用 30% 菜油加 70% 肥皂水 （3）铰孔质量要求更高时，用菜油、柴油、猪油
铸铁	（1）不用 （2）煤油（会引起孔径缩小，最大收缩量 0. 02 ~ 0. 04 mm） （3）低浓度乳化液
铝	煤油
铜	乳化液

技能训练

板 料 钻 孔

1. 训练内容

完成如图 2—8—38 所示板料的钻孔加工。

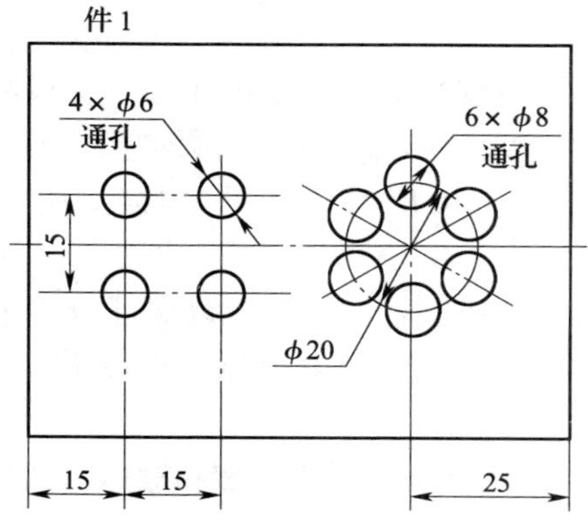

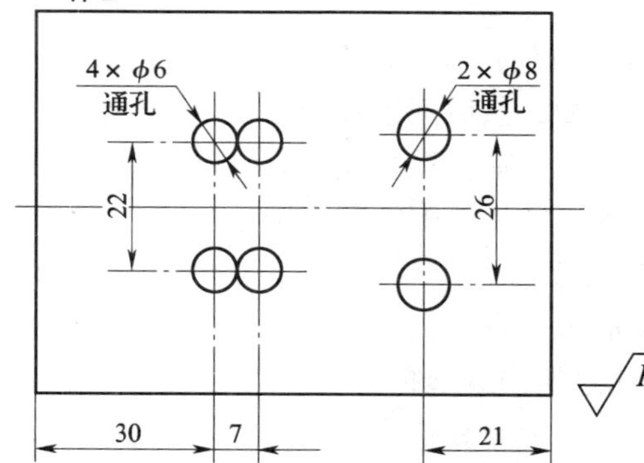

钻孔
Ra 12.5

图 2—8—38　钻孔板料

2. 训练准备

（1）工具、量具、刀具：划针、划规、划线盘、样冲、锤子、平锉、麻花钻（ϕ6 mm、ϕ8 mm）、钢直尺、游标卡尺。

（2）材料：85 mm ×65 mm ×25 mm（2 件），HT200。

3. 操作步骤

（1）检查来料尺寸是否符合图样要求，在工件划线位置涂上划线涂料。

（2）按图样要求划线，打中心样冲眼。

（3）根据图样要求选用麻花钻进行刃磨，主切削刃处缘边的后角磨成 8°～12°，顶角磨成 118°±2°，顶角与麻花钻轴线对称，两主切削刃长度一致。

（4）划观察圆，然后钻孔，并达到图样要求。

（5）复检各尺寸。

小提示

钻孔时的注意事项：

（1）钻孔前检查钻床的润滑、调速是否良好，工作台面清洁干净，不准放置刀具、量具等物品。

（2）操作钻床时不可戴手套，袖口必须扎紧，女生戴好工作帽。

（3）工件必须夹紧，特别在小工件上钻较大直径孔时装夹必须牢固，孔将钻穿时，要尽量减小进给力。

（4）开动钻床前，应检查是否有钻夹头钥匙或楔铁插在转轴上。

（5）操作者的头部不能太靠近旋转着的钻床主轴，停车时应让主轴自然停止，不能用手刹住，也不能反转制动。

（6）钻孔时不能用手和棉纱或用嘴吹来清除切屑，必须用刷子清除，长切屑或切屑绕在钻头上要用钩子钩出或停车清除。

（7）严禁在开车状态下装拆工件，检验工件和变速须在停车状态下完成。

（8）清洁钻床或加注润滑油时，必须切断电源。

知识链接

钻孔质量分析（见表 2—8—19）

表 2—8—19　　钻孔时可能出现的问题及产生原因

出现的问题	产生原因
孔径大于规定尺寸	（1）麻花钻两切削刃长度不等，高低不一致 （2）钻床主轴径向偏摆或工作台未锁紧，松动 （3）麻花钻本身弯曲或装夹不好，使麻花钻有过大的径向圆跳动现象

续表

出现的问题	产生原因
孔壁粗糙	（1）麻花钻不锋利 （2）进给量太大 （3）切削液选用不当或供应不足 （4）麻花钻过短，排屑槽堵塞
孔位偏移	（1）工件划线不正确 （2）麻花钻横刃太长，定心不准，起钻过偏而没有校正
孔歪斜	（1）与待钻孔垂直的平面与主轴不垂直或钻床主轴与工作台面不垂直 （2）工件安装时，安装接触面上的切屑未清除干净 （3）工件装夹不牢，钻孔时产生歪斜，或工件有砂眼 （4）进给量过大使麻花钻产生弯曲变形
钻孔呈多角形	（1）麻花钻后角太大 （2）麻花钻两主切削刃长短不一，角度不对称
麻花钻工作部分折断	（1）麻花钻用钝仍然继续使用 （2）钻孔时未经常退钻排屑，使切屑在麻花钻螺旋槽内阻塞 （3）孔将钻通时没有减小进给量 （4）进给量过大 （5）工件未夹紧，钻孔时产生松动 （6）在钻黄铜一类软金属时，麻花钻后角太大，前角又没有修磨小，造成“扎刀”
切削刃迅速磨损或碎裂	（1）切削速度太高 （2）没有根据工件材料的硬度刃磨钻头角度 （3）工件表面或内部硬度高或有砂眼 （4）进给量过大 （5）切削液不足

4. 评分标准（见表2—8—20）

表2—8—20　　评分标准

序号	项目与技术要求		配分	评分标准	检测结果		得分
					学生自检	教师检测	
1	钻孔	麻花钻刃磨姿势正确	10	不正确全扣			
2		ϕ6 mm孔（8处）	24	一处不符合要求扣3分			
3		ϕ8 mm孔（8处）	24	一处不符合要求扣3分			
4		表面粗糙度 Ra12.5μm	32	一处升高一级扣2分			
5	安全文明生产		10	酌情扣分			

T 形块孔加工

1. 训练内容

完成如图 2—8—39 所示 T 形块的孔加工。

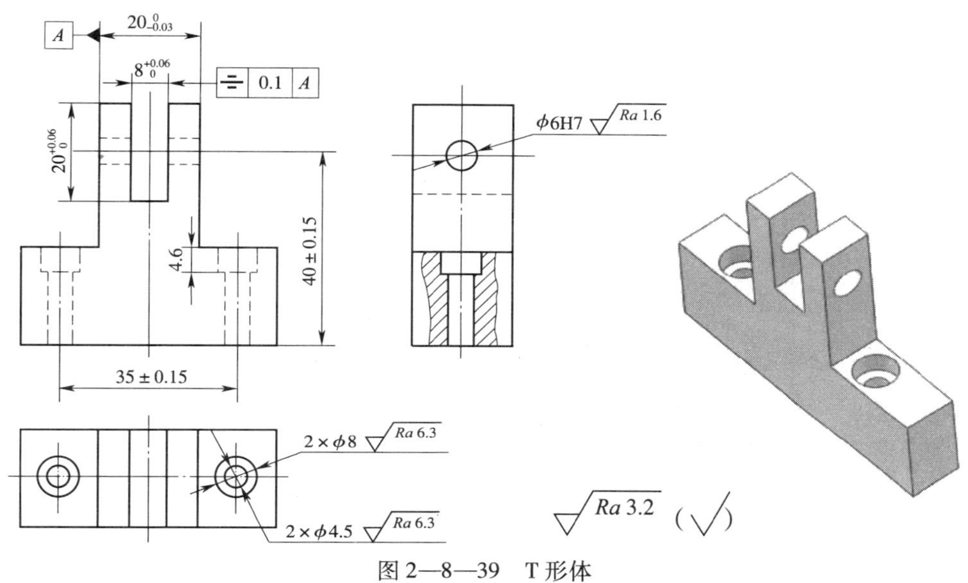

图 2—8—39　T 形体

2. 训练准备

(1) 工具、量具、刀具：划规、样冲、尖錾、锤子、锯弓、锯条、平锉、三角锉、方锉、麻花钻、手用铰刀、铰杠、钢直尺、游标高度尺、游标卡尺。

(2) 材料：由课题七综合技能训练（一）的 T 形块制作转入。

3. 操作步骤

(1) 检查来料尺寸是否符合图样要求，在工件划线位置涂上划线涂料。

(2) 将课题七综合技能训练（一）T 形块材料中两个锯削面锉削加工成 $20_{-0.03}^{0}$ mm 尺寸。

(3) 按图样要求划线。

(4) 钻孔、铰孔、锪孔，并达到图样要求。

(5) 锯削、锉削加工 $8_{0}^{+0.06}$ mm 槽，保证深度 $20_{0}^{+0.06}$ mm，达到图样要求。

(6) 去毛刺，全面精度检查，修整。

> **小提示**
>
> 手工铰孔时的注意事项：
>
> (1) 工件要夹正、夹紧，尽可能使被铰孔的轴线处于水平或垂直位置。对薄壁零件夹紧力不要过大，防止将孔夹扁，铰孔后产生变形。
>
> (2) 手铰过程中，两手用力要平衡、均匀，防止铰刀偏摆，避免孔口处出现喇叭口或孔径扩大。

(3) 铰削进给时不能猛压铰杠，应一边旋转，一边轻轻加压，使铰刀缓慢、均匀地进给，保证铰削表面获得较小的表面粗糙度值。

(4) 铰削过程中，要注意变换铰刀每次停歇的位置，避免在同一处停歇而造成振痕。

(5) 铰刀不能反转，退出时也要顺转，否则会使切屑卡在孔壁和后面之间，将孔壁拉毛，铰刀也容易磨损，甚至崩刃。

(6) 铰削钢料时，切屑碎末易黏附在刀齿上，应注意经常退刀清除切屑，并添加切削液。

(7) 铰削过程中，发现铰刀被卡住，不能用力扳转铰杠，防止铰刀崩刃或折断，而应及时取出铰刀，清除切屑和检查铰刀。继续铰削时要缓慢进给，防止在原处再次被卡住。

知识链接

锪孔质量分析（见表2—8—21）

表2—8—21　锪孔时可能出现的问题及产生原因

出现的问题	产生原因
锪孔表面呈多角形	(1) 前角太大，有“扎刀”现象 (2) 切削速度太高 (3) 切削液选择不当 (4) 锪钻切削刃不对称 (5) 工件或刀具装夹不牢
表面粗糙度差	(1) 锪钻几何角度不合理 (2) 刀具磨损 (3) 切削液选用不当
平面呈凹凸形	锪钻切削刃与刀杆旋转轴线不垂直

铰孔质量分析（见表2—8—22）

表2—8—22　铰孔时常见的废品形式及产生原因

废品形式	产生原因
表面粗糙度达不到要求	(1) 铰刀刃口不锋利或有崩刃，铰刀切削部分和校准部分粗糙 (2) 切削刃上粘有积屑瘤或容屑槽内切屑粘积过多未清除 (3) 铰削余量太大或太小 (4) 切削速度太高，以致产生积屑瘤 (5) 铰刀退出时反转，手铰时铰刀旋转不平稳 (6) 切削液不充足或选择不当 (7) 铰刀偏摆过大

续表

废品形式	产生原因
孔径扩大	（1）铰刀中心线与孔中心线不重合 （2）进给量和铰削余量太大 （3）切削速度太高，使铰刀温度上升，直径增大 （4）铰刀未研磨，铰刀直径不符合要求
孔径缩小	（1）铰刀超过磨损标准，尺寸变小仍继续使用 （2）铰刀磨钝后再使用，而引起过大的孔径收缩 （3）铰削钢料时加工余量太太，铰削完毕内孔弹性恢复使孔径缩小 （4）铰削铸铁时使用煤油作为切削液
孔轴线不直	（1）铰孔前的预加工孔不直，铰削小孔时由于铰刀刚度较差，而未能使原有的弯曲度得到纠正 （2）铰刀的切削锥角太大，导向不良，使铰削时方向发生偏歪 （3）手铰时，两手用力不均匀
孔呈多棱形	（1）铰削余量太大和铰刀切削刃不锋利，使铰削发生“啃切”现象，或发生振动而出现多棱形 （2）钻孔不圆使铰孔时铰刀发生弹跳现象 （3）钻床主轴振摆太大

4. 评分标准（见表 2—8—23）

表 2—8—23 评分标准

序号	项目与技术要求		配分	评分标准	检测结果		得分
					学生自检	教师检测	
1	锉削	$20_{-0.03}^{\ 0}$ mm	7	超差全扣			
2		$8_{\ 0}^{+0.06}$ mm	7	超差全扣			
3		$20_{\ 0}^{+0.06}$ mm	7	超差全扣			
4		⌯ 0.1 *A*	7	超差全扣			
5		表面粗糙度 *Ra*3.2 μm（5 处）	10	一处升高一级扣 2 分			
6	钻孔、锪孔、铰孔	ϕ4.5 mm（2 处）	8	一处不符合要求扣 4 分			
7		ϕ8 mm（2 处）	8	一处不符合要求扣 4 分			
8		深 4.6 mm（2 处）	8	一处不符合要求扣 4 分			
9		（35 ±0.15）mm	4	超差全扣			
10		表面粗糙度 *Ra*6.3 μm（4 处）	8	一处升高一级扣 2 分			

续表

<table>
<tr><th rowspan="2">序号</th><th colspan="2" rowspan="2">项目与技术要求</th><th rowspan="2">配分</th><th rowspan="2">评分标准</th><th colspan="2">检测结果</th><th rowspan="2">得分</th></tr>
<tr><th>学生自检</th><th>教师检测</th></tr>
<tr><td>11</td><td rowspan="3">钻孔、锪孔、铰孔</td><td>ϕ6H7（2 处）</td><td>8</td><td>一处不符合要求扣 4 分</td><td></td><td></td><td></td></tr>
<tr><td>12</td><td>（40 ± 0.15） mm</td><td>4</td><td>超差全扣</td><td></td><td></td><td></td></tr>
<tr><td>13</td><td>表面粗糙度 Ra1.6 μm（2 处）</td><td>4</td><td>一处升高一级扣 2 分</td><td></td><td></td><td></td></tr>
<tr><td>14</td><td colspan="2">安全文明生产</td><td>10</td><td>酌情扣分</td><td></td><td></td><td></td></tr>
</table>

复习思考题

1. 钳工常用的钻床有哪几种？各有何特点？

2. 在图 2—8—40 中标注出标准麻花钻切削部分的面、刃和切削角度。

3. 叙述麻花钻顶角、前角、后角和横刃斜角的定义。

4. 何谓钻孔的切削速度、进给量和背吃刀量？选择钻削用量的原则是什么？

5. 在钢板上钻削 ϕ12H10 孔。回答下列问题：

（1）确定钻削用量选择顺序。

（2）选择合理的切削用量。

（3）计算此时钻床主轴转速。

（4）若 $2\varphi = 120°$，钻透板厚为 30 mm 的工件需要多长时间？

（5）选择合适的切削液。

6. 加工图 2—8—41 所示工件上 ϕ40H8 孔及 ϕ60 埋头孔。写出加工工艺及所选用刀具。

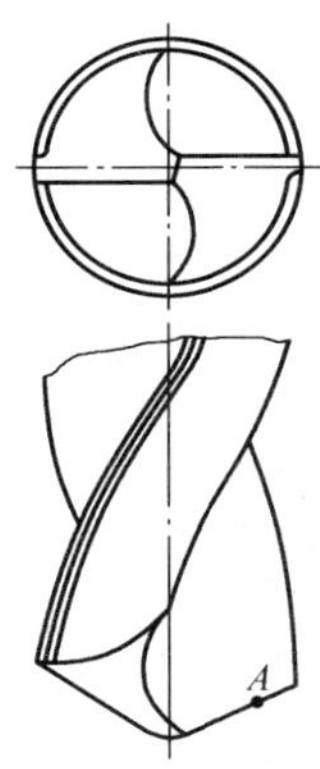

图 2—8—40　标准麻花钻切削部分

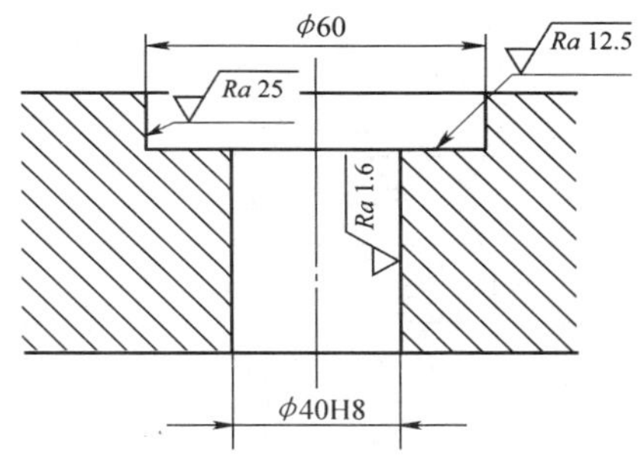

图 2—8—41　工件

课题九 螺纹加工

螺纹的加工方法很多，钳工在装配与机修工作中常用的加工方法是攻螺纹和套螺纹。

一、攻螺纹

用丝锥在工件孔中切削出内螺纹的加工方法称为攻螺纹，如图 2—9—1 所示。按其操作方法分为手工攻螺纹（简称手攻）和机械攻螺纹（简称机攻）两种。

图 2—9—1　攻螺纹

1. 攻螺纹工具

（1）丝锥　丝锥是加工内螺纹的刀具。

1）丝锥的种类　丝锥的种类很多，钳工常用丝锥的结构、特点及应用见表 2—9—1。

表 2—9—1　　常用丝锥的种类、结构、特点及应用

丝锥种类			图示	特点及应用
普通螺纹丝锥	手用	等径丝锥	初锥 中锥 底锥	手用丝锥的螺纹部分通常用 9SiCr、T12A 或同等性能的其他牌号合金工具钢、碳素工具钢制造。公称直径 $d \leqslant 3$ mm 的硬度达 664HV；公称直径 $3 < d \leqslant 6$ 的硬度达 60HRC；公称直径 $d > 6$ mm 的硬度达 61HRC。主要用于一般螺纹连接的螺纹加工，应用最为广泛
		不等径丝锥	头锥 二锥 精锥	在头锥上标记 1 条圆环，二锥上标记 2 条圆环或顺序号Ⅰ、Ⅱ。使用时必须按头锥、二锥、精锥顺序进行。主要用于直径较小或直径较大以及螺纹精度要求较高的场合
	机用	直槽		普通机用丝锥的螺纹部分用 W6Mo5Cr4V2 或同等性能的其他牌号高速钢制造，硬度达 62 ~ 63HRC；高性能机用丝锥的螺纹部分用 W2Mo9Cr4VCo8 或同等性能的其他牌号高性能高速钢制造，硬度达 65HRC。机用丝锥一般为单支，其切削部分较短，夹持部分与工作部分的同轴度较好，多用于细牙丝锥。螺旋槽丝锥的特点是便于排屑
		螺旋槽		

续表

丝锥种类	图示	特点及应用
管螺纹丝锥		用于管螺纹加工
锥管螺纹丝锥		主要用于有密封要求的锥管螺纹加工

2）丝锥的结构　丝锥由柄部和工作部分组成，如图 2—9—2 所示。

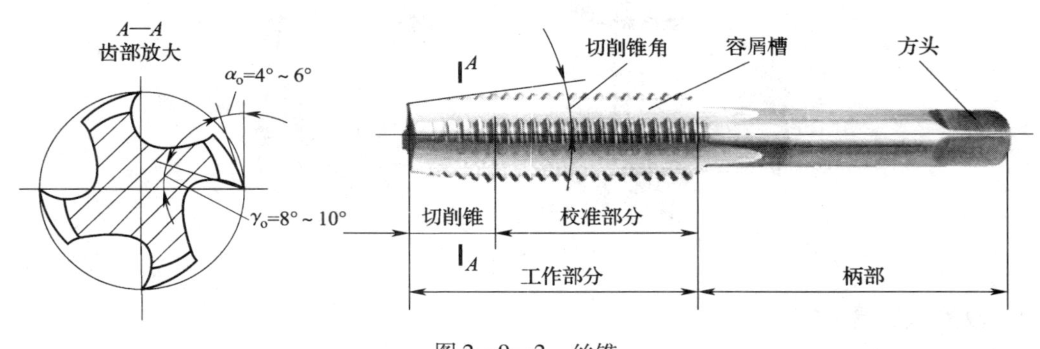

图 2—9—2　丝锥

柄部起夹持和传动作用。

在工作部分上沿轴向开有几条（一般是三条或四条）容屑槽，以容纳切屑，同时形成锋利的切削刃和前角。

工作部分前段为切削锥，起切削和引导作用；标准丝锥的前角 $\gamma_o=8°\sim10°$，后角铲磨成 $\alpha_o=4°\sim6°$。为了适应不同的工件材料，前角可按表 2—9—2 适当增减。

表 2—9—2　　丝锥前角的选择

被加工材料	铸青铜	铸铁	硬钢	黄铜	中碳钢	低碳钢	不锈钢	铝合金
丝锥的前角	0°	5°	5°	10°	10°	15°	15°~20°	20°~30°

工作部分后段为校准部分，可修整螺纹牙型。为了减小牙侧的摩擦，在校准部分的直径上略有倒锥。

为了制造和刃磨方便，丝锥上的容屑槽一般做成直槽。但为了控制排屑方向，有些丝锥将容屑槽做成螺旋槽。加工不通孔螺纹时，为了使切屑向上排出，容屑槽做成右旋槽，如图 2—9—3a 所示。加工通孔螺纹时，为了使切屑向下排出，容屑槽做成左旋槽，如图 2—9—3b 所示。

3）成组丝锥切削用量分配　攻螺纹时，为了减少切削阻力和延长丝锥寿命，一般将整个切削工作量分配给几支丝锥来承担。通常 M6~M24 的丝锥每组有 2 支，M6 以下及 M24 以上的丝锥每组有 3 支，细牙螺纹丝锥每组有 2 支。

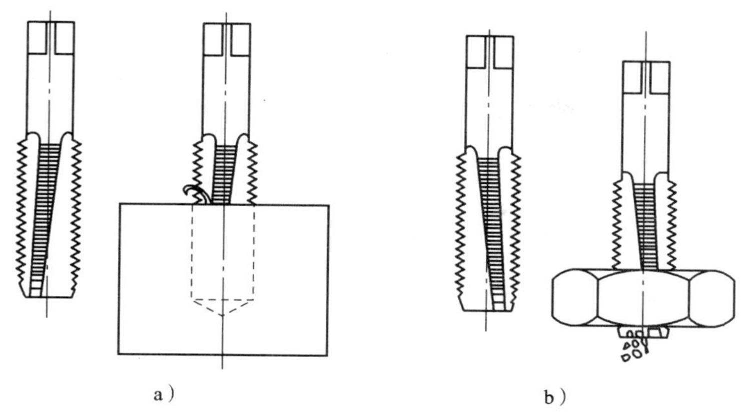

图 2—9—3　丝锥容屑槽方向

a）右旋　b）左旋

成组丝锥切削量的分配形式有锥形分配和柱形分配两种。

①锥形分配（等径丝锥）　如图 2—9—4a 所示，在成组丝锥中，各支丝锥的大径、中径、小径均相等，仅切削锥的长度及切削锥角不等。切削锥较长，且切削锥角较小的为初锥，在通孔中攻螺纹可一次加工完成螺纹成品尺寸；切削锥较短的为底锥，它只起修短螺尾的作用；切削锥长度介于初锥和底锥之间的为中锥，具有单支丝锥的功能。

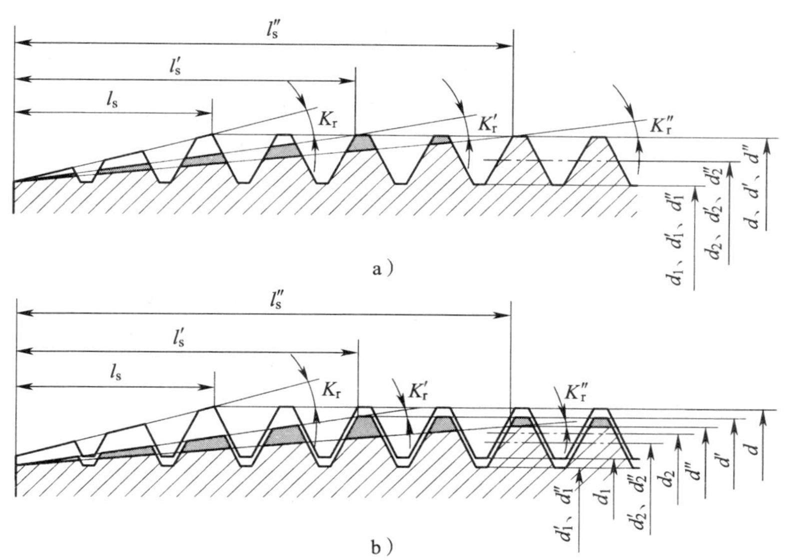

图 2—9—4　丝锥切削量分配形式

a）锥形分配　b）柱形分配

②柱形分配（不等径丝锥）　如图 2—9—4b 所示，在成组丝锥中，各支丝锥的大径、中径、小径以及切削锥长度和切削锥角均不相等。其切削锥较长，且切削锥角较小的为第一粗锥（头锥），它的校准部分不具备完整螺纹牙型，在加工螺纹时起粗加工作用；切削锥较短的为精锥，它的校准部分具有完整螺纹牙型，起最后精加工作用；切削锥长度介于第一粗锥和精锥之间的为第二粗锥（二锥），起第二次粗加工作用。这种丝锥的切削量分配比较合

理，切削省力，各支丝锥磨损量差别小，寿命长，攻制的螺纹表面粗糙度值小。通常3支一组的丝锥按6∶3∶1分担切削量；2支一组的丝锥按7.5∶2.5分担切削量。

4）普通螺纹丝锥的规格参数及螺纹公差带　丝锥的规格参数主要包括螺纹的公称直径和螺距。其标准直径和螺距系列见附表1。

普通螺纹丝锥的螺纹中径（d_2）公差带有4种，即H1、H2、H3和H4，可分别加工精度要求不同的内螺纹。各种中径公差带的丝锥所能加工的内螺纹公差带见表2—9—3。

表2—9—3　各种中径公差带的丝锥所能加工的内螺纹公差（摘自GB/T 968—2007）

丝锥公差代号	适用于内螺纹公差代号
H1	4H、5H
H2	5G、6H
H3	6G、7H、7G
H4	6H、7H

由于影响攻螺纹尺寸的因素很多，如被加工材料的性质、机床条件、丝锥装夹方法、切削速度、润滑冷却液种类等。因此，在选取丝锥公差带时，可按加工条件根据生产经验或通过实验，在标准所列范围内选择最适当的丝锥。丝锥各公差带的极限偏差值参见GB/T 968—2007。

5）丝锥的修磨　当丝锥的切削部分磨损或有少量崩刃时，可以适量修磨其后面，如图2—9—5a所示。修磨时要注意保持各刃瓣的半锥角 ϕ 及切削部分长度的准确性和一致性。转动丝锥时要小心，不要使另一刃瓣的刀齿碰到砂轮而磨坏。

当丝锥校准部分磨损时，可用棱角修圆的片状砂轮修磨其前面，如图2—9—5b所示，并控制好前角 γ_o 的大小。

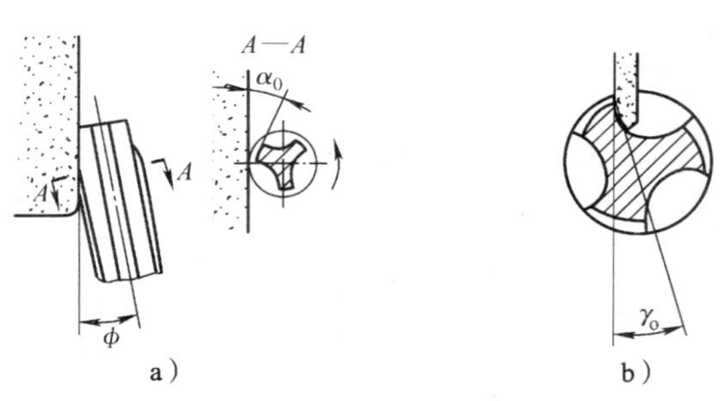

图2—9—5　修磨丝锥

a）修磨丝锥后面　b）修磨丝锥前面

（2）铰杠　铰杠是手工攻螺纹时用来夹持丝锥的工具，分普通铰杠和丁字形铰杠两类，其中丁字形铰杠适用于在高凸台旁边或箱体内攻螺纹。每类铰杠又有固定式和可调式两种，如图2—9—6所示。

固定式铰杠的方孔尺寸和柄长应符合一定的规格，使丝锥受力不会过大，丝锥不易折断，操作比较合理，一般M5以下的螺纹，宜采用固定式铰杠。可调式铰杠可以调节方孔尺寸，故应用范围较广，有150～600 mm六种规格，铰杠长度应根据丝锥尺寸的大小选择，以控制一定的攻螺纹扭矩，其适用范围见表2—9—4。

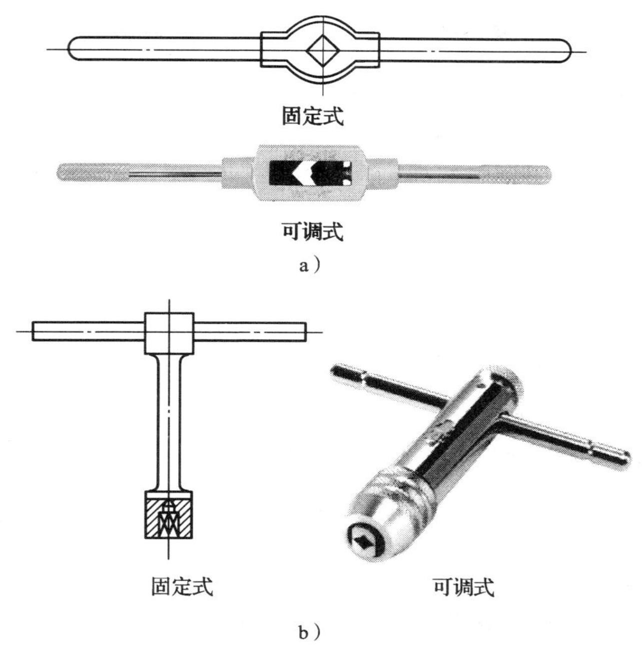

图 2—9—6　铰杠的种类

a）普通铰杠　b）丁字形铰杠

表 2—9—4　　可调式铰杠的适用范围

铰杠规格/mm	150	220	280	380	480	600
适用丝锥范围	M5 ~ M8	M8 ~ M12	M12 ~ M14	M14 ~ M16	M16 ~ M22	M24 以上

2. 攻螺纹前底孔直径与孔深的确定

（1）攻螺纹前底孔直径的确定　攻螺纹时，丝锥对金属层有较强的挤压作用，使攻出螺纹的小径小于底孔直径，如图 2—9—7 所示，此时，如果螺纹牙顶与丝锥牙底之间没有足够的容屑空间，丝锥就会被挤压出来的材料箍住，易造成崩刃、折断和螺纹乱牙。因此攻螺纹之前的底孔直径应稍大于螺纹小径。一般应根据工件材料的塑性和钻孔时的扩张量来考虑，使攻螺纹时既有足够的空隙容纳被挤出的材料，又能保证加工出来的螺纹具有完整的牙型。

1）攻制钢件或塑性较大的材料时，底孔直径的计算公式为

$$D_{孔} = D - P$$

式中　$D_{孔}$——螺纹底孔直径，mm；

D——螺纹公称直径，mm；

P——螺距，mm。

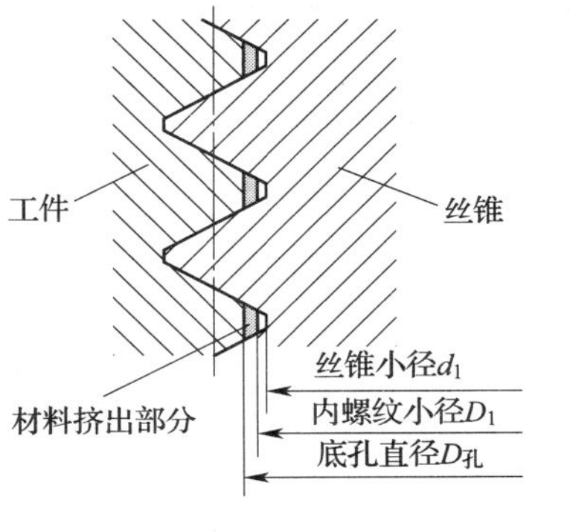

2）攻制铸铁件或塑性较小材料时，底孔直径的计算公式为

$$D_{孔} = D - (1.05 \sim 1.1)\ P$$

图 2—9—7　材料产生塑性变形示意图

式中　D——螺纹公称直径，mm；

P——螺距，mm。

用于普通螺纹的麻花钻直径及常用螺纹公差带的小径极限值也可从 GB/T 20330—2006 中查出。

（2）攻螺纹前底孔深度的确定　攻不通孔螺纹时，由于丝锥切削部分有锥角，端部不能攻出完整的螺纹牙型，所以底孔深度要大于螺纹的有效长度，如图 2—9—8 所示。

底孔深度的计算公式为

$$H_{孔} = h_{有效} + 0.7D$$

式中　$H_{孔}$——底孔深度，mm；

$h_{有效}$——螺纹有效长度，mm；

D——螺纹公称直径，mm。

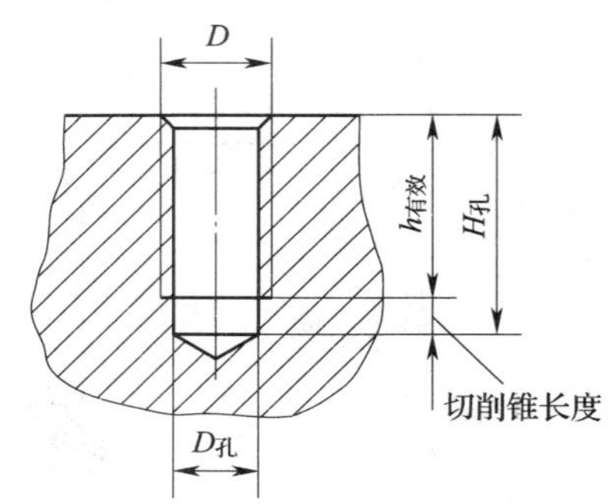

图 2—9—8　攻螺纹前底孔深度的确定

例 2—9—1　分别计算在钢件和铸铁件上攻 M10 螺纹时的底孔直径各为多少？若攻不通孔螺纹，其螺纹有效深度为 60 mm，求底孔深度为多少？若钻孔时，$n = 400$ r/min，$f = 0.5$ mm/r，求钻一个孔的机动时间最少为多少？（顶角 $2\phi = 120°$，只计算钢件）

解：查附表 1 可知，对于 M10 的螺纹，螺距 $P = 1.5$ mm。

钢件攻螺纹前的底孔直径：

$$D_{孔} = D - P = 10 - 1.5 = 8.5\text{mm}$$

铸铁件攻螺纹前的底孔直径：

$$D_{孔} = D - (1.05 \sim 1.1)\ P = 10 - (1.05 \sim 1.1) \times 1.5 = 8.425 \sim 8.35\ \text{mm}$$

取 $D_{孔} = 8.4$mm（按钻头直径标准系列取一位小数）

底孔深度：

$$H_{孔} = h_{有效} + 0.7D = 60 + 0.7 \times 10 = 67\ \text{mm}$$

钻孔机动时间：

$$t = \frac{H}{nf}$$

其中，$H = H_{孔} + H_0$（H_0为钻尖高度）

$$H_0 = \frac{\sqrt{3}D_{孔}}{6} = \frac{1.73 \times 8.5}{6} = 2.45\text{mm}$$

得

$$t = \frac{67 + 2.45}{400 \times 0.5} \approx 0.34\ \text{min}$$

3. 攻螺纹方法

（1）加工底孔　按确定的底孔直径与孔深，选择合适的麻花钻，划线加工出底孔，并在孔口倒角，倒角直径略大于螺纹公称直径，以便丝锥顺利切入，并可防止孔口被挤压出凸边。通孔螺纹两端均倒角。

（2）手工攻螺纹　目前，在机械加工中，手工攻螺纹仍占有一定的地位。在实际生产中，有些螺纹孔由于所在位置或零件形状的限制，不能用机械攻螺纹方法。对于小孔螺纹，由于螺纹孔直径较小，丝锥强度较低，用机械攻螺纹容易折断丝锥，一般也常采用手工攻螺纹。但是，手工攻螺纹的质量受人为因素的影响较大，只有采取正确的攻螺纹方法，才能保证手攻螺纹的加工质量。

起攻时，可一手用手掌按住铰杠中部沿丝锥轴线用力加压，另一手配合做顺向旋进；或两手握住铰杠两端均匀施压，并将丝锥顺向旋进，保证丝锥中心线与孔中心线重合，如图2—9—9所示。

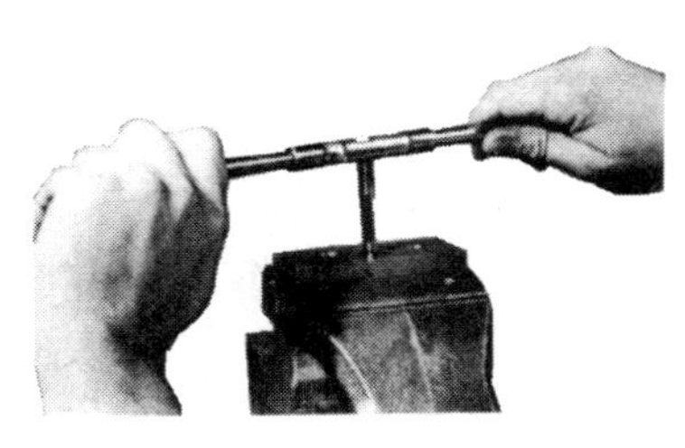

图2—9—9　起攻方法

当丝锥攻入1～2圈时，应及时从不同的方向用直角尺仔细检查丝锥与工件表面的垂直度，并逐步校正至要求，如图2—9—10所示。

丝锥切入3～4圈螺纹时，只需两手均匀用力转动铰杠，不应再对丝锥加压力，否则螺纹牙型将被损坏。每扳转铰杠1/2～1圈，就应倒转1/4～1/2圈，使切屑碎断后容易排出，并可减少切削刃因粘屑而使丝锥轧住现象。

用成组丝锥攻螺纹时，必须以头锥、二锥、精锥顺序攻削至标准尺寸。在较硬材料的工件上攻螺纹时，可用各丝锥轮换交替进行，以减小切削刃部的负荷，防止丝锥折断。

图2—9—10　垂直度检查

（3）攻不通孔螺纹　攻不通孔螺纹时，可在丝锥上做好深度标记，并经常退出丝锥清除留在孔内的切屑，否则会因切屑堵塞而使丝锥折断或攻螺纹达不到深度要求。当工件不便倒向进行清屑时，可用弯曲的小管子吹出切屑，或用磁性针棒吸出切屑。

（4）机械攻螺纹　由于手工攻螺纹存在效率低、质量不稳定的问题，所以在实际大批量生产中，主要采用质量好、效率高、生产成本低的机械攻螺纹方法。

机械攻螺纹时要保持丝锥与螺纹孔的同轴度要求。将攻完时，丝锥的校准部分不能全部伸出工件，以免反转退出丝锥时产生乱牙。机攻时切削速度一般为6～15 m/min；在调质钢或硬的钢材工件上攻螺纹时切削速度为5～10 m/min；在不锈钢工件上攻螺纹时切削速度为2～7 m/min；在铸铁工件上攻螺纹时切削速度为8～10 m/min；在同种材料工件上攻螺纹时，丝锥直径小时取较大值，直径大时取较小值。

4. 攻螺纹用切削液选择

在塑性或韧性材料工件上攻螺纹时，要加注切削液，以减小切削阻力，减小螺纹孔的表面粗糙度值，延长丝锥的使用寿命。在钢件上攻螺纹时，使用机油或浓度较高的乳化液，对于精度要求较高的螺纹可用工业植物油；在铸铁件上攻螺纹时可用煤油；在不锈钢材料工件上攻螺纹时，可用 32 号 L－AN 全损耗系统用油或硫化油。

二、套螺纹

用圆板牙在外圆柱面（或外圆锥面）上切削出外螺纹的加工方法，称为套螺纹，如图 2—9—11 所示。

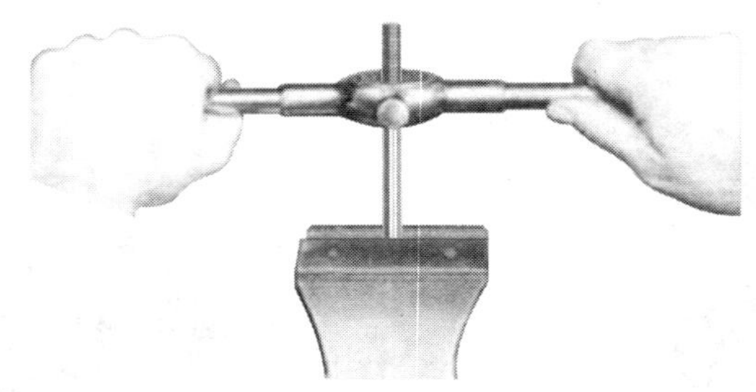

图 2—9—11　套螺纹

1. 套螺纹工具

（1）圆板牙　圆板牙是加工外螺纹的刀具，可用 9SiCr 或同等性能的其他牌号合金工具钢制造，其螺纹部分的硬度不低于 60HRC；也可用 W6Mo5Cr4V2 或同等性能的其他牌号高速钢制造，公称直径 $d \leqslant 3$ mm 时，硬度不低于 61HRC，公称直径 $d > 3$ mm 时，硬度不低于 62HRC。圆板牙可装在圆板牙架中用手工加工螺纹，也可在机床上使用。圆板牙加工出的螺纹精度较低，但由于结构简单、使用方便，在单件、小批生产和修配中仍得到广泛应用。

圆板牙由切削锥、校准部分和容屑孔组成，其结构如图 2—9—12 所示，它本身就相当于一个具有很高硬度的螺母。在两端面处呈锥形的螺纹部分为切削锥，起切削和引导作用；中间一段为具有完整牙型的校准部分。因此，正、反均可使用。

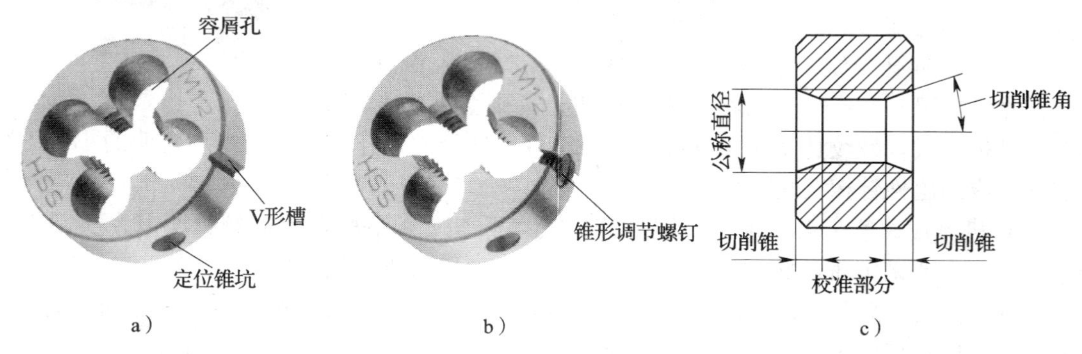

图 2—9—12　圆板牙

a）整体式　b）可调式　c）工作部分结构

钳工常用的圆板牙有整体圆板牙和可调圆板牙两类。其中，可调圆板牙又分为径向可调圆板牙和切向可调圆板牙两种。在整体圆板牙的圆周上开一 V 形槽，其作用是当圆板牙磨损而螺纹直径变大后，可沿该V形槽磨开，借助圆板牙架上的两调整螺钉进行螺纹直径的微量调节，以延长圆板牙的使用寿命。

（2）圆板牙架　圆板牙架是装夹圆板牙的工具，如图2—9—13所示。圆板牙放入后，用螺钉定位紧固。

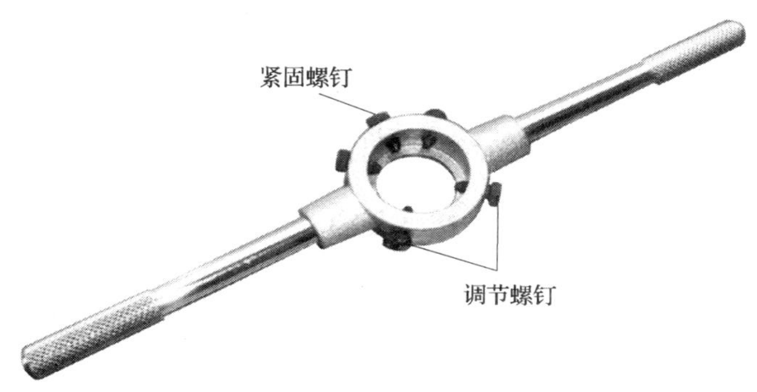

图2—9—13　圆板牙架

2. 套螺纹前圆杆直径的确定

套螺纹时，由于圆板牙切削锥对材料不但有切削作用，还有挤压作用，其牙顶将被挤高，所以套螺纹前圆杆直径应小于螺纹公称尺寸。一般可按下列经验公式来确定：

$$d_{杆} = d - 0.13P$$

式中　$d_{杆}$——套螺纹前圆杆直径，mm；

d——螺纹公称直径，mm；

P——螺距，mm。

套螺纹的圆杆直径也可从附表2中查出。

3. 套螺纹方法

（1）端部倒角　为了使圆板牙起套时容易切入材料并做正确引导，套螺纹前圆杆端部要倒成锥半角为15°~20°的锥体，锥体小端的直径应略小于螺纹小径，避免螺纹端部出现锋口和卷边。对于重要螺纹的切入端通常倒成45°的斜角。

（2）安装圆板牙　将已选择的圆板牙放入相应规格的圆板牙架的内孔中，并且使圆板牙圆周上的定位锥坑与圆板牙架上的紧固螺钉对正，然后将紧固螺钉拧紧即可。

（3）装夹工件　套螺纹时切削扭矩很大，且工件都为圆杆，为防止圆杆夹持歪斜或损坏圆杆的已加工表面，一般应使用V形块或厚铜皮作衬垫，才能保证夹紧可靠。在不影响螺纹要求长度的前提下，工件伸出钳口的长度应尽量短，呈铅垂方向放置。

（4）套螺纹操作　起套螺纹的方法与攻螺纹起攻方法一样，一手用手掌按住圆板牙架中部，沿圆杆轴向施加压力，另一手配合做顺向切进，转动要慢，压力要大，并保证圆板牙端面与圆杆轴线的垂直度，不歪斜。特别注意，在圆板牙切入圆杆2~3牙时，应及时检查其垂直度并做校正。

正常套螺纹时不要加压，让圆板牙自然引进以免损坏螺纹和圆板牙，一般套入1/2~1圈后需回转1/2圈以断屑。

技能训练

平板攻螺纹

1. 训练内容

完成如图 2—9—14 所示平板的攻螺纹加工。

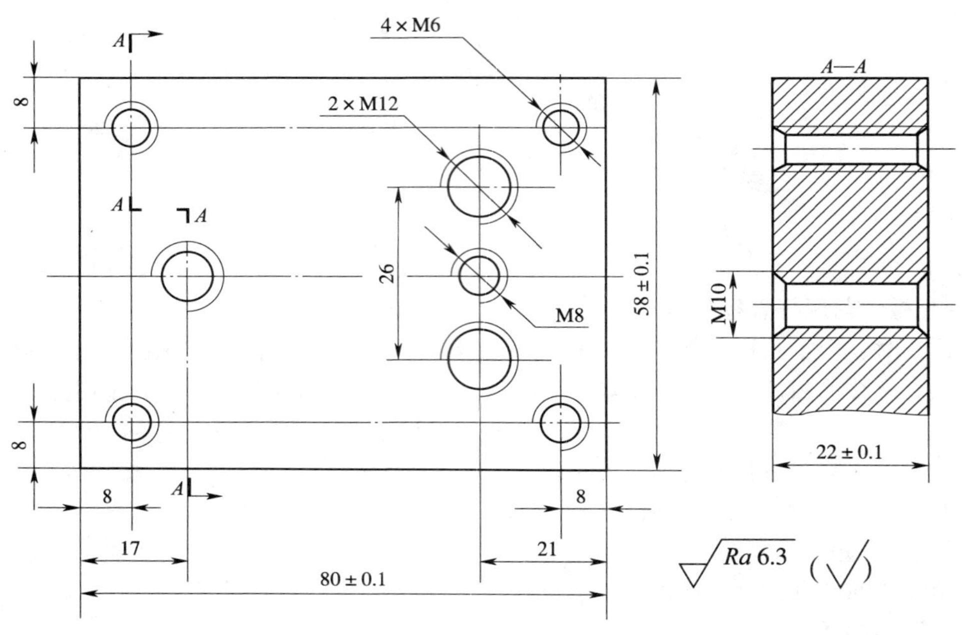

图 2—9—14 攻螺纹平板

2. 训练准备

（1）工具、量具、刀具：划针、划规、样冲、平锉刀、麻花钻、丝锥、铰杠、钢直尺、直角尺、游标卡尺、游标高度尺。

（2）材料：82 mm×60 mm×25 mm，HT200。

3. 操作步骤

（1）检查来料尺寸是否符合图样要求。

（2）将工件锉削加工成图样尺寸（80±0.1）mm×（58±0.1）mm×（22±0.1）mm。

（3）按图样尺寸划各螺纹的加工位置线，并打样冲眼。

（4）钻各螺纹底孔，并对孔口进行倒角。

（5）依次攻制 4×M6、M8、M10、2×M12 螺纹，并用相应的螺钉进行配检。

（6）去毛刺，复检。

小提示

攻螺纹时的注意事项：

（1）装夹工件时，工件的装夹位置应尽量使螺孔中心线置于垂直或水平位置，使攻螺纹时容易判断丝锥轴线是否垂直于工件的平面。

（2）丝锥攻入1~2圈后要从前后、左右各个方向对垂直度进行检查，发现问题及时校正，这是保证攻螺纹质量的重要环节。

（3）攻螺纹时要领悟双手用力的均衡和力度，这是攻螺纹的基本，必须用心掌握。

（4）攻螺纹过程中，换丝锥时要用手先旋入至不能再旋进时，方可用铰杠转动，以免损坏螺纹和产生乱牙。退出丝锥时，也要避免快速转动铰杠，最好用手旋出，以保证已攻好的螺纹质量不受影响。

知识链接

攻螺纹质量分析（见表2—9—5）

表2—9—5　攻螺纹中出现的问题及产生原因

出现的问题	产生原因
螺纹乱牙	（1）螺纹底孔直径太小，起攻困难，左右摆动，孔口乱牙 （2）换用二锥、精锥时，与已切出的螺纹没有旋合好就强行攻削 （3）对塑性材料未加切削液或丝锥不经常倒转，而把已切出的螺纹啃伤 （4）头锥攻螺纹不正，用二锥、精锥强行校正 （5）丝锥磨钝或切削刃上粘有切屑 （6）丝锥铰杠掌握不稳，攻铝合金等强度较低的材料时，容易产生乱牙
螺纹滑牙	（1）攻不通孔的较小螺纹时，丝锥已攻到底仍继续转 （2）攻强度低或小孔径螺纹时，丝锥已切出螺纹仍继续加压，或攻完时连同铰杠自由快速转出
螺纹歪斜	（1）攻螺纹时位置不正，起攻时未做垂直度检查 （2）机攻时丝锥与螺孔轴线不同轴
螺纹形状不完整	攻螺纹底孔直径太大
丝锥崩刃或折断	（1）底孔直径太小 （2）攻入时丝锥歪斜或歪斜后强行校正 （3）没有经常反转断屑，产生断屑堵塞现象 （4）使用铰杠不当，两手用力不均或用力过猛 （5）丝锥工作部分爆裂或磨损过多而强行攻下 （6）工件材料过硬或夹有硬点 （7）攻不通孔螺纹时，丝锥已攻到底仍继续扳转

4. 评分标准（见表2—9—6）

表2—9—6　　评分标准

序号	项目与技术要求		配分	评分标准	检测结果		得分
					学生自检	教师检测	
1	攻螺纹	（80 ±0.1） mm	9	超差全扣			
2		（58 ±0.1） mm	9	超差全扣			
3		（22 ±0.1） mm	8	超差全扣			
4		4 × M6	20	一处不符合要求扣5分			
5		2 × M12	10	一处不符合要求扣5分			
6		M8	5	不符合要求全扣			
7		M10	5	不符合要求全扣			
8		表面粗糙度 *Ra*6.3 μm（8处）	24	一处升高一级扣3分			
9	安全文明生产		10	酌情扣分			

圆杆套螺纹

1. 训练内容

完成如图2—9—15所示圆杆工件的套螺纹加工。

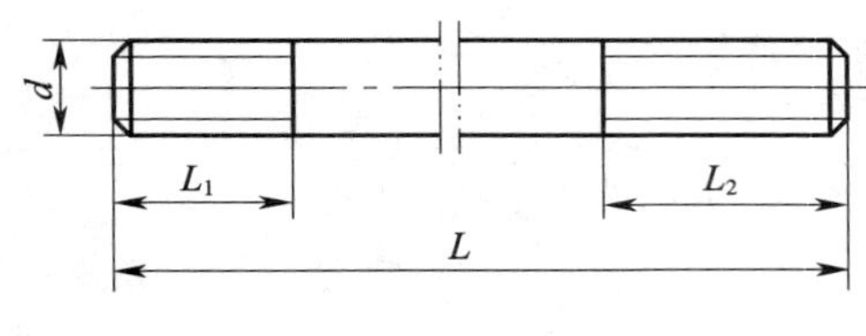

编号	*d*	*L*	L_1	L_2
1	M8	100	20	30
2	M10	150	20	40
3	M12	200	20	50

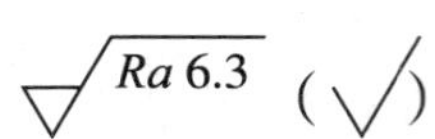

图2—9—15　套螺纹圆杆

2. 训练准备

（1）工具、量具、刀具：划针、划规、平锉刀、圆板牙、圆板牙架、直角尺、钢直尺、游标卡尺、润滑油。

（2）材料：ϕ8 mm ×100 mm、ϕ10 mm ×150 mm、ϕ12 mm ×200 mm，45钢。

3. 操作步骤

（1）检查来料尺寸是否符合图样要求。

（2）分别加工ϕ8 mm、ϕ10 mm、ϕ12 mm圆杆直径达到ϕ7.8 mm、ϕ9.75 mm、ϕ11.75 mm，圆杆端部倒锥角。

（3）按图样尺寸要求分别套制 M8、M10、M12 三件双头螺柱的螺纹，并用相应的螺母进行配检。

（4）去毛刺，复检。

小提示

套螺纹时的注意事项：

（1）每次套螺纹前应将圆板牙排屑槽内及螺纹内的切屑清除干净。

（2）套螺纹前要检查圆杆直径大小和端部倒角。

（3）工件伸出钳口的长度，在不影响螺纹要求长度的前提下，应尽量短。

（4）在起套螺纹时，要从多个方向进行垂直度的校正，这是保证螺纹质量的关键。

（5）在起套螺纹时，两手用力要均匀，掌握好两手的力度是套螺纹的基本功之一，必须加强练习，以便熟练掌握。

（6）在钢制圆杆上套螺纹时要加机油润滑，以减小螺纹表面粗糙度值，延长圆板牙使用寿命。

知识链接

套螺纹质量分析（见表 2—9—7）

表 2—9—7　套螺纹中常出现的问题及产生原因

出现的问题	产生原因
螺纹乱牙	（1）圆杆直径太大，起套困难，左右摆动，杆端乱牙 （2）圆板牙磨钝 （3）圆板牙歪斜太多而强行修正
螺纹滑牙	（1）圆板牙没有经常倒转，切屑堵塞把螺纹啃坏 （2）没有选用合适的切削液
螺纹歪斜	套螺纹时位置不正，起套时未检查垂直度
螺纹形状不完整	（1）套螺纹底孔直径太小 （2）圆杆不直 （3）圆板牙经常摆动，未校正垂直度

4. 评分标准（见表2—9—8）

表2—9—8　　　　评分标准

序号	项目与技术要求		配分	评分标准	检测结果		得分
					学生自检	教师检测	
1	套螺纹	M8（2处）	20	一处不符合要求扣10分			
2		M10（2处）	20	一处不符合要求扣10分			
3		M12（2处）	20	一处不符合要求扣10分			
4		表面粗糙度 *Ra*6.3 μm（6处）	30	一处升高一级扣5分			
5	安全文明生产		10	酌情扣分			

复习思考题

1. 叙述丝锥的组成部分及各部分的作用？
2. 什么是等径丝锥？什么是不等径丝锥？各自的特点是什么？
3. 分别在钢件和铸铁件上攻制M12的内螺纹，若螺纹的有效长度为35 mm，求攻螺纹前钻底孔麻花钻的直径及钻孔深度。若 $n=400$ r/min，$f=0.5$ mm/r，求钻孔切削时间。（麻花钻顶角为120°，只计算钢件）
4. 简述套螺纹时的操作要点。

课题十 矫正与弯形

一、矫正

消除金属材料或制件弯曲、翘曲、凸凹不平等缺陷的加工方法，称为矫正，如图2—10—1所示。

1. 矫正概述

矫正的实质就是让金属材料产生新的塑性变形来消除原来不应存在的塑性变形。因此，只有塑性较好的材料才能进行矫正。在矫正过程中，材料要受到锤击、弯形等外力作用，使材料内部组织发生变化，造成硬度提高、性质变脆，这种现象称为冷作硬化。冷作硬化给后续加工带来困难，必要时应进行退火处理，使材料恢复原来的力学性能。

图2—10—1　矫正

按被矫正工件矫正时的温度不同，矫正可分为冷矫正和热矫正两种。按矫正时产生矫正力的方法不同，矫正可分为手工矫正、机械矫正、火焰矫正及高频热点矫正等。对于单件、小批量的制件常采用手工矫正。手工矫正是将材料（或工件）放在矫正平板、铁砧或台虎钳上，采用锤击、弯曲、延展或伸张等方法进行的矫正。

2. 手工矫正常用工具及设备

（1）矫正平板、铁砧和台虎钳　矫正平板、铁砧及台虎钳都可以作为矫正板材、型材或制件的基座。

（2）软、硬锤子　矫正一般材料均可采用钳工锤子；矫正已加工表面、薄板件或有色金属制件时，应采用铜锤、木锤或橡胶锤等软锤。如图2—10—2所示为用木锤矫正板料。

（3）抽条和拍板　抽条是采用条状薄板料弯成的简易手工工具，用于抽打较大面积的板料，如图2—10—3所示。拍板是用质地较硬的木材（如檀木等）制成的专用工具，主要用于敲打铁皮或有色金属板料。

图2—10—2　用木锤矫正板料

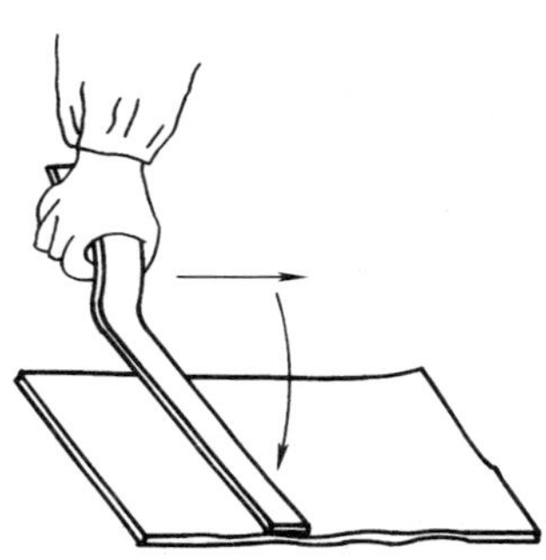

图2—10—3　用抽条抽板料

（4）螺旋压力工具　如图2—10—4所示，主要借助于V形架等支承工具矫正棒料或轴类工件。

3. 手工矫正方法

（1）延展法　延展法用于金属板料及角钢的凸起、翘曲等变形的矫正。

板料中间凸起是由于变形后中间材料变薄引起的。矫正时可锤击板料边缘，使边缘材料延展变薄，厚度与凸起部位的厚度越趋近则越平整。锤击时应由外向里锤击，锤击力度应逐渐由重到轻，锤击点由密到稀。如果板料表面有相邻几处凸起，则应先在凸起的交界处轻轻锤击，使几处凸起合并成一处，然后再锤击四周而矫平，如图2—10—5所示。如果直接锤击凸起部位，则会使凸起的部位变得更薄，这样不但达不到矫平的目的，反而使凸起更为严重。

如果板料边缘呈波纹形而中间平整，这说明板料四边变薄而伸长了。矫平时应按图2—10—6中箭头所示的方向，从中间向四周锤打，锤击点密度逐渐变稀，力量逐渐减小，经多次反复锤打，使板料达到平整。

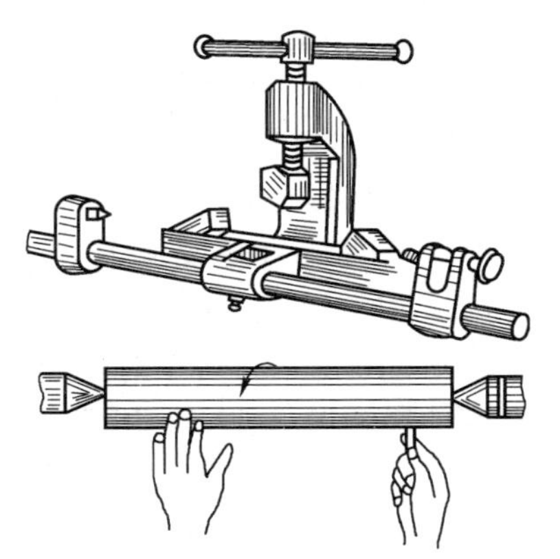

图2—10—4　螺旋压力机

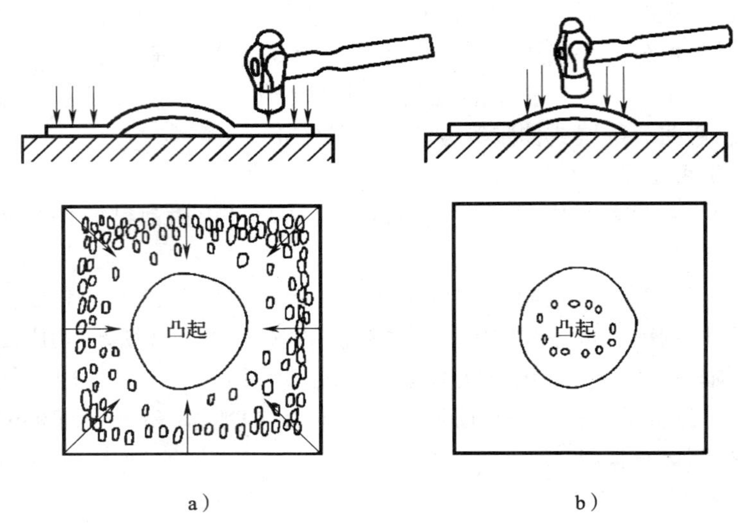

图 2—10—5　中凸板料的矫平
a）正确　b）错误

如果板料发生对角翘曲时，就应沿另外没有翘曲的对角线锤击使其延展而矫平，如图 2—10—7 所示。

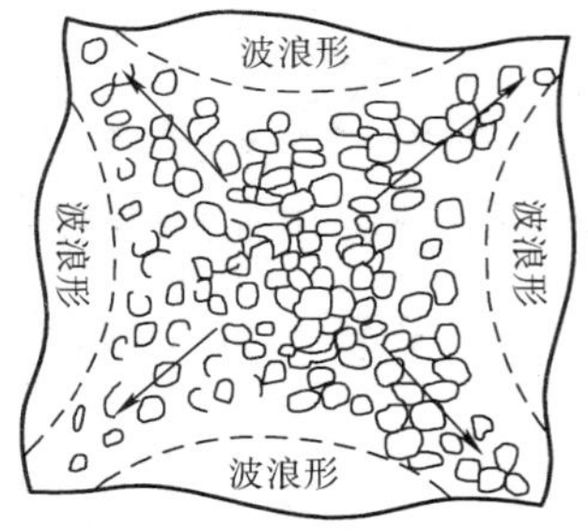

图 2—10—6　边缘呈波纹形板料的矫平

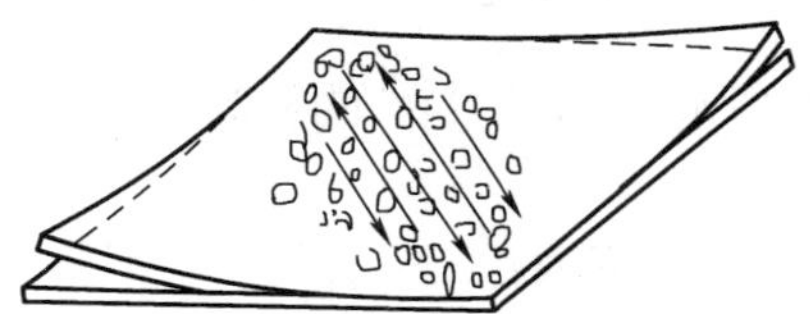

图 2—10—7　对角翘曲板料的矫平

如果板料是铜箔、铝箔等薄而软的材料，可用平整的木块，在平板上推压材料的表面，使其达到平整，也可用木锤或橡皮锤锤击，如图 2—10—8 所示。

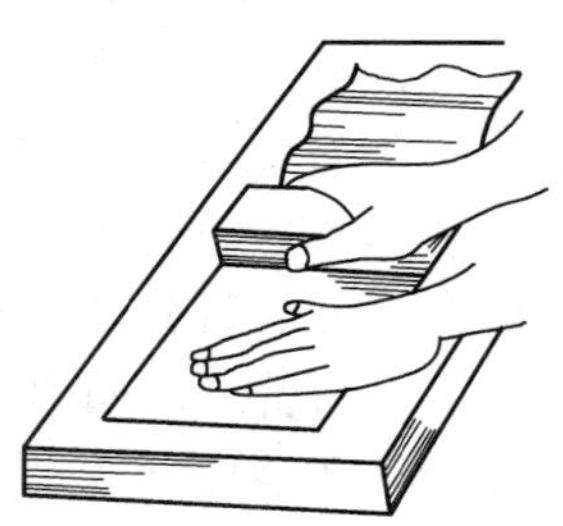

图 2—10—8　薄板料的矫平

角钢的变形有内弯、外弯、扭曲和角变形等多种形式，其矫正方法如图 2—10—9 所示。

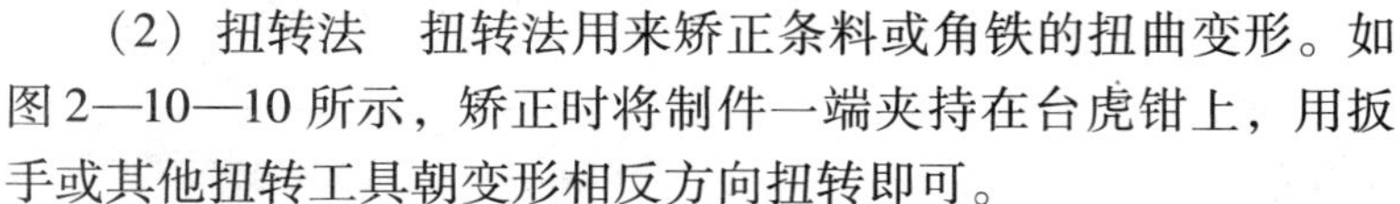

（2）扭转法　扭转法用来矫正条料或角铁的扭曲变形。如图 2—10—10 所示，矫正时将制件一端夹持在台虎钳上，用扳手或其他扭转工具朝变形相反方向扭转即可。

（3）伸张法　伸张法用来矫正各种细长线材的卷曲变形，其方法如图 2—10—11 所示。

（4）弯形法　弯形法主要用来矫正各种轴类、棒料、条料或型材的弯曲变形，如图 2—10—12 所示。

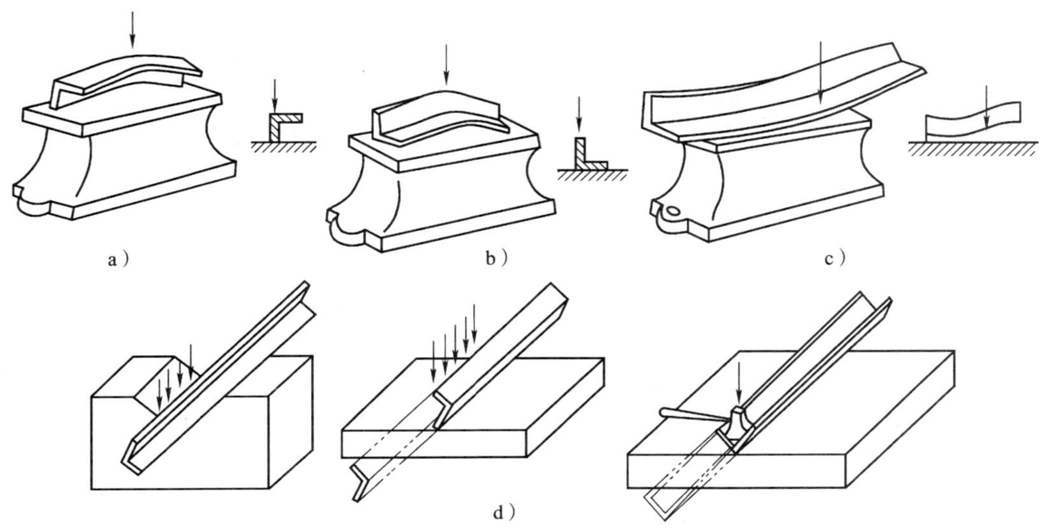

图 2—10—9　角钢变形的矫正

a）矫直角钢内弯　b）矫直角钢外弯　c）在铁砧上矫正角钢扭曲　d）矫正角钢角变形

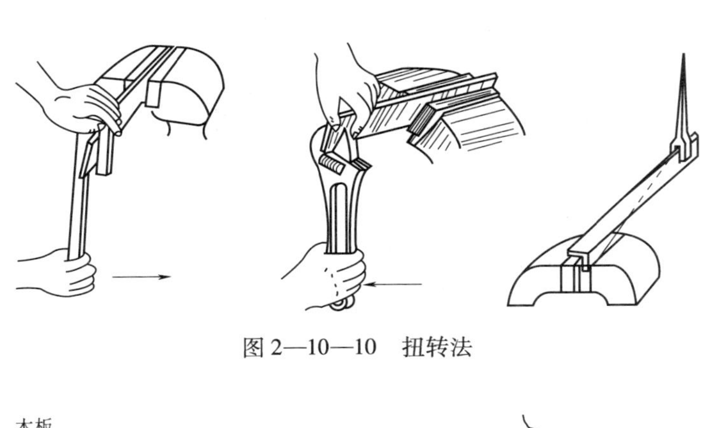

图 2—10—10　扭转法

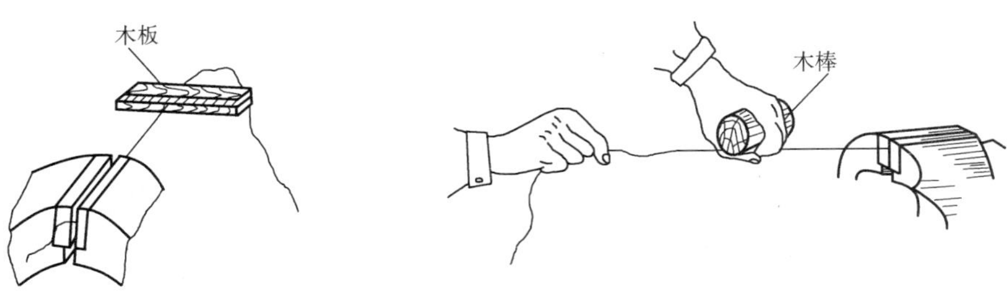

图 2—10—11　伸张法

矫直前，先查明弯曲程度和部位，做上标记，然后使凸部向上置于平台，用锤子连续锤击凸处，使凸起部位材料受压缩短，凹入部位受拉伸长，以消除弯曲变形。对直径较大的轴类、棒类制件，一般先把轴装在顶尖上，找出弯曲部位，用压力机在轴的突出部位加压矫直。

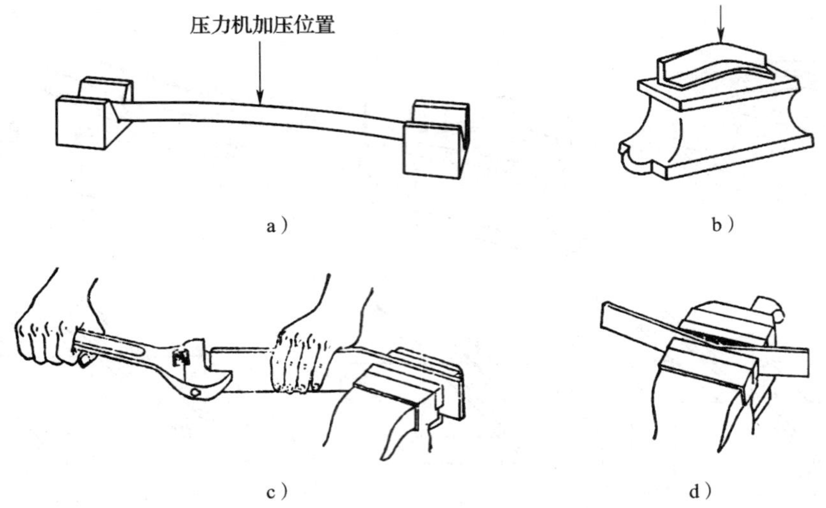

图 2—10—12　弯形法

a）轴类的矫直　b）角铁的矫直　c）用扳手矫直　d）用台虎钳矫直

小提示

矫正时的注意事项：

（1）在薄板上做矫正之前，可以在旧平板上做锤平练习，避免在薄板上出现大量锤击痕迹。

（2）矫正时要看准变形的部位，分层次进行矫正，不可弄反。

（3）对已加工工件进行矫正时，要注意保持工件的表面质量，不能有明显的锤击痕迹。

（4）矫正时，不能超过材料的变形极限。

二、弯形

将坯料（如板料、条料或管子等）弯成所需形状的加工方法称为弯形，如图 2—10—13 所示。

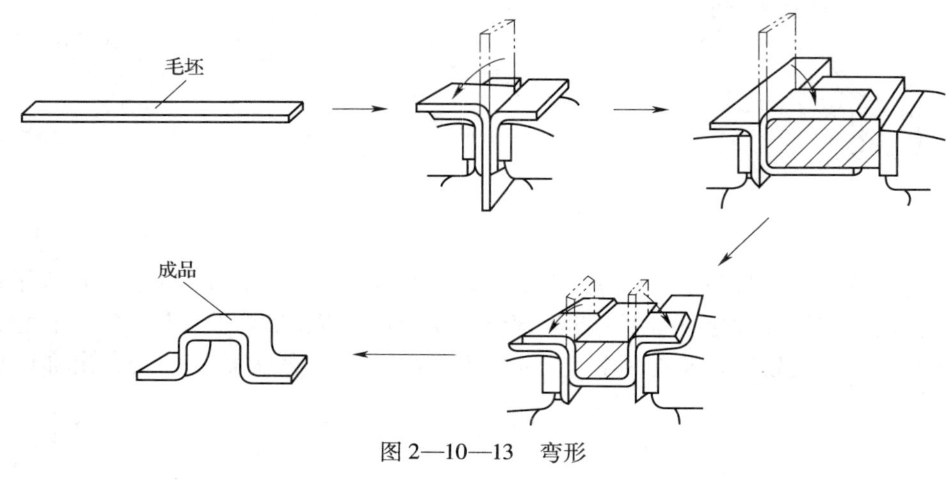

图 2—10—13　弯形

1. 弯形概述

弯形的实质是使材料产生塑性变形，因此，只有塑性好的材料才能进行弯形。其材料变形过程如下：

（1）初始阶段　如图 2—10—14 所示，在弯曲力矩作用下，坯料发生弯曲。其内层材料在压应力作用下被压缩缩短，外层材料受拉应力作用而伸长。初始阶段应力较小，坯料只发生弹性变形。

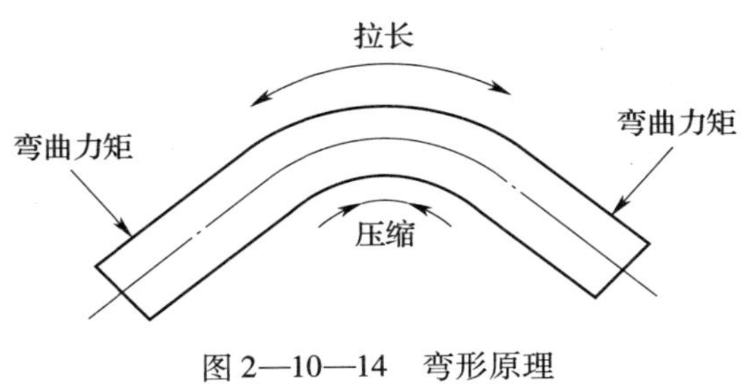

图 2—10—14　弯形原理

（2）塑性变形阶段　弯矩足够大时，应力达到材料屈服点后开始产生塑性变形。坯料的内、外表面首先由弹性变形状态过渡到塑性变形状态，而后塑性变形由内、外表面向中心扩展。

（3）断裂阶段　随弯矩增大，当坯料弯曲半径小到一定程度时，将因变形超过自身变形能力的限度，而在坯料受拉伸的外表面首先出现裂纹，并向内伸展，致使材料发生断裂破坏。

由此可知，在弯形过程中，材料表面变形最大，且材料塑性越好，允许的最小弯曲半径也越小。同种材料，相同的厚度，外层材料变形的大小取决于弯形半径的大小，弯形半径越小，外层材料变形就越大。为此，必须限制材料的弯形半径。通常，材料的弯形半径应大于 2 倍材料厚度（该半径称为临界半径）。否则，应进行两次或多次弯形才能达到要求，其间还应进行退火处理。

材料弯曲变形的过程中，内缘受压缩短，外缘受拉伸长，在内缘和外缘之间必然存在弯曲时既不伸长也不缩短的一层，该层称为中性层，如图 2—10—15 所示。

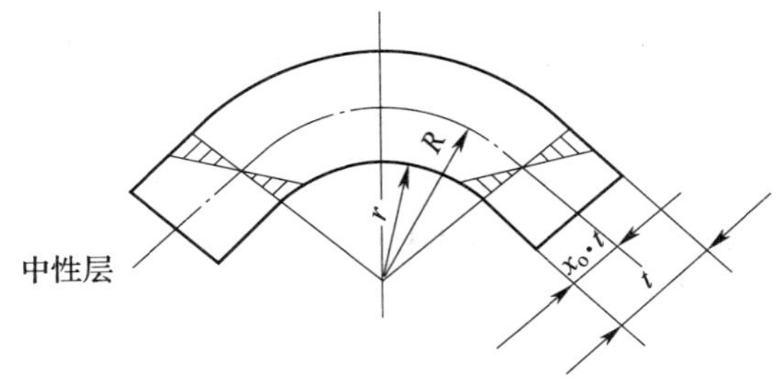

图 2—10—15　中性层位置

2. 弯形坯料长度计算

坯料经弯形后，只有中性层的长度不变，因此，计算弯形工件坯料长度时，可按中性层的长度进行计算。但当材料弯形后，中性层并不一定在材料的正中，而是偏向内层材料一边。试验证明，中性层的实际位置与材料的弯曲半径 r 和材料的厚度 t 有关。当 $r/t \geq 16$ 时，中性层位置在板厚的中间位置，即 $R = r + t/2$；当 $r/t < 16$ 时，中性层位置 $R = r + x_o t$。一般情况下，为简化计算，当 $r/t \geq 8$ 时，可取 $x_o = 0.5$ 进行计算。中性层的位置系数 x_o 见表2—10—1。

表 2—10—1　　弯形中性层位置系数 x_o

r/t	0.25	0.5	0.8	1	2	3	4	5	6	7	8	10	12	14	≥16
x_o	0.2	0.25	0.3	0.35	0.37	0.4	0.41	0.43	0.44	0.45	0.46	0.47	0.48	0.49	0.5

在实际生产中，制件弯形的形式有多种，常见的有圆环制件、带内圆弧制件和内直角制件，如图 2—10—16 所示。

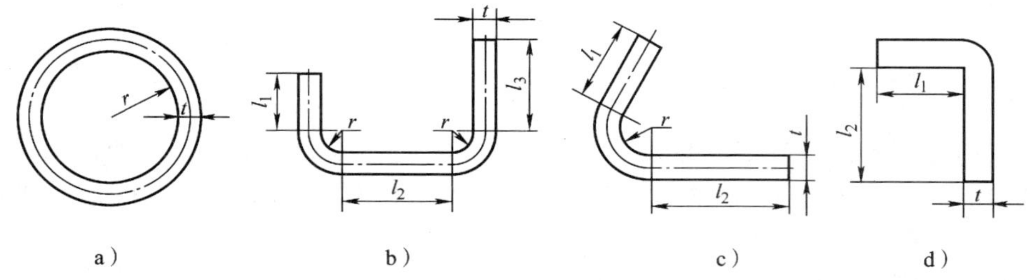

图 2—10—16　常见的弯形形式

a）圆环制件　b）、c）带内圆弧制件　d）内直角制件

带内圆弧制件弯形部分中性层长度的计算公式为

$$A = \pi (r + x_o t) \alpha/180$$

式中　A——圆弧部分中性层长度，mm；

r——弯形半径，mm；

x_o——中性层位置系数；

t——材料厚度，mm；

α——弯形角（°）。

内直角制件弯形部分中性层的长度，可按弯形前后毛坯体积不变的原理进行计算，其经验公式为

$$A = 0.5t$$

例 2—10—1　把厚度 $t = 4$ mm 的钢板坯料，弯成图 2—10—16c 所示的制件，若弯形角 $\alpha = 120°$，内弯形半径 $r = 16$ mm，边长 $l_1 = 60$ mm、$l_2 = 120$ mm，求坯料长度 L。

解：$r/t = 16/4 = 4$，查表 2—10—1 得：$x_o = 0.41$。

$$A = \pi (r + x_o t) \alpha/180 = 3.14 \times (16 + 0.41 \times 4) \times 120/180 = 36.93 \text{ mm}$$

根据 $L = l_1 + l_2 + A$，得

$$L = 60 + 120 + 36.93 = 216.93 \text{ mm}$$

例 2—10—2　把厚度 $t = 3$ mm 的钢板坯料，弯成图 2—10—16d 所示的制件，若 $l_1 = 60$ mm，$l_2 = 100$ mm，求坯料长度 L。

解：因为是内面为直角的弯形制件，所以

$$L = l_1 + l_2 + A = l_1 + l_2 + 0.5t = 60 + 100 + 0.5 \times 3 = 161.5\ \text{mm}$$

小提示

由于材料本身性质的差异和弯形工艺及操作方法的不同，理论上计算的坯料长度和实际需要的坯料长度之间会有误差。因此成批生产时，要采用试弯的方法确定坯料长度，以免造成成批废品。

3. 弯形方法

按弯形时的坯料温度弯形分为冷弯和热弯；按弯形的操作方法弯形可分为手工弯形和机械弯形。金属材料在常温下进行的弯形，称为冷弯。当变形量过大时（料厚大于 5 mm 及直径较大的棒料和管材），金属产生过大塑性变形，从而引起冷作硬化，使力学性能下降时，则应采用加热弯曲和成形，这种方法称为热弯。弯形时，为了抵消材料的弹性变形（回弹现象），可凭经验适当多弯些。钳工常用的弯形操作方法有以下几种：

（1）借助台虎钳、锤子等常用工具进行弯形　对于尺寸不大、形状不太复杂的板料、条料等单件或少量制件的弯形，可在台虎钳上进行操作。如图 2—10—17 所示，弯形时应注意装夹方法和锤击部位。当弯折工件在钳口以上较长或板料较薄时，应用手压住工件上部，用木锤在靠近弯曲的部位轻轻敲打，否则，易使板料翘曲变形。

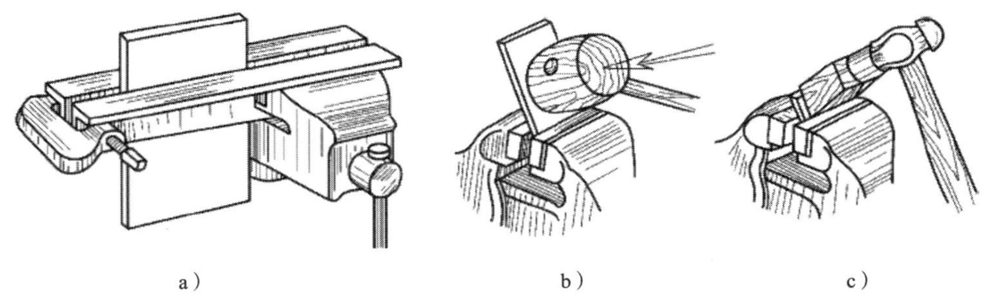

图 2—10—17　板料在台虎钳上弯形

a）较长板料装夹　b）用木锤弯形　c）用钢锤弯形

（2）模具整体弯形　对于棒料、条料、管材可借助简易模具一次整体弯形，如图 2—10—18 所示。当管子直径在 12 mm 以下时可以采用冷弯方法；管子直径大于 12 mm 时采用热弯方法。管子弯形的临界半径必须是管子直径的 4 倍以上。管子直径在 10 mm 以上时，为防止管子弯瘪，必须在管内灌满干沙，两端用木塞塞紧，并将焊缝置于中性层的位置上。否则，易使焊缝开裂。

（3）延展弯形　其原理是利用材料的延展性能，通过锤击使材料的外弯部分变薄延展（内弯部分变形较小）导致材料弯曲而实现的弯形（也称为放边）。如图 2—10—19 所示为较宽条料和角铁型材的弯形。在打薄放边的过程中，角材底面必须与铁砧表面贴平，否则会产生翘曲现象；锤击点应均匀并呈放射线状；锤击时不得敲打角材弯角处。锤击时，材料可能会产生冷作硬化现象，应及时退火。另外，应随时用样板或量具检查外形，防止弯曲过大。

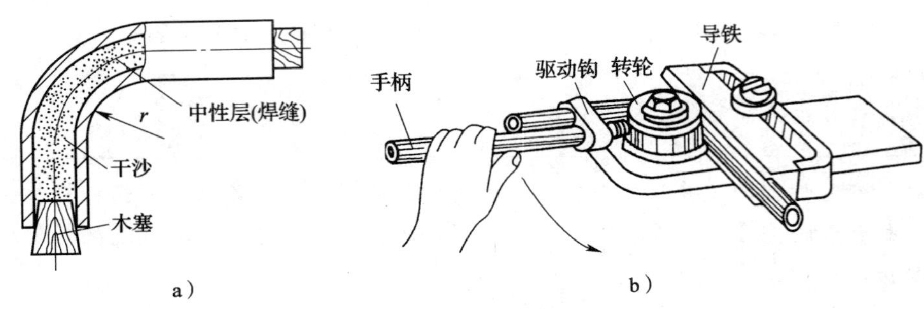

图 2—10—18　管子弯形方法

a）管子填充方法　b）手动弯形工具

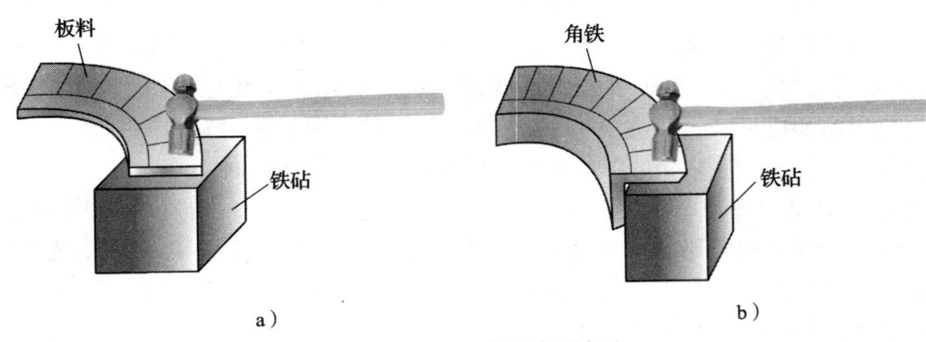

图 2—10—19　延展弯形方法

a）较宽条料在宽度方向上的弯形　b）角铁弯形

技能训练

平 板 弯 形

1. 训练内容

完成如图 2—10—20 所示的平板工件的弯形加工。

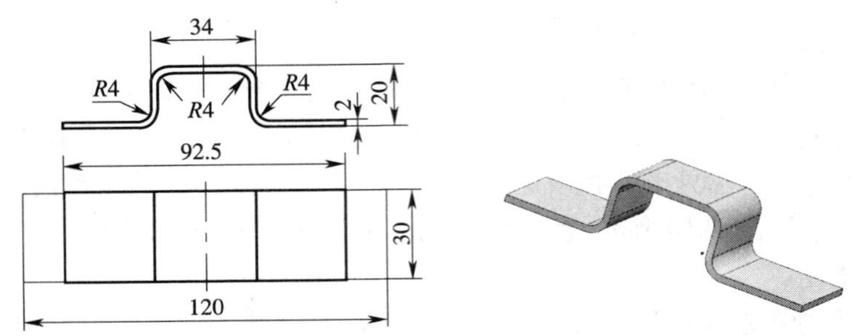

技术要求

（1）无明显锤击痕迹。

（2）弯形圆角光滑。

（3）棱边去毛刺。

图 2—10—20　平板工件

2．训练准备

（1）工具、量具、刀具：平锉刀、木锤、木垫块、划线平板、直角尺、游标卡尺、R4 mm 半径样板。

（2）材料：120 mm×31 mm×2 mm 板料。

3．操作步骤

该平板工件可用木垫块或金属垫作为辅助工具进行弯形，其操作步骤如图 2—10—21 所示。

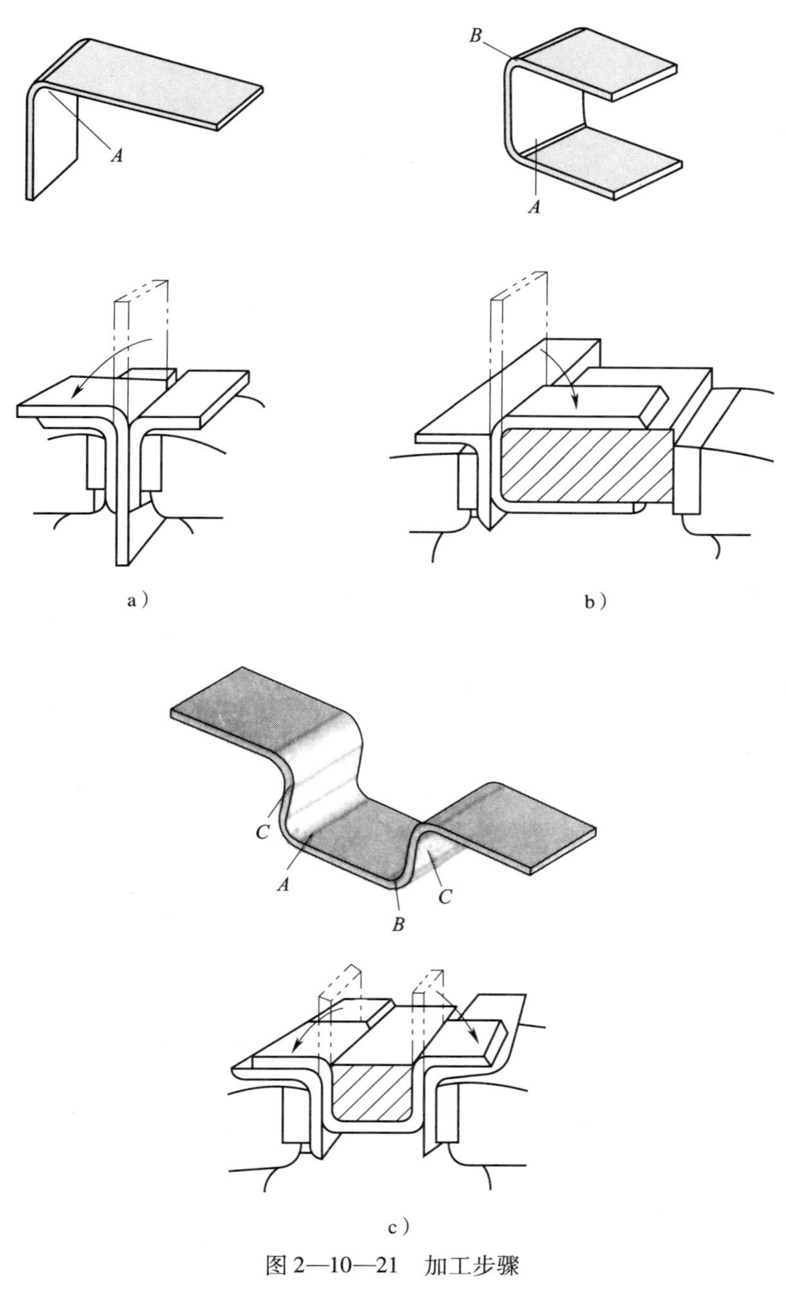

图 2—10—21　加工步骤

(1) 按图样计算板料长度，下料并锉外形，然后按图样尺寸划线。

(2) 将工件按划线夹入木垫块内用木锤弯角 A（见图 2—10—21a），再用木锤弯角 B（见图 2—10—21b），最后用木锤弯角 C（见图 2—10—21c）。

(3) 对弯形工件进行修整，锉修 30 mm 宽度尺寸。

(4) 复检。

小提示

弯形时的注意事项：

(1) 弯形时应用木锤敲击工件根部。

(2) 锤击时，应在工件表面垫木块，以防敲伤工件表面。

(3) 弯形时要注意弯曲方向。

(4) 弯形工件虽然是发生塑性变形，但也有弹性变形存在，为抵消材料的弹性变形，弯形时应多弯些。

(5) 弯曲有焊缝的管子，焊缝不能放在弯曲的外层或内层，必须将焊缝放在弯曲的中性层位置上。

(6) 弯曲工件时，应从工件的两端边缘弯起，然后逐渐往中间延伸弯曲。

知识链接

矫正和弯形质量分析（见表 2—9—2）

表 2—9—2　　矫正和弯形中出现的问题及产生原因

出现的问题	产生原因
工作表面留有麻点或锤痕	(1) 锤击时锤子歪斜 (2) 锤子的边缘和工件的材料接触或锤面不光滑 (3) 对加工过的表面或非金属矫正时，用硬锤直接锤击
工件断裂	(1) 多次折弯，破坏了金属组织 (2) 塑性较差、r/t 值过小，材料发生较大的弯形
工件弯斜或尺寸不准确	(1) 夹持不正或夹持不紧，锤击偏向一边 (2) 用不正确的模具 (3) 锤击力过重
材料长度不够	弯形前毛坯长度计算错误
管子熔化或表面严重氧化	管子热弯时加热温度太高
管子有瘪痕和焊缝开裂	(1) 沙没灌满 (2) 弯曲半径偏小，重弯使管子产生瘪痕 (3) 管子的焊缝没有放在中性层的位置上进行弯形

4. 评分标准（见表 2—10—3）

表 2—10—3　　评分标准

序号	项目与技术要求		配分	评分标准	检测结果		得分
					学生自测	教师检测	
1	弯形	92.5 mm	10	不符合要求全扣			
2		30 mm	10	不符合要求全扣			
3		34 mm	10	不符合要求全扣			
4		20 mm	10	不符合要求全扣			
5		*R*4 mm（4 处）	30	一处不符合要求扣 7.5 分			
6		圆角光滑	10	不符合要求全扣			
7		无明显锤击痕迹	10	不符合要求全扣			
8	安全文明生产		10	酌情扣分			

复习思考题

1. 常用的矫正方法有哪几种？各用在什么场合？

2. 手工矫正常用的工具有哪些？

3. 什么叫中性层？弯形时中性层的位置与哪些因素有关？

4. 求图 2—10—22 所示弯形工件毛坯长度。已知：$a=100$ mm，$b=120$ mm，$c=200$ mm，$r=5$ mm，$t=5$ mm。

5. 用 $\phi6$ mm 的圆钢弯形成外径为 48 mm 的圆环，求圆钢的下料长度。

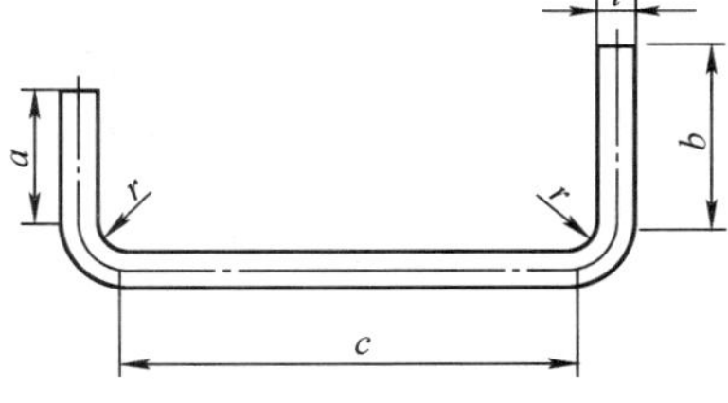

图 2—10—22　弯形工件

课题十一　连接

一、铆接

借助铆钉形成不可拆的连接称为铆接，如图 2—11—1 所示。

目前，在很多工件的连接中，铆接已逐渐被焊接所代替，但因铆接具有结构简单、操作方便、接头质量易于检查、工艺简单、不受被连接材料的限制、在承受严重冲击和剧烈振动载荷时工作比较可靠等特点，所以在桥梁、航天以及机械和工具制造中仍是主要的连接形式。

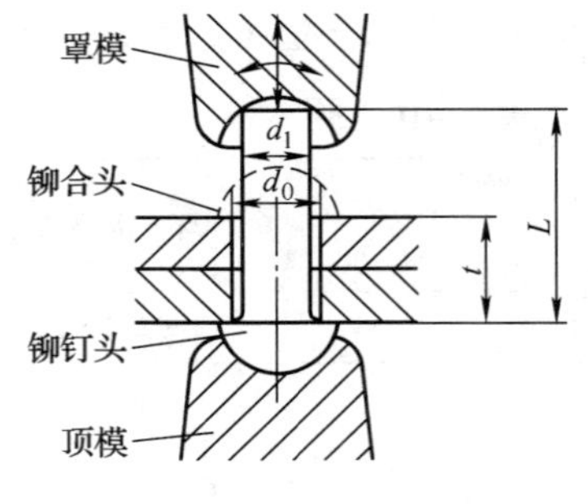

图 2—11—1　铆接

1. 铆接的种类

按使用要求铆接分为活动铆接和固定铆接两种；按操作方法铆接分为冷铆、热铆和混合铆。其特点及应用见表 2—11—1。

表 2—11—1　　铆接的种类、特点及应用

种类			特点及应用
按使用要求分类	活动铆接		其结合部位可以相互转动，如钢丝钳、剪刀、划规等工具的铆接
	固定铆接	强固铆接	应用于结构需要有足够的强度、承受很大作用力的地方，如桥梁、车辆和起重机等
		紧密铆接	应用于低压容器装置，这种铆接只能承受很小的均匀压力，但要求接缝处非常严密，以防止渗漏，如气筒、水箱、油罐等
		强密铆接	这种铆接不但能承受很大的压力，而且要求接缝非常紧密，即使在较大压力下，液体或气体也保持不渗漏，一般应用于锅炉、压缩空气罐及其他高压容器的铆接
按操作方法分类	冷铆		铆接时，铆钉不需加热，直接镦出铆合头，直径在 8 mm 以下的钢制铆钉都可以用冷铆方法铆接。采用冷铆时铆钉的材料必须具有较高的塑性
	热铆		把整个铆钉加热到一定温度，然后再铆接。因铆钉受热后塑性好，容易成形，而且冷却后铆钉杆收缩，还可加大结合强度。热铆时要把铆钉孔直径放大 0.5 ~ 1 mm，使铆钉在热态时容易插入。直径大于 8 mm 的钢制铆钉多用热铆
	混合铆		在铆接时，只把铆钉的铆合头端部加热。对于细长的铆钉，采用这种方法，可以避免铆接时铆钉杆的弯曲

2. 铆钉及铆接工具

（1）铆钉　铆钉的种类很多，按材质不同（GB/T 116—1986）可分为碳素钢铆钉、特种钢铆钉、铜及其合金铆钉、铝及其合金铆钉；按铆钉的形状可分为平头、半圆头、沉头、半圆沉头、管状空心、皮带铆钉等。常用铆钉的形状及应用见表 2—11—2。

表 2—11—2　　常用铆钉的种类、形状及应用

名称	形状	应　用
平头铆钉		铆接方便，应用广泛，常用于一般无特殊要求的铆接中，如铁皮箱盒、防护罩壳及其他结合件中
半圆头铆钉		应用广泛，如钢结构的屋架、桥梁、车辆和起重机等，常用这种铆钉
沉头铆钉		应用于框架等制品表面要求平整的地方，如铁皮箱柜的门窗以及某些手用工具等

续表

名称	形状	应　用
半圆沉头铆钉		用于有防滑要求的地方，如踏脚板和走路梯板等
管状空心铆钉		用于在铆接处有空心要求的地方，如电器部件的铆接等
皮带铆钉		用于铆接机床制动带以及铆接毛毡、橡胶、皮革材料的制件
抽芯铆钉		铆接时，铆钉钉芯由专用铆枪拉动，使铆体膨胀，起到铆接作用。用于不便采用普通铆钉（须从两面进行铆接）的铆接场合，广泛用于建筑、汽车、船舶、飞机、机器、电器等产品上

由于铆钉生产已经标准化，所以铆钉标记时，一般要标出公称直径、公称长度和国家标准号。如“铆钉 GB 867—86—5 × 20”，其含义是：公称直径为 5 mm、公称长度为 20 mm、材料为 ML2、不经表面处理的半圆头铆钉。

（2）铆接工具　手工铆接工具除锤子外，还有压紧冲头、罩模、顶模等，如图 2—11—2 所示。压紧冲头用于被连接件的铆前压紧，使工件之间及铆钉更好地贴合；罩模用于铆接时镦出完整的铆合头；顶模用于铆接时顶住铆钉原头，这样既有利于铆接又不损伤铆钉原头。

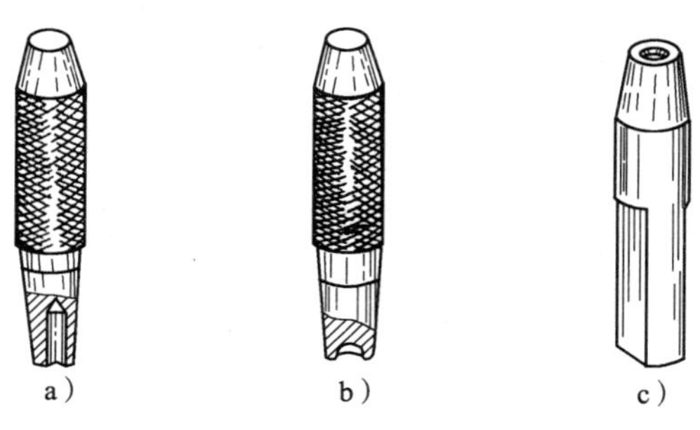

图 2—11—2　铆接工具

a）压紧冲头　b）罩模　c）顶模

3. 铆接形式及铆距

（1）铆接形式　由于铆接时的构件要求不一样，所以铆接分为搭接、对接、角接等几种形式，如图 2—11—3 所示。

（2）铆距　指铆钉间或铆钉与铆接板边缘的距离。在铆接结构中，有三种隐蔽性的损坏情况：沿铆钉中心线被拉断、铆钉被剪切断裂、孔壁被铆钉压坏。因此，按结构和工艺的要求，铆钉的排列距离有一定的规定。如铆钉并列排列时，铆钉距 $t \geqslant 3d$（d 为铆钉直径）。铆钉中心到铆接板边缘的距离：如铆钉孔是钻孔时约为 $1.5d$；如铆钉孔是冲孔时约 $2.5d$。

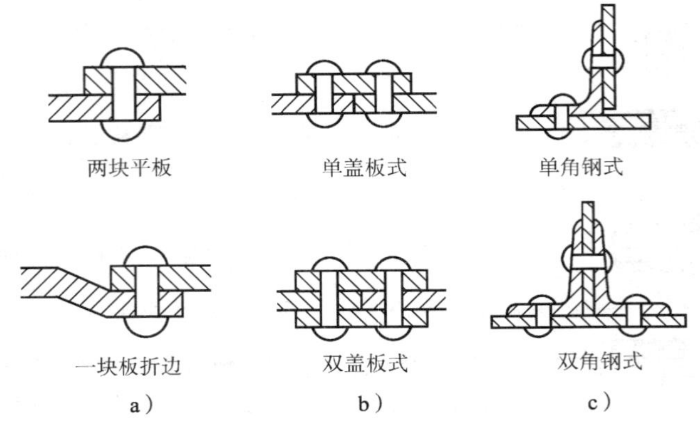

图 2—11—3　铆接形式

a）搭接　b）对接　c）角接

4. 铆钉杆径、通孔直径及铆钉长度的确定

（1）铆钉杆径 d（公称直径）的确定　铆钉杆径的大小与被连接板的厚度、连接形式以及被连接板的材料等多种因素有关。当被连接板材厚度相同时，铆钉杆径等于板厚的 1.8 倍；当被连接板材厚度不同，搭接连接时，铆钉杆径等于最小板厚的 1.8 倍。铆钉杆径可在计算后按表 2—11—3 圆整。

（2）通孔直径 d_h 的确定　铆接时，通孔直径的大小，应根据装配要求和铆钉杆径来选择。如孔径过小，铆钉插入困难；孔径过大，则铆合后的工件容易松动。具体数值见表 2—11—3。

表 2—11—3　　标准铆钉杆径系列及通孔直径

（摘自 GB/T 18194—2008 和 GB/T 152.1—1988）

铆钉杆径 d/mm	基本系列	1.0	1.2		1.6	2.0	2.5	3.0		4.0	5.0	6.0
	第二系列			1.4					3.5			
通孔直径 d_h/mm	精装配	1.1	1.3	1.5	1.7	2.1	2.6	3.1	3.6	4.1	5.2	6.2
	粗装配	—	—	—	—	—	—	—	—	—	—	—
铆钉杆径 d/mm	基本系列	8	10	12		16		20		24		30
	第二系列				14		18		22		27	
通孔直径 d_h/mm	精装配	8.2	10.3	12.4	14.5	16.5	—	—	—	—	—	—
	粗装配	—	11	13	15	17	19	21.5	23.5	25.5	28.5	32

（3）铆钉长度的确定　铆接时铆钉杆所需长度，除了被铆接件总厚度外，还需保留足够的伸出长度，以用来铆制完整的铆合头，从而获得足够的铆接强度。铆钉杆长度可用下式计算：

1）半圆头铆钉杆长度

$$L = \sum\delta + (1.25 \sim 1.5)\, d$$

2）沉头铆钉杆长度

$$L = \sum\delta + (0.8 \sim 1.2)\, d$$

式中　$\sum\delta$——被铆接件总厚度，mm；

d——铆钉公称直径，mm。

例 2—11—1　用沉头铆钉搭接连接 2 mm 和 5 mm 的两块钢板，如何选择铆钉杆径、长度及通孔直径？

解：铆钉杆径为

$$d = 1.8t = 1.8 \times 2 = 3.6 \text{ mm}$$

按表 2—11—3 圆整后，取 $d = 4$ mm。

铆钉长度：

$$L = \sum\delta + (0.8 \sim 1.2)\ d = 2 + 5 + (0.8 \sim 1.2) \times 4 = 10.2 \sim 11.8 \text{ mm}$$

根据选取的铆钉杆径，查表 2—11—3 得：通孔直径为 4.1 mm。

5. 铆接方法

一般钳工工作范围内的铆接多为冷铆。图 2—11—4 所示为半圆头铆钉的铆接过程，先将铆接件彼此贴合，按划线钻孔、倒角并去毛刺等，然后插入铆钉，把铆钉原头放在顶模上，用压紧冲头压紧板料，再用锤子镦粗铆钉伸出部分，并将四周锤打成形，最后用罩模修整。

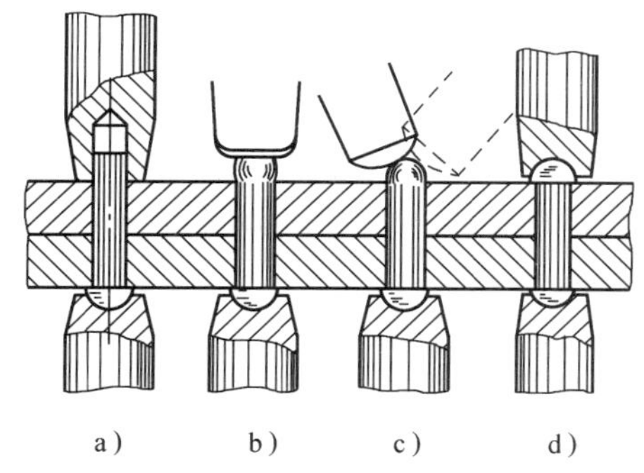

图 2—11—4　半圆头铆钉铆接过程

a）压紧板料　b）镦粗铆钉　c）铆钉成形　d）铆钉整修

小提示

在活动铆接时，要经常检查活动情况，如果发现太紧，可把铆钉头垫在有孔的垫铁上，锤击铆合头，使其松动。

二、粘接

粘接是利用黏合剂把不同或相同的材料牢固地连接成一体的操作方法。粘接是一种常用的工艺方法，具有工艺简单，操作方便，连接可靠，变形小以及密封、绝缘、耐水、耐油等特点，所粘接的工件不需经过高精度的机械加工，也无须特殊的设备和贵重原材料，特别适用于不易铆、焊的场合。因此，在各种机械设备修复过程中，取得了良好的效果。粘接的缺点是不耐高温、粘接强度较低。它以快速、牢固、节能、经济等优点代替了部分传统的铆、焊及螺纹连接等工艺。

按照使用的材料不同，黏合剂可分为无机黏合剂和有机黏合剂两大类。

1. 无机黏合剂及其应用

无机黏合剂主要是由磷酸溶液和氧化物组成的，工业上大都采用磷酸和氧化铜，也可加入一些辅助填料，以得到所需要的性能。

无机黏合剂有粉状、薄膜、糊状、液体等几种形态，以液体形态使用最多。无机黏合剂操作方便、成本低，但强度低、脆性大、适用范围小。无机黏合剂在量具和刀具制造、设备修理、模具制造和定位件的固定上得到越来越广泛的应用。

无机黏合剂可用于螺栓紧固、轴承定位、密封堵漏等，但它不适宜粘接多孔性材料和间隙超过 0. 3 mm 的缝隙。粘接前，应进行粘接面的除锈、脱脂和清洗操作。粘接后的工件须经适当的干燥硬化才能使用。

小提示

使用无机黏合剂时，工件接头的结构形式应尽量使用套接和槽榫接，避免平面对接和搭接，连接表面要尽量粗糙，可以滚花、铣浅槽或车出浅螺纹，以提高粘接的牢固性。

2. 有机黏合剂及其应用

有机黏合剂通常由几种原料组合而成，它是以合成树脂为基体，再添加增塑剂、固化剂、稀释剂、填料、促进剂等配制而成。一般有机黏合剂由使用者根据实际需要配制，但有些品种，已有专门生产厂家供应。

有机黏合剂的品种很多，下面只介绍两种最常用的黏合剂。

（1）环氧黏合剂　凡含有环氧基团的高分子聚合物的黏合剂，统称为环氧黏合剂或环氧树脂。由于它具有黏合力强、硬化收缩小、耐腐蚀、绝缘性好、使用方便、只需施加较小的接触压力、在室温或不太高的温度下就能固化等优点，因而得到广泛应用。其缺点是耐热性差、脆性大，使用时如添加适当的增韧剂即能达到较好的粘接效果。

如图 2—11—5 所示，当车床尾座底板磨损后，为了修复其精度，可粘接塑料板。在粘接前用砂布仔细打光结合面，并擦净粉末。在粘接前对被粘接面要进行表面清洗：先用丙酮溶剂清洗，经碱液在一定温度下处理 20 ~30 min 后，再用丙酮润湿，待其风干挥发后，将已配好的环氧黏合剂涂在被连接表面，涂层宜较薄，一般为 0. 1 ~0. 15 mm，然后将两被粘接件压在一起。为了保证胶层固化完善，必须有足够的粘接时间。

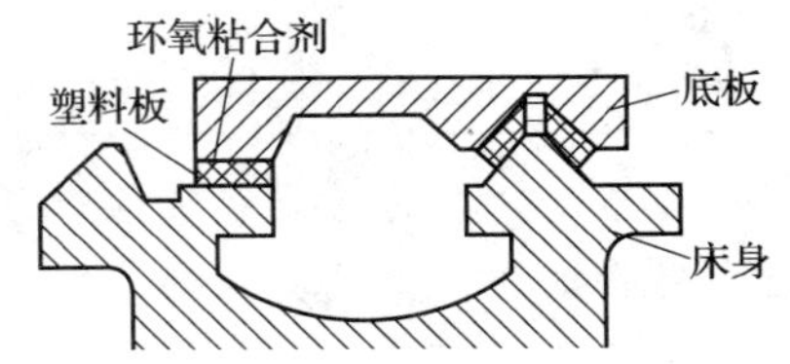

图 2—11—5　车床尾座底板的粘接

（2）聚丙烯酸脂黏合剂　该黏合剂常用的牌号有 501、502。此类黏合剂的特点是没有溶剂，可在室温下固化，并呈一定的透明状，但因固化速度较快，所以不适于大面积粘接。

3. 粘接工艺

粘接工艺及注意事项见表2—11—4。

表2—11—4　　粘接工艺及注意事项

工艺过程	工艺内容	注意事项
粘前准备	（1）确定接头形式 （2）准备黏合剂和相应的工具 （3）清理粘接件的表面	（1）可将粘接件预装，检查接头间隙等是否符合要求 （2）根据粘接件间的特性选用合适的黏合剂 （3）通过机械、化学等方法清理粗糙表面，以提高表面的粘接强度
调胶	将黏合剂按规定比例调配	配胶器具必须干燥，未用的各组分黏合剂切忌掺混
涂胶	将黏合剂用适当的方法均匀地涂到被粘接件的表面	（1）涂层要均匀，厚度一般为0.05～0.2 mm （2）涂胶时要快，以免进气泡。一般无溶剂的黏合剂涂一遍即可，对于需涂多遍的黏合剂应等前一次溶剂挥发尽再涂第二遍
粘接	又称装配，即将两被粘接物表面涂胶后经适当晾置紧密结合在一起	（1）装配位置要对正 （2）无溶剂黏合剂合拢时来回错动，以增强接触，橡胶黏合剂合拢后可用圆棒或木锤轻打，以使粘接件接触紧密
固化	通过溶剂挥发、熔体冷却、乳液凝聚等过程，使胶层变为固体	温度、压力、时间是固化的3个重要参数，一般温度高，固化时间短，但温度过高会使得粘接性能下降
检查		注意观察有无裂纹和气孔，加工的性能是否符合要求

三、锡焊

利用工具将焊料加热熔化后而将工件连接起来的操作方法，称为锡焊，如图2—11—6所示。

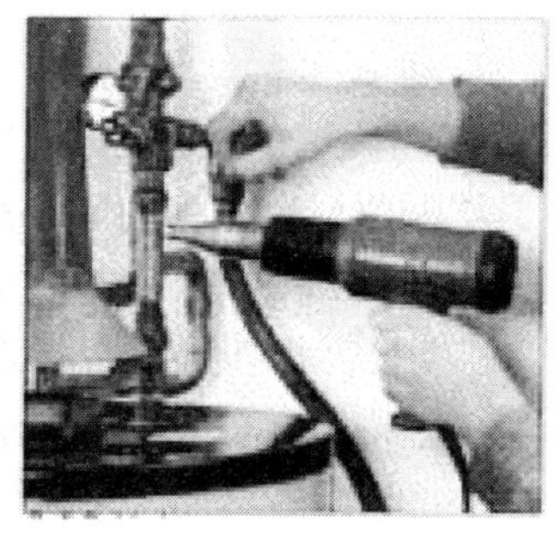

图2—11—6　锡焊

锡焊的优点是被焊工件不产生变形，焊接设备简单，操作方便。一般常用于焊接强度要求不高或要求密封性较好的连接，以及电器元件或电器设备的接线头连接等。

1. 锡焊工具

锡焊时常用的工具有烙铁、烘炉、喷灯等。其中烙铁是锡焊中最主要的工具，分烙铁和电烙铁两种。烙铁焊头用纯铜制成，端部成楔形，可用烘炉或喷灯加热。电烙铁加热方便、迅速，并能较长时间使用，因此最为常用，如图2—11—7所示。

2. 焊料与焊剂

（1）焊料　锡焊用的焊料叫焊锡，是一种锡铅合金，熔点一般在180～300℃。

（2）焊剂　焊剂又称焊药，锡焊时必须使用焊剂，其作用是清除焊缝处的金属氧化膜，提高焊锡的黏附能力和流动性，增加焊接强度。

锡焊常用的焊剂及应用见表2—11—5。

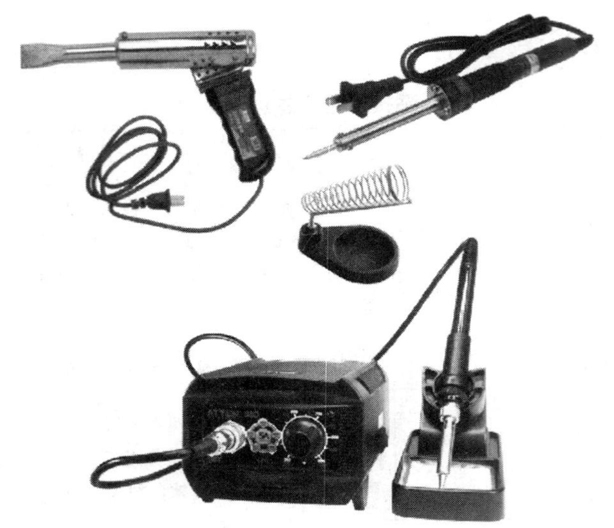

图 2—11—7　电烙铁

表 2—11—5　各种焊剂及其应用

焊剂种类	应　用
稀盐酸	用于锌板或镀锌钢板的焊接
氯化锌溶液	一般锡焊均可以使用
焊膏	用于小工件焊接和电线接头等
松香	主要用于黄铜、纯铜等

3. 焊接工艺

（1）用锉刀、锯条片或砂纸清除焊接处的油污和锈蚀。

（2）按焊接工件的大小选择不同功率的烙铁，接通电源或用火加热烙铁。烙铁首先加热到 250 ~ 550℃（切忌温度过高），然后在氯化锌溶液中浸一下，再蘸上一层焊锡。用木片或毛刷在工件焊接处涂上焊剂。

（3）将烙铁放在焊缝处，稍停片刻，使工件表面发热，然后均匀缓慢地移动，使焊锡填满焊缝。

（4）用锉刀清除焊接后的残余焊锡，并用热水清洗焊剂，然后擦净烘干。

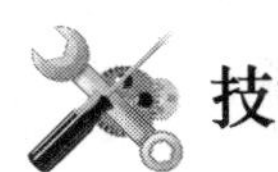

技能训练

内、外卡钳制作

1. 训练内容

完成如图 2—11—8 和图 2—11—9 所示的内、外卡钳的制作。

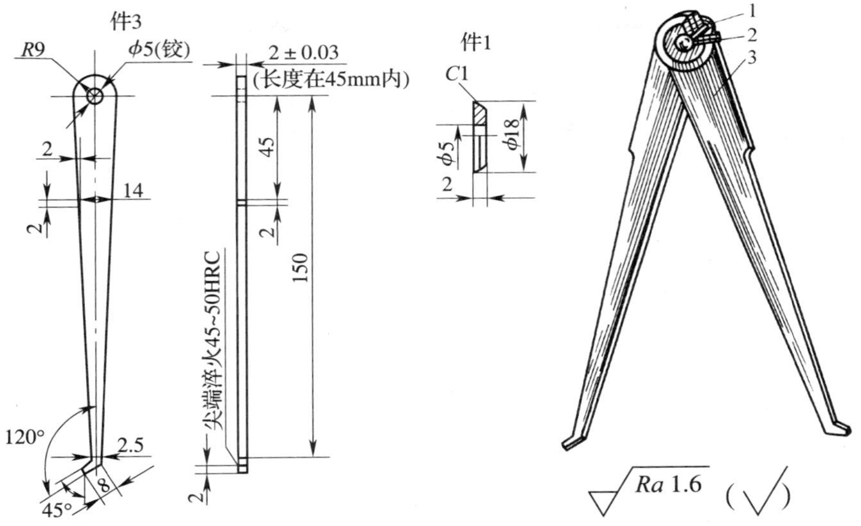

图 2—11—8　内卡钳

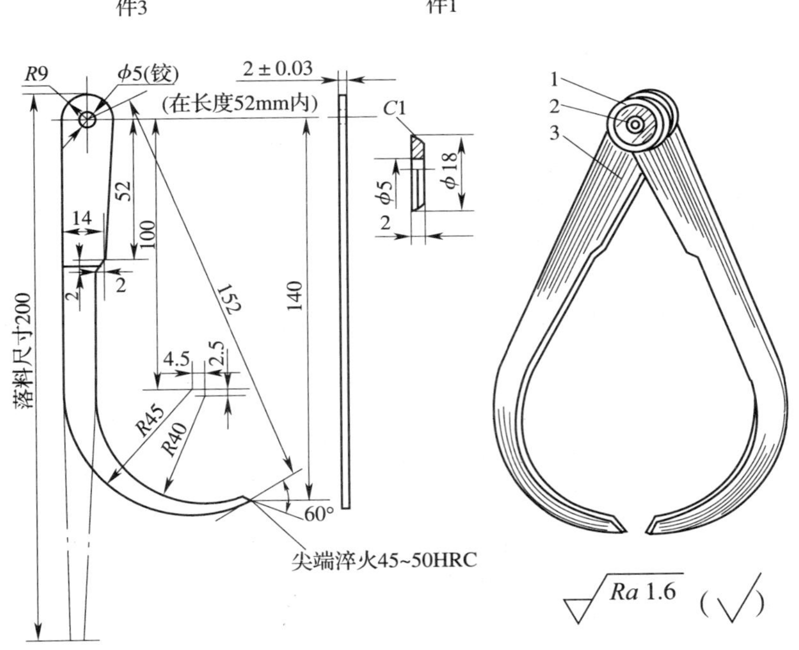

图 2—11—9　外卡钳

2. 训练准备

（1）工具、量具、刀具：木锤、铜锤、铁砧、平锉、麻花钻、铰刀、罩模、顶模、压紧冲头、划针、划规、样冲、砂布、钢直尺、游标卡尺、游标高度尺、$R40$ mm 半径样板、弯形工具。

（2）材料（见表 2—11—6）

表 2—11—6　　材料

工件名称	零件序号	零件名称	材料	规格	数量
内卡钳	1	垫片	45 钢	ϕ18 mm×2 mm	2
	2	半圆头铆钉	45 钢	ϕ5 mm×16 mm	1
	3	卡钳	45 钢	180 mm×20 mm×3 mm	2
外卡钳	1	垫片	45 钢	ϕ18 mm×2 mm	2
	2	半圆头铆钉	45 钢	ϕ5 mm×16 mm	1
	3	卡钳	45 钢	200 mm×20 mm×3 mm	2

3. 操作步骤

（1）制作内卡钳

1）检查来料尺寸是否符合图样要求。

2）矫正来料。

3）将薄板料用圆钉装夹在木板上（见图 2—11—11），粗锉两平面。

4）按图样尺寸划线。

5）两卡钳贴合，钻、铰 ϕ5 mm 孔，保证与铆钉紧配，孔口倒角 C1 mm。

6）将两卡钳合并，用 M5 螺钉与螺母拧紧，按划线粗锉外形。

7）将两卡钳弯形，达到图样要求（见图 2—11—12）。

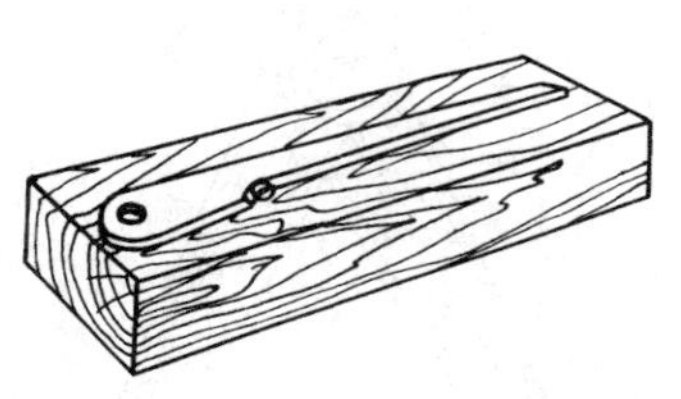
图 2—11—11　装夹薄板料

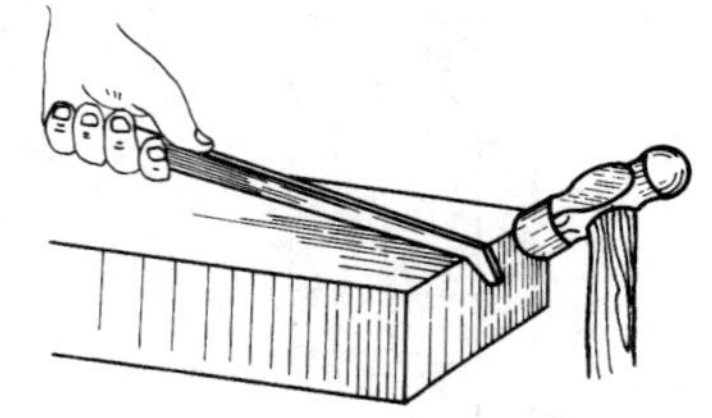
图 2—11—12　在铁砧上撞击弯形

8）两卡钳装夹在木板上，精锉两平面，达到尺寸（2±0.03）mm、平行度 0.03 mm、表面粗糙度不超过 Ra1.6 μm 的要求。

9）用铆钉通过 ϕ5 mm 孔将两卡钳串叠在一起，同时在两侧套上 ϕ18 mm 垫片。用半圆头铆接方法铆接，要求半圆头光滑且平贴在垫片上，两脚活动松紧均匀。

10）按图样尺寸修整外形，锉好两脚处斜面，要求两脚等高。淬火硬度 45～50HRC，最后用砂布抛光。

（2）制作外卡钳

1）检查来料尺寸是否符合图样要求。

2）矫正来料。

3）按内卡钳的加工方法，粗锉两平面。

4）按图样尺寸划线，并钻、铰 ϕ5 mm 孔，孔口倒角 C1 mm。

5）两卡钳合并起来按划线粗锉外形。

6）用弯形工具弯制两卡钳，使其符合图样形状，并用铆钉串入两卡钳，检查两卡钳的形状是否一致。

7）精锉两平面，达到尺寸（2 ±0.03）mm、两面平行度 0.03 mm、表面粗糙度不超过 $Ra1.6$ μm 的要求。

8）把两卡钳与两只垫片用铆钉串装好，并铆至符合要求。

9）修整外形与脚尖，要求两卡钳测量面对齐、对平。淬火硬度 45 ~50HRC，最后全面抛光。

小提示

注意事项：

（1）卡钳是薄板料，故在矫平时必须用木锤敲击，以免敲出印痕。

（2）外卡钳进行弯形时，要用铜质圆头锤子敲击。敲击时，必须从宽处逐步敲到脚尖处，如果相反会使圆弧太小。

（3）在半圆头铆接时，必须将铆钉头放入顶模凹圆内再敲击，防止铆钉头圆面损坏。

（4）铆钉长度不可太短或太长，以免铆不成半圆或产生胀边现象。

（5）铆接时要检查卡钳与卡钳之间，铆合头与卡钳之间的贴合是否符合要求。

（6）用罩模在前后左右摇动铆合时，应防止罩模接触垫片表面，以免敲出印痕，破坏外形。

（7）铆接接触面必须平直，两卡钳的平行度必须控制在最小范围内，这样才能使铆接后松紧一致。

4. 评分标准（见表 2—11—7、表 2—11—8）

表 2—11—7　　内卡钳评分标准

序号	项目与技术要求		配分	评分标准	检测结果		得分
					学生自检	教师检测	
1	矫正、弯形、铆接	（2 ±0.02）mm（2 处）	8	一处超差扣 4 分			
2		$R9$ mm（2 处）	8	一处不符合要求扣 4 分			
3		$\phi5$ mm 铆钉孔（4 处）	16	一处不符合要求扣 4 分			
4		半圆头铆接	10	不符合要求全扣			
5		120°（2 处）	4	一处不符合要求扣 2 分			
6		45°（2 处）	4	一处不符合要求扣 2 分			
7		两卡钳形状一致	8	不符合要求全扣			
8		两卡钳外形尺寸 ±0.20 mm	16	一处超差扣 4 分			
9		表面粗糙度 $Ra1.6$ μm（4 面）	16	一处升高一级扣 4 分			
10	安全文明生产		10	酌情扣分			

表 2—11—8　　外卡钳评分标准

序号	项目与技术要求		配分	评分标准	检测结果		得分
					学生自检	教师检测	
1	矫正、弯形、铆接	（2 ±0.02）mm（2 处）	8	一处超差扣 4 分			
2		$R9$ mm（2 处）	8	一处不符合要求扣 4 分			
3		$\phi5$ mm 铆钉孔（4 处）	16	一处不符合要求扣 4 分			
4		半圆头铆接	10	不符合要求全扣			
5		$R40$ mm（2 处）	8	一处不符合要求扣 4 分			
6		两卡钳形状一致，脚尖对齐	8	不符合要求全扣			
7		两卡钳外形尺寸 ±0.20 mm	16	一处超差扣 4 分			
8		表面粗糙度 $Ra1.6$ μm（4 面）	16	一处升高一级扣 4 分			
9	安全文明生产		10	酌情扣分			

复习思考题

1. 什么叫铆接？按使用要求不同铆接分为哪两种？按铆接方法不同铆接又分为哪几种？

2. 叙述半圆头铆钉的铆接过程。

3. 如图2—11—13所示铆接件，采用半圆头铆钉铆接，选择半圆头铆钉的铆钉直径d、长度L和通孔直径d_1。

4. 用半圆头铆钉搭接连接厚度为8 mm和2 mm的两块钢板，选择铆钉直径和长度。

5. 什么是粘接？粘接有哪些特点？有何应用？

6. 锡焊有哪些优点？常用于何种场合？

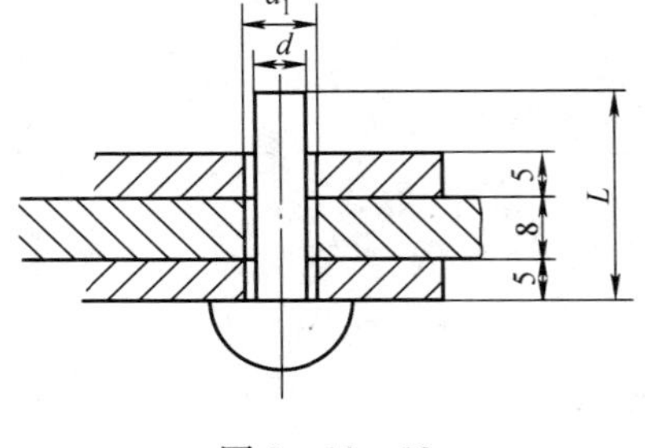

图2—11—13

课题十二 综合技能训练（二）

一、限位块制作

1. 训练内容

完成如图2—12—1所示限位块的制作。

2. 训练准备

（1）工具、量具、刀具：划规、样冲、锯弓、锯条、麻花钻、丝锥、铰杠、软钳口、平锉、方锉、钢直尺、游标高度尺、游标卡尺、千分尺、直角尺、刀口尺、游标万能角度尺。

（2）材料：62 mm×62 mm×18 mm，Q235。

3. 操作步骤

（1）检查来料尺寸是否符合图样要求。

（2）加工外形尺寸（60±0.04）mm×（60±0.04）mm×18 mm。

（3）如图2—12—2所示，划出锉削及孔加工线（定位尺寸见图2—12—1），钻ϕ3 mm工艺孔。

（4）锯削直角面，并留余量，粗、精锉削加工，保证（30±0.04）mm和（25±0.04）mm尺寸及垂直度0.04 mm的要求。

（5）按划线钻孔2×ϕ10 mm，再用ϕ12 mm锪钻锪90°锥形埋头孔。

（6）按图样要求，选择ϕ6.7 mm钻头钻底孔后，攻制M8－7H螺纹，达到垂直度要求（见图2—12—3）。

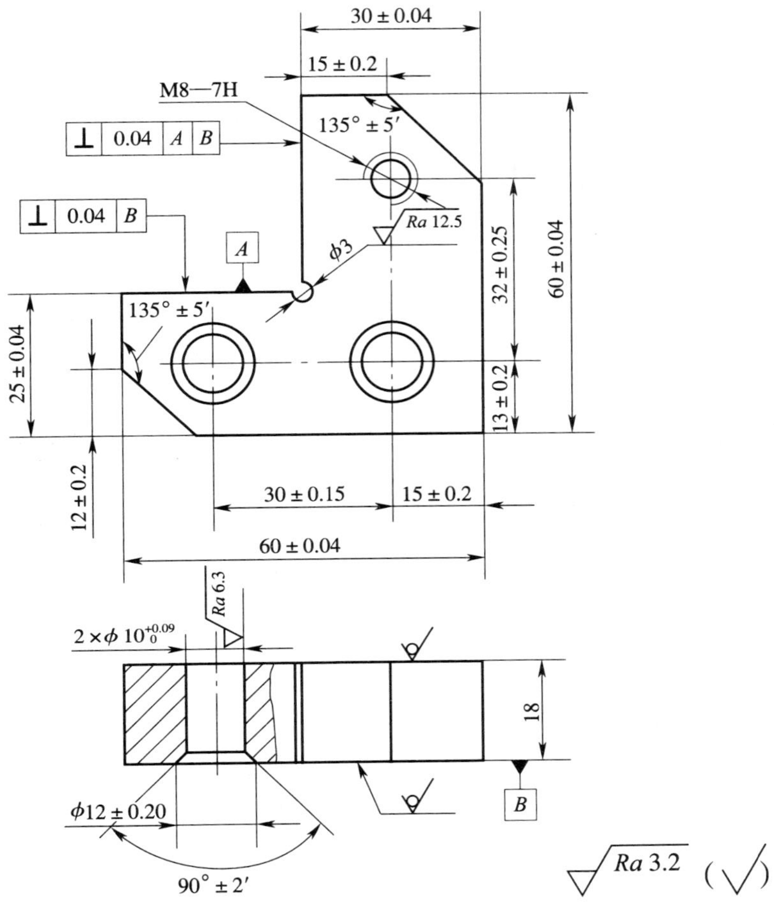

图 2—12—1　限位块

（7）锯削两个 135°斜角，留余量锉削加工，达到图样要求（见图 2—12—4）。

（8）全部锐边倒棱，复检。

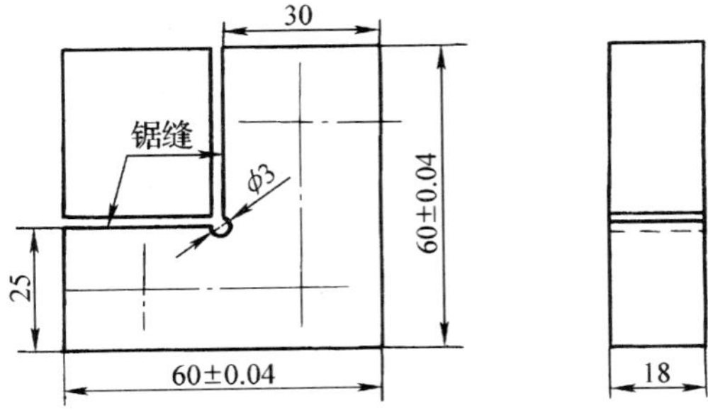

图 2—12—2　划线、钻孔示意图

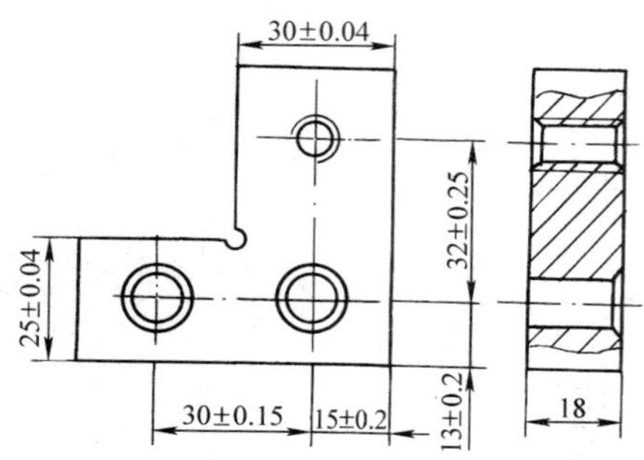

图 2—12—3　钻孔、攻螺纹

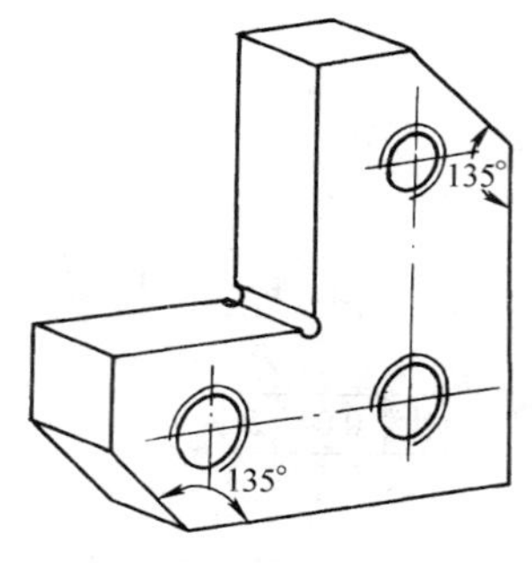

图 2—12—4　锯、锉斜角

4. 评分标准（见表 2—12—1）

表 2—12—1　　**评分标准**

序号	项目与技术要求		配分	评分标准	检测结果		得分
					学生自测	教师检测	
1	锉削	(60 ±0.04) mm（2 处）	10	一处超差扣 5 分			
2		(30 ±0.04) mm	6	超差全扣			
3		(25 ±0.04) mm	6	超差全扣			
4		(15 ±0.20) mm	3	超差全扣			
5		(12 ±0.20) mm	3	超差全扣			
6		135° ±5′（2 处）	6	一处超差扣 3 分			
7		⊥ 0.04 *B*	6	超差全扣			
8		⊥ 0.04 *A* *B*	12	超差全扣			
9		表面粗糙度 *Ra*3.2μm（8 处）	16	一处升高一级扣 2 分			
10	钻孔	2 ×ϕ10 mm	4	一处超差扣 2 分			
11		ϕ (12 ±0.20) mm（2 处）	8	一处超差扣 4 分			
12		表面粗糙度 *Ra*6.3 μm（2 处）	4	一处升高一级扣 2 分			
14	攻螺纹	M8 －7H	3	不符合要求全扣			
13		表面粗糙度 *Ra*12.5 μm	3	升高一级全扣			
15	安全文明生产		10	酌情扣分			

二、四方体和六角体锉配

1. 训练内容

完成如图 2—12—5 所示四方体和六角体的锉配加工。

2. 训练准备

（1）工具、量具、刀具：錾子、锤子、锯弓、锯条、平锉、方锉、三角锉、ϕ4 mm 直柄麻花钻、钢直尺、游标高度尺、游标卡尺、直角尺、刀口尺、千分尺。

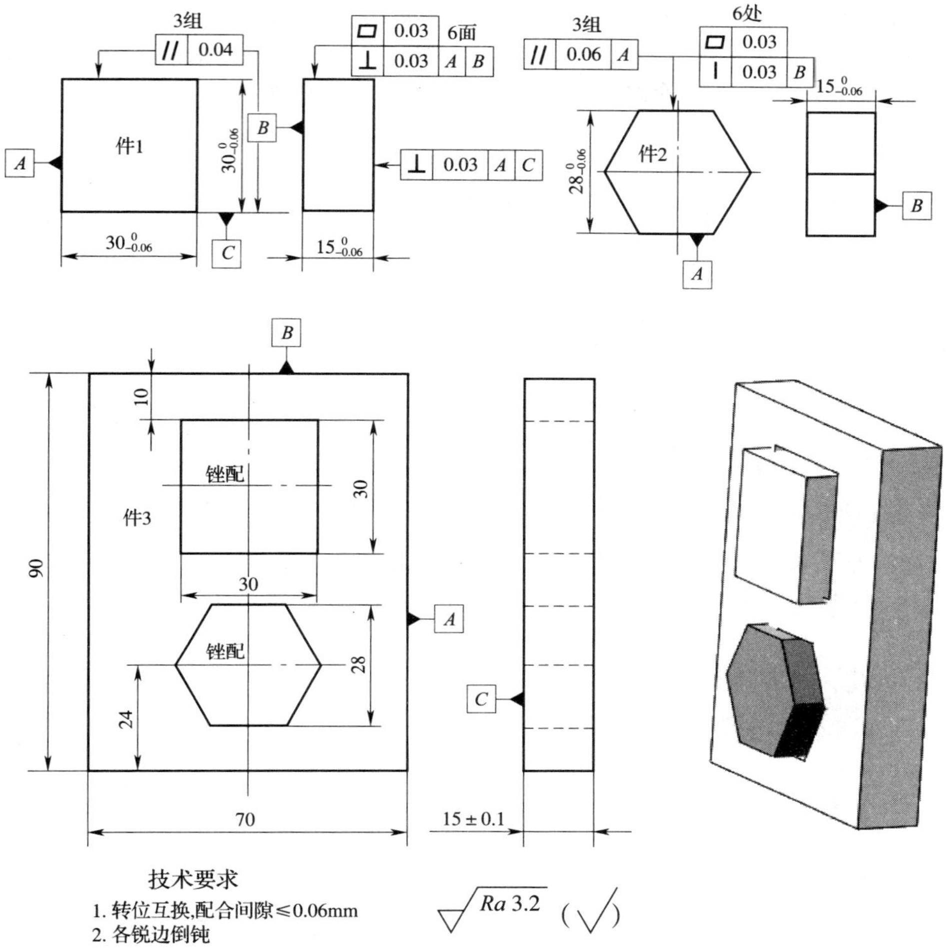

技术要求

1. 转位互换,配合间隙≤0.06mm

2. 各锐边倒钝

图 2—12—5　四方体和六角体

（2）材料：件 1、件 2 由课题四锉削技能训练正方体锉削转入，件 3 为 90 mm × 70 mm × 15 mm，HT200。

3. 操作步骤

（1）检查来料尺寸是否符合图样要求。

（2）如图 2—12—6a、b 所示，自制内 90°量角样板与内、外 120°量角样板。

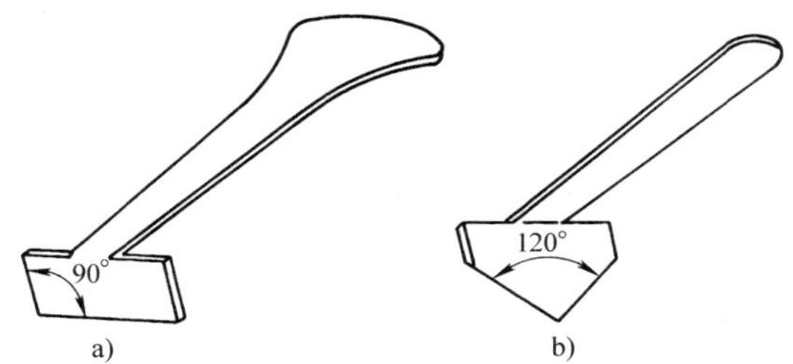

图 2—12—6　制作样板

a）内 90°量角样板　b）内、外 120°量角样板

(3) 将锉削四方体材料 38 mm × 38 mm × 38 mm，对半锯削分为件 1 和件 2。

(4) 按图样要求加工件 1 外四方体，加工步骤顺序为 a、b、c、d、e（见图 2—12—7）。

(5) 按图样要求加工件 2 外六角体，加工步骤顺序为 1、2、3、4、5、6、7（见图 2—12—8）。

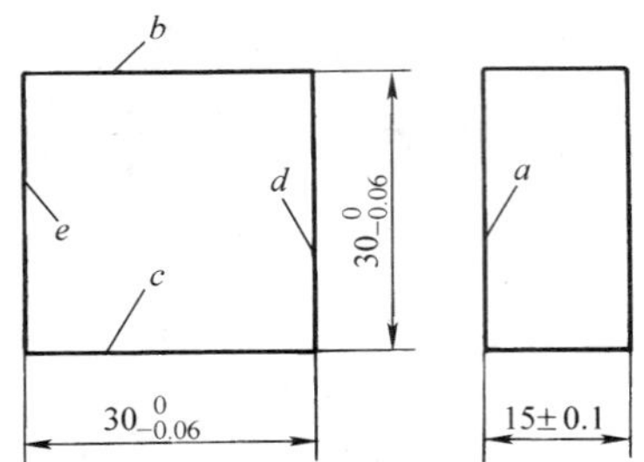

图 2—12—7　外四方体加工顺序示意图

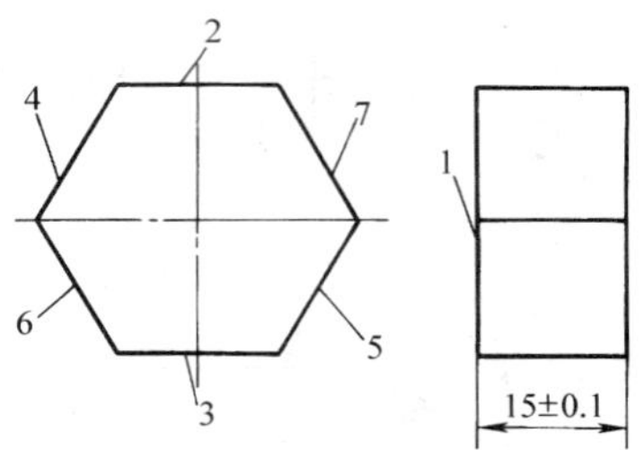

图 2—12—8　外六角体加工顺序示意图

(6) 锉配内四方体（见图 2—12—9）

1）修整外形基准面 A、B，使其互相垂直并与大平面垂直。

2）以 A、B 两面为基准，按图样要求划线，并用加工好的四方体校核所划线条的正确性。

3）钻排孔，用扁錾沿四周錾去余料（见图 2—12—10），然后用方锉粗锉余量，每边留 0.1 ~ 0.2 mm 作为细锉余量。

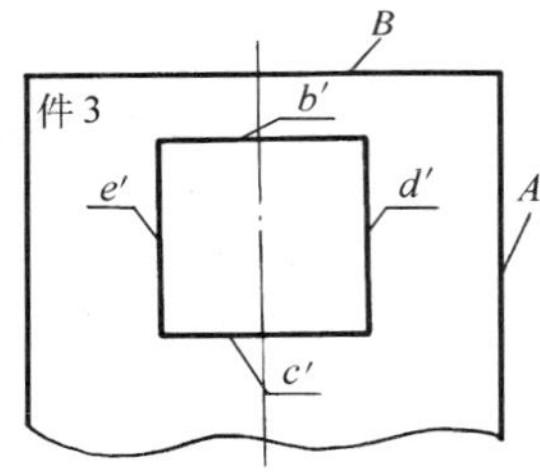

图 2—12—9　锉配内四方体

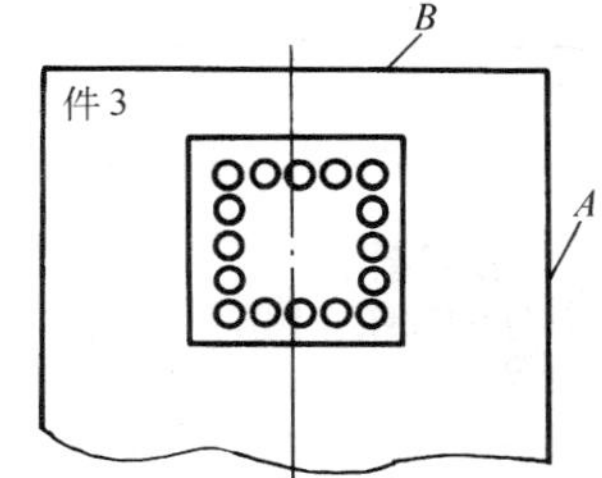

图 2—12—10　扁錾錾去余料

4）细锉第一面 b′，锉削至接触划线线条，达到平面度，并与 B 面平行及与大平面垂直。

5）细锉第二面 c′，达到与 b′面平行，接近 30 mm 尺寸时，可用四方体按图 2—12—11 所示方法进行试配，应使其较紧地塞入，以留有修整余量。

6）细锉第三面 d′，锉削至接触划线线条，达到平面度，并与大平面垂直，及与 A 面平行。最后用自制角度样板检查修整，达到 $b' \perp d'$，$c' \perp d'$。

7）细锉第四面 e′，达到与 d′面平行，用四方体试配，使其较紧地塞入。

8）精锉修整各面，即用四方体认向配锉，用透光法检查接触部位，进行修整。

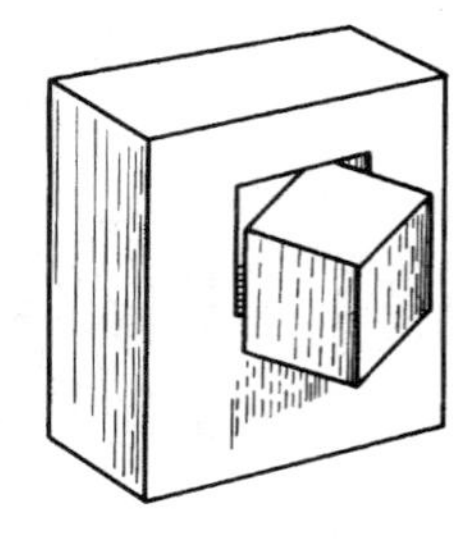

图 2—12—11　试配的方法

当四方体塞入后采用透光和涂色相结合的方法检查接触部位，

逐步达到配合要求。最后作转位互换的修整，达到转位互换的要求，用手将四方体推出和推进应无阻滞。

9）各锐边去毛刺、倒棱并检查配合精度。

（7）锉配内六角（见图2—12—12）

1）按外六角体的实际尺寸，在件3上划出内六角形加工线，并用外六角体校核。

2）在内六角体中心扩钻或用排孔去除内六角体大部分加工余量余料（见图2—12—13）。

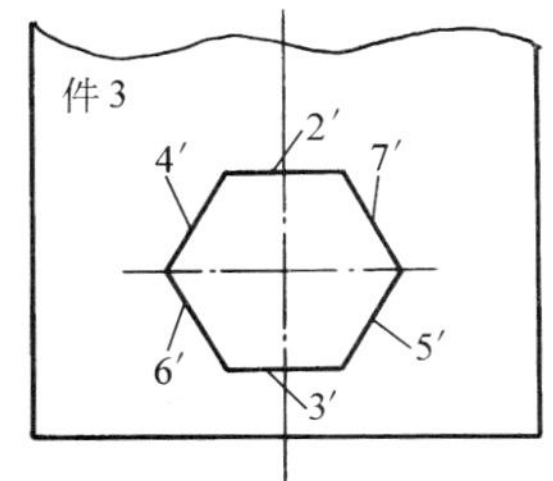

图2—12—12　锉配内六角

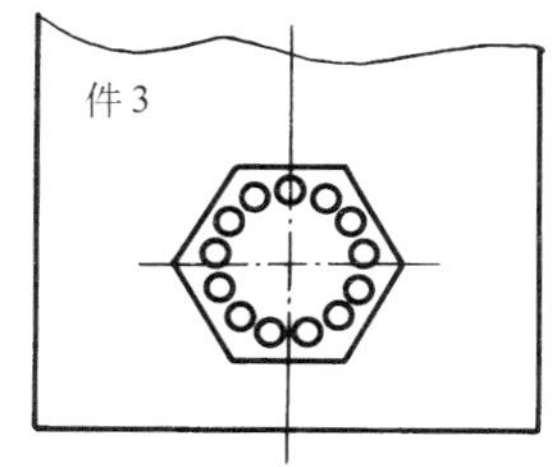

图2—12—13　用扩钻或排孔去除余料

3）粗锉内六角体各面，至接近划线线条，使每边留有0.1～0.2 mm余量精锉。用120°量角样板检查清角，以外六角体做认向整体试配，利用透光和涂色法修整，达到互换配合要求。

4）对锉配件各棱边去毛刺并复查。

4. 评分标准（见表2—12—2）

表2—12—2　　评分标准

序号	项目与技术要求		配分	评分标准	检测结果		得分
					学生自测	教师检测	
1	外四方体	$30_{-0.06}^{0}$ mm（2处）	4	一处超差扣2分			
2		$15_{-0.06}^{0}$ mm	2	超差全扣			
3		// 0.04 （3处）	6	一处超差扣2分			
4		▱ 0.03 （6处）	12	一处超差扣2分			
5		⊥ 0.03 A B	4	超差全扣			
6		⊥ 0.03 A C	4	超差全扣			
7	外六角体	$28_{-0.06}^{0}$ mm（3处）	6	一处超差扣2分			
8		$15_{-0.06}^{0}$ mm	2	超差全扣			
9		▱ 0.03 （6处）	12	一处超差扣2分			
10		// 0.06 A （3处）	6	一处超差扣2分			
11		丨 0.04 B （6处）	12	一处超差扣2分			
12	锉配	配合间隙≤0.06 mm（10处）	10	一处超差扣1分			
13		表面粗糙度 *Ra*3.2 μm	6	升高一级全扣			
14	安全文明生产		10	酌情扣分			

三、燕尾镶配

1. 训练内容

完成如图 2—12—14 所示燕尾的镶配加工。

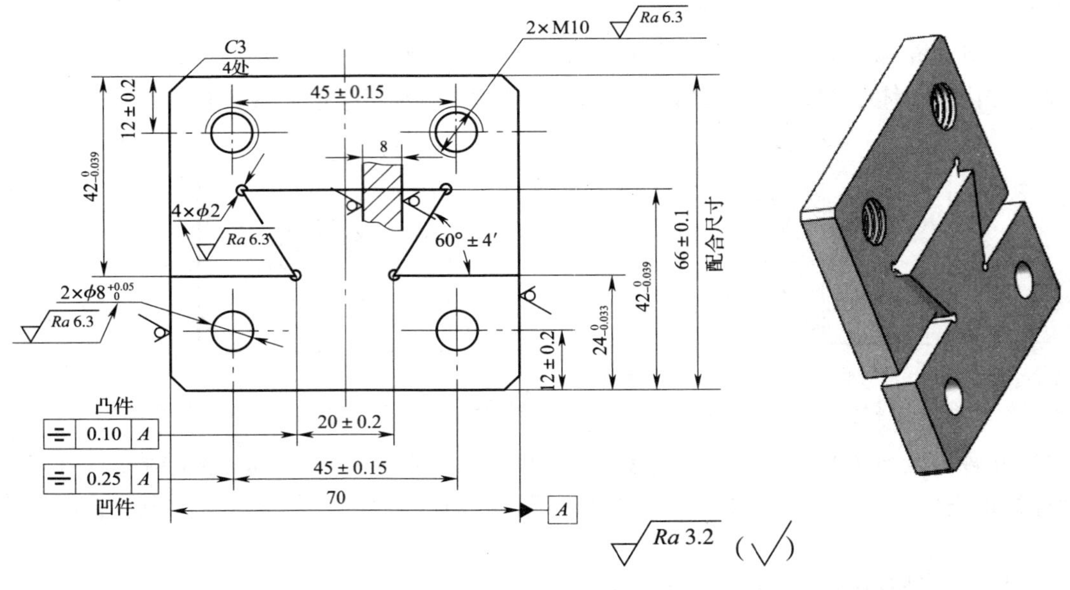

图 2—12—14 燕尾

2. 训练准备

（1）工具、量具、刀具：划针、样冲、划规、錾子、锤子、锯弓、锯条、平锉、三角锉、方锉、直柄麻花钻（ϕ2 mm、ϕ8 mm、ϕ8.5 mm、ϕ11 mm）、M10 丝锥、铰杠、钢直尺、游标高度尺、游标卡尺、直角尺、刀口尺、0 ~ 25 mm 千分尺、25 ~ 50 mm 千分尺、50 ~ 75 mm 千分尺、百分表（带磁性表座）。

（2）材料：88 mm × 71 mm × 8 mm，45 钢。

3. 操作步骤

（1）检查来料尺寸是否符合图样要求。

（2）自制 60°角样板（见图 2—12—15）。

（3）检查来料尺寸，按图样要求划燕尾凹凸件加工线。钻 4 × ϕ2 mm 工艺孔，燕尾凹槽用 ϕ11 mm 麻花钻钻孔，再锯削分割凹凸燕尾件（见图 2—12—16）。

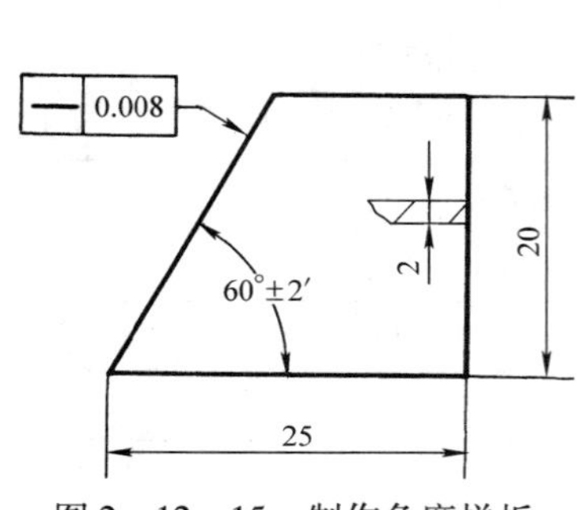

图 2—12—15 制作角度样板

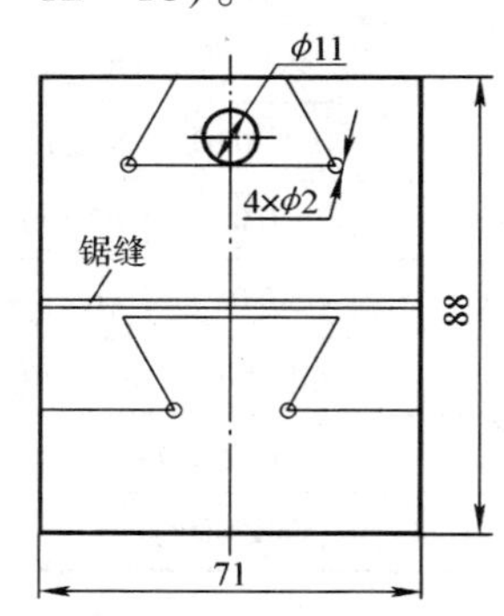

图 2—12—16 划线、钻孔、锯削

（4）加工燕尾凸件（见图2—12—17）。

1）按划线锯削材料，留有加工余量0. 8 ~ 1. 2 mm。

2）锉削燕尾槽的一个角，完成60° ±4′及$24^{\ 0}_{-0.033}$ mm尺寸，达到表面粗糙度$Ra3.2$ μm的要求.

①如图2—12—18所示，用百分表测量控制加工面1与底面平行度，并用千分尺控制尺寸24 mm。

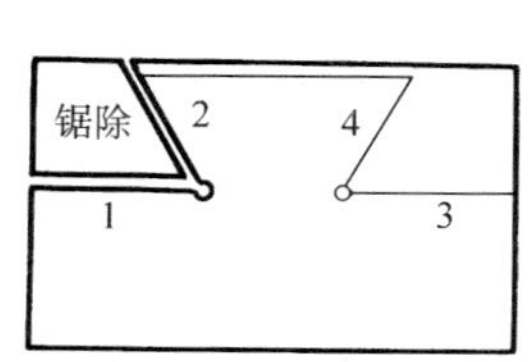

图2—12—17　加工燕尾凸件

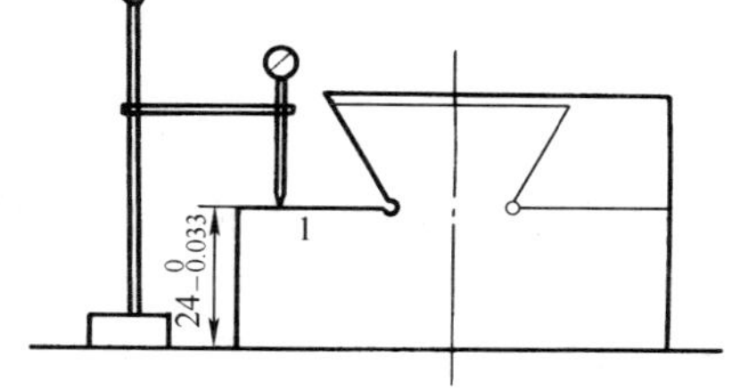

图2—12—18　百分表测量加工面

②利用圆柱测量棒间接测量法，控制边角尺寸M（见图2—12—19）。

测量尺寸M与样板尺寸B及圆柱测量棒直径d之间的关系如下：

$$M = B + \frac{d}{2}\cot\frac{\alpha}{2} + \frac{d}{2}$$

式中　M——测量读数值，mm；

B——图样技术要求尺寸，mm；

d——圆柱测量棒直径，mm；

α——斜面的角度值。

③用自制样板测量控制60°角（见图2—12—20）。

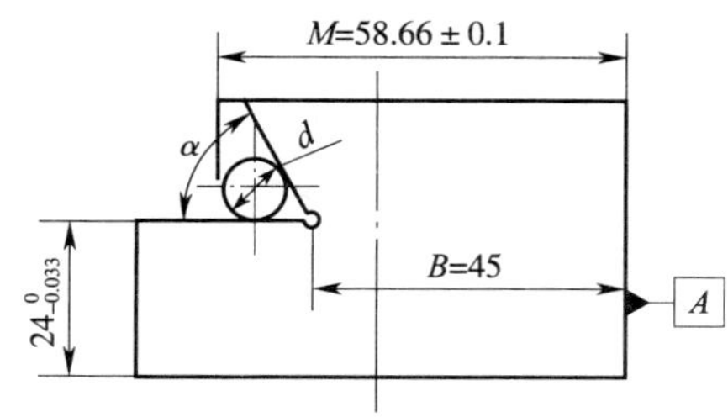

图2—12—19　测量棒间接测量尺寸

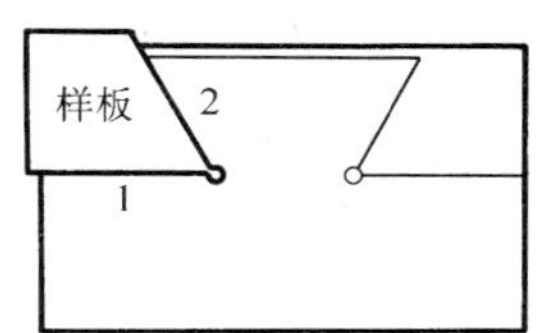

图2—12—20　用自制样板测量凸件的角度

3）按划线锯削另一侧60°角，留有加工余量0. 8 ~ 1. 2 mm（见图2—12—21）。

4）如图2—12—22所示，锉削加工另一侧60°角面3与面4，完成60° ±4′及$24^{\ 0}_{-0.033}$ mm尺寸，方法同上。

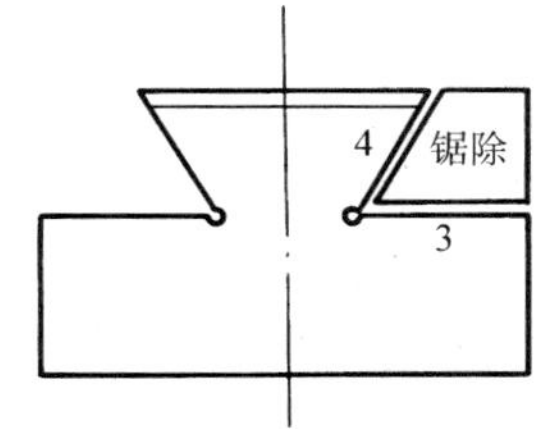

图2—12—21　锯削另一侧角度

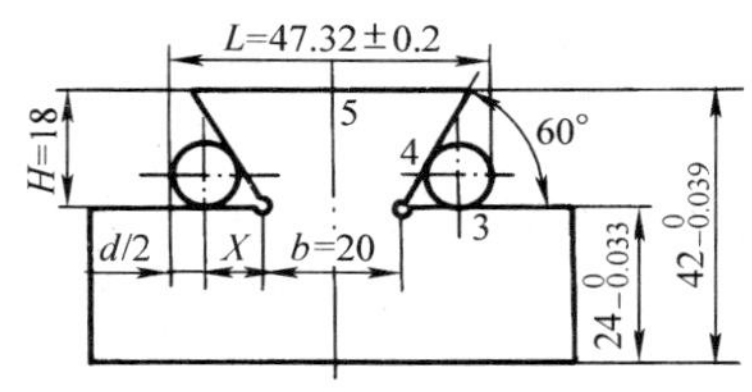

图2—12—22　锉削另一侧加工面

L 的计算方法如下：

已知圆柱测量棒直径 $d=\phi10$ mm，$\alpha=60°$，$b=20$ mm。

计算公式：

$$L=b+d+d\cot\frac{\alpha}{2}=20+10+10\times\cot30°=47.32\ \text{mm}$$

5）锉削加工面 5，达到 $42_{-0.039}^{\ 0}$ mm 外形尺寸。

6）检查各部分尺寸，去掉边棱、毛刺。

（5）加工燕尾凹件

1）如图 2—12—23 所示，锯去燕尾凹槽余料，各面留有加工余量 0.8～1.2 mm。

2）按划线锉削面 6、面 7 和面 8，并留 0.1～0.2 mm 修配余量，用凸件与凹件配作，并达到图样要求和换位要求。

①如图 2—12—24 所示，用百分表测量控制面 6 与底面平行。

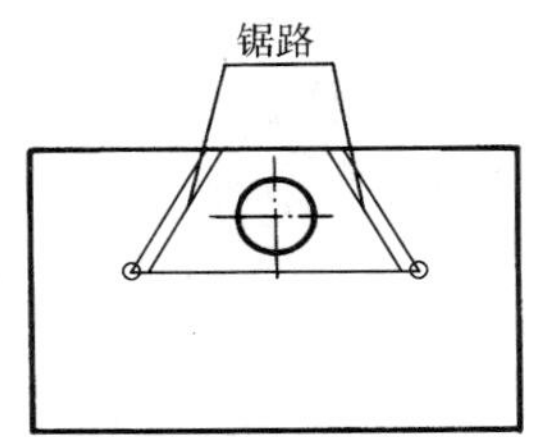

图 2—12—23　锯削燕尾凹槽

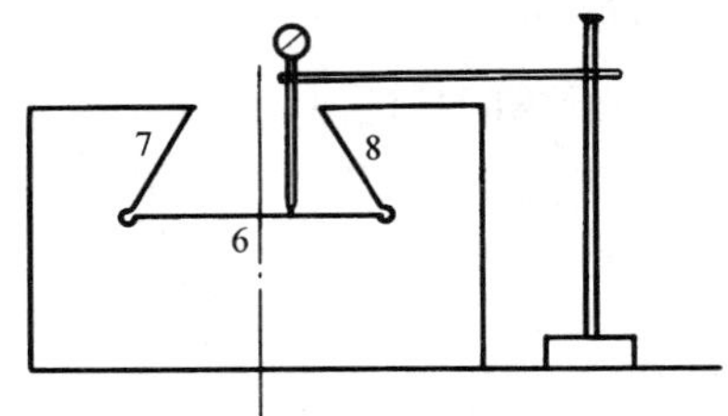

图 2—12—24　用百分表测量平行度

②如图 2—12—25 所示，用自制 60°样板测量控制内 60°角。

③用 $\phi10$ mm 圆柱测量棒测量控制尺寸 A（见图 2—12—26）。

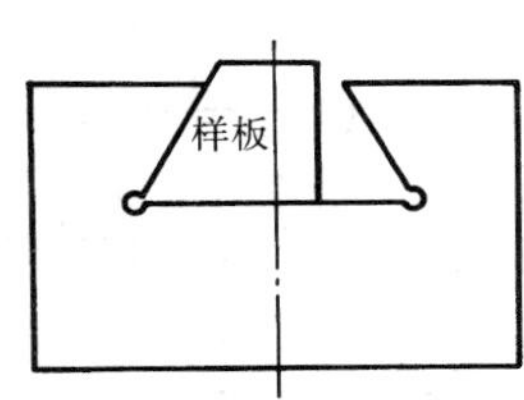

图 2—12—25　用自制样板测量凹件的角度

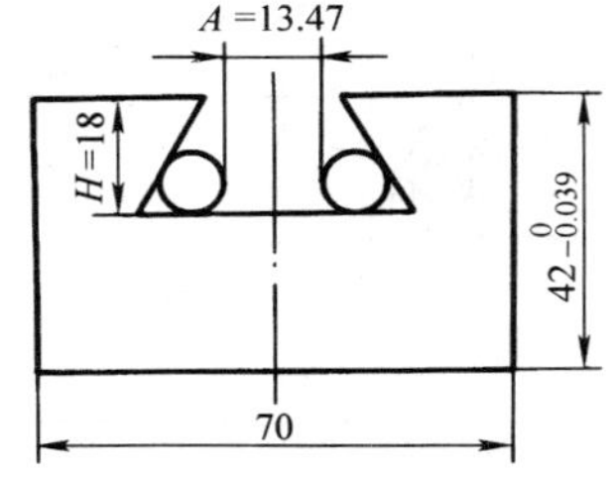

图 2—12—26　测量棒控制尺寸 A

内燕尾槽计算方法如下：

已知 $H=18$ mm，$b=20$ mm，$\alpha=60°$。

计算公式：

$$A=b+\frac{2H}{\tan\alpha}-\left(1+\frac{1}{\tan\frac{1}{2}\alpha}\right)d=2-+\frac{36}{\sqrt{3}}-\left(1+\frac{1}{\tan30°}\right)\times10=13.47\ \text{mm}$$

3）锉削加工凹燕尾外形，达到 $42_{-0.039}^{\ 0}$ mm 尺寸及锉削加工 4 处 $C3$ mm 斜面。

（6）按划线钻 $2\times\phi8$ mm 的孔，达到孔距要求。再钻 $2\times\phi8.5$ mm 的孔，并用 M10 手用丝锥进行攻螺纹，达到图样要求。

（7）复检各尺寸，去毛刺，倒棱。

4. 评分标准（见表2—12—3）

表2—12—3 **评分标准**

序号	项目与技术要求		配分	评分标准	检测结果		得分
					学生自测	教师检测	
1	锉配	$42_{-0.039}^{0}$ mm（3处）	12	一处超差扣4分			
2		$24_{-0.033}^{0}$ mm（2处）	8	一处超差扣4分			
3		60°±4′（2处）	8	一处超差扣4分			
4		（20±0.20）mm	4	超差全扣			
5		表面粗糙度 $Ra3.2$ μm	8	升高一级全扣			
6		⌯ 0.1 A	4	超差全扣			
7		配合间隙≤0.04 mm（5处）	20	一处超差扣4分			
8		错位量≤0.06 mm	4	超差全扣			
9	钻孔、攻螺纹	$2\times\phi8_{0}^{+0.05}$ mm	2	一处超差扣1分			
10		2×M10	2	一处超差扣1分			
11		（12±0.20）mm（4处）	4	一处超差扣1分			
12		（45±0.15）mm（2处）	4	一处超差扣2分			
13		表面粗糙度 $Ra6.3$ μm（4处）	4	一处升高一级扣1分			
14		⌯ 0.25 A	6	超差全扣			
15	安全文明生产		10	酌情扣分			

四、锤子制作

1. 训练内容

完成如图2—12—27所示锤子的制作。

2. 训练准备

（1）工具、量具、刀具：划规、划针、样冲、锯弓、锯条、扁錾、尖錾、锤子、平锉、圆锉、砂布、麻花钻、钢直尺、半径样板、游标卡尺、刀口尺、直角尺。

（2）材料：150 mm×50 mm×40 mm，45钢。

3. 操作步骤

（1）检查来料尺寸是否符合图样要求。

（2）加工锤柄孔　将长方体置于平板，划出中心线及锤柄孔线（见图2—12—28）、用 $\phi15.8$ mm麻花钻在锤柄孔位钻出两个通孔，然后按图样要求将锤柄孔锉成喇叭形。

（3）按图样要求划出锤子的轮廓加工线。

（4）先将长方体两端锉成正方体，再锉上、下部分的4处过渡圆弧槽（见图2—12—29）然后将锤体上下四方体锉成八棱柱形，将上、下4处圆弧槽锉成图样要求的尺寸（见图2—12—30）。

（5）按图样要求将锤体中部加工成桃形凸面（见图2—12—31）。

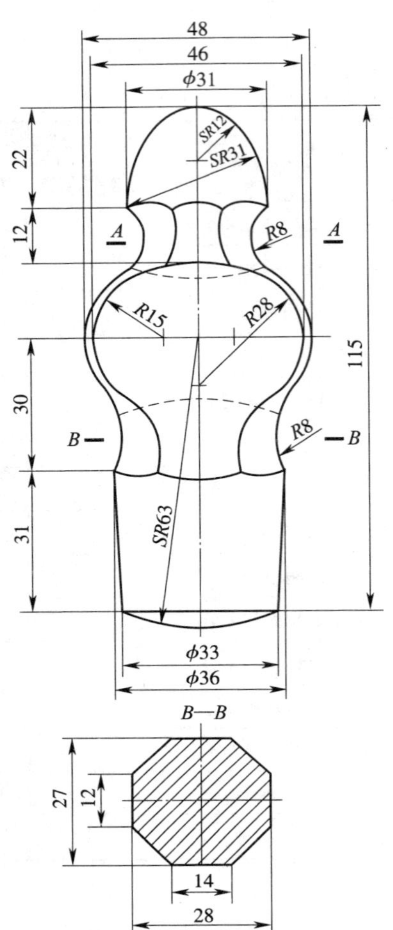

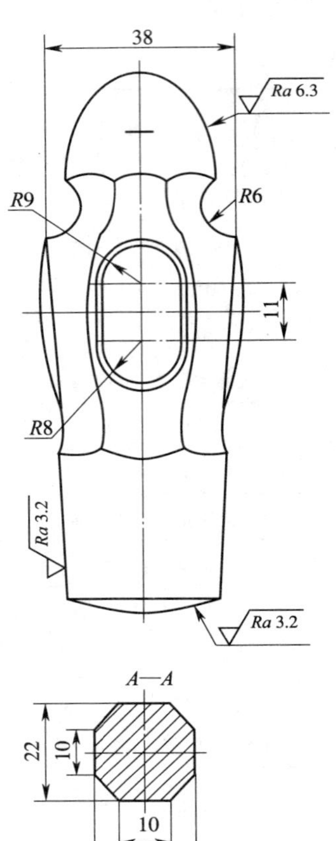

图 2—12—27　锤子

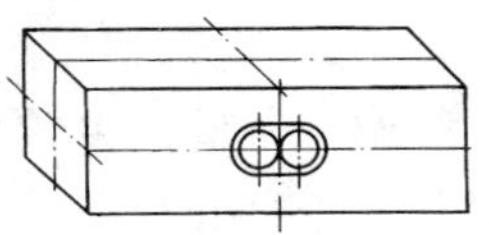

图 2—12—28　加工锤柄

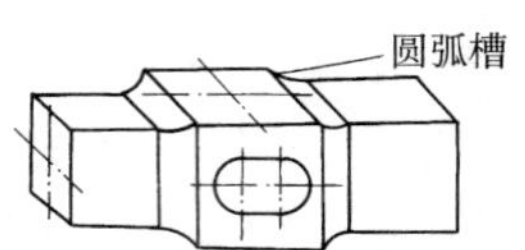

图 2—12—29　锉削四方体及圆弧槽

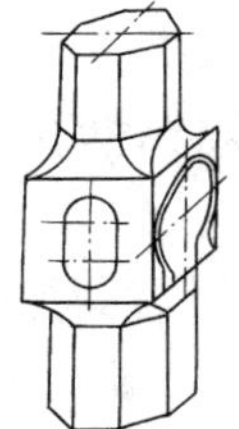

图 2—12—30　锉削八棱柱体

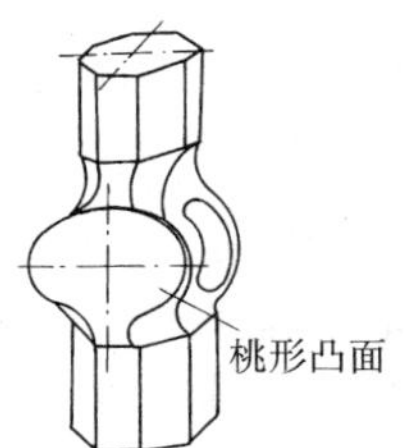

图 2—12—31　加工中部桃形凸面

（6）将下端部分锉成圆锥台，上端部分锉削成球面形，并达到图样要求（见图2—12—32）。

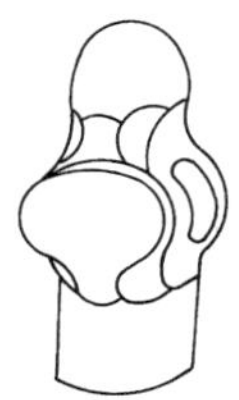

图2—12—32　加工上、下端

（7）将锤两端淬火处理，硬度为48～55HRC，最后打磨抛光。

4. 评分标准（见表2—12—4）

表2—12—4　　评分标准

<table>
<tr><th rowspan="2">序号</th><th colspan="2" rowspan="2">项目与技术要求</th><th rowspan="2">配分</th><th rowspan="2">评分标准</th><th colspan="2">检测结果</th><th rowspan="2">得分</th></tr>
<tr><th>学生自测</th><th>教师检测</th></tr>
<tr><td>1</td><td rowspan="5">锉削</td><td>各部分尺寸公差≤0.2 mm</td><td>30</td><td>一处超差扣3分</td><td></td><td></td><td></td></tr>
<tr><td>2</td><td>各曲面、圆弧连接圆滑</td><td>15</td><td>不符合要求全扣</td><td></td><td></td><td></td></tr>
<tr><td>3</td><td>外形左右、前后对称</td><td>15</td><td>不符合要求全扣</td><td></td><td></td><td></td></tr>
<tr><td>4</td><td>外形美观</td><td>20</td><td>不符合要求全扣</td><td></td><td></td><td></td></tr>
<tr><td>5</td><td>表面粗糙度 Ra3.2 μm</td><td>10</td><td>升高一级全扣</td><td></td><td></td><td></td></tr>
<tr><td>6</td><td colspan="2">安全文明生产</td><td>10</td><td>酌情扣分</td><td></td><td></td><td></td></tr>
</table>

第三单元

机床夹具知识

课题一 机床夹具

在机床上用来安装工件以确定工件与刀具的相对位置，并将工件夹紧的装置，称为机床夹具（简称夹具）。夹具作为一种装夹工件的工艺装备，是机械加工工艺系统的重要组成部分，在机械加工中占有十分重要的地位，广泛应用于机械加工、装配、检验等工艺中。

一、机床夹具概述

1. 机床夹具的组成

如图3—1—1所示为某轴套的零件图，其中ϕ12H9孔需要钻削加工，要求该孔轴线位于距左端面（30 ±0.1）mm处，且限定在间距等于0.05 mm、对称于基准轴线*A*和基准中心平面*B*的两平行平面之间。为满足此项技术要求，便于加工，采用了如图3—1—2所示的机床（钻床）夹具。它由以下几部分组成：

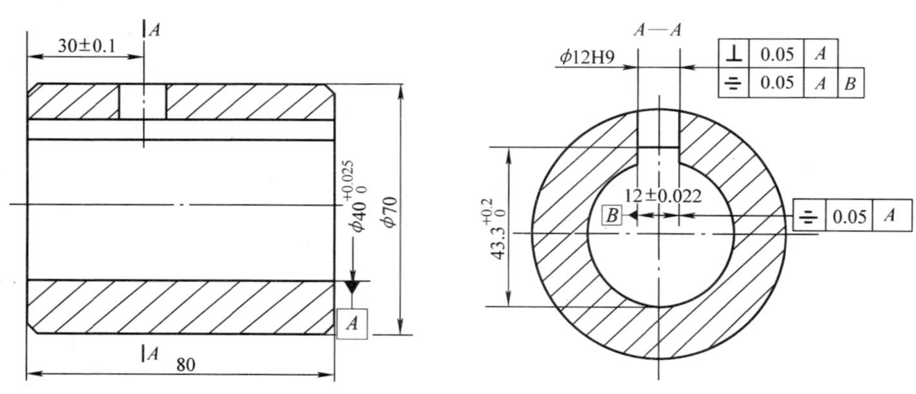

图3—1—1　某轴套零件图

（1）定位元件　确保工件在机床上或夹具中占有正确位置的元件（起定位作用的零、部件）称为定位元件。如图3—1—2中的定位心轴3和定位销7以及夹具体6的内平面均是定位元件。工件（图中双点划线所示）通过ϕ40 mm内孔以及宽12 mm的键槽，安装在夹具的定位心轴和定位销上。钻孔时定位心轴与钻床主轴垂直，可保证ϕ12H9孔中心线对ϕ40 mm孔中心线的垂直度，定位销则保证ϕ12H9孔的对称度。

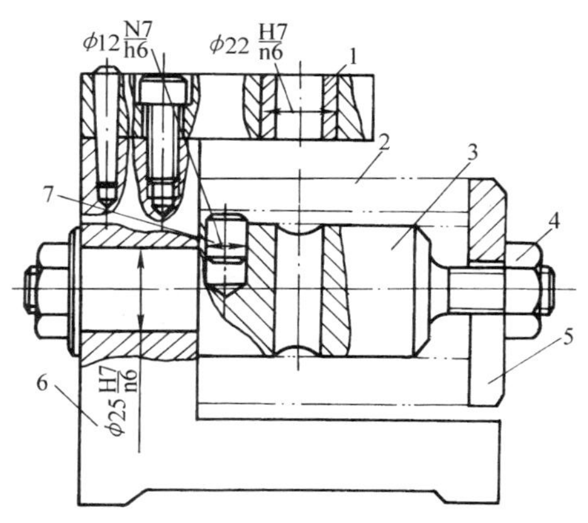

图 3—1—2　某轴套钻床夹具

1—钻套　2—工件　3—定位心轴　4—螺母　5—开口垫圈　6—夹具体　7—定位销

（2）夹紧装置　工件定位后将其固定，使其在加工过程中保持定位位置不变的装置（起夹紧作用的零、部件）称为夹紧装置。如图 3—1—2 中的螺母 4 和开口垫圈 5 均为夹紧件，克服切削力等外力作用，使工件保持在正确的定位位置上。

（3）导向元件　确定刀具相对于工件正确位置并引导刀具沿正确方向进行切削的元件（起引导刀具作用的零、部件）称为导向元件。如图 3—1—2 中的钻套 1 可用来引导钻头到正确位置上钻孔，同时增加钻削时钻头的稳定性，提高加工精度。

（4）夹具体　将定位元件、夹紧装置、导向元件等连接成一个整体的基础件（起支承作用的零、部件）称为夹具体，如图 3—1—2 中的件 6。

（5）其他元件及装置　其他元件及装置包括用于改变工件与刀具相对位置以获得多个工位的分度装置；非手动夹具中作为生产动力部分的气缸、液压缸及电磁装置；靠模装置及连接元件、自动定心装置等。

一般机床夹具至少由夹具体、定位元件和夹紧装置这三部分组成。而导向元件或某些辅助装置（如连接元件、对刀元件、分度装置等）则根据夹具的作用和要求而定。

2. 机床夹具的作用

（1）保证加工精度　使用夹具的主要作用是保证工件上被加工表面与基准间的相互位置精度，如表面之间的尺寸精度、平行度、垂直度、对称度、同轴度等。由图 3—1—2 可知，轴套在加工时，避免了因划线和找正而造成的加工误差，其零件的加工精度主要取决于夹具的制造精度。因此采用夹具后更容易保证零件的精度技术要求，且在成批生产时，能始终保持加工精度的稳定性。如图 3—1—1 所示，$\phi12H9$ 孔轴线对 $\phi40^{+0.025}_{0}$ mm 孔轴线的垂直度和对称度，（30 ±0.1）mm 的尺寸精度都必须用夹具保证。它比划线找正加工的精度高，成批生产时，零件加工精度稳定。

（2）提高劳动生产率，降低加工成本　采用夹具后，省去了划线、找正等工序，且装夹方便、迅速、安全、可靠，大大缩短了辅助时间。同时在导向元件的作用下，可加大切削用量，减少切削时间。因此，能提高劳动生产率，降低产品的加工成本，并能减轻操作者的劳动强度。

（3）扩大机床加工范围　使用夹具还可以扩大机床的加工范围，充分发挥机床的工艺性能，实现一机多用，解决缺乏某种设备的困难。例如，在车床或摇臂钻床上使用镗模，则可以代替镗床做镗孔加工。

3．机床夹具分类

由于被加工零件的结构和加工工艺要求有所不同，所以机床夹具的类型繁多。通常可按表3—1—1进行分类。

表3—1—1　　常用金属切削机床夹具的分类

分类方法	夹具种类	说　明
按通用特性分	专用夹具	专为某一工件的某一工序而设计的夹具
	通用夹具	加工两种或两种以上工件的同一夹具
	组合夹具	由可循环使用的标准夹具零、部件（或专用零、部件）组装成易于连接、拆卸和重组的夹具
	可调夹具	通过调整或更换个别零、部件，能适用多种工件加工的夹具
	成组夹具	根据成组技术原理设计的用于成组加工的夹具
	标准夹具	已纳入标准的夹具
按夹紧方式分	手动夹具	以人力产生夹紧力的夹具
	气动夹具	以压缩空气产生夹紧力的夹具
	液压夹具	以压力油产生夹紧力的夹具
	电动夹具	以电力产生夹紧力的夹具
	磁力夹具	以磁力产生夹紧力的夹具
	自夹紧夹具	用离心力或切削力自动夹紧工件的夹具
按使用机床分	车床夹具	在车床上使用的夹具
	铣床夹具	在铣床上使用的夹具
	镗床夹具	在镗床上使用的夹具
	钻床夹具	在钻床上使用的夹具
	磨床夹具	在磨床上使用的夹具
	组合机床夹具	在组合机床上使用的夹具

二、工件的定位

为了保证工件被加工表面的技术要求，必须使工件相对刀具和机床处于正确的加工位置。确定工件在机床上或夹具中占有正确位置的过程称为定位。工件的定位是靠工件上某些表面与夹具中的定位元件（或装置）相接触来实现的。工件的定位必须使一批工件逐次放入夹具中都能占有同一位置，能否保证工件加工位置的一致性，直接影响到工件的加工精度。

定位基准是指在加工过程中，使工件在夹具中（或机床上）占有准确加工位置所依据的基准。

1．工件定位原理

（1）六点定位规则　一个尚未定位的工件，其位置是不确定的，可以视为在空间直角坐标系中的自由物体。如图3—1—3所示，在空间直角坐标系中，工件可沿三个坐标轴自由移动和绕这三个坐标轴自由转动。通常把这种运动的可能性称为自由度。用 $\vec{x}$、$\vec{y}$、$\vec{z}$ 分别表示沿 x 轴、y 轴和 z 轴的移动自由度，用 $\overset{\curvearrowright}{x}$、$\overset{\curvearrowright}{y}$、$\overset{\curvearrowright}{z}$ 分别表示绕 x、y、z 轴的转动自由度。也就是说任何物体在空间中，如果不加任何约束和限制，它都具有以上六个自由度。因此，要使工件在夹具中占有确定的位置，就必须限制这六个自由度。

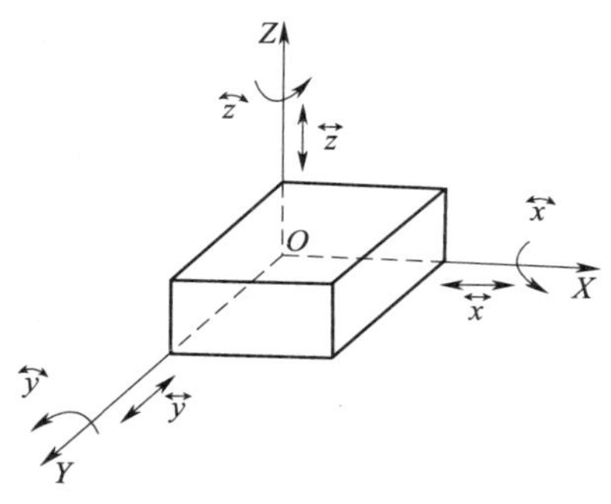

图 3—1—3　工件的六个自由度

用合理分布的六个定位支承点与工件定位基准面接触来限制工件的六个自由度，使工件在夹具中的位置完全确定的方法，称为六点定位规则，简称“六点定则”。

为使工件在夹具中的位置完全确定，六个定位支承点必须根据工件形状和加工要求合理分布。

（2）长方体工件定位　如图 3—1—4 所示，在长方体工件上加工槽时，为保证尺寸 $A\pm\Delta A$，需要限制工件的 $\vec{z}$、$\overset{\curvearrowright}{x}$、$\overset{\curvearrowright}{y}$ 三个自由度；为保证尺寸 $B\pm\Delta B$，需限制 $\vec{x}$、$\overset{\curvearrowright}{z}$ 两个自由度；为保证尺寸 $C\pm\Delta C$，需限制 $\vec{y}$ 自由度。所以应将工件的六个自由度全部加以限制，才能满足所有加工要求，其支承点应按图 3—1—5 所示分布。

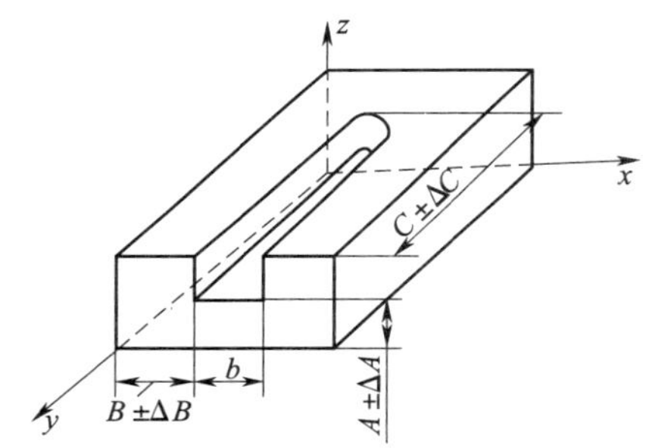

图 3—1—4　长方体工件加工要求简图

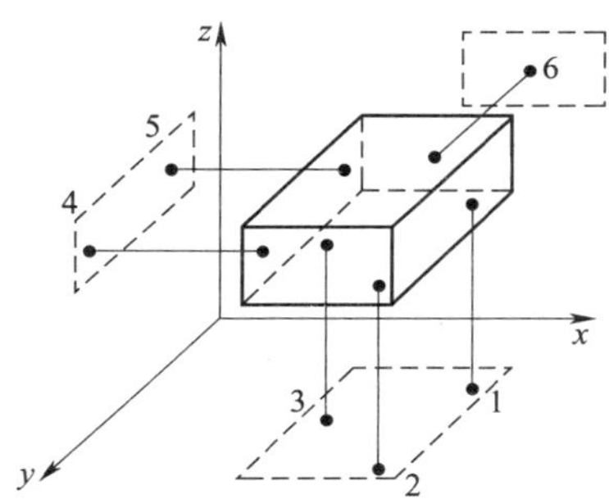

图 3—1—5　长方体工件定位支承点分布

在工件的底面上均匀地布置三个支承点，可限制工件的 $\vec{z}$、$\overset{\curvearrowright}{x}$、$\overset{\curvearrowright}{y}$ 三个自由度，该平面称为主要定位基准面。这三个定位支承点应处于同一个水平面内，且相互距离要尽可能远（所组成的三角形面积尽可能大），如图 3—1—6a 所示，这样工件安放越平稳，也容易保证其各表面间的位置精度。由于主要定位基准面通常要承受较大的外力（如夹紧力、切削力等），所以往往选取工件上最大的表面作为主要定位基准面。主要定位基准的三个支承点，不能处于同一直线上，否则 $\overset{\curvearrowright}{y}$ 不能限制，如图 3—1—6b 所示。

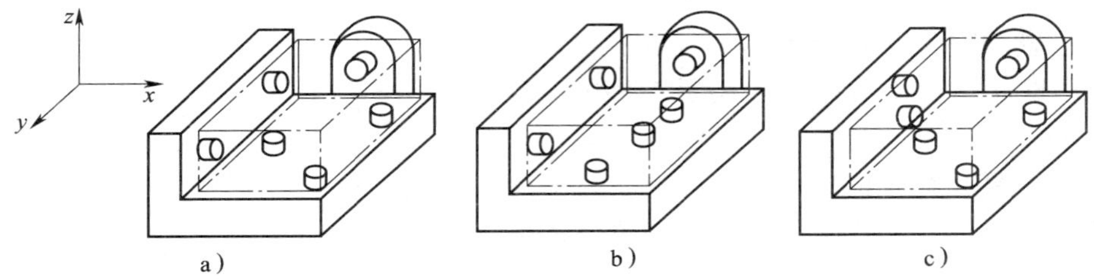

图 3—1—6　长方体工件定位支承点分布分析

a）正确　b）主要定位基准错误　c）导向定位基准错误

在工件的垂直侧面上布置两个支承点，可限制工件的 $\overleftrightarrow{x}$、$\overset{\frown}{z}$两个自由度，该平面称为导向定位基准面。要求两支承点距离要远些，并且要在同一平面上，以便导向正确。一般应选取工件上狭而长的表面为导向定位基准面。导向定位基准的两个支承点的连线不能与主要定位基准面垂直，否则$\overset{\frown}{z}$不能限制，如图 3—1—6c 所示。

在工件的正垂直面上布置一个支承点，可限制工件的 $\overleftrightarrow{y}$ 自由度，该平面称为止推定位基准面。一般选取工件上最窄小且与切削力方向相对应的表面作为止推定位基准面。

（3）长轴类工件定位　如图 3—1—7a 所示，在轴上铣槽，为保证槽宽 b 的中心平面相对于轴线对称，需在轴的侧母线上布置两个支承点，限制 $\overleftrightarrow{x}$、$\overset{\frown}{z}$两个自由度；为保证槽深尺寸 $H \pm \Delta H$ 及槽底面与轴线的平行度，需在下母线上布置两个支承点，限制 $\overleftrightarrow{x}$、$\overset{\frown}{x}$两个自由度；为保证槽 b 与已有槽的相对位置，需在已有槽内布置一个支承点，限制 $\overset{\frown}{y}$自由度；为保证槽的长度尺寸 $L \pm \Delta L$，需在轴的端面上布置一个支承点，限制 $\overleftrightarrow{y}$ 自由度。其支承点应按图 3—1—7b 所示分布。

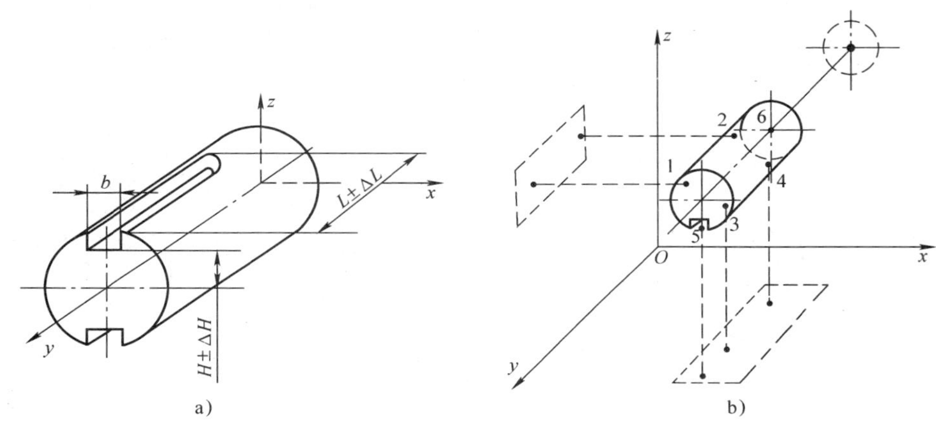

图 3—1—7　长轴类工件定位

a）长轴类工件加工要求简图　b）长轴类工件定位支承点分布

圆柱面上布置的四个支承点，称为双导向支承。在端面上的一个支承点，限制一个移动自由度，称为止推支承。键槽上的支承点，限制一个转动自由度，称为防转支承。防转支承应尽可能远离回转中心，以减小转角误差。

（4）盘类工件定位　如图 3—1—8 所示，端面定位支承点 1、3、4 限制了工件的 $\overleftrightarrow{x}$、$\overset{\frown}{y}$、$\overset{\frown}{z}$三个自由度；短心轴的定位支承点 5、6 限制了工件的 $\overleftrightarrow{y}$、$\overleftrightarrow{z}$ 两个自由度；防转支承点 2 限制了工件的 $\overset{\frown}{x}$自由度。

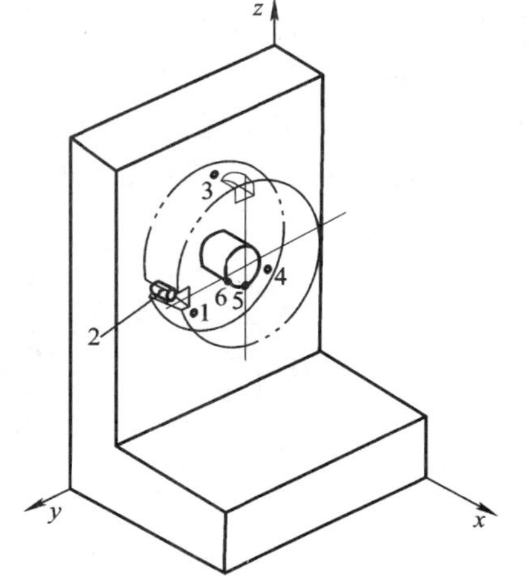

图 3—1—8　盘类工件定位支承点分布分析

（5）六点定位规则的应用　实际上工件加工时并非一定需要限制六个自由度才能使其位置正确地确定下来，而应根据不同工件的具体加工要求，限制它们某几个或全部自由度。定位支承点的布置则取决于工件的结构形状。表 3—1—2 列出了几种工件及其加工要求和为保证加工质量应限制的自由度数量。

表 3—1—2　　　　满足加工要求必须限制的自由度

序号	简图	加工要求		需限制的自由度
1	加工面（平面）	（1）尺寸 A （2）加工面与底面的平行度		$\vec{z}$、$\overset{\frown}{x}$、$\overset{\frown}{y}$
2	加工面（键槽）	（1）尺寸 A、L （2）槽与圆柱轴线平行并对称		$\vec{x}$、$\vec{y}$、$\vec{z}$、$\overset{\frown}{x}$、$\overset{\frown}{z}$
3	加工面（圆孔）	（1）尺寸 B、L （2）孔轴线与底面的垂直度	通孔	$\vec{x}$、$\vec{y}$、$\overset{\frown}{x}$、$\overset{\frown}{y}$、$\overset{\frown}{z}$
			不通孔	$\vec{x}$、$\vec{y}$、$\vec{z}$、$\overset{\frown}{x}$、$\overset{\frown}{y}$、$\overset{\frown}{z}$
4	加工面（圆孔）	（1）孔与外圆柱面的同轴度 （2）孔轴线与底面的垂直度	通孔	$\vec{x}$、$\vec{y}$、$\overset{\frown}{x}$、$\overset{\frown}{y}$
			不通孔	$\vec{x}$、$\vec{y}$、$\vec{z}$、$\overset{\frown}{x}$、$\overset{\frown}{y}$
5	加工面（两圆孔）	（1）尺寸 R （2）以圆柱轴线为对称轴，两孔对称 （3）两孔轴线垂直于底面	通孔	$\vec{x}$、$\vec{y}$、$\overset{\frown}{x}$、$\overset{\frown}{y}$、$\overset{\frown}{z}$
			不通孔	$\vec{x}$、$\vec{y}$、$\vec{z}$、$\overset{\frown}{x}$、$\overset{\frown}{y}$、$\overset{\frown}{z}$

2．定位方法和定位元件选用

工件在夹具中定位，实际是定位支承点布置的具体实施，靠定位元件来完成。定位方法和定位元件的选用，应根据工件加工要求和定位基准的形状特点，确定定位支承点数目和布置方案，进而选定合适的定位元件，以保证工件定位的稳定性，并使定位误差最小。

（1）工件以平面定位　工件在夹具中，大多数都以平面作为定位基准面，为增加定位的刚度和稳定性，常以支承钉或支承板等来充当理论上的支承点，其定位方法见表3—1—3。夹具中的支承分为基本支承和辅助支承两类。

1）基本支承　基本支承是用来限制工件自由度，具有独立定位作用的定位支承。常用的有支承钉、支承板、自位支承和可调支承等。

①支承钉　如图3—1—9所示，A型平头支承钉，适用于定位基准较光滑的工件平面；B型球头支承钉接触面积较小，便于与粗糙表面稳定接触，适用于工件粗基准定位；C型齿纹头支承钉可增大接触面间的摩擦力，更适合于粗基准侧面定位。支承钉多用于工件平面上需三点定位及侧面支承的场合。

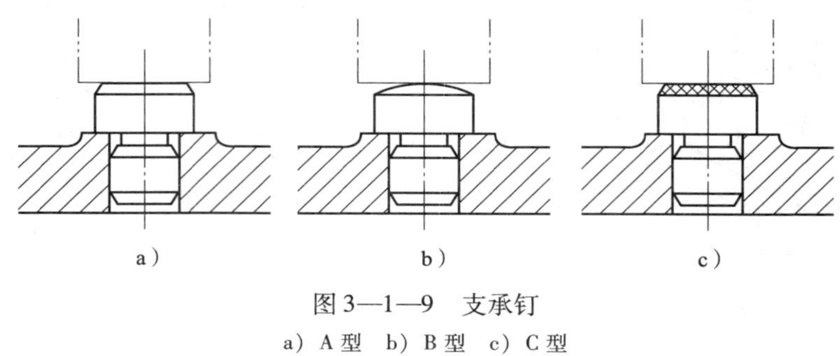

图3—1—9　支承钉

a）A型　b）B型　c）C型

②支承板　如图3—1—10所示，A型支承板结构简单，制造方便，但易将切屑埋在沉头螺钉坑中，不易清除，适用于侧面精基准定位支承；B型支承板便于清除切屑，制造略嫌麻烦，适用于底面精基准定位支承。

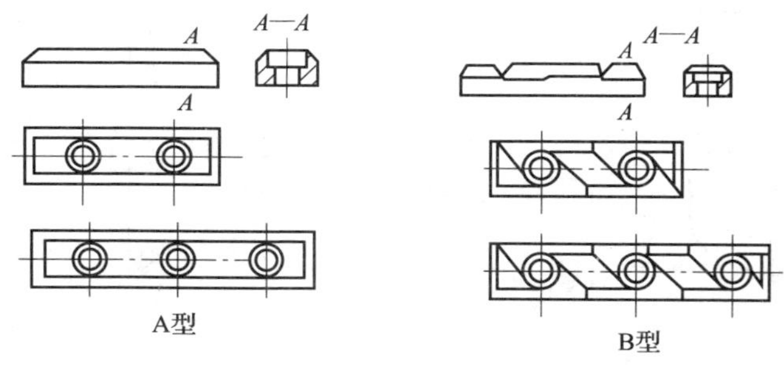

图3—1—10　支承板

③自位支承　也称浮动支承，是指支承本身在定位时所处的位置可以变动，以适应工件定位基准的变化。如图3—1—11所示为杠杆式两点自位支承，定位时虽两点接触，但只起一个定位支承点的作用。这类支承主要用于工件刚度较差，而且定位基准面的形状和位置误差较大的场合。

④可调支承　可调支承的结构形式如图3—1—12所示，当每批工件的加工余量不同，定位尺寸、基准稍有变化时，可采用可调支承。可调支承一般用于粗基准定位支承。

2）辅助支承　辅助支承是指加强工件的安装刚度而不起定位作用的支承。如图3—1—13所示，*D*为辅助支承，这种支承通常在工件定位后才与工件适当接触，以防止工件在切削力的作用下产生变形或振动。

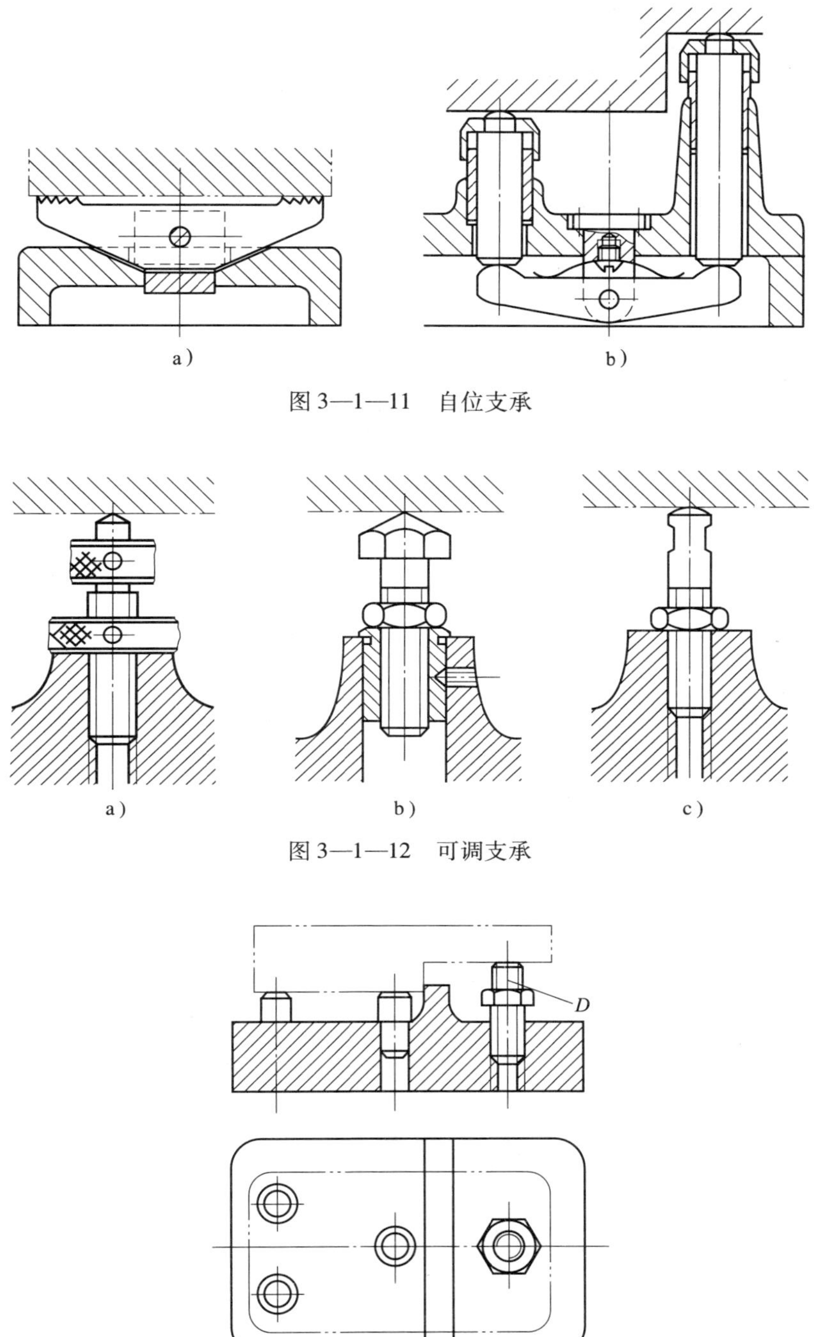

图 3—1—11　自位支承

图 3—1—12　可调支承

图 3—1—13　辅助支承

（2）工件以外圆柱面定位　工件以外圆柱面作定位基准时，主要是保证外圆柱面的轴心线在夹具中占有预定的位置。工件以外圆柱面定位时，常用的定位元件有 V 形架、定位套等。

1）V 形架　具有两个定位平面并相互形成夹角的一种定位元件，一般有 60°、90° 和 120° 三种。长 V 形架可限制四个自由度，短 V 形架可限制两个自由度，见表 3—1—3。

如图 3—1—7 所示的长轴类工件，在夹具中的定位可如图 3—1—14 所示。以长 V 形架代替在圆柱面上所需布置的四个支承点，由于工件外圆与 V 形架成两直线接触，定位点 1、2 和 4、5 限制了工件 $\vec{x}$、$\vec{z}$、$\overset{\frown}{x}$、$\overset{\frown}{z}$ 四个自由度；在端面上的一个支承钉 3 限制了 $\vec{y}$ 自由度；在键槽内的定位销 6 限制了 $\overset{\frown}{y}$ 自由度，使工件满足了定位要求。

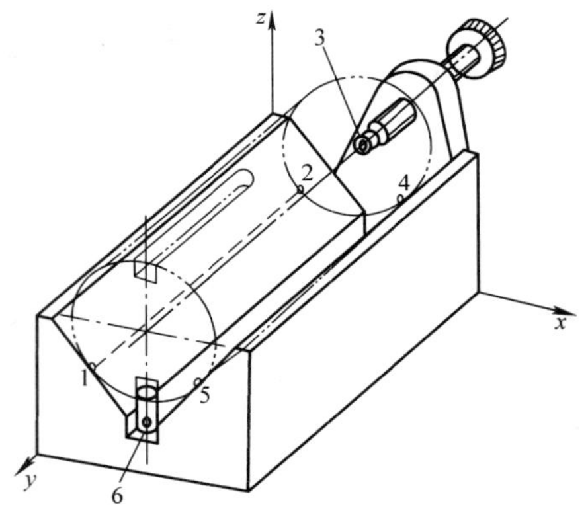

图 3—1—14　长轴类工件铣键槽定位方法

2）定位套　定位套镶在夹具体上，工件的圆柱定位基准面插入定位套中。用定位套元件对工件定位时，短套可限制两个自由度，长套可限制四个自由度，见表 3—1—3。

（3）工件以圆柱孔定位　工件以孔为定位基准时，必须使孔的中心线与夹具体上有关定位元件轴心线重合（同轴）。常用的定位元件有定位心轴和定位销，见表 3—1—3。

表 3—1—3　　**工件常用定位方法**

工件定位基准	定位元件		定位简图	限制自由度
平面	支承钉			1、2、3 – $\vec{z}$、$\overset{\frown}{x}$、$\overset{\frown}{y}$ 4、5 – $\vec{x}$、$\overset{\frown}{z}$ 6 – $\vec{y}$
	支承板			1、2 – $\vec{z}$、$\overset{\frown}{x}$、$\overset{\frown}{y}$ 3 – $\vec{x}$、$\overset{\frown}{z}$
	支承板或支承钉	短支承板或支承钉		$\vec{z}$
		长支承板或支承钉		$\vec{z}$、$\overset{\frown}{x}$

续表

工件定位基准	定位元件		定位简图	限制自由度
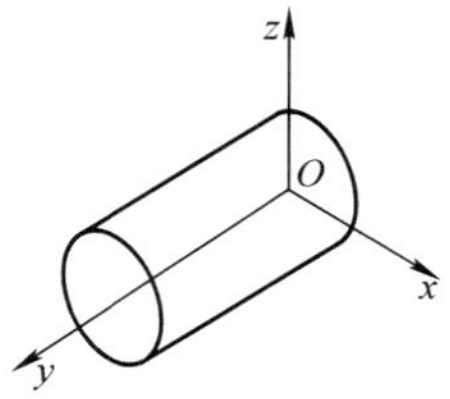 外圆柱面	V 形架	长 V 形架	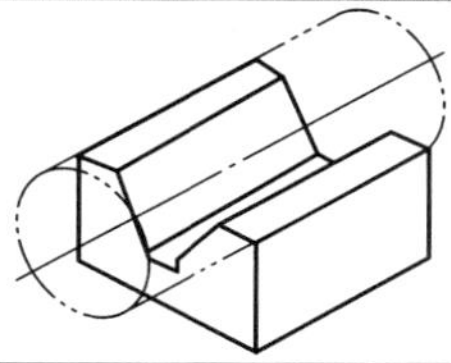	$\vec{x}$、$\vec{z}$、$\overset{\curvearrowright}{x}$、$\overset{\curvearrowright}{z}$
		短 V 形架	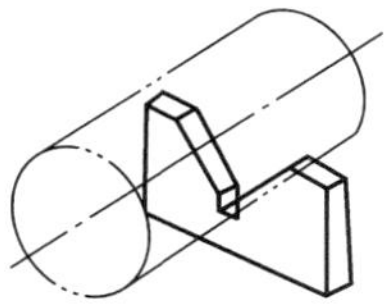	$\vec{x}$、$\vec{z}$
	定位套	长定位套	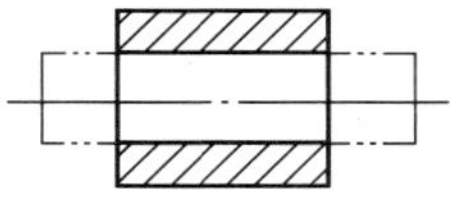	$\vec{x}$、$\vec{z}$、$\overset{\curvearrowright}{x}$、$\overset{\curvearrowright}{z}$
		短定位套	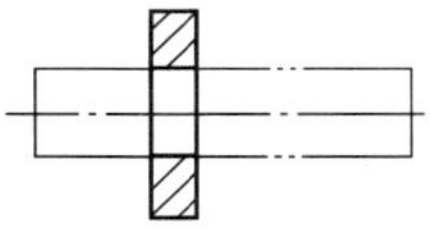	$\vec{x}$、$\vec{z}$
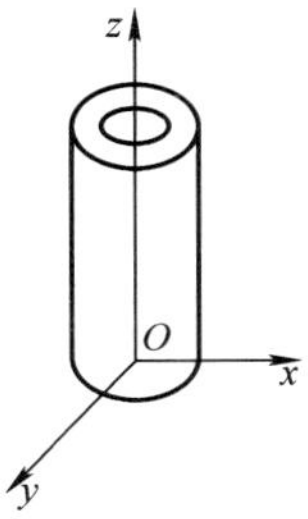 圆柱孔	定位销（心轴）	长定位销（长心轴）	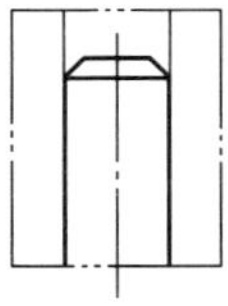	$\vec{x}$、$\vec{y}$、$\overset{\curvearrowright}{x}$、$\overset{\curvearrowright}{y}$
		短定位销（短心轴）	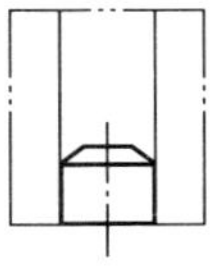	$\vec{x}$、$\vec{y}$
	菱形销	长菱形销	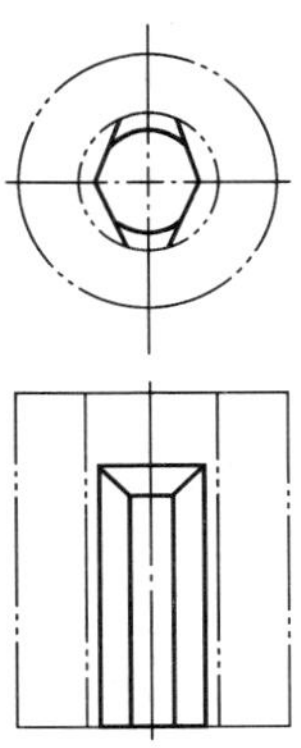	$\vec{y}$、$\overset{\curvearrowright}{x}$

续表

工件定位基准	定位元件		定位简图	限制自由度
圆柱孔	菱形销	短菱形销		$\overleftrightarrow{y}$
	短锥销	一端使用		$\overleftrightarrow{x}$、$\overleftrightarrow{y}$、$\overleftrightarrow{z}$
		两端使用	活动锥销 固定锥销	$\overleftrightarrow{x}$、$\overleftrightarrow{y}$、$\overleftrightarrow{z}$、$\overset{\frown}{x}$、$\overset{\frown}{y}$

3. 工件定位时应注意的问题

（1）完全定位和不完全定位　工件在夹具中的六个自由度全部被限制，使工件在夹具中占有完全确定的唯一位置，称为完全定位。图3—1—6a、图3—1—7b和3—1—8所示的工件定位，都是完全定位。但是，并非在所有情况下，都必须使工件完全定位。如图3—1—15所示的圆盘工件，装入钻床夹具中钻*A*孔时，只要*A*孔的轴线在以*R*为半径的圆周上即可，不要求在圆周上的哪一个位置。因此，就不需要限制工件$\overset{\frown}{z}$自由度。这种没有完全限制工件的六个自由度就能满足加工要求的定位，称为不完全定位。

（2）要防止产生欠定位　欠定位是指工件实际定位时，所限制的自由度数目少于按加工要求所必须限制的自由度数目。如加工图3—1—16所示工件上的键槽时，若*y*轴方向无定位点，则键槽沿工件轴线方向的尺寸*A*就无法控制。因此，欠定位无法保证加工质量，是绝不允许的。

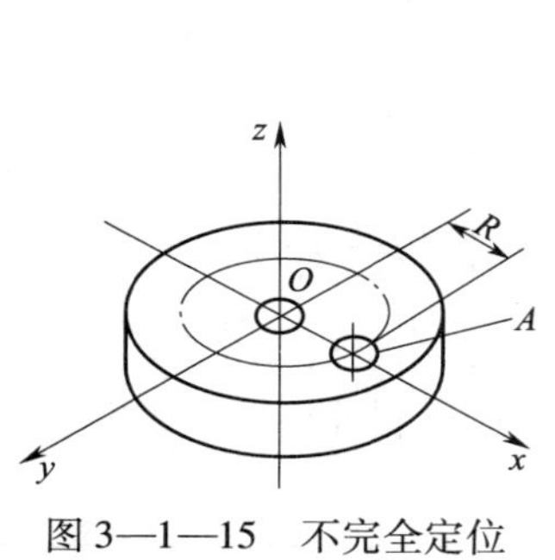

图3—1—15　不完全定位

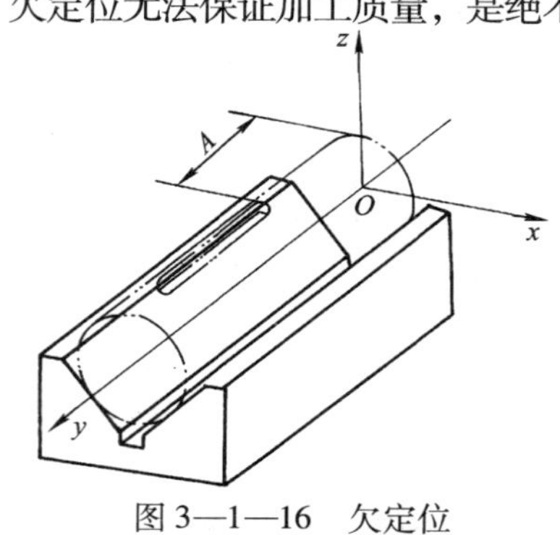

图3—1—16　欠定位

（3）正确处理过定位　在夹具中工件的几个定位支承点重复限制同一个自由度的现象，称为过定位。如图3—1—17所示，心轴的大端面限制了工件的 $\vec{x}$、$\overset{\frown}{y}$、$\overset{\frown}{z}$ 三个自由度，而长心轴限制了工件的 $\vec{y}$、$\vec{z}$、$\overset{\frown}{y}$、$\overset{\frown}{z}$ 四个自由度。此时，$\overset{\frown}{y}$、$\overset{\frown}{z}$ 两个自由度被重复限制，形成了过定位。

如果工件的定位基准面和定位元件精度不高，过定位可造成工件或定位元件夹紧后的变形。因此在工件定位时，尽量避免出现过定位现象。但是，有时为了提高工件在加工中的刚度及稳定性，在工件定位基准面和定位元件精度很高的前提下，也可适当采用过定位。

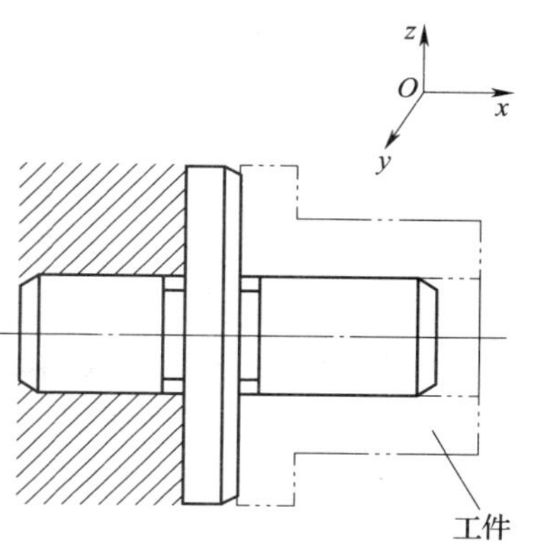

图3—1—17　过定位

知识拓展

选择定位基准时的注意事项：

（1）尽量使定位基准与设计基准重合，以消除基准不重合误差。

（2）尽量用已加工表面作为定位基准，以减小定位误差。当不得不用毛坯面作定位基准时，应尽量只使用一次，而且应选用表面较光滑、误差和加工余量较小的表面或与加工表面有直接关系的表面，以有利于保证加工精度要求。

（3）应使工件安装稳定，便于定位、夹紧，有利于使用结构简单的夹具。

三、工件的夹紧

工件定位后，为了不使工件受到切削力、离心力、惯性力以及工件自重的作用而产生位移和振动，必须对工件进行夹紧。因此，夹紧装置的合理、可靠和安全性，对工件的加工质量和效率有着重大影响。

1. 夹紧装置的组成

夹紧装置的结构均由以下三部分组成。

（1）力源装置　力源装置是产生夹紧力的装置。通常是指机动夹紧时所使用的气动、液压、电动等动力装置。如图3—1—18中的气缸便是一种力源装置。

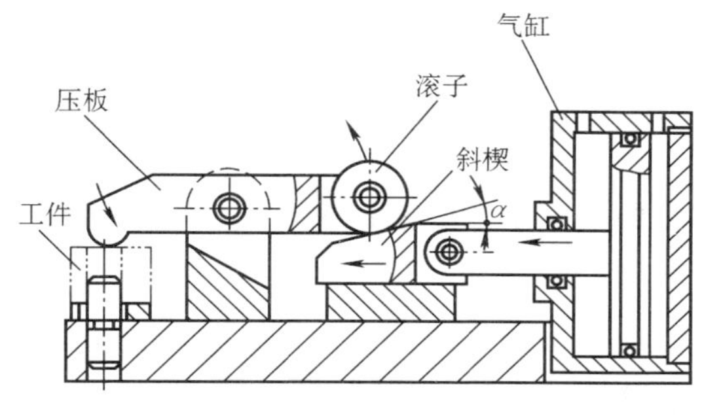

图3—1—18　夹紧装置的组成

（2）中间递力机构　中间递力机构是介于力源和夹紧元件之间的传力机构。它把力源装置的夹紧作用力传递给夹紧元件，然后由夹紧元件最终完成对工件的夹紧。一般递力机构可以在传递夹紧作用力过程中，改变夹紧作用力的方向和大小，根据需要也可具有一定的自锁性能。如图3—1—18中的斜楔为中间递力机构。

（3）夹紧元件及夹紧机构　夹紧元件是夹紧装置的最终执行元件。通过它和工件受压面直接接触而完成夹紧动作。图3—1—18中的压板即为夹紧元件。对于手动夹紧装置来说，夹紧机构则由中间递力机构和夹紧元件所组成。

2. 夹紧装置的基本要求

为了确保加工质量和提高生产率，对夹紧装置提出如下基本要求：

（1）保证加工精度。

（2）夹紧作用准确、安全、可靠。

（3）夹紧动作迅速，操作方便、省力。

（4）结构简单、紧凑，并有足够的刚度。

3. 夹紧力的确定

夹紧力包括夹紧力的大小、方向和作用点三要素。

（1）夹紧力的大小　在加工过程中，夹紧力要克服切削力、惯性力、重力等作用力的影响，即夹紧力应与上述作用力组成平衡力系。因此，夹紧力的大小必须合适。夹紧力过大，将使工件变形，增大夹紧装置的结构尺寸；夹紧力过小，夹紧不可靠，影响工件的准确定位，不能保证加工要求。

夹紧力的大小可以计算，但一般情况下可根据经验估算。

（2）夹紧力的方向　夹紧力应尽量垂直于工件的主要定位基准面，并作用在夹具的固定支承上，而且尽量与切削力、工件重力的方向一致，以增强其夹紧的效果。

如图3—1—19所示，工件上的 A、B 两面应垂直，K 孔中心线应与 B 面垂直，所以 B 为主要定位基准。然而一批工件的 A、B 面垂直度总会存在一定的误差，如 $\alpha<90°$ 或 $\alpha>90°$，显然，按图3—1—19a所示施加夹紧力 F 能满足 K 孔中心线垂直于 B 面的要求；按图3—1—19b所示施加夹紧力 F，则不能满足要求。

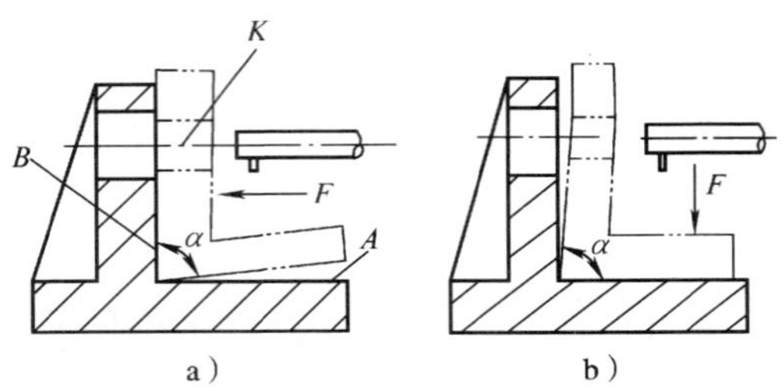

图3—1—19　夹紧力应垂直于主要定位基准

a）正确　b）错误

（3）夹紧力的作用点

1）夹紧力的作用点应能保持工件定位稳固，而不致引起工件位移或偏转，如图3—1—20所示。

2）夹紧力的作用点应使工件夹紧变形尽可能小，如图3—1—21所示。

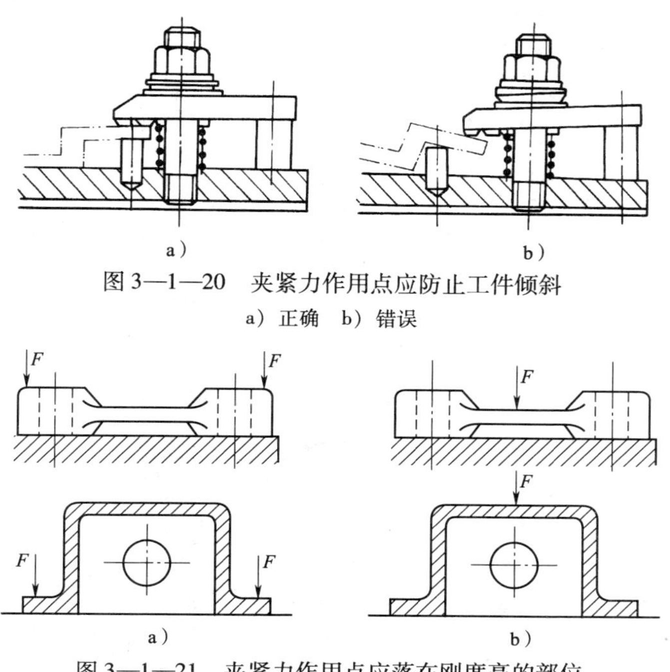

图 3—1—20　夹紧力作用点应防止工件倾斜

a）正确　b）错误

图 3—1—21　夹紧力作用点应落在刚度高的部位

a）效果好　b）效果不好

3）夹紧力的作用点应尽可能靠近工件被加工表面，以提高定位稳定性和夹紧可靠性。如图 3—1—22 所示，在拨叉上铣槽，由于主要夹紧力的作用点距加工表面较远，在靠近加工表面的地方设置了辅助支承，增加了附加夹紧力 F'，提高了工件的装夹刚度，减小了加工时工件的振动。

4. 常用夹紧装置

夹具的夹紧机构种类很多，但其结构大都以斜楔、螺旋、偏心夹紧机构为基础，这三种夹紧机构合称为基本夹紧机构。

（1）斜楔夹紧装置　如图 3—1—23 所示，斜楔夹紧装置是利用楔块斜面将楔块推力转变为夹紧力，把工件夹紧的一种装置。为使斜楔有自锁作用，斜楔的斜面升角应小于摩擦角。

（2）螺旋夹紧装置　螺旋夹紧装置是利用螺杆旋进夹紧工件的，由螺钉、螺母、压板等元件组成。由于其结构简单、夹紧可靠，在夹具中应用广泛；缺点是夹紧和松开工件时比较费时、费力。

1）单螺旋夹紧装置　图 3—1—24a 所示为螺杆直接夹紧工件；图 3—1—24b 为旋转螺杆通过压块将工件夹紧。压块可防止在旋紧螺杆时带动工件一起转动，并避免螺杆头部直接与工件接触而造成压痕，还可增大与工件的接触面积，可靠地夹紧工件；采用可换螺母是为了内螺纹磨损后便于更换；螺钉用来防止螺母松动。

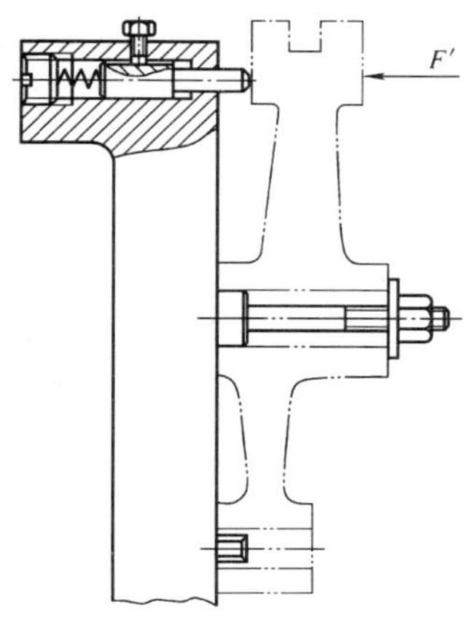

图 3—1—22　夹紧力作用点应靠近加工表面

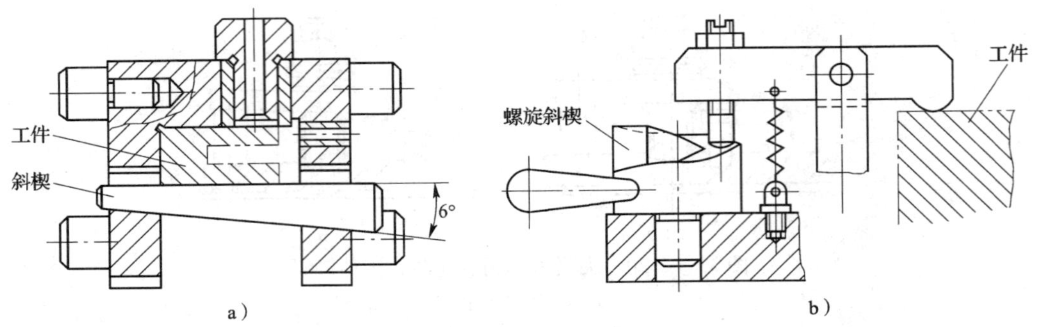

图 3—1—23　斜楔夹紧装置

a）普通斜楔夹紧机构　b）螺旋斜楔夹紧机构

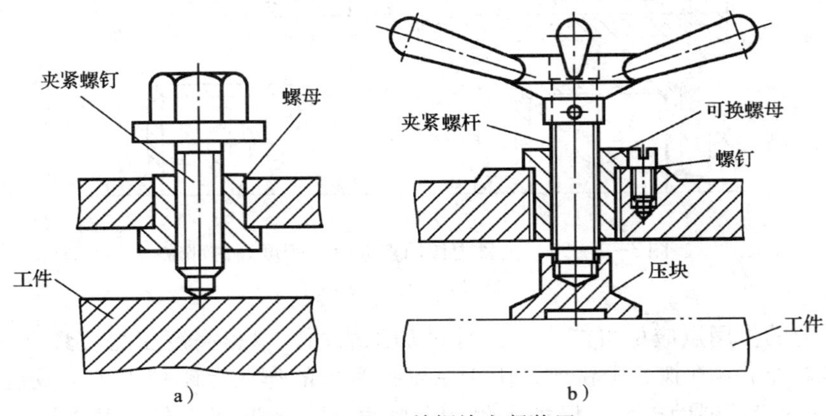

图 3—1—24　单螺旋夹紧装置

2）螺旋压板夹紧装置　夹紧机构中，结构形式变化最多的是螺旋压板机构，图 3—1—25

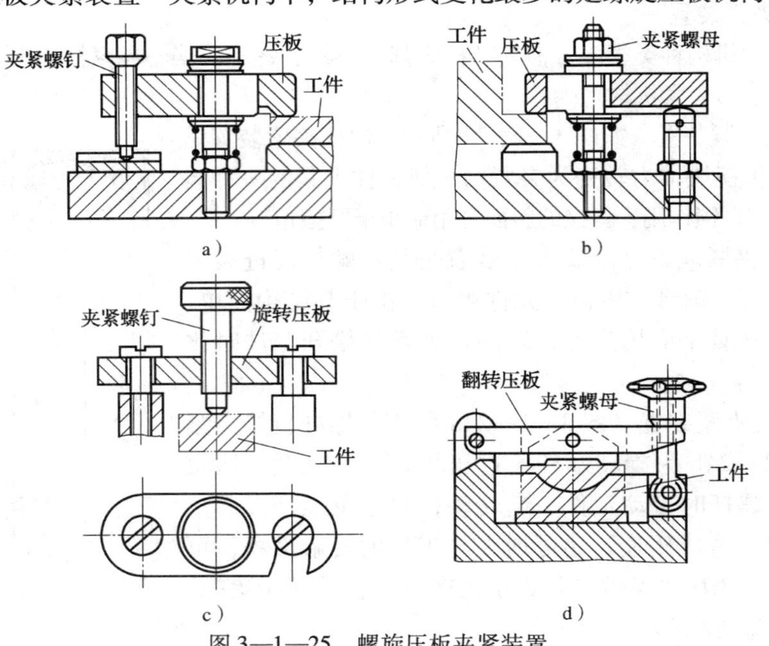

图 3—1—25　螺旋压板夹紧装置

a）、b）移动式压板　c）、d）回转式压板

所示是螺旋压板机构的四种典型结构。其中，图 3—1—25a、b 所示为移动式压板，图 3—1—25c、d 所示为回转式压板。

（3）偏心夹紧装置　如图 3—1—26 所示，偏心夹紧装置是利用偏心零件来实现夹紧作用的一种机构。常用的有偏心轮和偏心轴等，其特点是结构简单、夹紧迅速、自锁性好。

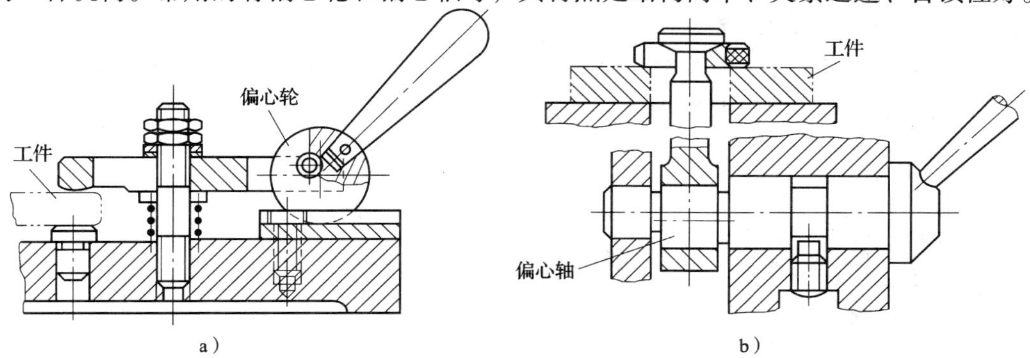

图 3—1—26　偏心夹紧装置

a）偏心轮夹紧机构　b）偏心轴夹紧机构

（4）铰链夹紧装置　铰链夹紧装置是一种增力机构，它结构简单，增力倍数大，在气动或液压夹具中应用广泛。如图 3—1—27 所示为铰链夹紧装置的 5 种基本类型。

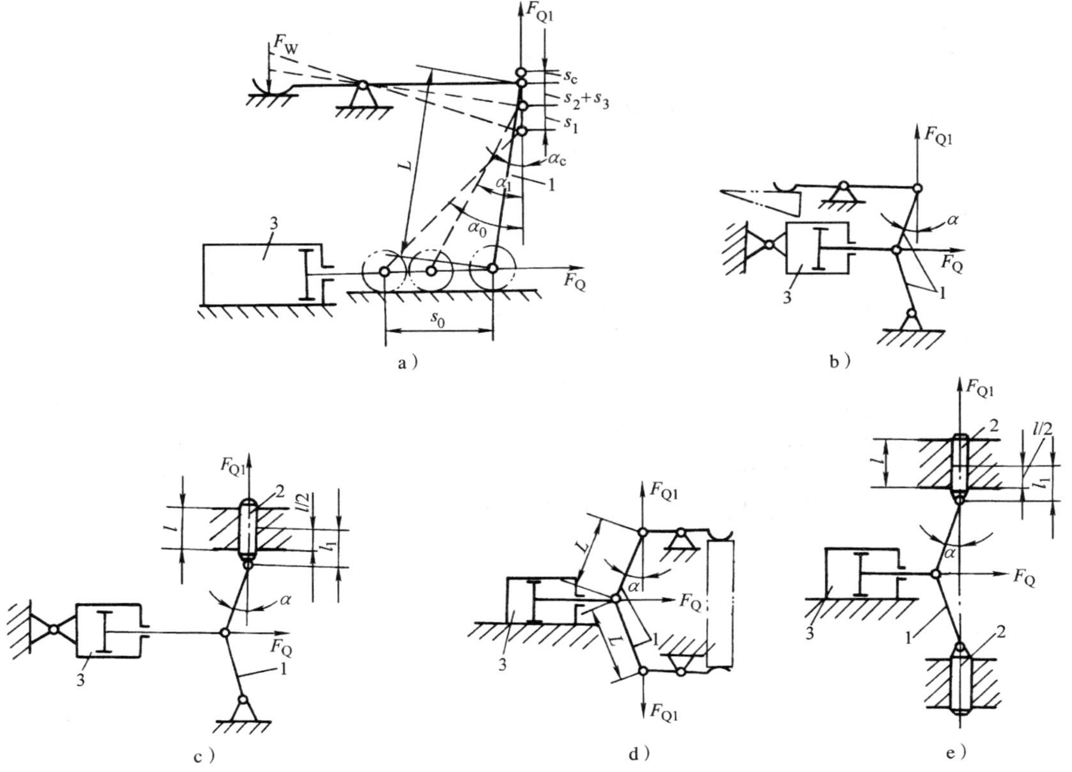

图 3—1—27　铰链夹紧机构的基本类型

a）单臂铰链夹紧装置　b）双臂单向作用铰链夹紧装置　c）双臂单向作用带移动柱塞铰链夹紧装置

d）双臂双向作用铰链夹紧装置　e）双臂双向作用带移动柱塞铰链夹紧装置

1—铰链臂　2—柱塞　3—气缸

复习思考题

1. 举例说明机床夹具在机械加工中的作用。
2. 什么是六点定位规则?
3. 叙述完全定位、不完全定位、过定位、欠定位的定义及对加工的影响。
4. 运用六点定位规则,说明图 3—1—28 中各工件定位时,应限制哪几个自由度?

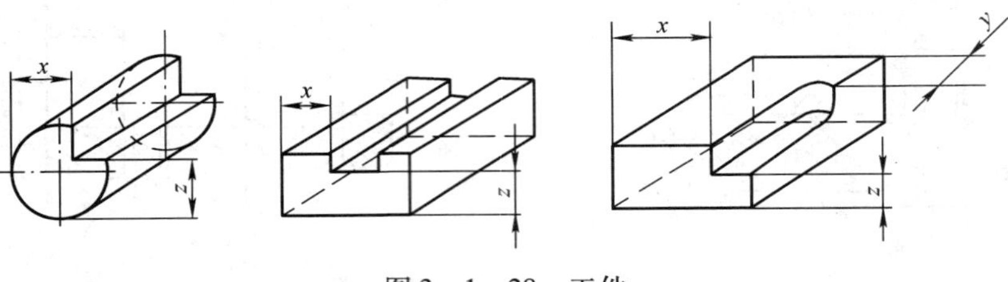

图 3—1—28 工件

5. 分析图 3—1—29 所示各定位元件能限制哪些自由度?起何作用?

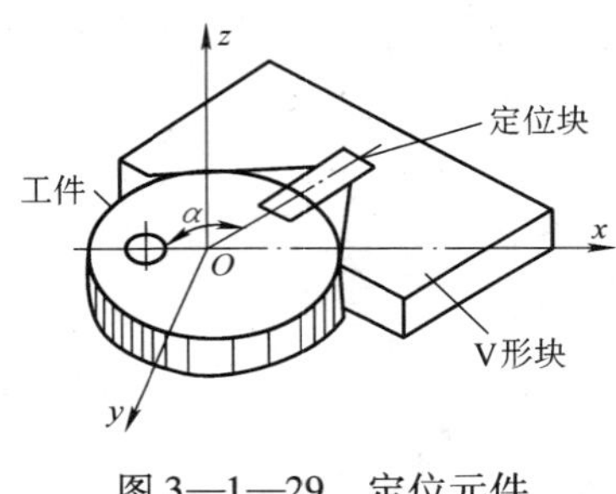

图 3—1—29 定位元件

6. 试分析图 3—1—30 所示的夹紧方案是否合理?应如何改正?

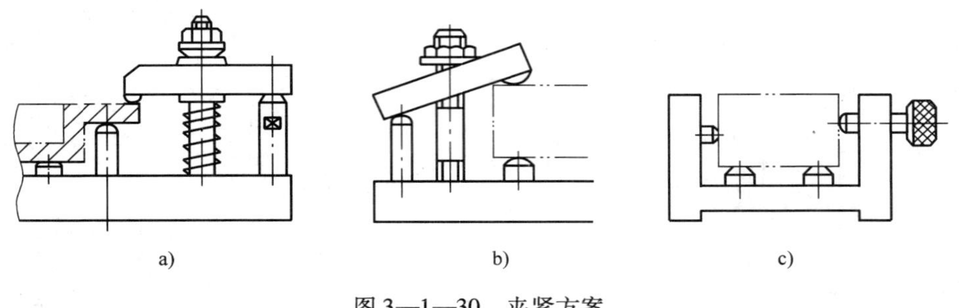

图 3—1—30 夹紧方案

课题二
钻床夹具

在钻床上进行孔的钻孔、扩孔、铰孔、锪孔、攻螺纹等加工所用的夹具，称为钻床夹具（钻模）。在钻床夹具上，一般都装有钻套，通过它引导刀具来保证被加工孔的坐标位置，并防止钻头在切入时引偏，从而保证和提高被加工孔的位置精度、尺寸精度及减小孔的表面粗糙度值，还可缩短加工时间，提高生产效率。

一、常用钻床夹具的类型

钻床夹具的类型，在很大程度上取决于工件上被加工孔的分布情况。常用的钻床夹具主要有固定式、移动式、翻转式、盖板式和回转式等类型。

1. 固定式钻床夹具

这类夹具在使用过程中，夹具和工件在机床上的位置固定不变，常用于在立式钻床上加工较大的单孔或在摇臂钻床上加工平行孔系。图3—2—1所示为一种钻斜孔用的固定式钻床夹具结构。该夹具的夹具体1底部留出可供固定的部位，如图中箭头所示。工件的底面及两孔为定位基准，夹具上则以平面支承板2、圆柱定位销4和削边定位销3为定位元件。为便于工件的快速装卸，采用了快速夹紧螺母5，并采用下端伸长且呈斜面形状的特殊快换钻套6，保证钻头能良好起钻和正确引导。

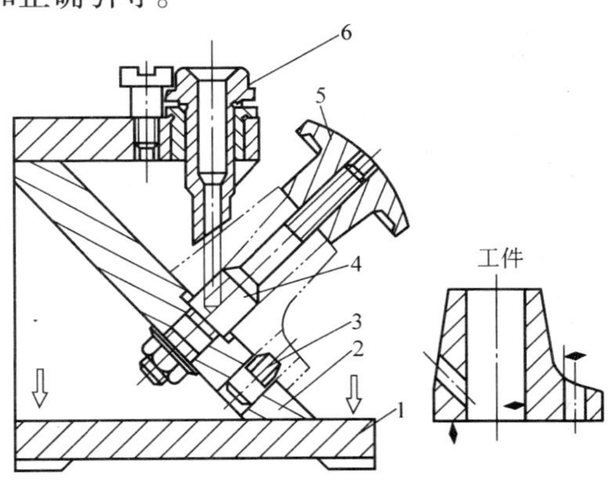

图3—2—1　固定式钻床夹具

1—夹具体　2—平面支承板　3—削边定位销
4—圆柱定位销　5—快速夹紧螺母　6—特殊快换钻套

在立式钻床工作台上安装固定式夹具时，一般应先将装在钻床主轴上的定尺寸刀具（精度要求高时，可用心轴）伸入钻套中，以确定夹具在工作台上的位置。待刀具（或心轴）在钻套中进出自如时，再将夹具固定。

2. 移动式钻床夹具

这类夹具用于在单轴立式钻床上，钻削中、小型工件在同一表面上的多个孔。如图3—2—2所示，夹具在两导板中移动，当移至右端靠近定位板时钻削孔1，移至左端与定位板靠紧时钻削孔2。这样既可缩短钻头对准钻套的时间，同时导轨还能承受钻孔时的扭转力矩，从而提高了生产效率。

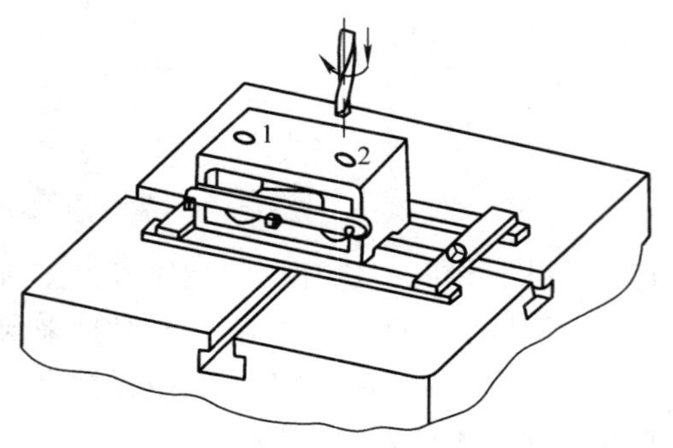

图 3—2—2　移动式钻床夹具

3. 翻转式钻床夹具

对于在几个方向都有孔的中、小型工件，为了减少装夹次数，提高各孔之间的位置精度，可采用翻转式钻床夹具。图 3—2—3 所示为在工件互相垂直的两个面上钻孔时所用的翻转式夹具。这种夹具不是固定在钻床工作台上使用，而是根据待加工孔的分布位置可将夹具翻转进行加工，提高了工作效率。但此类夹具连同工件的总质量不能太大，否则会不便于翻转。

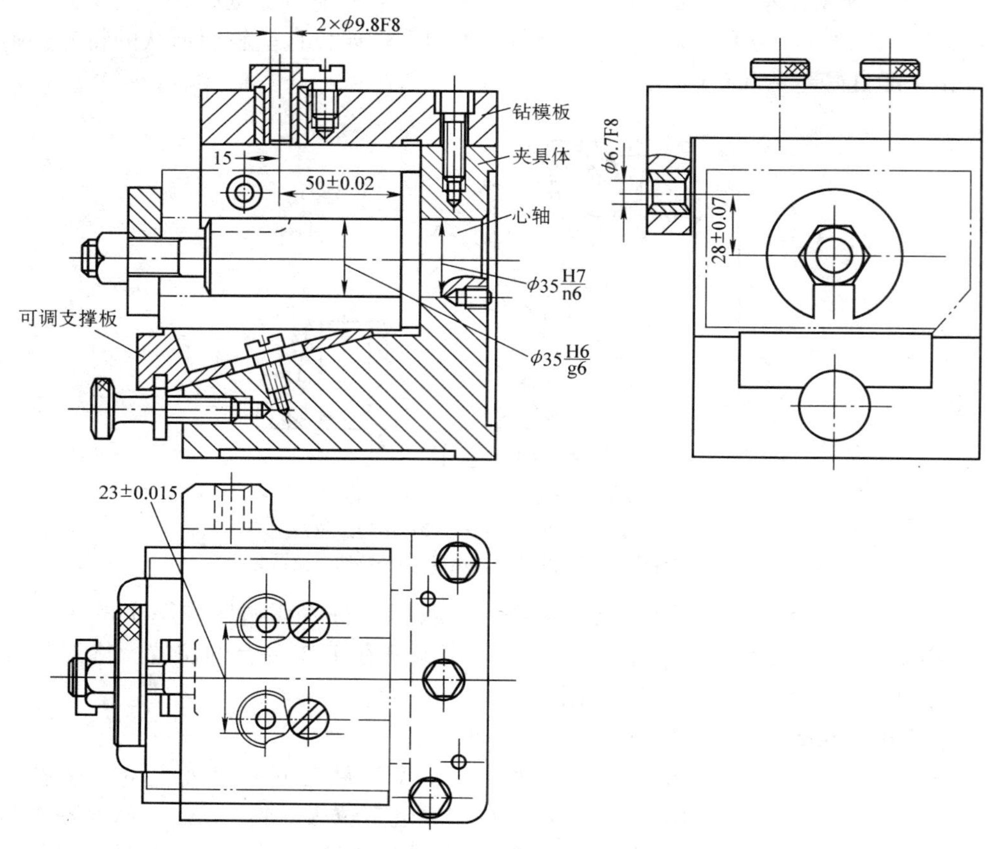

图 3—2—3　翻转式钻床夹具

4. 盖板式钻床夹具

这类夹具没有夹具体，供定位用的定位元件和夹紧装置全部安装在钻模板上，使用时，只要将它覆盖在工件上即可进行加工。图 3—2—4 所示为加工车床溜板箱上多个小孔用的盖板式夹具。在钻模盖板上不仅装有钻套，还装有定位用的圆柱销、削边销和支承钉。因钻小孔，钻削力矩小，故未设置夹紧装置。

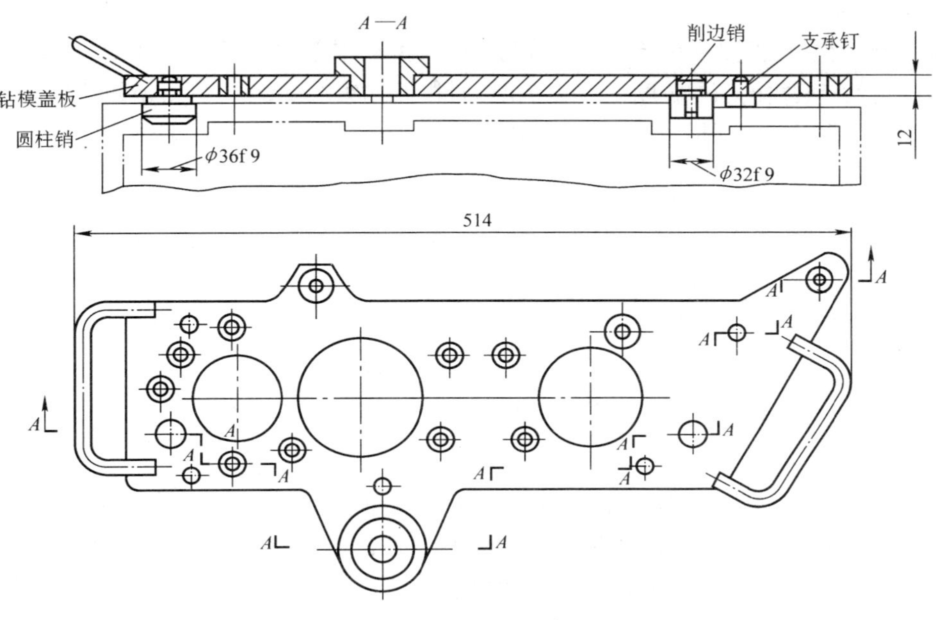

图 3—2—4　盖板式钻床夹具

盖板式钻床夹具结构简单，除屑方便，一般多用于加工大型工件上的小孔。因夹具在使用时经常搬动，故盖板式夹具的质量不宜过大。

5. 回转式钻床夹具

这类夹具用于加工同心圆周上的平行孔系或分布在几个不同表面上的径向孔，分立轴、斜轴和卧轴三个类型。图 3—2—5 所示为在凸缘盘上加工同心圆周上小孔所用的钻床夹具。图中下部为标准回转台，上部为夹具，它通过中心销在回转台上定位，然后用螺钉固定，采用铰链式模板加工。

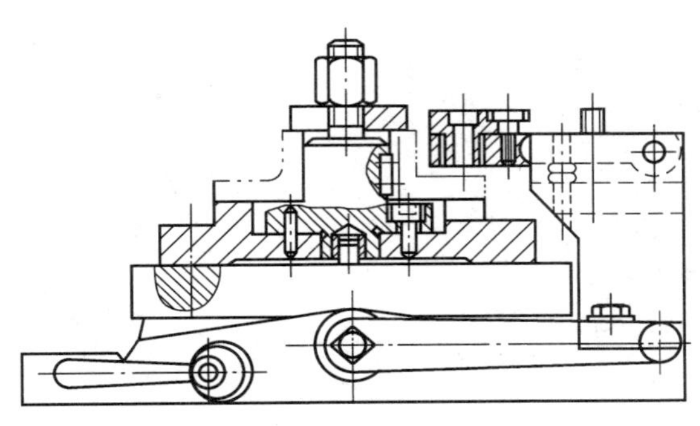

图 3—2—5　回转式钻床夹具

二、钻套的类型及应用

钻套是钻床夹具上的重要元件，安装在钻模板或夹具体中。其作用是确定孔加工刀具的加工位置，保证被加工孔的轴线位置尺寸，引导刀具并增加刀具系统刚度。钻套的结构和尺寸已经标准化，按结构和使用情况，钻套可分为固定钻套、可换钻套、快换钻套和特殊钻套四种类型。

1. 固定钻套

这种钻套的结构如图 3—2—6 所示，分为无肩式和带肩式两种。带肩式主要用于较薄的钻模板，用以保持钻套必需的引导长度，还可防止切屑和切削液落入套中。固定钻套采用 H7/n6 配合压装在钻模板孔内，一般磨损后不能更换。固定钻套适用于生产批量较小的单工步孔加工。

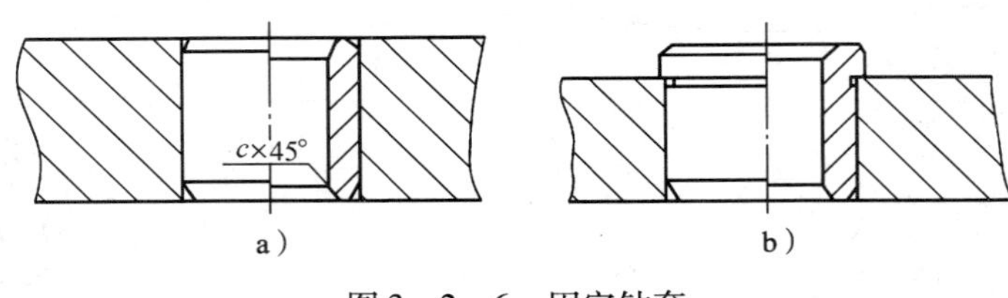

图 3—2—6　固定钻套

a) 无肩式　b) 带肩式

2. 可换钻套

在单工步孔加工大批量生产中，为了便于更换磨损的钻套，可选用可换钻套，如图 3—2—7 所示。它的凸缘上制有台肩，钻套螺钉的圆柱头压紧在此台肩上，可防止钻套转动和掉出。当钻套磨损后，只要卸下螺钉，便可取出钻套进行更换。如钻套更换较为频繁，为了保护钻模板不被损坏，应在可换钻套外以 H7/n6 配装一个衬套，可换钻套以 F7/m6 或 F7/k6 与衬套配合。

3. 快换钻套

图 3—2—8 所示为快换钻套的标准结构。当被加工孔要连续进行钻、扩、铰等多种工步

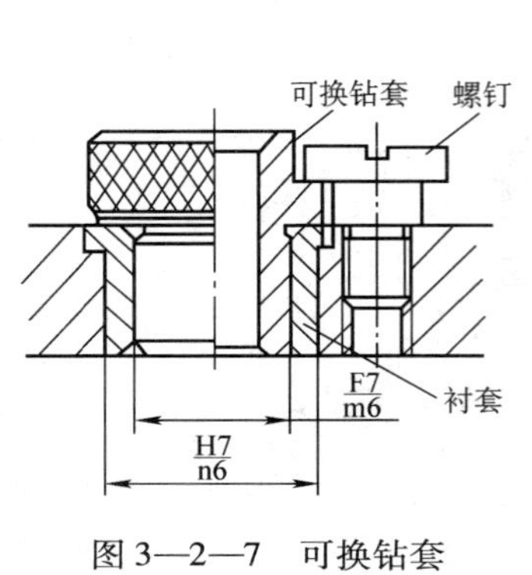

图 3—2—7　可换钻套

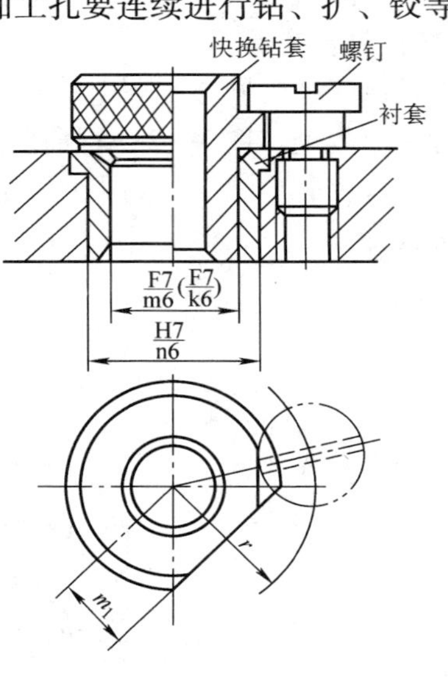

图 3—2—8　快换钻套

时，为能够快速更换不同孔径的钻套，应选用快换钻套。快换钻套的有关配合与可换钻套相同。其特点是更换钻套时，不必拧出螺钉，只要将钻套削边转至螺钉处，就可迅速取出钻套进行更换。

4. 特殊钻套

对形状或被加工孔位置特殊的工件，需要选用相应特殊结构的钻套。图 3—2—9 是几种特殊钻套的结构。图 3—2—9a 用于在斜面上钻孔，可防止钻头切入时引偏甚至折断；图 3—2—9b 为加长钻套，用在钻模板下端不能靠近加工表面时（如深坑内钻孔），使其下端与工件加工表面有较短的距离；图 3—2—9c、d 因两孔孔距太小，为便于装配和制造，两个钻套台肩削边或导向孔加工在同一钻套体上。

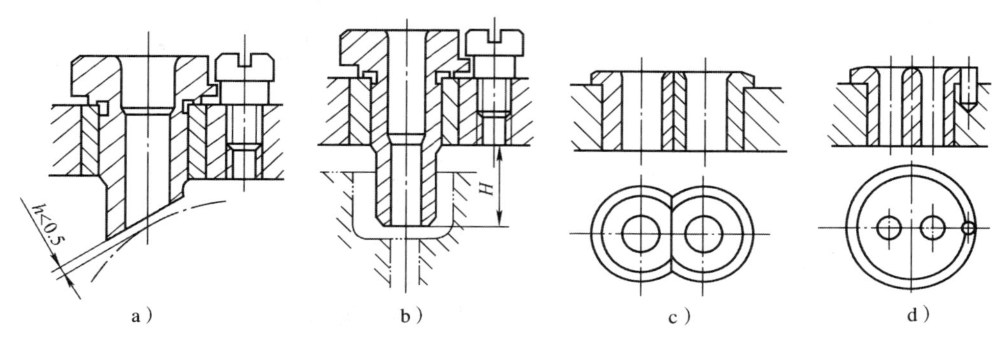

图 3—2—9　特殊钻套

a）斜面钻套　b）加长钻套　c）、d）小孔距钻套

复习思考题

1. 钻床夹具有何特点？有哪几种类型？各适用于什么场合？
2. 钻床夹具的钻套有什么作用？常用的钻套有哪几种？各有何特点？

课题三
组合夹具

组合夹具是由可反复使用的标准夹具零、部件（或专用零、部件）组装成易于连接和拆卸的夹具。它是在夹具元件高度标准化、通用化的基础上发展起来的一种夹具。组合夹具是一种先进的工艺装备，它由一套预先制造好的，具有各种不同形状、不同规格、不同尺寸、具有互换性、高耐磨性和高精度的标准元件和组合件组合而成。使用时，根据加工工件的工艺要求和加工特点，选择合适的标准件和组合件，可组装出加工、检验及装配等所需的各种夹具。为了保证组装后夹具有足够的准确性，各类元件都具有较高的表面精度、位置精度和配合精度。夹具使用完毕，可方便地拆开，将元件清洗干净后存放入库，留待以后组装新夹具使用。组合夹具主要用于新产品试制或单件小批量生产及临时突击性生产。图3—3—1所示为一种钻孔用的组合夹具。

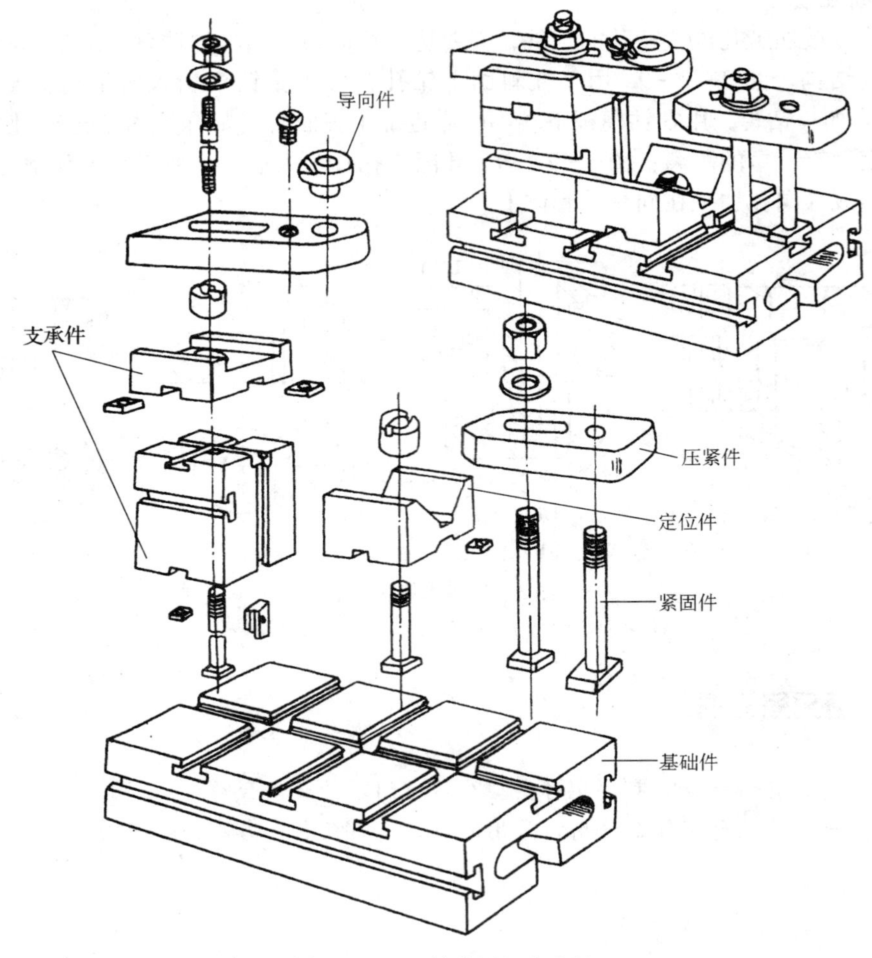

图3—3—1　钻孔用组合夹具

一、组合夹具的构成

组合夹具主要由以下八类元件组成。

1．基础件

基础件主要用作夹具体使用，也是各类元件组装的基础。常用的有各种形状的基础板和基础角铁等，如图3—3—2所示。基础件通过定位键、T形槽、螺钉孔等来定位和安装其他元件。

2．支承件

支承件主要用于不同高度或角度的支承和各种定位支承面，包括各种方形支承、长方形支承、伸长板、角铁支承和角度垫板等，如图3—3—3所示。在一般情况下，支承件和基础件共同组成夹具的夹具体，在组合小型夹具时，支承件也可作为基础件。

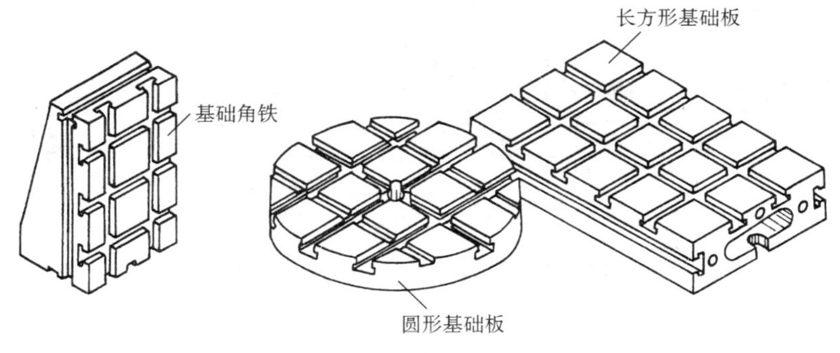

图 3—3—2　基础件

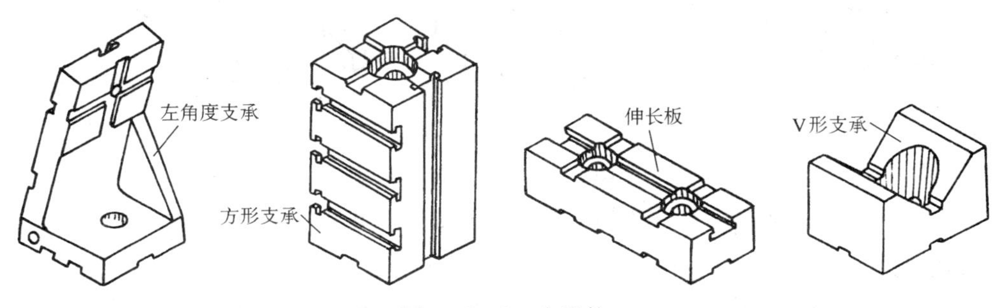

图 3—3—3　支承件

3. 定位件

定位元件主要用于确定元件与元件、元件与工件之间的相对位置，以保证夹具的装配精度和工件的加工精度，同时增强元件之间的连接强度和整个夹具的刚度。主要包括各种定位销、定位盘、定位支承等，如图 3—3—4 所示。

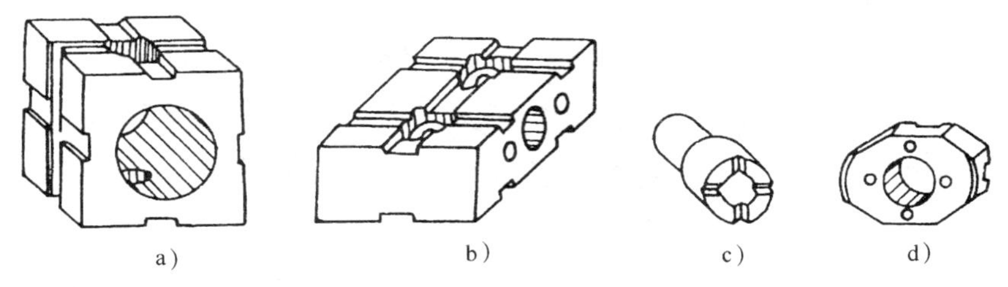

图 3—3—4　定位件

a）镗孔支承　b）定位支承　c）圆形定位销　d）菱形定位盘

4. 导向件

导向件用来确定刀具与工件的相对位置，加工时引导刀具到达加工部位，还可增强加工稳定性。常用的有各种导向板、钻套、钻模板及导向支承等，如图 3—3—5 所示。

5. 压紧件

压紧件的作用是将工件压紧在夹具上，包括各种形状、尺寸的压板，如图 3—3—6 所示。

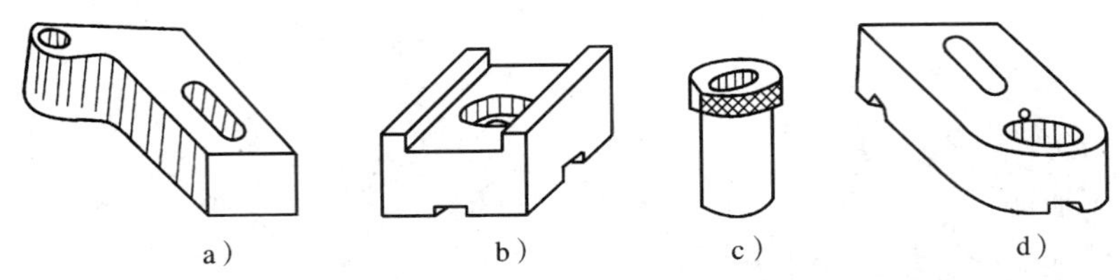

图 3—3—5　导向件

a）偏心钻模板　b）导向支承　c）快换钻套　d）钻模块

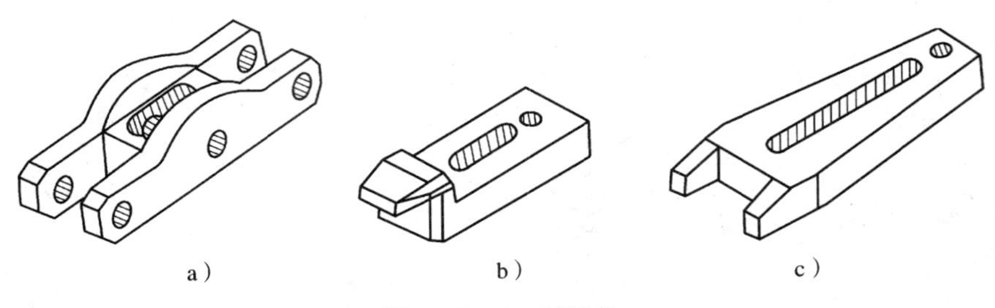

图 3—3—6　压紧件

a）关节压板　b）弯压板　c）叉形压板

6. 紧固件

紧固件用来连接组合夹具元件和紧固工件，包括各种螺栓、螺钉、螺母和垫圈等。组合夹具使用的各种标准紧固件，要求强度高、寿命长、体积小，材料比一般标准紧固件好，加工精度也较高。

7. 辅助件

这类元件用途单一，包括连接板、浮动块、回转压板、平衡块以及支承钉和支承环等，如图 3—3—7 所示。

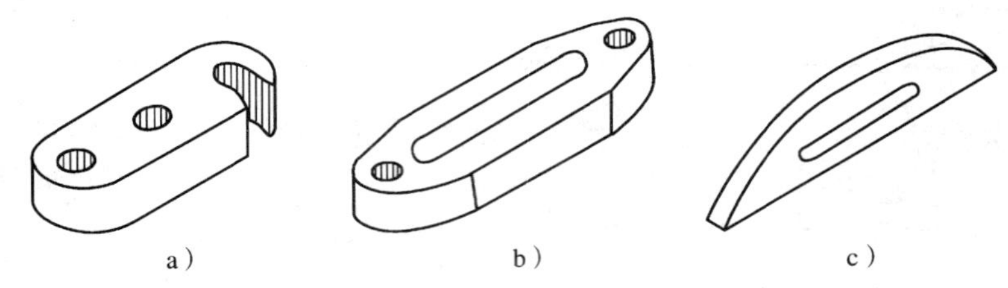

图 3—3—7　辅助件

a）回转压板　b）连接板　c）平衡块

8. 组合件

组合件是指由几个元件组成，在夹具组装过程中不拆散使用的独立部件。按用途分为定位组合件、分度组合件、导向组合件等。图 3—3—8 所示为分度组合件。

二、组合夹具的组装

组合夹具的组装就是把组合夹具的元件和组合件，按一定的步骤和要求组装成加工所需的夹具的过程。

组合夹具的组装步骤一般如下：

（1）首先根据工件的加工图样（或实物）、加工工艺卡等技术资料确定组装方案，选择定位和夹紧方法及相应的元件。同时要考虑工件的装卸、排屑、空刀位置、夹具的刚度、质量的平衡等因素。

（2）进行夹具的试装，确认方案合理后，即可装上定位键，进行元件的连接和尺寸调整工作。

（3）仔细检查夹具的总装精度、尺寸精度和相互位置精度，经检验合格后方可交付使用。

图 3—3—9 所示为孔系组合夹具的组装过程。

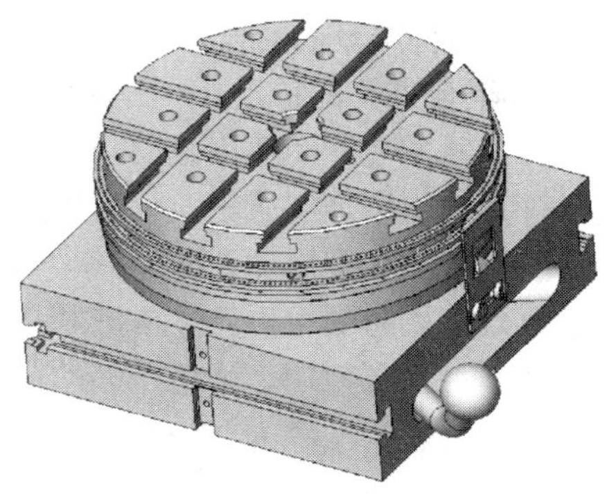

图 3—3—8　分度组合件

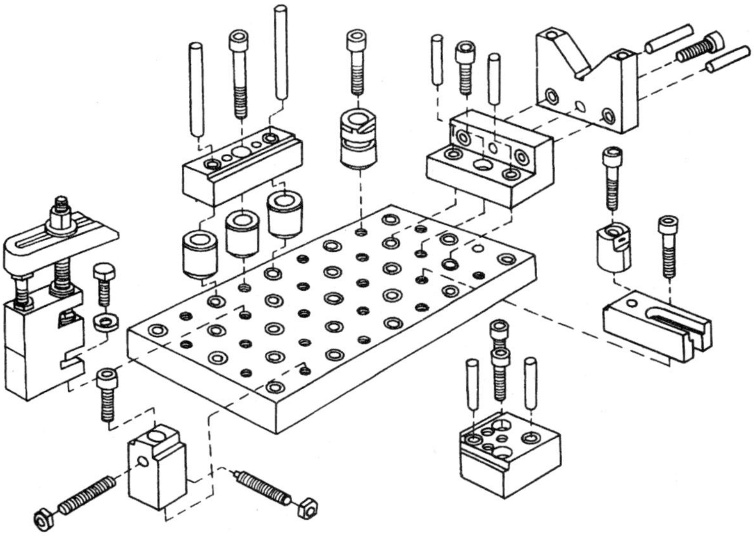

a）

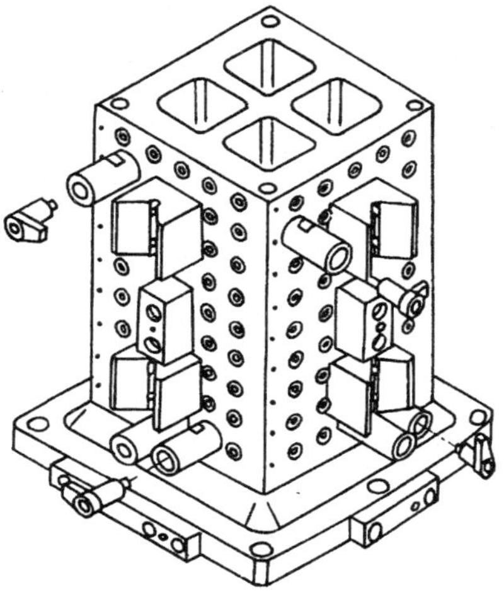

b）

图 3—3—9　孔系组合夹具

a）元件分解图　b）组装图

三、组合夹具的特点及应用

1. 组合夹具的特点

（1）通用性好，适用范围广，能迅速根据工件不同加工要求，提供各种定位夹紧形式。

（2）能保证加工质量，提高生产效率。

（3）缩短生产周期，减少夹具的库存量，易于管理。

（4）使用后便于拆卸、清洗和存放。

（5）可重复使用，降低产品的制造成本。

（6）外形尺寸较大，结构较笨重、刚度差，制造成本较高。

2. 组合夹具的应用

（1）适用于产品变化较大的生产中，如新产品试制、单件小批量生产及临时突击性生产。

（2）可用于车、铣、刨、镗、磨、钻及检验等工序，尤其在孔加工工序中用量最大。

（3）可以满足各种不同形状工件的加工要求，不受工件形状的限制。

（4）组合夹具各元件间的配合尺寸公差一般为IT7级，因此，采用组合夹具，工件加工精度一般可达IT8级。

知识拓展

组合夹具分为槽系和孔系两个系列。槽系夹具是指组合夹具元件主要靠槽来定位和夹紧。孔系夹具是指组合夹具元件主要靠孔来定位和夹紧。

槽系夹具的特点是平移调整方便，广泛应用于普通机床上进行一般精度零件的机械加工。常见的基本结构有：基座加宽结构、定向定位结构、压紧结构、角度结构、移动结构、转动结构、分度结构等。若干个基本结构组成一套组合夹具。

孔系夹具的特点是旋转调整方便，精度和刚度都高于槽系夹具。孔系夹具按定位孔直径分为大型和中型两种，其定位直径分别为12～16 mm，螺纹直径分别为M12～M16。孔系夹具的主要元件和结构与槽系夹具基本相同，随着孔系夹具元件设计的不断改进与完善，吸取槽系结构的特点，应用范围将更加广泛。

复习思考题

1. 组合夹具由哪些元件组成？各有何用途？
2. 简述组合夹具的一般组装步骤。
3. 组合夹具的特点是什么？适用于何种场合？

第四单元

装配工艺与技能训练

装配工作是产品生产过程中最后一道工序。装配质量的好坏，对整个产品的质量起着决定性的作用。通过装配才能形成最终产品，并保证它具有设计规定的精度及使用功能，并满足验收质量标准。如果装配不当，不重视清理工作，不按工艺技术文件要求装配，即使所有零件加工质量都合格，也不一定能够装配出合格、优质的产品。装配质量较差的产品，精度低、性能差、功率损耗大、寿命短、不受用户的欢迎；相反，虽然某些零部件的加工质量并不很高，但经过仔细修配和精确调整后，仍能装配出性能良好的产品。因此，装配工作是一项非常重要而细致的工作，必须认真按照产品装配图的要求，制定出合理的装配工艺规程，采用新型装配工艺，以提高装配精度，达到优质、低耗、高效的目的。

课题一 装配工艺概述

一、装配概念

机械产品一般由许多零件和部件组成。零件是构成机器或产品的最小单元，由两个或两个以上的零件结合成机器的一部分称为部件。按规定的技术要求，将零件或部件进行配合和连接，使之成为半成品或成品的工艺过程称为装配。

在装配过程中，最先进入装配的零件或部件称为装配基准件。直接进入总装的部件称为组件。直接进入组件装配的部件称为分组件。可以独立进行装配的部件称为装配单元。

二、装配工艺过程

工艺过程是指改变生产对象的形状、尺寸、相对位置或性质等，使其成为成品或半成品的过程。产品的装配工艺包括以下四个阶段。

1．装配前的准备工作

（1）研究和熟悉产品装配图、工艺文件和技术要求，了解产品的结构、各零部件的作用以及相互连接关系。

（2）确定装配方法、顺序和准备所需要的工具。

（3）对装配的零件进行清理和清洗，去除零件上的毛刺、铁锈、油污等。

（4）检查零件加工质量，对某些零件要进行必要的平衡试验或密封性试验等。

2．装配工作

装配工作是装配工艺过程中的主要阶段，对比较复杂的产品，其装配工作分为部件装配和总装配。

（1）部件装配　把零件装配成部件的过程，称为部件装配。

（2）总装配　把零件和部件装配成最终产品的过程，称为总装配。

3．调整、精度检验和试车

（1）调整　调整工作是指调节零件或机构的相互位置、配合间隙、结合程度等，目的是使机构或机器工作协调，如轴承间隙、镶条位置、蜗轮轴向位置以及锥齿轮副啮合位置的调整。

（2）精度检验　精度检验是指机构或机器的几何精度检验和工作精度检验等。几何精度是指机器静态时的精度，如车床装配后要检验主轴中心线和床身导轨的平行度；工作精度一般指机器工作状态下的精度，如进行车削圆柱或车削端面试验等。

（3）试车　试车是指设备装配后，按设计要求进行的运转试验，其目的是检验机器运转的灵活性、振动、工作温升、噪声、转速、功率等性能是否符合要求。

4．喷漆、涂油、装箱

喷漆是为了防止非加工面锈蚀，并使机器的外表更加美观；涂油是为了防止工件的配合面及零件的已加工面锈蚀；装箱是为了便于运输和存储。

三、装配工作的组织形式

装配的组织形式随着生产类型、产品复杂程度和技术要求的不同而不同。一般分为固定式装配和移动式装配两种。

1．固定式装配

固定式装配是将产品或部件的全部装配工作安排在一个固定的工作地点进行。在装配过程中，产品的位置不变，装配所需的零件和部件都汇集在工作场地附近。主要应用于单件生产和小批量生产。

2．移动式装配

移动式装配是指工作对象（部件或组件）在装配过程中，有顺序地由一个工人转移到另一个工人，即所谓“流水装配法”。移动装配时，常利用传送带、滚道或地面传输线运送装配对象。每一工作地点由一个工人或一组工人重复地完成固定的工作内容，技术熟练，并且广泛使用专用设备、专用工具和采用互换性原则，因而装配质量好，生产效率高，生产成本低，适用于大批量生产，如汽车、拖拉机的装配。

四、装配工艺规程

1．装配工艺规程及作用

装配工艺规程是指导装配施工的主要技术文件之一。它规定产品及部件的装配顺序、装配方法、装配技术要求、检验方法及装配时所需的设备、工具、时间定额等，是提高产品质量和效率的必要措施，也是组织生产的重要依据。

2．编制装配工艺规程的方法和步骤

（1）对产品进行分析　研究产品装配图、装配技术要求及相关资料，了解产品的结构特点和工作性能，确定装配方法；根据企业的生产设备、规模等决定装配的组织形式。

（2）确定装配顺序　通过工艺性分析，将产品分解成若干可独立装配的组件和分组件，即装配单元。图 4—1—1 所示为装配单元划分图。

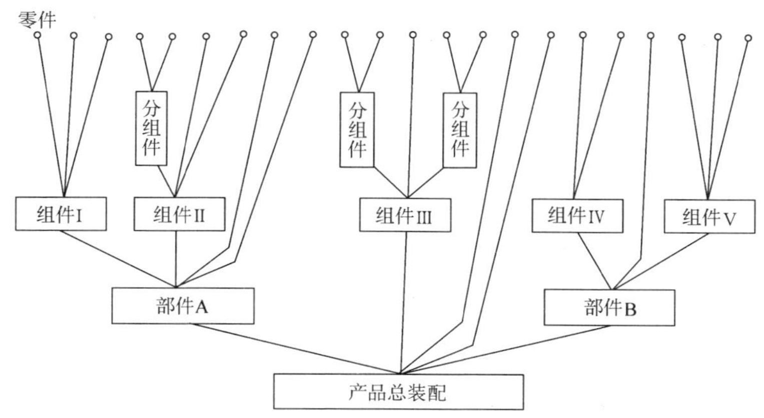

图 4—1—1　装配单元划分图

由于产品的装配总是从装配基准件（基准零件或基准部件）开始，因此根据装配单元确定装配顺序时，应首先确定装配基准件。然后根据装配结构的具体情况，按照“先下后上，先内后外，先难后易，先精密后一般，先重大后轻小”的原则，同时安排必要的检验工序并确定装配顺序。如图 4—1—2 所示为某圆锥齿轮轴组件的装配图。经分析，装配基准件为锥齿轮轴，其装配顺序如图 4—1—3 所示。

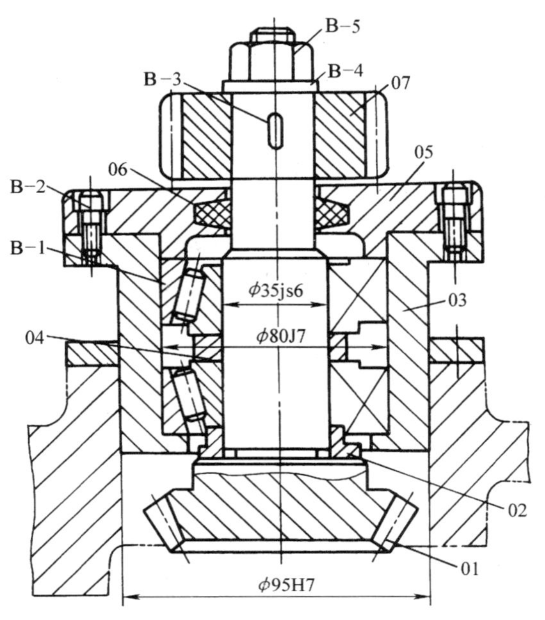

图 4—1—2　锥齿轮轴组件的装配图

01—锥齿轮轴　02—衬垫　03—轴承套　04—隔圈　05—轴承盖　06—毛毡圈
07—圆柱齿轮　*B*－1—轴承　*B*－2—螺钉　*B*－3—键　*B*－4—垫圈　*B*－5—螺母

（3）绘制装配单元系统图　装配单元系统图是指表示产品装配单元的划分及其装配顺序的示意图。装配单元系统图的绘制方法：

1）先画一横线，在横线左端画出代表基准件的长方格，在横线的右端画出代表产品的长方格。

2）按装配顺序从左向右将代表直接装到产品上的零件或组件的长方格从横线引出，零件画在横线上面，组件画在横线下面，长方格内注明零件或组件名称、编号和件数。

3）用同样方法把每一组件及分组件的系统图展开画出。

如图 4—1—4 所示为锥齿轮轴组件的装配单元系统图。

由此可见，装配单元系统图表明了产品零、部件间的相互装配关系及装配流程，可以用来指导和组织装配工艺过程。

（4）划分工序及工步　根据装配单元系统图，将整机或部件的装配工作划分成若干工序和工步。

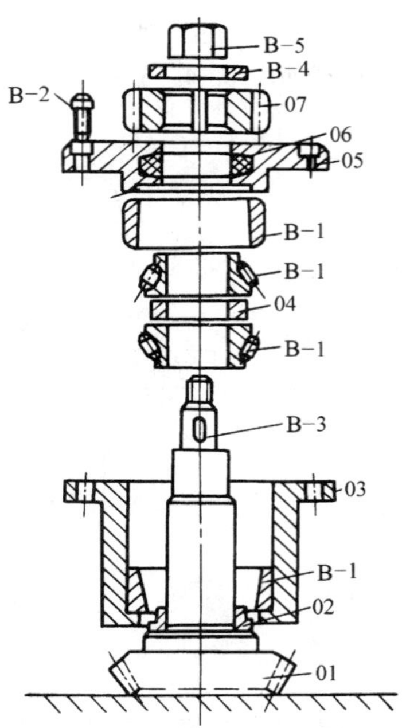

图 4—1—3　锥齿轮轴组件的装配顺序

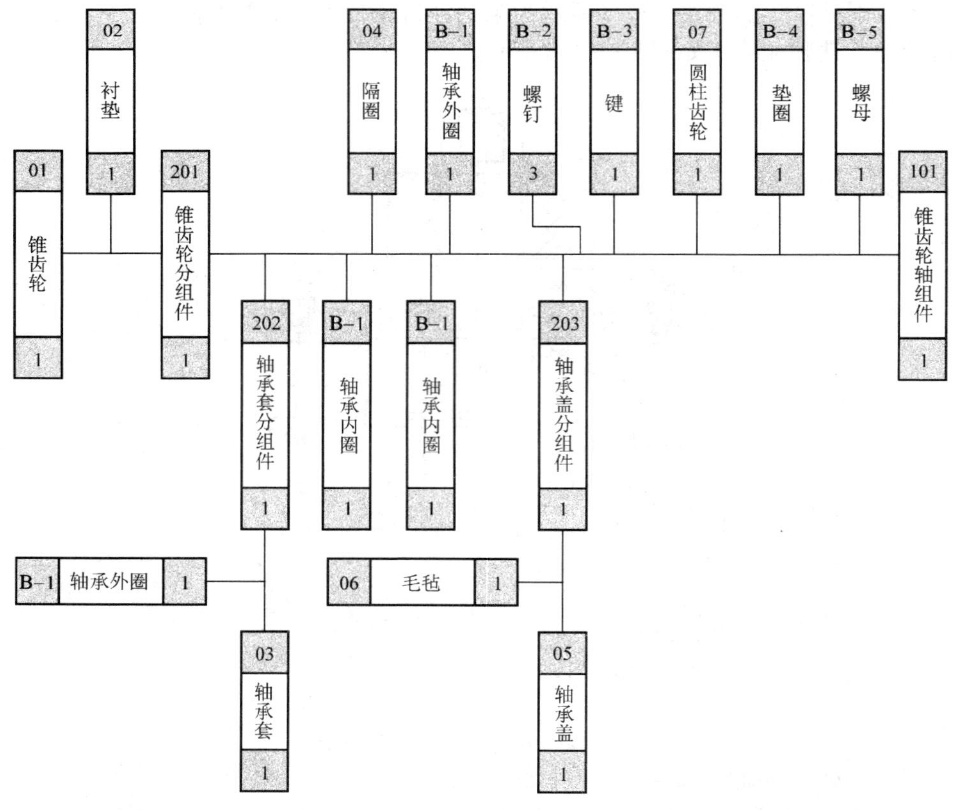

图 4—1—4　锥齿轮轴组件的装配单元系统图

1）工序　一个或一组工人，在一个工作地点对同一个或同时对几个工件所连续完成的那一部分工艺过程。

2）工步　在加工表面（或装配时的连接表面）和加工（或装配）工具不变的情况下，所连续完成的那一部分工序。

装配工作一般由若干个装配工序所组成，一个装配工序可以包括一个或几个装配工步。如锥齿轮轴组件装配可分成锥齿轮分组件、轴承套分组件、轴承盖分组件的装配和锥齿轮轴组件总装配四道工序进行。

（5）编写装配工艺文件　主要是编写装配工艺卡片，它包含完成装配工艺过程所必需的一切资料。单件、小批生产，不需要制定工艺卡片，工人按装配图和装配单元系统图进行装配。成批生产，应根据装配单元系统图分别制定总装和部装的装配工艺卡片。表 4—1—1 为锥齿轮轴组件装配工艺卡片，它简要说明了每一工序的工作内容，所需设备和工夹具、工人技术等级、时间定额等。大批量生产则需一序一卡。

表 4—1—1　　锥齿轮轴组件装配工艺卡

（锥齿轮轴组件装配图）				装配技术要求 （1）组装时，各装入零件应符合图样要求 （2）组装后圆锥齿轮应转动灵活，无轴向窜动				
厂名		装配工艺卡		产品型号	部件名称		装配图号	
					轴承套			
车间名称		工段	班组	工序数量	部件数		净重	
装配车间				4	1			
工序号	工步号	装配内容		设备	工艺装备		工人等级	工序时间
					名称	编号		
Ⅰ	1	分组件装配：圆锥齿轮与衬垫的装配 以锥齿轮轴为基准，将衬垫套装在轴上						
Ⅱ	1	分组件装配：轴承盖与毛毡的装配 将已剪好的毛毡塞入轴承盖槽内						
Ⅲ	1 2 3	分组件装配：轴承套与轴承外圈的装配 用专用量具分别检查轴承套孔及轴承外圈尺寸 在配合面上涂上机油 以轴承套为基准，将轴承外圈压入孔内底面		压力机	塞规 卡规			
Ⅳ	1 2 3	锥齿轮轴组件装配： 以圆锥齿轮组件为基准，将轴承套分组件套装轴上 在配合面上加油，将轴承内圈压装在轴上并紧贴衬垫 套上隔圈，将另一轴承内圈压装在轴上，直至与隔圈接触		压力机				

续表

<table>
<tr><th rowspan="2">工序号</th><th rowspan="2">工步号</th><th rowspan="2" colspan="4">装配内容</th><th rowspan="2">设备</th><th colspan="2">工艺装备</th><th></th><th></th></tr>
<tr><th>名称</th><th>编号</th><th>工人等级</th><th>工序时间</th></tr>
<tr><td>Ⅳ</td><td>4
5

6

7</td><td colspan="4">将另一轴承外圈涂上油，压至轴承套内
装入轴承盖分组件，调整端面的高度，使轴承间隙符合要求后，拧紧3个螺钉
安装平键，套装齿轮、垫圈，拧螺母，注意配合面加油
检查锥齿轮转动的灵活性及轴向窜动</td><td>压力机</td><td></td><td></td><td></td><td></td></tr>
<tr><td></td><td></td><td></td><td></td><td></td><td></td><td></td><td colspan="2"></td><td></td><td>共　张</td></tr>
<tr><td>编号</td><td>日期</td><td>签章</td><td>编号</td><td>日期</td><td>签章</td><td>编制</td><td colspan="2">移交</td><td>批准</td><td>第　张</td></tr>
</table>

复习思考题

1. 什么是装配、部件装配和总装配？
2. 装配工艺过程包括哪4个阶段？各自的工作内容是什么？
3. 常见的装配组织形式有哪几种？各适用于什么场合？
4. 什么叫装配单元系统图？如何绘制？它有何作用？

课题二 装配前的准备工作

一、零件的清理和清洗

在装配过程中，零件的清理和清洗工作对提高装配质量，延长产品使用寿命具有重要的意义，特别是对于轴承、精密配合件、液压元件、密封件以及有特殊清洗要求的零件更为重要。

1. 零件的清理

（1）清除零件上残存的型砂、铁锈、切屑、油污等，特别是要仔细清理孔、沟槽等易存污垢的部位。清理时要避免划伤重要的配合表面；清理后，箱体零件内壁的不加工表面要涂上浅色油漆。

（2）将所有待装配的零、部件按零、部件图号分别进行清点和放置。

2. 零件的清洗

（1）清洗方法　单件或小批量生产中，常将零件置于清洗槽内进行手工擦洗或冲洗；成批大量生产时，则采用清洗机进行清洗。清洗时，根据需要可以采用气体清洗、浸酯清洗、喷淋清洗、超声波清洗等。

（2）常用清洗液　常用清洗液有汽油、煤油、柴油和化学清洗液等。

1）汽油　工业汽油适用于清洗较精密的零、部件，航空汽油用于清洗质量要求较高的零件。使用汽油清洗时要注意安全。

2）煤油和柴油　煤油和柴油清洗能力不及汽油，清洗后干燥较慢，但相对安全。

3）化学清洗液　化学清洗液含有表面活性剂，对油脂、水溶性污垢具有良好的清洗能力，且配制简单，稳定耐用，无毒，不易燃，使用安全，以水代油，节约能源，常用于清洗钢件上以油为主的油垢和机械杂质，如105清洗剂、6501清洗剂。

小提示

（1）对于橡胶制品，如密封圈等零件，严禁用汽油清洗，以防发胀变形，应使用酒精或清洗液进行清洗。

（2）滚动轴承不能使用棉纱清洗，以免影响轴承装配质量；已加注防锈润滑脂的密封滚动轴承不需要清洗。

（3）清洗后的零件，应待零件上的油滴干后再进行装配，以防污油影响装配质量；清洗后暂不装配的零件应妥善保管，以防止零件再次污染。

（4）零件的清洗工作，可分为一次性清洗和二次性清洗。零件在第一次清洗后，应检查有无碰损或划伤，待检查修整后，再进行二次清洗。

二、零件的密封性试验

对于某些要求密封的零件，如机床的液压元件、液压缸、阀体、泵体及压力容器等，要求在一定的压力下具有可靠的密封性，因此，在装配前应进行密封性试验。密封性试验有气压法和液压法两种。

1. 气压法

对于承受工作压力较小的零件，可采用如图4—2—1所示的气压法密封性试验。试验前，将试件各孔全部封闭，然后浸入水中，并向试件内部通入压缩空气，水中无气泡说明试件不泄漏。当有泄漏时，可根据气泡密度来判断试件是否符合技术要求。

2. 液压法

液压法密封性试验适用于承受工作压力较大的零件。对于容积较小的零件，可采用手动泵进行密封性试验，如图4—2—2所示为三位五通阀体的密封性试验。试验前，按要求装好两端的密封圈和端盖，封闭其他孔口，加压至规定的试验压力后，仔细观察试件各部位是否有泄漏、渗透等现象，以此来判断试件的密封性能。

三、旋转件的平衡

机器中的旋转件（如带轮、飞轮、叶轮及各种转子等），由于材料密度不匀、本身形状对旋转中心不对称、加工或装配产生误差等原因，造成重心与旋转中心发生偏移，旋转时，因有不平衡量而产生离心力，使旋转中心无法固定，引起机械振动，从而使机器工作精度降低，零件寿命缩短，噪声增加，甚至发生破坏性事故。装配前，对转速较高或“长径比”较大的旋转零、部件，都必须进行平衡，以抵消或减小不平衡离心力，使旋转的重心调整到转动轴心线上。

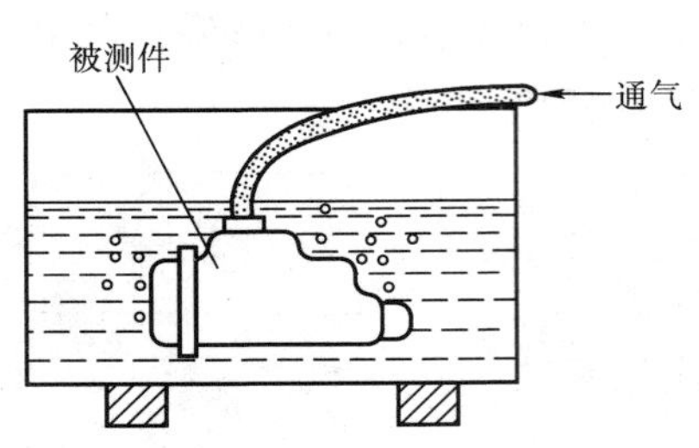

图 4—2—1　气压法密封性试验

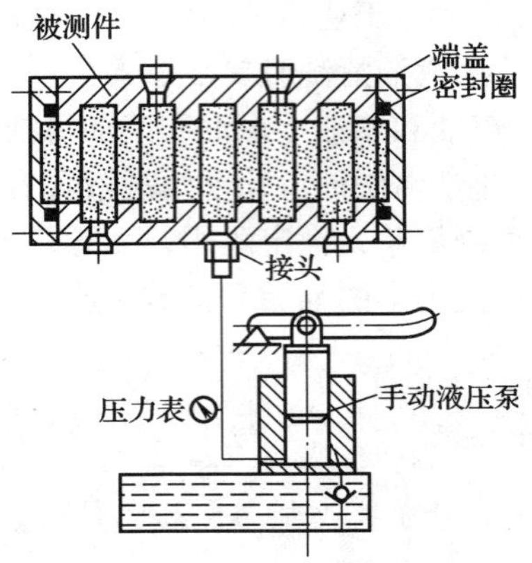

图 4—2—2　液压法密封性试验

旋转件的不平衡形式有静不平衡和动不平衡两种。

1．静不平衡

如图 4—2—3 所示为旋转件在径向各截面上有不平衡量，由此产生的离心力的合力通过旋转件重心，不会产生使旋转轴线倾斜的力矩，这种不平衡称为静不平衡。其特点是：静止时，不平衡量自然地处于铅垂线的下方；旋转时，不平衡离心力只产生垂直于旋转轴线方向的振动。

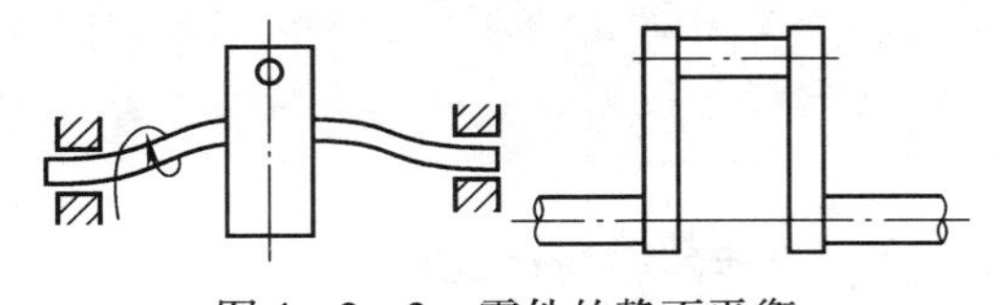

图 4—2—3　零件的静不平衡

（1）静平衡试验　调整产品或零、部件使其达到静态平衡的过程称为静平衡试验。其方法是首先确定旋转件上不平衡量的大小和位置，然后去除或抵消不平衡量对旋转的不良影响。静平衡试验的步骤如下：

1）将待平衡的旋转件装上心轴后，放在平衡支架上。平衡支架应采用圆柱形或棱形，如图 4—2—4 所示。支承面应坚硬、光滑，并有较高直线度、平行度，准确调至水平，以使旋转件在其上滚动时有较高的灵敏度。

图 4—2—4　静平衡装置

a）圆柱形平衡架　b）棱形平衡架

2）用手轻推旋转体使其缓慢转动，待其自动静止后在旋转件的下方做标记，重复转动若干次，如所做标记位置不变，则为不平衡量方向。

3）在与标记相对部位粘上一质量为 m 的橡皮泥，使 m 对旋转中心产生的力矩，恰好等于不平衡量 G 对旋转中心产生的力矩，即 $mr = Gl$，如图4—2—5 所示，此时，旋转件获得静平衡。

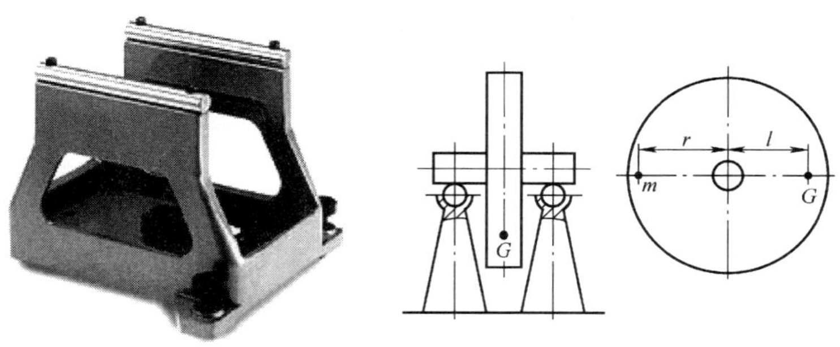

图 4—2—5　静平衡法

4）去掉橡皮泥，在其所在部位加上质量相当于 m 的重块，或在不平衡量处（与 m 相对直径上 l 处）去除一定质量（m）。待旋转件可在任何角度均能在支架上停留时，静平衡即告结束。

（2）静平衡的应用　静平衡只能平衡旋转件重心的不平衡，无法消除不平衡力矩。因此，静平衡只适用于“长径比”较小（一般长径比 <0.2，如盘类旋转件）或长径比虽较大，但转速不太高的旋转件。

2. 动不平衡

如图 4—2—6 所示为旋转件在径向截面上有不平衡量且由此产生的离心力形成不平衡力矩，所以旋转件旋转时不仅会产生垂直于轴线的振动，还会产生使旋转轴线倾斜的振动，这种不平衡称为动不平衡。

对旋转的零、部件在动平衡试验机上进行试验和调整，使其达到动态平衡的过程称为动平衡试验。对于长径比较大或转速较高的旋转件，必须进行动平衡试验。动平衡在动平衡试验机上进行，如图 4—2—7 所示为 HYQ—100 型机床主轴动平衡机。

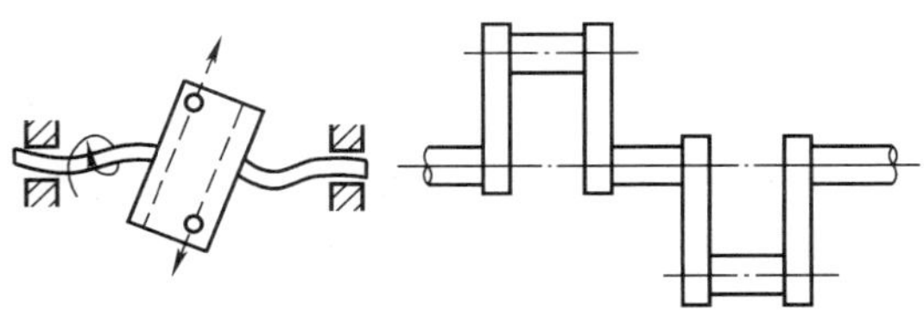

图 4—2—6　零件的动不平衡

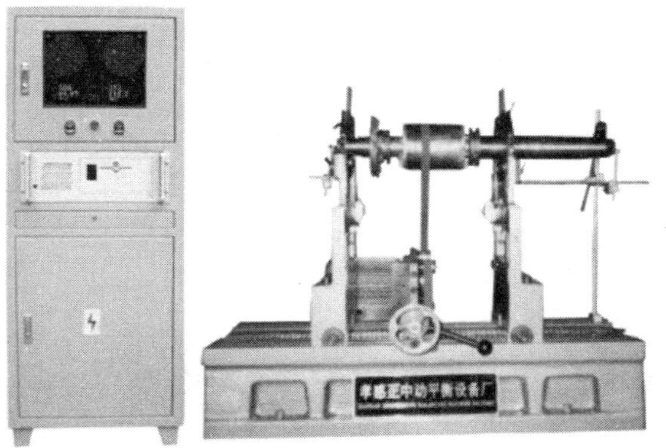

图 4—2—7　HYQ—100 型机床主轴动平衡机

复习思考题

1. 装配前应做好哪些准备工作？

2. 高速旋转的零、部件为什么要进行平衡？静不平衡与动不平衡有什么区别？简述静平衡的方法。

课题三
装配尺寸链与装配方法

一、装配尺寸链

1. 装配尺寸链定义

在零件加工或产品装配过程中，为了达到加工精度或装配精度，要涉及各零件的许多有关尺寸。例如，图4—3—1a中齿轮孔与轴配合间隙A_Δ的大小，与孔径A_1及轴径A_2的大小有关；图4—3—1b中齿轮端面和机体孔端面配合间隙B_Δ的大小，与机体孔端面距离尺寸B_1、齿轮宽度B_2及垫圈厚度B_3的大小有关；图4—3—1c中，机床床鞍和导轨之间配合间隙C_Δ的大小与尺寸C_1、C_2及C_3的大小有关。这些尺寸可以组成一个封闭外形，我们把这些互相联系且按一定顺序排列的封闭尺寸组合称为尺寸链。

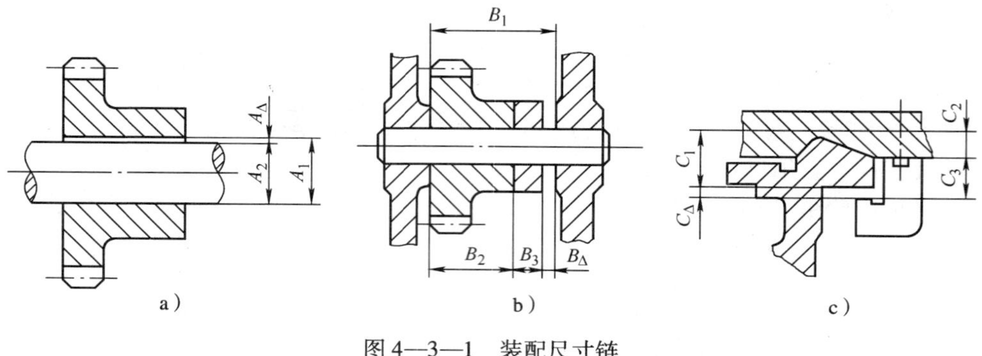

图4—3—1　装配尺寸链

由此可知，影响某一装配精度的各有关装配尺寸所组成的尺寸链，就称之为装配尺寸链。

知识拓展

尺寸链有两大特性：

(1) 关联性：尺寸链中各尺寸相互联系、相互影响，像链条一样，一环扣一环。

(2) 封闭性：有关尺寸首尾相接，呈封闭状态。

2. 装配尺寸链简图

为了简便起见，通常不绘出该装配部分的具体结构，也不必按严格的比例，只要依次绘出各有关尺寸，排列成封闭的外形，这种示意图称为尺寸链简图。图 4—3—1 所示的三种情况，其尺寸链简图如图 4—3—2 所示。

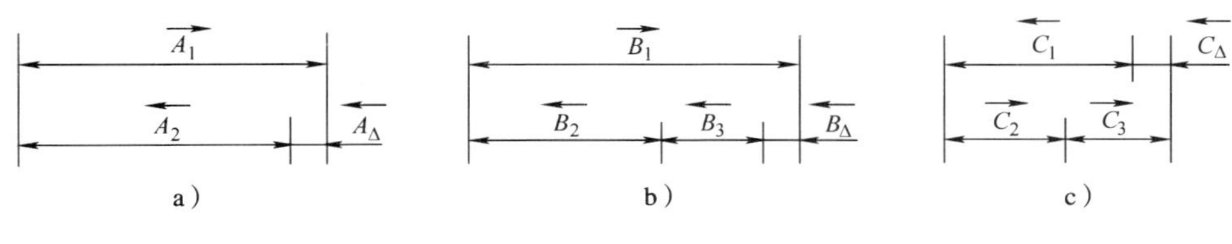

图 4—3—2　尺寸链简图

3. 装配尺寸链的环

构成尺寸链的每一个尺寸都称为“环”，在每个尺寸链中至少有 3 个环。

（1）封闭环　在零件加工或机器装配过程中，最后自然形成（或间接获得）的尺寸，称为封闭环。一个尺寸链只有一个封闭环，如图 4—3—2 中的 A_Δ、B_Δ和 C_Δ。在装配尺寸链中封闭环即装配技术要求。

（2）组成环　尺寸链中除封闭环以外的其余尺寸均称为组成环。同一尺寸链中的组成环，用同一字母表示，如 A_1、A_2、A_3，B_1、B_2、B_3，C_1、C_2、C_3等。

（3）增环　在其他组成环不变的条件下，当某组成环增大时，封闭环随之增大，那么该组成环称为增环。图 4—3—2 中的 A_1、B_1、C_2、C_3为增环，增环用符号 $\overrightarrow{A}_1$、$\overrightarrow{B}_1$、$\overrightarrow{C}_2$、$\overrightarrow{C}_3$表示。

（4）减环　在其他组成环不变的条件下，当某组成环增大时，封闭环随之减小，那么该组成环称为减环。图 4—3—2 中的 A_2、B_2、B_3、C_1为减环。减环用符号 $\overleftarrow{A}_2$、$\overleftarrow{B}_2$、$\overleftarrow{B}_3$、$\overleftarrow{C}_1$表示。

增环、减环的简易判断方法：由尺寸链任一环的基面出发，绕其轮廓转一周，回到这一基面，按旋转方向给每个环标出箭头，凡是箭头方向与封闭环相反的为增环，箭头方向与封闭环相同的为减环，如图 4—3—2 所示。

4. 封闭环极限尺寸及公差

（1）封闭环的基本尺寸　由尺寸链简图可以看出，封闭环的基本尺寸 =（所有增环基本尺寸之和）-（所有减环基本尺寸之和），即：

$$A_\Delta = \sum_{i=1}^{m}\overrightarrow{A}_i - \sum_{i=1}^{n}\overleftarrow{A}_i$$

式中　A_Δ——封闭环的公称尺寸，mm；

$\overrightarrow{A}_i$——第 i 个增环公称尺寸，mm；

$\overleftarrow{A}_i$——第 i 个减环公称尺寸，mm；

$\sum$——求和符号；

m——增环数目；

n——减环数目。

由此可得出封闭环极限尺寸与各组成环极限尺寸的关系。

（2）封闭环的上极限尺寸　当所有增环都为上极限尺寸，而减环都为下极限尺寸时，则封闭环为上极限尺寸，即：

$$A_{\Delta\max} = \sum_{i=1}^{m} \overrightarrow{A}_{i\max} - \sum_{i=1}^{n} \overleftarrow{A}_{i\min}$$

式中　$A_{\Delta\max}$——封闭环上极限尺寸；

$\overrightarrow{A}_{i\max}$——各增环上极限尺寸；

$\overleftarrow{A}_{i\min}$——各减环下极限尺寸。

（3）封闭环的下极限尺寸　当所有增环都为下极限尺寸，而减环都为上极限尺寸时，则封闭环为下极限尺寸，即：

$$A_{\Delta\min} = \sum_{i=1}^{m} \overrightarrow{A}_{i\min} - \sum_{i=1}^{n} \overleftarrow{A}_{i\max}$$

式中　$A_{\Delta\min}$——封闭环下极限尺寸；

$\overrightarrow{A}_{i\min}$——各增环下极限尺寸；

$\overleftarrow{A}_{i\max}$——各减环上极限尺寸。

（4）封闭环公差　封闭环公差等于封闭环上极限尺寸与封闭环下极限尺寸之差，即：

$$\delta_{\Delta} = \sum_{i=1}^{m+n} \delta_i$$

式中　δ_{Δ}——封闭环公差；

δ_i——各组成环公差。

上式表明，封闭环公差等于各组成环公差之和。

例 4—3—1　图 4—3—1b 所示齿轮轴装配中，要求装配后齿轮端面和箱体凸台端面之间具有 0.1 ~0.3 mm 的轴向间隙。已知 $B_1 = 80^{+0.1}_{0}$ mm，$B_2 = 60^{0}_{-0.06}$ mm，问 B_3尺寸应控制在什么范围内才能满足装配要求？

解：（1）根据题意绘尺寸链简图，如图 4—3—2b 所示。

（2）确定封闭环、增环、减环分别为 B_{Δ}、$\overrightarrow{B}_1$、$\overleftarrow{B}_2$、$\overleftarrow{B}_3$。

（3）列尺寸链方程式，计算 B_3。

$$B_{\Delta} = B_1 - (B_2 + B_3)$$

$$B_3 = B_1 - B_2 — B_{\Delta} = 80 - 60 - 0 = 20 \text{（mm）}$$

（4）确定 B_3极限尺寸。

$$B_{\Delta\max} = B_{1\max} - (B_{2\min} + B_{3\min})$$

$$B_{3\min} = B_{1\max} - B_{2\min} - B_{\Delta\max} = 80.1 - 59.94 - 0.3 = 19.86 \text{（mm）}$$

$$B_{\Delta\min} = B_{1\min} - (B_{2\max} + B_{3\max})$$

$$B_{3\max} = B_{1\min} - B_{2\max} - B_{\Delta\min} = 80 - 60 - 0.1 = 19.9 \text{（mm）}$$

故　$B_3 = 20^{-0.10}_{-0.14}$（mm）

二、装配方法

通过尺寸链分析可知，由于封闭环公差等于各组成环公差之和，装配精度直接取决于零件制造公差，但如果零件制造精度过高，将造成零件难以加工或增加生产成本。这就需要在装配时采取合理的工艺措施，如装配时对工件进行测量和挑选；对某一装配件进行修配；调整装配件的正确位置等。从而既能使零件制造精度降低，又能保证装配要求。所以零件制造精度是保证装配精度的基础，但装配精度并不完全依赖于零件制造精度。

为正确处理装配精度与零件制造精度的关系，妥善解决生产的经济性与使用要求之间的矛盾，生产中，采用了不同的装配方法。常用的有互换装配法、选择装配法、修配装配法和调整装配法。

1. 互换装配法

在装配时，各配合零件不经修配、选择或调整即可达到装配精度的方法称为互换装配法。互换装配法的装配精度完全依赖于零件的制造精度，其特点及适用范围是：

（1）装配操作简便，生产效率高。

（2）装配时间易确定，便于组织流水线装配。

（3）零件磨损后，更换方便。

（4）对零件精度要求高。

（5）适用于组成环数少，装配精度要求不高的场合或大批量生产中。

2. 分组装配法

在成批或大量生产中，将产品各配合副的零件按实测尺寸分组，装配时按组进行互换装配以达到装配精度的方法称为分组装配法。这种装配方法的装配精度取决于分组数。其特点及适用范围是：

（1）经分组后零件的配合精度高。

（2）可增大零件的制造公差，使零件制造成本降低。

（3）虽然增加了测量、分组等工作，但可以提高装配精度。

（4）适用于大批量生产中装配精度要求很高、组成环数较少的场合。

3. 修配装配法

在装配时，修去指定零件上预留修配量，以达到装配精度的方法称为修配装配法。如图 4—3—3 所示，在卧式车床尾座装配中，用修刮尾座底板的方法以保证车床前、后顶尖的等高度。这种装配方法的特点及适应范围是：

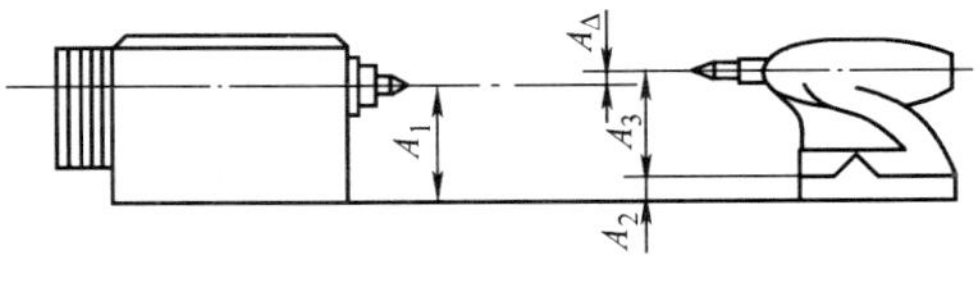

（1）零件的加工精度要求降低。

（2）不需要高精度的加工设备，节省机械加工时间。

图 4—3—3　修刮尾座底板

（3）装配工作复杂化，装配时间增加。

（4）适于单件、小批生产或成批生产精度高的产品。

4. 调整装配法

在装配时用改变产品中可调整零件的相对位置或选用合适的调整件以达到装配精度的方法，称为调整装配法。一般采用斜面、锥面、螺纹等方式移动可调整件的位置；采用调换垫片、垫圈、套筒等控制调整件的尺寸。调整装配法的特点是：装配时，零件不需任何修配加工，只靠调整就能达到装配精度；可以定期进行调整，容易恢复配合精度，对于容易磨损而需要改变配合间隙的结构，极为有利；容易使配合件的刚度受到影响，甚至会影响配合件的位置精度和寿命。

调整装配法主要有可动调整和固定调整两种装配方法。

（1）可动调整法　用改变零件位置来达到装配精度的方法。采用可动调整法可以调整由于磨损、热变形、弹性变形等所引起的误差。图 4—3—4a 所示是以套筒作为调整件，装配时，使套筒沿轴向移动（即调整 A_3），直至达到规定的间隙；图 4—3—4b 所示为利用螺钉来调整轴承间隙。

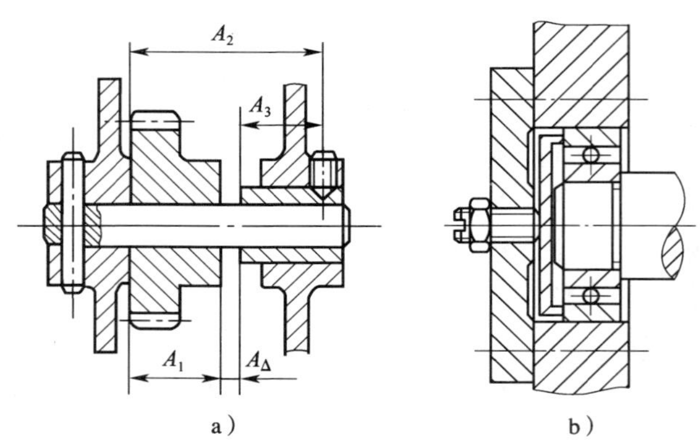

图 4—3—4　可动调整法

a）利用套筒调整　b）利用螺钉调整

（2）固定调整法　在尺寸链中选定一个或加入一个零件作为调整环，通过改变调整环尺寸，使封闭环达到精度要求的方法。作为调整环的零件是按一定尺寸间隔制成的一组专用零件，装配时，根据需要选用其中一种作补偿，从而保证所需的装配精度。图 4—3—5 所示为通过垫片来调整轴向配合间隙的方法。

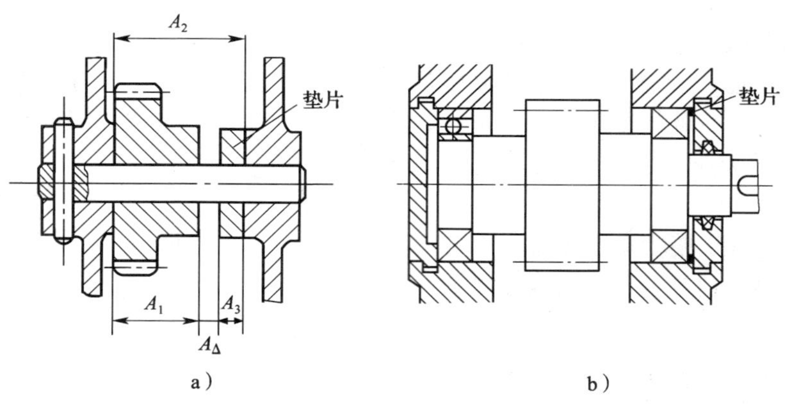

图 4—3—5　固定调整法

三、装配尺寸链的解法

根据装配精度（即封闭环公差）对装配尺寸链进行分析，并合理分配各组成环公差的过程，称解装配尺寸链。

当已知封闭环公差求组成环公差时，应先按“等公差原则”（即每个组成环分得的公差相等）结合各组成环尺寸的大小和加工的难易程度，将封闭环公差值合理分配给各组成环，调整后的各组成环公差之和仍等于封闭环公差。

确定好各组成环公差之后，再按“入体原则”确定基本偏差。即：当组成环为包容尺寸（孔）时，取下偏差为零；当组成环为被包容尺寸（轴）时，取上偏差为零；若组成环为中心距，则取对称偏差。

解装配尺寸链的方法有：互换法、分组选配法、修配法和调整法等。下面介绍其中常用的两种解法。

1. 互换法解尺寸链

按互换装配法的要求解有关装配尺寸链，叫互换法解尺寸链。

例 4—3—2 图 4—3—6 所示齿轮箱部件，装配要求为轴向窜动量为 $A_\Delta = 0.2 \sim 0.7$ mm。已知 $A_1 = 122$ mm，$A_2 = 28$ mm，$A_3 = A_5 = 5$ mm，$A_4 = 140$ mm，用互换法解尺寸链。

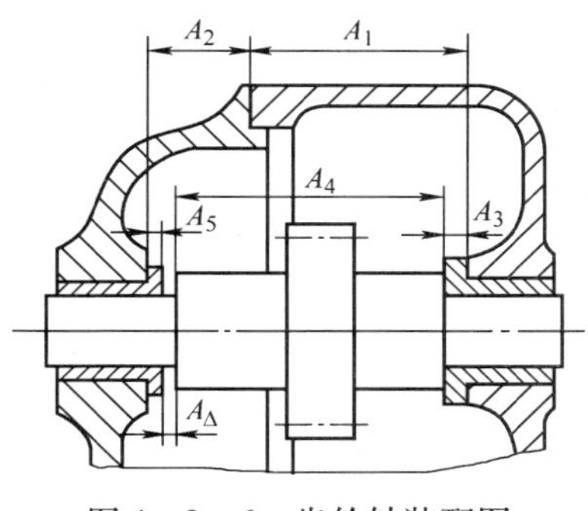

图 4—3—6　齿轮轴装配图

解：（1）根据题意绘出尺寸链简图，并校验各环公称尺寸。

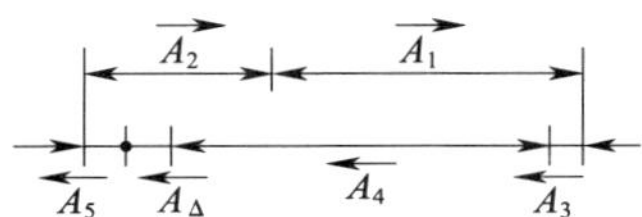

其中 A_1、A_2 为增环，A_3、A_4、A_5 为减环，A_Δ 为封闭环。

$$A_\Delta = (A_1 + A_2) - (A_3 + A_4 + A_5) = (122 + 28) - (5 + 140 + 5) = 0$$

各环公称尺寸确定无误。

（2）确定各组成环公差及极限尺寸。首先求出封闭环公差：

$$\delta_\Delta = 0.7 - 0.2 = 0.5 \text{ mm}$$

根据 $\delta_\Delta = \sum_{i=1}^{m+n} \delta_i = \delta_1 + \delta_2 + \delta_3 + \delta_4 + \delta_5 = 0.5$ mm，同时考虑各组成环尺寸的大小、加工和测量的难易程度，合理分配各环尺寸公差：

$$\delta_1 = 0.20 \text{ mm},\ \delta_2 = 0.10 \text{ mm},\ \delta_3 = \delta_5 = 0.05 \text{ mm},\ \delta_4 = 0.10 \text{ mm}$$

（3）确定协调环。为了能满足装配精度要求，应在各组成环中选择一个环，其极限尺寸由封闭环极限尺寸方程式来确定，此环称协调环，一般选择便于加工和测量的组成环为协调环。本题选 A_4 为协调环。

（4）确定各组成环极限偏差，并计算协调环极限尺寸。

根据“入体原则”及各组成环公差值，确定组成环极限偏差：

$$A_1 = 122^{+0.20}_{0} \text{ mm},\ A_2 = 28^{+0.10}_{0} \text{ mm},\ A_3 = A_5 = 5^{0}_{-0.05} \text{ mm}$$

$$A_{4\min} = A_{1\max} + A_{2\max} - A_{3\min} - A_{5\min} - A_{\Delta\max}$$
$$= 122.20 + 28.10 - 4.95 - 4.95 - 0.7 = 139.70 \text{ (mm)}$$

$$A_{4\max} = A_{1\min} + A_{2\min} - A_{3\max} - A_{5\max} - A_{\Delta\min}$$
$$= 122 + 28 - 5 - 5 - 0.2 = 139.80 \text{ (mm)}$$

所以 $A_4 = 140^{-0.20}_{-0.30}$ mm

2. 分组选配法解尺寸链

分组选配法是将尺寸链中组成环的制造公差放大到经济精度的程度，然后分组进行装配，以保证装配精度。

例 4—3—3 图 4—3—7 所示为某发动机内直径为 $\phi28$ mm 的活塞销与配合孔装配示意图，要求销子与销孔装配时，有 0.01 ~ 0.02 mm 的过盈量。用分组装配法解该尺寸链并确定各组成环的偏差值。设轴、孔的经济公差为 0.02 mm。

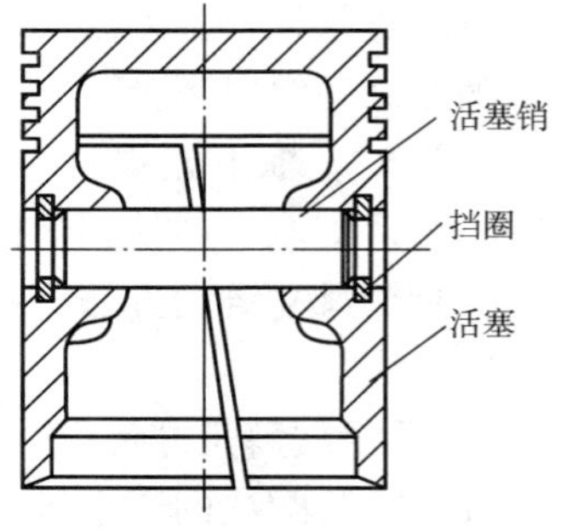

图 4—3—7 活塞销与配合孔装配示意图

解：（1）根据题意绘制尺寸链简图

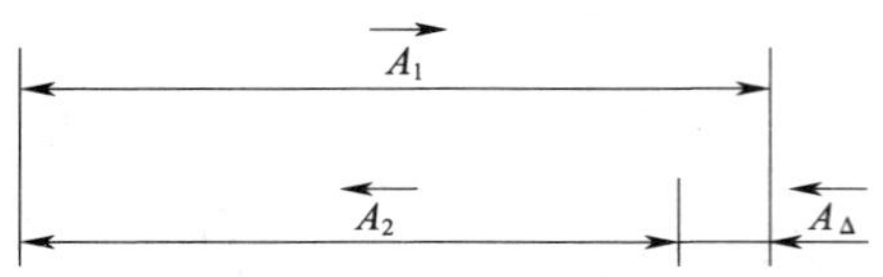

其中，A_1为销子的尺寸（增环），A_2为销孔的尺寸（减环），A_Δ为过盈量（封闭环）。

（2）先按互换法确定各组成环的公差和偏差值：

$$T_\Delta = (-0.01) - (-0.02) = 0.01\ (\text{mm})$$

根据“等公差原则”，取 $T_1 = T_2 = T_\Delta/2 = 0.01/2 = 0.005$（mm）

按“入体原则”确定偏差，本题采用基孔制，则销孔的公差带位置应为单向正偏差，即销孔尺寸为：

$$A_2 = 28^{+0.005}_{0}\ \text{mm}$$

根据配合要求可知销子尺寸为：

$$A_1 = 28^{+0.020}_{+0.015}\ \text{mm}$$

画出销子与销孔的尺寸公差带图，如图 4—3—8a 所示。

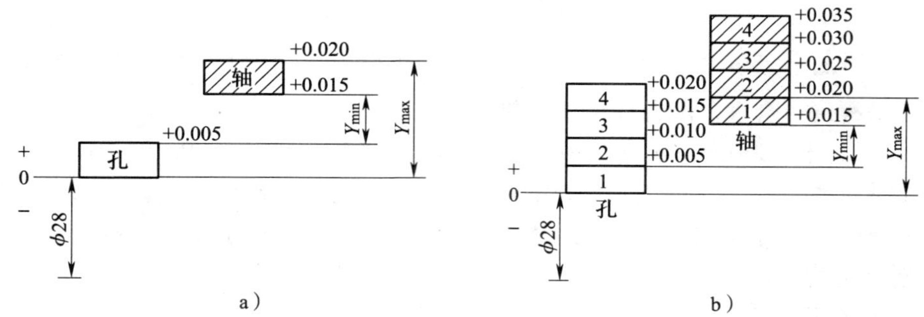

图 4—3—8 销子与销孔的尺寸公差带

a）原尺寸公差带 b）分组尺寸公差带

（3）根据经济公差 0.02 mm，将得出的组成环公差均扩大 4 倍，得到 $4 \times 0.005 = 0.02$（mm）的经济制造公差。

（4）按相同方向扩大制造公差，得销孔尺寸为 $\phi28^{+0.020}_{0}$ mm，销子尺寸为 $\phi28^{+0.035}_{+0.015}$ mm。

（5）制造后，按实际加工尺寸分 4 组，分组尺寸公差带如图 4—3—8b 所示。然后按组进行装配，见表 4—3—1。因分组配合公差与允许配合公差相同，所以符合装配要求。

表 4—3—1　　活塞销与配合孔的分组尺寸　　mm

组别	配合孔直径	活塞销直径	配合情况	
			最小过盈	最大过盈
1	$\phi28^{+0.005}_{0}$	$\phi28^{+0.020}_{+0.015}$	0. 010	0. 020
2	$\phi28^{+0.010}_{+0.005}$	$\phi28^{+0.025}_{+0.020}$		
3	$\phi28^{+0.015}_{+0.010}$	$\phi28^{+0.030}_{+0.025}$		
4	$\phi28^{+0.020}_{+0.015}$	$\phi28^{+0.035}_{+0.030}$		

复习思考题

1. 什么叫装配尺寸链、封闭环、增环、减环？

2. 装配方法有哪几种？各有何特点？

3. 已知各组成环及加工公差如图 4—3—9 所示，装配后封闭环 A_{Δ} 的极限尺寸为多少？

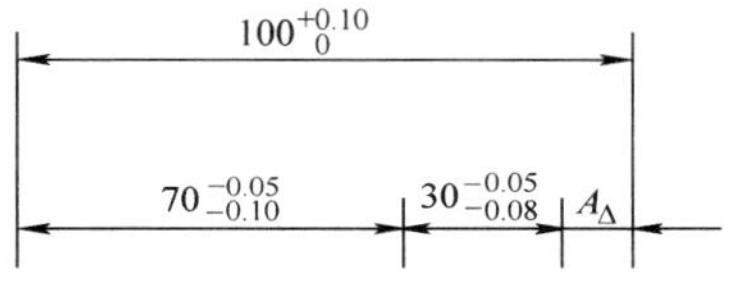

图 4—3—9　尺寸链图

4. 按图 4—3—10 所注尺寸公差加工各孔，求加工后孔 1 与孔 2，孔 1 与孔 3 之间能达到的尺寸精度。

5. 在一工件上钻、铰孔 1 与孔 2，其位置尺寸的要求如图 4—3—11 所示。若加工时均以底面 B 为定位和测量基准，则孔 2 应对基准面 B 控制在什么极限尺寸时，才能满足图样要求？（孔 1 与孔 2 的连心线垂直于底面 B）

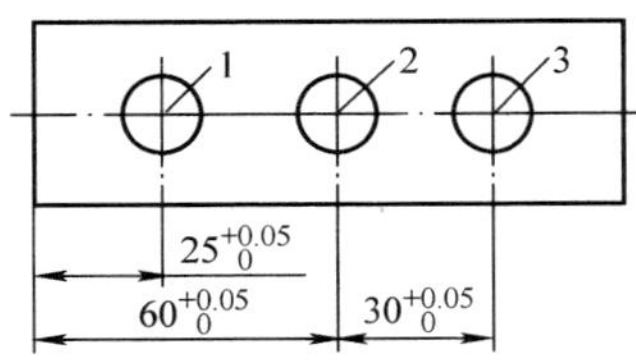

图 4—3—10　孔的尺寸误差图

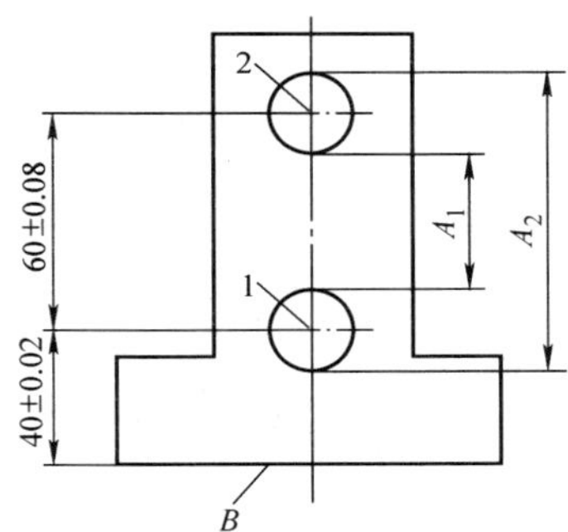

图 4—3—11　钻、铰两孔的零件加工图

6. 如图 4—3—12 所示，某轴需镀铬，镀铬前轴的尺寸车削至 $A_2=\phi59.74^{\ 0}_{-0.016}$ mm，孔径 $A_1=\phi60^{+0.03}_{\ 0}$ mm，保证配合间隙 $A_{\Delta}=0.236\sim0.286$ mm。镀铬层厚度 A_3 应控制在什么范围？

7. 齿轮轴装配简图如图 4—3—13 所示，其中 $B_1=100$ mm，$B_2=70$ mm，$B_3=30$ mm，装配后轴向间隙要求为 0. 02 ~0. 20 mm。用互换法解该装配尺寸链。

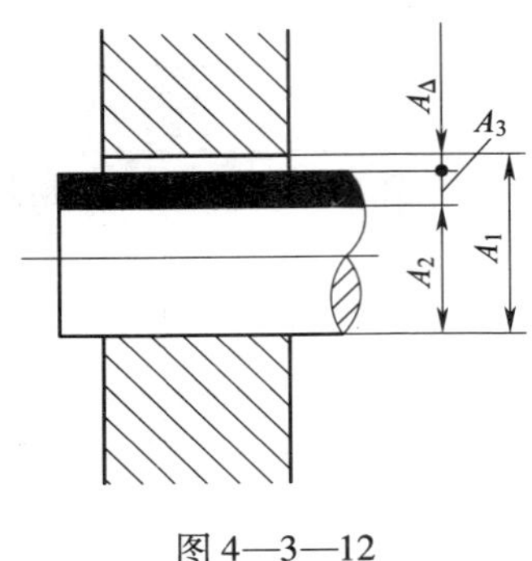

图 4—3—12

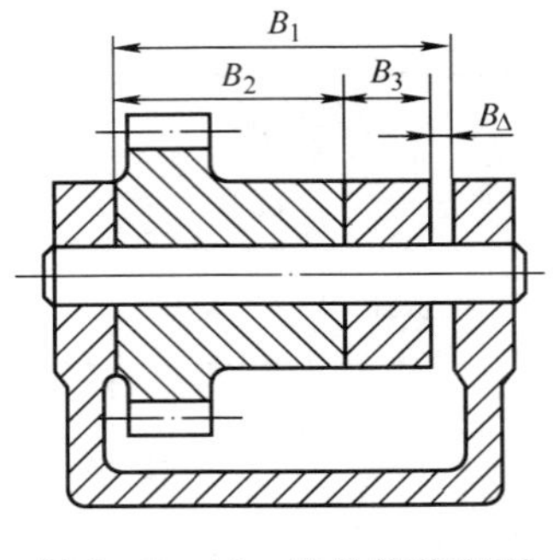

图 4—3—13　齿轮箱装配图

课题四 固定连接的装配

机器中有相当多的零件需要彼此连接，连接件间不能做相对运动的连接方式称为固定连接，能按一定运动形式做相对运动的连接方式称为活动连接。通常所谓的连接主要是指固定连接。

固定连接一般分为可拆连接和不可拆连接两大类。常见的固定连接有螺纹连接、键连接、销连接、过盈连接、管道连接及铆接、焊接、粘接等。

一、螺纹连接的装配

螺纹连接是一种可拆卸的固定连接，它具有结构简单、连接可靠、装拆方便、成本低廉等优点，因此在机械制造中应用广泛。

1. 螺纹连接常用装拆工具

螺纹连接的紧固件主要有螺栓、螺钉、螺柱、螺母等，现已标准化。其种类繁多，形状各异，因此，螺纹连接的装拆工具也各有不同，其结构、特点见表 4—4—1。

表 4—4—1　　螺纹连接常用装拆工具

工具名称		图示	特点及应用
螺钉旋具	一字旋具		应用广泛，规格用旋体长度表示，常用规格有 100 mm、150 mm、200 mm、300 mm 和 400 mm 等几种。使用时，应根据螺钉沟槽的宽度选用
	十字旋具		主要用来装拆头部带十字槽的螺钉，其优点是旋具不易从槽中滑出
	快速旋具		推压手柄，使螺旋杆通过来复孔而转动，可以快速装拆小螺钉，提高装拆速度
	弯头旋具		两端各有一个刃口，适用于螺钉头顶部空间受到限制的拆装场合

工具名称		图示	特点及应用
扳手	通用扳手		开口尺寸可在一定范围内调节。使用时，应让固定钳口承受主要作用力，否则容易损坏扳手。其规格用长度表示
扳手	呆扳手	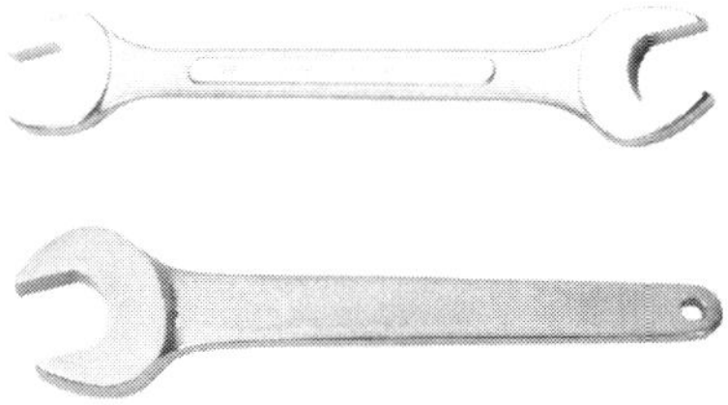	用于装拆六角形或方头的螺母或螺钉，有单头和双头之分。其规格用开口尺寸表示，一般由多把不同规格的呆扳手组成一套
扳手	整体扳手		分为正方形、六角形、十二角形（梅花扳手）等。其特点是承载能力大、换位转角小（如30°）。适用于工作空间狭小，不能容纳普通扳手的场合
扳手	套筒扳手		由一套尺寸不等的六方或梅花套筒组成，并配有手柄、接杆等多种附件，特别适用于工作空间十分狭小或凹陷在深处的螺栓或螺母。使用方便，工作效率较高
扳手	内六角扳手	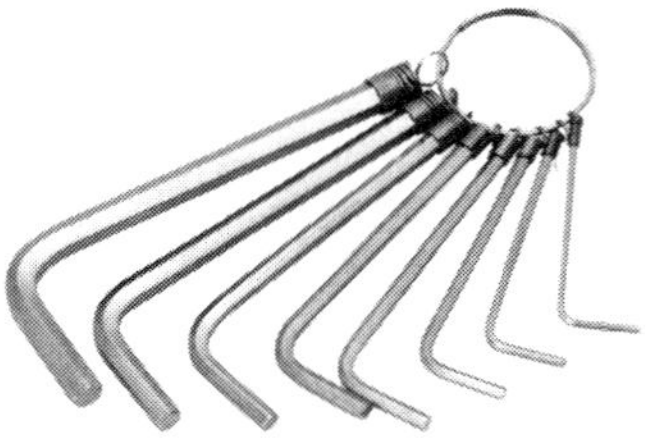	用于装拆内六角螺钉。其规格用六方的对边尺寸表示，使用时必须与螺钉配套。成套的内六角扳手，可供装拆 M4 ~ M30 的内六角螺钉
扳手	钩头扳手		专门用于装拆圆螺母
扳手	扭力扳手	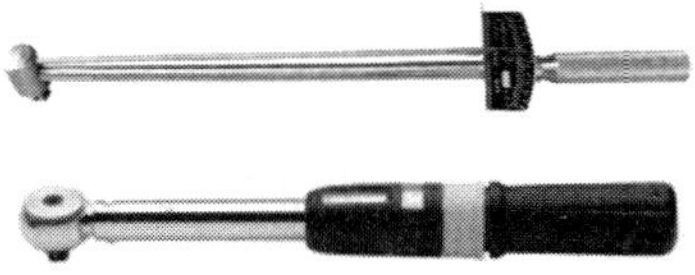	常用的有指针型和数显型，在拧转螺栓或螺母时，能显示出所施加的扭矩；或者当施加的扭矩到达规定值后，会发出光或声响信号。主要用于有预紧力要求的场合

续表

工具名称		图示	特点及应用
扳手	棘轮扳手		此扳手不用换位，反复摆动手柄即可拧紧或松开螺母或螺钉。具有使用方便、效率高等特点
	管子扳手		用于管子装拆

2. 螺纹连接的类型

螺纹连接的主要类型有螺栓连接、螺钉连接、双头螺柱连接和紧定螺钉连接等，其结构、特点及应用见表 4—4—2。

表 4—4—2　　常见螺纹连接的结构、特点及应用

连接类型	结构	特点及应用
螺栓连接	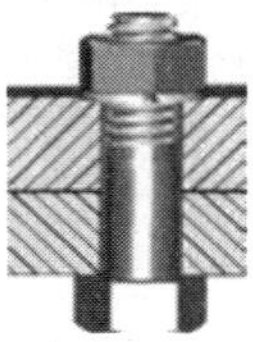	无须在连接件上加工螺纹，连接件不受材料的限制。主要用于连接件不太厚，并能从两边进行装配的场合
螺钉连接		螺钉直接拧入一连接件的螺纹孔中，结构简单，主要用于连接件的结构受到限制，且不需经常装拆的场合
双头螺柱连接	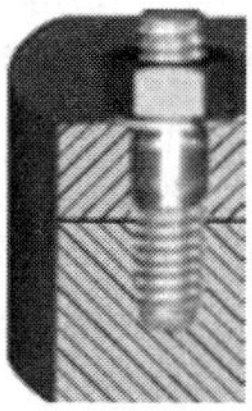	将螺柱一端拧入并紧定在一连接件的螺纹孔中，拆卸时只需旋下螺母，螺柱仍留在机体螺纹孔内，故螺纹孔不易损坏。主要用于连接件的结构受到限制，且需经常装拆的场合
紧定螺钉连接	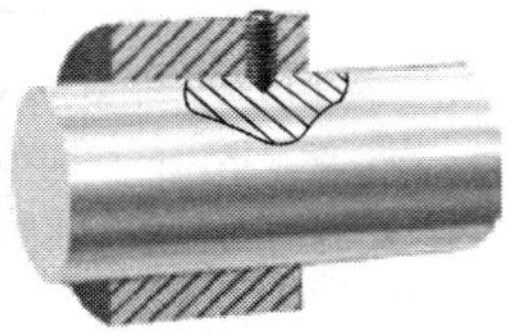	将螺钉拧入一连接件的螺纹孔中，其末端顶住另一零件的表面，或顶入相应的凹坑中。常用于固定两个零件的相对位置，并可传递不大的力或转矩

3. 螺纹连接的装配技术要求

（1）保证一定的拧紧力矩　为达到螺纹连接可靠和紧固的目的，螺纹连接装配时应有一定的拧紧力矩，使螺纹牙间产生足够的预紧力和摩擦力矩。

（2）有可靠的防松装置　螺纹连接一般都具有自锁性，通常情况下，不会自行松脱，但在冲击、振动或交变载荷作用下，会使螺纹副之间的正压力突然减小，以致摩擦力矩减小，使螺纹连接松动。为保证连接的可靠性，螺纹连接应设有有效的防松装置。

（3）保证螺纹连接的配合精度　螺纹配合精度由螺纹公差带和旋合长度两个因素确定，分为精密、中等和粗糙三种。旋合长度是指两相互配合的螺纹，沿轴线方向相互旋合部分的长度，分短、中、长三类。

4. 螺纹连接的装配工艺

（1）螺纹连接的预紧　螺纹连接的预紧就是在正常状态下把螺纹拧紧后，再加大拧紧力量，使螺纹连接在承受工作载荷之前受到预紧力的作用（材料有微量的变形）。

螺纹进行预紧的目的是增加螺纹连接的刚度、紧密性和防松性能，保证螺纹连接的正常工作，还可以提高螺纹件的疲劳强度。常用预紧力的控制方法有：控制扭矩法（用扭力扳手控制）、控制扭角法（控制螺钉或螺母的转角）和控制螺栓伸长法。

（2）螺纹连接的防松　螺纹连接一般都具有自锁性，通常情况下，不会自行松脱，但在冲击、振动或交变载荷下，为避免螺纹连接松动，螺纹连接应有可靠的防松装置，其常用防松方法见表4—4—3。

表4—4—3　　常用螺纹连接的防松方法及应用

类型		结构	特点及应用
附加摩擦力防松	双螺母		将主螺母拧紧至预定位置，然后再拧紧副螺母。此防松装置增加了结构尺寸和质量，一般用于低速重载或较平稳的场合
	弹簧垫圈		此防松装置结构简单，但容易刮伤螺母和被连接件表面，同时，因弹力分布不均，螺母容易偏斜。一般用于工作较平稳，且不经常装拆的场合
机械防松	开口销与带槽螺母		用开口销把螺母直接锁在螺栓上，防松可靠，但螺杆上销孔位置不易与螺母最佳锁紧位置的槽口吻合。多用于变载和振动场合
	圆螺母与止动垫圈		装配时，先把垫圈的内翅插入螺杆槽中，然后拧紧螺母，再把外翅弯入螺母的外缺口内。常用于受力不大的场合

续表

类型		结构	特点及应用
机械防松	六角螺钉与止动垫圈		垫圈耳部分别与连接件和六角螺钉或螺母紧贴，防止回松。常用于连接部分可容纳弯耳的场合
	串联钢丝		用钢丝穿过各螺钉头部的径向小孔，利用钢丝的相互牵制作用来防止回松。使用时应注意钢丝的穿绕方向。适用于结构紧凑的成组螺纹连接
破坏螺纹副防松	焊点或冲点	焊点或冲点	将螺钉或螺母拧紧后，在螺纹旋合处点焊或冲点。防松效果好，用于不再拆卸的场合
	粘接	涂黏合剂	在螺纹旋合表面涂黏合剂，拧紧后，黏合剂自行固化，防松效果良好，且有密封作用，但不便拆卸

（3）双头螺柱装配

1）双头螺柱装配必须保证与机体螺孔的配合有足够的紧固性（在装拆螺母过程中，双头螺柱不能松动）。通常是利用螺纹尾部的不完整牙型来实现过盈配合而达到紧固的目的。双头螺柱紧固端的紧固方法如图 4—4—1 所示。

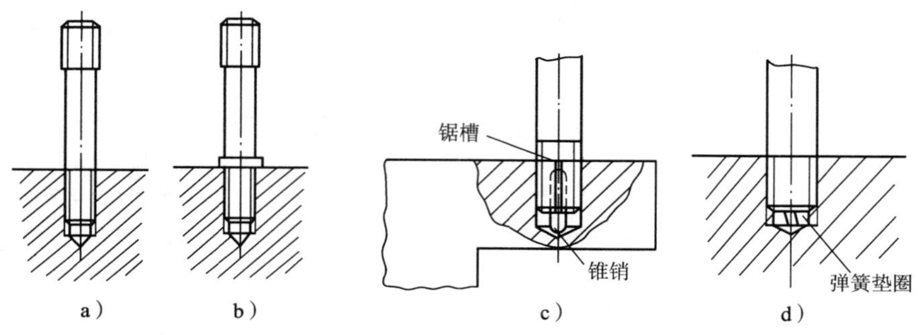

图 4—4—1　双头螺柱的紧固形式

a）具有过盈的配合　b）带有台阶的紧固　c）采用锥销紧固　d）采用弹簧垫圈止退

将双头螺柱拧入机体螺孔的方法很多，常用的有以下两种：

①双螺母法　如图4—4—2所示，先将两个螺母相互锁紧在双头螺柱上，然后转动上面的螺母，将双头螺柱拧入螺孔。

②长螺母拧紧法　如图4—4—3所示，先将长螺母旋入双头螺柱上，再拧紧止动螺钉，然后扳动长螺母，即可将双头螺柱拧入螺孔。取下长螺母时，先旋松止动螺钉，再拧出长螺母。

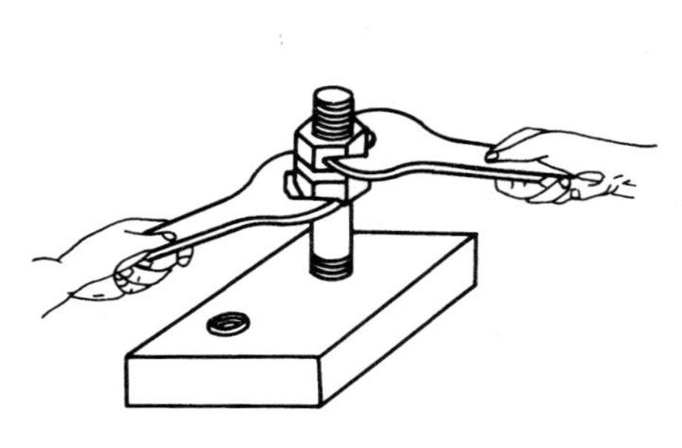

图4—4—2　双螺母拧紧法

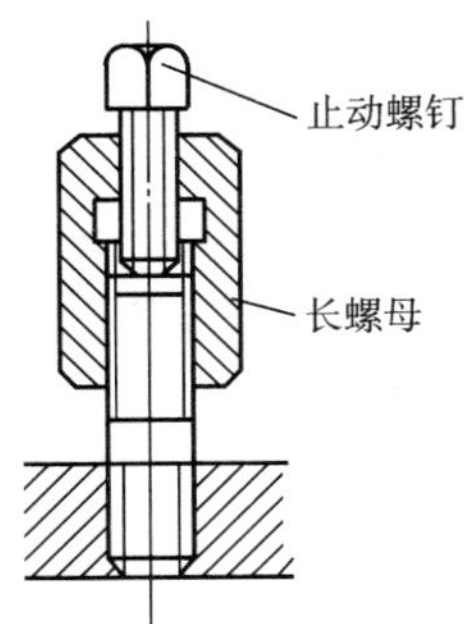

图4—4—3　长螺母拧紧法

2）双头螺柱的轴心线必须与机体表面垂直。装配时，可用直角尺进行检验。如发现较小的偏斜时，可用丝锥校正螺孔后再装配，或将装入的双头螺柱校正至垂直。偏斜较大时，不得强行校正，以免影响连接的可靠性。

3）装入双头螺柱时必须加油润滑，避免旋入时产生咬合现象，便于以后拆卸方便。

（4）螺母、螺钉装配

1）螺杆不产生弯曲变形，螺钉头部、螺母底面应与连接件接触良好。

2）被连接件应均匀受压，互相紧密贴合，连接牢固。

3）拧紧成组螺母或螺钉时，为使被连接件及螺杆受力均匀一致，不产生变形，应根据被连接件形状和螺母或螺钉的分布情况，如图4—4—4所示，按照先中间、后两边的原则分层次、对称、逐步拧紧。

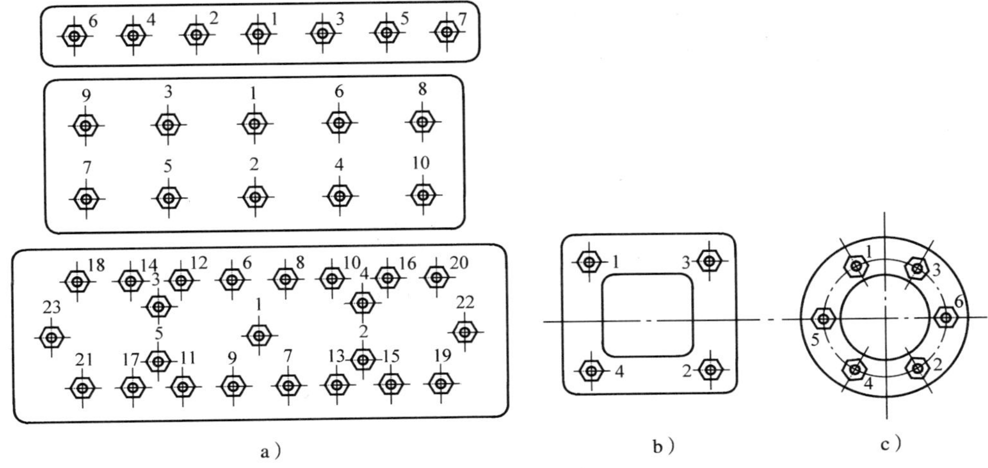

图4—4—4　拧紧成组螺钉的顺序

a）长方形结构　b）方形结构　c）圆形结构

知识拓展

螺纹连接的损坏形式和修理

（1）螺孔损坏使配合过松　可将螺孔钻大，攻制大直径的新螺纹，配换新螺钉。当螺孔螺纹只损坏端部几扣时，可将螺孔加深，配换稍长的螺栓。

（2）螺钉、螺柱的螺纹损坏　一般更换新的螺钉、螺柱。

（3）螺栓头拧断　若螺栓断处在孔外，可在螺栓上锯槽、锉方或焊上一个螺母后再拧出。若断处在孔内，可用比螺纹小径小一点的钻头将螺柱钻出，再用丝锥修整内螺纹。

（4）螺钉、螺柱因锈蚀难以拆卸　可将煤油加入锈蚀处，待煤油渗入螺纹部分后即可拆卸；也可用锤子敲打螺钉或螺母，使铁锈受振动脱落后拧出。

二、键连接的装配

键连接是将轴和轴上零件通过键在圆周方向上固定，以传递转矩的一种装配方法。它具有结构简单、工作可靠和装拆方便等优点，因此在机械制造中被广泛应用。

根据结构特点和用途不同，键连接可分为松键连接、紧键连接和花键连接三大类。

1．松键连接的装配

（1）松键连接的特点及应用　键是键连接的主要零件，现已标准化。按键的结构，松键连接包括普通平键连接、半圆键连接、滑键连接及导向平键连接等，其特点及应用见表4—4—4。

表4—4—4　松键连接的特点及应用

键连接类型	图示	特点及应用
普通平键连接	A 型　B 型　C 型	普通平键连接靠键的侧面传递转矩，只对轴上零件做周向固定，不能承受轴向力，轴与轴上零件的同轴度较好。应用广泛，常用于高精度、传递重载荷、冲击及双向扭矩的场合

续表

键连接类型	图示	特点及应用
半圆键连接	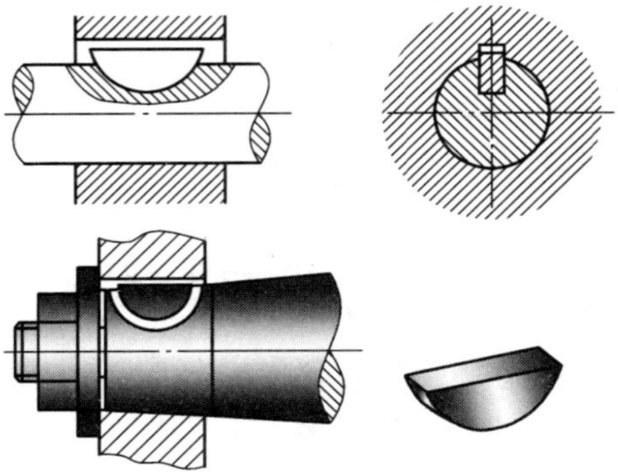	半圆键连接的工作原理与平键连接相同。轴上键槽用与半圆键半径相同的盘状铣刀铣出，因此半圆键在槽中可绕其几何中心摆动以适应轮毂槽底面的斜度。半圆键连接的结构简单，制造和装拆方便，但由于轴上键槽较深，对轴的强度削弱较大，故一般多用于轻载连接，尤其是锥形轴端与轮毂的连接中
滑键连接	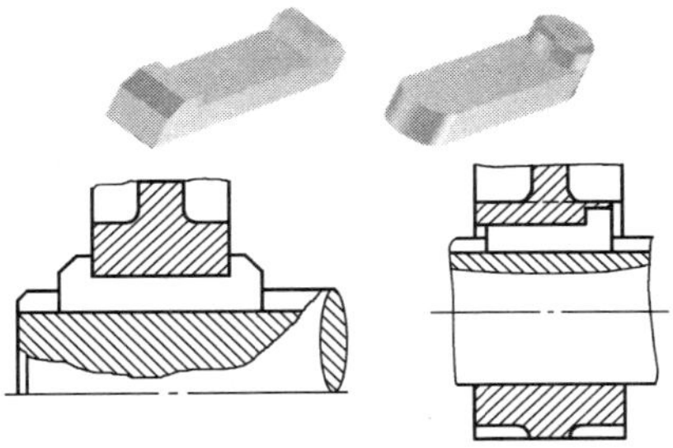	将键固定在轮毂上，键随轮毂一起沿轴槽滑动，适用于轴向移动距离较大场合
导向平键连接	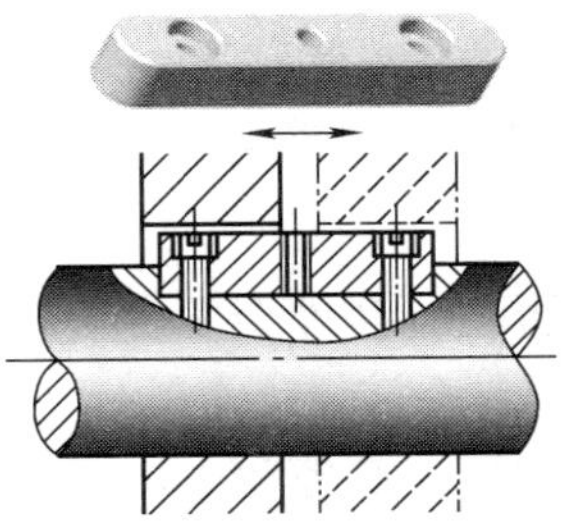	导向平键用螺钉固定在轴上的键槽中，轮毂沿键的侧面作轴向滑动。用于轮毂沿轴向移动距离较小的场合

（2）松键连接的装配技术要求

1）保证键与键槽的配合要求　键与轴槽和轮毂槽的配合性质一般取决于机构的工作要求，由于键是标准件，各种不同的配合性质的获得，要靠改变轴槽、轮毂槽的极限尺寸来得到。

2）键与键槽都应具有较小的表面粗糙度值。

3）键装入轴的键槽时，一定要与槽底贴紧，长度方向上允许有 0.1 mm 间隙，键的顶面应与轮毂键槽底部留有 0.3 ~0.5 mm 的间隙。

（3）松键连接的装配工艺

1）清理键与键槽上的毛刺，以防配合后产生较大过盈而影响配合的正确性。

2）对于重要的键连接，装配前应检查键的直线度，键槽与轴心线的对称度和平行度。

3）用键的头部与键槽试配，应能使键较紧地嵌在键槽中（对普通平键和导向平键而言）。

4）在配合面上加润滑油，用铜棒将键轻轻敲入键槽中，使键与键槽底部贴紧，允许长度方向有0.1 mm的间隙。

5）试配并安装轮毂（齿轮、带轮等），键与键槽非配合面有间隙，以保证轴与轴上零件的同轴度要求。装配后轮毂在轴上不允许有圆周方向的晃动。

2. 紧键连接的装配

紧键连接主要指楔键连接，楔键有普通楔键和钩头楔键两种，如图4—4—5所示。楔键上、下两面是工作面，键的上表面与毂槽的底面各有1∶100的斜度，键侧与键槽间有一定的间隙。装配时需打入，靠楔紧作用来传递扭矩。紧键连接还能轴向固定零件，并传递单方向的轴向力，但使轴上零件与轴的配合产生偏心和歪斜，多用于对中性要求不高，转速较低的场合。钩头楔键用于不能从另一端将键打出的场合。

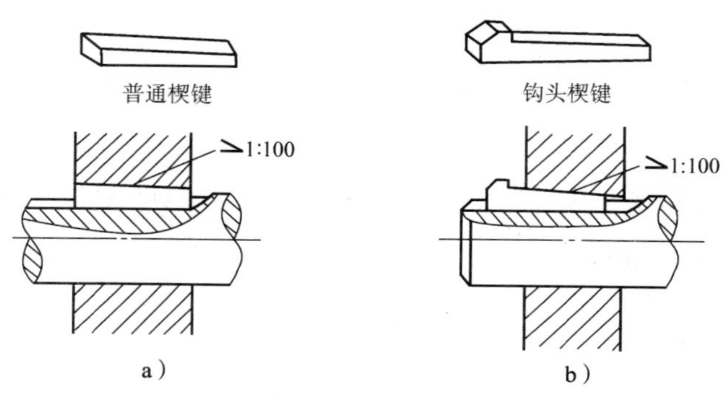

图4—4—5　楔键连接

a）普通楔键连接　b）钩头楔键连接

（1）楔键连接的装配技术要求

1）楔键的斜度应与轮毂槽的斜度一致，否则，套件会发生歪斜，同时降低连接强度。

2）楔键与槽的两侧面要留有一定间隙。

3）对于钩头楔键，不应使钩头紧贴套件端面，必须留有一定距离，以便拆卸。

（2）楔键连接的装配工艺　装配楔键时一定要用涂色法检查键与轮毂槽底面的接触情况，若接触不良，应对轮毂槽进行修整，合格后，在配合面加润滑油，用铜棒轻轻敲入，保证轮毂周向、轴向紧固可靠。

3. 花键连接的装配

花键连接是由轴和毂孔上的多个键齿和键槽组成，如图4—4—6所示，具有承载能力强、传递扭矩大、同轴度高和导向性好等优点，但制造成本高，适应于载荷大和同轴度要求高的传动机构中，在机床和汽车中应用广泛。按工作方式不同，花键连接分为动花键连接和静花键连接两种。花键已标准化，按齿廓形状不同，花键分为矩形花键和渐开线花键。

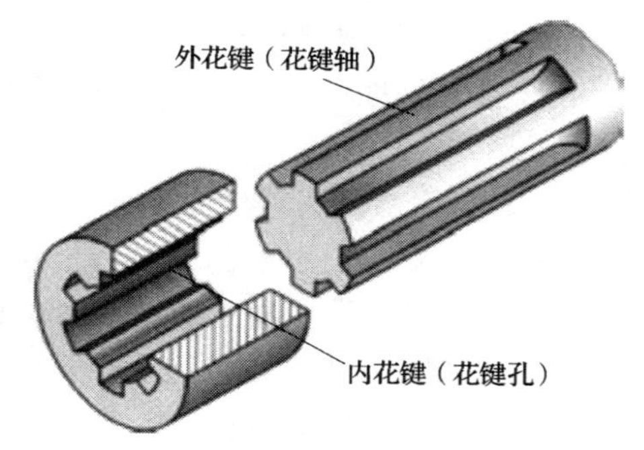

图4—4—6　花键连接

（1）静花键连接的装配　内花键与外花键之间有少量过盈。过盈量较小时，可用铜棒轻轻敲入。过盈量较大时，可将内花键加热到 80～120℃后再进行装配。

（2）动花键连接的装配　内花键零件能在花键轴上自由滑动，没有阻滞现象。连接时应保证正确的配合间隙，但用手摆动时，不应感觉有明显的周向间隙。装配时，应用涂色法检查配合情况，修整轮毂与花键轴，加注润滑油后装入。

知识拓展

花键连接的定心方式有大径定心、小径定心和键侧定心 3 种。但国家标准 GB/T 1144—2001 中只规定了小径定心一种，其理由是：

（1）采用小径定心，有利于以花键孔为基准。

（2）小径定心稳定性好，易实现热处理后磨削花键的工艺，可获得较高精度。

键连接的损坏形式和修理

（1）松键和紧键损坏　一般是更换新键。

（2）轮毂或轴上的键槽损坏　将损坏的键槽加宽，再配制新键。

（3）尺寸较大的外花键磨损　可进行镀铬或堆焊，然后再加工到规定尺寸的方法修复。堆焊时要缓慢冷却，以防花键轴变形。

三、销连接的装配

销连接主要用来固定零件之间的相对位置，起定位作用，也可用于轴与轮毂的连接，传递不大的载荷，还可作为安全装置中的过载剪断元件，如图 4—4—7 所示。它具有连接可靠、定位方便、装拆容易、制造简便等特点，在各种机械中应用广泛。

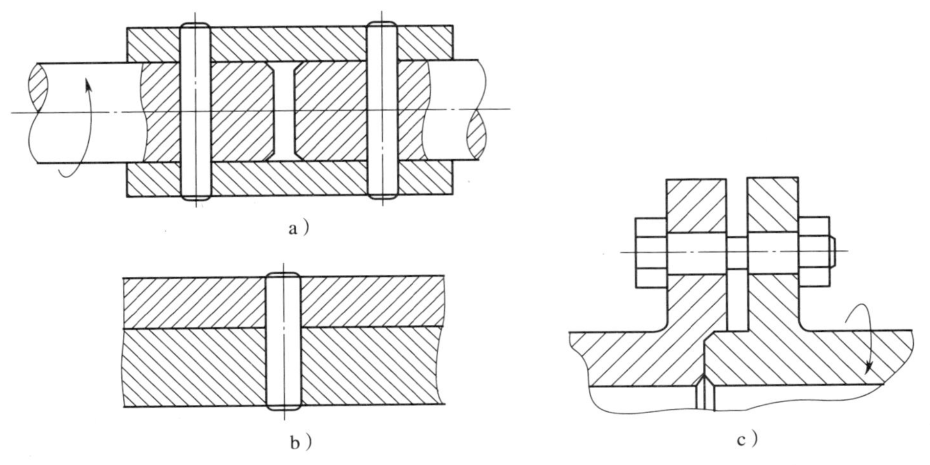

图 4—4—7　销连接

a）连接作用　b）定位作用　c）过载保护

1. 销的种类

销是销连接中的主要元件，它的种类较多，其中圆柱销和圆锥销是最基本的类型，这两类销均已标准化，因此在机械制造中应用广泛。其特点及应用见表 4—4—5。

表 4—4—5　　常用圆柱销和圆锥销的特点及应用

类型		图示	特点、应用及装配工艺
圆柱销	普通圆柱销		圆柱销利用微量过盈固定在销孔中，经过多次装拆后，连接的紧固性及精度降低，故只宜用于不常拆卸处，可用来连接和定位
	带内螺纹圆柱销		主要用于盲孔或从对面不便于拆卸的场合，装入盲孔时应在轴向开通气槽
	普通圆锥销	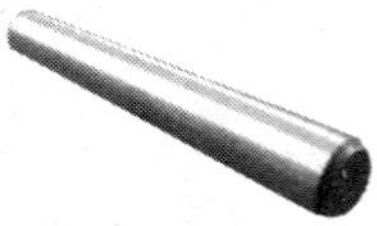	圆锥销有 1∶50 的锥度，装拆比圆柱销方便，多次装拆对连接的紧固性及定位精度影响较小，可用来连接和定位
	带内螺纹圆锥销	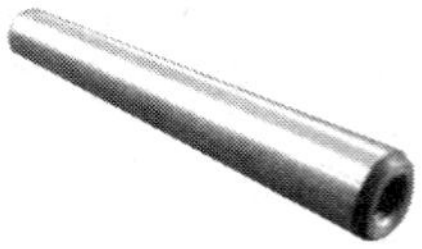	主要用于盲孔或从对面不便于拆卸的场合，装入盲孔时应在轴向开通气槽
	大端带螺尾圆锥销		
	小端带螺尾圆锥销	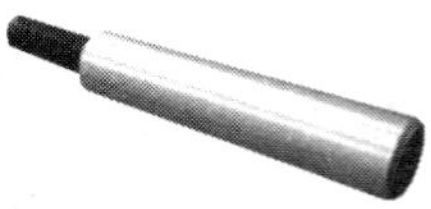	小端带外螺纹的圆锥销，可用螺母锁紧，适用于有冲击的场合
	开尾圆锥销		开尾圆锥销的销尾可分开，能防止松脱，多用于振动冲击场合

2. 圆柱销的装配工艺

圆柱销一般靠过盈固定在销孔中，用以定位和连接。圆柱销不宜多次装拆，否则会降低定位精度和连接的紧固程度。为保证配合精度，装配前，被连接件的两孔应同时钻、铰，并使孔壁表面粗糙度值不高于 *Ra*1.6 μm。装配时，应在销表面涂机油，用铜棒将销轻轻敲入。某些定位销不能用敲入法，可用 C 形夹头或手动压力机把销压入孔内，如图 4—4—8 所示。

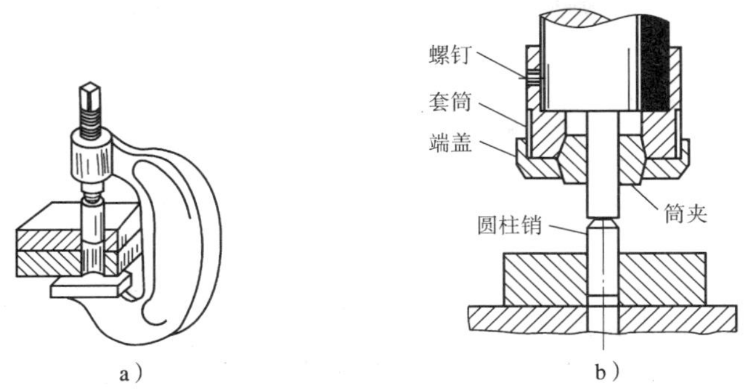

图 4—4—8　圆柱销的装配

a）用 C 形夹头压入圆柱销　b）用手动压力机压入圆柱销

3. 圆锥销的装配工艺

圆锥销在轴向力的作用下能保证自锁。圆锥销以小端直径和长度代表其规格。装配前，以小端直径选择钻头，被连接件的两孔应同时钻、铰，铰孔时，用试装法控制孔径，孔径大小以圆锥销长度的 80% 左右能自由插入为宜；装配时用锤子配合铜棒敲入，圆锥销的大端可稍微露出或与被连接件表面平齐，如图 4—4—9 所示。

小提示

应当注意，无论是圆柱销还是圆锥销，往盲孔中压入时，为便于装配，销上必须钻一通气小孔或在侧面开一道微小的通气小槽，供放气用。

知识拓展

销连接的拆卸与修理

拆卸圆锥销时，应注意大、小端的方向。拆卸普通圆柱销和圆锥销时，可用锤子或冲棒向外敲出（圆锥销由小头敲击）。带螺尾的圆锥销可用螺母旋出，如图 4—4—10 所示；拆卸带内螺纹的圆柱销和圆锥销时，可用与内螺纹相符的螺钉取出，也可用拔销器拔出，如图 4—4—11 所示。

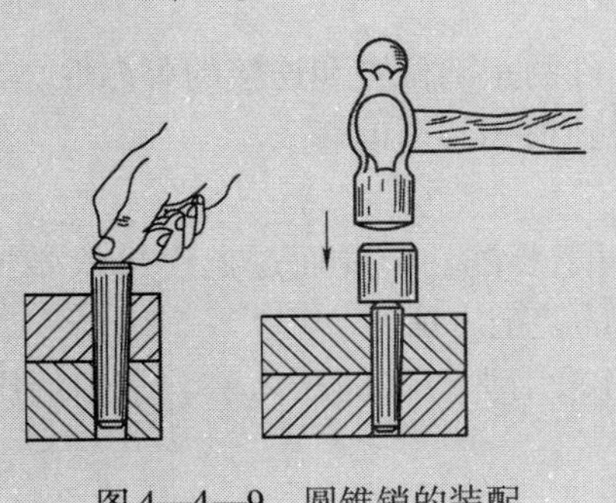

图 4—4—9　圆锥销的装配

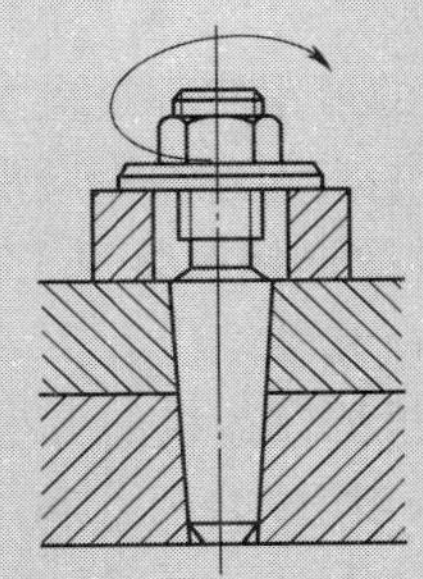

图 4—4—10　带螺尾圆锥销的拆卸

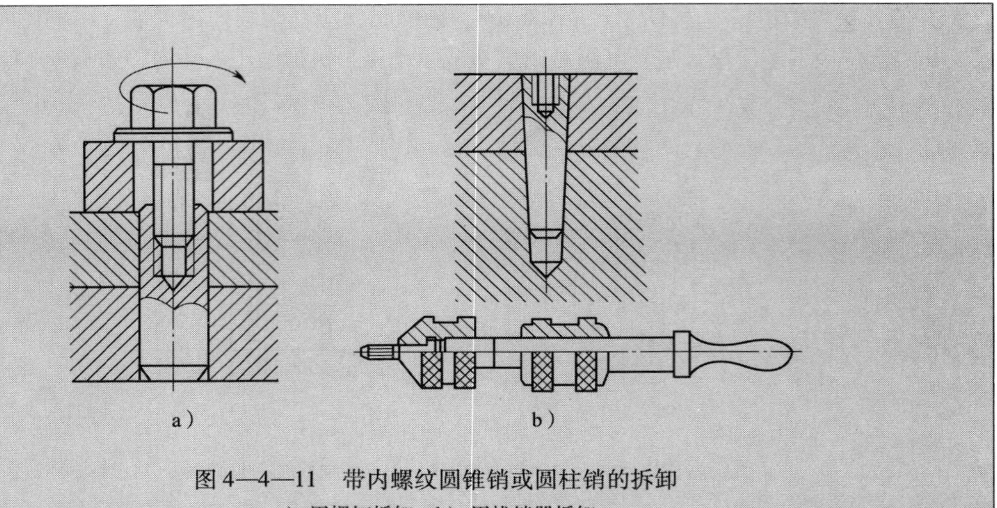

图 4—4—11　带内螺纹圆锥销或圆柱销的拆卸

a）用螺钉拆卸　b）用拔销器拆卸

销连接损坏或磨损时，一般是更换销。若销孔损坏或磨损严重，可重新钻、铰较大尺寸的销孔，更换相适应的新销。

四、过盈连接的装配

过盈连接是靠包容件（孔）和被包容件（轴）配合后的过盈量来达到紧固连接目的的一种连接方法，如图 4—4—12 所示。过盈连接能传递扭矩、轴向力和一定的冲击载荷，具有结构简单、同轴度高、承载能力强等优点，但对配合面加工精度要求较高，装拆比较困难，多用于承受重载及无须经常装拆的场合。

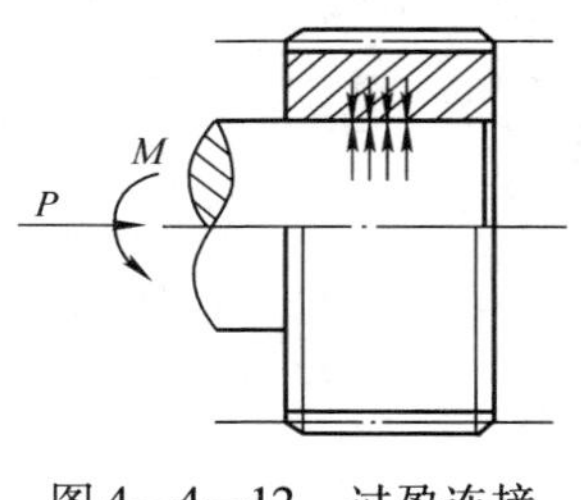

图 4—4—12　过盈连接

1. 过盈连接的装配技术要求

（1）配合件要有较高的形位精度，并保证配合时有足够、准确的过盈量。

（2）配合表面应有较小的表面粗糙度值。

（3）装配时，擦净配合表面并涂上机油，压入过程应连续，速度要稳定，不宜太快，一般以 2 ~4 mm/s 为宜，并准确地控制压入行程。

（4）细长件或薄壁零件，装配前应注意检查过盈量和形位公差，装配时最好沿垂直方向压入，以免变形。

（5）装配后的最小实际过盈量应能保证两个零件的正确位置和连接的可靠性。

（6）装配后的实际过盈量应保证不会使零件遭到损伤甚至破坏。

2. 圆柱面过盈连接的装配工艺

相配合的孔口和轴端应有 3° ~5°的倒角，以便于装配。圆柱面过盈连接依靠轴、孔尺寸差获得过盈。根据过盈量的大小不同，采用不同的装配方法。

（1）压入法　当配合尺寸和过盈量较小时，可采用常温下的压入法。常用的压入方法和设备如图 4—4—13 所示。

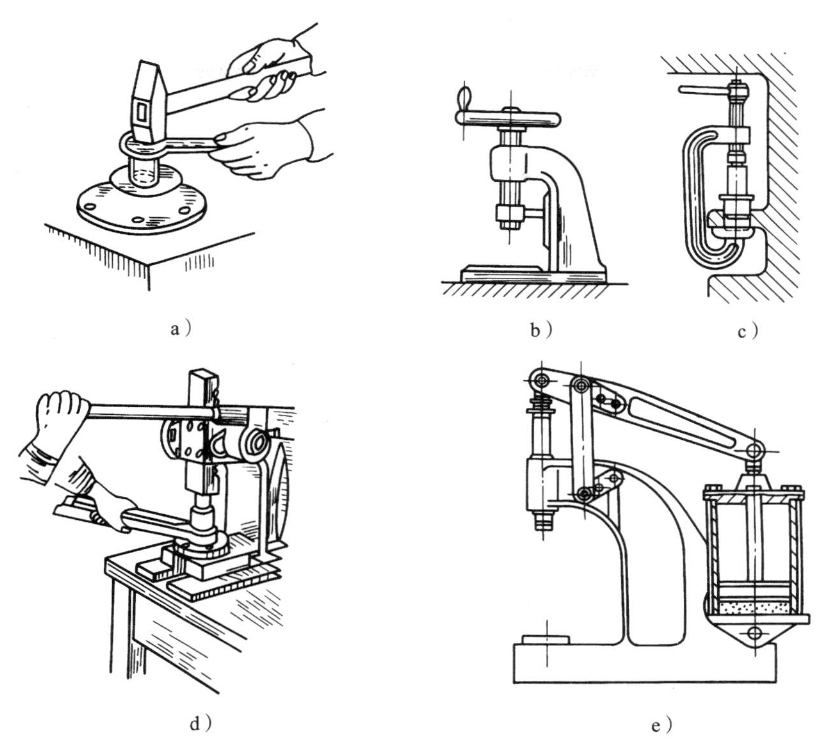

图 4—4—13　压入法装配

a）用锤子加垫块压入　b）用螺旋压力机压入　c）用 C 形夹头压入

d）用齿条压力机压入　e）用气动杠杆压力机压入

（2）热胀法　利用金属材料热胀冷缩的物理特性，将包容件（孔）加热胀大，再将常温状态的被包容件（轴）压入，达到过盈连接的目的。加热温度和加热方法的选择，应根据过盈量及轮毂尺寸大小来选择。过盈量较小的连接件可放在沸水槽、蒸汽加热槽或热油槽中加热；过盈量较大的小型连接件可放在电阻炉或红外线辐射加热箱中加热；过盈量大的中型和大型连接件可用感应加热器加热，如图 4—4—14 所示。热胀法的装配工艺要点及应用范围见表 4—4—6。

图 4—4—14　感应加热器

（3）冷缩法　利用热胀冷缩的特性，将轴冷却，轴颈缩小后装入常温的孔中。过盈量小的小型连接件和薄壁衬套等装配时，可采用干冰将轴件冷却至 -78℃；过盈量较大的连接件装配时，可采用液氮将轴件冷却至 -195℃。冷缩法的装配工艺要点及应用范围见表 4—4—7。

3. 圆锥面过盈连接的装配工艺

圆锥面过盈连接是利用轴和孔零件在轴向上的相对位移，使径向产生过盈量而获得的过盈连接。常用的装配方法有两种：

表 4—4—6　热胀法的装配工艺要点及应用范围

装配方法	设备和工具	特点	应用范围
火焰加热	喷灯、氧乙炔、丙烷加热器、炭炉	加热温度小于 350℃。使用加热器，热量集中，易于控制，操作简便	适用于局部加热中等或大型连接件
介质加热	沸水槽、蒸汽加热槽、热油槽	沸水槽加热温度 80 ~ 100℃，蒸汽加热槽可达 120℃，热油槽 90 ~ 320℃，均可使连接件去污干净，热胀均匀	适用于过盈量较小的连接件，如滚动轴承、连杆衬套等
电阻和辐射加热	电阻炉、红外线辐射加热箱	加热温度可达 400℃以上，热胀均匀、表面洁净，加热温度易自动控制	适用于中、小型连接件成批生产
感应加热	感应加热器	加热温度可达 400℃以上，加热时间短，调节温度方便，热效率高	适用于采用特重型和重型静配合的中、小型连接件

表 4—4—7　冷缩法的装配工艺要点及应用范围

装配方法	设备和工具	特点	应用范围
干冰冷缩	干冰冷缩装置（或以酒精、丙酮、汽油为介质）	可冷至 –78℃，操作简便	适用于过盈量小的小型连接件和薄壁衬套等
低温箱冷却	各种类型低温箱	可冷至 –40 ~ –140℃，冷缩均匀，表面洁净，冷缩温度易自动控制，生产率高	适用于配合面精度较高的连接件，以及在热态下工作的薄壁套筒件
液氮冷缩	移动或固定式液氮槽	可冷至 –195℃，冷缩时间短，生产效率高	适用于过盈量较大的连接件

（1）螺母压紧法　如图 4—4—15 所示，拧紧螺母可使配合面压紧形成过盈连接。过盈量的大小取决于两零件在轴向上的相对位移量的大小。常用的锥度为 1∶30 ~ 1∶8。

（2）液压套合法　装配时，用高压油泵将油由包容件上的油孔和油槽压入配合面，如图 4—4—16a 所示；也可以由被包容件上的油孔和油槽压入配合面间，如图 4—4—16b 所示。高压油压入配合面间，使包容件内径涨大，被包容件外径缩小，同时施加一定的轴向力，使之互相压紧，当压紧到预定的轴向位置后，排出高压油，即可形成过盈连接。同样，也可以用高压油拆卸。

利用液压套合法装卸过盈连接，即不需要很大轴向力，也不损伤配合表面，多用于承载较大且需多次装拆的场合，尤其适用于大型零件。

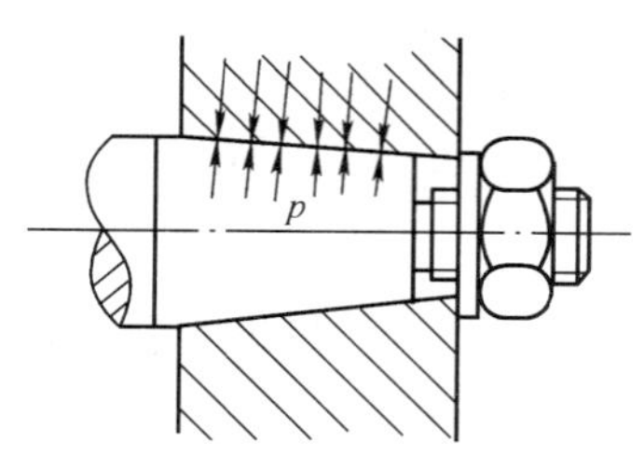

图 4—4—15　螺母压紧法

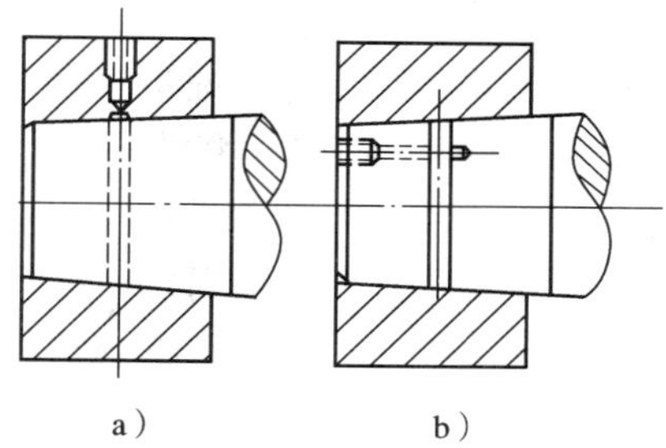

图 4—4—16　液压套合法

知识拓展

过盈连接的拆卸与修理

过盈连接的零件一般不进行拆卸，拆卸时容易损伤或破坏连接零件。过盈连接的损坏形式是过盈量的丧失而使配合松动。制造简单的包容件一般采取更换的办法重新建立过盈连接。若采用修复时，一般首先修复孔，以孔为基准，改变修复后的轴的尺寸，使轴、孔重新产生需要的过盈量。

轴的修复方法较多，可采用喷涂、刷镀、补焊后进行加工。经修复后的孔、轴配合面，必须具有合格的尺寸精度，表面粗糙度及同轴度。

五、管道连接的装配

在机器设备中管道用来输送液体或气体，如金属切削机床用管道输送切削液和润滑油；在液压传动系统中用管道输送压力油；在风动工具和夹具中用管道输送压缩空气等。

1. 管道连接的类型

管道连接分为可拆卸连接和不可拆卸连接两种。可拆卸管道连接由管子、管接头、连接盘和衬垫等零件组成；不可拆卸管道连接是用焊接方法连接而成。管道连接常用的管子有钢管、有色金属管、橡胶管和尼龙管等。

2. 管道连接的装配技术要求

对管道连接的主要技术要求是连接简单、工作可靠、密封良好、无泄漏、对流体的阻力小、结构简单且制造方便。具体应满足以下要求：

（1）管子必须根据压力和使用场所进行选择，应有足够的强度而且内壁光滑、清洁、无砂眼、锈蚀、氧化皮等缺陷。

（2）为了加强密封性，使用螺纹管接头时，在螺纹处还需加填料，如白漆加麻丝或聚四氟乙烯薄膜等。用连接盘连接时，须在结合面之间垫衬垫，如石棉板、橡胶垫或软金属等。

（3）配管作业时，对有腐蚀的管子要进行酸洗、中和、清洗、干燥、涂油、试压等工作，直到合格才能使用。

（4）切断管子时，断面应与轴线垂直；弯曲管子时，不要把管子弯瘪。

（5）较长的管道各段要有支承，管道要用管夹固定，以防振动。

（6）在安装管道时，应保证最小的压力损失，使整个管道最短，转弯次数最少，并保证管道受温度影响时，有伸缩变形的余地。

（7）系统中任何一段管道或元件，应能单独拆装而不影响其他元件，以便于修理。

（8）在液压系统管道的最高处，应装设排气装置。

（9）液压系统中的所有管道都应进行二次拆装。即安装调好后，再拆下管道，经过清洗、干燥、涂油及试压，再进行安装，以防止管道内存有残留污物。

3. 管道连接的装配工艺

在机床液压系统管道连接中，主要进行的工作是管子与管接头的连接。

（1）扩口薄管接头装配　对于有色金属管、薄钢管或尼龙管，都采用扩口薄管接头连接。装配时，先用扩口器将薄管口端扩大（见图4—4—17），并分别套上管套和管螺母，然后装入接头体。拧紧连接螺母，通过扩口管套将扩孔薄管压紧在接头配合表面上，实现管路连接。应注意在螺纹表面涂白胶漆或用密封胶带包在螺纹外，拧入螺孔，以防泄漏，如图4—4—18所示。

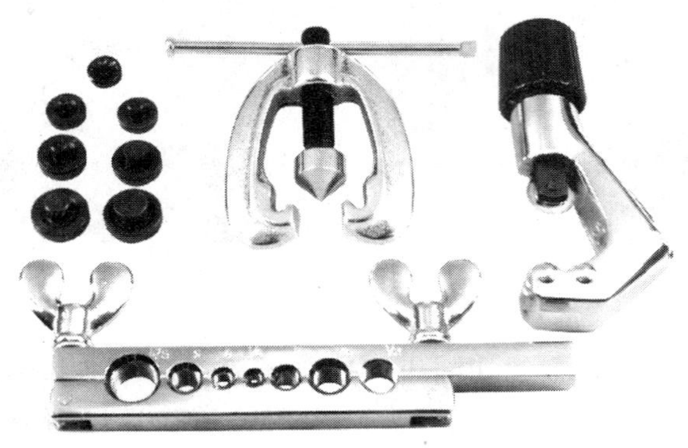

图4—4—17　管子扩口器

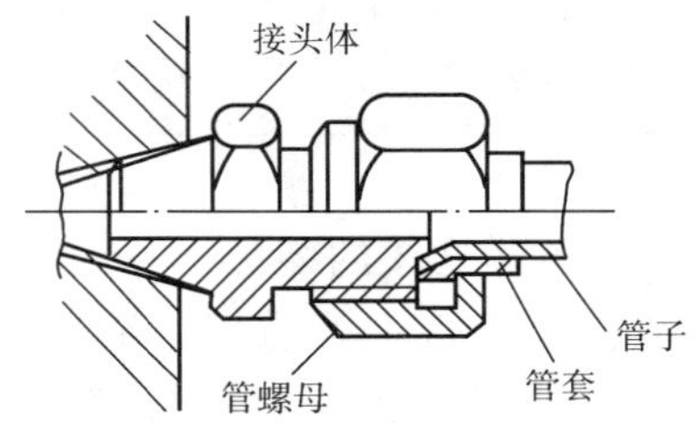

图4—4—18　扩口薄管接头装配

（2）球形管接头装配　图4—4—19所示为球形管接头结构。装配时，分别把凸球面接头体和凹球面接头体与管子焊接，再把连接螺母套在凸球面接头体上，然后拧紧螺母，其松紧程度要适当。当压力较大时，接合球面应当研配。涂色检查时，接触面宽度应不小于1 mm。

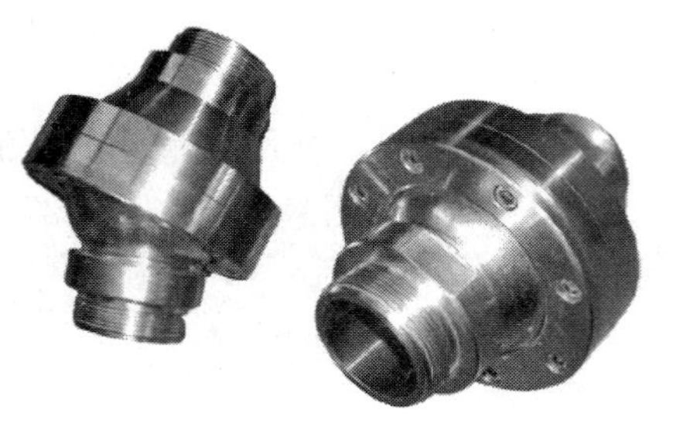

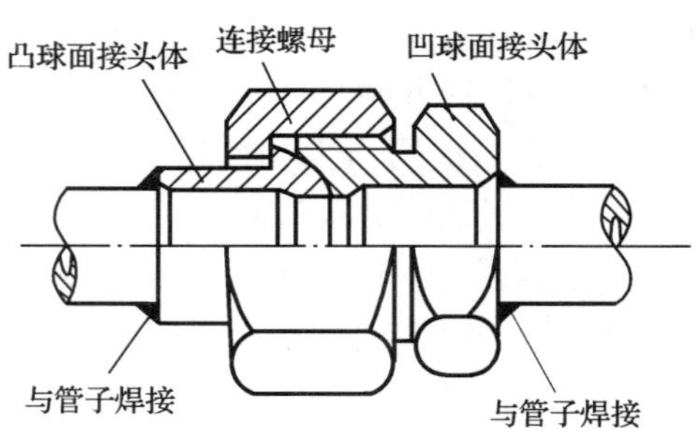

图4—4—19　球形管接头装配

（3）高压胶管接头装配　图 4—4—20 所示为高压胶管接头结构。装配时，将胶管剥去一定长度的外胶层，剥离处倒 15°角，然后装入外套内，再把接头芯拧入接头外套及胶管中，于是，胶管便被挤入接头外套和接头芯螺纹中，使胶管与接头芯及外套紧密连接起来。

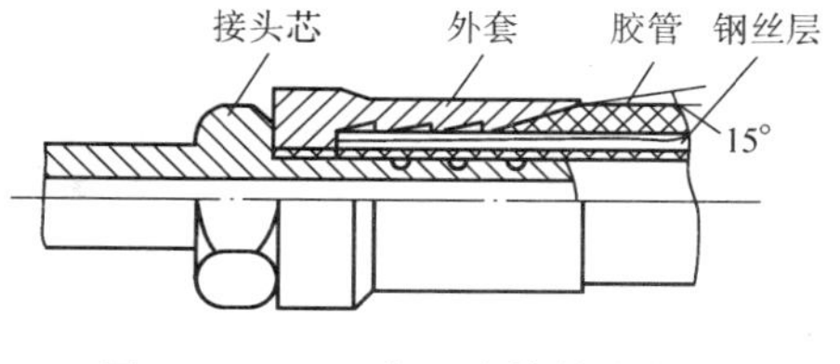

图 4—4—20　高压胶管接头装配

知识拓展

管道连接的修复

（1）管子、连接盘产生裂缝　管子、连接盘产生裂缝时，可用补焊的方法修理，如管子因腐蚀损坏而多处泄漏，应更换管子。

（2）管子与管接头连接处泄漏　管子与管接头连接处泄漏时，可旋紧或压紧管接头，如仍存在泄漏，则应拆开更换密封件（或填料），然后重新装配。

（3）管子或管接头螺纹损坏　管子或管接头螺纹损坏时，一般进行更换。

（4）橡胶、尼龙软管泄漏　橡胶、尼龙软管泄漏时，一般直接更换新管。

复习思考题

1. 螺纹连接的基本类型有哪些？各适用于什么场合？
2. 螺纹连接的装配技术要求有哪些？
3. 常用螺纹连接的装拆工具有哪些？各用于什么场合？
4. 螺纹连接常用的防松方法有哪些？
5. 什么叫键连接？根据键的结构和用途不同，键连接可分为哪几大类？
6. 简述松键连接和紧键连接的装配要点。
7. 简述花键连接的特点。
8. 销连接的作用有哪些？
9. 简述圆柱销、圆锥销的装配要点。
10. 什么是过盈连接？圆柱面和圆锥面各用什么方法实现过盈连接？
11. 常用的过盈连接的装配方法有哪些？各用于什么场合？
12. 简述过盈连接的装配技术要求。
13. 管道连接的装配技术要求是什么？
14. 简述各类管接头的装配要点。

课题五 传动机构的装配

一、带传动机构的装配

带传动是指由带和带轮组成传递运动或动力的传动。其工作原理是依靠张紧在带轮上的带与带轮之间的摩擦力或啮合来传递运动和动力。带传动具有工作平稳、噪声小、结构简单、制造方便及能过载保护等优点，适用于两轴中心距较大的场合，是一种常用的机械传动。但它的传动比不准确（同步齿形带传动除外）、传动效率较低。

1. 带传动的类型

根据工作原理不同，带传动可分为摩擦带传动和啮合带传动两大类，其具体结构、特点见表4—5—1。

表4—5—1　常见带传动的结构和特点

结构类型		图示	特点及应用
摩擦带传动	平带传动		由一条平带与两个或多个带轮组成的摩擦传动。带的工作面与带轮的轮缘表面接触，平带的横截面为扁平矩形。其形式有两轴线平行的开口传动和交叉传动，以及两交错轴的半交叉传动
	V带传动		由一条或数条V带和V带轮组成的摩擦传动。V带的横截面为梯形，两侧面为工作面，工作时V带与轮槽两侧面接触，在同样拉力的作用下，V带传动的摩擦力约为平带传动的三倍，故能传递较大的载荷，应用最为广泛
	多楔带传动		由多楔带与两个或多个带轮组成的传动，其中至少一个带轮有楔槽，带轮的轴线与带的纵截面垂直。多楔带是若干V带的组合，可避免多根V带长度不等、传递动力不均的缺点

续表

结构类型		图示	特点及应用
摩擦带传动	圆形带传动		由圆带和带轮组成的摩擦传动。带的横截面为圆形，常用皮革或棉绳制成，只用于小功率传动
同步（齿形）带传动			由同步带与两个或多个同步带轮组成的啮合传动，其同步运动或动力通过带齿与轮齿相啮合传递。带与带轮间没有相对滑动，可保持主、从动轮线速度同步

由于 V 带传动在机械中最为常用，所以本节以下内容均以 V 带传动为例。

知识拓展

在国家标准 GB/T 11544—2012 中规定普通 V 带的截面尺寸型号有：Y 型、Z 型、A 型、B 型、C 型、D 型、E 型共 7 种。

2. 带传动机构的装配技术要求

（1）带轮的安装要正确，其径向圆跳动量和端面圆跳动量应控制在规定范围内。

（2）两带轮的中间平面应重合，其倾斜角和轴向偏移量不得超过规定要求。一般倾斜角不应超过 1°，否则带易脱落或加快带侧面磨损。

（3）带轮工作表面粗糙度要符合要求，一般为 $Ra3.2$ μm。过于粗糙，工作时加剧带的磨损；过于光滑，加工经济性差，且带易打滑。

（4）带的张紧力要适当，张紧力过小，不能传递一定的功率；张紧力过大，带、轴和轴承都将迅速磨损。

3. 带传动机构的装配工艺

（1）带轮与轴的装配　一般带轮孔与轴为过渡配合，有少量过盈，同轴度较高，并且用紧固件作周向和轴向固定。带轮在轴上的固定形式如图 4—5—1 所示。

带轮与轴装配后，要检查带轮的径向圆跳动量和端面圆跳动量，如图 4—5—2 所示。将检验棒插入带轮孔中，用两顶尖支顶检验棒，将百分表测头分别置于带轮圆柱面和带轮端面靠近轮缘处，旋转带轮一周，百分表在圆柱面上的最大读数差，即为带轮径向圆跳动误差；百分表在端面上的最大读数差，即为带轮端面的圆跳动误差。

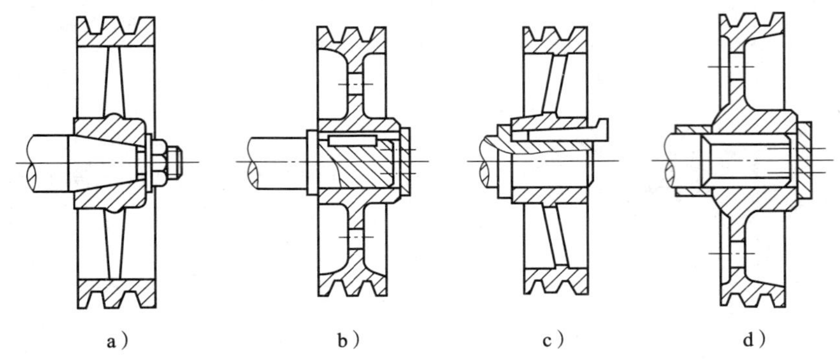

图 4—5—1　带轮与轴的连接

a）圆锥过盈连接　b）平键连接　c）楔键连接　d）花键连接

还要检查两带轮轴心线的倾斜及相对位置是否正确，如图 4—5—3 所示。

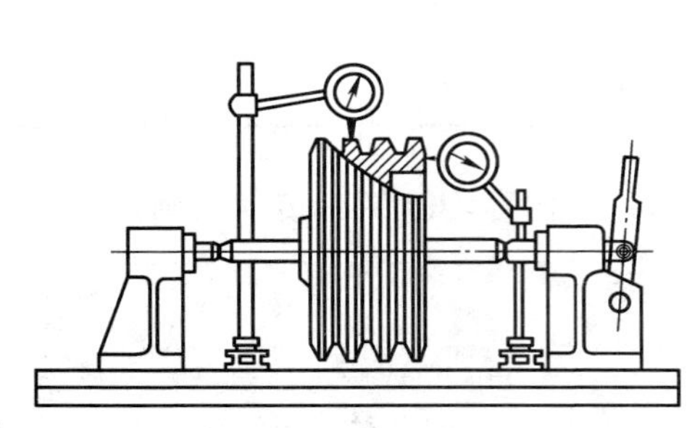

图 4—5—2　带轮圆跳动量的检查

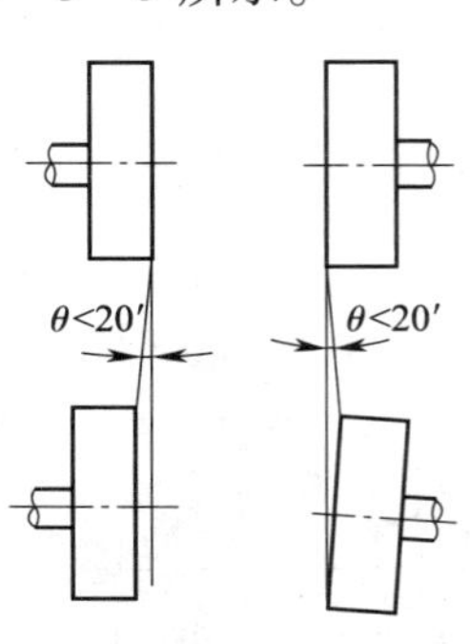

图 4—5—3　带轮安装位置的检查

（2）V 带的安装

1）安装前应检查带是否配组，不配组的带不得同组安装，新旧带不能同组混装使用。

2）安装前必须检查轮槽的尺寸和间距，对超过规定公差值的带轮应更换。装好后的 V 带在槽中的正确位置如图 4—5—4a 所示。

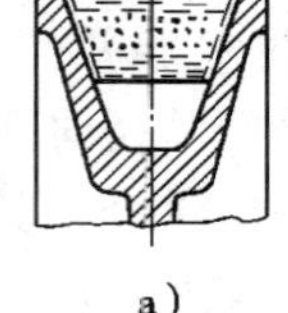

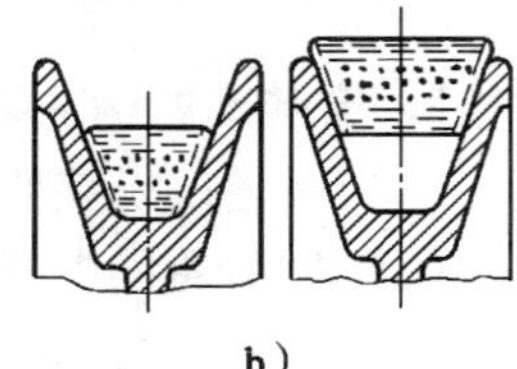

图 4—5—4　V 带在轮槽中的位置

a）正确　b）错误

3）套装带时不得强行撬入，应先将中心距调小，待 V 带进入轮槽后再进行张紧（通常先套装小带轮，后套装大带轮）。

（3）初拉力（张紧力）的控制与调整　V 带传动是摩擦传动，适当的初拉力是保证带传动正常工作的重要因素。初拉力不足，带将在带轮上打滑，传动效率降低；初拉力过大，则会使带寿命缩短，压轴力增大，易损坏轴和轴承等零件。

1）初拉力的测定

①初拉力的测定，通常是在 V 带与两带轮切点的跨度中点处，施加一规定的垂直于带边的力 G，每 100 mm 长跨度上产生的挠度为 1.6 mm 合格，如图 4—5—5a 所示。

②在实际生产中，对于一般要求的机械，可根据经验判断初拉力是否合适。用大拇指按压在 V 带切边处中点，能将 V 带按下 15 mm 左右即可，如图 4—5—5b 所示。

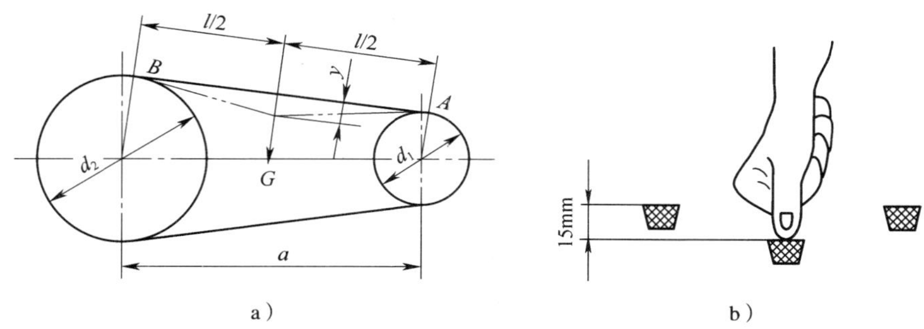

图 4—5—5　初拉力的测定

2）初拉力的调整　由于带使用一定时间后将会变长，使初拉力减小。因此，在带传动机构中均有调整初拉力的装置。其常用方法见表 4—5—2。

表 4—5—2　　带传动初拉力的调整方法

调整方法		图示	特点及应用
改变中心距法	定期调整	水平方向调节中心距 倾斜或垂直方向调节中心距	将装有带轮的电动机装在滑道或固定铰链上，旋转调节螺钉以增大或减小中心距从而达到张紧或松开的目的。它是最普通的一种，调节可靠
	自动调整		利用电动机的自重，拉大中心距达到自动张紧的目的，多用于小功率的传动。应使电动机和带轮的转向有利于减轻配重或减小偏心距

续表

调整方法		图示	特点及应用
不改变中心距法	定期调整	张紧轮在带的内侧	当带传动的中心距不能调整时，可采用张紧轮法 V 带和同步带张紧时，张紧轮一般放在带的松边内侧并应尽量靠近大带轮一边，这样可使带只受单向弯曲，且小带轮的包角不致过分减小 平带传动时，张紧轮一般应放在松边外侧，并要靠近小带轮处。这样小带轮包角可以增大，提高了平带的传动能力
	自动调整	张紧轮在带的外侧	

知识拓展

带传动机构的修复

带传动机构常见的损坏形式有轴颈弯曲、带轮孔与轴配合松动、带轮槽磨损、带拉长或断裂、带轮崩裂等。

（1）轴颈弯曲　用百分表检查弯曲程度，采用矫直或更换方法修复。

（2）带轮孔与轴配合松动　当带轮孔和轴颈磨损量不大时，可将轮孔用车床修圆修光，轴颈用镀铬、堆焊或喷镀法加大直径，然后磨削至配合尺寸。当轮孔磨损严重时，可将轮孔镗大后压装衬套，用骑缝螺钉固定，加工出新的键槽。如图 4—5—6 所示。

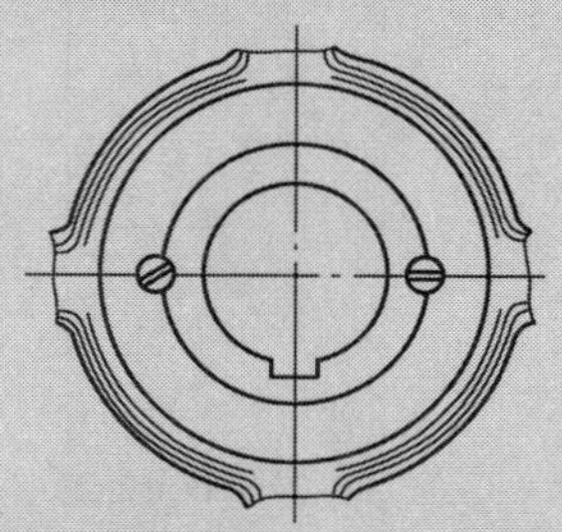
图 4—5—6　在带轮孔中压入衬套

（3）带轮槽磨损　可适当车深轮槽，并修整轮缘。

（4）V 带拉长　V 带拉长在正常范围内时，可通过调整中心距张紧。若超过正常的拉伸量，则应更换新带。更换新 V 带时，应将一组 V 带一起更换。

（5）带轮崩碎　应更换新带轮。

二、链传动机构的装配

链传动机构是由两个链轮和连接它们的链条组成，通过链条与链轮的啮合来传递运动和动力，如图4—5—7所示。链传动具有传递功率大、传递效率高、能保证准确的平均传动比、对工况环境要求低等特点，适用于低速、重载、环境恶劣、有远距离传动要求或温度变化大的场合，但安装维护要求较高，无过载保护作用。

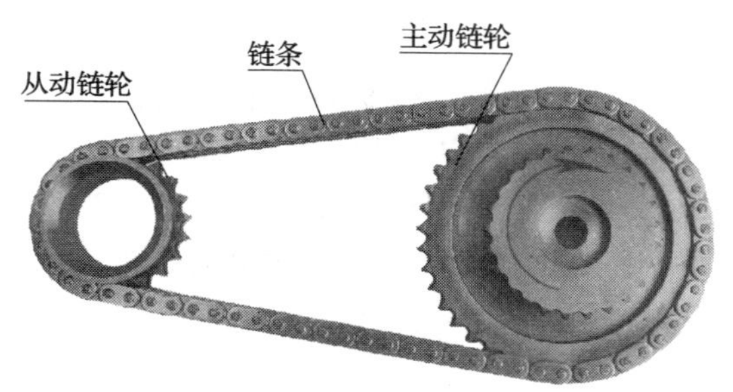

图4—5—7　链传动

1. 链的类型

链是链传动中的主要部件，它的类型繁多，按链的结构不同，链可分为滚子链、套筒链、输送链、多板链和其他结构链；按照用途不同，链可分为传动链、输送链，起重链和其他用途链，如图4—5—8所示。传动链主要用于一般机械中传递运动和动力，通常工作速度 $v \leqslant 15$ m/s；起重链用于起重机械中提起重物，其工作速度 $v \leqslant 0.25$ m/s；牵引链主要用于链式输送机中移动重物，其工作速度 $v \leqslant 4$ m/s。

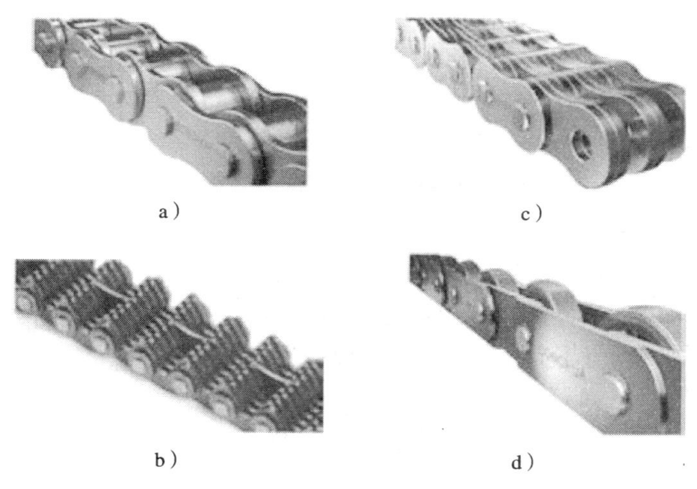

图4—5—8　链的类型

a）滚子传动链　b）齿形链（无声链）　c）起重链　d）输送链

2. 链传动机构的装配技术要求

（1）两链轮轴线必须平行　两链轮轴线必须平行，否则会加剧链条和链轮的磨损、降低传动平稳性并增加噪声。检测方法如图4—5—9所示，通过测量 A、B 两尺寸来确定其误差，其允差为沿轴长方向0.5 mm/m。

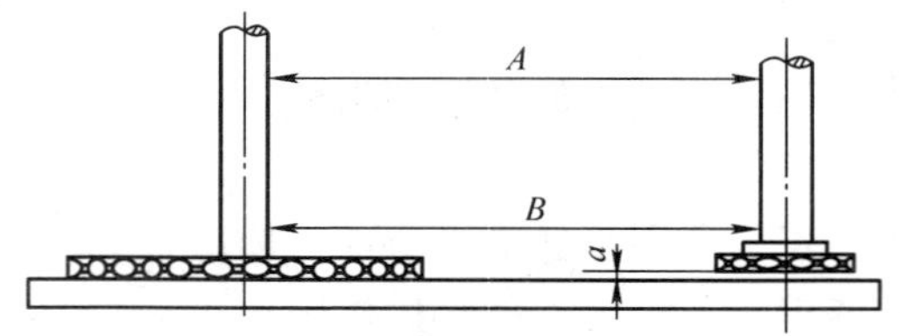

图 4—5—9　两链轮轴线平行度及轴向偏移量的测量

（2）两链轮的中心平面应重合　轴向偏移量不能太大，一般当两轮中心距小于 500 mm 时，轴向偏移量应在 1 mm 以下，两轮中心距大于 500 mm 时，轴向偏移量应在 2 mm 以下。两链轮轴向偏移量 a 的测量方法如图 4—5—9 所示。

（3）链轮的圆跳动量必须符合要求　可用划线盘或百分表检测链轮的径向圆跳动和端面圆跳动，如图 4—5—10 所示。

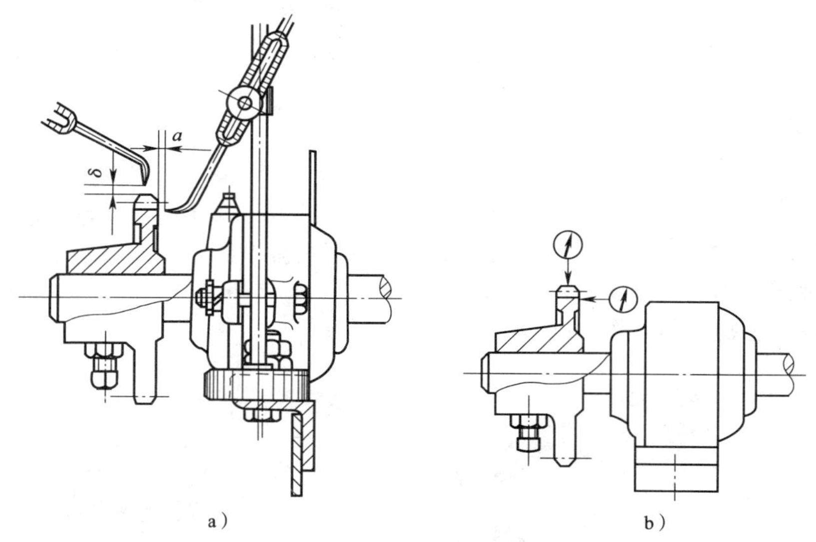

图 4—5—10　链轮圆跳动量的检查

a）用划线盘检查　b）用百分表检查

1）链轮径向圆跳动量不应超过下列两数值中的较大数值：

（0. 000 8d_f +0. 08）mm 或 0. 15 mm，最大到 0. 76 mm（d_f为齿根圆直径）。

2）链轮端面圆跳动量不应超过下列两数值中的较大数值：

（0. 000 9d_f +0. 08）mm 或 0. 25 mm，最大到 1. 14 mm。

（4）链条的松紧度要适当　链条过紧会加剧磨损；过松则容易产生振动或脱链现象。旋转链轮将链条的一边张紧，然后测量链条松边中点的总移动量 AC，如图 4—5—11 所示。当两链轮的中心连线与水平面的夹角小于 45°时，总移动量 AC 应是中心距的 2%（±1%）~6%（±3%）；当两链轮的中心连线与水平面的夹角大于 45°时，总移动量 AC 应是中心距的 1%（±0. 5%）~3%（±1. 5%）。

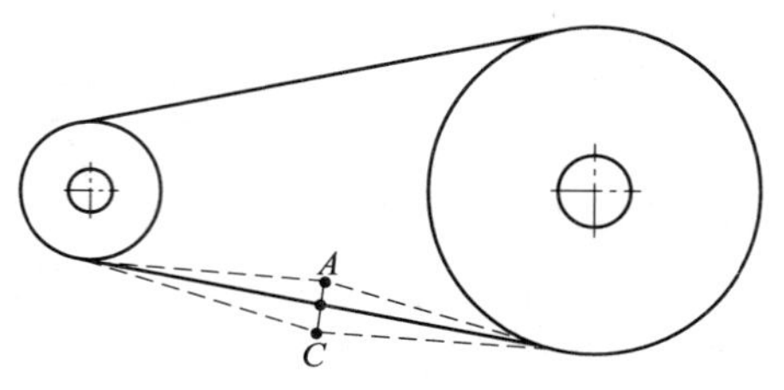

图 4—5—11　链条松紧度的检测

链条的松紧调整也可采用张紧轮或惰轮的方法来实现，特别是对于当两链轮的中心连线与水平面的夹角大于60°时的倾斜链传动。但对链条的调整应保证不会对链条产生附加载荷。

3. 链传动机构的装配工艺

链传动机构的装配内容包括：链轮与轴的装配、两链轮相对位置的调整，链条的安装和链条张紧力的调整。

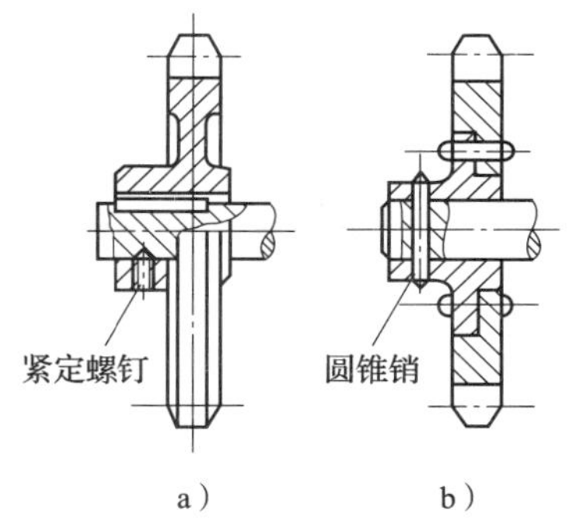

图 4—5—12　链轮的固定方法

a）键连接、紧定螺钉固定　b）圆锥销固定

（1）链轮在轴上的装配　链轮与轴的配合为过渡配合，链轮在轴上的固定方法如图 4—5—12 所示。装配后应检查链轮的圆跳动，检查两轴线平行度和轴向偏移量。

（2）套筒滚子链的接头形式　用于动力传动的链主要是套筒滚子链。如图 4—5—13 所示，套筒滚子链由内链板、外链板、套筒、销轴、滚子等组成。外链板固定在销轴上，内链板固定在套筒上，滚子与套筒间和套筒与销轴间均可相对转动，因而链条与链轮的啮合主要为滚动摩擦。套筒滚子链可单列使用和多列并用，多列并用可传递较大功率。

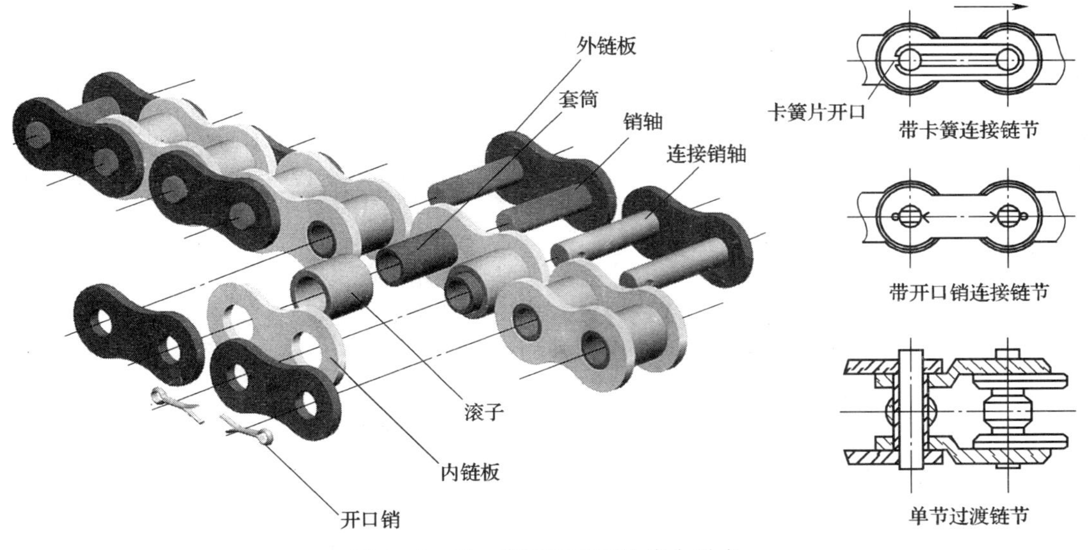

图 4—5—13　套筒滚子链的接头形式

链条的链节数为偶数时，连接链节有带卡簧片连接链节和带开口销连接链节两种形式。使用卡簧片接头时应注意开口与链条运动方向相反。若链条的链节数为奇数，可采用过渡链节。过渡链节的柔性较好，具有缓冲和减振作用，但这种链板会受到附加弯曲作用，因此应尽量避免使用奇数链节。

对于链条两端的接合，如两轴中心距可调节且链轮在轴端时，可以预先接好，再装到链轮上。如果结构不允许预先将链条接头连接好时，则必须先将链条套在链轮上，再采用专用的拉紧工具进行连接，如图 4—5—14a 所示。齿形链条必须先套在链轮上，再用拉紧工具拉紧后进行连接，如图 4—5—14b 所示。

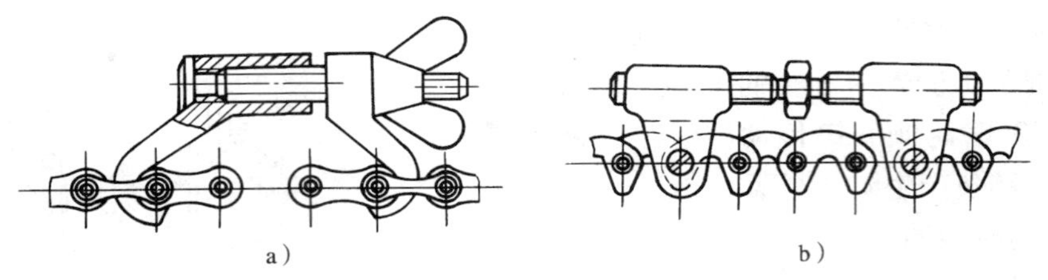

图 4—5—14　拉紧链条的方法

a）套筒滚子链条的拉紧　b）齿形链条的拉紧

链传动机构的修复

链传动机构常见的损坏形式有：链条拉长、链或链轮磨损，链轮轮齿个别折断和链节断裂等。

(1) 链条拉长　链条经长时间使用后会被拉长而下垂，产生抖动和掉链，链节拉长后使链和链轮磨损加剧。当链轮中心距可以调整时，可通过调整中心距使链条拉紧；若中心距不能调节时，可使用张紧轮张紧，也可以卸掉一个或几个链节来调整。

(2) 链轮磨损　链轮牙齿磨损后，节距增加，使磨损加快，当磨损严重时，应更换新的链轮。

(3) 链轮轮齿个别折断　可采用堆焊后修复，或更换新链轮。

(4) 链节断裂　可采用更换断裂链节的方法修复。

三、齿轮传动机构的装配

齿轮传动是机械中最常用的传动方式之一，它依靠轮齿间的啮合来传递运动和动力。其优点是传动比恒定、速比范围大、传动效率高、传动功率大、结构紧凑、使用寿命长等；缺点是无过载保护、高速时噪声大、不宜用于远距离传动、制造装配要求高等。

1. 齿轮传动的类型

由于齿轮传动可传递空间任意两轴之间的运动和动力，其结构类型较为复杂，所以分类方法较多，通常可按图 4—5—15 所示进行分类。其中直齿圆柱齿轮传动、直齿圆锥齿轮传动和齿轮齿条传动最为典型，其结构、特点及应用见表 4—5—3。

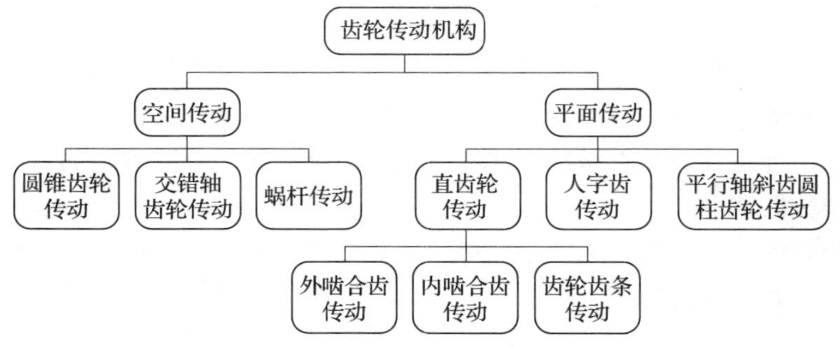

图 4—5—15　齿轮传动的类型

表 4—5—3　　典型齿轮传动的特点及应用

类型	结构	特点及应用
直齿圆柱齿轮传动机构		它是齿轮传动机构中的最基本形式，啮合时齿面上的接触线是一条与轴线平行的直线，这就使轮齿的啮合沿整个齿宽同时接触或同时分离，无轴向力产生，但容易引起冲击、振动和噪声。用于两平行轴之间的中、低速传动场合
直齿圆锥齿轮传动机构		由于轮齿分布在圆锥表面上，能产生一定的轴向力。用于传递两相交轴之间的运动和动力，通常两轴交角为90°
齿轮齿条传动机构		此传动机构的特点是可将齿轮的回转运动变为齿条的往复直线运动，或将齿条的直线往复运动变为齿轮的回转运动

2. 齿轮传动机构的装配技术要求

（1）齿轮孔与轴的配合要适当，能满足使用要求。空套齿轮在轴上不得有晃动现象；滑移齿轮不应有咬死或阻滞现象；固定齿轮不得有偏心或歪斜现象。

（2）保证齿轮有准确的安装中心距和适当的齿侧间隙。齿侧间隙是指齿轮非工作表面法线方向距离，如图 4—5—16 所示。中心距偏小，会造成侧隙过小，齿轮转动不灵活，热胀时易卡齿，从而加剧齿面磨损；中心距偏大，会造成侧隙过大，换向时空行程大，易产生冲击和振动。

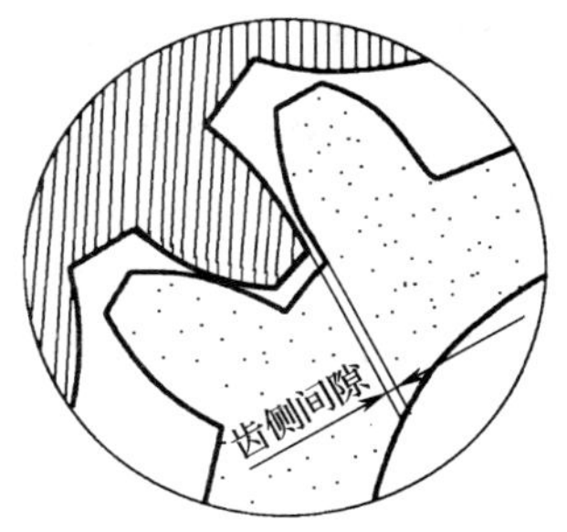

图 4—5—16　齿侧间隙

（3）保证齿面有一定的接触面积和正确的接触位置。

（4）在变速机构中应保证齿轮准确的定位，其错位量不得超过规定值。

（5）对转速较高的大齿轮，一般应在装配到轴上后再做动平衡试验，以免振动过大。

3. 圆柱齿轮传动机构的装配工艺

圆柱齿轮的装配一般分两步进行：先将齿轮装在轴上，再把齿轮轴组件装入箱体。

（1）齿轮与轴的装配　在轴上空套或滑移的齿轮与轴的配合为间隙配合，装配前应检查孔与轴的加工尺寸是否符合配合要求。

在轴上固定的齿轮，与轴的配合多为过渡配合，以保证孔与轴的同轴度。当过盈量不大时，可采用手工工具压入；当过盈较大时，可采用压力机压装；过盈量很大时，则需采用温差法或液压套合法压装。压装时应尽量避免齿轮偏心、歪斜和端面未贴紧轴肩等安装误差，如图 4—5—17 所示。

对于精度要求较高的齿轮传动，齿轮在轴上装好后，应检测齿轮的径向圆跳动量和端面圆跳动量。

1）径向圆跳动量检测　径向圆跳动误差的检测方法如图 4—5—18 所示，将齿轮轴支承在 V 形架或两顶尖上，使轴与平板平行，把圆柱规放在齿轮的轮齿间，将百分表的测头抵在圆柱规上并读数，然后转动齿轮，每隔 3 ~ 4 个齿检测一次。在齿轮旋转一周内，百分表的最大读数与最小读数之差，就是齿轮分度圆上的径向圆跳动误差。

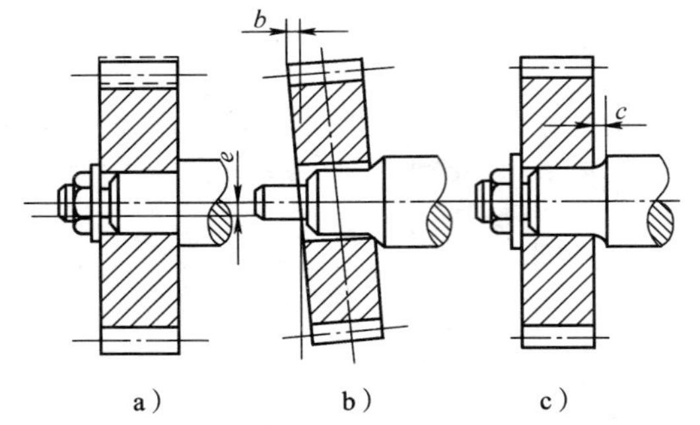

图 4—5—17　齿轮在轴上的安装误差

a）齿轮偏心　b）齿轮歪斜　c）齿轮端面未贴紧轴肩

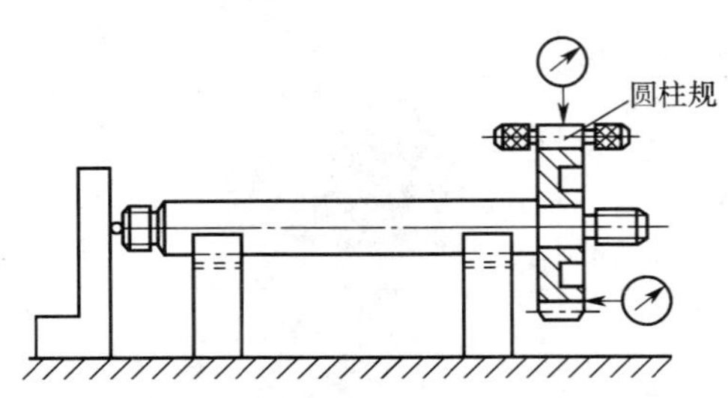

图 4—5—18　齿轮径向圆跳动和端面圆跳动的检测

2）端面圆跳动量检测　齿轮端面圆跳动误差的检测方法如图 4—5—18 所示，将齿轮轴轴向用钢球支承在定位角铁上，并使百分表的测头抵在齿轮端面上，在齿轮旋转一周范围内，百分表的最大读数与最小读数之差即为齿轮端面圆跳动误差。

（2）齿轮轴装入箱体　齿轮的啮合质量要求包括适当的齿侧间隙和一定的接触面积以及正确的接触位置。齿轮啮合质量的好坏，除了齿轮本身的制造精度外，箱体孔的尺寸精度、形状精度及位置精度，都直接影响齿轮的啮合质量。所以，齿轮轴组件装入箱体前，应对箱体进行检查。

1）孔距　相互啮合的一对齿轮的安装中心距是影响齿侧间隙的主要因素。箱体孔距的检验方法如图 4—5—19 所示。

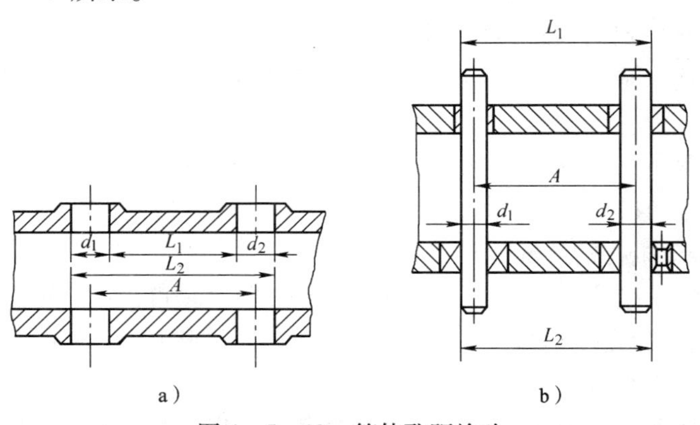

图 4—5—19　箱体孔距检验

a）用游标卡尺测量　b）用游标卡尺（或千分尺）和心棒测量

图 4—5—19a 是用游标卡尺分别测得 d_1、d_2、L_1、L_2，然后计算出中心距 A：

$$A = L_1 + \left(\frac{d_1}{2} + \frac{d_2}{2}\right)$$

$$A = L_2 - \left(\frac{d_1}{2} + \frac{d_2}{2}\right)$$

$$A = \frac{L_1 + L_2}{2}$$

图 4—5—19b 是用游标卡尺（或千分尺）和心棒测量孔距：

$$A = \frac{L_1 + L_2}{2} - \frac{d_1 + d_2}{2}$$

2）孔系（轴系）平行度的检验　孔系平行度影响齿轮的啮合位置和接触面积。检验方法如图 4—5—19b 所示，分别测量出心棒两端尺寸 L_1 和 L_2，则两尺寸之差就是两轴线的平行度误差值。

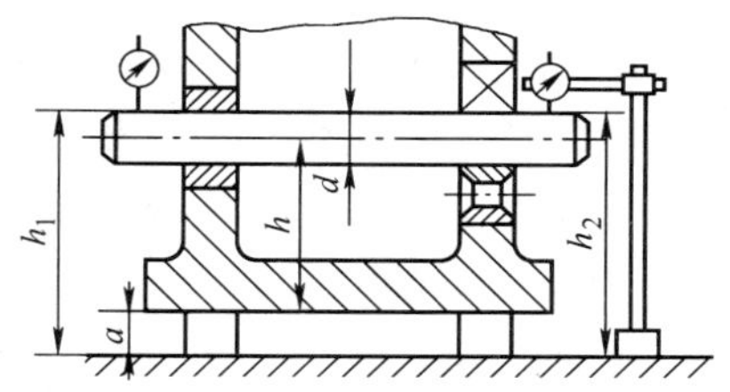

图 4—5—20　孔轴线与基面的距离和平行度检验

3）孔轴线与基面距离尺寸精度和平行度的检验　检验方法如图 4—5—20 所示，箱体基面用等高垫铁支承在平板上，心棒与孔紧密配合。用游标高度尺（量块或百分表）测量心棒两端尺寸 h_1、h_2，则轴线与基面的距离 h 为：

$$h = \frac{h_1 + h_2}{2} - \frac{d}{2} - a$$

平行度误差为：$\Delta = h_1 - h_2$

可知，心棒两端高度之差即为平行度误差。

平行度误差太大时，可用刮削基面的方法纠正。

4）孔轴线与端面垂直度的检验　检验方法如图 4—5—21 所示，图 a 是将带圆盘的专用心棒插入孔中，用涂色法（涂在孔口端面）或塞尺检查孔中心线与孔端面垂直度。图 b 是用心棒和百分表检查，心棒转动一周，百分表的最大与最小示值之差，即为端面对孔中心线的垂直度误差。如发现误差超过规定值，可用刮削端面的方法纠正。

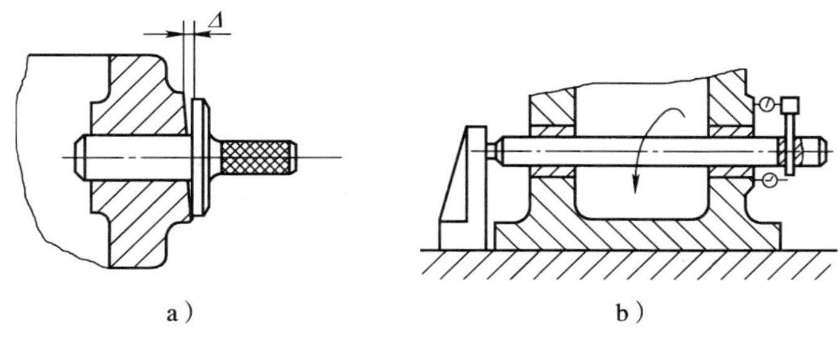

图 4—5—21　孔轴线与端面垂直度的检验
a）用专用心棒检验　b）用百分表和心棒检验

5）孔轴线同轴度的检验　图 4—5—22a 所示为成批生产时，用专用心棒检验。若心棒能自由地推入几个孔中，即表明孔同轴度合格。有不同直径的孔时，可用不同外径的检验套配合检验，以减少检验心棒数量。

图 4—5—22b 所示为用百分表及心棒检验，将百分表固定在心棒上，心棒转动一周内，百分表最大读数与最小读数之差的一半即为同轴度误差值。

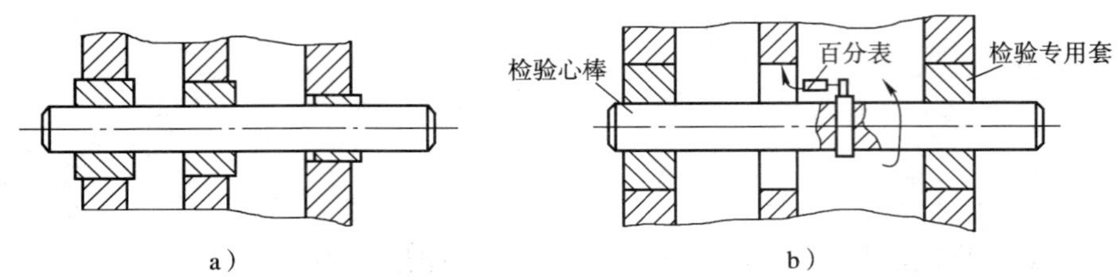

图 4—5—22　同轴度的检验

a）用专用心棒检验　b）用百分表和心棒检验

机器修理后的装配，一般对箱体不作检验，但箱体磨损严重或大修理时，应对箱体孔进行检验，检验合格后方可进行装配。

（3）齿轮啮合质量的检验　齿轮轴组件装入箱体后，应对齿轮啮合质量进行检验。齿轮的啮合质量包括齿侧间隙和接触精度两项。

1）齿侧间隙的检验　齿侧间隙常用的检测方法有两种：

①压铅丝法　它是一种最简单、最直观的检测方法，如图 4—5—23 所示，在非工作齿面的齿宽方向上用油脂粘上 2 ~ 4 条平行铅丝（铅丝直径应不小于要求齿侧间隙的 4 倍），转动啮合齿轮挤压过铅丝后，铅丝最薄处的厚度尺寸即为齿侧间隙。

②百分表检测法　如图 4—5—24 所示，它是将一个齿轮固定不动，把百分表的测头直接抵在另一个齿轮的齿面上，并转动该齿轮，其百分表的读数差值即为齿侧间隙。

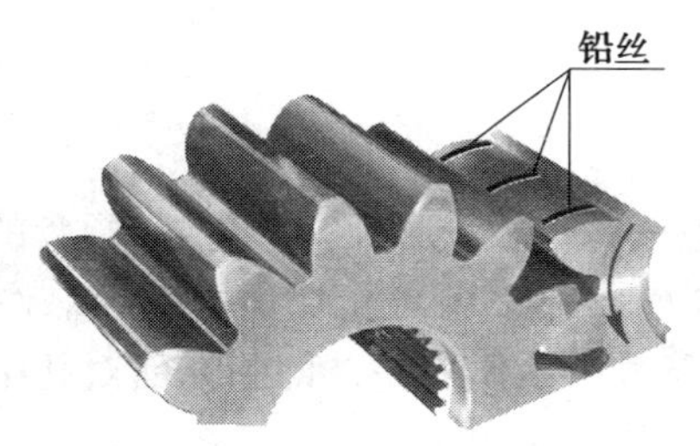

图 4—5—23　压铅丝法检测齿侧间隙

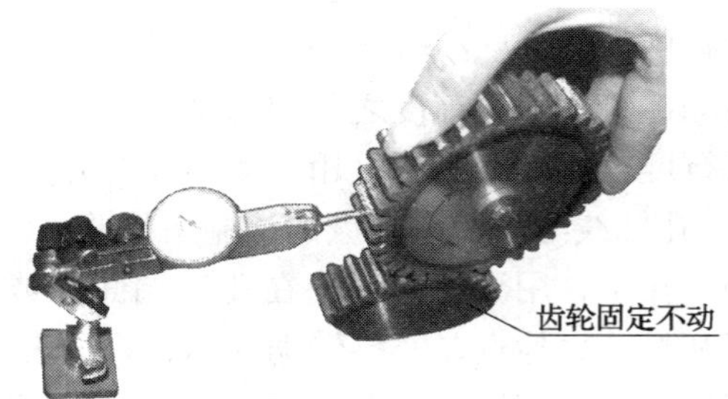

图 4—5—24　用百分表检测齿侧间隙

2）接触精度的检验　齿面的接触精度主要是指齿轮啮合后接触斑点的位置和面积。通常用涂色法检验，如图 4—5—25 所示，将红丹粉涂于主动齿轮齿面上，转动主动齿轮并使从动齿轮轻微制动后，即可检查其接触斑点。对双向工作的齿轮，正反两个方向都应检查。

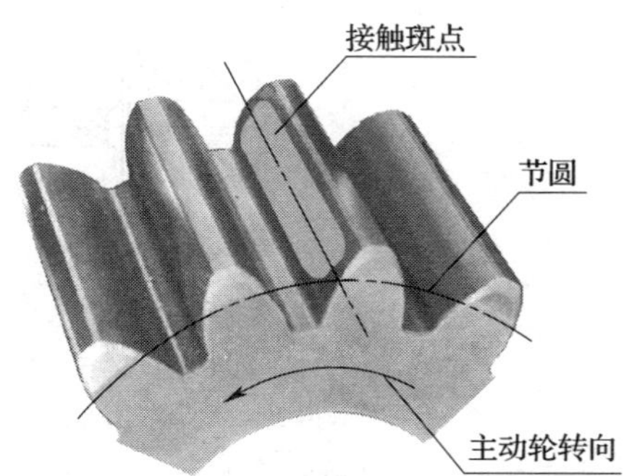

图 4—5—25　直齿圆柱齿轮接触斑点位置示意图

齿轮上接触斑点的面积大小，应该随齿轮精度而定。对于一般精度的直齿圆柱齿轮传动，要求在齿廓的高度上接触斑点应不少于 30% ~50%，在齿廓的宽度上应不少于 40% ~70%，其位置应在节圆处上下对称分布。

通过接触斑点的位置及面积的大小，可以判断装配时产生误差的原因。影响接触精度的主要因素是齿形制造精度及安装精度。当接触位置正确而接触面积太小时，是由于齿形误差太大所致，应在齿面上加研磨剂进行跑合，以增加接触面积。齿形正确而安装有误差造成接触不良的原因及调整方法见表 4—5—4。

表 4—5—4　　渐开线圆柱齿轮由安装造成接触不良的原因及调整方法

接触斑点	状况分析	调整方法
正常接触		
偏向齿顶接触	中心距偏大	在中心距允差范围内，调整轴承座或刮削轴瓦
偏向齿根接触	中心距偏小	
同向偏接触	两齿轮轴线不平行	
异向偏接触	两齿轮轴线相对歪斜	
单面偏接触	两齿轮轴线不平行 同时歪斜	
游离接触 (在整个齿圈上接触区由一边逐渐偏向另一边)	齿轮端面与回转 中心线不垂直	检查并校正齿轮端面与回转中心线的垂直度
不规则接触	齿面有波纹或 带有毛刺	去除毛刺、修整

4. 圆锥齿轮传动机构的装配工艺

装配圆锥齿轮传动机构与装配圆柱齿轮传动机构的顺序相似。圆锥齿轮传动机构装配的关键是正确确定轴交角、安装距和啮合质量的检测与调整。

（1）箱体检查　圆锥齿轮传动一般是传递相互垂直的两轴之间的运动。将已装配好的两锥齿轮轴组件装入箱体之前，需检验箱体两安装孔轴线的垂直度和相交程度。

如图4—5—26所示为在同一平面内两孔轴线垂直度和相交程度的检验方法。图4—5—26a所示为检验垂直度的方法，将百分表装在心棒1上，在心棒1上装有定位套筒，以防止心棒轴向窜动，旋转心棒1，百分表在心棒2上L长度的两点示值差，即为两孔在L长度内的垂直度误差。图4—5—26b所示为两孔轴线相交程度检验，心棒1的测量端做成叉形槽，心棒2的测量端为阶台形，分别为过端和止端。检验时，若过端能通过叉形槽，而止端不能通过，则相交程度合格，否则为超差。

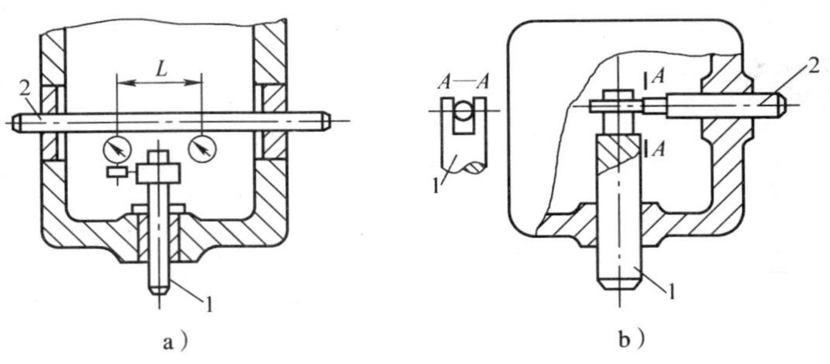

图4—5—26　同一平面内两孔轴线垂直度和相交程度的检验

a）检验垂直度　b）检验两孔轴线相交程度

1、2—心棒

图4—5—27所示为不在同一平面内的两孔轴线垂直度的检验方法。箱体用千斤顶3支承在平板上，用直角尺4将心棒2调成垂直位置。此时测量心棒1对平板的平行度误差即为两孔轴线垂直度误差。

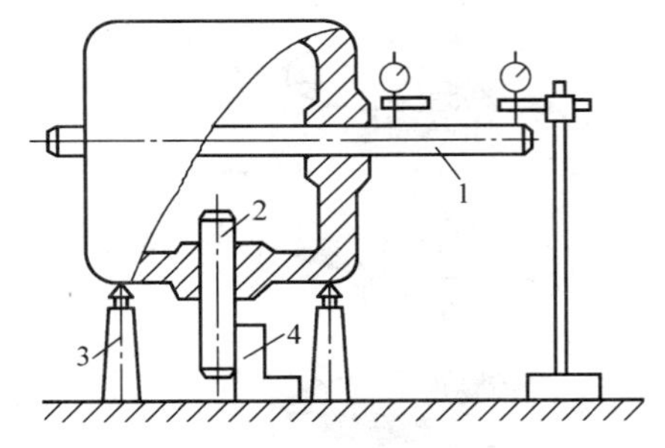

图4—5—27　不在同一平面内的两孔轴线垂直度的检验

1、2—心棒　3—千斤顶　4—直角尺

（2）两圆锥齿轮安装距的确定　当一对标准的圆锥齿轮传动时，必须使两齿轮分度圆锥相切，锥顶重合。确定圆锥齿轮安装距时，先安装一工艺轴，然后按图4—5—28所示的方法测量其安装距，并固定该圆锥齿轮的轴向位置。另一圆锥齿轮的安装距可根据齿侧间隙来确定。

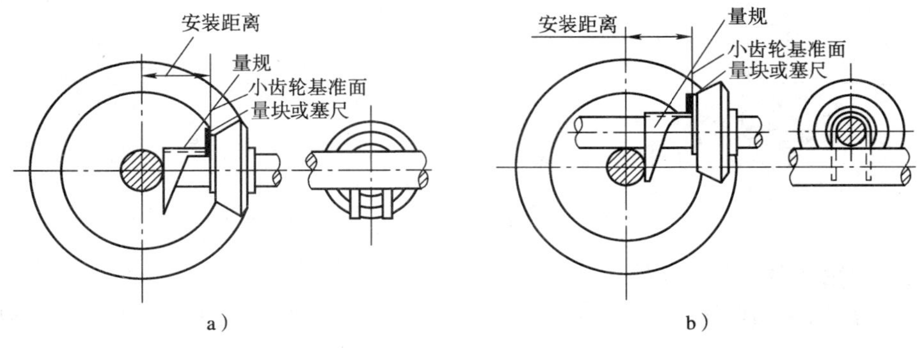

图4—5—28　圆锥齿轮安装距的测量方法

a）相交轴圆锥齿轮　b）交错轴圆锥齿轮

有些用背锥面作定位面的圆锥齿轮，装配时将背锥面对齐对平，就可以保证两齿轮的正确安装位置。

圆锥齿轮轴向位置确定后，一般采用改变调整垫片厚度或改变固定套圈的位置等方法进行固定，如图 4—5—29 所示。圆锥齿轮 1 的轴向位置，可通过改变垫片厚度来调整；圆锥齿轮 2 的轴向位置，则可通过调整固定垫圈位置确定。调整后，根据固定圈的位置配钻孔并用螺钉固定，即可保证两齿轮的正确装配位置。

（3）圆锥齿轮啮合质量的检验　啮合质量的检验包括齿侧间隙的检验和接触斑点的检验。

1）齿侧间隙的检验　一般采用压铅丝法或百分表法检验，与圆柱齿轮基本相同。

2）接触斑点检验　一般用涂色法检验。在无载荷时，接触斑点应靠近轮齿小端；满载时，接触斑点在齿高和齿宽方向应不少于 40% ~60%（随齿轮精度而定），如图 4—5—30 所示。

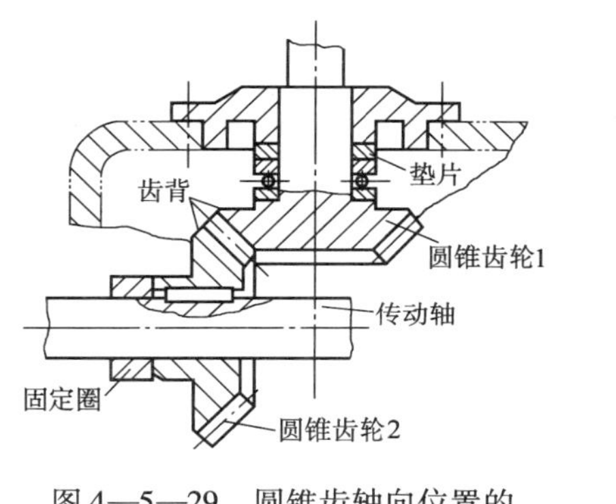

图 4—5—29　圆锥齿轴向位置的固定与调整

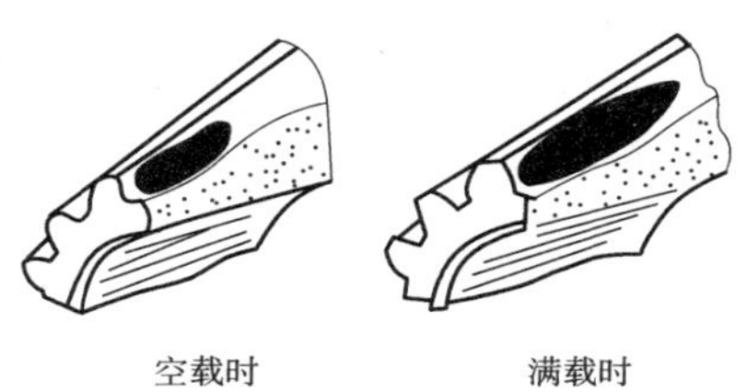

图 4—5—30　圆锥齿轮受负荷前后接触斑点的变化

直齿圆锥齿轮涂色检查时接触斑点状况分析及调整方法见表 4—5—5。

表 4—5—5　　直齿圆锥齿轮接触斑点状况分析及调整方法

接触斑点	接触状况及原因	调整方法
正常接触(中部偏小端接触)	在轻微负荷下，接触区在齿宽中部，略宽于齿宽的一半，稍近于小端，在小齿轮齿面上较高，大齿轮齿面上较低，但都不到齿顶	
低接触 高接触 高低接触	小齿轮接触区太高，大齿轮太低。由小齿轮轴向定位误差所致	小齿轮沿轴向移出；如侧隙过大，可将大齿轮沿轴向移进
	小齿轮接触区太低，大齿轮太高。原因同上，但误差方向相反	小齿轮沿轴向移进；如侧隙过小，则将大齿轮沿轴向移出
	在同一齿的一侧接触区高，另一侧低。如小齿轮定位正确且侧隙正常，则为加工不良所致	装配无法调整，需调换零件。若只作单向传动，可按以上两种方法调整

续表

接触斑点	接触状况及原因	调整方法
小端接触 同向偏接触	两齿轮的齿两侧同在小端接触。由轴线交角太大所致	不能用一般方法调整，必要时修刮轴瓦
	同在大端接触。由轴线交角太小所致	
大端接触 小端接触	大小齿轮在齿的一侧接触于大端，另一侧接触于小端。由两轴心线偏移所致	应检查零件加工误差，必要时修刮轴瓦

知识拓展

齿轮传动机构的修复

齿轮传动机构工作一段时间后，会产生磨损、润滑不良或过载，使磨损加剧。齿面出现点蚀、胶合，轮齿产生塑性变形，齿侧间隙增大，噪声增加，传动精度降低，严重时甚至发生轮齿断裂。

(1) 齿轮磨损严重或轮齿断裂时，应更换新的齿轮。

(2) 如果是小齿轮与大齿轮啮合，一般小齿轮比大齿轮磨损严重，应及时更换小齿轮，以免加速大齿轮磨损。

(3) 大模数、低转速的齿轮，个别轮齿断裂时，可用镶齿法修复。

(4) 大型齿轮轮齿磨损严重时，可采用更换轮缘法修复，具有较好的经济性。

(5) 圆锥齿轮因轮齿磨损或调整垫圈磨损而造成齿侧间隙增大时，可进行调整。调整时，将 2 个锥齿轮沿轴向移近，使齿侧间隙减小，再选配调整垫圈厚度来固定两齿轮的位置即可。

四、蜗杆传动机构的装配

蜗杆传动机构用来传递空间互相垂直的两交错轴之间的运动和动力，如图 4—5—31 所示。蜗杆传动具有传动比大，结构紧凑、自锁性好、传动平稳、噪声小等优点。但它的传动效率低，工作时发热量大，需要有良好的润滑条件。常用于转速需要急剧降低的场合。

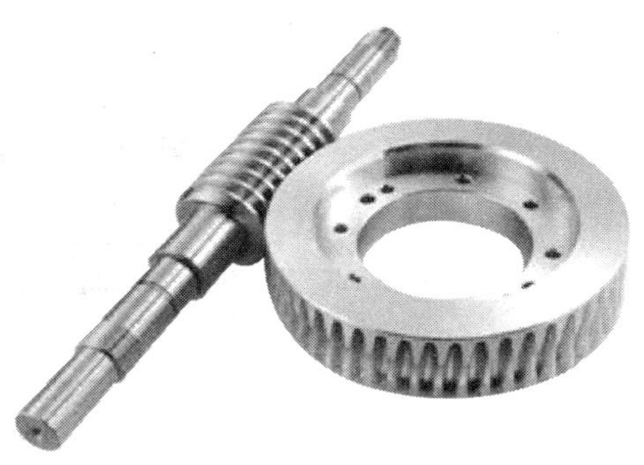

图 4—5—31　蜗杆传动机构

1. 蜗杆传动机构的装配技术要求

（1）蜗杆轴线应与蜗轮轴线垂直。

（2）蜗杆轴线应在蜗轮轮齿的对称中心平面内。

（3）蜗杆、蜗轮间的中心距要准确。

（4）要有适当的齿侧间隙和接触面积。

（5）装配后，转动灵活、无阻滞现象。

图 4—5—32 所示为蜗杆传动装配不符合要求的几种情况。

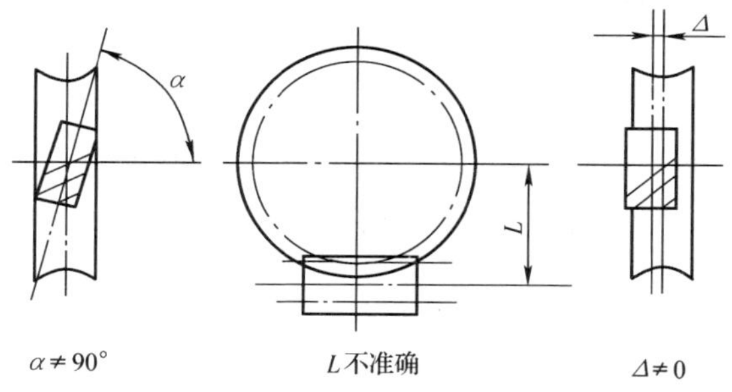

图 4—5—32　蜗杆传动装配的不正确情况

2. 蜗杆传动机构的装配工艺

（1）蜗杆传动机构箱体装配前的检验　为了确保蜗杆传动机构的装配技术要求，应对蜗杆箱体进行装前检验。

1）箱体上蜗杆孔轴线与蜗轮孔轴线垂直度的检验　检验方法如图 4—5—33 所示，测量时，将检验棒 1 和 2 分别插入箱体上蜗轮的安装孔内，在检验棒 1 上的一端套上装有百分表的支架 3，用螺钉 4 拧紧，百分表测头抵在检验棒 2 的侧母线上，旋转检验棒 1，百分表的示值差即为两轴线在 L 长度内的垂直度误差值。

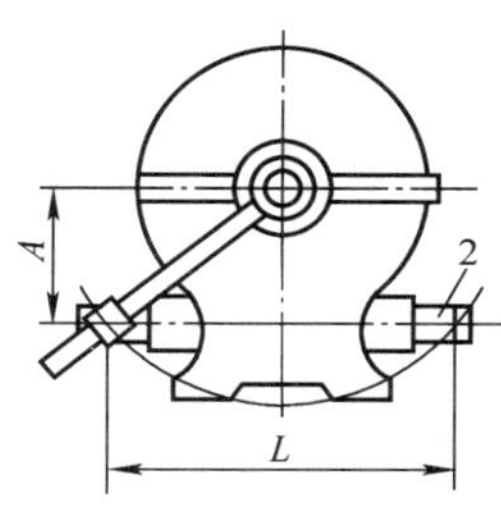

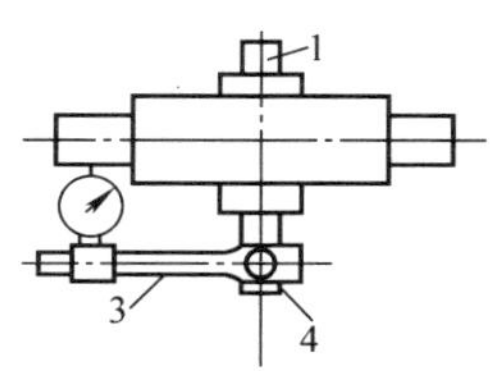

图 4—5—33　蜗杆箱体孔轴线垂直度的检验

1—蜗轮孔检验棒　2—蜗杆孔检验棒　3—支架　4—螺钉

2）箱体上蜗杆孔与蜗轮孔两轴线间中心距的检验　检测方法如图 4—5—34 所示，测量时，将检验棒 1、2 分别插入箱体蜗轮和蜗杆轴孔中，用 3 只千斤顶将箱体支承在平板上，调整千斤顶，分别使两检验棒与平板平行后，测量出检验棒 1 和检验棒 2 至平板的距离，即可计算中心距：

$$A = \left(H_1 - \frac{d_1}{2}\right) - \left(H_2 - \frac{d_2}{2}\right)$$

式中　H_1——检验棒 1 至平板距离，mm；

H_2——检验棒 2 至平板距离，mm；

d_1，d_2——检验棒 1 和检验棒 2 的直径，mm。

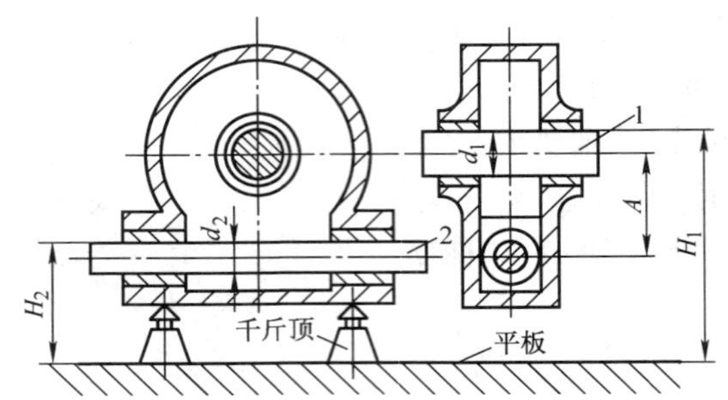

图 4—5—34　蜗杆轴孔与蜗轮轴孔中心的检验

1—蜗轮孔检验棒　2—蜗杆孔检验棒

（2）蜗杆传动机构的装配步骤

1）组合式蜗轮应先将蜗轮齿圈压装在轮毂上，方法与过盈配合装配相同，并用螺钉固定，如图 4—5—35 所示。

2）将蜗轮装在轴上，其安装及检验方法与圆柱齿轮相同。

3）将蜗轮轴装入箱体，然后再装入蜗杆。因蜗杆轴的位置已由箱体孔决定，要使蜗杆轴线位于蜗轮轮齿的对称中心平面内，只能通过改变调整垫片厚度的方法，调整蜗轮的轴向位置。

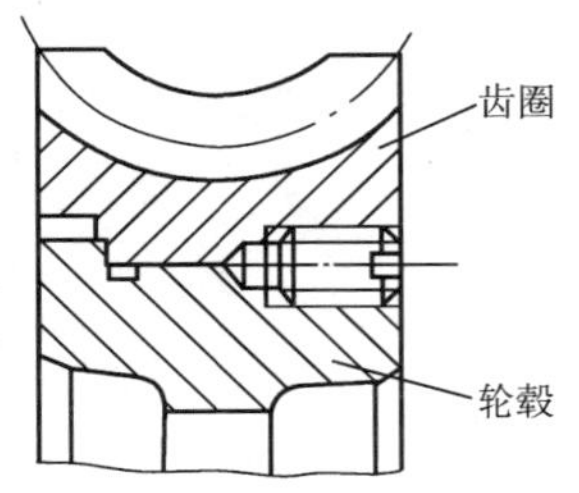

图 4—5—35　组合式蜗轮

（3）蜗杆传动机构啮合质量的检验

1）蜗轮的轴向位置及接触斑点的检验　用涂色法检验，将红丹粉涂在蜗杆的螺旋面上，并转动蜗杆，可在蜗轮上获得接触斑点，如图 4—5—36 所示。图 4—5—36a 为正确接触，其接触斑点应在蜗轮轮齿中部稍偏于蜗杆旋出方向。图 4—5—36b、c 表示蜗轮轴向位置不对，应配磨垫片来调整蜗轮的轴向位置。接触斑点长度，轻载时为齿宽的 25～50%，满载时为齿宽的 90% 左右。

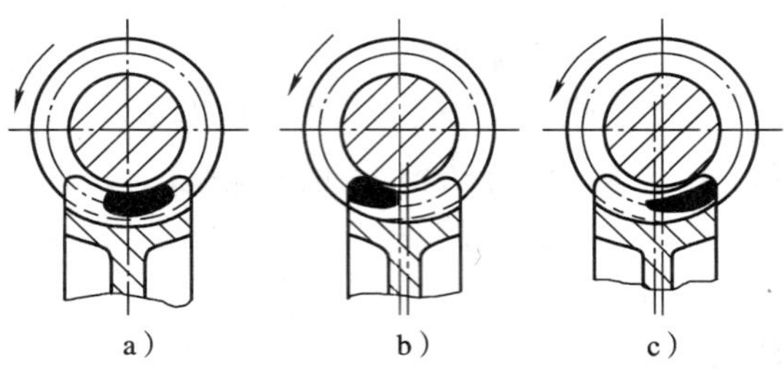

图 4—5—36　用涂色法检验蜗轮齿面接触斑点

a）正确　b）蜗轮偏右　c）蜗轮偏左

2）齿侧间隙的检验　一般用百分表测量，如图 4—5—37a 所示。在蜗杆轴上固定一带量角器的刻度盘 2，百分表测头抵在蜗轮齿面上，用手转动蜗杆，在百分表指针不动的条件下，用刻度盘相对固定指针 1 的最大转角来判断齿侧间隙大小。如用百分表直接与蜗轮齿面接触有困难时，可在蜗轮轴上装一测量杆 3，如图 4—5—37b 所示。

齿侧间隙与转角有如下近似关系：

$$c_h = z_1 \pi m \frac{\alpha}{360}$$

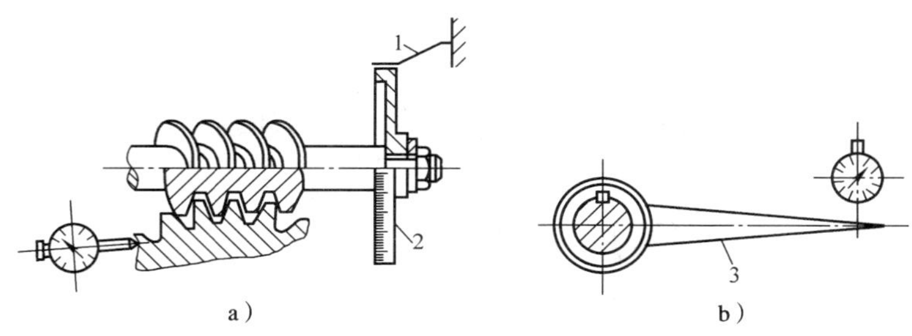

图4—5—37　蜗杆传动机构齿侧间隙的检验

a）直接测量法　b）加装测量杆测量法

1—刻度盘相对固定指针　2—刻度盘　3—测量杆

式中　c_h——齿侧间隙，mm；

z_1——蜗杆头数；

m——模数；

α——空程转角，(°)。

对于不重要的蜗杆机构，也可以用手转动蜗杆，根据空程量的大小判断齿侧间隙的大小。

装配后的蜗杆传动机构，还要检查它的转动灵活性。蜗轮在任何位置上，用手旋转蜗杆所需的扭矩均应相同，转动灵活，没有咬住现象。

蜗杆传动机构的修复

（1）一般传动的蜗杆、蜗轮磨损或划伤严重时，应更换新的。

（2）大型蜗轮磨损或划伤后，为了节约材料，一般采用更换轮缘法修复。

（3）分度用的蜗杆机构（又称分度蜗轮副），其传动精度要求较高，修理工作也复杂和精细，一般采用精滚齿后剃齿或珩磨修复法。

五、螺旋传动机构的装配

螺旋传动机构是利用丝杠和螺母的啮合来传递运动和动力的，它可将旋转运动变换为直线运动。螺旋传动具有传动精度高、工作平稳、无噪声、易于自锁、能传递较大的扭矩等特点。在机械设备中螺旋传动机构得到广泛的应用，如车床上的纵向和横向进给丝杠螺母副等。

按螺纹间摩擦性质，螺旋传动可分为滑动螺旋传动和滚动螺旋传动。滑动螺旋传动又可分为普通滑动螺旋传动和静压螺旋传动。本节介绍的螺旋传动机构指普通滑动螺旋传动机构。

1．螺旋传动机构的装配技术要求

为了保证丝杠的传动精度和定位精度，螺旋传动机构装配后，一般应满足以下要求：

（1）丝杠螺母副应有较高的配合精度，有准确的配合间隙。

（2）丝杠与螺母轴线的同轴度及丝杠轴线与基准面的平行度应符合规定要求。

（3）丝杠和螺母相互转动应灵活。

（4）丝杠的回转精度应在规定范围内。

2．螺旋传动机构的装配工艺

（1）丝杠螺母配合间隙的测量和调整　丝杠螺母的配合间隙是保证其传动精度的主要

因素，可分为径向间隙和轴向间隙两种。

1）径向间隙的测量　径向间隙直接反映丝杠螺母的配合精度，一般由加工来保证，装配前应进行检测。测量方法如图 4—5—38 所示，将百分表触头抵在螺母 1 的上母线上，用稍大于螺母质量的力 Q 压下或抬起螺母，百分表指针的摆动量即为径向间隙值。

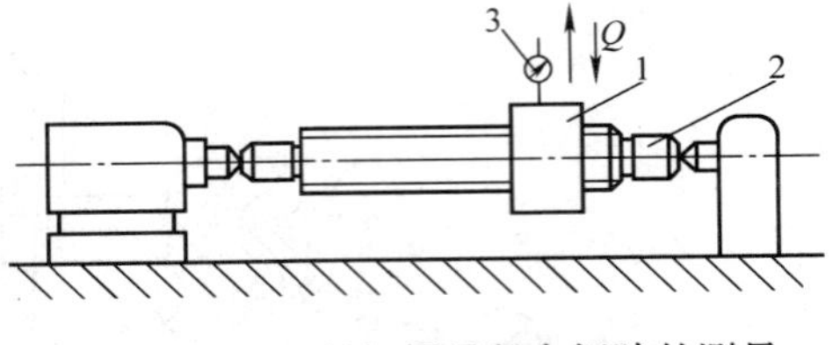

图 4—5—38　丝杠螺母径向间隙的测量

1—螺母　2—丝杠　3—百分表

2）轴向间隙的消除与调整　丝杠螺母的轴向间隙直接影响其传动的准确性。进给丝杠应有轴向间隙消除机构，简称消隙机构。

①单螺母消隙机构　丝杠螺母传动机构只有一个螺母时，常采用如图 4—5—39 所示的消隙机构，使螺母和丝杠始终保持单向接触，消隙机构消隙力的方向应和切削力 F_x 方向一致，以防止进给时产生爬行，影响进给精度。

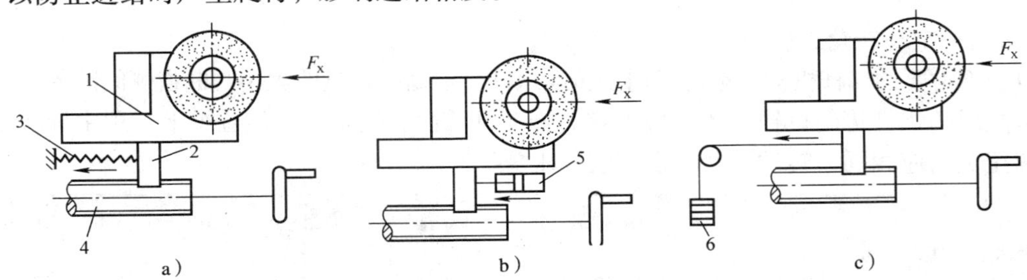

图 4—5—39　单螺母消隙机构

a）弹簧拉力消隙　b）油缸压力消隙　c）重锤消隙

1—砂轮架　2—螺母　3—弹簧　4—丝杠　5—油缸　6—重锤

②双螺母消隙机构　双向运动的丝杠螺母应用两个螺母来消除双向轴向间隙，其结构如图 4—5—40 所示。

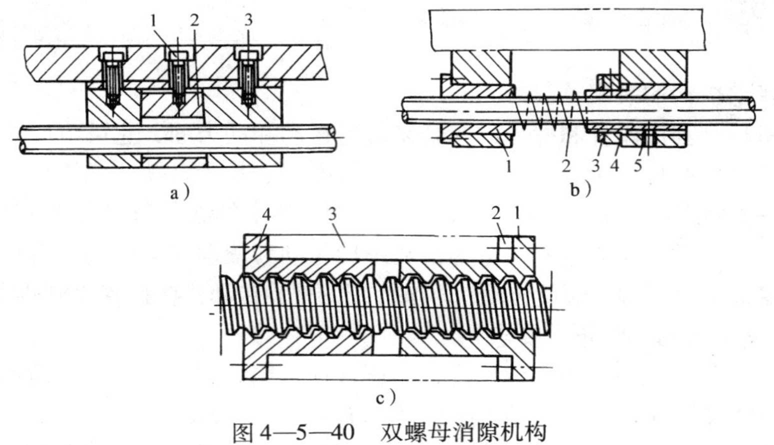

图 4—5—40　双螺母消隙机构

a）楔块消隙　1、3—螺钉　2—楔块

b）弹簧消隙　1、5—螺母　2—压缩弹簧　3—垫圈　4—调整螺母

c）垫片消隙　1、4—螺母　2—垫片　3—工作台

图 4—5—40a 为楔块消隙机构，调整时，松开螺钉 3，再拧动螺钉 1，使楔块 2 向上移动，以推动带斜面的螺母右移，从而消除轴向间隙。

图 4—5—40b 为弹簧消隙机构，转动调整螺母 4，可调节弹簧压力。利用其压力使螺母 5 轴向移动，从而消除轴向间隙。

图 4—5—40c 为垫片消隙机构，通过改变垫片厚度来消除轴向间隙。丝杠螺母磨损后，通过修磨垫片 2 来消除轴向间隙。

（2）校正丝杠螺母的同轴度及丝杠轴心线与基面的平行度　为了能准确而顺利地将旋转运动转换为直线运动，丝杠与螺母必须同轴，丝杠轴线必须与基面平行。安装丝杠螺母时应按以下步骤进行：

1）先正确安装丝杠两轴承支座，用专用检验棒和百分表校正，使两轴承安装孔的轴线在同一直线上，且与螺母移动时的基准导轨平行，如图 4—5—41a 所示。校正时，可以根据误差情况修刮轴承座结合面，并调整前、后轴承的水平位置，使其达到要求。

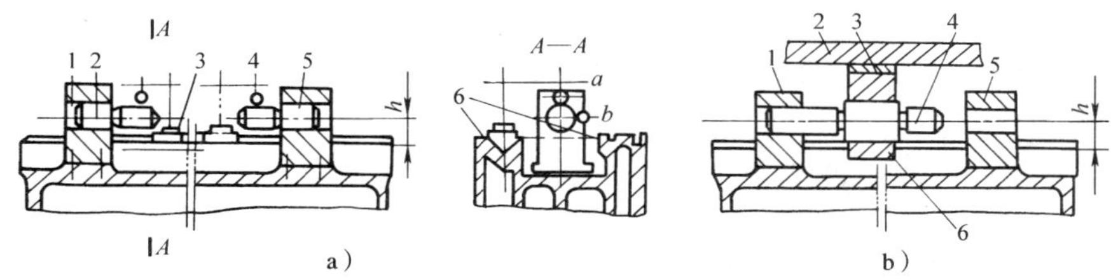

图 4—5—41　校正螺母孔与前、后轴承孔同轴度

a）安装丝杠两轴承座

1、5—前后轴承座　2—检验棒　3—磁力表座滑板　4—百分表　6—螺母移动基准导轨

b）校正螺母与丝杠轴承孔的同轴度

1、5—前后轴承座　2—工作台　3—垫片　4—检验棒　6—螺母座

2）再以两轴承安装孔的公共轴线为基准，校正螺母孔的同轴度，如图 4—5—41b 所示。校正时，将检验棒 4 装在螺母座孔中，移动工作台 2，如检验棒 4 能顺利插入前、后轴承座孔中，即符合要求，否则应修磨垫片 3 的厚度及调整螺母座的位置。

也可以用丝杠直接校正两轴承孔与螺母孔的同轴度，如图 4—5—42 所示。校正时，修刮螺母座 4 的底面，同时调整其在水平面上的位置，使丝杠上母线 a、侧母线 b 均与导轨面平行。再修磨垫片 2、7，在水平方向调整前、后轴承座 1、6，使丝杠两端轴颈能顺利地插入轴承孔，丝杠转动要灵活。

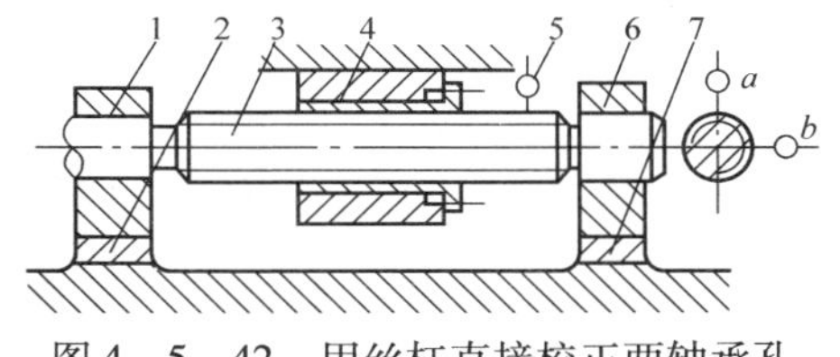

图 4—5—42　用丝杠直接校正两轴承孔与螺母孔同轴度

1、6—前后轴承座　2、7—垫片

3—丝杠　4—螺母座　5—百分表

（3）调整丝杠的回转精度　丝杠的回转精度是指丝杠的径向圆跳动和轴向窜动量的大小，主要通过正确安装丝杠两端的轴承支座来保证。

螺旋传动机构的修复

螺旋传动机构经过长期使用，丝杠和螺母都会出现磨损。常见的损坏形式有丝杠螺纹磨损、轴颈磨损、螺母磨损及丝杠弯曲等。

（1）丝杠螺纹磨损的修复　梯形螺纹丝杠的磨损不超过齿厚的10%时，通常用车深螺纹的方法来修复，螺纹车深后，外径也需相应车小。再根据修复后的丝杠配车新螺母。

对于局部磨损较严重的丝杠，可采用调头的方法进行修复。如卧式车床丝杠前段的磨损，调头时，由于丝杠两端的轴颈不同，因此，需要进行相应的机械加工，如图4—5—43所示。

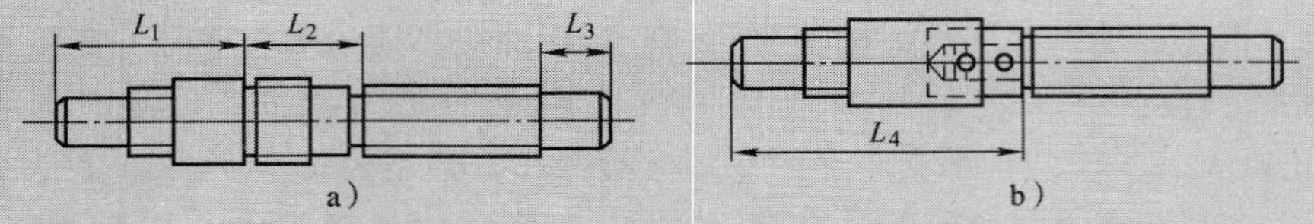

图4—5—43　丝杠的调头修复

a）修理前的丝杠　b）修理后的丝杠

对磨损过大的精密丝杠，常采用更换的方法。矩形螺纹丝杠磨损后，一般不能修理，只能更换新的。

（2）丝杠轴颈磨损的修复　丝杠轴颈磨损后，可根据磨损情况，采用镀铬、涂镀、堆焊等方法加大轴颈，在车削轴颈时，应与车削螺纹同时进行，以便保持这两部分轴线的同轴度。磨损的衬套应更换，如果没有衬套，应该将支承孔镗大，压装上一个衬套。这样，在下次修理时，只换衬套即可修复。

（3）螺母磨损的修复　螺母磨损通常比丝杠迅速，因此常需要更换。

（4）丝杠弯曲的修复　弯曲的丝杠常用校正法修复。

六、联轴器的装配

联接两轴或轴回转件，传递转矩和运动的一种装置，称为联轴器。

1. 联轴器的种类

联轴器的种类繁多，根据其结构和用途不同，分类如下：

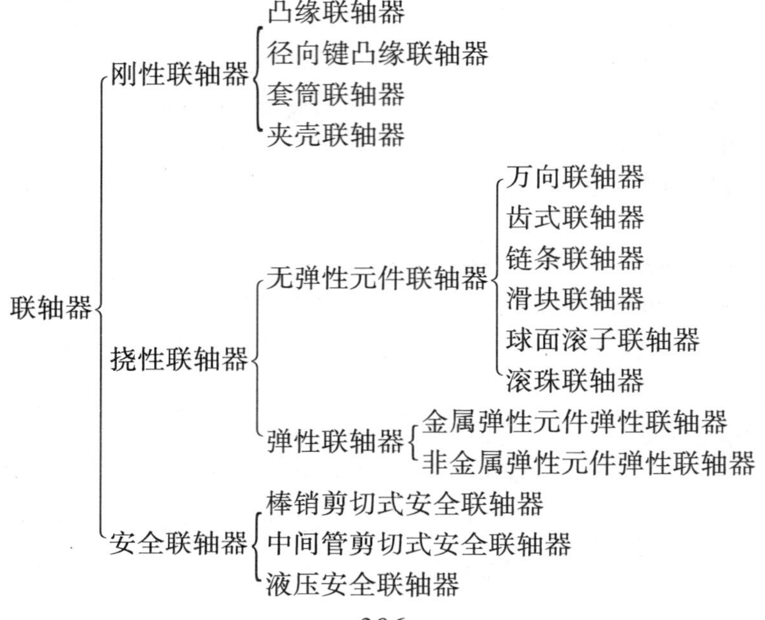

在联轴器中，不能补偿两轴相对位移的联轴器称为刚性联轴器；能补偿两轴相对位移的联轴器称为挠性联轴器；具有过载安全保护功能的联轴器称为安全联轴器。常用的有凸缘联轴器和十字滑块联轴器。

联轴器将两轴牢固地连接在一起，在机器运转的过程中，两轴不能分开，只有在机器停车后，经过拆卸，才能使它们分离。无论哪种形式的联轴器，装配的主要技术要求都是要保证两轴的同轴度。

2. 凸缘联轴器的装配工艺

利用凸缘和螺栓联接两个半联轴器的联轴器称为凸缘联轴器，如图 4—5—44 所示。该结构通过螺栓将安装在两根轴上的两个圆盘连接起来以传递扭矩，其中一个圆盘制有凸台，另一个有相应的凹孔。安装时，凸台与凹孔应准确地嵌合，使两轴达到同轴度要求。凸缘联轴器结构简单，制造方便，成本较低，工作可靠，装拆、维护简便，传递转矩较大，能保证两轴具有较高的对中精度，一般常用于载荷平稳，高速或传动精度要求较高的轴系传动。凸缘联轴器不具备径向、轴向和角向补偿。

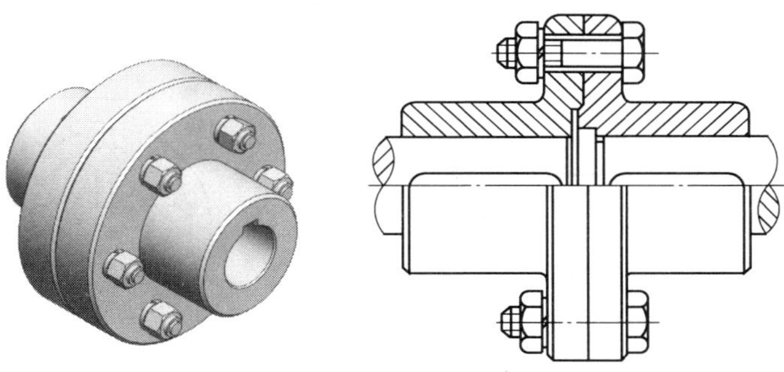

图 4—5—44　凸缘联轴器的结构

（1）装配技术要求

1）装配中应严格保证两轴的同轴度，否则两轴不能正常工作，严重时会使联轴器或轴变形和损坏。

2）保证各连接件（螺母、螺栓、键、圆锥销等）连接可靠，受力均匀，不允许有自动松脱现象。

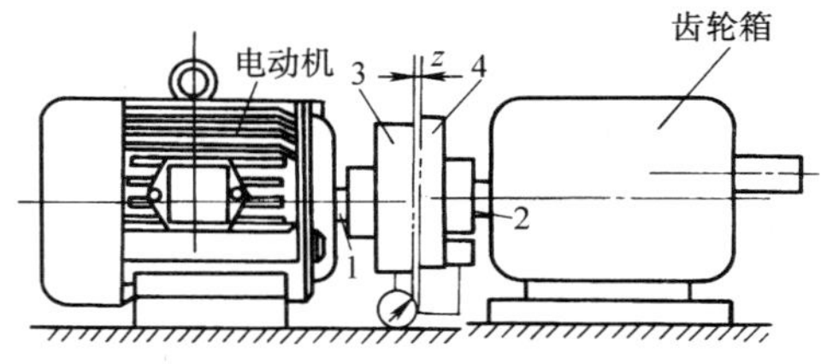

图 4—5—45　凸缘联轴器的装配

1—电动机轴　2—齿轮箱轴

3、4—凸缘盘

（2）装配步骤

1）如图 4—5—45 所示，将两个半凸缘联轴器 3 和 4 分别用平键装在电动机轴 1 和齿轮箱轴 2 上，并固定齿轮箱。

2）将百分表固定在凸缘盘 4 上，使百分表测头抵在凸缘盘 1 的外圆上，找正凸缘盘 3 和 4 的同轴度。

3）移动电动机，使凸缘盘 3 的凸台少许插进凸缘盘 4 的凹孔内。

4）转动齿轮箱轴 2，测量两凸缘盘端面的间隙 z。如果间隙均匀，则移动电动机使两凸缘盘端面靠近，固定电动机，用螺栓紧固两凸缘盘，最后再复查一次同轴度。

3. 十字滑块联轴器的装配工艺

利用中间十字滑块，在其两半联轴器端面的相应径向槽内滑动，以实现两半联轴器联接的联轴器称为十字滑块联轴器，如图 4—5—46 所示。它由两个带槽的联轴盘和中间盘组成。中间盘（十字滑块）的两面各有一条矩形凸块，两面凸块的中心线互相垂直并通过盘的中心。两个联轴盘的端面都有与中间盘对应的矩形凹槽，中间盘的凸块可同时嵌入两联轴盘的凹槽。当主动轴旋转时，通过中间盘带动另一个联轴盘转动。同时凸块可在凹槽中游动，以适应两轴之间存在的一定径向偏移和少量的轴向移动。由于十字滑块的凸块能在半联轴器端面槽内滑动，故可补偿安装及运转时两轴间的相对位移。适用于转速较低，传递转矩较大的传动。

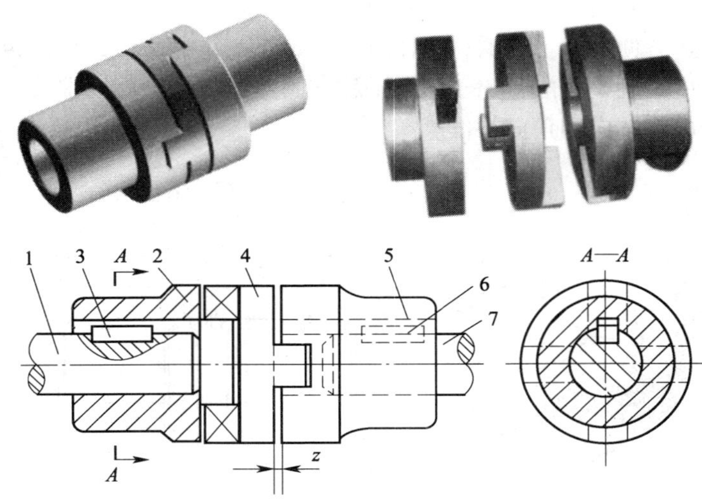

图 4—5—46　十字滑块联轴器的装配

1、7—轴　2、5—联轴盘　3、6—键　4—中间盘

（1）装配技术要求

1）装配时，允许两轴有少量的径向偏移和倾斜，一般情况下轴向摆动量可在 1 ~ 2.5 mm 之间，径向摆动量可在（$0.01d+0.25$）mm 左右（d 为轴直径）。

2）中间盘装配后，应能在两联轴盘之间自由滑动。

（2）装配方法

1）分别在轴 1 和轴 7 上装配键 3 和键 6，安装联轴盘 2、5，用直尺作为检查工具，检查直尺是否与 2 和 5 的外圆表面均匀接触，并且在垂直和水平两个方向都要均匀接触。

2）找正后，安装中间盘 4，并移动轴，使联轴盘和中间盘留有少量间隙 z，以满足中间盘的自由滑动要求。

七、离合器的装配

主、从动部分在同轴线上传递动力或运动时，具有接合或分离功能的装置，称为离合器。

1. 离合器的种类

离合器的种类繁多，根据其结构和用途不同，分类如下：

- 离合器
  - 操纵离合器
    - 机械离合器
      - 片式离合器、牙嵌式离合器
      - 齿形离合器、圆锥离合器
      - 摩擦块离合器、销式离合器
      - 键式离合器、棘轮离合器
      - 鼓式离合器、扭簧离合器
      - 涨圈离合器、闸带离合器
    - 电磁离合器
    - 液压离合器
    - 气压离合器
  - 自控离合器
    - 超越离合器
    - 离心离合器
    - 安全离合器

在离合器中，必须通过操纵，接合元件才具有接合或分离功能的离合器称为操纵离合器；在主动部分或从动部分某些性能参数变化时，接合元件具有自行接合或分离功能的离合器称为自控离合器；在机械机构直接作用下具有离合功能的离合器称为机械离合器。常用的有牙嵌式离合器、圆锥摩擦离合器和多片式摩擦离合器等。不论哪种离合器，工作时都要求接合或分离的动作要灵敏，能传递足够动力和扭矩，且工作平稳可靠。

2. 牙嵌式离合器的装配工艺

牙嵌式离合器是指用爪牙状零件组成嵌合副的离合器。如图 4—5—47 所示，它由两个端面带牙的结合子组成，其中的一个结合子紧配在主动轴上，而另一个结合子可以沿导向平键在从动轴上移动。利用操纵杆移动滑环可使两个结合子接合或分离，在主动轴的结合子中装有导向环，从动轴端可在导向环中自由转动。

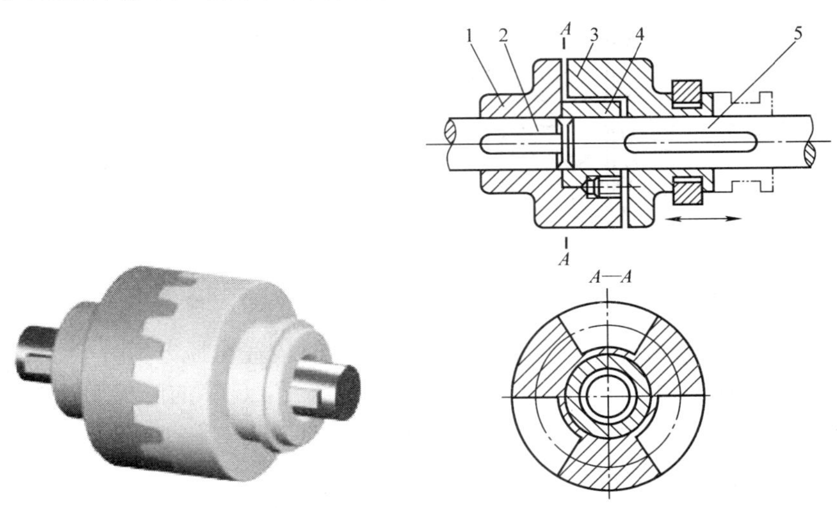

图 4—5—47　牙嵌式离合器

1、3—结合子　2—主动轴　4—导向环　5—从动轴

牙嵌式离合器牙的形状有三角形、梯形、锯齿形。三角形牙传递中、小转矩。梯形、锯齿形牙可以传递较大的转矩。梯形牙可以补偿磨损后的牙侧间隙，锯齿形牙只能单向工作，

反转时由于有较大的轴向分力，会迫使离合器自行分散。牙嵌式离合器结构简单，外轮廓尺寸小，能传递较大的转矩，故应用较多，但牙嵌式离合器只宜在两轴不回转和转速差很小时进行接合，否则牙齿可能会因受撞击而折断。

（1）装配技术要求

1）接合或分开时，动作要灵敏，能传递设计的扭矩，工作平稳可靠。

2）结合子齿形啮合间隙要尽量小些，以防旋转时产生冲击。

（2）装配方法

1）将结合子1、3分别装在轴上，结合子3与从动轴和键之间能轻快滑动，结合子1要固定在主动轴上。

2）将导向环4安装在结合子1的孔内，用螺钉紧固。

3）把从动轴装入导向环4的孔内，再装拨叉。

3. 圆锥摩擦离合器的装配工艺

圆锥摩擦离合器是指用圆锥侧面组成摩擦副的离合器，具有结构简单、接合平稳、安全可靠等特点。其结构如图4—5—48所示，它利用内、外锥面的紧密接合，把主动齿轮的运动传给从动齿轮。当手柄1处于图示位置时，手柄1通过套筒将带有内锥的齿轮4与带有外锥的齿轮3压紧，接通运动；当向下扳动手柄1时，内、外锥面在弹簧作用下脱开，切断运动。这种离合器为常开式离合器。

圆锥摩擦离合器的装配方法如下：

（1）两圆锥面接触必须符合要求，用涂色法检查时，其斑点应均匀分布在整个圆锥表面上，如图4—5—49a所示。若接触斑点靠近锥底或靠近锥顶，都表示锥体的角度不正确，可通过刮削或磨削方法来修整。

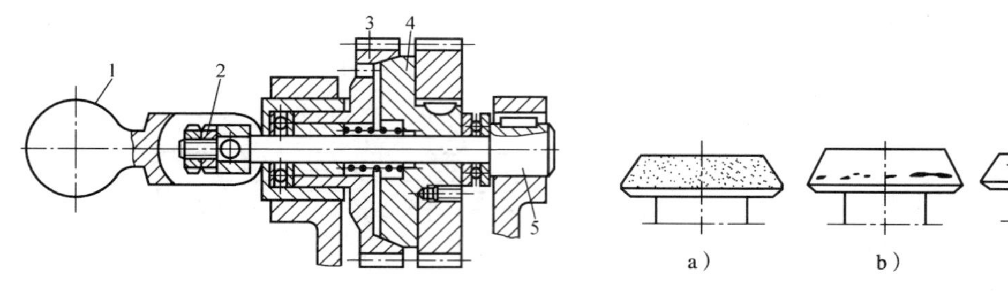

图4—5—48　圆锥摩擦离合器

1—手柄　2—螺母　3、4—锥面　5—可调节轴

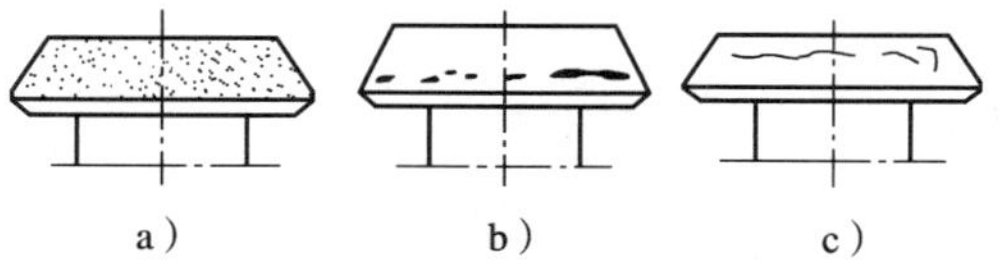

图4—5—49　锥体涂色检查

a）正确　b）、c）不正确

（2）接合时要有足够的压力把两锥体压紧，断开时应完全脱开。开合装置必须调整到把手柄1扳到如图4—5—48所示位置时，两个锥面能产生足够的摩擦力；扳下手柄1时，运动能完全断开。摩擦力的大小，可通过调节螺母2来控制。

4. 双向多片式摩擦离合器的装配工艺

片式摩擦离合器是指用圆环片的端平面组成摩擦副的离合器。如图4—5—50所示为双向多片式摩擦离合器，它由多片内、外摩擦片间隔排叠，内摩擦片经花键孔与主动轴联接，随轴一起转动。外摩擦片空套在主动轴上，其外圆有四个凸缘，卡在空套主动轴上齿轮的四个缺口槽中，压紧内、外摩擦片时，主动轴通过内、外摩擦片间的摩擦力带动空套齿轮转动，松开摩擦片时，套筒齿轮停止转动。由于离合器有左、右两组摩擦片，通过滑环9的左、右移动，可使元宝键 8 带动拉杆 7 分别压紧左侧或右侧的摩擦片，从而可使从动轴获得正、反转。

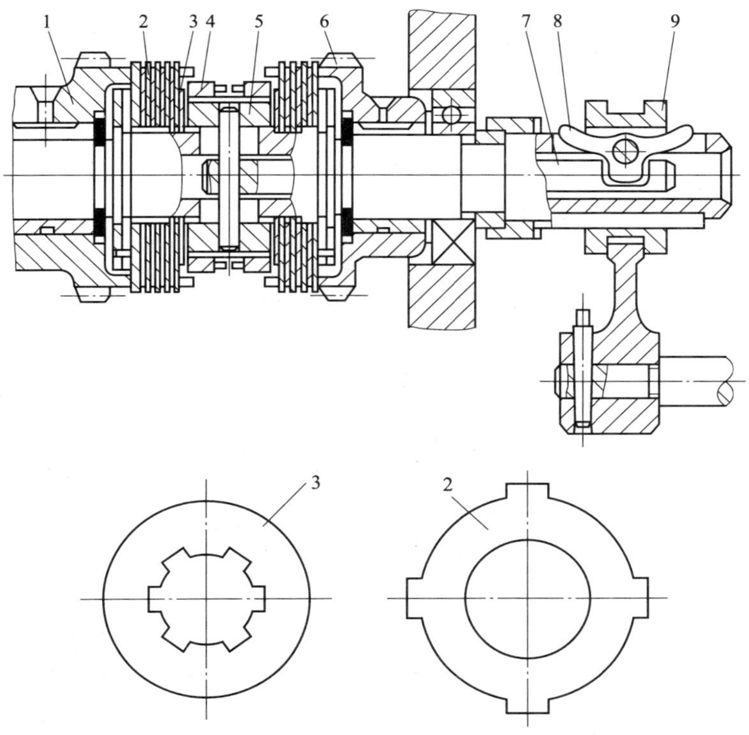

图 4—5—50　双向多片式摩擦离合器

1、6—套筒齿轮　2—外摩擦片　3—内摩擦片　4—螺母

5—花键轴　7—拉杆　8—元宝键　9—滑环

装配时，摩擦片间隙要适当，如果间隙过大，操纵时压紧力不够，内、外摩擦片会打滑，传递扭矩小，摩擦片也容易发热、磨损；如果间隙太小，停车时，摩擦片不易脱开，严重时可导致摩擦片烧坏，所以必须调整适当。

调整方法是：如图 4—5—51 所示，先将定位销 2 压入螺母 1 的缺口下，然后转动螺母 1 调整间隙。调整后，要使定位销弹出，重新进入螺母的缺口中，以防止螺母在工作过程中松脱。

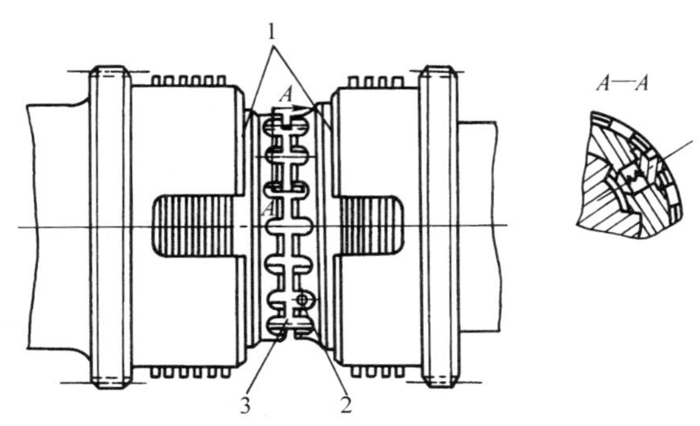

图 4—5—51　片式摩擦离合器的调整

1—螺母　2—定位销　3—花键套

技能训练

CA6140 型卧式车床带传动机构装配

1. 训练内容

完成如图 4—5—52 所示的 CA6140 型卧式车床电动机到主轴箱I轴的 V 带传动装置的装配。

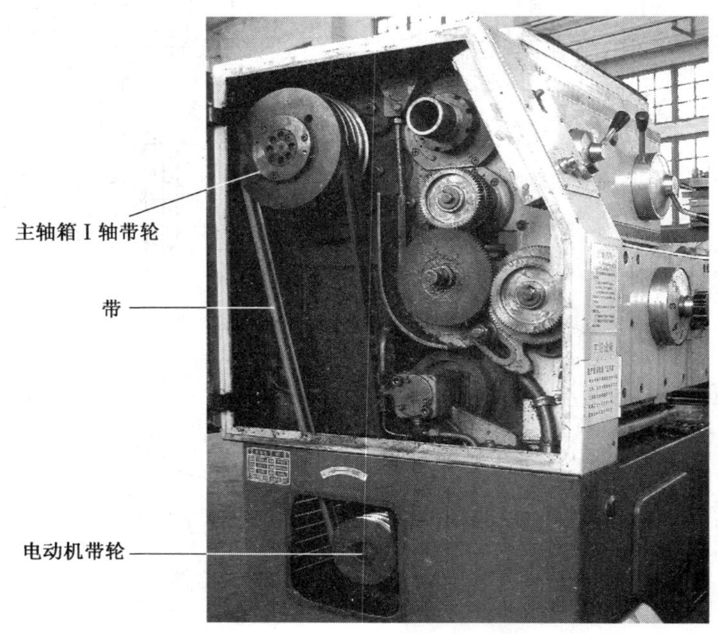

图 4—5—52　CA6140 型卧式车床带传动机构

2. 训练准备

（1）工具、量具：通用扳手、呆扳手、一字旋具、锤子、铜棒、百分表（含磁性表座）、较长的钢直尺或拉线、润滑油。

（2）材料：符合技术要求的 V 带，4 根。

3. 操作步骤

安装 V 带前，安装并调整好电动机轴和主轴箱 I 轴上的带轮。

安装 V 带时，先将带套在小带轮轮槽中，然后套在大带轮上，一边转动大带轮，一边用一字旋具将带拨入带轮槽中，具体方法如下：

（1）将 V 带套入小带轮最外端的第一个轮槽中。

（2）将 V 带套入大带轮轮槽，左手按住大带轮上的 V 带，右手握住 V 带往上拉，在拉力作用下，V 带沿着转动的方向即可全部进入大带轮的轮槽内，如图 4—5—53a 所示。

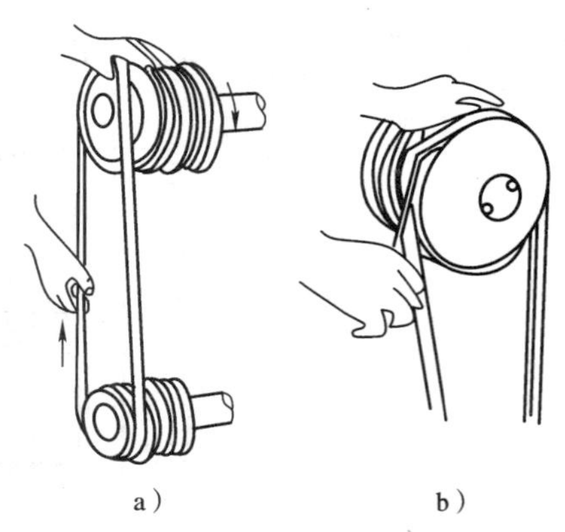

图 4—5—53　V 带的安装方法

a）初装入槽　b）移入第二个轮槽

（3）用一字旋具撬起大带轮（或小带轮）上的V带，旋转带轮，即可使V带进入大带轮（或小带轮）的第二个轮槽内，如图4—5—53b所示。

（4）重复上述步骤，即可将第一根V带逐步拨到两个带轮的最后一个轮槽中。

（5）检查V带装入轮槽中的位置是否正确（见图4—5—4）。V带不能有扭转现象。

（6）检查调整初拉力。

4. 评分标准（见表4—5—6）

表4—5—6　　评分标准

序号	项目与技术要求		配分	评分标准	检测结果		得分
					学生自检	教师检测	
1	装配	安装前清除带轮的污物和毛刺	5	不符合要求全扣			
2		准备工具齐全合理	5	不符合要求全扣			
3		带轮径向圆跳动误差检查	10	检测部位不正确扣5分 读数不准确扣5分			
4		带轮端面圆跳动误差检查	10	检测部位不正确扣5分 读数不准确扣5分			
5		百分表的安装与使用	8	使用方法不正确扣4分 安装方法不正确扣4分			
6		带轮和轴安装部位涂油	10	一处不符合要求扣5分			
7		两带轮的相互位置精度	10	检查方法不正确扣5分 检测结果不正确扣5分			
8		V带的安装方法	16	装入方法不正确扣8分 装入顺序不正确扣8分			
9		初拉力的检查方法	16	检查方法不正确扣8分 调整方法不正确扣8分			
10	安全文明生产		10	酌情扣分			

CA6140型卧式车床主轴变速箱链传动机构装配

1. 训练内容

完成如图4—5—54所示的CA6140型卧式车床主轴变速箱中的链传动装置的装配。

2. 训练准备

（1）工具、量具：通用扳手、呆扳手、链条拉紧工具、锤子、铜棒、尖嘴钳、冲头、百分表（含磁性表座）、较长的钢直尺或拉线、润滑油。

（2）材料：符合技术要求的链条。

3. 操作步骤

安装链条前，安装并调整好两链轮。

（1）将链条及接头等零件用煤油清洗干净，并用干净的抹布擦干。

（2）先将链条套在链轮上进行试装配，初步确定链条的长度并做好标记。

（3）取下链条，将链条做标记的链节放在有孔（孔应略大于圆柱销）的铁砧上，用锤子敲击冲头将链节中心轴冲出，如图4—5—55所示。

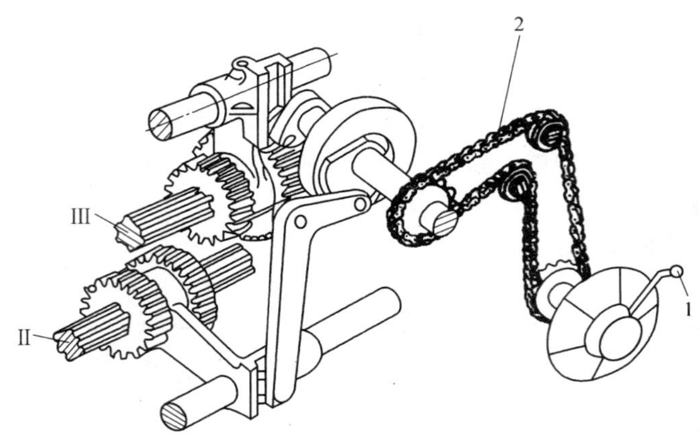

图 4—5—54　CA6140 型卧式车床主轴变速箱链传动机构

1—手柄　2—链条　Ⅱ—主轴箱Ⅱ轴　Ⅲ—主轴箱Ⅲ轴

（4）将链条重新套在链轮上，再将链条的接头引到便于装配的位置。

（5）用链条拉紧工具将链条首尾拉紧到位，使链条首尾对齐，如图 4—5—56 所示。

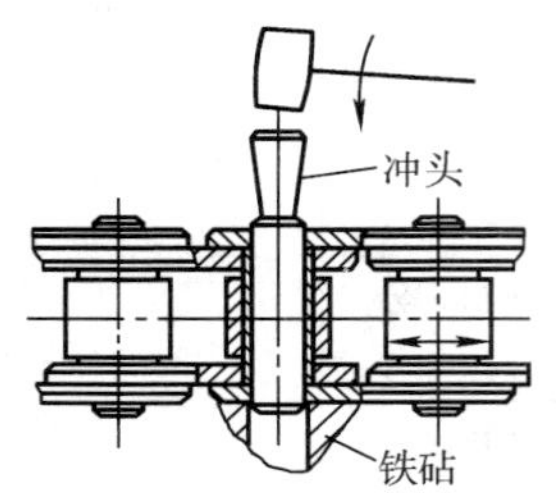

图 4—5—55　链节拆卸方法

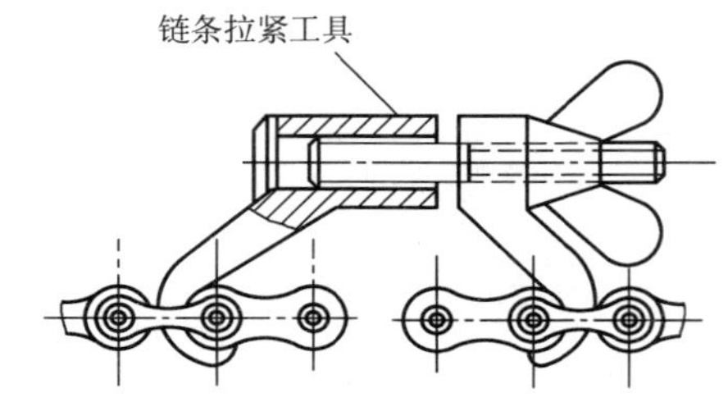

图 4—5—56　拉紧链条

（6）用尖嘴钳将接头零件中的圆柱销组件、挡板及弹簧卡片装配到位（见图 4—5—13）。

（7）检查并调整链条的松紧度及轴向位置精度。

4. 评分标准（见表 4—5—7）

表 4—5—7　　**评分标准**

序号	项目与技术要求		配分	评分标准	检测结果		得分
					学生自检	教师检测	
1	装配	安装前清除污物和毛刺	5	不符合要求全扣			
2		准备工具齐全合理	5	不符合要求全扣			
3		划针盘或百分表的使用	20	使用不正确全扣			
4		链轮端面圆跳动误差	20	检测部位不正确扣 10 分 读数不正确扣 10 分			
5		链轮安装部位的涂油	20	一处不符合要求扣 10 分			
6		安装链条正确	10	不符合要求全扣			
7		链条的下垂度	10	不符合要求全扣			
8	安全文明生产		10	酌情扣分			

CA6140 型卧式车床溜板箱蜗杆传动机构装配

1. 训练内容

完成如图 4—5—57 所示的 CA6140 型卧式车床溜板箱中蜗杆传动机构的装配。

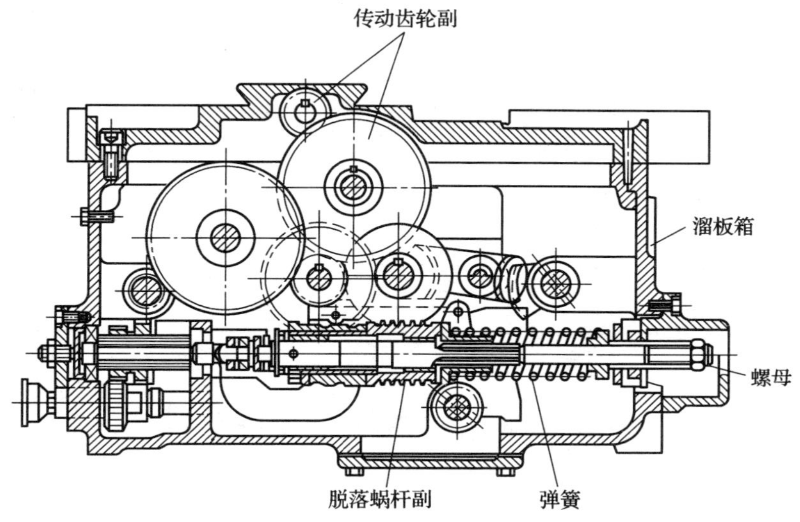

图 4—5—57　CA6140 型卧式车床溜板箱蜗杆传动机构

2. 训练准备

（1）工具、量具：通用扳手、呆扳手、内六角扳手、锤子、铜棒、内外卡钳、尖嘴钳、手虎钳、一字旋具、十字旋具、百分表（含磁性表座）、显示剂、润滑油、棉布。

（2）材料：需要装配的全部零件。

3. 操作步骤

（1）清洗检查装配零件，准备合理的装配工具及辅具。

（2）检验箱体孔中心距及箱体孔轴心线间的垂直度误差。

（3）装配蜗轮轴组件

1）将蜗轮装配到轴上。

2）检验蜗轮的径向圆跳动及端面圆跳动误差。

3）将蜗轮组件装入箱体。

（4）装入蜗杆轴，蜗杆轴的位置由箱体孔确定。

（5）调整蜗杆轴线位于蜗轮轮齿的中间平面内，可通过改变调整垫片厚度的方法，调整蜗轮的轴向位置。

（6）装配后检验蜗杆转动的灵活性，蜗轮在任何位置上，用手旋转蜗杆所需的扭矩应均匀，没有咬住现象。

（7）用涂色法检验蜗轮与蜗杆的啮合质量，使其接触斑点的长度达到规定的技术要求（轻载时为齿宽的 25% ~50%，满载时为齿宽的 90% 左右）。

（8）检验蜗轮与蜗杆的齿测间隙达到规定的技术要求。

4. 评分标准（见表4—5—8）

表4—5—8　　　　评分标准

序号	项目与技术要求		配分	评分标准	检测结果		得分
					学生自检	教师检测	
1	装配	安装前清除蜗轮、蜗杆的污物和毛刺	5	不符合要求全扣			
2		准备工具齐全合理	5	不符合要求全扣			
3		箱体孔中心距的检验	10	检查方法不正确全扣			
4		箱体孔轴心线间垂直度的检验	10	检查方法不正确全扣			
5		蜗轮、蜗杆啮合后转动灵活	20	不符合要求全扣			
6		接触位置正确	15	不符合要求全扣			
7		接触面积符合要求	15	不符合要求全扣			
8		齿侧间隙符合要求	10	不符合要求全扣			
9	安全文明生产		10	酌情扣分			

CA6140 型卧式车床中滑板螺旋传动机构装配

1. 训练内容

完成如图4—5—58所示的CA6140型卧式车床中滑板螺旋传动机构的装配。

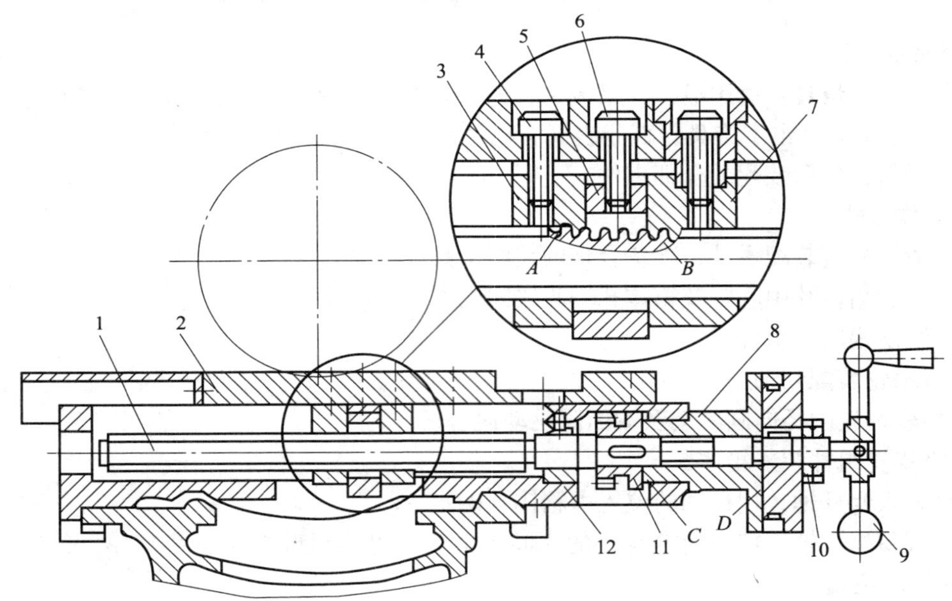

图4—5—58　CA6140型卧式车床中滑板螺旋传动机构

1—丝杠　2—横向溜板　3、7、10—螺母　4—紧定螺钉　5—楔块

6—螺钉　8、12—滑动轴承　9—手柄　11—齿轮

2. 训练准备

（1）工具、量具：通用扳手、呆扳手、内六角扳手、锤子、铜棒、内外卡钳、尖嘴钳、

手虎钳、一字旋具、十字旋具、百分表（含磁性表座）、检验棒、润滑油、棉布。

（2）材料：装配所需全部零件。

3．操作步骤

（1）清洗检查装配零件，准备合理的装配工具及辅具。

（2）将螺母3、7装入横向溜板的相应位置，将滑动轴承8、12装入到溜板箱孔中。

（3）从溜板左端孔中穿入丝杠并拧入螺母中，拧入时装入楔块5、齿轮11。

（4）从丝杠右端装配上刻度盘及螺母10，调整刻度盘的松紧程度（可在机床上进行补充加工），拧紧螺母10后达到规定的技术要求。

（5）装上手柄9，打入销钉。

（6）调整丝杠螺母副间隙。

1）松开螺母3的紧定螺钉。

2）拧动楔块5上的螺钉，将楔块向上拉紧，依靠楔块的作用将螺母3向左挤，使螺母3与丝杠之间产生相对位移，以减小螺母与丝杠的间隙。

3）调整完成后，拧紧螺母3上的紧定螺钉。

（7）转动手柄9，应使丝杠转动灵活，无卡死或阻滞现象。

4．评分标准（见表4—5—9）

表4—5—9　　评分标准

序号	项目与技术要求		配分	评分标准	检测结果		得分
					学生自检	教师检测	
1	装配	安装前零件的清理与清洗	5	不符合要求全扣			
2		准备工具齐全合理	5	不符合要求全扣			
3		装配零件的补充加工	15	不符合要求全扣			
4		丝杠螺母副的装配	20	不符合要求全扣			
5		装配顺序正确	5	不符合要求全扣			
6		各零件的装配位置及方向	10	不符合要求全扣			
7		轴向间隙的消除	20	不符合要求全扣			
8		手动运转灵活	10	不符合要求全扣			
9	安全文明生产		10	酌情扣分			

复习思考题

1．带传动机构的装配技术要求有哪些？如不符合要求，对传动有何影响？

2．为什么要调整带传动的初拉力？怎样检查传动带的初拉力？怎样调整初拉力？

3．链传动有哪些装配技术要求？如不符合要求，对传动有何影响？

4．链条两端接头如何连接？连接时应注意哪些问题？

5．齿轮传动机构有哪些装配技术要求？

6．齿轮装在轴上以后，为什么要检查圆跳动量？如何检查？

7. 齿轮轴部件装入箱体之前，一般要对箱体做哪些检查？

8. 什么是齿轮副的齿侧间隙？为什么齿轮传动要留有侧隙？如何用压铅丝法检测齿轮侧隙？

9. 如何检验齿轮传动的接触斑点？齿轮啮合后接触斑点产生同向偏接触或异向偏接触是什么原因造成的？应如何调整？

10. 蜗杆传动机构的装配有哪些技术要求？

11. 简述蜗杆传动机构的装配过程。

12. 螺旋传动机构有哪些装配技术要求？

13. 为什么要消除螺旋副的轴向间隙？说明单、双螺母的螺旋副传动机构消除间隙的方法各有哪几种？

14. 联轴器和离合器的根本区别是什么？

15. 简述凸缘式联轴器与十字滑块式联轴器的装配技术要求和装配要点。

16. 简述片式摩擦离合器的装配要点及调整方法。

课题六 轴承和轴组的装配

轴承在机械中是用来支承轴和轴上旋转件的重要部件。它的种类很多，根据轴承与轴工作表面间摩擦性质的不同，轴承可分为滚动轴承和滑动轴承两大类。

一、滚动轴承分类及代号

滚动轴承是依靠滚动体的转动来支承转动的轴及轴上零件，并保持轴的正常工作位置和旋转精度，且通用性很强、标准化、系列化程度很高的机械基础件。它具有摩擦力小、轴向尺寸小、工作可靠、起动性能好、更换方便、维护容易，在中等速度下承载能力较高等优点，被广泛应用于各种机器和机构中。

1. 滚动轴承的类型

滚动轴承的类型多种多样，根据国家标准 GB/T 271—2008 规定，一般可按表 4—6—1 进行分类。其中单列深沟球轴承、单列圆锥滚子轴承和单向推力球轴承在装配中最为典型，其结构、特点及应用见表 4—6—2。

表 4—6—1　　滚动轴承的分类

分类方法	类型		结构、特点
按所能承受载荷方向或公称接触角	向心轴承	径向接触轴承	公称接触角为 0°
		角接触向心轴承	公称接触角大于 0°小于 45°
	推力轴承	轴向接触轴承	公称接触角为 90°
		角接触推力轴承	公称接触角大于 45°小于 90°

续表

分类方法	类型		结构、特点
按滚动体的种类	球轴承		滚动体为球
	滚子轴承	圆柱滚子轴承	滚动体为圆柱滚子
		滚针轴承	滚动体为滚针
		圆锥滚子轴承	滚动体为圆锥滚子
		调心滚子轴承	滚动体为球面滚子
按能否调心	调心轴承		滚道为球面形，能适应两滚道轴心线间的角偏差及角运动
	非调心轴承		能阻抗滚道间轴心线角偏移
按滚动体的列数	单列轴承		具有一列滚动体
	双列轴承		具有两列滚动体
	多列轴承		具有多于两列的滚动体并承受同一方向载荷的轴承
按部件能否分离	可分离轴承		具有可分离组件
	不可分离轴承		套圈均不能任意自由分离
按外径尺寸大小	微型轴承		公称外径尺寸 $D \leqslant 26$ mm
	小型轴承		公称外径尺寸 $26\ \text{mm} < D < 60$ mm
	中小型轴承		公称外径尺寸 $60\ \text{mm} \leqslant D < 120$ mm
	中大型轴承		公称外径尺寸 $120\ \text{mm} \leqslant D < 200$ mm
	大型轴承		公称外径尺寸 $200\ \text{mm} \leqslant D \leqslant 440$ mm
	特大型轴承		公称外径尺寸 $D > 440$ mm

表 4—6—2　　典型滚动轴承的结构、特点及应用

类型	结构	特点及应用
单列深沟球轴承	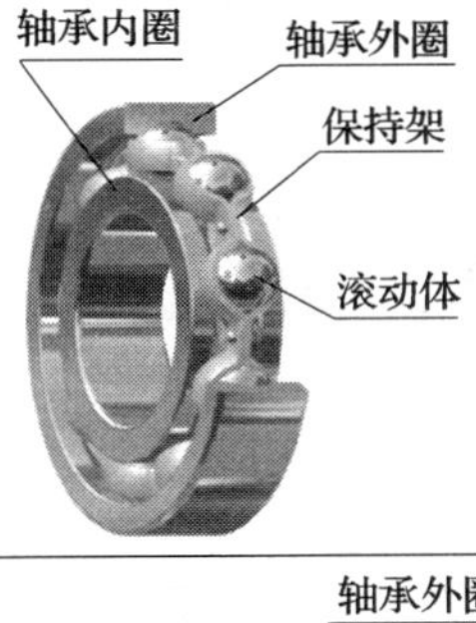 轴承内圈 轴承外圈 保持架 滚动体	它是最具代表性的滚动轴承，用途广泛。主要承受径向载荷，也可承受一定量的轴向载荷，当增大轴承径向游隙时，具有一定的角接触球轴承的性能。它的结构简单，摩擦系数小，极限转速高，制造成本低，易达到较高制造精度，使用方便
单列圆锥滚子轴承	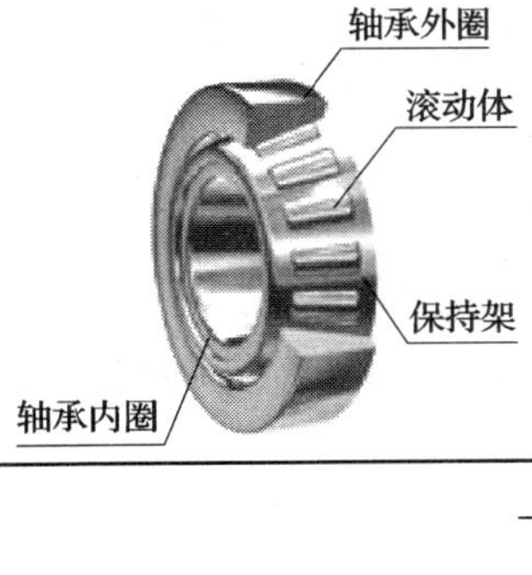 轴承外圈 滚动体 保持架 轴承内圈	该类轴承属分离型轴承，即轴承内圈组件可以与轴承外圈分离，安装方便。主要用于以承受径向载荷为主的径向与轴向联合载荷。由于圆锥滚子轴承只能传递单向轴向力，因此，在使用中需成对对称安装，并可在安装过程中调整游隙的大小

续表

类型	结构	特点及应用
单向推力球轴承		此轴承属分离型轴承，即轴承紧圈、松圈和滚动体组件可以分离。紧圈与轴为过盈配合，松圈与轴之间有一定的间隙。它只能够承受一个方向的轴向负荷，并能作单方向的轴向定位，但绝不能承受任何径向负荷

2. 滚动轴承的代号

由于滚动轴承的种类较多，各类型轴承又有不同的结构、尺寸、公差等级及技术性能，以满足各种不同的工作要求。为了便于选用和组织生产，国家标准 GB/T 272—1993 规定了轴承代号的表示方法。

轴承的代号由基本代号、前置代号和后置代号构成。基本代号表示轴承的基本类型、结构和尺寸，是轴承代号的基础。前置、后置代号是轴承在结构形状、尺寸、公差、技术要求等有改变时，在其基本代号左右添加的补充代号。

（1）滚动轴承的基本代号（滚针轴承除外）　滚动轴承的基本代号是由轴承类型代号、尺寸系列代号（包括轴承的宽度系列和直径系列代号）和内径代号组成。其中，类型代号用阿拉伯数字或大写拉丁字母表示，尺寸系列代号和内径代号用数字表示。其排列顺序见表 4—6—3。

表 4—6—3　　滚动轴承的基本代号排列顺序

轴承类型代号	尺寸系列代号		内径代号	
	宽度系列	直径系列		
右起第五位数字或字母	右起第四位数字	右起第三位数字	右起第二位数字	右起第一位数字

1）轴承类型代号　类型代号的含义见表 4—6—4。

表 4—6—4　　滚动轴承类型代号的含义

代号	轴承类型	代号	轴承类型
0	双列角接触球轴承	6	深沟球轴承
1	调心球轴承	7	角接触球轴承
2	调心滚子轴承和推力调心滚子轴承	8	推力圆柱滚子轴承
3	圆锥滚子轴承	N	圆柱滚子轴承（双列或多列用 NN 表示）
4	双列深沟球轴承	U	外球面球轴承
5	推力球轴承	QJ	四点接触球轴承

2）尺寸系列代号　它由轴承的宽（高）度系列代号和直径系列代号组合而成。向心轴承和推力轴承的尺寸系列代号见表 4—6—5。

表 4—6—5　　滚动轴承尺寸系列代号

直径系列代号	向心轴承								推力轴承			
	宽度系列代号								高度系列代号			
	8	0	1	2	3	4	5	6	7	9	1	2
	尺寸系列代号											
7	—	—	17	—	37	—	—	—	—	—	—	—
8	—	08	18	28	38	48	58	68	—	—	—	—
9	—	09	19	29	39	49	59	69	—	—	—	—
0	—	00	10	20	30	40	50	60	70	90	10	—
1	—	01	11	21	31	41	51	61	71	91	11	—
2	82	02	12	22	32	42	52	62	72	92	12	22
3	83	03	13	23	33	—	—	—	73	93	13	23
4	—	04	—	24	—	—	—	—	74	94	14	24
5	—	—	—	—	—	—	—	—	—	95	—	—

3）内径代号　最右边两位数字表示轴承的公称内径尺寸。当轴承内径在 20～480 mm 范围内（内径 22 mm、28 mm、32 mm 除外），内径代号乘以 5 即为轴承内径尺寸。内径在 10～17 mm 的代号见表 4—6—6。内径小于 10 mm 和大于等于 500 mm 的轴承，内径表示方法另有规定。

表 4—6—6　　滚动轴承内径代号

内径代号	00	01	02	03	04、05、06……96
轴承内径/mm	10	12	15	17	20、25、30……480

（2）滚动轴承的前置代号　前置代号在基本代号之前，用字母表示，其含义见表 4—6—7。

表 4—6—7　　滚动轴承前置代号的含义

代号	含义	代号	含义
L	可分离轴承的可分离内圈或外圈	WS	推力圆柱滚子轴承轴圈
R	不带可分离内圈或外圈的轴承	GS	推力圆柱滚子轴承座圈
K	滚子和保持架组件		

（3）滚动轴承的后置代号　滚动轴承的后置代号在基本代号之后，它包括多组补充代号，用字母（或加数字）表示，常见代号含义见表 4—6—8。

表 4—6—8　　滚动轴承后置代号的含义

组别顺序及内容		代号	含　义
1	内部结构	C	公称接触角等于 15°的角接触球轴承
		AC	公称接触角等于 25°的角接触球轴承
		B	公称接触角等于 40°的角接触球轴承
		E	加强型轴承

续表

组别顺序及内容		代号	含　义
2	套圈变型、密封与防尘	K	圆锥孔轴承　锥度1:12（外球面球轴承除外）
		K30	圆锥孔轴承　锥度1:30
		R	轴承外圈有止动挡边
		N	轴承外圈上有止动槽
		—2RS	轴承两面带骨架式橡胶密封圈（接触式）
		—2RZ	轴承两面带骨架式橡胶密封圈（非接触式）
		—	轴承一面带防尘盖
		—2Z	轴承两面带防尘盖
		—RSZ	轴承一面带骨架式橡胶密封圈（接触式），一面带防尘盖
3	保持架及材料		按 JB 2974 的规定
4	轴承材料		按 JB 2974 的规定
5	公差等级	/P0	公差等级符合标准规定的0级，代号中省略不标
		/P6	公差等级符合标准规定的6级
		/P6x	公差等级符合标准规定的6x级
		/P5	公差等级符合标准规定的5级
		/P4	公差等级符合标准规定的4级
		/P2	公差等级符合标准规定的2级
6	游隙	/C1	游隙符合标准规定的1组
		/C2	游隙符合标准规定的2组
			游隙符合标准规定的0组，代号中不表示
		/C3	游隙符合标准规定的3组
		/C4	游隙符合标准规定的4组
		/C5	游隙符合标准规定的5组
7	配置	/DB	成对背对背安装
		/DF	成对面对面安装
		/DT	成对串联安装
8	其他		按 JB 2974 的规定

3. 滚动轴承的代号示例

（1）N2312/P6——表示内径为60 mm，23（中宽）系列的圆柱滚子轴承，公差等级6级。

（2）7208AC——表示内径为40 mm，02（轻窄）系列的角接触球轴承，接触角等于25°，公差等级0级。

二、滚动轴承的装配

1. 滚动轴承的装配技术要求

（1）装配前，应根据轴承的类型、结构、特性等要求对轴承进行清洗。

（2）装配时，应将标记代号的端面装在可见方向，以便更换时查对。

（3）轴承与轴颈或壳体孔的配合应符合相关标准，并紧贴在轴肩或孔肩上，不允许有间隙或歪斜现象。

（4）同轴的两个轴承中，必须有一个轴承在轴受热膨胀时有轴向移动的余地。

（5）装配轴承时，作用力应直接加在待配合的套圈端面上，不允许通过滚动体传递压力。

（6）装配过程中应保持清洁，防止异物进入轴承内。

（7）装配后的轴承应运转灵活，噪声小，工作温度不超过技术要求的允许值。

2. 滚动轴承的装配工艺

滚动轴承是标准组件。为便于互换和专业生产，国家标准规定轴承的内孔与轴的配合采用基孔制，而外圈与轴承座孔的配合为基轴制。滚动轴承的装配应根据轴承的结构、尺寸大小和轴承部件的配合性质而定。滚动轴承常用的装配方法有锤击法、压入法、热装法及液压套合法等。

（1）装配前的准备工作

1）按所要装配的轴承，准备好需要的工具和量具，按图样要求检查与轴承相配零件是否有缺陷、锈蚀和毛刺等。

2）用汽油或煤油清洗与轴承配合的零件，用干净的布擦净或用压缩空气吹干，然后涂上一层薄油。

3）检查轴承有无损伤、锈蚀，转动是否灵活、是否有异响；核对轴承的型号、精度等级、轴颈及轴承座孔的配合尺寸，符合要求后方可进行装配。

4）装配前应按技术要求对轴承进行清洗。对于两面带防尘盖、密封圈或自带润滑脂的轴承则不需要进行清洗。

（2）圆柱孔轴承的装配

1）不可分离型轴承（如深沟球轴承等）的装配　因其内、外圈不能分离，装配时，应按座圈的配合松紧程度来决定其装配顺序与装配方法。轴承座圈的装配顺序一般遵循先紧后松的原则进行。

①若轴承外圈与轴承座孔配合较紧，轴承内圈与轴配合较松，则先将轴承压装在轴承座孔内，然后再把轴装入轴承。压装时，力应直接作用在轴承外圈端面上，如图4—6—1a所示。

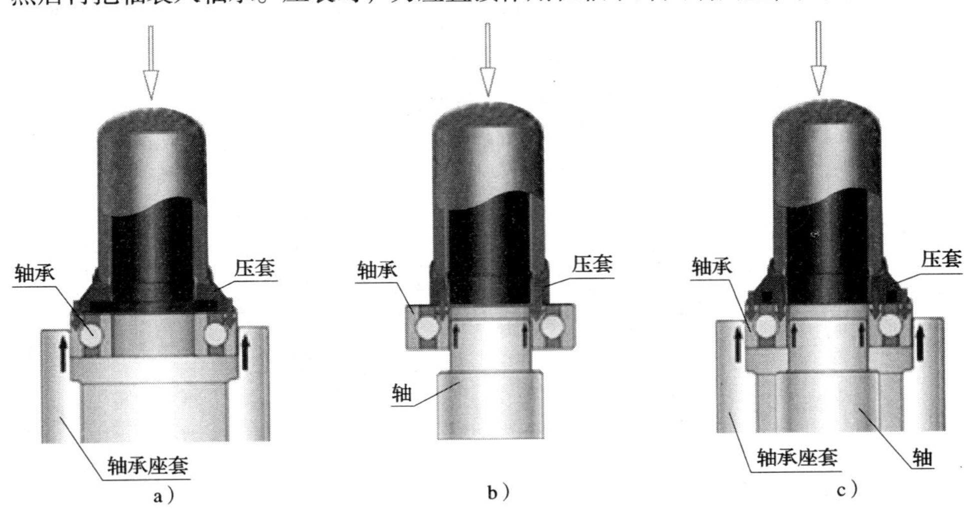

图4—6—1　轴承座圈的装配顺序

a）先压装外圈　b）先压装内圈　c）内、外圈同时压装

②若轴承内圈与轴配合较紧，轴承外圈与轴承座孔配合较松，应先将轴承安装在轴上，然后将轴连同轴承一起装入轴承座孔内。压装时，力应直接作用在轴承内圈端面上，如图4—6—1b所示。

③若轴承内、外圈装配的松紧程度相同时，可用安装套使力同时作用在轴承内、外圈端面上，把轴承压人轴颈和轴承座孔中，如图4—6—1c所示。

2）分离型轴承（如圆锥滚子轴承等）　由于内、外圈可以自由脱开，装配时内圈和滚动体一起装在轴上，外圈装在壳体内，然后再调整它们之间的游隙。

3）装配方法　可根据配合过盈量的大小，分别采用锤击法、压入法、热装法等进行。

①锤击法　用于配合过盈量较小的场合。图4—6—2a所示为垫上安装套，用锤子将轴承内圈装到轴颈上。注意：严禁用锤子直接敲击轴承座圈。图4—6—2b、c是用锤子及铜棒在轴承内圈（或外圈）端面上对称地进行敲击装配。

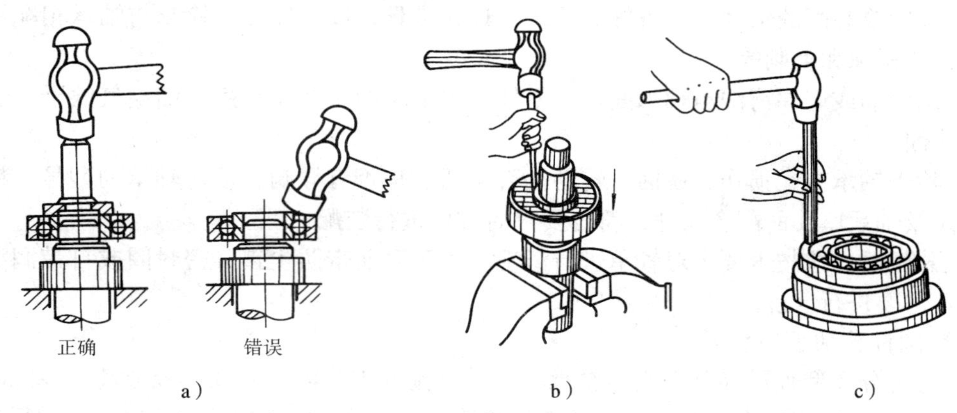

图4—6—2　锤击法

a）锤击方法　b）将轴承装到轴颈上　c）将轴承装入孔内

②压入法　当配合过盈量较大时，可用压力机械压入，如图4—6—3所示。

③热装法　如果轴颈尺寸较大且过盈量也较大时，为装配方便，可采用热装法。即将轴承放在油中加热至80℃～100℃后和常温状态的轴配合。为避免局部过热，加热时，轴承应置于油箱内的网格上；对小型轴承可直接挂在油中加热，如图4—6—4所示。

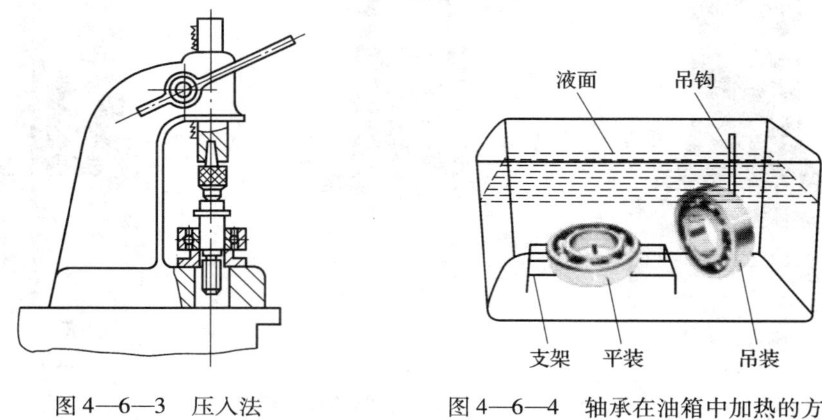

图4—6—3　压入法

图4—6—4　轴承在油箱中加热的方法

图4—6—5所示为利用电磁感应原理的一种加热方法。目前普遍采用的有简易式感应加热器和可调式感应加热器两种。加热时将感应器套入轴承内圈，加热至80℃～100℃立即切断电源，停止加热后进行安装。

a）　　　　b）

图4—6—5　电磁感应加热

a）简易式　b）可调式

知识拓展

感应加热器又叫轴承加热器、轴承感应加热器，其工作原理是利用交变的电流产生交变的磁场，这个交变的磁场使其中的金属导体内部产生涡流，从而使金属工件迅速发热。在感应加热的过程中，温度升高的只是被加热工件的金属部分，感应加热器本身和被加热工件的非金属部分并不发热。所有的环状闭合金属工件都可以用感应加热器来加热，如轴承、齿轮、皮带轮、联轴器等。

（3）圆锥孔轴承的装配　过盈量较小时，可直接装在有锥度的轴颈上，也可以装在紧定套或退卸套的锥面上，如图4—6—6所示。

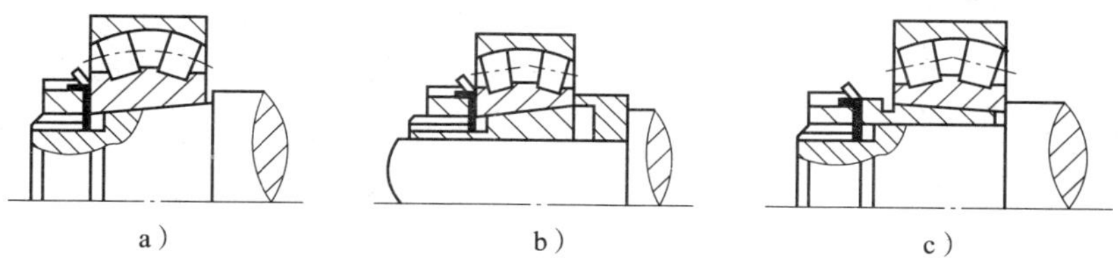

a）　　　　b）　　　　c）

图4—6—6　圆锥孔轴承的装配

a）直接装在锥轴颈上　b）装在紧定套上　c）装在退卸套上

（4）推力球轴承的装配方法　推力球轴承有松圈和紧圈之分，装配时一定要注意，千万不能装反，否则将造成轴发热甚至卡死现象。装配时应使紧圈靠在转动零件的端面上，松圈靠在静止零件（或箱体）的端面上，如图4—6—7所示。否则滚动体将丧失作用，从而加剧配合零件的磨损。

3. 滚动轴承的调整与预紧

（1）滚动轴承游隙的调整　滚动轴承的游隙是指将轴承的一个套圈固定，另一个套圈沿径向或轴向的最大活动量。它分径向游隙和轴向游隙两种，如图4—6—8所示。

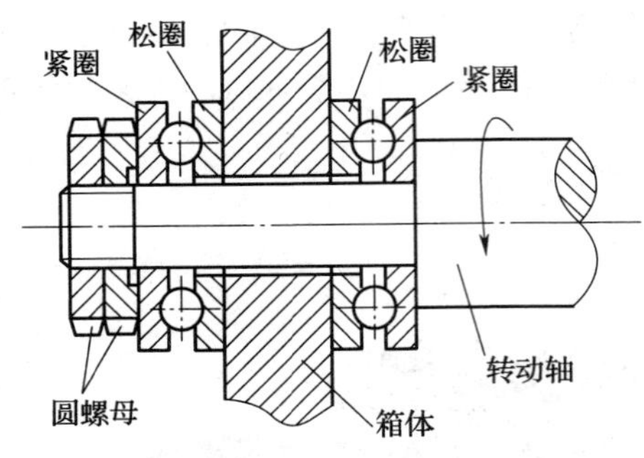

图 4—6—7　推力球轴承的装配

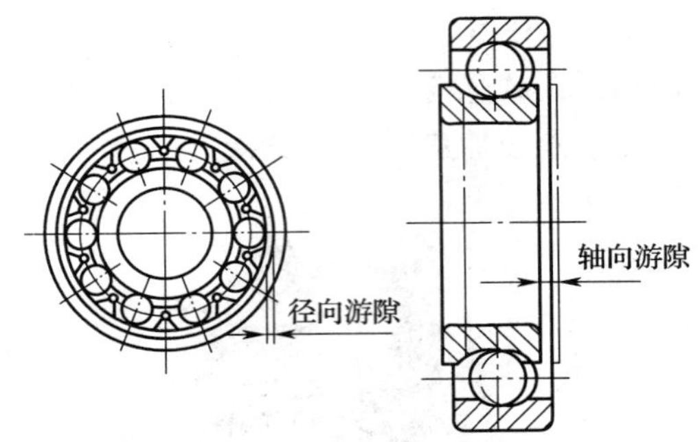

图 4—6—8　轴承的游隙

根据轴承所处状态不同，径向游隙又分为原始游隙、配合游隙和工作游隙。

原始游隙：轴承在未安装前自由状态下的游隙。

配合游隙：轴承装在轴上和箱体孔内的游隙。配合游隙小于原始游隙。

工作游隙：轴承在承受载荷时的游隙。一般情况下，工作游隙大于配合游隙。

滚动轴承的游隙不能太大，也不能太小。游隙太大，会造成同时承受载荷的滚动体的数量减少，使单个滚动体的载荷增大，从而降低轴承的寿命和旋转精度，引起振动和噪声。游隙过小，轴承发热，硬度降低，磨损加快，同样会使轴承的使用寿命减少。因此，许多轴承在装配时都要严格控制和调整游隙。通常采用使轴承的内、外圈作适当的轴向相对位移来调整游隙。

1）垫片调整法　如图 4—6—9 所示，通过调整轴承端盖与壳体端面间的垫片厚度 δ，来调整轴承的轴向游隙。

2）螺钉调整法　如图 4—6—10 所示的结构中，调整的顺序是：先松开锁紧螺母，再调整螺钉，待游隙调整好后再拧紧锁紧螺母。

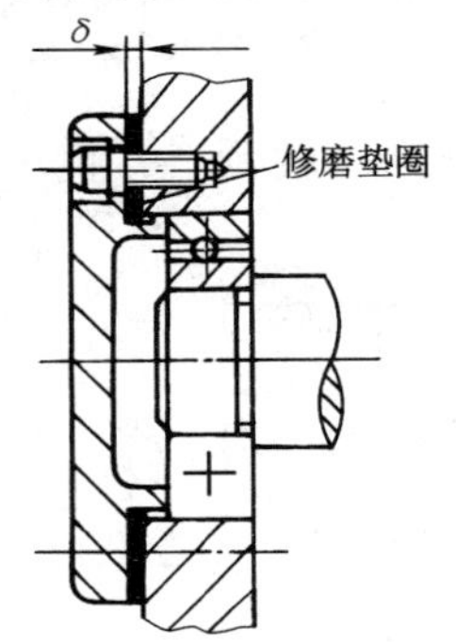

图 4—6—9　用垫片调整轴承游隙

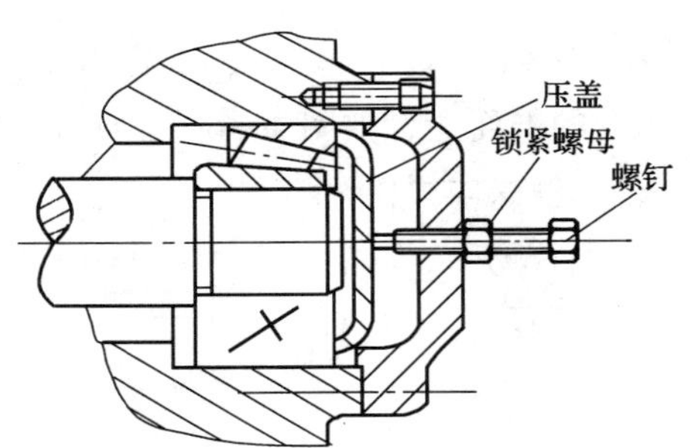

图 4—6—10　用螺钉调整轴承游隙

（2）滚动轴承的预紧　对于承受载荷较大，旋转精度要求较高的轴承，大都是在无游隙甚至有少量过盈的状态下工作的，这些都需要轴承在装配时进行预紧。预紧就是轴承在装配时，给轴承的内圈或外圈施加一个轴向力，以消除轴承游隙，并使滚动体与内、外圈接触处产生初变形。预紧能提高轴承在工作状态下的刚度和旋转精度。滚动轴承预紧的原理如图 4—6—11 所示。

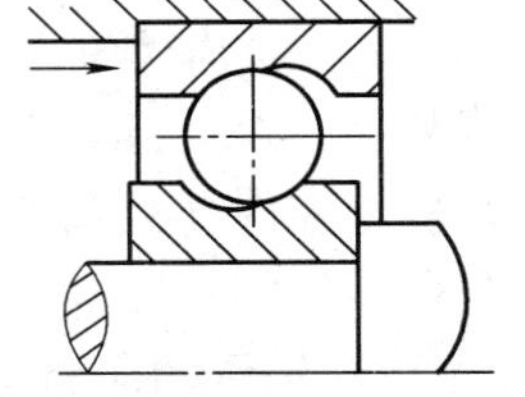
图 4—6—11　滚动轴承的预紧原理

1）成对使用角接触球轴承的预紧　成对使用角接触球轴承有 3 种装配方式，如图 4—6—12 所示。其中图 a 为背靠背式（外圈宽边相对）安装；图 b 为面对面（外圈窄边相对）安装；图 c 为串联式（外圈宽窄相对）安装。若按图示箭头方向施加预紧力，即可达到预紧的目的。若在成对安装轴承之间配置厚度不同的轴承内、外圈间隔套，也能达到预紧的目的，如图 4—6—13 所示。在成对使用的轴承内圈或外圈之间加垫圈，不同厚度的垫圈可获得不同的预紧力，如图 4—6—14 所示。

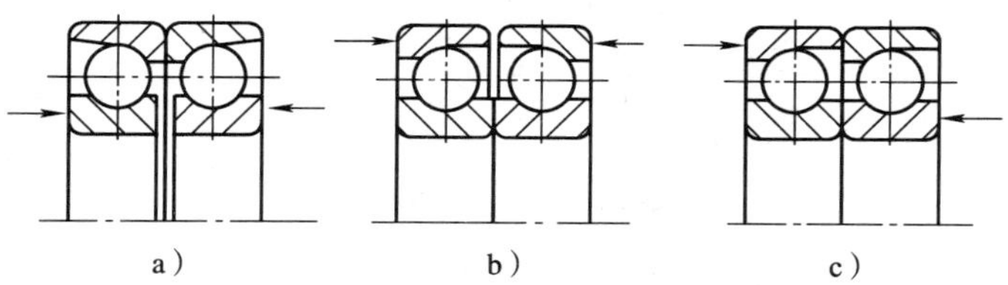

图 4—6—12　成对安装角接触轴承的预紧

a）背靠背式　b）面对面式　c）串联式

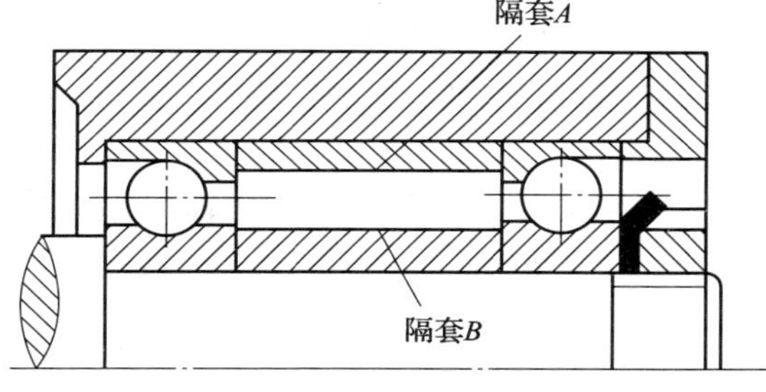

图 4—6—13　用两隔套长度差预紧

2）单个角接触球轴承预紧　如图 4—6—15 所示，轴承内圈固定不动，通过调整螺母来改变圆柱弹簧的轴向压力达到轴承预紧的目的。

3）内圈为圆锥孔轴承的预紧　如图 4—6—16 所示，拧紧螺母 1 可以使锥形孔内圈往轴颈大端移动，使内圈直径增大形成预负荷来实现轴承预紧。

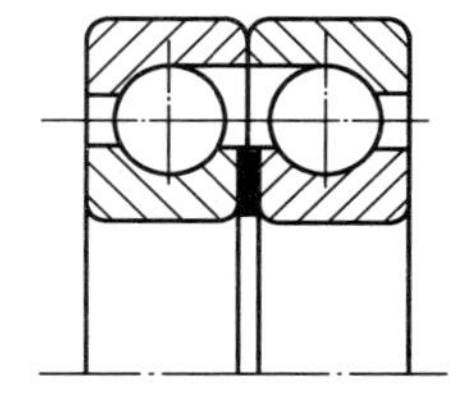

图 4—6—14　用垫圈预紧

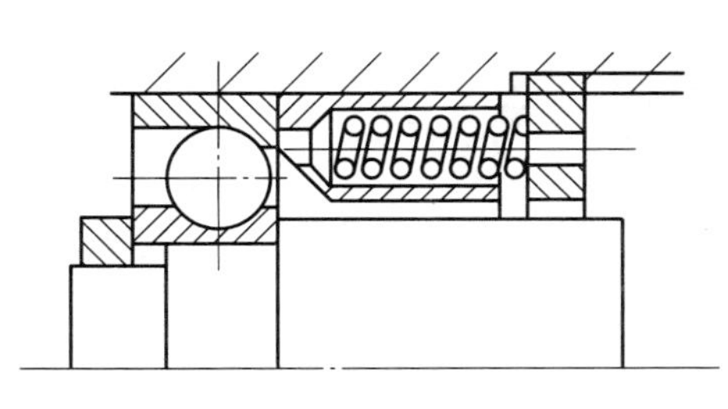

图 4—6—15　单个角接触轴承的预紧

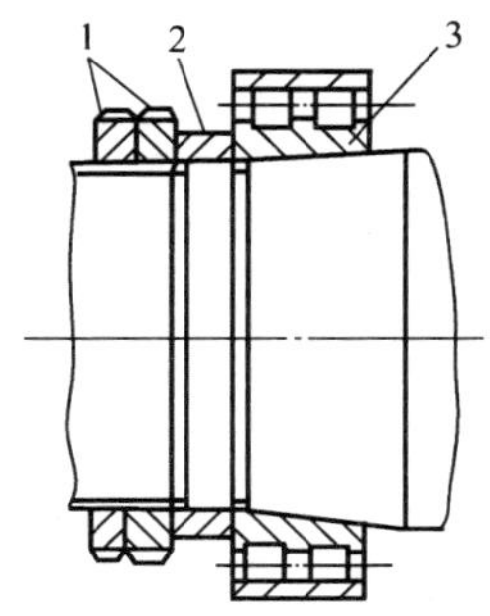

图 4—6—16　内圈为圆锥孔轴承的预紧

1—螺母　2—隔套　3—轴承内圈

4. 滚动轴承的拆卸

滚动轴承的拆卸方法与其结构有关。对于拆卸后还要重复使用的轴承，拆卸时不能损坏轴承的配合表面，不能将拆卸的作用力加在滚动体上，如图 4—6—17 所示。

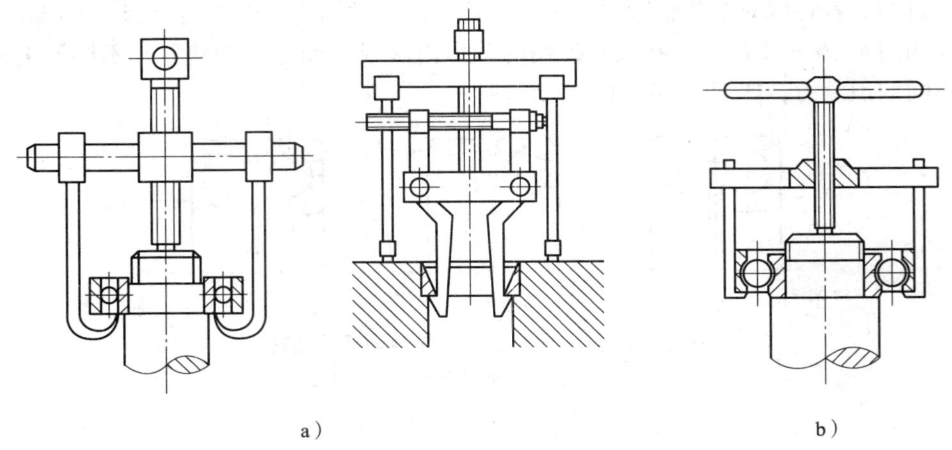

a）　　b）

图 4—6—17　轴承的拆卸方法

a）正确　b）错误

（1）圆柱孔轴承的拆卸　可以用压力机拆卸圆柱孔轴承，如图 4—6—18 所示；也可以用顶拔器拆卸，如图 4—6—19 所示。

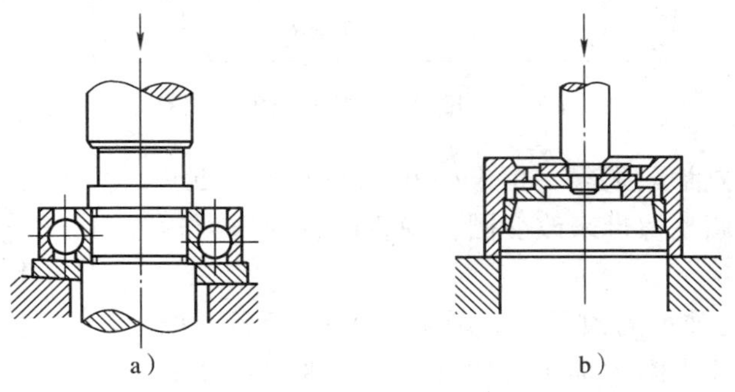

a）　　b）

图 4—6—18　用压力机拆卸圆柱孔轴承

a）从轴上拆卸轴承　b）拆卸可分离轴承外圈

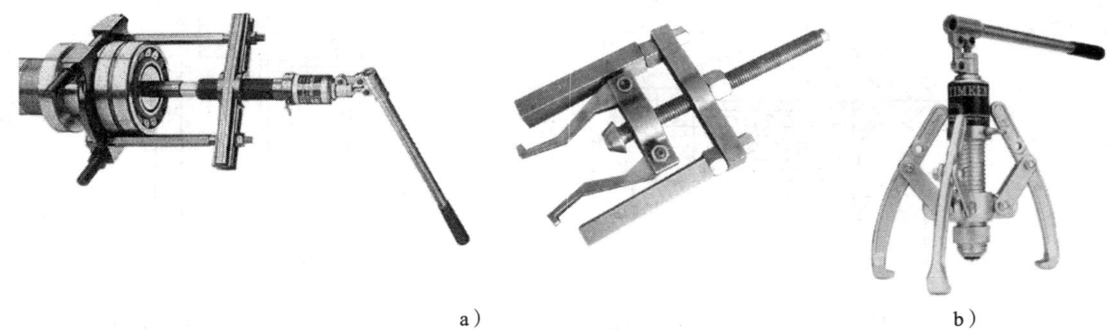

a）　　b）

图 4—6—19　用顶拔器拆卸滚动轴承

a）两爪顶拔器　b）三爪顶拔器

（2）圆锥孔轴承的拆卸　装在锥形轴颈上的圆锥孔轴承，可沿锥度反方向敲出；装在紧定套上的圆锥孔轴承，可拧下锁紧螺母，然后利用铜棒和锤子向锁紧螺母方向将轴承敲出，如图 4—6—20 所示；装在退卸套上的轴承，先将锁紧螺母卸掉，然后用退卸螺母将退卸套从轴承座圈中拆出，如图 4—6—21 所示。

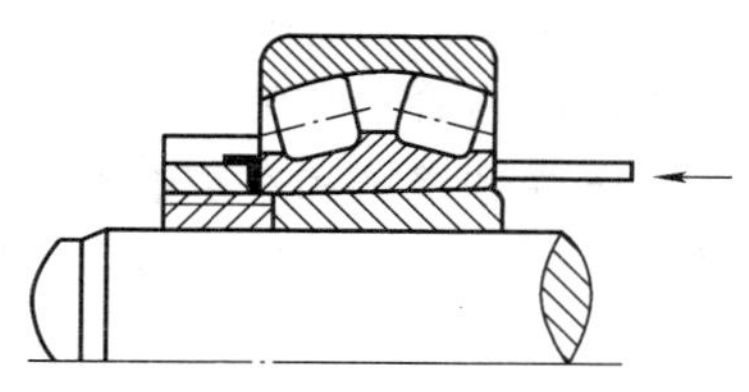

图 4—6—20　带紧定套轴承的拆卸

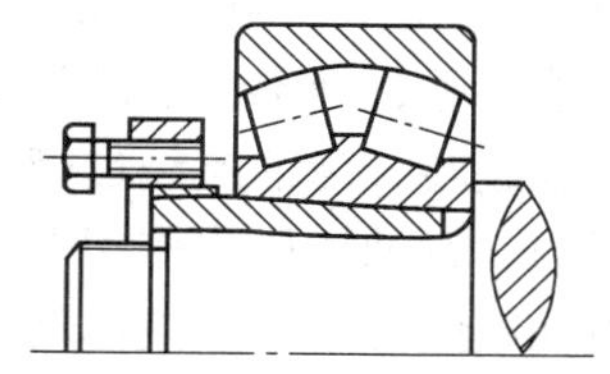

图 4—6—21　退卸螺母和螺钉拆卸

对于尺寸和过盈量较大而又需要经常拆卸的轴承，常采用液压套合法进行，如图 4—6—22 所示。

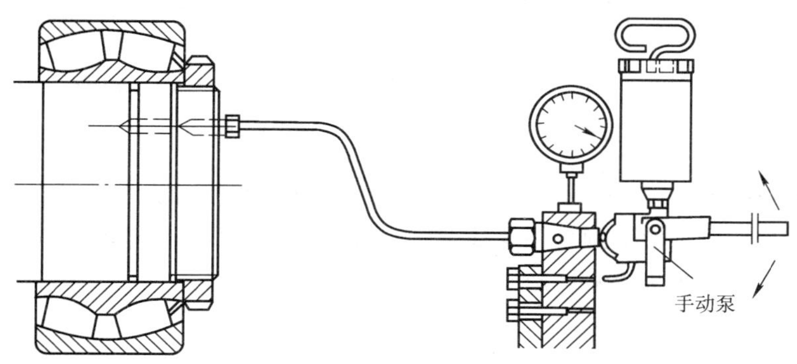

图 4—6—22　液压套合法装拆轴承

知识拓展

滚动轴承的修复

滚动轴承在长期使用中会出现磨损或损坏，发现故障后应及时调整或修理，否则轴承将会很快地损坏。滚动轴承损坏的形式有工作游隙增大，工作表面产生麻点、凹坑和裂纹等。

对于轻度磨损的轴承可通过清洗轴承、轴承壳体，重新更换润滑油和精确调整间隙的方法来恢复轴承的工作精度和工作效率。

对于磨损严重的轴承，一般采取更换处理。

三、滑动轴承的装配

滑动轴承是指仅发生滑动摩擦的轴承。它具有结构简单、径向尺寸小、工作平稳、无噪声、润滑油膜吸振能力强、能承受较大的冲击载荷等特点。因此，适合于精密、高速及重载的转动场合，如磨床主轴等。

1．滑动轴承的分类

（1）按滑动轴承的摩擦状态分

1）液体动压润滑轴承　利用油的粘性和轴颈的高速旋转，把润滑油带进轴承的楔形空间建立起压力油膜，使轴颈与轴承之间被油膜隔开，这种轴承称为液体动压润滑轴承。其原理如图4—6—23所示，当轴静止时，由于本身质量而处于最低位置，在轴颈与轴承的侧面之间形成楔形油隙；当轴颈沿箭头方向旋转时，因金属表面的附着力和油本身的粘性，轴就带着油层一起旋转，当油层经过楔形缝隙时，由于油的分子受到挤压和本身的动能，对轴产生一定的压力，在油楔压力作用下轴在轴承中便逐渐浮起；当轴达到一定速度时，轴与轴承表面完全被油膜隔开，形成液体动压润滑。

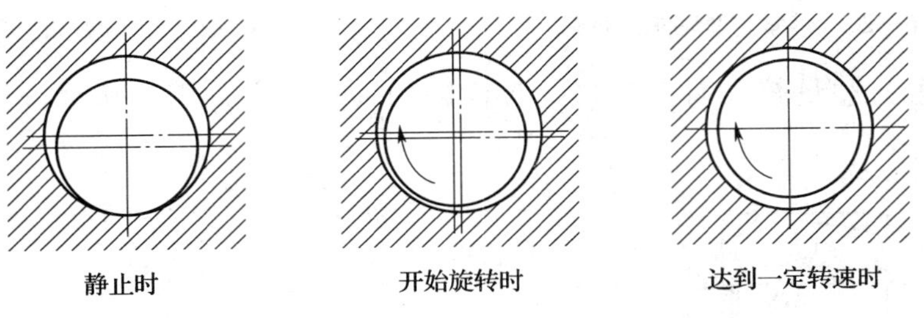

图4—6—23　液体动压润滑轴承原理图

2）液体静压润滑轴承　如图4—6—24所示，将外界压力油强制送入轴承的配合面，利用液体静压力支承载荷，使轴颈与轴承处于完全液体摩擦状态，油膜的形成和压力的大小与轴的转速无关，这种轴承称为液体静压润滑轴承。

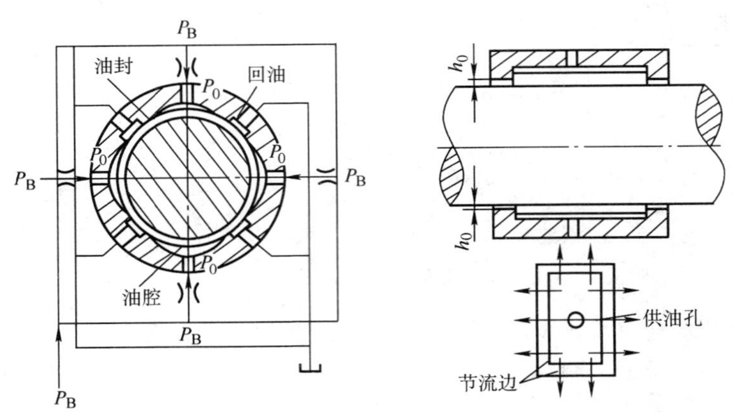

图4—6—24　液体静压润滑轴承

（2）按滑动轴承的结构分

1）整体式滑动轴承　如图4—6—25所示，其结构是在轴承座内压入耐磨轴套，套内开有油孔、油槽，以便润滑轴承配合面。该轴承结构简单、制造容易，但磨损后无法调整轴颈与轴承之间的间隙。通常用于低速、轻载的场合。

2）剖分式滑动轴承　如图4—6—26所示，其结构是由轴承座、轴承盖、上轴瓦（轴瓦有油孔）、下轴瓦和双头螺柱等组成，润滑油从油孔进入润滑轴承。

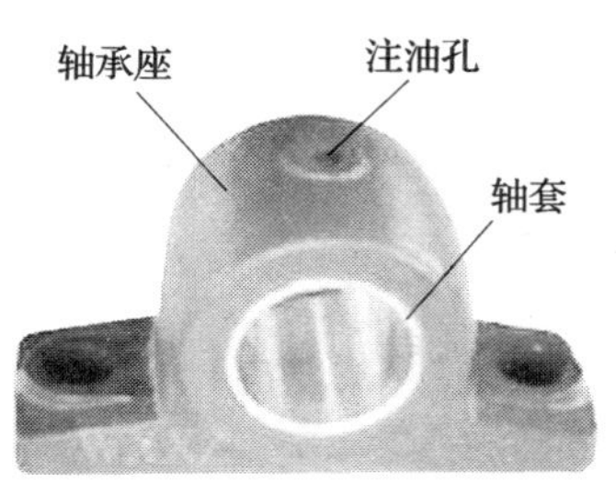

图 4—6—25　整体式滑动轴承

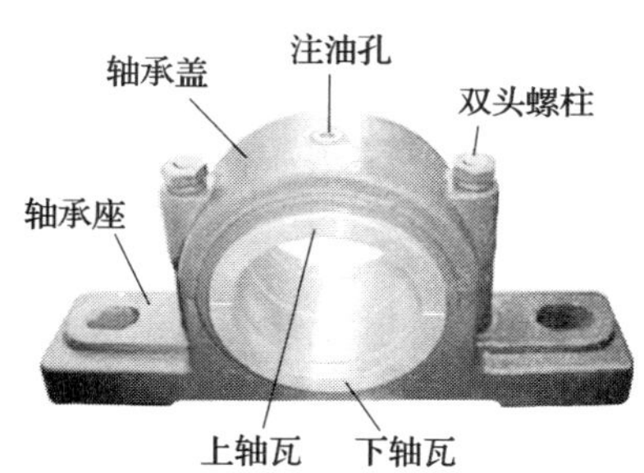

图 4—6—26　剖分式滑动轴承

3）锥形表面滑动轴承　有内锥外柱式和内柱外锥式两种。如图 4—6—27 所示，内柱外锥式滑动轴承由轴承、轴承外套和前、后螺母组成。轴承的外表面为圆锥面，与轴承外套贴合。在外圆锥面上对称分布有轴向槽，其中一条槽切穿，并在切穿处嵌入弹性垫片，使轴承内径大小可以调整。

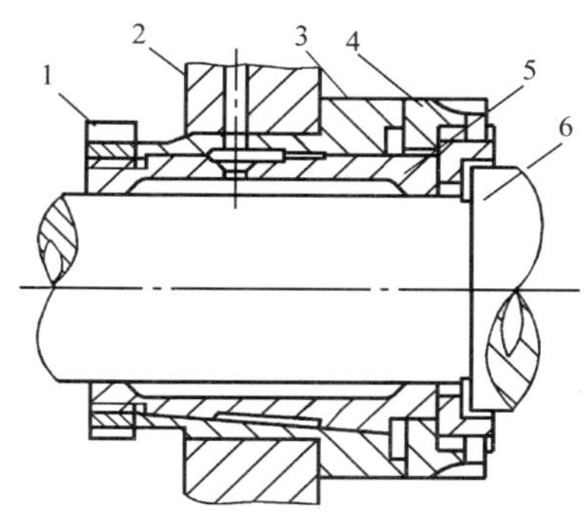

图 4—6—27　内柱外锥式动压润滑轴承

1—后螺母　2—箱体　3—轴承外套

4—前螺母　5—轴承　6—轴

4）多瓦式自动调位轴承　如图 4—6—28 所示，其结构有三瓦式、五瓦式两种，而轴瓦又分长轴瓦和短瓦轴两种。

2. 滑动轴承的装配工艺

滑动轴承装配的主要技术要求是在轴颈与轴承之间获得合理的间隙，保证轴颈与轴承的良好接触和充分润滑，使轴颈在轴承中旋转平稳可靠。滑动轴承的装配方法取决于它们的结构形式。

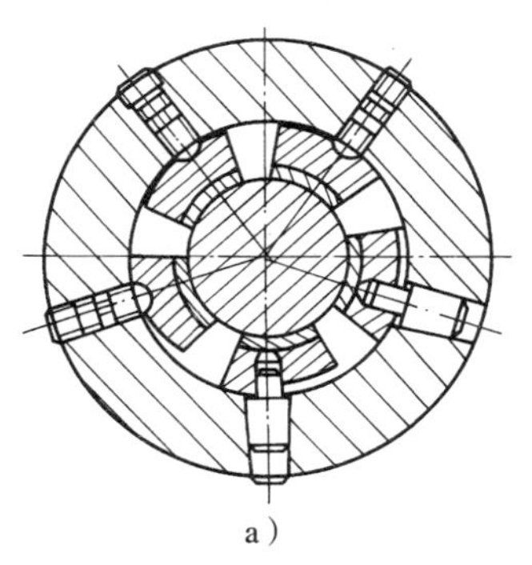

a）

前3后6
前1后4
前2后5

b）

图 4—6—28　多瓦式自动调位轴承

a）五瓦式　b）三瓦式

（1）整体式滑动轴承的装配

1）装配前，将轴套和轴承座孔去毛刺，清理干净后在轴承座孔内涂润滑油。

2）根据轴套尺寸和配合时过盈量的大小，采取敲入法或压入法将轴套装入轴承座孔内，并进行固定。固定方式如图 4—6—29 所示。

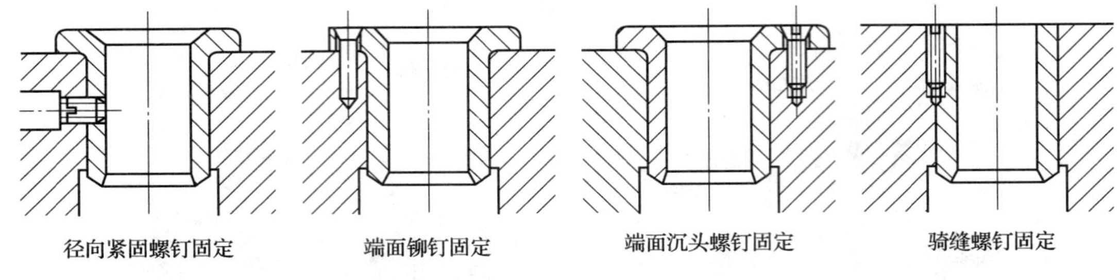

图 4—6—29　轴套的固定方式

3）轴套压入轴承座孔后，易发生尺寸和形状变化，应采用铰削或刮削的方法对内孔进行修整、检验，以保证轴颈与轴套之间有良好的间隙配合。

（2）剖分式滑动轴承的装配　剖分式滑动轴承的装配顺序如图 4—6—30 所示，先将下轴瓦 4 装入轴承座 3 内，再装垫片 5，然后装上轴瓦 6，最后装轴承盖 7 并用螺母 1 固定。

剖分式滑动轴承装配时应注意：

1）上、下轴瓦与轴承座、盖应接触良好，同时轴瓦的台肩应紧靠轴承座两端面。轴瓦的定位方式如图 4—6—31 所示。

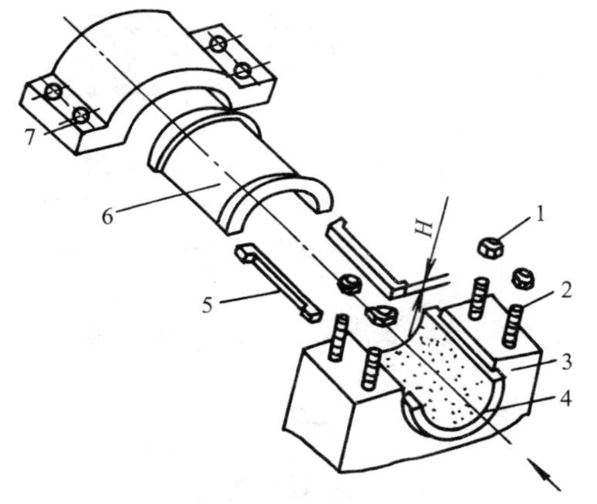

图 4—6—30　剖分式滑动轴承装配工艺

1—螺母　2—双头螺柱　3—轴承座　4—下轴瓦

5—垫片　6—上轴瓦　7—轴承盖

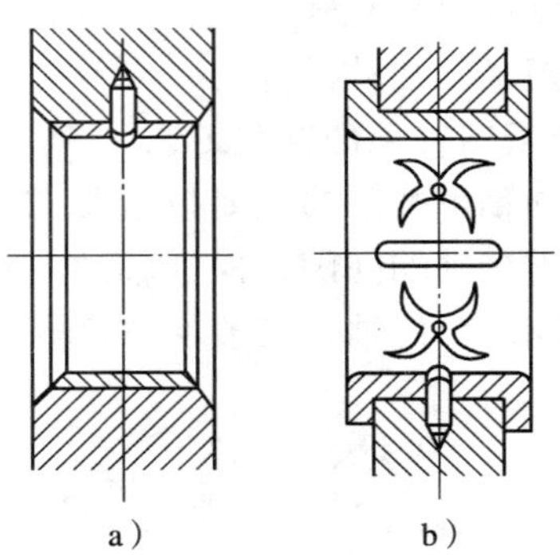

图 4—6—31　轴瓦的定位方式

a）定位销定位　b）台肩定位

2）为实现紧密配合，保证有合适的过盈量，薄壁轴瓦的剖分面应比轴承座的剖分面高一些。

3）为提高配合精度，轴瓦孔应与轴进行研点配刮。

（3）内柱外锥式滑动轴承的装配（见图 4—6—27）

1）将轴承外套 3 压入箱体 2 的孔中，并保证有 H7/r6 的配合要求。

2）用心棒研点，修刮轴承外套 3 的内锥孔，并保证前、后轴承孔的同轴度。

3）在轴承 5 上钻油孔，要求与箱体、轴承外套油孔相对应，并与自身油槽相接。

4）以轴承外套 3 的内孔为基准研点，配刮轴承 5 的外圆锥面，使接触精度符合要求。

5）把轴承 5 装入轴承外套 3 的孔中，两端拧入螺母 1、4，并调整好轴承 5 的轴向位置。

6）以主轴为基准，配刮轴承5的内孔，使接触精度合格，并保证前、后轴承孔的同轴度符合要求。

7）清洗轴颈及轴承孔，重新装入主轴，并调整好间隙。

知识拓展

滑动轴承的修复

滑动轴承的损坏形式有工作表面的磨损、烧熔、剥落及裂纹等。造成这些缺陷的主要原因是油膜因某种原因被破坏，而导致轴颈与轴承表面产生干摩擦。

对于不同轴承的缺陷，采取的修复方法也不同。

(1) 整体式滑动轴承的修理，一般采用更换轴套的方法。

(2) 剖分式滑动轴承轻微磨损，可通过调整垫片、重新修刮的办法处理。

(3) 内柱外锥式滑动轴承，如工作表面没有严重擦伤，仅做精度修整时，可以通过螺母来调整间隙；当工作表面有严重擦伤时，应将主轴拆卸，重新刮研轴承，恢复其配合精度。当没有调整余量时，可采用喷涂法等加大轴承外锥圆直径，或车去轴承小端部分圆锥面，加大螺纹长度以增加调整范围等方法。当轴承变形、磨损严重时，则必须更换。

(4) 对于多瓦式滑动轴承，当工作表面出现轻微擦伤时，可通过研磨的方法对轴承的内表面进行研抛修理。当工作表面因抱轴烧伤或磨损较严重时，可采用刮研的方法对轴承的内表面进行修理。

四、轴组的装配

轴是机械中的重要零件，所有带内孔的传动零件，如齿轮、带轮、蜗轮等都要装到轴上才能工作。轴、轴上零件与两端轴承支座的组合，称为轴组。

轴组装配是指将装配好的轴组组件，正确地安装到机器中，达到装配技术要求，保证其能正常工作。轴组装配的主要内容包括将轴组装入箱体（或机架）中，进行轴承固定、游隙调整、轴承预紧、轴承密封和轴承润滑装置的装配等。轴组装配不仅要求轴上零件有确定的工作位置，以传递所需的运动和扭矩，而且要求轴和其他零件装配后运转平稳，能达到所要求的回转精度，如各类金属切削机床的主轴等。

1. 滚动轴承的固定

轴在正常工作时，既不允许有径向圆跳动，也不允许有较大的轴向移动存在，还要保证不致因受热膨胀而卡死，因此要求轴承要有合理的固定方式。通常轴承的径向固定是靠外圈与外壳孔的配合来解决；轴承的轴向固定有两端单向固定和一端双向固定两种基本方式。

(1) 两端单向固定　如图4—6—32所示，左、右轴承都靠轴肩和轴承盖作单向固定，这样两个轴承就能共同限制了轴的轴向移动。为避免轴受热伸长而使轴承卡住，在右端轴承外圈与轴承盖间留有一定的间隙，以便游动。间隙的大小可通过调整垫片的厚度来实现。

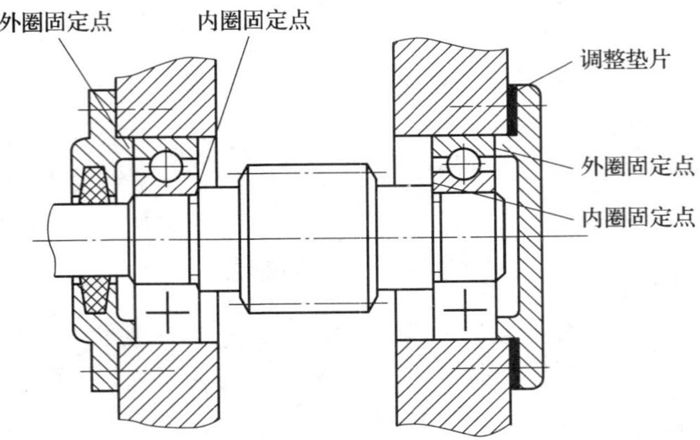

图 4—6—32　轴承两端单向固定

（2）一端双向固定　如图 4—6—33 所示，将右端轴承内、外圈分别双向固定在轴和外壳孔中，左端轴承外圈两侧均不固定，可随轴作轴向游动。这种固定方式工作时不会产生轴向窜动，轴受热时又能自由地向一端伸长，轴不会被卡死。

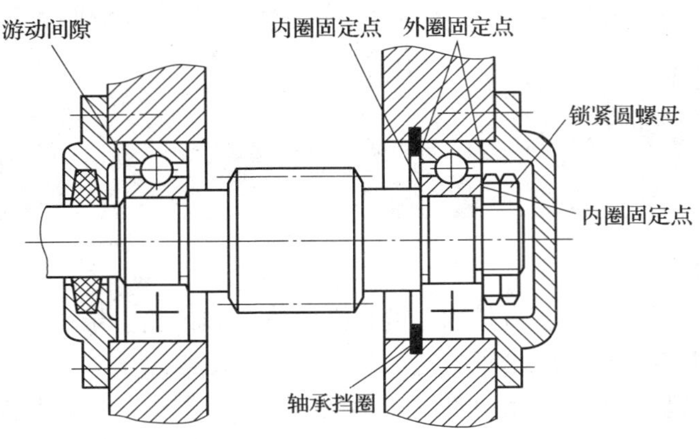

图 4—6—33　轴承一端双向固定

2．滚动轴承的定向装配

对旋转精度要求较高的主轴部件，为了提高主轴的回转精度，轴承内圈与主轴装配及轴承外圈与箱体孔装配时，常采用定向装配的方法。定向装配就是人为地控制各装配件径向圆跳动的方向，合理组合，采用误差相互抵消来提高装配精度的一种方法。装配前需对主轴轴端锥孔中心线偏差及轴承的内、外圈径向圆跳动进行测量，确定误差方向并做好标记。

（1）轴承外圈径向圆跳动检测　如图 4—6—34 所示，测量时，转动外圈并沿百分表方向压迫外圈，标出外圈径向圆跳动的最高（低）点和数值，百分表的最大示值则为外圈最大径向圆跳动。

（2）轴承内圈径向圆跳动检测　如图 4—6—35 所示，检测时，外圈固定不动，在内圈端面上均匀地施加测量负荷 F（F 的数值根据轴承类型及直径而定），然后旋转内圈一周以上，按表针的指示标出内圈径向圆跳动的最高（低）点和数值。

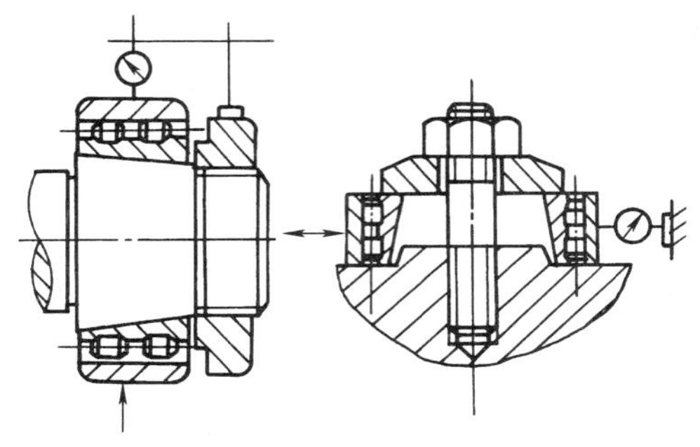
图 4—6—34　轴承外圈径向圆跳动检测

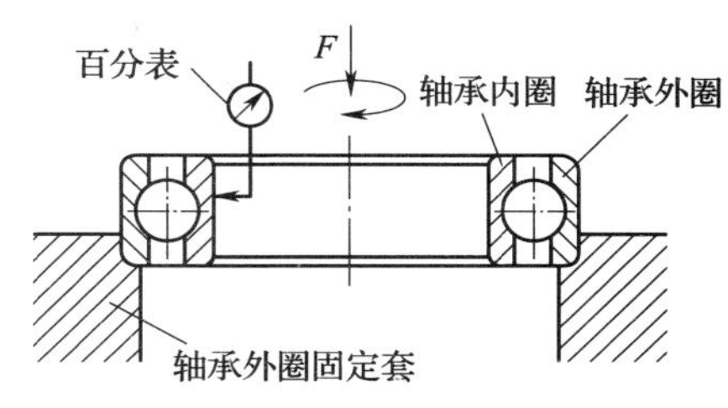

图 4—6—35　轴承内圈径向圆跳动检测

（3）主轴锥孔中心线偏差检测　如图 4—6—36 所示，检测时，在主轴锥孔中插入检验棒，将主轴轴颈（轴承安装轴颈）置于 V 形架上，轴向用钢球支承在角铁上，然后旋转主轴一周以上，便可测出主轴锥孔中心线的偏差数值及方向，并做好标记。

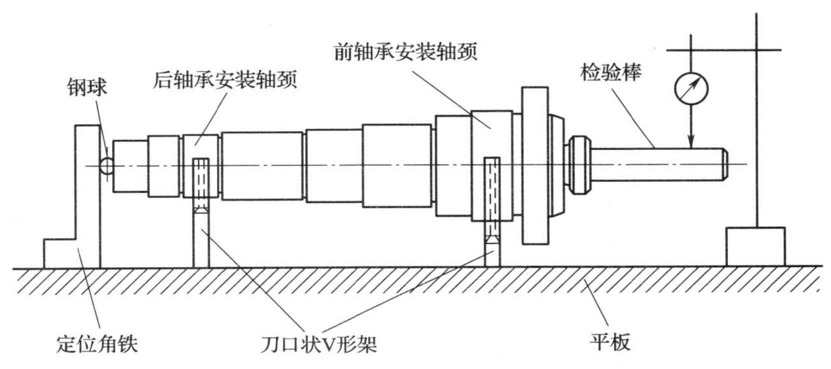

图 4—6—36　主轴锥孔中心线偏差测量

（4）滚动轴承定向装配方法

1）主轴前轴承的精度比后轴承的精度高一级。

2）前、后两个轴承内圈径向圆跳动量最大的方向置于同一轴向截面内，并位于旋转中心线的同一侧。

3）前后两个轴承内圈径向圆跳动量最大的方向与主轴锥孔中心线的偏差方向相反。

按不同方法进行装配后的主轴精度的比较，如图 4—6—37 所示。

图中 δ_1、δ_2分别为主轴前、后轴承内圈的径向圆跳动量；δ_3为主轴锥孔中心线偏差；δ 为主轴的径向圆跳动量。

如图 4—6—37a 所示，按定向装配要求进行装配的主轴的径向圆跳动量 δ 最小，$\delta < \delta_3 < \delta_1 < \delta_2$。如果前、后轴承精度相同，主轴的径向圆跳动量反而增大。

同理，轴承外圈也应按上述方法定向装配。对于箱体部件，由于检测轴承孔偏差较费时间，可将前后轴承外圈的最大径向跳动点在箱体孔内装在一条直线上即可。

3. 典型主轴轴组的装配

CA6140 型卧式车床主轴的结构形式主要有两种，即如图 4—6—38 所示的三支承结构和如图 4—6—39 所示的双支承结构，现在生产的 CA6140 型卧式车床大多采用后者。

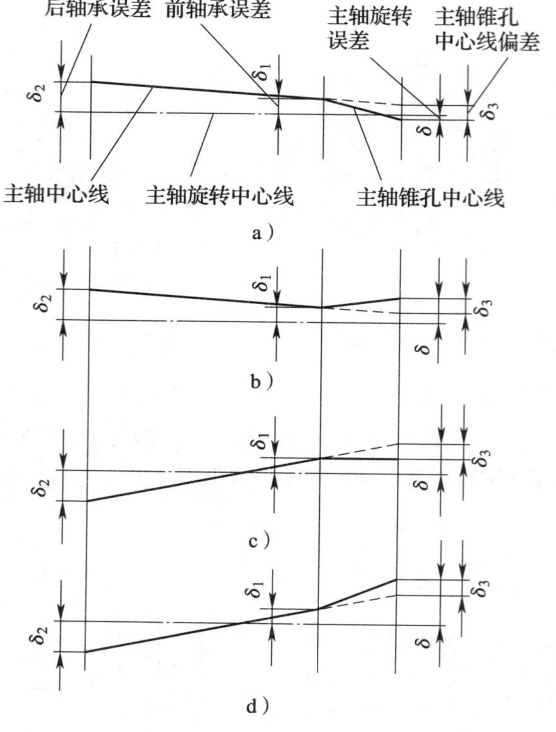

图 4—6—37　滚动轴承定向装配示意图

a）δ_1、δ_2与δ_3方向相反　b）δ_1、δ_2与δ_3方向相同

c）δ_1与δ_2方向相反，δ_3在主轴中心线内侧　d）δ_1与δ_2方向相反，δ_3在主轴中心线外侧

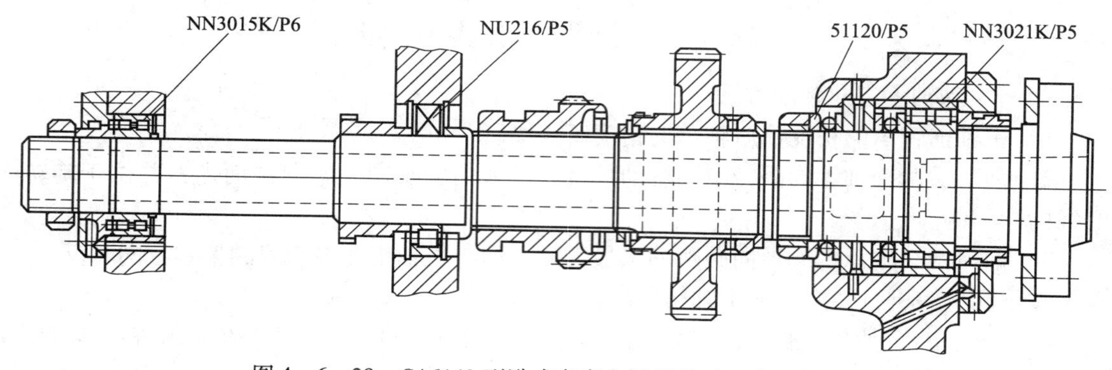

图 4—6—38　CA6140 型卧式车床主轴部件（三支承结构）

（1）主轴部件的结构　图 4—6—39a 所示为 CA6140 型卧式车床主轴轴组。主轴是一个空心的阶梯轴，其内孔直径为 48 mm，可通过 ϕ47 mm 以下的长棒料或拆卸顶尖时用来穿入金属棒，也可用于安装气动、电动或液动夹紧机构。主轴前端的锥孔为莫氏 6 号锥度，用来安装顶尖或检验棒；也可借助锥面配合的摩擦力直接带动检验棒或工件转动。

主轴前端采用短锥法兰式结构，它的作用是安装卡盘或拨盘，如图 4—6—39b 所示。它以短锥和轴肩端面作定位面。卡盘、拨盘等夹具通过卡盘座 26，用四个螺栓 25 固定在主轴 1 上。安装卡盘时，只需将预先拧紧在卡盘上的螺栓 25 连同螺母 24 一起，从主轴 1 轴肩和

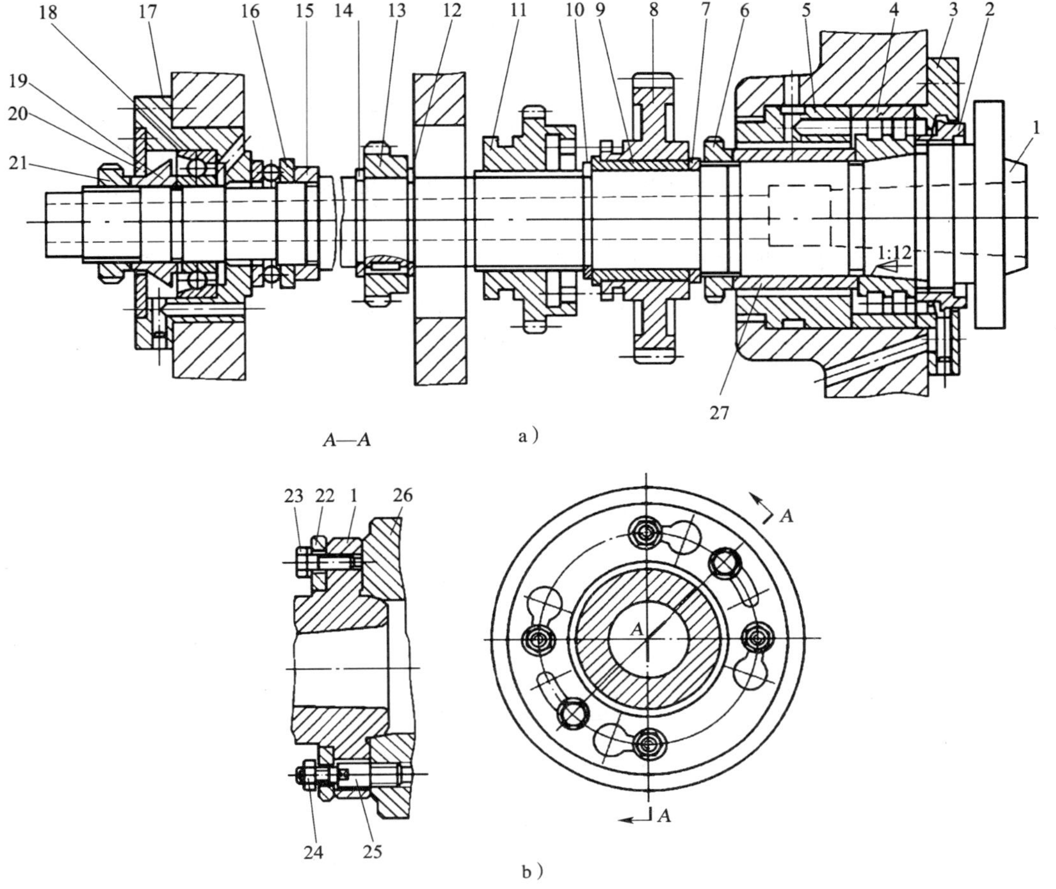

图 4—6—39　CA6140 型卧式车床主轴部件（双支承结构）

1—主轴　2—前调整螺母　3—前轴承端盖　4—双列短圆柱滚子轴承　5—阻尼套筒　6、21—圆螺母　7、15—垫圈　8、11、13—齿轮　9—衬套　10、12、14—挡圈　16—推力球轴承　17—后轴承壳体　18—角接触球轴承　19—锥形密封套　20—盖板　22—锁紧盘　23—螺钉　24—螺母　25—螺栓　26—卡盘座　27—轴套

锁紧盘 22 上的孔中穿过，然后将锁紧盘转过一个角度，使螺栓进入锁紧盘上宽度较窄的圆弧槽内，把螺母卡住（如图中所示位置），然后再把螺母 23 拧紧，就可把卡盘等夹具紧固在主轴上。这种主轴轴端结构的定心精度高，连接刚度高，卡盘悬伸长度短，装卸卡盘也比较方便，因此，在新型车床上应用较普遍。

主轴安装在两支承上，前支承为 P5 级精度的双列短圆柱滚子轴承（NN3021K/P5），用于承受径向力。轴承内圈和主轴之间有 1∶12 锥度相配合。当内圈与主轴在轴向相对移动时，内圈可产生弹性膨胀或收缩，以调整轴承的径向间隙大小，调整后用圆螺母锁紧。前支承处装有阻尼套筒，装在前支承座孔内，并与轴套 27 之间有 0.2 mm 的径向间隙，其间隙充满了润滑油，能有效地抑制振动，提高主轴的动态性能。

后轴承由一个推力球轴承（51215/P5）和角接触球轴承（7215AC/P6）组成，分别用以承受轴向力（左、右）和径向力。同理，轴承的间隙和预紧可以用主轴尾端的螺母调整。

主轴前、后支承的润滑都是由润滑油泵供油。润滑油通过进油孔对轴承进行充分的润滑，并带走轴承运转所产生的热量。为了避免漏油，前、后支承采用了油沟式密封。主轴旋转时，由于离心力的作用，油液沿着斜面（朝箱内方向）被甩到轴承端盖的接油槽内，由油孔流向主轴箱。

主轴上装有三个齿轮，右端的斜齿圆柱齿轮 8 空套在主轴上；中间的齿轮 11 可以在主轴的花键上滑移。当齿轮 11 处于中间不啮合（空挡）位置时，主轴的传动联系被断开，这时可用手转动主轴，以便于测量主轴回转精度及装夹时找正等工作。左端的齿轮 13 固定在主轴上，用于将动力传递给进给箱。

（2）主轴部件的精度要求　主轴部件是车床的关键部分，在工作时承受很大的切削抗力。加工工件的精度和表面粗糙度，在很大程度上取决于主轴部件的刚度和回转精度。

主轴部件的精度是指它在装配调整之后的回转精度，包括主轴的径向圆跳动、端面圆跳动以及主轴旋转的均匀性和平稳性。

1）主轴径向圆跳动的检测　如图 4—6—40a 所示，在锥孔中紧密地插入一根锥柄检验棒，将百分表固定在机床上，使百分表测头顶在检验棒表面上，旋转主轴，分别在靠近主轴端部的 a 处和距 a 点 300 mm 的 b 处检测。a、b 的误差分别计算，主轴旋转一周，百分表的最大示值，就是主轴的径向跳动误差。为了避免检验棒锥柄配合不良的影响，拔出检验棒，相对主轴旋转 90°，重新插入主轴锥孔内，依次重复检验四次，四次测量结果的平均值即为主轴的径向圆跳动误差。

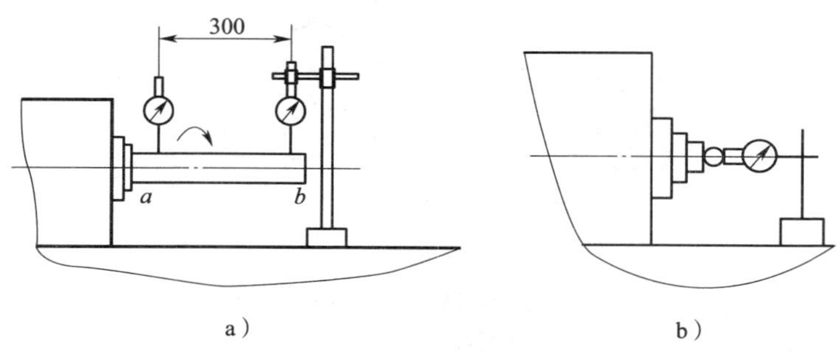

图 4—6—40　主轴部件回转精度的检测

a）径向圆跳动的检测　b）端面圆跳动的检测

2）主轴端面圆跳动的检测　如图 4—6—40b 所示，在主轴锥孔中紧密地插入一根锥柄短检验棒，中心孔中装入钢球（钢球用黄油粘上），百分表固定在床身上，使百分表测头（平面测头）顶在钢球上。旋转主轴，百分表的最大示值，就是主轴端面圆跳动误差。

CA6140 型卧式车床主轴轴组的装配与调整见本课题技能训练。

知识拓展

如图 4—6—38 所示，为保证主轴有较好的刚度，采用前、中、后三支承结构。前端是 NN3021K/P5 圆柱滚子轴承，用于承受径向力；另外采用两个 51120/P5 推力球轴承，用于承受前、后两个方向的轴向力。后端采用一个 NN3015K/P6 的圆柱滚子轴承支承。中间的辅助支承是 NU216/P5（内圈无挡边）调整滚子轴承。

调整时，一般情况下只需调整前轴承。只有当调整前轴承后主轴的回转精度仍达不到要求时，才需调整后轴承。中间轴承不需要调整。

技能训练

CA6140 型卧式车床主轴轴组装配与调整

1. 训练内容

完成如图 4—6—39 所示的 CA6140 型卧式车床主轴轴组的装配与调整。

2. 训练准备

（1）工具、量具：通用扳手、呆扳手、内六角扳手、锤子、铜棒、内外卡钳、尖嘴钳、手虎钳、一字旋具、十字旋具、百分表（含磁性表座）、显示剂、润滑油、棉布。

（2）材料：装配所需全部零件。

3. 操作步骤

（1）主轴轴组的装配　CA6140 型卧式车床主轴轴组的装配顺序如下：

1）将阻尼套筒 5 和双列短圆柱滚子轴承 4 的外圈及前轴承端盖 3 装入主轴箱体前轴承孔中，并用螺钉将前轴承端盖固定在箱体上。

2）把主轴分组件（由主轴 1、前调整螺母 2、双列短圆柱滚子轴承 4 的内圈和轴套 27 组装而成）从主轴箱前轴承孔中穿入。在此过程中，从箱体上面依次将圆螺母 6、垫圈 7、齿轮 8、衬套 9、挡圈 10、齿轮 11、挡圈 12、键、齿轮 13、挡圈 14、垫圈 15 及推力球轴承 16 装在主轴上，并将主轴安装至要求的位置，如图 4—6—39a 所示。适当预紧螺母 6，防止轴承内圈因转动改变方向。

3）从箱体后端，将后轴承壳体分组件装人箱体，并拧紧螺钉。

4）将角接触球轴承 18 按定向装配法装在主轴上，敲击时用力不要过大，以免主轴移动。

5）依次装入锥形密封套 19、盖板 20、螺母 21 并拧紧所有螺钉。

6）对装配情况进行全面检查，以防止遗漏和错装。

装配双列圆柱滚子轴承 4 内圈时，应先检查其内锥面与主轴锥面的接触面积，一般应大于 50%。如果锥面接触不良，收紧轴承时，会使轴承内滚道发生变形，破坏轴承精度，降低轴承使用寿命。

（2）主轴轴组的调整

1）主轴轴组的预装调整　预装调整的目的是为了检查组成主轴轴组的各零件是否能达到规定的装配要求，同时，空箱便于翻转，修刮箱体底面比较方便，易于保证底面与床身结合面的良好接触以及主轴轴线对床身导轨的平行度。主轴轴承的调整顺序，一般是先调整固定支承，再调整游动支承。因 CA6140 型卧式车床主轴后支承对轴有双向轴向固定作用，未调整之前，主轴可以任意翘动，不能定心，影响前轴承调整的准确性。因此，主轴前、后轴承的调整顺序是：先初步调整后轴承，再调整前轴承。

①后轴承的调整　先将螺母 6 松开，旋转螺母 21，逐渐收紧角接触球轴承 18 和推力球轴承 16。用百分表触及主轴前端面，用适当的力前后推动主轴。同时用手转动大齿轮 8，若感觉不太灵活，可能是角接触球轴承内、外圈没有装正，可用木锤（或铜棒）在主轴前、后端敲击，直到手感觉主轴旋转灵活自如后，再将螺母锁紧。

②前轴承的调整　松开前调整螺母 27，逐渐拧紧螺母 6，通过轴套 5 的移动，使双列短圆柱滚子轴承 4 的内圈做轴向移动，迫使内圈胀大。如图 4—6—41 所示，用百分表触及主

轴前端轴颈处，撬动杠杆使主轴受 200 ~ 300 N 的径向力，保证轴承径向间隙在 0.005 mm 之内，且大齿轮转动灵活，最后将螺母 6 和前调整螺母 27 锁紧。

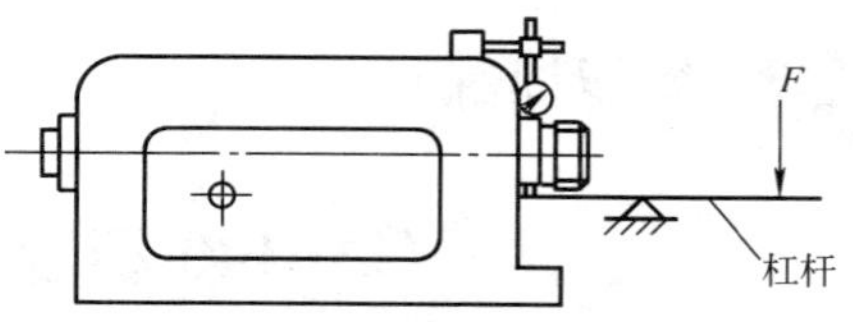

图 4—6—41　主轴径向间隙的检验

2）主轴轴组的试车调整　机床正常运转时，随着主轴箱内温度的升高，主轴轴承间隙也会发生变化。因此，主轴的间隙，一般应在机床温升稳定后再进行调整。

试车调整方法如下：按要求给主轴箱加入润滑油，适当拧松螺母 6 和螺母 21（原始位置做好标记），用木锤（或铜棒）在主轴前、后端适当振击，使轴承回松，保持间隙在 0 ~ 0.02 mm 之内。主轴从低速到高速空运转时间不超过 2 h，在最高速的运转时间不少于 30 min，一般温升不超过 60℃即可。停车后锁紧圆螺母 6 和螺母 21，结束调整工作。

4. 评分标准（见表 4—6—9）

表 4—6—9　　评分标准

序号	项目与技术要求		配分	评分标准	检测结果		得分
					学生自检	教师检测	
1	装配与调整	安装前清除各零件污物和毛刺	5	不符合要求全扣			
2		准备工具齐全合理	5	不符合要求全扣			
3		主轴部件安装	20	一次不符合要求扣 4 分			
4		主轴径向圆跳动	10	不检查扣 5 分 检查方法不正确扣 5 分			
5		主轴轴向窜动	10	不检查扣 5 分 检查方法不正确扣 5			
6		主轴后轴承调整	10	不调整扣 5 分 调整方法不正确扣 5			
7		主轴前轴承调整	10	不调整扣 5 分 调整方法不正确扣 5			
8		主轴试车与调整	20	安装后不试车扣 10 分 试车后不调整扣 10 分			
9	安全文明生产		10	酌情扣分			

复习思考题

1. 解释 51215/P5、7215AC、NN3021K/P5 的含义。
2. 叙述滚动轴承的装配技术要求。
3. 拆卸滚动轴承一般可采用哪些方法？应注意什么事项？
4. 为什么要调整滚动轴承的游隙？其调整方法有哪些？
5. 滚动轴承预紧的目的是什么？常用的预紧方法有哪些？
6. 滑动轴承如何分类？有何特点？
7. 叙述整体式滑动轴承、剖分式滑动轴承、内柱外锥式滑动轴承的装配要点。
8. 轴组装配主要包括哪些工作？
9. 滚动轴承的固定形式有哪几种？
10. 什么叫滚动轴承的定向装配？什么情况下主轴的径向圆跳动量最小？

课题七 综合技能训练（三）

一、减速器的装配

如图4—7—1所示为减速器部件装配图。减速器的运动由联轴器传递，经蜗杆轴传动蜗轮，再由蜗轮传给圆锥齿轮副，再分别传动其他部件做各种不同运动。

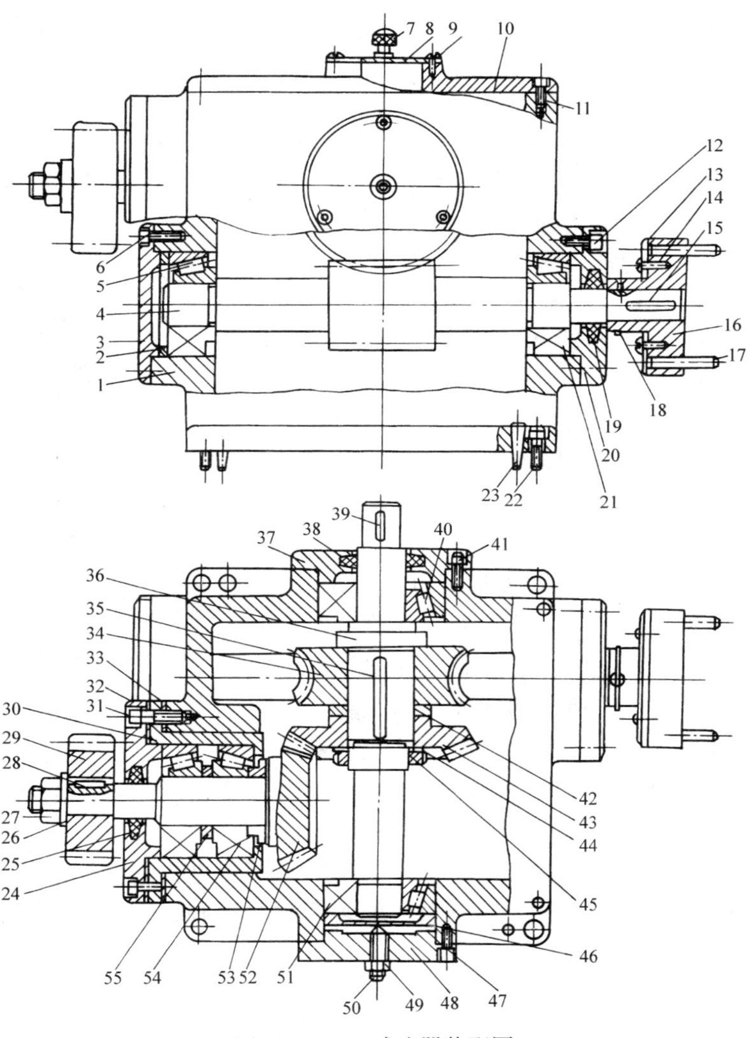

图4—7—1 减速器装配图

1—箱体 2、32、33、42—调整垫圈 3、20、24、37、48—轴承盖 4—蜗轮轴 5、21、40、51、54—轴承 6、9、11、12、14、22、31、41、47、50—螺钉 7—手把 8—盖板 10—箱盖 13—环 15、28、35、39—键 16—联轴器 17、23—销 18—防松钢丝圈 19、25、38—毛毡 26—垫圈 27、45、49—螺母 29、43、52—齿轮 30—轴承套 34—蜗轮 36—蜗轮轴 44—止动垫圈 46—压盖 53—衬套 55—隔圈

减速器由箱体、齿轮、蜗杆、蜗轮、联轴器、轴、轴承和盖板等组成，箱盖上设有观察口，便于加注润滑油及检查传动件啮合工作情况。

1. 减速器的装配技术要求

（1）零件和组件必须按装配图要求正确安装在规定位置上，各轴线之间应有正确的相对位置。

（2）固定连接件必须保证连接的牢固性。

（3）旋转机构转动应灵活，轴承间隙合适，润滑良好，各密封处不得有漏油现象。

（4）圆锥齿轮副、蜗杆副的啮合必须达到规定的技术要求。

2. 减速器的装配工艺

减速器部件装配的主要工作有：零件的清洗、整形和补充加工，零件的预装、组装和调整等。

（1）零件的清洗、整形和补充加工

1）零件的清洗　主要是清除零件表面的防锈油、灰尘、切屑等。

2）零件的整形　修整箱盖、轴承盖等铸件的非加工表面，使其外形与箱体衔接光滑；同时修整零件上的锐边、毛刺和搬运中因碰撞而产生的印痕；对箱体内部清理后，应涂上淡色底漆。

3）零件的补充加工　对轴承盖与箱体、箱盖与箱体等连接螺孔进行配钻和攻螺纹等（见图4—7—2）。

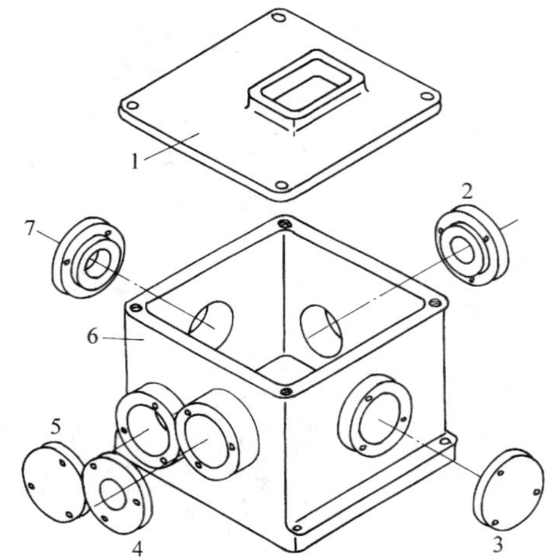

图4—7—2　箱体与各相关零件的配钻和攻螺纹

1—箱盖　2、3、4、5、7—轴承盖　6—箱体

（2）零件的预装　为保证部件装配工作顺利进行，某些配合零件应先试配，待配合达到要求后再拆下。如图4—7—3所示为减速器零件配键预装示意图。

（3）组件的装配　由减速器装配图可以看出，其中蜗杆轴、蜗轮轴和锥齿轮轴及轴上的有关零件虽然是独立的，但是从装配的角度来看，除锥齿轮组件外，其余两根轴及轴上所有的零件，都不能单独地进行装配。图4—1—2所示为锥齿轮组件示意图和图4—1—3所示为锥齿轮组件的装配顺序示意图。

（4）总装与调整　在完成减速器各组件装配后，即可进行总装配工作，总装从基准零件（箱体）开始。根据先里后外，先下后上的装配顺序原则，该减速器应先装蜗杆轴，后装蜗轮轴。

1）装配蜗杆轴

①将蜗杆连同两端轴承先装入箱体，再装入右端轴承盖组件，并用螺钉紧固。

②轻轻敲击蜗杆轴左端，使右端轴承消除间隙并紧贴轴承盖，再装入调整垫圈和左端轴承盖。

③测量间隙Δ，调整垫圈厚度，以保证蜗杆无轴向窜动，并用螺钉紧固（见图4—7—4）。

④用百分表在轴的伸出端检查轴向窜动量。

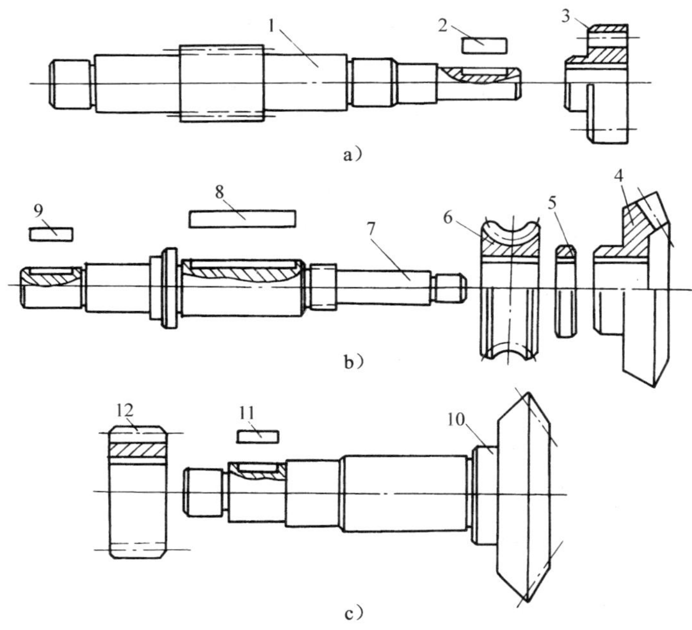

图 4—7—3　减速器零件配键预装示意图

a）蜗杆轴装配平键，并与联轴器试配　b）轴装配平键，并与蜗轮、调整垫圈、圆锥齿轮试配

c）圆锥齿轮轴装配平键，并与齿轮试配

1—蜗杆轴　2、8、9、11—平键　3—联轴器　4—圆锥齿轮

5—调整垫圈　6—蜗轮　7—轴　10—圆锥齿轮轴　12—齿轮

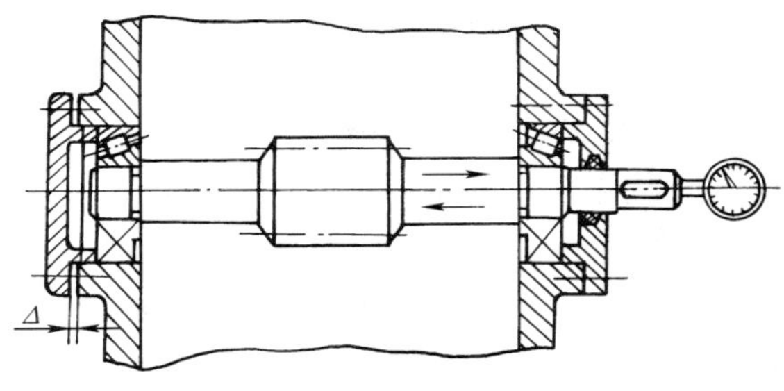

图 4—7—4　调整蜗杆轴向间隙

2）试装蜗轮轴

①将轴承内圈装入轴的大端，通过箱体孔，装上已试配好的蜗轮、轴承外圈以及工艺轴套，蜗轮圆弧中心与已装配好的蜗杆中心在同一平面内（见图 4—7—5）。

②移动轴，使蜗轮与蜗杆达到正确啮合位置，用游标深度尺测出尺寸 H。

③修整轴承盖台阶尺寸与垫圈厚度至 $H_{-0.02}^{\ 0}$ mm。

3）试装圆锥齿轮轴组

①将蜗轮轴上各有关零件装入，再装锥齿轮组件。

②调整两锥齿轮轴向位置，使其达到两锥齿轮背锥面平齐，分别测出应放置调整垫圈处 H_1 和 H_2 的尺寸，并拆卸各零件，按 H_1 和 H_2 的尺寸分别修磨两垫圈（见图 4—7—6）。

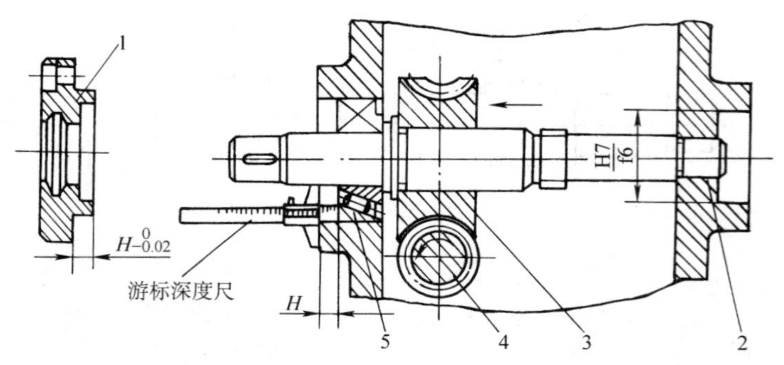

图 4—7—5　蜗轮轴向装配位置

1—轴承盖　2—工艺套　3—蜗轮　4—蜗杆　5—轴承

4）总装配

①从大轴承孔一端将蜗轮轴装入，同时依次将键、蜗轮、垫圈、圆锥齿轮、止动垫圈和螺母装在轴上，然后从箱体轴承孔的两端分别装入滚动轴承及轴承盖，用螺钉固紧，并调整好轴承间隙。装好后，用手转动蜗杆轴带动蜗轮旋转时，应灵活无阻滞现象。

②将锥齿轮轴组件与垫圈一起装入箱体，用螺钉紧固，复检齿轮啮合侧隙，并做进一步调整直至运转灵活。

③安装联轴器及凸轮，用动力轴连接空运转，用涂色法检验齿轮的接触斑痕情况，并做必要的调整。

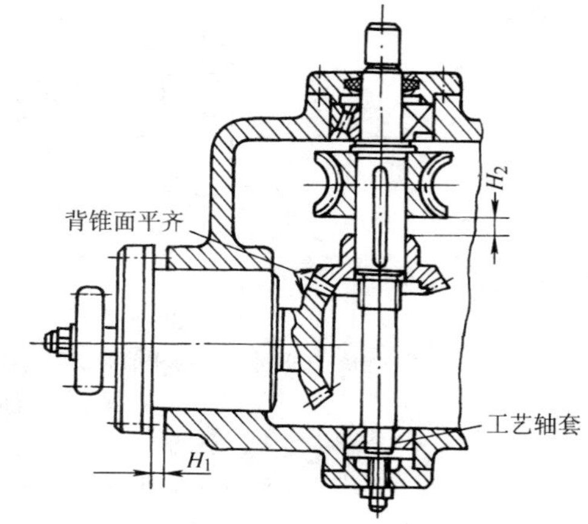

图 4—7—6　圆锥齿轮副装配位置

④清理减速器内腔，注入润滑油，安装箱盖组件，最后装上盖板，连接电动机。

（5）部件的空运转试车　用手转动联轴器试转，一切符合要求后，接通电源，用电动机带动进行空运转试车。试运转的时间不少于 30 min，达到热平衡时，轴承的温度及温升值不超过规定要求，齿轮和轴承无显著噪声，达到各项装配技术要求。

二、齿轮减速器箱体划线

1. 训练内容

完成如图 4—7—7 所示齿轮减速器箱体的划线。

2. 训练准备

（1）工具、量具：划线平台、千斤顶、划线盘、划针、样冲、V 形架、斜铁、小锤子、钢直尺、直角尺、长直尺、塞块。

（2）材料：齿轮减速箱箱盖、箱座。

3. 操作步骤

图 4—7—7 为齿轮减速箱箱体，从图中可以看出，它是由箱盖和箱座组合成的一个整体，所以第一次划线分别划出两个单件结合面的加工线：待加工后用螺栓或螺钉紧固为一个整体，再进行第二次划线，划出 470 mm 两侧的校正和加工线；至于各孔的位置线，则由第三次划线来完成。

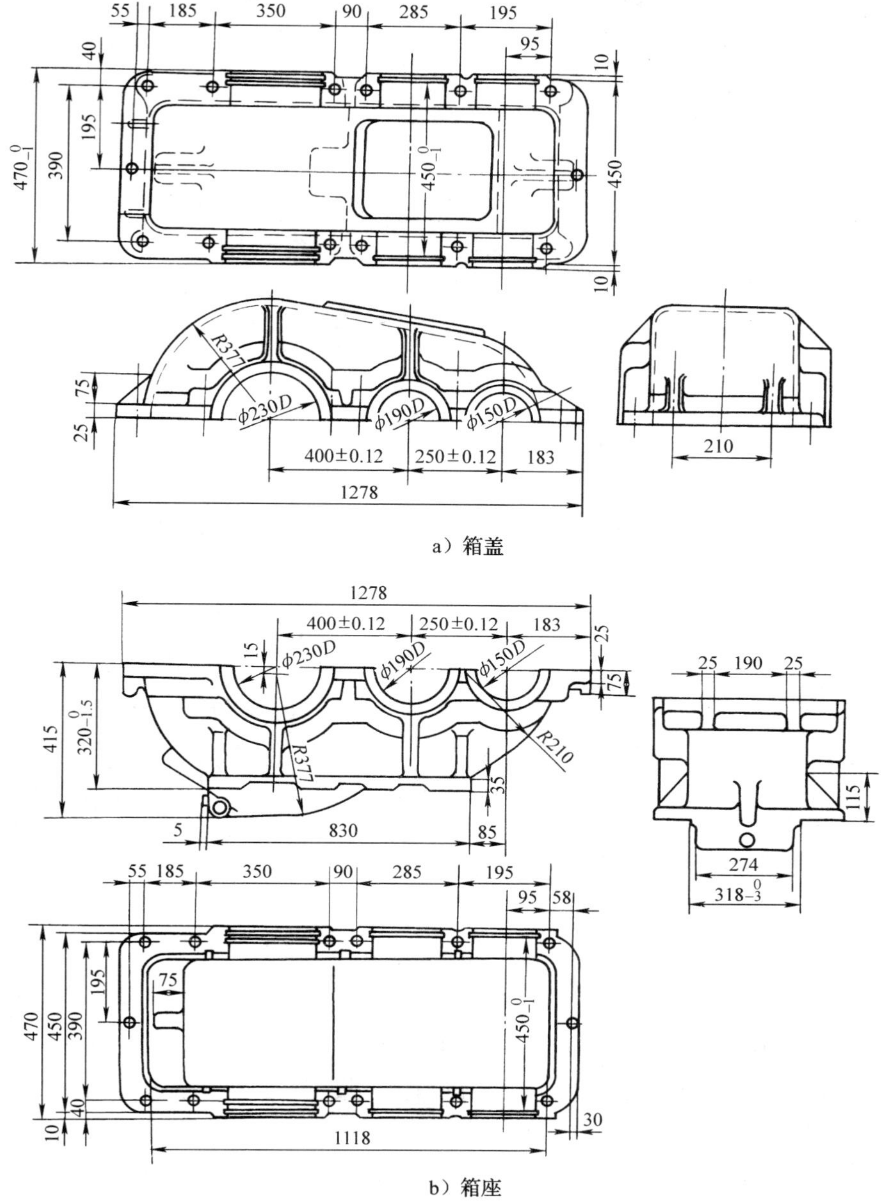

a）箱盖

b）箱座

图 4—7—7　齿轮减速器箱体

（1）第一次划线

1）箱盖划线　将箱盖如图 4—7—8a 所示放在划线平台上，紧固面用三个千斤顶支承，使结合面朝上。用划线盘的弯头找正紧固面的四角，使与平台面基本平行，按紧固面至结合面之间厚 25 mm，划出结合面的加工线，并检查 ϕ230 mm 孔在该线上的对中点 O（以 ϕ230 mm 孔凸台外缘为依据）至圆弧背的尺寸（377 mm），如果差异较大，则应校正结合面的加工线，使 R377 mm 保持基本正确。

2）箱座划线　要求划出箱座结合面和底面的加工线，其划法与箱盖大致相同。将箱体如图 4—7—8b 所示安放在划线平台上的千斤顶上，分别用划线盘弯头找正紧固面 1、2 的四角，使其与平台面基本平行，按紧固面 1 至结合面之间后 25 mm，划出结合面的加工线，再根据结合面的加工线划出底面 320 mm 的加工线，并如箱盖划线一样检查 $\phi230$ mm 孔在结合面加工线上的对中点 O 到圆弧背的尺寸 $R377$ mm。

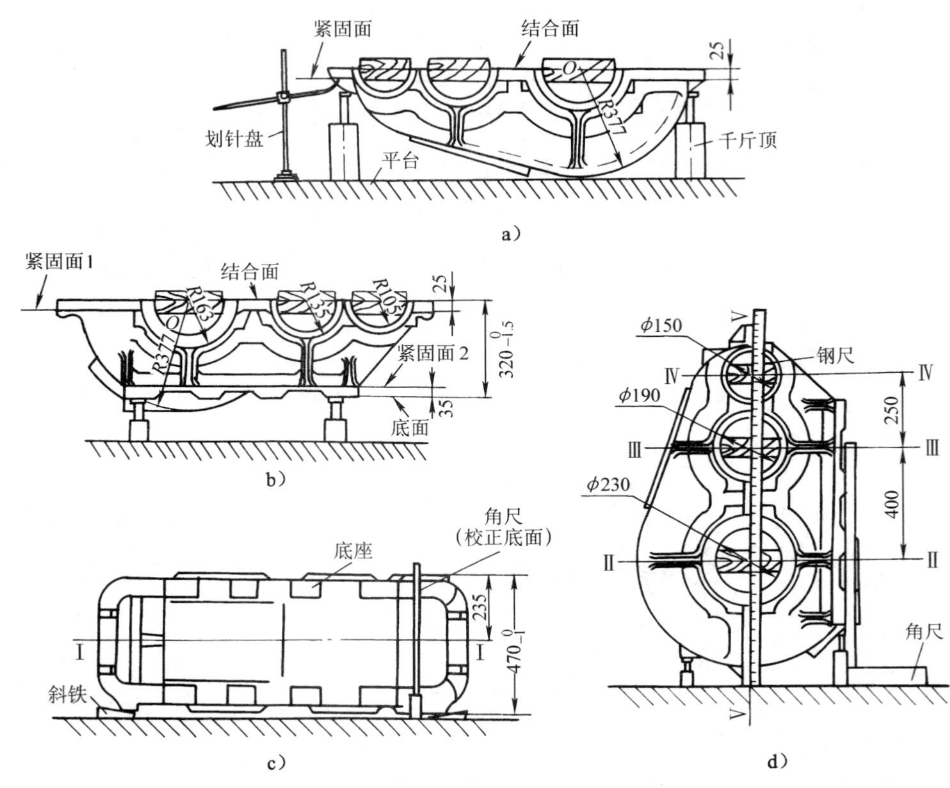

图 4—7—8　齿轮减速器箱体划线

a）第一次划线（箱盖划线）　b）第一次划线（箱座划线）　c）第二次划线　d）第三次划线

（2）第二次划线　当箱盖与箱座经过上述划线、加工，即可按图划出螺孔的位置和加工线，待加工紧固、配作锥销后，便成为整体箱体。接着可进行第二次划线。

将箱体如图 4—7—8c 所示安放在划线平台上，用直角尺找正底面使与平台垂直，以确定图示前后位置；用划线盘找正 450 mm 毛坯平面使与平台面基本平行，以确定图示左右位置。依据三孔两端凸台高低和中间凸筋，划出校正线Ⅰ—Ⅰ。然后上移 470/2 = 235 mm 划出上端加工线，再由上端加工线下移 470 mm 划出下端加工线。

（3）第三次划线

1）在各毛坯孔中装填塞块，用钢直尺测量各孔毛坯凸缘位置（尺寸见图 4—7—7），若基本符合要求，又都有加工余量，即可将箱体如图 4—7—8d 所示竖立在划线平台上，两边用千斤顶（或斜铁）支承，仔细调整千斤顶（或斜铁），用直角尺分别找正底面和三孔的两端面使与平台面垂直，依据 $\phi230$ mm 孔凸台外缘的上下方向，划出 $\phi230$ mm 孔的第一位置线Ⅱ—Ⅱ，接着距此线 400 mm 划出 $\phi190$ mm 孔的第一位置线Ⅲ—Ⅲ，随后再距此线 250 mm划出 $\phi150$ mm 孔的第一位置线Ⅳ—Ⅳ。

2）用钢直尺或长直尺对准箱盖与箱座的结合缝，在塞块上划出三个孔的第二位置线Ⅴ—Ⅴ，分别与 ϕ230 mm、ϕ190 mm 和 ϕ150 mm 孔的第一位置线Ⅱ—Ⅱ、Ⅲ—Ⅲ、Ⅳ—Ⅳ线相交，并以各交点为圆心，划出孔的加工、校正线。

（4）当上述划线操作结束后，对照图样检查划线情况，确定无误后，即可在各加工线和位置线上打样孔眼。

4．评分标准（见表 4—7—1）

表 4—7—1　　评分标准

序号	项目与技术要求		配分	评分标准	检测结果		得分
					学生自检	教师检测	
1	划线	三个位置垂直度找正误差小于 0.4 mm	24	一处超差扣 8 分			
2		三个位置尺寸基准位置误差小于 0.6 mm	24	一处超差扣 8 分			
3		划线尺寸误差小于 0.3 mm	24	一处超差扣 8 分			
4		线条清晰、样冲点正确	18	一处不符合要求扣 3 分			
5	安全文明生产		10	酌情扣分			

第五单元

卧式车床装配与调整

课题一 常用装配工具和设备

一、常用电动工具

1. 手电钻

手电钻是一种便携式电动钻孔工具，如图5—1—1所示。钳工在装配、修理工作中，当受工件形状或加工部位的限制不能用钻床钻孔时，则可使用手电钻加工。

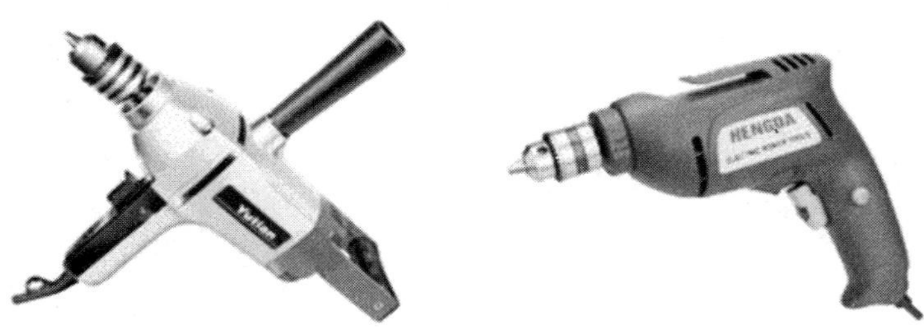

图5—1—1 手电钻

手电钻的电源电压分单相（220 V、36 V）和三相（380 V）两种。手电钻的规格以其最大钻孔直径表示，采用单相电压的手电钻规格有6、10、13、19、23 mm等五种；采用三相电压的手电钻规格有13、19、23 mm等三种。在使用时可根据不同情况进行选择。

使用手电钻时应注意以下几点：

（1）连接电源时，应注意电源电压与手电钻的额定电压是否相符。

（2）使用前应检查接地线是否良好，以确保安全。

（3）使用时，须开机空运转1 min，检查传动部分是否正常。如有异常，应排除故障后再使用。

（4）三相手电钻试转时，应观察钻轴的旋转方向是否正确。

（5）钻头必须锋利，钻孔时不宜用力过猛。当孔将钻穿时须相应减小压力，以防事故发生。

（6）不可以用来钻水泥或砖墙。否则，极易造成电动机过载，烧毁电动机。因为电动机内缺少冲击机构，承受力小。

2. 电磨头

电磨头属于高速磨削工具，如图 5—1—2 所示。它适用于在大型工、夹、模具的装配调整中，对各种形状复杂的工件进行修磨或抛光；装上不同形状的小砂轮，还可修磨凹凸模的成型面；当用布轮代替砂轮使用时，则可进行抛光作业。

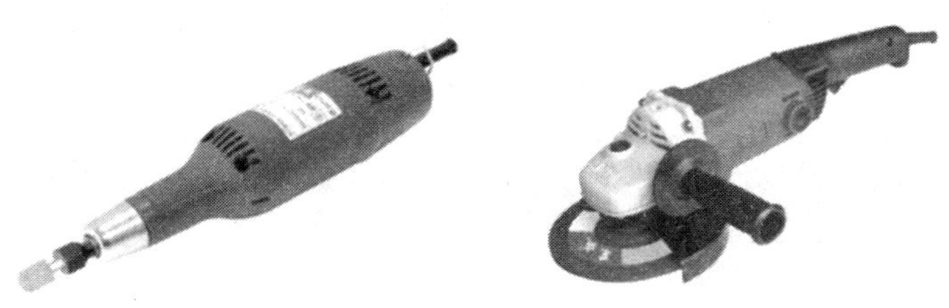

图 5—1—2　电磨头

电磨头使用时必须注意以下几点：

（1）使用前应开机空运转 2 ~ 3 min，检查旋转声音是否正常。若有异常，则应排除故障后再使用。

（2）新装砂轮应修整后使用，否则所产生的离心力会造成严重振动，影响加工精度。

（3）砂轮外径不得超过电磨头铭牌上规定的尺寸，工作时砂轮和工件的接触力不宜过大，更不能用砂轮冲击工件，以防砂轮爆裂，造成事故。

3. 电剪刀

电剪刀俗称铁皮剪，如图 5—1—3 所示。它使用灵活、携带方便、安全可靠，能用来剪切各种几何形状的金属板材。用电剪刀剪切后的板材，具有板面平整、变形小、质量好的优点。因此，它也是各种复杂的大型样板进行落料加工的主要工具之一。

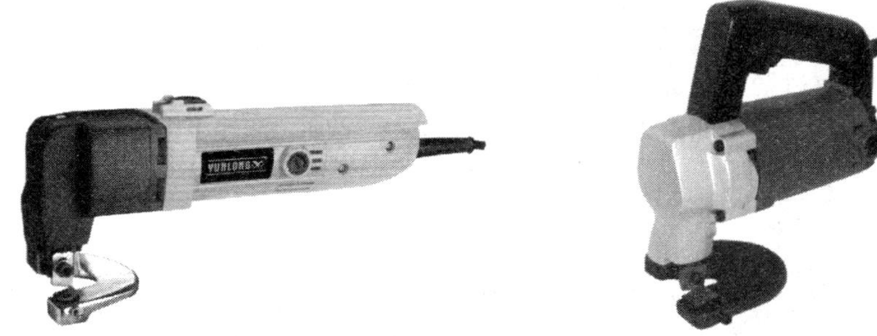

图 5—1—3　电剪刀

使用电剪刀时必须注意以下几点：

（1）使用前应确定电源完好无损，电源插头插实后方可正常使用，且必须配带钢丝手套。

（2）开机前应检查整机各部分螺钉是否紧固，然后开机空运转，待运转正常后，方可使用。

（3）剪切时，两刀刃的间距需根据材料厚度进行调整。剪切厚材料时，两刀刃的间距为 0.2 ~ 0.3 mm；剪切薄材料时，间距为 0.2δ（δ 为板材厚度）；作小半径剪切时，须将两刃口间距调至 0.3 ~ 0.4 mm。

（4）排除故障或更换刀片时，都应及时拔下电源插头，防止发生意外，拔插头时禁止直接拽电源线。

4. 电动扳手

电动扳手是以电源为动力的螺栓拧紧工具，如图5—1—4所示。常用的有冲击扳手、定扭矩扳手、扭力扳手等。它具有操作方便、省时省力、效率高等特点，广泛应用于装配生产等场合。

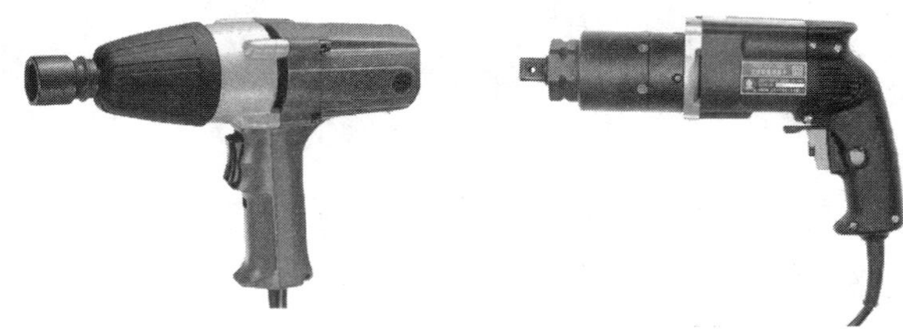

图5—1—4 电动扳手

使用电动扳手时应注意以下几点：

（1）现场所接电源与电动扳手铭牌是否相符，是否接有漏电保护器。

（2）根据螺母大小选择匹配的套筒，并妥善安装。

（3）尽可能在使用时找好反向力矩支靠点，以防反作用力伤人。

（4）使用时发现电动机碳火花异常时，应立即停止工作，进行检查处理，排除故障。此外碳刷必须保持清洁干净。

二、常用起重设备

1. 千斤顶

千斤顶是一种小型起重工具，如图5—1—5所示，主要用来起重工件或重物。钳工常用来拆卸和装配设备中过盈配合的零件，如锻压设备的滑动轴承等。它具有体积小、操作简单、使用方便等优点。常用的有螺旋千斤顶、齿条千斤顶、油压千斤顶等。

图5—1—5 千斤顶

使用千斤顶时应注意以下几点：

（1）千斤顶应垂直安放在重物下面。

（2）合用多个千斤顶升降重物时，要有人统一指挥，尽量保持各个千斤顶的升降速度和高度一致，以免重物发生倾斜。

（3）千斤顶加垫的木板或铁板等表面不能有油污，以防受力时打滑。

（4）起重较重的工件时，应在重物下面随起随垫枕木，以防意外。

（5）重物不得超过千斤顶的负载能力。

（6）用齿条千斤顶工作时，止退棘爪必须紧贴棘轮。

（7）使用油压千斤顶时，调节螺杆不得旋出过长，主活塞的行程不得超过极限高度标志。

2. 手动葫芦

手动葫芦是一种使用方便、操作简单的手动起重工具，如图 5—1—6 所示，一般用于机械的垂直起吊或中、小型设备的水平拉动。

使用手动葫芦时应遵守下列规程：

（1）使用前严格检查手动葫芦的吊钩、链条，不得有裂纹，棘爪弹簧应保证制动可靠。

（2）使用时，吊钩一定要挂牢，起重链条一定要理顺，链环不得错扭，以免使用时卡住链条。

（3）起重时，操作者应站在与手动葫芦链轮的同一平面内拉动链条，用力应均匀、缓和。拉不动时应检查原因，不得用力过猛或抖动链条。

（4）起重时不得用手扶起重链条，更不能探身于重物下进行垫板或装卸作业。

3. 手动液压升降车

手动液压升降车是一种使用灵活、操作方便的小型起重、搬运机械，如图 5—1—7 所示。在机械设备装配维修时，常用来现场起重、搬运设备零、部件。

图 5—1—6　手动葫芦

图 5—1—7　手动液压升降车

使用手动液压升降车应注意以下几点：

（1）多人一同作业时，应听从统一指挥。

（2）起重时，应先将脚轮止动，并固定好装拆的零、部件。

（3）移动时应保持缓慢平稳。

4. 单梁桥式起重机

单梁桥式起重机是横架于车间、仓库和料场上空进行重物吊运的轻小型有轨起重设备，一般起重量为1t～16t。它的两端坐落在高大的水泥柱或者金属支架上，形状似桥。单梁桥式起重机的桥架沿铺设在两侧高架上的轨道纵向运行，可以充分利用桥架下面的空间吊运重物，不受地面设备的阻碍。单梁桥式起重机具有体积小、质量轻、使用方便等优点，是使用范围最广、数量最多的一种起重机械，如图5—1—8所示。

单梁桥式起重机

单梁桥式起重机应用场合

图5—1—8　单梁桥式起重机

使用单梁桥式起重机时应注意以下几点：

（1）使用前，应试车检查各控制系统是否灵敏、安全可靠。

（2）每台起重机必须在明显的地方挂上额定起重量的标牌，吊运重物不得超过限制吨位。

（3）起吊时工件与电葫芦位置应在一条直线上，不可斜拉工件。被吊物件不许在人或设备上空运行。

（4）吊运工件时，不可以提升过高。横梁行走时要响铃或吹哨，以引起其他人的注意，操纵者应密切注意前面的人和物，以防发生事故。

（5）不准倾斜起吊或拖拉重物。

（6）电动葫芦的限位器是防止吊钩上升或下降超过极限位置的安全装置，不能当作行程开关使用。

（7）要定期做安全技术检查，做好预检预修工作。

（8）严禁超载起重重物和长时间将重物吊在空中。

5. 永磁起重器

永磁起重器如图5—1—9所示，又称磁性起重器、起重磁铁等，具有体积小、吸持力强、剩磁几乎为零、操作方便、安全系数高等特点。永磁起重器分为手动型和全自动型两种，手动型永磁起重器手柄开关附有安全钮，可单手操作，方便安全。全自动永磁起重器无须人力扳动手柄，靠电动吊车下钩的升降控制吸附，广泛用于机械工业、模具制造业、仓库和交通运输等部门搬运钢板、钢锭等导磁性物体，改进装卸搬运作业的工作条件，提高劳动效率。

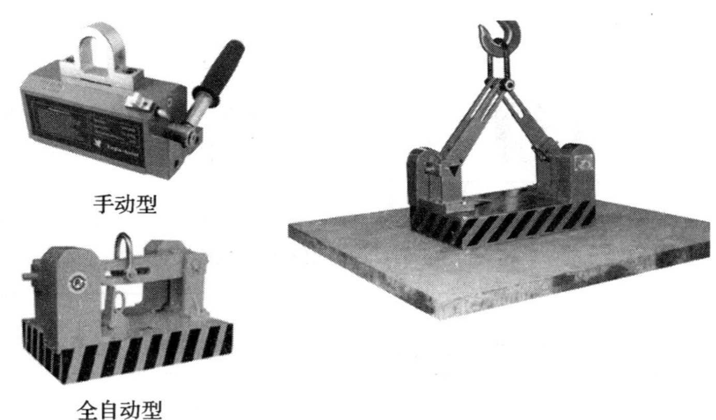

图 5—1—9　永磁起重器

使用永磁起重器时应注意以下几点：

（1）吊运时，先将被起吊工件表面清理干净，如有锈皮和凸刺应清理。永磁起重器的中心线最好与工件重心线重合，然后将起重器放置在工作平面上，旋转手柄由“ - ”号位置，向“ + ”号方向旋转至限位销。检查手柄的安全斜块是否自动锁定，然后进行起吊。

（2）工件吊起时，严禁超载，严禁人体从工件下面穿过，被吊工件温度和环境温度不大于 80 度，无剧烈振动及冲击。

（3）完成吊运后，向内按动手柄按钮，使手柄上的安全键与安全销脱离。手柄由“ + ”向“ - ”号方向旋转到限位销。使起重器处于关闭状态，工件与起重器脱离。

（4）永磁起重器在吊装移动使用过程中，应尽量避免接触面的碰撞敲毛，以免影响使用性能和寿命。闲置时底面最好涂油保护，用时擦拭干净。

（5）应经常检查各零、部件的灵活性，保持使用时的灵活自如。

三、常用装配测量器具

1. 平尺

测量面为平面，用于检测工件平面形状误差的实物量具，称为平尺，也可用作导轨的刮研和测量的基准。按材质分为铸铁平尺、镁铝平尺和花岗石平尺等。常用铸铁平尺的结构、特点见表 5—1—1。其规格用测量面长度表示，准确度等级及要求见表 5—1—2。

表 5—1—1　　常用铸铁平尺的结构、特点及应用

名称	图示	特点及应用
桥形平尺		侧面形状为弓形，且由两个支承座支承，具有一个上测量面。主要用来检验机床导轨的平面度和直线度误差

续表

名称	图示	特点及应用
工字形平尺		截面形状为工字形，具有上、下两个平行测量面。主要用来检验机床导轨的平面度、直线度和平行度误差
矩形平尺		截面形状为矩形，具有上、下两个平行测量面。主要用来检验机床导轨的平面度、直线度和平行度误差
角形平尺		俗称燕尾平尺，截面形状为三角形，具有两个互成一定角度的测量面。主要用来检验机床燕尾导轨的平面度、直线度和角度误差

表 5—1—2　　铸铁平尺准确度等级及要求（摘自 GB/T 24760—2009）

准确度等级	工作面的直线度（μm/任意 200 mm）	接触点面积比率（25 mm×25 mm 内）	接触点数（25 mm×25 mm 内）
00 级	1.1	20%	25
0 级	1.8	20%	25
1 级	4	16%	25
2 级	7	10%	20

2. 三角形直角尺和方尺

（1）三角形直角尺　如图 5—1—10a 所示，侧面形状为三角形，用于安装或调修设备时，检验零件或部件有关表面的垂直度。

（2）方尺　如图 5—1—10b 所示，具有相邻互为垂直面的四个测量面，主要用于检验零件或部件的垂直度和平行度。

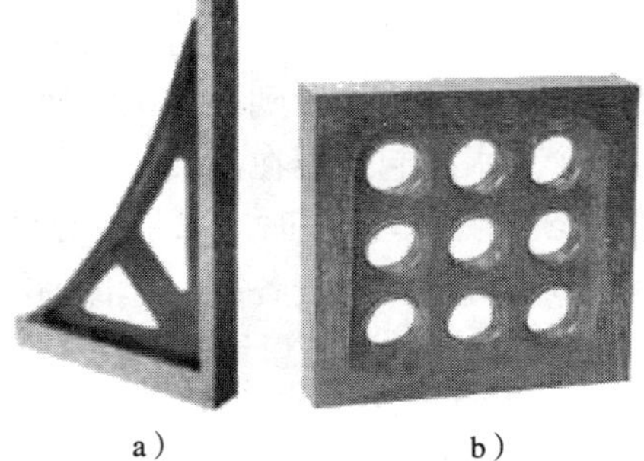

图 5—1—10　三角形直角尺和方尺

3. 垫铁

一种检验导轨精度的通用器具，主要用作水平仪及百分表等测量器具的垫铁。材料多为铸铁，根据使用目的和导轨形状不同，可做成多种形状，如图 5—1—11 所示。

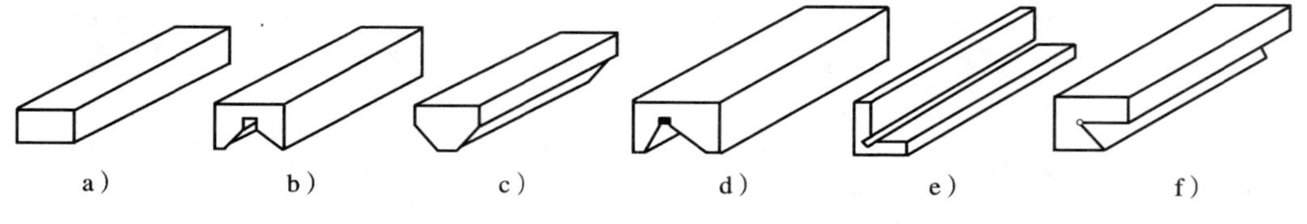

图 5—1—11　垫铁

a）平面垫铁　b）凹 V 形等边垫铁　c）凸 V 形等边垫铁　d）凹 V 形不等边垫铁　e）直角垫铁　f）55°角形垫铁

4. 检验棒

检验棒主要用来检查机床主轴及套筒类零、部件的径向圆跳动、轴向窜动、同轴度、平行度等，是机床装配工作中常备器具之一。

检验棒通常用碳素工具钢、合金工具钢或轴承钢制成，工作面的硬度不低于 58HRC，经热处理及精密加工，精度较高。为减轻质量可以做成空心的；为便于装拆、保管，还可以做出拆卸螺纹及吊挂用小孔。用完要清洗、涂油，并吊挂保存。常用的有莫氏锥柄检验棒、7∶24 锥柄检验棒和圆柱检验棒等，如图 5—1—12 所示。检验棒的精度分为普通级（P 级）和精密级（M 级）两个等级。

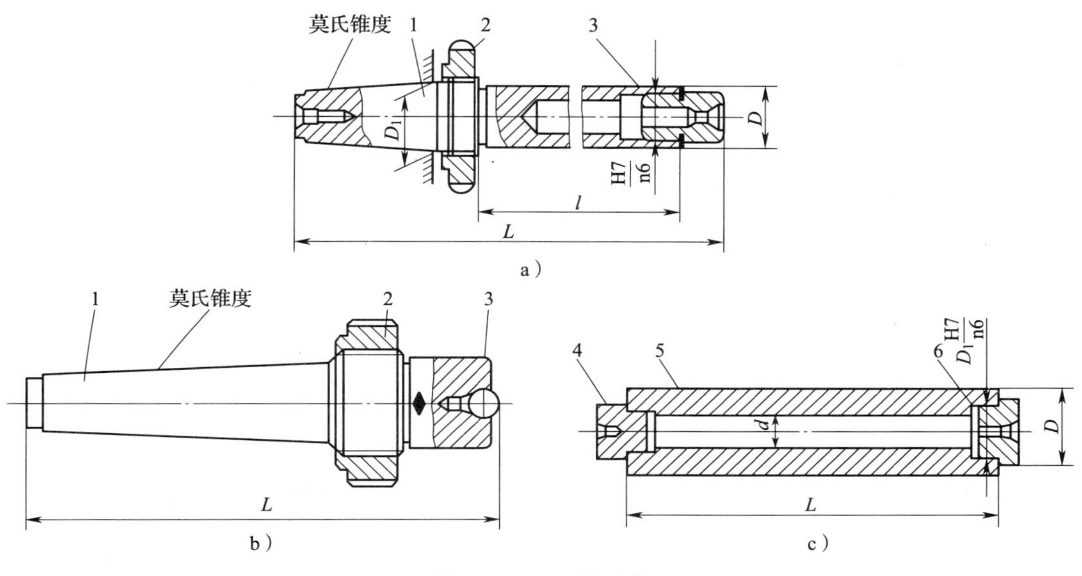

图 5—1—12 检验棒

a）莫氏锥柄长检验棒 b）莫氏锥柄短检验棒 c）圆柱检验棒

1—莫氏锥柄 2—退卸螺母 3—测量圆柱面 4、6—工艺塞 5—测量圆柱面

5. 检验桥板

检验桥板是检验机床导轨面间相互位置精度的一种工具，一般与水平仪、百分表结合使用。按导轨的不同形状，可以做成不同的支承结构形式，图 5—1—13a 所示为常用的一种。该检验桥板与导轨接触部分及本身的跨度可以调整和更换，以适应多种床身导轨组合的测量。如图 5—1—13b 所示，可用于凹 V 形与平面组合导轨。

6. 水平仪

水平仪是利用水准器气泡偏移来测量被测平面相对水平面微小倾角的角度测量仪器，俗称气泡式水平仪，主要用来测量导轨在垂直平面内的直线度、工作台的平面度及零件间的垂直度和平行度等。有条式水平仪、框式水平仪和合像水平仪等，如图 5—1—14 所示。其中框式水平仪在机床安装与修理中最为常用。

（1）框式水平仪的结构　框式水平仪由正方形框架、主水准器和副水准器组成，具有一个基座测量面及两个垂直测量面，且水准器气泡固定或可相对基座测量面调整，如图 5—1—15 所示。框架的测量面上有 V 形槽，以便在圆柱面或三角形导轨上进行测量。

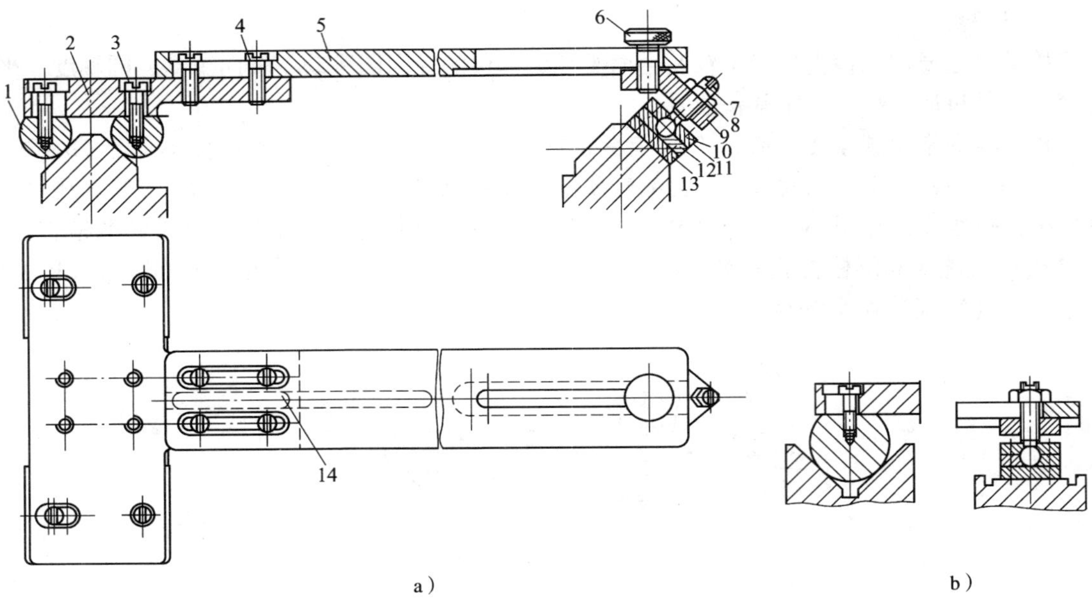

图 5—1—13　检验桥板

1—半圆棒　2—T 形板　3、4—圆柱头螺钉　5—桥板　6—滚花螺钉　7—调整杆
8—六角螺母　9—滑动支承板　10—圆柱头铆钉　11—盖板　12—垫板　13—接触板　14—平键

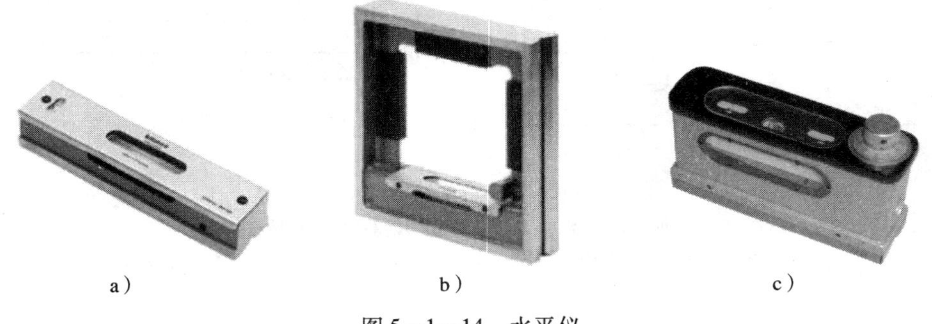

图 5—1—14　水平仪

a）条式水平仪　b）框式水平仪　c）合像水平仪

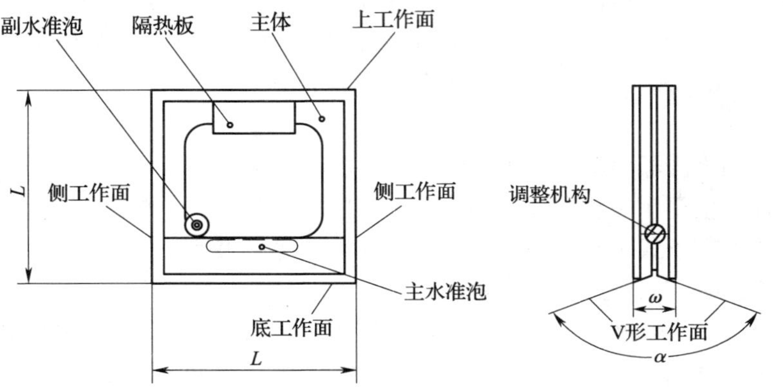

图 5—1—15　框式水平仪结构

水准器是一个封闭的玻璃管，管内装有酒精或乙醚，并留有一定长度的气泡。玻璃管内表面制成一定曲率半径的圆弧面，外表面刻有与曲率半径相对应的刻线。因为水准器内的液面始终保持在水平位置，气泡将相对于刻线移动一段距离。

其规格及基本参数见表5—1—3。

表5—1—3　　框式水平仪的规格及基本参数（摘自GB/T 16455—2008）

规格/mm	分度值/（mm/m）	工作面长度 L/mm	工作面宽度 ω/mm	V形工作面夹角 α/（°）
100	0.02；0.05；0.10	100	≥30	120～140
150		150	≥35	
200		200		
250		250	≥40	
300		300		

（2）框式水平仪的标记原理　框式水平仪的精度用分度值表示（0.02 mm/1 000 mm最为常用），即气泡移动一个分度所代表的量值，指气泡移动一个分度，工作面所需要倾斜的角度。其原理如图5—1—16所示，假设平板处于自然水平，在平板上放一根1 m长的平行平尺，此时水平仪的标记为“零”，即水平状态。如将平尺一端抬起0.02 mm，相当于使平尺与平板平面形成4″的角度。如果此时水平仪的气泡向右移动一格，则该水平仪分度值规定为每格0.02/1 000，读作千分之零点零二。

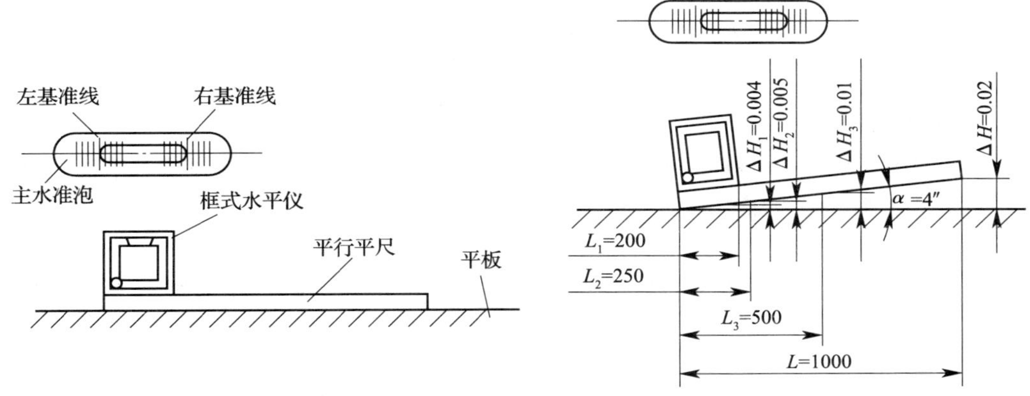

图5—1—16　水平仪的读数原理

水平仪是一种测角量仪，它的测量单位用斜率作标记，如0.02 mm/1 000 mm，其含义是测量面与水平面倾斜角为4″，斜率是0.02/1 000，而此时平尺两端的高度差，则因测量长度不同而不同。在图5—1—16中，按相似三角形比例关系可得：

在离左端200 mm处，$\Delta H_1 = 0.02 \times 200/1000 = 0.004$ mm

在离左端250 mm处，$\Delta H_2 = 0.02 \times 250/1000 = 0.005$ mm

在离左端500 mm处，$\Delta H_1 = 0.02 \times 500/1000 = 0.01$ mm

因此，在用水平仪测量导轨直线度时，与测量用垫铁跨度有关。

（3）框式水平仪的示值读取方法　常用的读数方法有绝对读数法和平均值读数法两种。

1）绝对读数法　水准器气泡在中间位置时读作 0。以左基准线或右基准线为基准，气泡向任意一端偏离基准线的格数，即为实际偏差示值。通常偏离起端作为“+”，偏向起端作为“-”。一般习惯由左向右测量，把气泡向右移动作为“+”，向左移动作为“-”，如图 5—1—17a 所示为 +2 格。

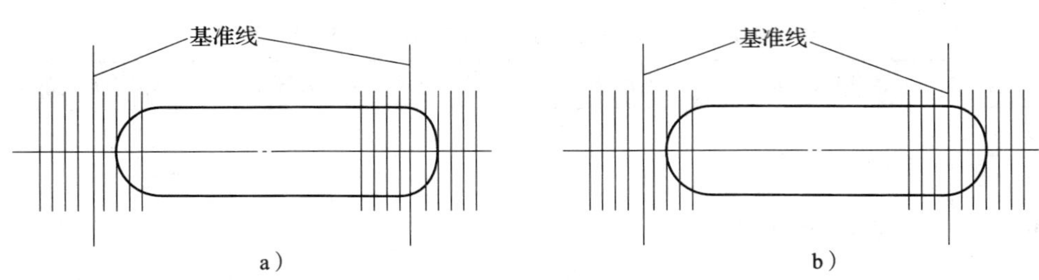

图 5—1—17　水平仪的读数方法
a）绝对读数法　b）平均值读数法

2）平均值读数法　分别以左基准线和右基准线为“0”基准，把读取的两数值相加除以 2，即为此处的实际偏差示值。如图 5—1—17b 所示，气泡右端偏离右基准线 3 格，气泡左端也向右偏离左基准线 2 格，实际读取为 +2.5 格，即右端比左端高 2.5 格。平均值读取法不受环境温度影响，读取精度较高。

技能训练

导轨在垂直平面内的直线度测量

1. 训练内容

用分度值为 0.02 mm/1 000 mm 的框式水平仪测量长 1 600 mm 导轨在垂直平面内直线度误差，水平仪垫铁长度为 200 mm。

2. 训练准备

（1）工具、量具：框式水平仪、可调垫铁、水平仪垫铁、记录用的纸笔、坐标纸、棉布。

（2）材料：导轨。

3. 操作步骤

（1）用一定长度的垫铁安放水平仪，不能直接将水平仪置于被测导轨表面上。

（2）将水平仪置于导轨中间及两端位置，调平导轨。

（3）将水平仪连同水平仪垫板放置在导轨的一端，移动水平仪垫板进行测量，每次移动距离为 200 mm，首尾相接，中间不得出现间隔，也不得有测量区域重叠。并提取各段示值，如图 5—1—18 所示。

（4）把各段示值逐段积累，画出导轨直线度曲线图，如图 5—1—19 所示。作图时，导轨的长度为横坐标，水平仪读数为纵坐标。根据水平仪读数依次画出各折线段，每一段的起点与前一段的终点重合。

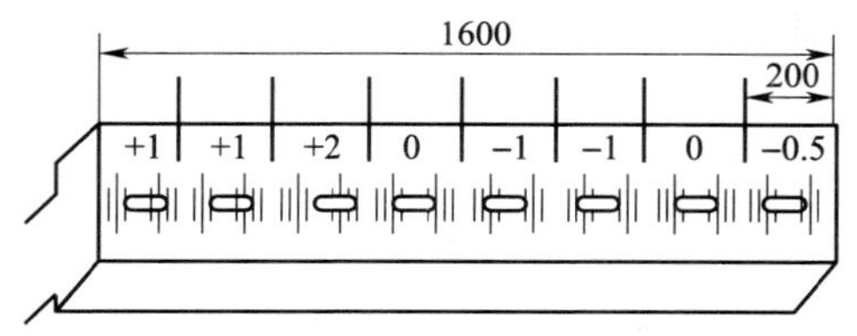

图 5—1—18　框式水平仪测量导轨

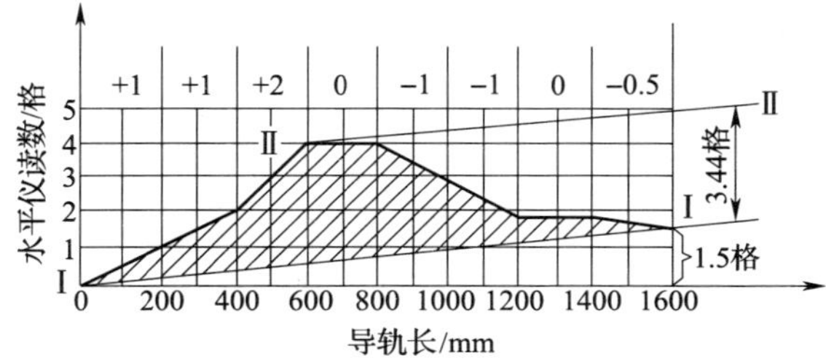

图 5—1—19　导轨直线度误差曲线图

（5）用两端点连线法或最小区域法确定最大误差格数和误差曲线形状。

1）两端点连线法　如图 5—1—20 所示，若导轨直线度误差曲线呈单凸或单凹时，作首尾两端点连线Ⅰ—Ⅰ，并过曲线最高点（或最低点），作Ⅰ—Ⅰ的平行直线Ⅱ—Ⅱ。两平行线之间沿 Y 轴方向的最大纵坐标值即为最大误差值。

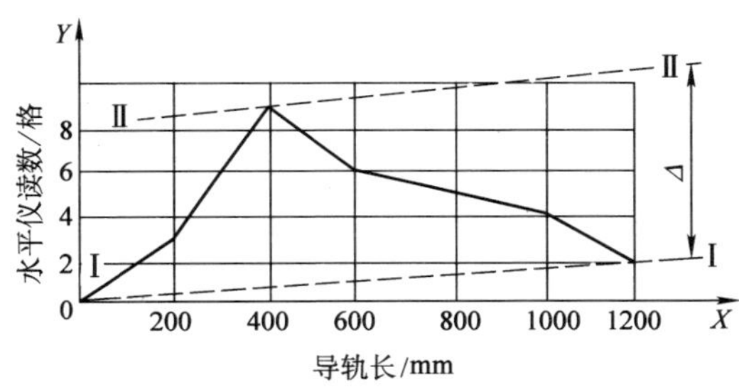

图 5—1—20　两端点连线法

2）最小区域法　如图 5—1—21 所示，当直线误差曲线有凸有凹呈波折状时，过曲线上两个最低点（或两个最高点）作一条包容线Ⅰ—Ⅰ；过曲线上最高点（或最低点）作平行于Ⅰ—Ⅰ的另一条包容线Ⅱ—Ⅱ，将误差曲线全部包容在两平行线之间，两线之间沿 Y 轴方向的最大坐标值即为最大误差。

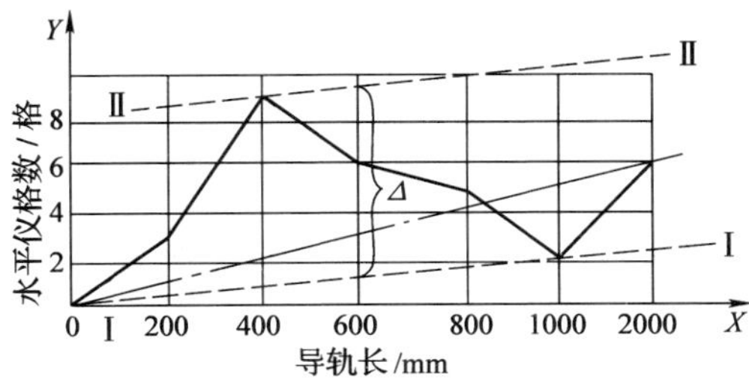

图 5—1—21　最小区域法

由导轨直线度误差曲线图可知，导轨直线度误差呈单凸，采用两端点连线法确定最大误差格数。

按相似三角形解法：

$$n=4-(600\times1.5)/1\ 600=4-0.56\approx3.44\ (格)$$

（6）按误差格数换算导轨直线度误差值，一般按下式计算：

$$\Delta=nil$$

式中 Δ——导轨直线度误差数值，mm；

n——曲线图中最大误差格数；

i——水平仪分度值；

l——每段测量长度，mm。

故导轨直线度误差值为：

$$\Delta=nil=3.44\times0.02/1\ 000\times200=0.014\ (mm)$$

4. 评分标准（见表5—1—4）

表5—1—4　　评分标准

序号	项目与技术要求		配分	评分标准	检测结果		得分
					学生自测	教师检测	
1	测量	测量前对导轨的清理与清洗	5	不符合要求全扣			
2		准备工具齐全合理	5	不符合要求全扣			
3		导轨初步找平	15	不符合要求全扣			
4		测量方法正确	20	不符合要求全扣			
5		水平仪读数准确	15	不符合要求全扣			
6		作误差曲线图正确	15	不符合要求全扣			
7		导轨形状分析正确	15	不符合要求全扣			
8	安全文明生产		10	酌情扣分			

复习思考题

1. 使用手电钻、电磨头、电剪刀、电动扳手应注意什么？

2. 使用千斤顶、手动葫芦、手动液压升降车、单梁桥式起重机应注意什么？

3. 常用铸铁平尺有哪几种？有何用途？

4. 简述框式水平仪的标记原理。

5. 框式水平仪示值读取方法有哪两种？如何读取？

6. 有一车床导轨长2 000 mm，水平仪垫铁长为250 mm，读数精度为0.02 mm/1 000 mm。分8次测量，读数依次为：+1、+1、+1、+0.5、+0.5、−1、0、−1。试求：

（1）画出导轨在垂直平面内直线度误差曲线图。

（2）求出导轨全长内直线度误差。

（3）计算导轨每米长度内直线度误差值。

课题二
金属切削机床型号

金属切削机床是指用切削、特种加工等方法主要用于加工金属工件，使之获得所要求的几何形状、尺寸精度和表面质量的机器（便携式除外）。它是机械制造业中的主要加工设备，其种类繁多。为了便于管理，通常用代号来表示金属切削机床的类别、结构、特征及主要技术参数等。

一、通用金属切削机床的型号

1. 型号的组成

我国目前执行的金属切削机床型号是按 GB/T 15375—2008《金属切削机床 型号编制方法》编制的。此标准适用于新设计的各类通用及专用金属切削机床和自动线（不包括组合机床、特种加工机床）。其通用型号构成如图 5—2—1 所示。

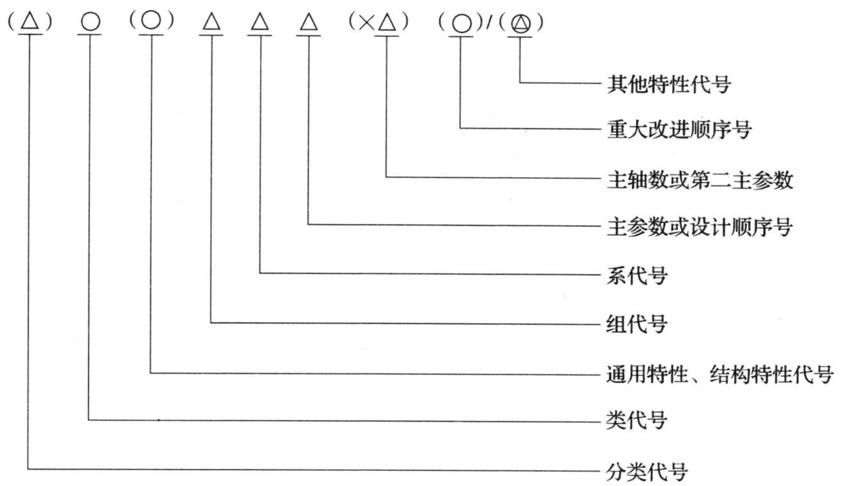

图 5—2—1 金属切削机床通用型号构成示意图

金属切削机床的通用型号由基本部分和辅助部分组成，中间用“/”隔开，读作“之”。基本部分需统一管理，辅助部分纳入型号与否由企业决定。其中，有“（ ）”的代号或数字，当无内容时，则不表示，若有内容则不带括号；有“○”符号的，为大写的汉语拼音字母；有“△”符号的，为阿拉伯数字；有“◎”符号的，可为大写的汉语拼音字母，或阿拉伯数字，或两者兼而有之。

2. 金属切削机床的分类及其代号

金属切削机床按其工作原理划分为车床、钻床、镗床、磨床、齿轮加工机床、螺纹加工机床、铣床、刨插床、拉床、锯床和其他机床等共 11 类。

类代号用大写的汉语拼音字母表示。必要时，每类可分为若干分类。分类代号在类代号之前，作为型号的首位，并用阿拉伯数字表示。第一分类代号前的“1”省略，第“2”、“3”分类代号则应予以表示。金属切削机床的分类及代号见表5—2—1。

表5—2—1　　金属切削机床的分类和代号（摘自GB/T 15375—2008）

类别	车床	钻床	镗床	磨床			齿轮加工机床	螺纹加工机床	铣床	刨插床	拉床	锯床	其他机床
代号	C	Z	T	M	2M	3M	Y	S	X	B	L	G	Q
读音	车	钻	镗	磨	二磨	三磨	牙	丝	铣	刨	拉	割	其

知识拓展

对于具有两类特性的机床编制时，主要特性应放在后面，次要特性应放在前面。例如铣镗床是以镗为主，铣为辅。

3. 特性代号

（1）通用特性代号　当某类型机床，除有普通型外，还有某种通用特性时，则在类别代号之后加通用特性代号予以区分。通用特性代号有统一的规定含义，它在各类机床的型号中，表示的意义相同。通用特性代号用大写的汉语拼音字母表示，按其相应的汉字字意读音，其代号见表5—2—2。如果某类型机床仅有通用特性，而无普通型式时，则通用特性不予表示。当在一个型号中需要同时使用2~3个普通特性代号时，一般按重要程度来排列先后顺序。例如，“BM”表示半自动精密机床。

表5—2—2　　机床的通用特性代号（摘自GB/T 15375—2008）

通用特性	高精度	精密	自动	半自动	数控	加工中心（自动换刀）	仿形	轻型	加重型	柔性加工单元	数显	高速
代号	G	M	Z	B	K	H	F	Q	C	R	X	S
读音	高	密	自	半	控	换	仿	轻	重	柔	显	速

（2）结构特性代号　对主参数值相同而结构、性能不同的机床，在型号中加结构特性代号予以区别分。根据各类机床的具体情况，对某些结构特性代号，可以赋予一定含义，但结构特性代号与通用特性代号不同，它在型号中没有统一的含义，只在同类机床中起区分机床结构、性能不同的作用。当型号中有通用特性代号时，结构特性代号应排在通用特性代号之后。结构特性代号用大写的汉语拼音字母（通用特性代号已用的字母和“I”、“O”两个字母不能用）A、B、C、D、E、L、N、P、T、Y表示。例如，CA6140型卧式车床型号中的“A”为结构特性代号，表示这种型号车床在结构上有别于C6140型车床。当单个字母不够用时，可将两个字母组合起来使用，如AD、AE等，或DA、EA等。

4. 组、系代号

国家标准将每类机床划分为十个组，每个组又划分为十个系（系列）。其组、系划分的原则是：在同一类机床中，主要布局或使用范围基本相同的机床，即为同一组。在同一组机床中，主参数相同，主要结构及布局形式相同的机床，即为同一系。机床的组代号用一位阿拉伯数字表示，位于类别代号或通用特性代号、结构特性代号之后；机床的系代号用一位阿拉伯数字表示，位于组代号之后。例如，CA6140 型卧式车床型号中的“61”，表示它属于车床类第 6 组，第 1 系列。具体机床的组、系划分见 GB/T 15375—2008。

5. 主参数

机床主参数表示机床规格大小并反映机床最大工作能力。在机床型号中，主参数用折算值表示，位于系代号之后。当折算值大于 1 时，则取整数，前面不加“0”，当折算值小于 1 时，则取小数点后第一位数，并在前面加“0”。各类机床的主参数及折算系数见 GB/T 15375—2008。

6. 通用机床的设计顺序号

某些通用机床，当无法用一个主参数表示时，则在型号中用设计顺序号表示。设计顺序号由 1 起始，当设计顺序号小于 10 时，由 01 开始编号。

7. 主轴数和第二主参数

对于多轴车床、多轴钻床、排式钻床等机床，其主轴数应以实际数值列入型号，置于主参数之后，用“×”分开，读作“乘”。单轴可省略，不予表示。

第二主参数（多轴机床的主轴数除外），一般不予表示，如有特殊情况，需在型号中表示。在型号中表示的第二主参数，一般以折算成两位数为宜，最多不超过三位数。以长度、深度值等表示的，其折算系数为 1/100；以直径、宽度值表示的，其折算值为 1/10；以厚度、最大模数值等表示的，其折算系数为 1。当折算值大于 1 时，则取整数；当折算值小于 1 时，则取小数点后第一位数，并在前面加“0”。

8. 重大改进顺序号

当机床的结构、性能有更高的要求，并需按新产品重新设计、试制和鉴定时，为区别原机床型号，要在型号基本部分的尾部按改进的先后顺序选用 A、B、C 等汉语拼音字母（但“I”、“O”两个字母不能用）表示。

知识拓展

重大改进设计不同于完全的新设计，它是在原有机床的基础上进行改进设计，因此重大改进后的产品与原型号的产品，是一种取代关系。

凡属局部的小改进，或增减某些附件、测量装置及改变装夹工件的方法等，因对原机床的结构、性能没有作重大的改变，故不属重大改进，其型号不变。

9. 其他特性代号

其他特性代号置于辅助部分之首。其中同一型号机床的变型代号，一般应放在其他特性代号之首位。其他特性代号主要用以反映各类机床的特性。如：对于数控机床，可用来反映不同的控制系统等；对于加工中心，可用以反映控制系统、联动轴数、自动交换主轴头、自动交换工作台等；对于柔性加工单元，可用以反映自动交换主轴箱；对于一机多能机床，可用以补充表示某些功能；对于一般机床，可以反映同一型号机床的变型等。

其他特性代号可用汉语拼音字母（“I”、“O”两个字母除外）表示，其中L表示联动轴数，F表示复合。当单个字母不够用时，可将两个字母组合使用，如AB、AC、AD或BA、CA、DA等。也可用阿拉伯数字表示，还可以用阿拉伯数字和汉语拼音字母组合表示。

二、型号示例

1. CA6140型卧式车床

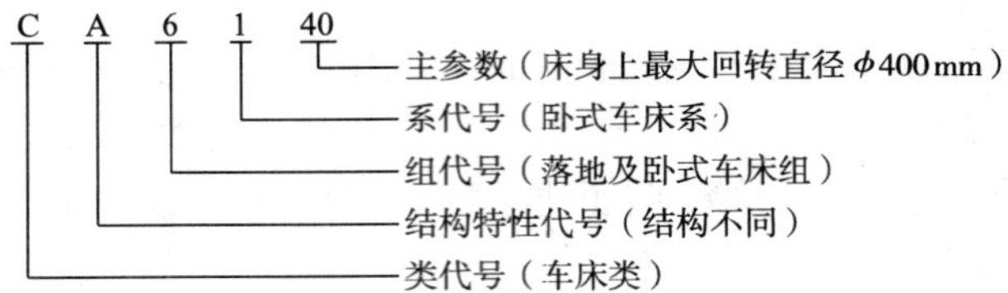

2. CK6140型数控车床

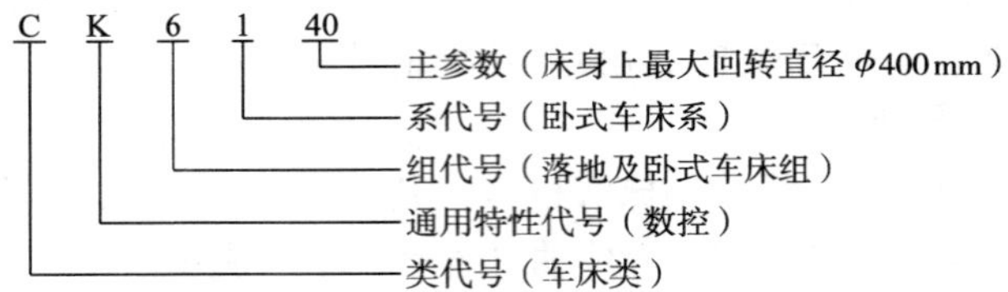

3. Z5625×4A型四轴立式排钻床

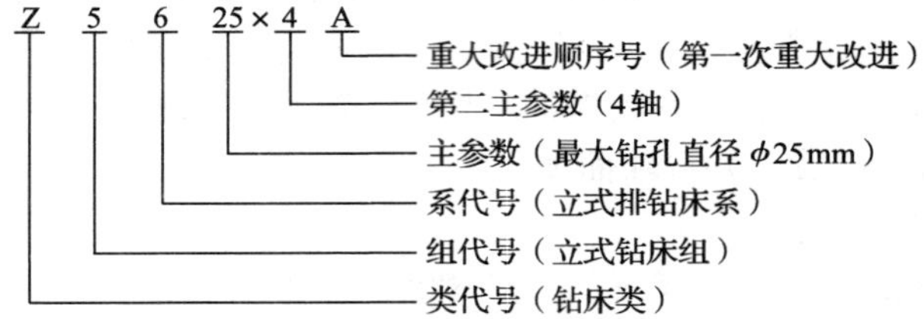

4. Z3050×16型摇臂钻床

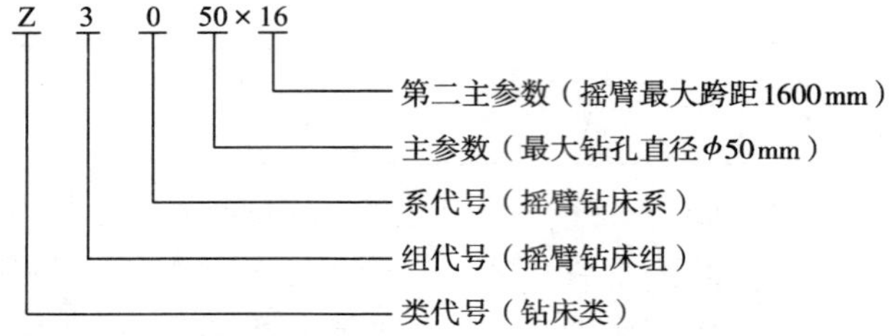

5. MBE1432型半自动万能外圆磨床

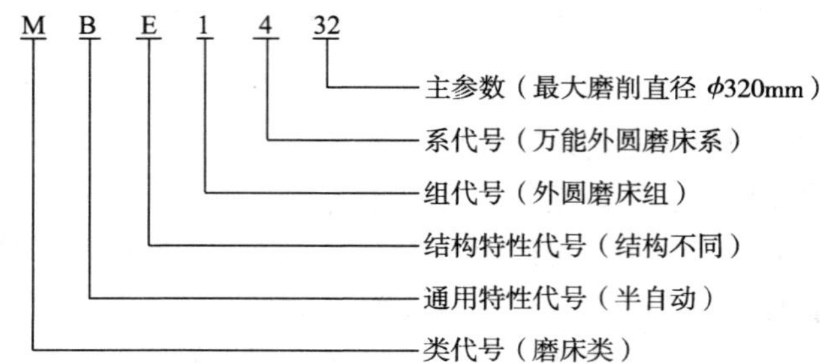

6. XK714/C 型数控床身铣床

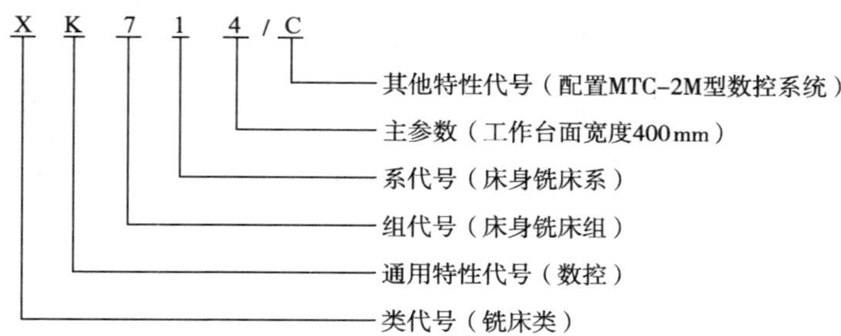

复习思考题

1. 简述机床通用型号的构成。
2. 说出下述金属切削机床型号的含义：
   CM6132，Z3040×16，Z4012，Z5125，M1432A，M7130，X5030B
3. 金属切削机床型号中的通用特性代号与结构特性代号有何区别？

课题三 CA6140 型卧式车床及其传动系统

车床是指主要用车刀在工件上加工旋转表面的机床。在金属切削机床中约占总数的20%～30%。其中 CA6140 型卧式车床是我国自行设计、技术较为成熟的一种，应用极为广泛，其传动机构和结构形式比较典型。

一、车床功用

卧式车床在车床中的加工工艺范围较为广泛，它适用于加工各种轴类、套筒类和盘类工件上的各种回转表面，如车削内外圆柱面、内外圆锥面、环槽和成形回转表面；车削端面及各种螺纹；还可用钻头、扩孔钻和铰刀进行内孔加工；还能用丝锥、圆板牙加工内、外螺纹以及进行滚花等工作。如图 5—3—1 所示为卧式车床上所能完成的典型加工表面。

二、车床运动分析

车床的运动按功用来分，可分为表面成形运动和辅助运动。

1. 表面成形运动

表面成形运动即车床为加工各种成型面所需的运动。它分为主运动和进给运动。

（1）主运动　工件的旋转运动。其作用是使车刀与工件做相对运动，以完成切削工作。用转速 n（r/min）表示。

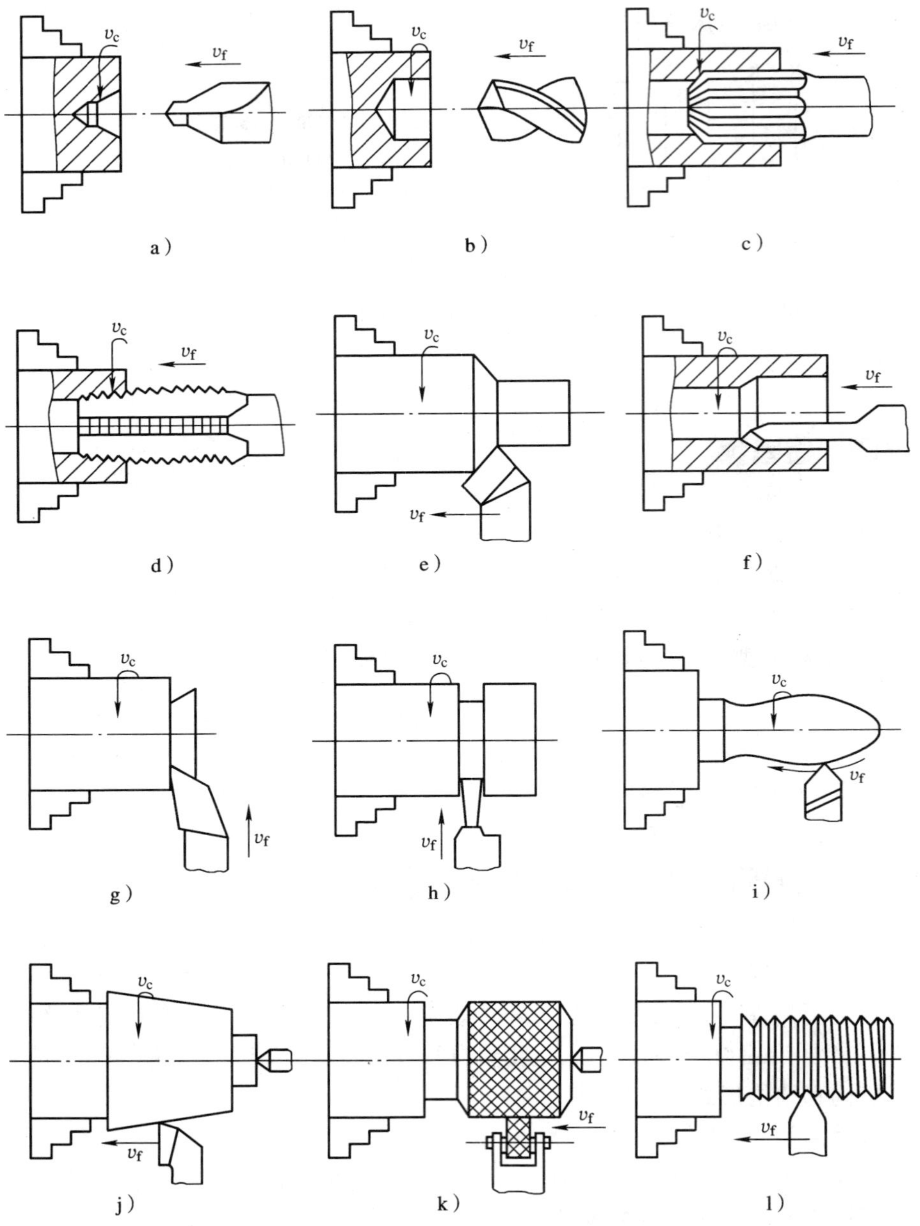

图 5—3—1　卧式车床典型加工表面

a）钻中心孔　b）钻孔　c）铰孔　d）攻螺纹　e）车外圆　f）车孔　g）车端面　h）车槽　i）车成型面　j）车锥面　k）滚花　l）车螺纹

（2）进给运动　车刀的纵向进给和横向进给运动。车刀的纵向进给运动是指刀具沿平行于工件中心线的纵向移动，如车外圆、车螺纹等。车刀的横向进给运动是指刀具沿垂直于工件中心线的横向移动，多用于车端面及切断等。

2. 辅助运动

为实现机床的辅助工作而必需的运动称为辅助运动。辅助运动包括刀具的移近、退回、工件的夹紧等。在卧式车床上这些运动通常由操作者用手工操作来完成。

为了减轻操作者的劳动强度和节省移动刀架所耗费的时间，CA6140 型卧式车床还具有由单独电动机驱动的刀架，以便实现纵向及横向的快速移动。

三、CA6140 型卧式车床组成

CA6140 型卧式车床的组成如图 5—3—2 所示，主要部件包括：

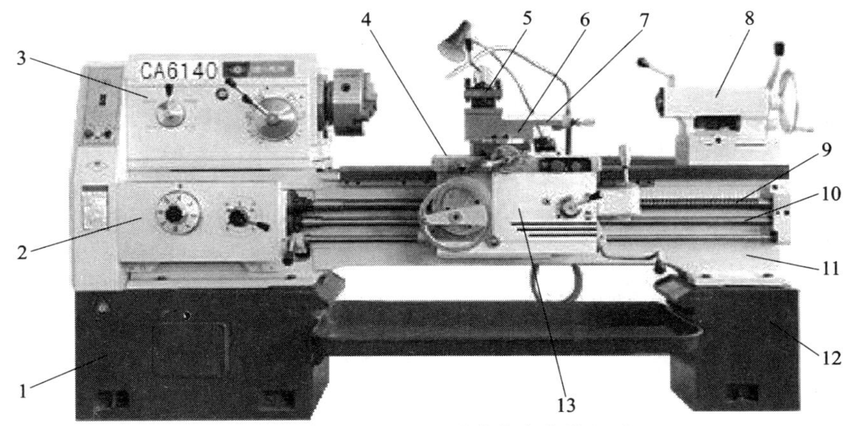

图 5—3—2 CA6140 型卧式车床的组成

1、12—床脚 2—进给箱 3—主轴箱 4—床鞍 5—刀架 6—中滑板 7—小滑板 8—尾座 9—丝杠 10—光杠 11—床身 13—溜板箱

（1）床身 床身 11 是车床的基本支承件。它固定在左床脚 1 和右床脚 12 上，其上部有两组导轨（床鞍导轨和尾座导轨）。车床的各个主要部件均安装在床身上，并保持各部件间具有准确的相对位置。

（2）主轴箱 主轴箱 3 固定在床身 11 的左上面，主要用来支承工件并带动工件旋转。其内部装有变速和换向等机构，以实现所需的转速、转向及停车。主轴前端可安装卡盘等夹具，用以装夹工件。

（3）进给箱 进给箱 2 固定在床身 11 的左前侧。进给箱是进给运动传动链中主要的传动比变换装置，它的功用是改变被加工螺纹的导程或机动进给的进给量。

（4）溜板箱 溜板箱 13 固定在床鞍 4 的底部，其内部装有互锁安全装置和开合螺母等机构。通过外部各操纵手柄可实现手动或机动纵向进给和横向进给以及车削螺纹加工。在溜板箱的右侧装有快速移动机构，以实现床鞍和中滑板的快速移动。

（5）尾座 尾座 8 安装在床身尾座导轨上，可沿导轨移至所需的位置。尾座套筒内安装顶尖时，可用来支承较长工件；安装钻头、铰刀或攻螺纹和套螺纹工具时，可在工件上完成孔和螺纹加工。

（6）光杠 光杠 10 将进给运动传递给溜板箱，实现自动进给。

（7）丝杠 丝杠 9 将进给运动传递给溜板箱，完成螺纹车削。

（8）床鞍 床鞍 4 与溜板箱连接，可带动车刀沿床身导轨作纵向移动。

（9）中滑板 中滑板 6 可带动车刀沿床鞍上的导轨作横向移动。

（10）小滑板 小滑板 7 可沿转盘上的导轨作短距离移动。当转盘扳转一定角度后，小滑板还可带动车刀作相应的斜向运动。

（11）刀架 刀架 5 用来装夹车刀，最多可同时装夹四把。松开锁紧手柄即可转位，选用所需车刀。

四、CA6140 型卧式车床主要技术性能

床身上最大回转直径	ϕ400 mm
最大工件长度	750 mm、1 000 mm、1 500 mm、2 000 mm
最大车削长度	650 mm、900 mm、1 400 mm、1 900 mm
刀架上最大工件回转直径	ϕ210 mm
主轴中心至床身平面导轨距离（中心高）	205 mm
主轴内孔直径	ϕ48 mm
主轴孔前端锥度	莫氏 6 号
主轴转速	正转分 24 级：10 ~ 1 400 r/min
	反转分 12 级：14 ~ 1 580 r/min
进给量	纵向分 64 级：0. 028 ~ 6. 33 mm/r
	反向分 64 级：0. 014 ~ 3. 16 mm/r
床鞍及刀架纵向快速移动速度	4 m/min
车削螺纹范围	公制螺纹 44 种：P = 1 ~ 192 mm
	英制螺纹 20 种：α = 24 ~ 2 扣/in
	模数螺纹 39 种：m = 0. 25 ~ 48 mm
	径节螺纹 37 种：DP = 96 ~ 1 牙/in
主电动机功率	7. 5 kW 1 450 r/min
床鞍快速移动电动机	250 W 1 360 r/min
机床外形尺寸（长 × 宽 × 高）	2 668 mm × 1 000 mm × 1 267 mm
机床质量（最大工件长度为 1 000 mm 的机床）	2 010 kg

五、CA6140 型卧式车床的传动系统

CA6140 型卧式车床的传动系统由主运动传动系统（由电动机到主轴的运动）和进给运动传动系统（由主轴到刀架的运动）构成，其传动关系如图 5—3—3 所示。图 5—3—4 为 CA6140 型卧式车床传动系统图。

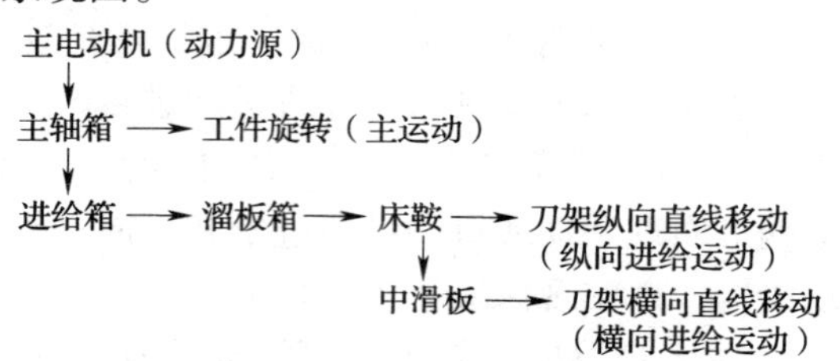

图 5—3—3　CA6140 型卧式车床传动关系示意图

1. 主运动传动链

主运动传动链是将主电动机动力传给主轴（即首端为主电动机，末端为主轴），同时完成主轴启动、停止、换向和变速。

如图 5—3—4 所示，主运动由主电动机经 V 带传到轴 Ⅰ。轴 Ⅰ 装有双向多片式摩擦离合器 M1，M1 两边齿轮均空套在轴 Ⅰ 上，当压紧 M1 左边摩擦片时（主轴正转），轴 Ⅰ 运动经左边齿轮$\frac{56}{38}$或$\frac{51}{43}$传给轴 Ⅱ，可使主轴正转。当压紧 M1 右边摩擦片时（主轴反转），轴 Ⅰ 运动经右齿轮$\frac{50}{34}$和$\frac{34}{30}$传给轴 Ⅱ，由于在此处增加了惰轮 34，从而实现主轴反转。当 M1 处于中间位置时，主轴停止转动。

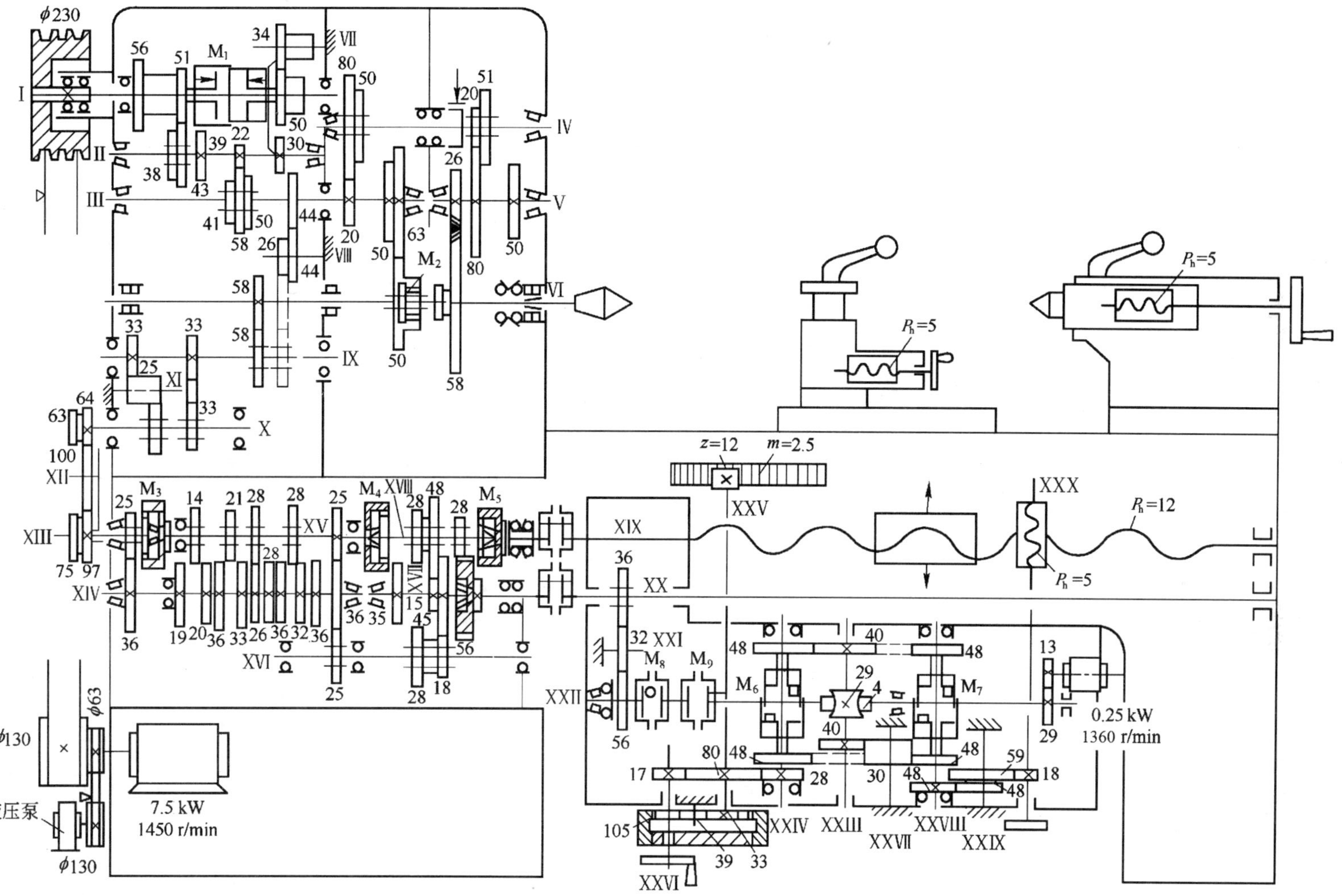

图 5—3—4 CA6140 型卧式车床传动系统图

轴Ⅱ运动经三联齿轮滑块的三对齿轮$\frac{22}{58}$、$\frac{30}{50}$或$\frac{39}{41}$传给轴Ⅲ。

轴Ⅲ到主轴的传动，有两种传动路线。当齿形离合器 M2 移到左端时，轴Ⅲ运动经齿轮$\frac{63}{50}$直接传给主轴，此传动路线为高速线。当齿形离合器 M2 移至右端时，轴Ⅲ运动经齿轮$\frac{20}{80}$或$\frac{50}{50}$传给Ⅳ轴，再经齿轮$\frac{20}{80}$或$\frac{51}{50}$传给Ⅴ轴，最后经齿轮$\frac{26}{58}$传给主轴，此传动路线为低速线。

CA6140 型卧式车床主运动传动结构式如下：

$$\text{电动机}-\frac{130}{230}-\text{Ⅰ}-\left\{\begin{array}{l}\overleftarrow{\text{M1}}\left\{\begin{array}{c}\frac{51}{43}\\ \frac{56}{38}\end{array}\right\}\\ \overrightarrow{\text{M1}}\ \frac{50}{34}\times\frac{34}{30}\end{array}\right\}-\text{Ⅱ}-\left\{\begin{array}{c}\frac{39}{41}\\ \frac{22}{58}\\ \frac{30}{50}\end{array}\right\}-\text{Ⅲ}-\left\{\begin{array}{l}\frac{63}{50}-\overleftarrow{\text{M2}}\\ \left\{\begin{array}{c}\frac{20}{80}\\ \frac{50}{50}\end{array}\right\}-\text{Ⅳ}-\left\{\begin{array}{c}\frac{20}{80}\\ \frac{51}{50}\end{array}\right\}-\text{Ⅴ}-\frac{26}{58}-\overrightarrow{\text{M2}}\end{array}\right\}\text{—主轴Ⅵ}$$

根据主运动传动结构式，可列出主运动平衡方程式如下：

$$n_{主轴}=n_{主电动机}\cdot i_{带}\cdot i_{齿轮}\cdot \varepsilon$$

式中　$n_{主轴}$——车床主轴的转速，r/min；

$n_{主电动机}$——主电动机转速，r/min；

$i_{带}$——带传动比；

$i_{齿轮}$——齿轮总传动比；

ε——带传动的滑动系数，一般 $\varepsilon=0.98$。

按以上平衡方程式，CA6140 型卧式车床主轴最高速为：

$$n_{最高}=1\ 450\times\frac{130}{230}\times\frac{56}{38}\times\frac{39}{41}\times\frac{63}{50}\times0.98\approx1\ 400\ \text{(r/min)}$$

最低速为：

$$n_{最低}=1\ 450\times\frac{130}{230}\times\frac{51}{43}\times\frac{22}{58}\times\frac{20}{80}\times\frac{20}{80}\times\frac{26}{58}\times0.98\approx10\ \text{(r/min)}$$

由传动系统图和传动结构式可知：

主轴正转高速线转速级数 = 1（轴Ⅰ）×2（轴Ⅱ）×3（轴Ⅲ）×1（轴Ⅵ）=6（级）

主轴正转低速线转速级数 = 1（轴Ⅰ）×2（轴Ⅱ）×3（轴Ⅲ）×2（轴Ⅳ）×2（轴Ⅴ）×1（轴Ⅵ）=24（级）

因此，主轴正转级数为 6 + 24 = 30 级。但在轴Ⅲ到轴Ⅴ的传动比中，有两种传动比基本相同$\left(\frac{20}{80}\times\frac{51}{50}\approx\frac{1}{4};\ \frac{51}{50}\times\frac{20}{80}=\frac{1}{4}\right)$，所以，主轴实际正转级数为 6 + ［1×2×3×（2×2－1）×1］=6 + 18 = 24 级。

主轴反转时，由于从轴Ⅰ到轴Ⅱ只有一种传动比，所以，主轴实际反转级数为正转级数的一半，即 12 级。

2. 进给运动传动链

进给运动传动链是使刀架实现纵向、横向运动或车削螺纹运动的传动链，首端为主轴，末端为刀架的纵向或横向移动。CA6140 型卧式车床的进给传动系统如图 5—3—4 所示，其传动结构式如图 5—3—5 所示。

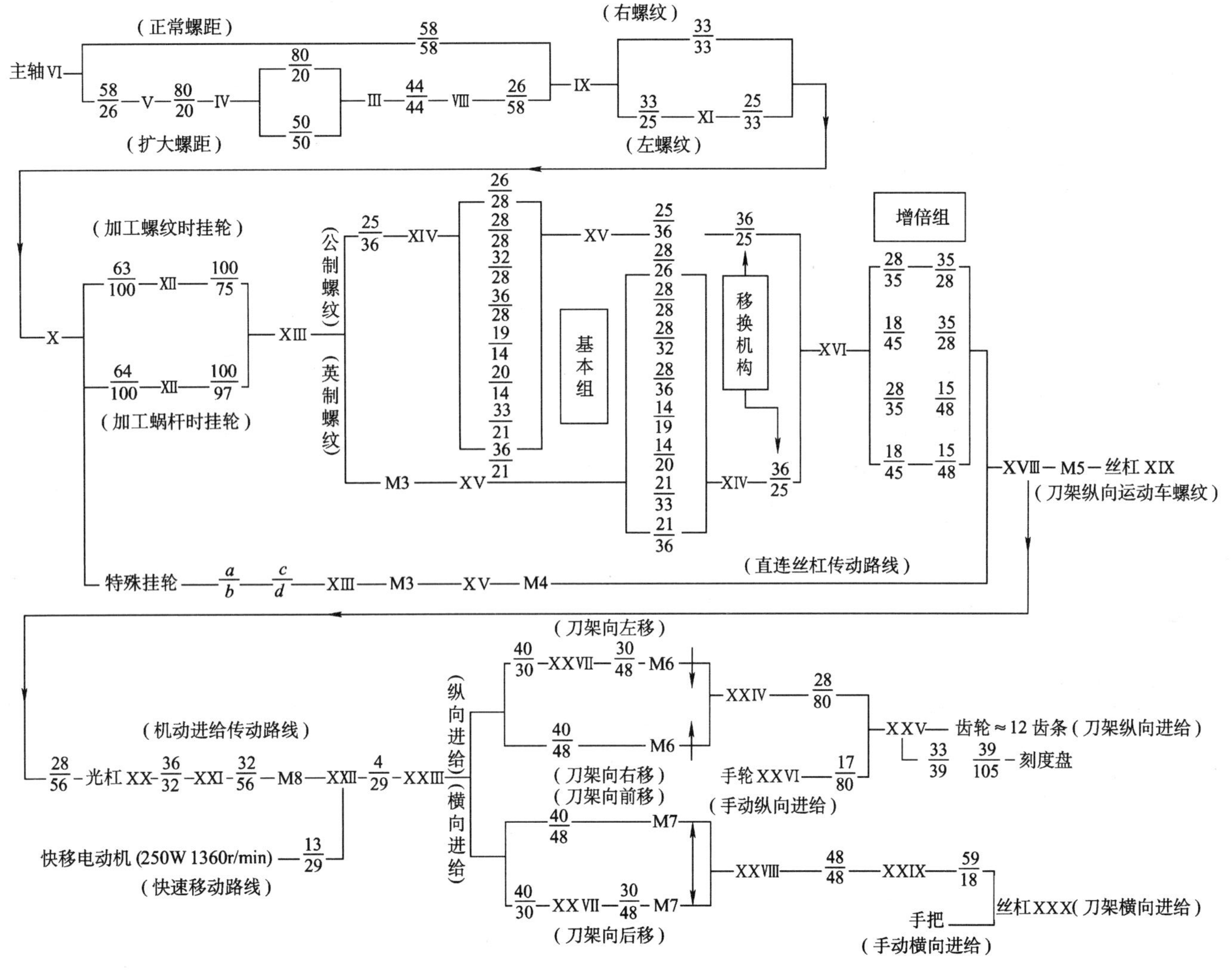

图 5—3—5　CA6140 型卧式车床进给传动结构式

（1）车削螺纹　CA6140 型卧式车床能车削公制、英制、模数和径节制等 4 种标准螺纹，还可以车削加大螺距和非标准螺距螺纹。无论车削哪一种螺纹，主轴与刀具之间必须保持严格的运动关系，即主轴每转一转，刀具应均匀地移动一个导程 P_h 的距离，即

$$P_h = 1_{主轴} i P_{丝杠}$$

式中　i——从主轴到丝杠之间全部传动副的总传动比；

$P_{丝杠}$——车床丝杠螺距（$P_{丝杠} = 12$ mm）。

1）车削公制螺纹　车削公制螺纹的传动路线如下：由图 5—3—4、5—3—5 可知，车削公制螺纹时，进给箱中的齿形离合器 M3 和 M4 脱开，M5 结合。此时，运动由主轴Ⅵ经齿轮 $\frac{58}{58}$、换向机构 $\frac{33}{33}$（车削左旋螺纹时经 $\frac{33}{25}$、$\frac{25}{33}$）、交换齿轮（俗称挂轮）$\frac{63}{100}$ 和 $\frac{100}{75}$ 传入进给箱内轴ⅩⅢ，再由齿轮 $\frac{25}{36}$ 传至轴ⅩⅣ。在轴ⅩⅣ上有 8 个固定齿轮，可分别与轴ⅩⅤ上的 4 个滑移齿轮啮合，并获得 8 种传动比，分别是：

$$u_1 = \frac{26}{28} = \frac{6.5}{7}$$

$$u_2 = \frac{28}{28} = \frac{7}{7}$$

$$u_3 = \frac{32}{28} = \frac{8}{7}$$

$$u_4 = \frac{36}{28} = \frac{9}{7}$$

$$u_5 = \frac{19}{14} = \frac{9.5}{7}$$

$$u_6 = \frac{20}{14} = \frac{10}{7}$$

$$u_7 = \frac{33}{21} = \frac{11}{7}$$

$$u_8 = \frac{36}{21} = \frac{12}{7}$$

这些传动比的值成近似于等差数列排列，是变换被加工工件螺距的基础，称之为基本组，用传动比 $i_{基}$ 表示。

轴ⅩⅤ的运动经齿轮 $\frac{25}{36}$ 和 $\frac{36}{25}$ 传至轴ⅩⅥ。从轴ⅩⅥ到轴ⅩⅧ，有两组双联滑移齿轮，可获得 4 种不同的传动比，分别是：

$$u_1 = \frac{18}{45} \times \frac{15}{48} = \frac{1}{8}$$

$$u_2 = \frac{28}{35} \times \frac{15}{48} = \frac{1}{4}$$

$$u_3 = \frac{18}{45} \times \frac{35}{28} = \frac{1}{2}$$

$$u_4 = \frac{28}{35} \times \frac{35}{28} = 1$$

上述 4 种传动比成倍数排列，一般称这个传动组为增倍组，其传动比用 $i_{倍}$表示。

轴 XⅧ的运动通过齿形离合器 M5 传至丝杠 XⅨ，当溜板箱中的开合螺母闭合时，可带动刀具完成公制螺纹切削。其运动平衡式为：

$$P_h = 1 \times \frac{58}{58} \times \frac{33}{33} \times \frac{63}{100} \times \frac{100}{75} \times \frac{25}{36} \times i_{基} \times \frac{25}{36} \times \frac{36}{25} \times i_{倍} \times 12$$

上式可简化为：

$$P_h = 7 i_{基} i_{倍}$$

式中 P_h——被加工螺纹导程，mm；

$i_{基}$——基本组传动比；

$i_{倍}$——增倍组传动比。

2）车削其他螺纹

①车削模数螺纹时，传动路线与车削公制螺纹基本相同，只是将挂轮更换为$\frac{64}{100} \times \frac{100}{97}$即可。

②车削英制螺纹时，选择挂轮为$\frac{63}{100} \times \frac{100}{75}$，进给箱中 M3 及 M5 处于啮合状态，M4 脱开。运动由轴 XⅢ经 M3 传到轴 XⅤ，再经基本组变速机构传至 XⅣ，经$\frac{36}{25}$传至轴 XⅥ，以后的传动路线与车削公制螺纹时相同。

③车削径节螺纹（英制蜗杆）时，传动路线与车削英制螺纹基本相同，只是挂轮更换为$\frac{64}{100} \times \frac{100}{97}$便可。

④车削非标准螺距螺纹时，将进给箱中 M3、M4、M5 全部啮合，传动比靠挂轮来实现。

（2）机动进给　CA6140 型卧式车床能实现纵向机动进给和横向机动进给。由图 5—3—4、5—3—5 可知，机动进给由光杠经溜板箱中齿轮$\frac{36}{32}$、$\frac{32}{56}$、安全及超越离合器 M8、M9 传至轴 XⅫ，经蜗杆副$\frac{4}{29}$传至轴 XXⅢ。当运动经双向离合器 M6 传至 $z = 12$ 的小齿轮，经齿轮齿条传动实现刀架纵向机动进给。当运动经双向离合器 M7 传给横向进给丝杠后，使刀架实现横向机动进给。

进给方向的变换是由双向离合器 M6 和 M7 来完成的。摇动轴 XXX 上的手轮实现横向手动进给，摇动轴 XXⅥ上的手轮实现纵向手动进给。

由于机床有 4 种类型的传动路线，共能获得纵向和横向机动进给量各 64 种，其中 32 种正常进给量是经正常螺距、公制螺纹传动路线获得的。

（3）刀架的快速移动　为了减轻工人的劳动强度，缩短辅助时间，机床的溜板箱内右端装有快速电动机，可使刀架快速移动。

如图 5—3—4 所示，按下快速移动按钮，快速电动机接通，运动经齿轮$\frac{13}{29}$使 XXⅡ轴高速转动，再经蜗杆蜗轮传至溜板箱内的传动机构，使刀架实现快速的纵向或横向进给。

复习思考题

1. 简述 CA6140 型卧式车床主要组成部分及各部分的功用。

2. 按 CA6140 型卧式车床传动系统图写出其主运动传动结构式，并计算主轴最高转速和最低转速。

课题四 CA6140 型卧式车床主要部件及典型机构

一、主轴箱

主轴箱是用于安装主轴，实现主轴旋转及变速的部件。如图 5—4—1 所示为 CA6140 型卧式车床主轴箱的内部结构，图 5—4—2 为展开图，其主要机构及调整方法如下。

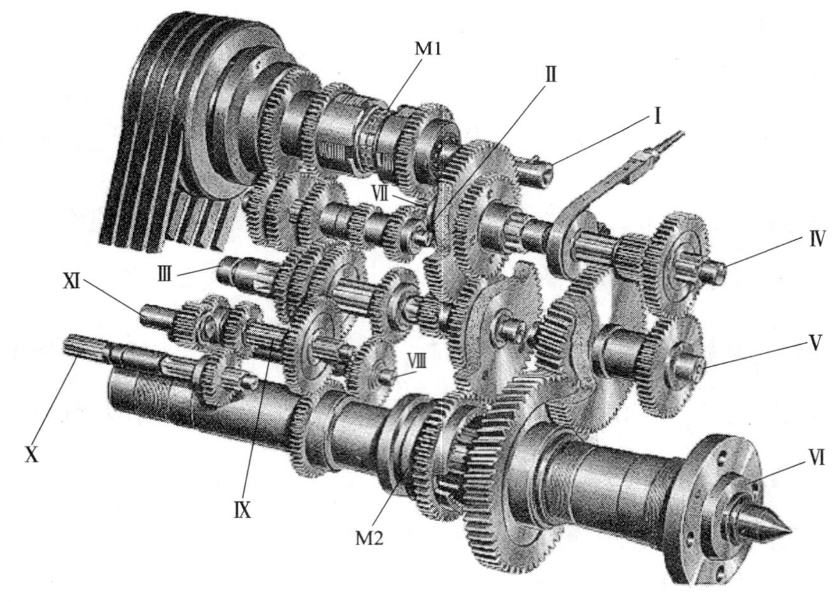

图 5—4—1 CA6140 型卧式车床主轴箱内部结构

1. 双向多片式摩擦离合器

（1）结构 如图 5—4—3 所示是车床主轴箱内的双向多片式摩擦离合器，它的作用是实现主轴启动、停止、换向及过载保护。该离合器具有左、右两组摩擦片，每组用若干个内、外摩擦片相间排叠组成。利用摩擦片在相互压紧时接触面之间所产生的摩擦力来传递运

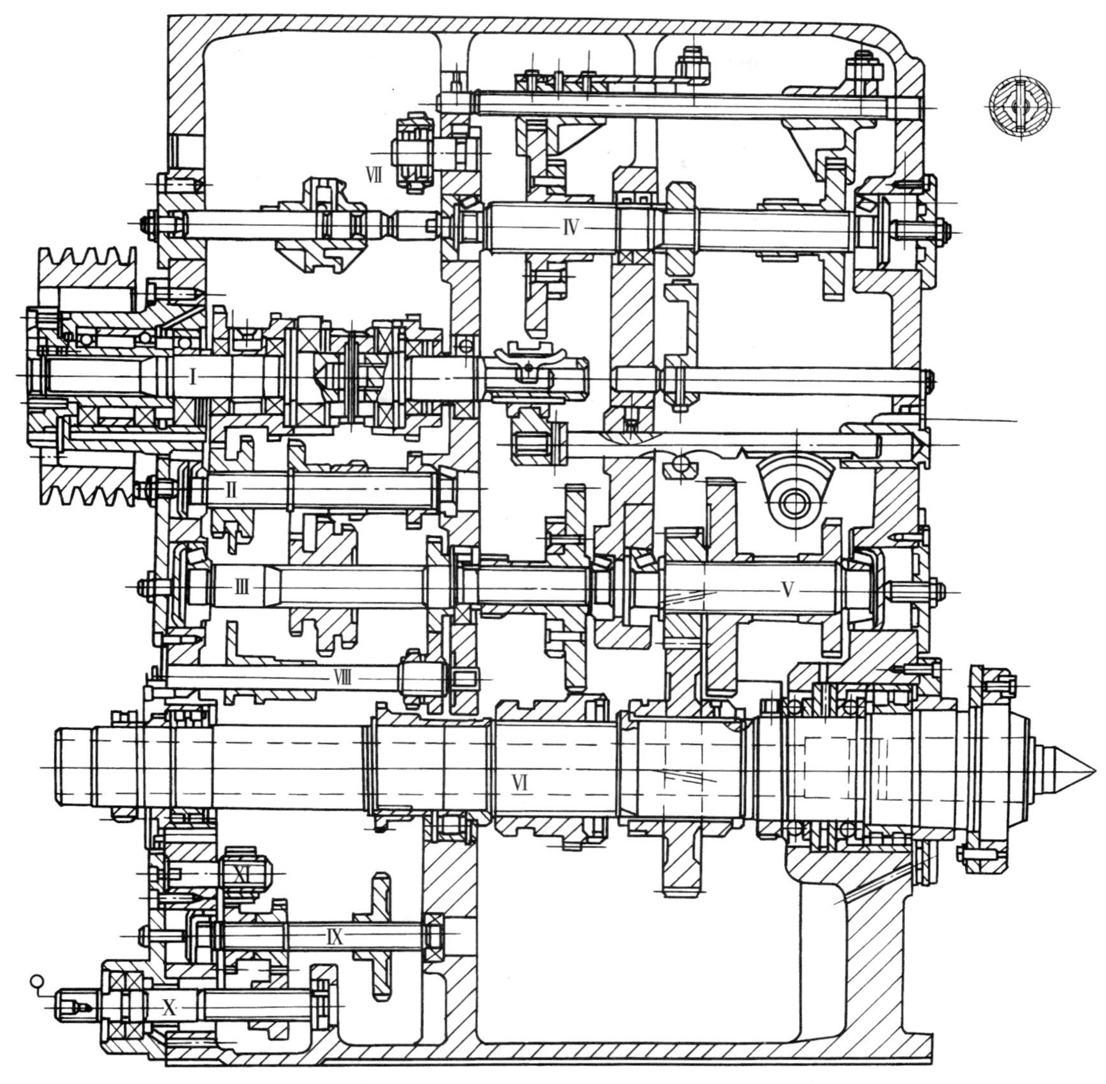

图 5—4—2　CA6140 卧式车床主轴箱展开图

动和转矩。带花键孔的内摩擦片 3（图 5—4—3b）与轴 4 上的花键相连接；外摩擦片 2 的内孔是光滑圆柱孔，空套在轴 4 的花键外圆上，摩擦片外圆上有四个凸齿，卡在空套齿轮 1 套筒部分的缺口内。内、外摩擦片在未被压紧时，它们互不联系。当操纵装置将滑环 9（图 5—4—3a）向右移动时，杆 7（在轴 4 孔内）上的摆杆 8（俗称元宝拨叉）绕支点摆动，其下端就拨动杆 7 向左移动。杆 7 左端有一固定销，使螺圈 6 及加压套 5 向左压紧左边的一组摩擦片（3 和 2），通过摩擦片间摩擦力，将转矩由轴 4 传给空套齿轮 1，这样可使主轴正转。同理，当用操纵装置将滑环 9 向左移动时，压紧右边的一组摩擦片，将转矩由轴 4 传给右边的齿轮，这样可使主轴反转。当滑环在中间位置时，左右两组摩擦片都处于松开状态，轴 4 的运动不能传给齿轮，主轴即停止转动。

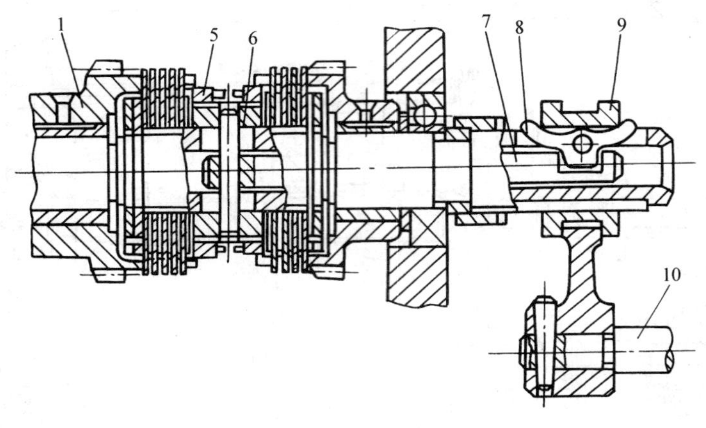

a）

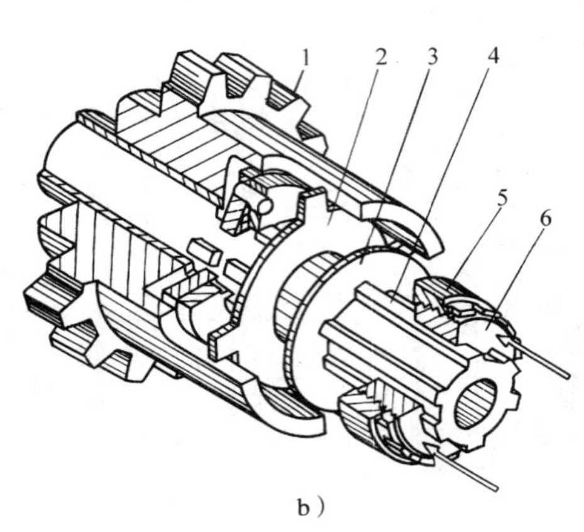

b）

图 5—4—3　多片式摩擦离合器的结构

1—空套齿轮　2—外摩擦片　3—内摩擦片　4—花键轴

5—加压套　6—螺圈　7—拨动杆　8—摆杆　9—滑环　10—轴

（2）调整方法　由于杆 7 的移动量有限，因此离合器内、外摩擦片松开状态时的间隙要适当。如间隙过大，其压紧力不够，内、外摩擦片易产生打滑，不能传递足够的扭矩，甚至出现“闷车”现象，并易使摩擦片磨损；如间隙过小，易损坏操纵装置中的零件，停车时内、外摩擦片不能完全脱开，加剧磨损、发热。其调整方法是；先把弹簧销 11（见图 5—4—4）从加压套 5 的缺口中按下，然后转动加压套，使其相对螺圈 6 作小量的轴向位移，即可改变摩擦片的间隙。调整后应使弹簧销从加压套的任一个缺口中弹出，以防加压套在旋转中松脱。

（3）操纵　如图 5—4—5 所示为多片式摩擦离合器的操纵装置，当向上提起手柄 6 时，通过杠杆 5、连杆 4、杠杆 3 使轴 2 和扇形齿轮 1 顺时针转动，带动齿条轴 13（图 5—3—3a 中的轴 10）右移，安装在齿条轴 13 左端的拨叉 8 便可拨动滑环 9 右移，即可压紧左边的一组摩擦片，使主轴正转。当向下扳动手柄 6 时，右边的一组摩擦片被压紧，主轴反转。当手柄在中间位置时，左、右两组摩擦片都松开，主轴停止转动。

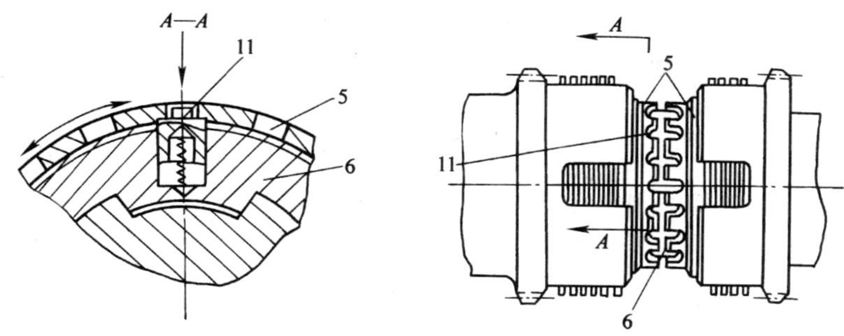

图 5—4—4　多片式摩擦离合器的调整

5—加压套　6—螺圈　11—弹簧销

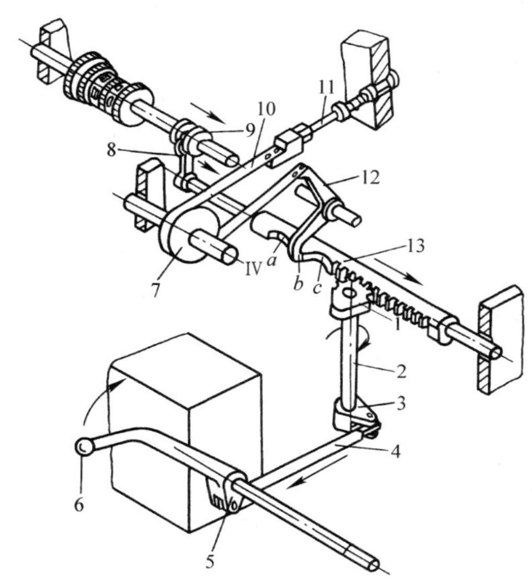

图 5—4—5　摩擦离合器、制动器的操纵装置

1—扇形齿轮　2—轴　3、5、12—杠杆　4—连杆　6—手柄　7—制动轮

8—拨叉　9—滑环　10—制动带　11—螺杆　13—齿条轴

2. 闸带式制动器

（1）结构　为了减少辅助时间，使主轴在停车过程中能迅速停止转动，轴Ⅳ上装有闸带式制动器。如图 5—4—5 所示，它由制动轮 7、制动带 10、杠杆 12、调节螺杆 11 及弹簧组成。制动轮是一钢制圆盘，与轴Ⅳ用花键连接。制动带为一钢带，其内侧固定着一层铜丝石棉，以增加摩擦面的摩擦因数。制动带的一端通过调节螺杆 11 与主轴箱体连接，另一端固定在杠杆 12 的上端。

（2）操纵　如图 5—4—5 所示，在齿条轴 13 上有两处相邻圆弧凹槽，当提起或压下操纵手柄 6 时，主轴处于正转或反转状态，此时杠杆 12 的下端正好处在齿条轴 13 圆弧凹槽的低点 a 处或 c 处，这时在弹簧力的作用下制动带 10 与制动轮 7 处于松脱状态。当扳动操纵手柄 6 处于停车位置时，在松开摩擦片的同时，杠杆 12 的下端正好处在两相邻圆弧凹槽的高点 b 处，此时制动带 10 抱紧制动轮 7，迫使主轴迅速停止转动。

(3) 调整方法　将操纵手柄6置于停车位置，调整调节螺杆11，使制动带10抱紧制动轮7即可。

3. 主轴部件

主轴部件是车床的关键部分，在工作时承受很大的切削抗力。工件的精度和表面粗糙度很大程度上取决于主轴部件的刚度和回转精度。如图5—4—6所示为CA6140型卧式车床主轴部件的结构图。主轴前后支承处各装有一个双列短圆柱滚子轴承7和3，中间支承处还装有一个圆柱滚子轴承（见图5—4—2），以提高主轴刚度。双列短圆柱滚子轴承的刚度和承载能力大、旋转精度高且内圈较薄，内孔是1:12的锥孔，可通过相对主轴轴颈的轴向移动来调整轴承的径向间隙，因而可保证主轴有较高的回转精度和刚度。在前支承处还装有一个60°角接触的双向推力深沟球轴承（有些厂家采用两个推力球轴承），用于承受左右两个方向的轴向力。主轴是一个空心的阶台轴，其内孔用于通过 ϕ47 mm以下的棒料或安装气动、电动、液压夹具，主轴前端的莫氏6号锥孔用于安装前顶尖和检验棒，后端的1:20锥孔是加工主轴工艺基准面，主轴前端采用短圆锥连接盘式结构，用于安装卡盘或拨盘。

主轴轴承应在无间隙（或少量过盈）条件下运转，因此，主轴轴承的间隙应定期进行调整。调整时，先拧松螺母8，松开螺钉5，再拧紧螺母4，使轴承7的内圈相对主轴锥形轴颈向右移动，由于锥面的作用，轴承内圈产生径向弹性膨胀，将滚子与内、外圈之间的间隙减小，调整合适后，应将锁紧螺钉5和螺母8拧紧。后轴承3的间隙可用螺母1调整。一般情况下，只需调整前轴承即可，只有当调整前轴承后仍不能达到要求的回转精度时，才需调整后轴承，中间轴承不调整。

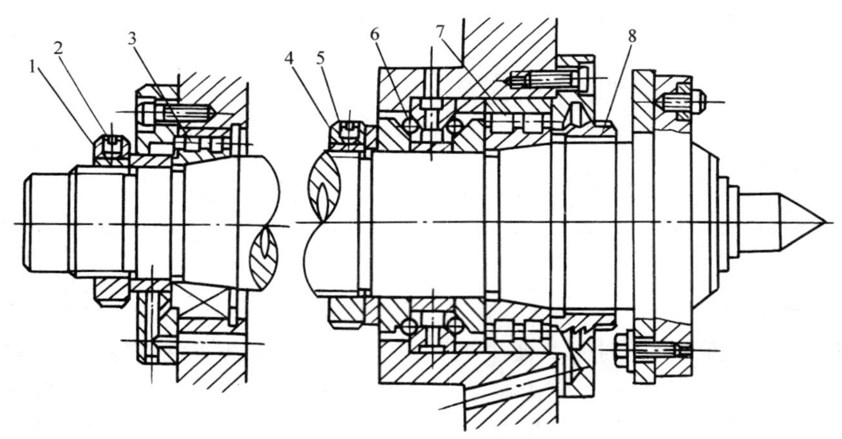

图5—4—6　CA6140车床主轴部件

1、4、8—螺母　2、5—螺钉　3、7—双列短圆柱滚子轴承　6—双向推力深沟球轴承

4. 主轴变速操纵机构

主轴箱中共有7个齿轮滑块，其中有5个用于改变主轴的转速，这些滑块的移动是由操纵机构来完成的。下面重点介绍轴Ⅱ和轴Ⅲ上两个滑块的操纵机构。如图5—4—7所示是该机构的示意图，主要用来控制轴Ⅱ上双联滑移齿轮的左、右两个啮合位置，以及轴Ⅲ上三联滑移齿轮的左、中、右3个啮合位置。

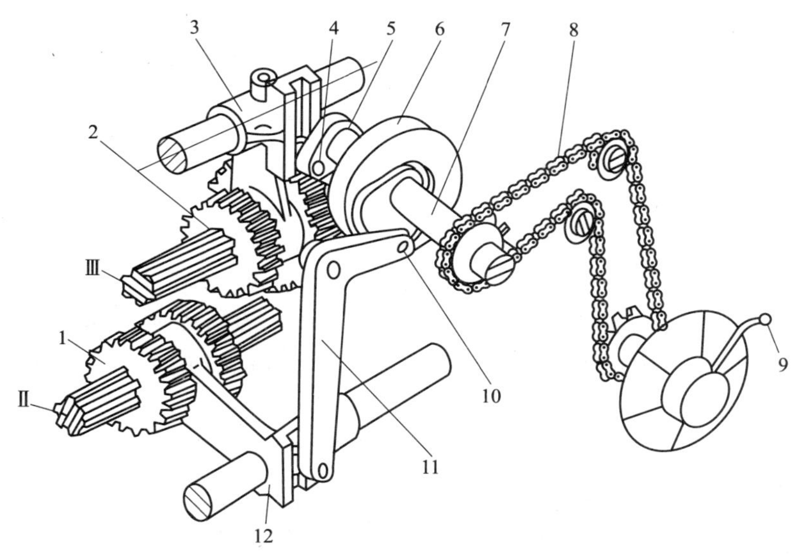

图 5—4—7　Ⅱ、Ⅲ轴上滑移齿轮操纵机构

1、2—滑移齿轮　3、12—拨叉　4—曲柄圆柱销　5—曲柄　6—凸轮

7—轴　8—链条　9—变速手柄　10—杠杆圆柱销　11—杠杆

手柄 9 通过传动比为 1∶1 的链传动带动轴 7 与手柄 9 同步转动，轴 7 上装有盘状凸轮 6 和曲柄 5。盘状凸轮 6 端面上有一条封闭的曲线槽，它由两段不同半径的圆弧和两条过渡直槽组成。凸轮有如图 5—4—8a 所示的 $a \sim f$ 六个变速位置，通过杠杆 11、拨叉 12 操纵双联滑移齿轮 1。当杠杆圆柱销处于凸轮曲线 a、b、c 大半径处时，双联滑移齿轮 1 在左端位置；当处于 d、e、f 小半径处时，双联滑移齿轮 1 则移动到右端位置。曲柄圆柱销 4 安装在拨叉 3 的长槽中。当曲柄 5 随着轴 7 转动时，可通过拨叉 3 使三联滑移齿轮 2 处于左、中、右 3 个不同位置，如图 5—4—8b 所示。

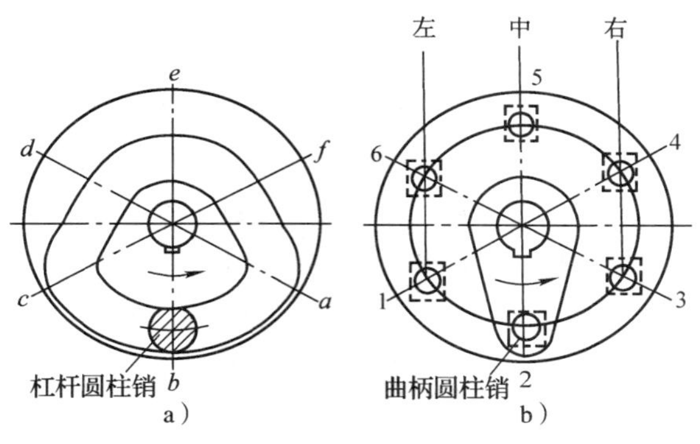

图 5—4—8　变速操纵原理图

a）端面凸轮　b）曲柄

由于凸轮 6 和曲柄 5 同轴，两者同步转动。通过手柄 9 的转动和曲柄 5 及杠杆 11 的协同动作，可使双联滑移齿轮 1 和三联滑移齿轮 2 在轴向位置上实现 6 不同的组合，得到 6 种不同的转速（该机构又称单手柄 6 速操纵机构）。其组合形式见表 5—4—1。

表 5—4—1　　　　　　　　双联滑移齿轮和三联滑移齿轮组合形式

杠杆圆柱销的位置	*a*	*b*	*c*	*d*	*e*	*f*
曲柄圆柱销的位置	1	2	3	4	5	6
双联滑移齿轮 1 的位置	左	左	左	右	右	右
三联滑移齿轮 2 的位置	左	中	右	右	中	左

二、进给箱

如图 5—4—9 所示为 CA6140 型卧式车床进给箱展开图。进给箱的功用是将主轴箱经挂轮传来的运动进行各种速比的变换，使丝杠、光杠得到不同的转速，以取得不同的进给量和加工不同螺距的螺纹。主要由基本组、增倍组及各种操纵机构组成。

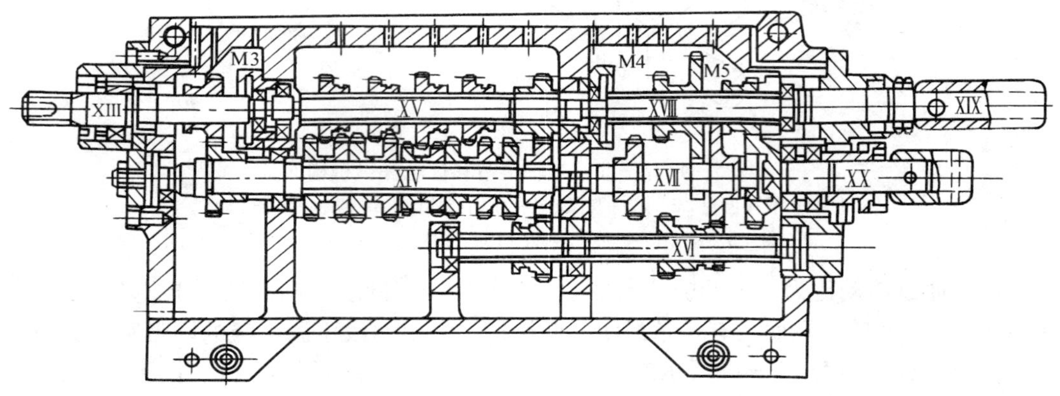

图 5—4—9　CA6140 型卧式车床进给箱展开图

下面重点介绍基本组的操纵机构。进给箱中的基本组由轴ⅩⅤ上的 4 个滑移齿轮和轴ⅩⅣ上的 8 个固定齿轮组成。每个滑移齿轮依次与轴ⅩⅣ相邻的两个固定齿轮中的一个啮合，而且要保证在同一时刻内，基本组成只能有一对齿轮啮合。而这 4 个滑移齿轮是由一个手柄集中操纵的，图 5—4—10 为该操纵机构的结构和工作原理图。

基本组的 4 个滑移齿轮分别由 4 个拨块 2 来拨动，每个拨块的位置是由各自的销子 4 通过杠杆 3 来控制。4 个销子均匀地分布在操纵手轮 6 背面的环形槽中，如图 5—4—10a 所示。安装时压块 7 的斜面向外斜，以便与销子 4 接触时能向外抬起销子 4；压块 7′的斜面向里斜，与销子 4 接触时向里压销子 4。这样利用环形槽和压块 7 和 7′，操纵销子 4 及杠杆 3，使每个拨块及其滑移齿轮依次有左、中、右三种位置。手轮 6 在圆周方向应有 8 个均布位置。它处在图 5—4—10b 所示位置时，只有左上角的销子 4′在压块 7′的作用下靠在孔 *b* 的内侧壁上。此时，杠杆将拨动滑移齿轮右移（图 5—4—9 上为左移），使轴ⅩⅤ上第 3 个滑移齿轮 $z=28$ 左移，与 $z=26$ 齿轮啮合。如需改变基本组的传动比时，先将手轮 6 向外拉，由图 5—4—10a 可知，螺钉 9 尖端沿固定轴 5 的轴向槽移动到环形槽 *c* 中，这时手轮 6 可以自由转动选位变速。由于销子 4 还有一小段保留在槽 *e* 及孔 *b* 中，转动手轮 6 时，销子 4 回到并沿槽 *e* 及孔 *a*、*b* 中滑过，所有滑移齿轮都在中间位置。当手轮转到所需位置后，例如从图 5—4—10b 所示位置逆时针转动 45°（这时孔 *a* 正对销子 4′），将手轮重新推入，孔 *a*

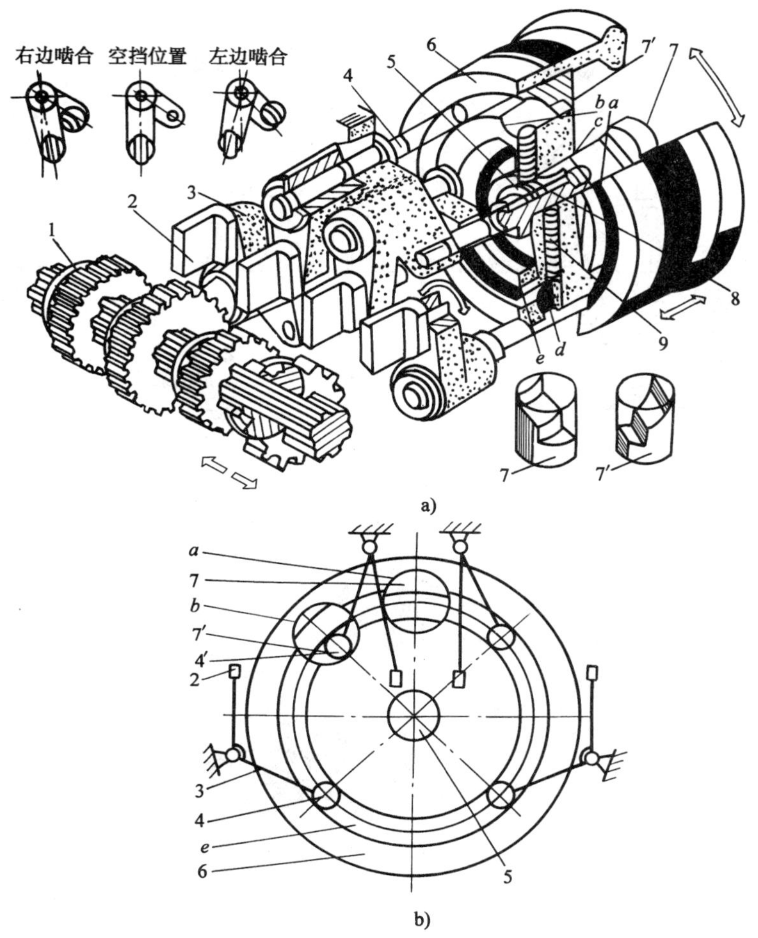

图 5—4—10　基本组操纵机构的结构和工作原理

a）基本组操纵机构　b）基本组操纵机构工作原理图

1—滑移齿轮　2—拨块　3—杠杆　4、4′—销子　5—固定轴　6—操纵手轮　7、7′—压块　8—钢球　9—螺钉

中压块 7 的斜面将销子 4 向外抬起，通过杠杆将轴ⅩⅤ第 3 个滑移齿轮推向右端，使 $z=28$ 与 $z=28$ 齿轮啮合，从而改变基本组传动比。手轮 6 沿圆周转一周时，则会使基本组 8 个速比依次实现。

三、溜板箱

如图 5—4—11 所示为 CA6140 型卧式车床溜板箱展开图，溜板箱的作用是将进给箱运动传给刀架，并做纵向、横向机动进给及切削螺纹运动的选择，同时有过载保护作用。

1. 开合螺母操纵机构

开合螺母机构如图 5—4—12 所示（因螺母做成可开合的上、下两部分而得名），用来接通和断开切削螺纹运动，顺时针转动手柄，通过轴带动曲线槽盘转动。利用其上曲线槽，通过圆柱销带动上半螺母和下半螺母沿溜板箱体后面的燕尾导轨相互靠拢，使开合螺母与丝杠啮合。若逆时针方向转动手柄，则两半螺母相互分离，开合螺母与丝杠脱开。

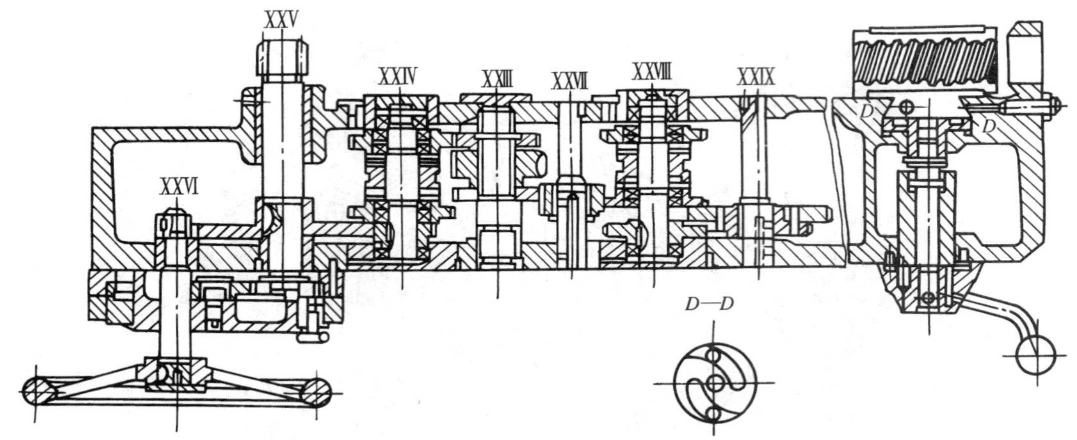

图 5—4—11　溜板箱展开图

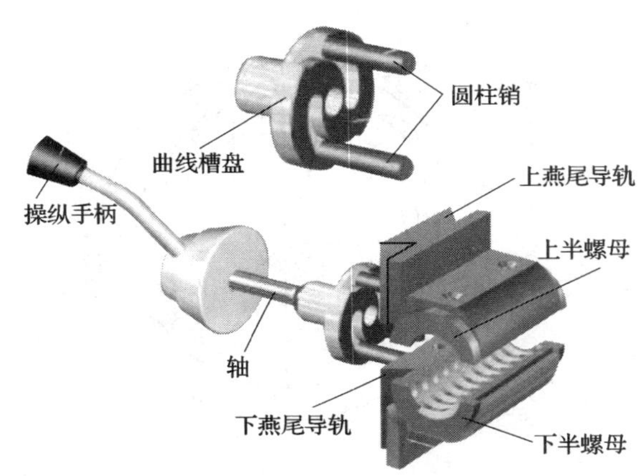

图 5—4—12　开合螺母操纵机构

2. 纵向、横向机动进给及快速移动操纵机构

CA6140 型卧式车床纵向、横向机动进给及快速移动由手柄 1 集中操纵。如图 5—4—13 所示，当需要纵向移动刀架时，将手柄 1 向相应的方向（向左或向右）扳动，因轴 23 利用其轴肩及卡环轴向固定在箱体上，故手柄 1 只能绕销轴 2 摆动，经球头销 4 推动轴 5 轴向移动，再经杠杆 11、连杆 12 使凸轮 13 转动。凸轮曲线槽迫使拨叉轴 15 上的拨叉 16 移动，带动轴ⅩⅩⅣ上的牙嵌式离合器 M6 向相应方向移动而啮合，刀架实现纵向进给。此时，按下手柄 1 上端的快速移动按钮 24，刀架实现快速纵向机动移动，直到松开快速按钮时为止。若向前或向后扳动手柄 1，经轴 23 使凸轮 22 上的曲线槽迫使杠杆 20 摆动，杠杆 20 另一端的圆销 18 拨动拨叉轴 10 以及固定在其上的拨叉 17 向前或向后轴向移动，使轴ⅩⅩⅧ上的 M7 向相应的方向移动而啮合。刀架实现横向机动进给。此时，按下快速移动按钮，刀架实现快速横向移动。手柄 1 处于中间位置时时，离合器 M6 和 M7 都脱开，此时，断开机动进给及快速移动。

3. 互锁机构

互锁机构的作用是当接通机动进给或快速移动时，开合螺母不能合上；合上开合螺母时，

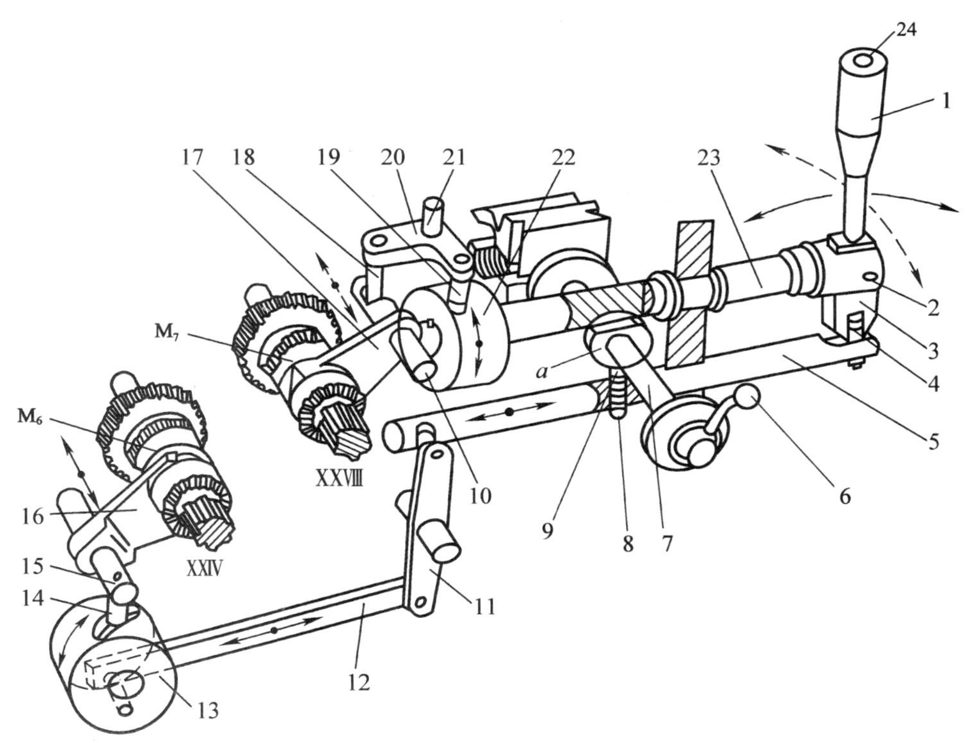

图 5—4—13　纵向、横向机动进给及快速移动操纵机构

1、6—手柄　2、21—销轴　3—手柄座　4、9—球头销　5、7、23—轴　8—弹簧销　10、15—拨叉轴　11、20—杠杆　12—连杆　13、22—凸轮　14、18、19—圆销　16、17—拨叉　24—快速移动按钮

则不允许接通机动进给或快速移动。

如图 5—4—14 所示为开合螺母操纵手柄与机动进给操纵手柄之间的互锁机构原理图。图 a 为停车位置状态，即开合螺母脱开，机动进给也未接通，此时可任意扳动开合螺母操纵手柄或机动进给操纵手柄。图 b 为合上开合螺母时的状态，由于开合螺母操纵轴 2 转过一定角度，它的凸肩进入横向机动进给操纵轴 1 的槽中，将轴 1 卡住而不能转动。同时，凸肩又将弹簧销 4 压入纵向机动进给操纵轴 6 的孔中，使轴 6 不能轴向移动。由此可知，如合上开合螺母，机动进给操纵手柄被锁住，因而机动进给和快速移动就不能接通。图 c 为接通纵向机动进给时的情况，此时，因纵向机动进给操纵轴 6 产生了轴向移动，弹簧销 4 被轴 6 顶住，卡在开合螺母操纵轴 2 凸肩的凹坑中，轴 2 被锁住，开合螺母操纵手柄不能扳动，开合螺母不能合上。图 d 为接通横向机动进给时的情况，因横向机动进给操纵轴 1 产生了转动，其轴 1 上的长槽也随之转动，于是开合螺母操纵轴 2 凸肩被轴 1 顶住，轴 2 不能转动，所以开合螺母也不能闭合。

4. 安全与超越离合器

（1）单向超越离合器　在 CA6140 型卧式车床的进给传动链中，当接通机动进给时，光杠ⅩⅩ的运动经齿轮副传动蜗杆轴ⅩⅫ作慢速转动。当接通快速移动时，快速电动机经一对齿轮副传动蜗杆轴ⅩⅫ作快速运动。这两种不同转速的运动同时传到一根轴上，而使轴不受损坏的机构称为超越离合器。

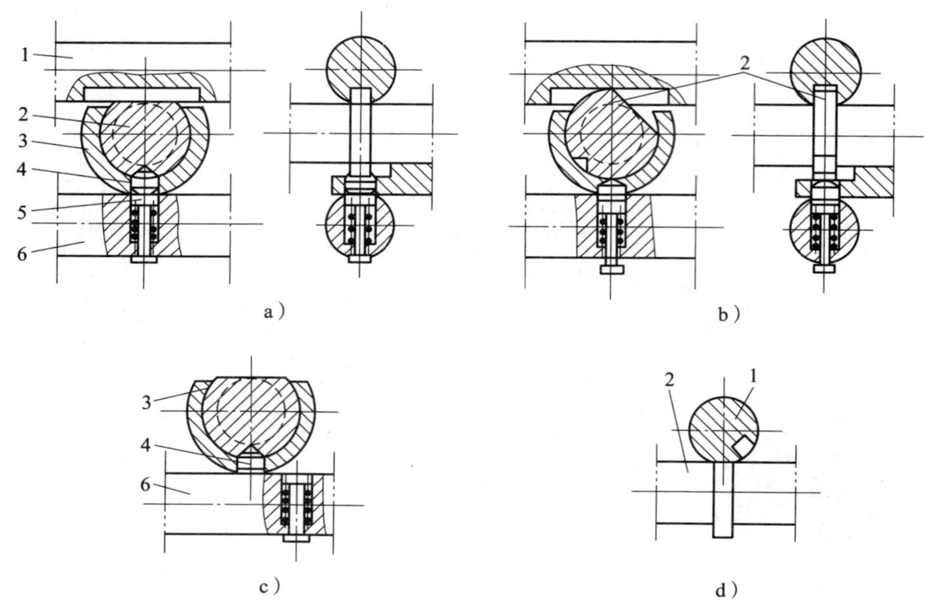

图 5—4—14 互锁机构原理图

a）停止状态 b）开合螺母闭合—机动进给锁定

c）纵向机动进给接通—开合螺母锁定 d）横向机动进给接通—开合螺母锁定

1—横向机动进给操纵轴 2—开合螺母操纵轴 3—固定轴套 4—弹簧销 5—弹簧 6—纵向机动进给操纵轴

如图 5—4—15 所示为安全与超越离合器的结构图。图中单向超越离合器由齿轮 6、星状体 9、滚柱 8、弹簧 14 和顶销 13 等组成。滚柱 8 在弹簧 14 和顶销 13 的作用下，楔紧在齿轮 6 和星状体 9 的楔缝里，如图 5—4—16 所示。机动进给时，齿轮 6 逆时针转动，使滚柱在齿轮 6 及星状体 9 在楔缝中越挤越紧，从而带动星状体旋转，使蜗杆轴慢速转动。假若同时接通快速移动，星状体直接随蜗杆轴一起做逆时针快速转动。此时由于星状体 9 比齿轮 6 转得快，迫使滚柱 8 压缩弹簧 14 到楔缝宽端。则齿轮 6 的慢速转动不能传给星状体，即切断了机动进给。当快速电动机停止时，蜗杆轴又恢复慢速转动，刀架重新获得机动进给。

（2）安全离合器 也称为过载保护机构。它的作用是在机动进给过程中，当进给力过大或进给运动受到阻碍时，可以自动切断进给运动，保护传动零件在过载时不发生损坏。

安全离合器由两个端面结合子 4 和 5 组成，左结合子 5 和单向超越离合器的星状体 9 连在一起，且空套在蜗杆轴ⅩⅫ上；右结合子 4 和蜗杆轴用花键连接，可在该轴上滑移，靠弹簧 2 的弹簧力作用，与左结合子 5 紧紧地啮合。

如图 5—4—17 所示为安全离合器的原理图。正常进给情况下，运动由单向超越离合器及左结合子 5 带动右结合子 4，使蜗杆轴转动，如图 5—4—17a 所示。当出现过载或阻碍时，蜗杆轴扭矩增大并超过了允许值，两结合端面处产生的轴向力超过弹簧 2 的压力，则推开右结合子 4，如图 5—4—17b 所示。此时，左结合子 5 继续转动，而右结合子 4 却不能被带动，于是两结合子之间产生打滑现象，如图 5—4—17c 所示。这样，切断进给运动，可保护机构不受损坏。当过载现象消除后，安全离合器又恢复到原来的正常工作状态。

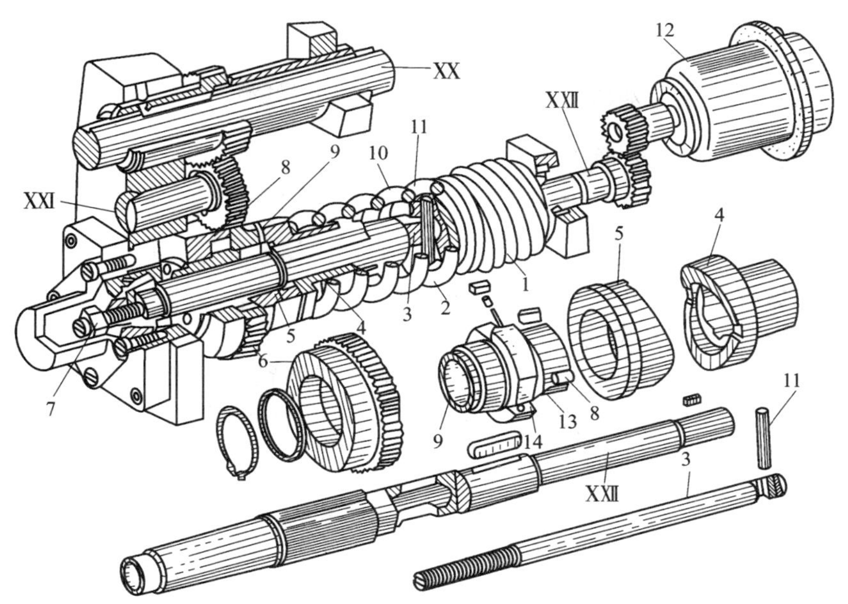

图 5—4—15　安全与超越离合器的结构图

1—蜗杆　2、14—弹簧　3—压力调节螺杆　4—右结合子　5—左结合子　6—齿轮　7—螺母　8—滚柱　9—星状体　10—止推套　11—圆柱销　12—快速电动机　13—顶销

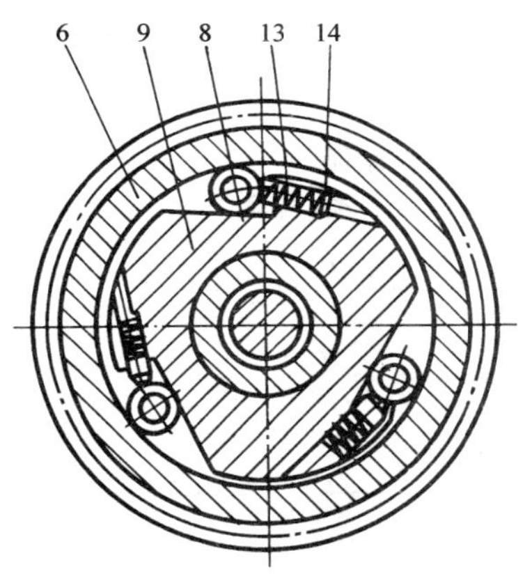

图 5—4—16　单向超越离合器工作原理

6—齿轮　8—滚柱　9—星状体　13—顶销　14—弹簧

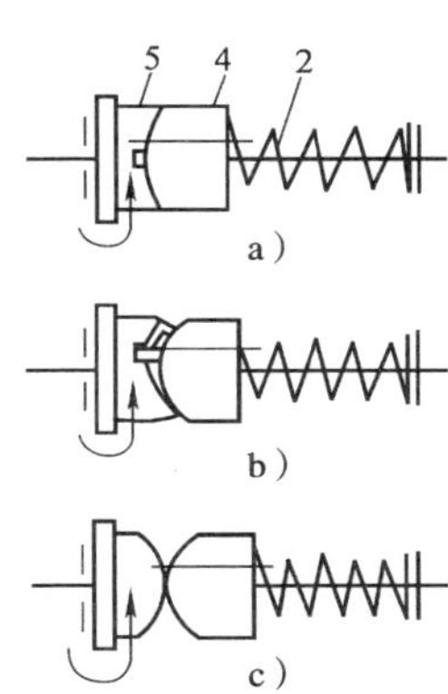

图 5—4—17　安全离合器的原理图

2—弹簧　4—右结合子　5—左结合子

机床许用的最大进给力由弹簧 2 的弹簧力大小来决定。拧动螺母 7，通过拉杆 3 和圆柱销 11 即可调整止推套 10 的轴向位置，从而调整弹簧的弹力。

复习思考题

1. 简述 CA6140 型卧式车床主轴轴承的游隙调整方法。
2. 说明 CA6140 型卧式车床中摩擦离合器和钢带式制动器的作用和调整方法。
3. 互锁机构、开合螺母机构、安全离合器的作用是什么？

课题五
卧式车床的总装配

一、床身与床脚结合的装配

1. 床身导轨的作用和技术要求

床身导轨是床鞍移动的导向面，是保证刀具移动直线性的关键。如图 5—5—1c 所示为 CA6140 型卧式车床床身导轨的截面图，其中 2、6、7 为床鞍用导轨，3、4、5 为尾座用导轨，1、8 为下压板用导轨。

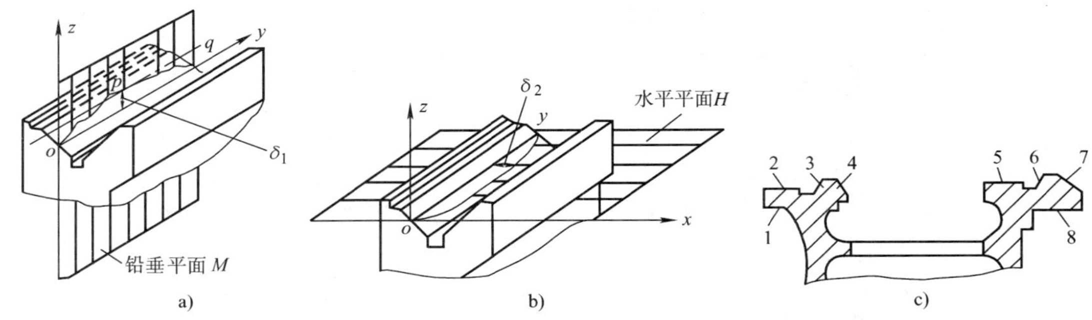

图 5—5—1　卧式车床床身导轨截面

a）导轨铅垂平面　b）导轨水平平面　c）导轨截面

床身与床脚用螺钉连接，是车床的基础，也是车床总装配的基准部件。床身导轨精加工往往也是在床身与床脚结合后再进行，装配要求如下：

（1）床身导轨的几何精度　导轨几何精度项目及要求见表 5—5—1。

表 5—5—1　　床身导轨的几何精度及要求

几何精度	要　求
床鞍导轨的直线度	在铅垂平面内，全长上为 0.03 mm；在任意 500 mm 测量长度上为 0.015 mm,只许凸；在水平面内，全长上为 0.02 mm，如图 5—5—1 所示
床鞍导轨的平行度	全长上为 0.04 mm/1 000 mm
床鞍导轨与尾座导轨的平行度	在铅垂平面与水平面均为全长上 0.03 mm；任意 500 mm 测量长度上为 0.02 mm
床鞍导轨对床身齿条安装面的平行度	全长上为 0.03 mm；在任意 500 mm 测量长度上为 0.02 mm

（2）接触精度　刮削导轨每 25 mm×25 mm 范围内接触点不少于 10 点；磨削导轨则以接触面积大小来评定接触精度的高低。

（3）表面粗糙度　刮削导轨表面粗糙度值一般在 $Ra1.6$ μm 以下；磨削导轨表面粗糙度值在 $Ra0.8$ μm 以下。

（4）硬度　一般导轨表面硬度应在 170 HB 以上，并且全长范围硬度一致。与之相配合件的硬度应比导轨硬度稍低。

（5）导轨几何形状的稳定性　导轨在使用中应不变形。除采用刚度大的结构外，还应进行良好的时效处理，以消除内应力，减少变形。

2. 床身与床脚结合的装配

（1）床身装到床脚上　先将各结合面的毛刺清除并倒角。在床身、床脚连接螺钉上垫等高垫圈，以保证结合面平整贴合，防止床身紧固时产生变形。同时在结合面间加入 1 ~ 2 mm 的厚纸垫，以防止漏油。

（2）床身导轨精加工方法　对导轨的精加工有精磨法、精刨法和刮研法 3 种，目前应用最广的为精磨法，它是将床身导轨在导轨磨床（或龙门刨床加磨具）上一次装夹磨削完成的，从而保证床鞍导轨和尾座导轨的直线度和平行度。采用适当的压紧方法还能使磨削的导轨达到中凸的理想要求，同时具有较好的表面粗糙度和较高的生产效率。

刮研法是单件小批生产或机修中常用的方法，刮削前将可调垫铁置于床脚地脚螺钉附近，用水平仪调整床身处于自然水平位置，各垫铁受力均匀，床身放置稳定后即可开始刮削。

刮研法按下列步骤进行：

1）选择刮削量最大，导轨中最重要和精度要求最高的床鞍用导轨 6、7 作为刮削基准（见图 5—5—1）。用角形平尺研点，用凹 V 形不等边垫铁和水平仪测量导轨在铅垂平面内的直线度并绘导轨曲线图。对于精密车床刮研时，还需用光学平直仪测量导轨在水平面内的直线度误差。待刮削至导轨直线度、接触研点数和表面粗糙度均符合要求为止。

2）以 6、7 面为基准，用平尺研点刮平导轨面 2，要保证其直线度及对基准导轨面 6、7 的平行度要求。

3）测量导轨在铅垂平面内直线度及床鞍导轨平行度，如图 5—5—2 所示，使检验桥板沿导轨移动，一般测 5 点，得 5 个水平仪读数。横向水平仪读数差为导轨平行度误差；纵向水平仪用于测量直线度，可根据读数画出导轨曲线图并计算误差值。

4）测量床鞍导轨在水平面内的直线度，如图 5—5—3 所示，移动检验桥板，百分表在导轨全长范围内的最大读数与最小读数之差，为导轨在水平面内直线度误差值。

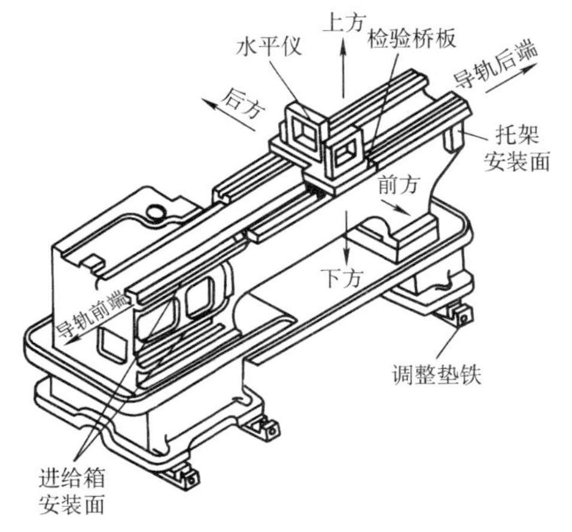

图 5—5—2　床身与床脚安装后的测量

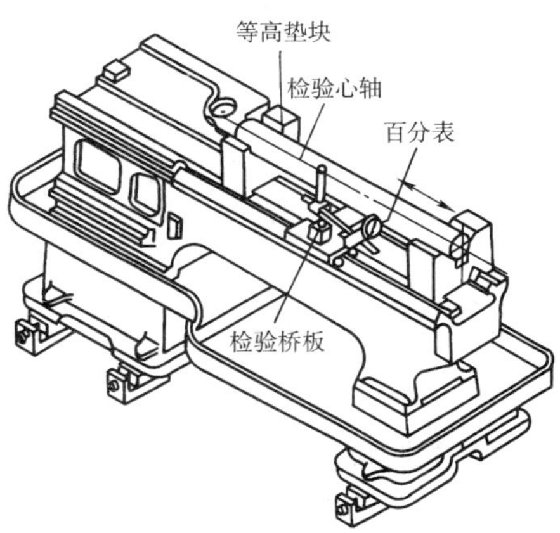

等高垫块
检验心轴
百分表
检验桥板

图 5—5—3　导轨在水平面内的直线度的测量

5）以床鞍导轨为基准刮削尾座导轨3、4、5面，使其达到自身形状精度要求和对床鞍导轨的平行度要求。检查方法如图5—5—4所示，将检验桥板横跨在床鞍导轨上，百分表座固定在检验桥板上，百分表测头触及尾座导轨面3、4或5，沿导轨在全长上移动桥板进行测量，百分表读数差即为平行度误差值。

6）刮削压板导轨面1、8，要求达到与床鞍导轨的平行度及自身形状精度，测量方法如图5—5—5所示。

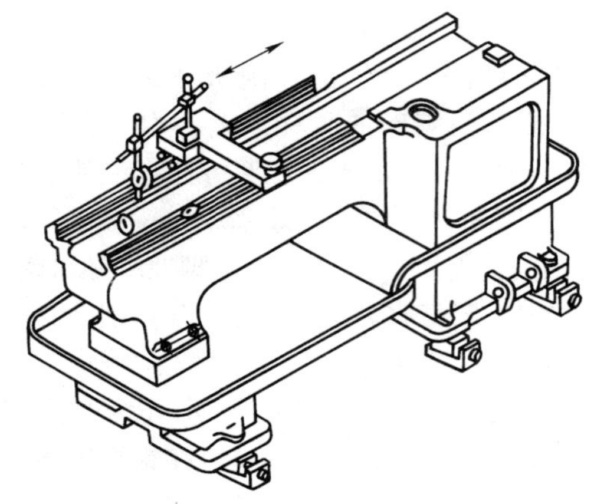

图5—5—4　尾座导轨对床鞍导轨平行度的测量

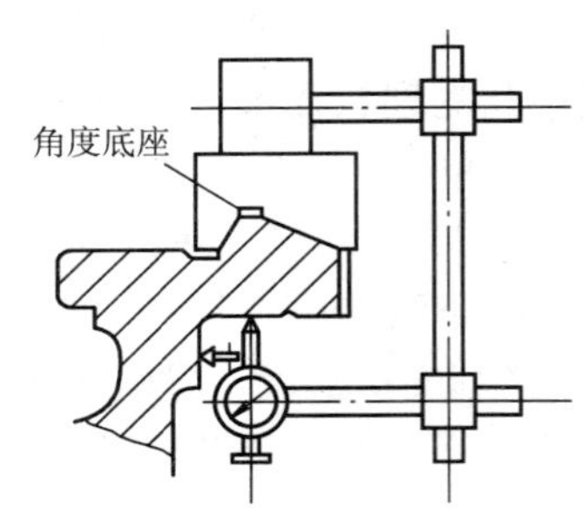

图5—5—5　压板导轨与床鞍导轨平行度的测量

二、床鞍配刮与床身装配

床鞍部件是保证刀架运动精度的关键。床鞍上、下导轨面分别与床身导轨和刀架中滑板配刮完成。

1. 刮削中滑板

如图5—5—6所示，用校准平板研点表面1和2，并保证面1与面2的平行度要求。一般要求平面1、2中间位置的研点可软些。

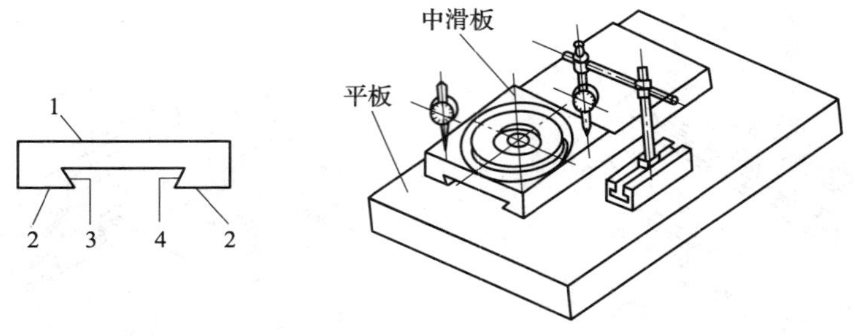

图5—5—6　中滑板刮削

2. 配刮床鞍横向燕尾导轨

（1）将床鞍放在床身导轨上，可减小刮削时床鞍变形。以中滑板的表面2（见图5—5—6）为基准，配刮床鞍横向燕尾导轨表面5，如图5—5—7所示。推研时，手握工艺心棒，以保证安全。

（2）以床鞍横向燕尾导轨表面 5 为基准，用角形平尺研点刮削燕尾面 6、7，保证两平面平行，其检测方法如图 5—5—8 所示，将测量圆柱放在燕尾导轨两端，用千分尺分别在两端测量，两次测得的读数差就是平行度误差，在全长上不大于 0. 02 mm。

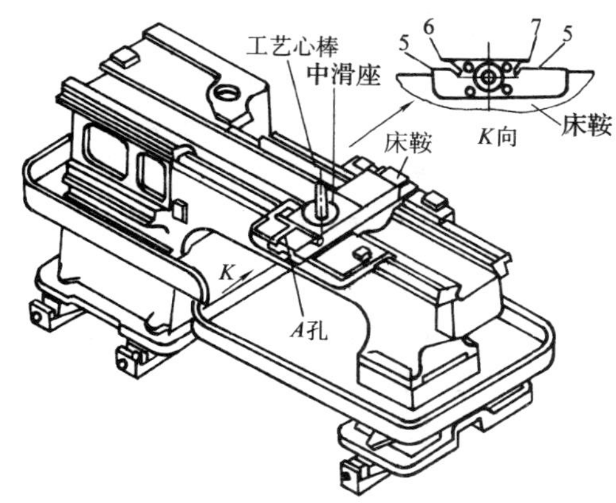

图 5—5—7　床鞍上导轨面刮研

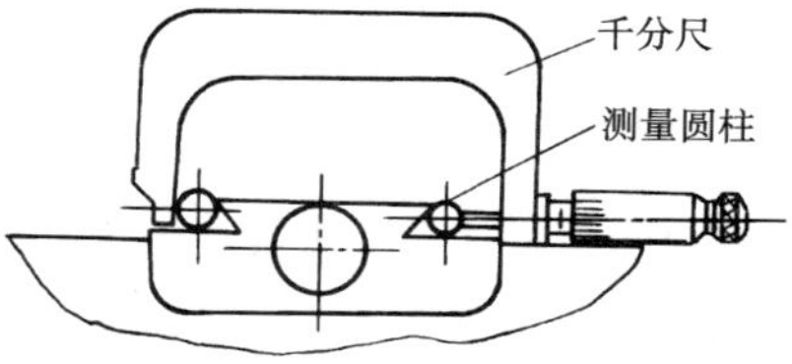

图 5—5—8　燕尾导轨平行度测量

同时刮研后应满足燕尾导轨对横向丝杠 A 孔的平行度要求，检测方法如图 5—5—9 所示，在 A 孔中插入检验心棒，百分表座固定在角形平尺上，分别在心棒上母线及侧母线上测量其平行度误差，在全长上不大于 0. 02 mm。

3. 配刮中滑板燕尾导轨及镶条

（1）以床鞍燕尾导轨为基准，配刮中滑板燕尾导轨 3、4（见图 5—5—6），使其达到研点数要求。

（2）配镶条的目的是使刀架横向进给时有合适的间隙，并能在使用过程中不断调整间隙，保证机床有足够的使用寿命，如图 5—5—10 所示。镶条应与床鞍上导轨和中滑板配刮，配刮后应使中滑板在床鞍燕尾导轨全长上移动时，无明显轻重或松紧不均匀的现象，并保证镶条大端有 10 ~ 15 mm 的调整余量。燕尾导轨与中滑板配合表面之间用 0. 03 mm 塞尺检查，插入深度不大于 20 mm。

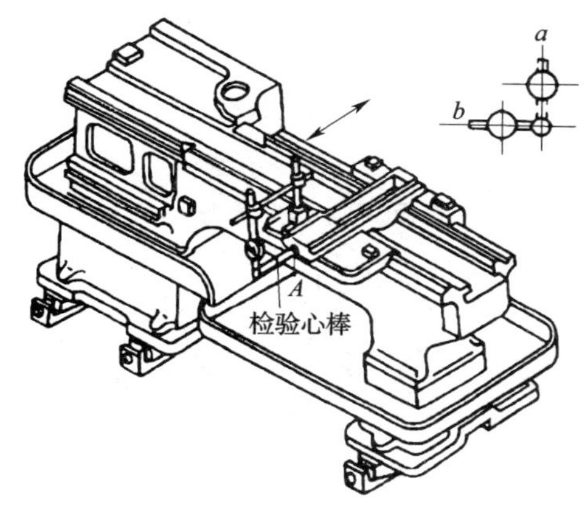

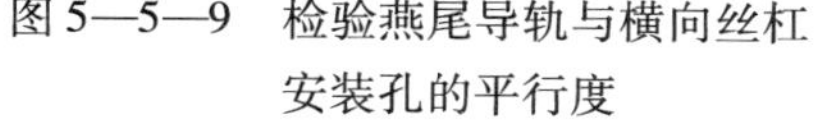

图 5—5—9　检验燕尾导轨与横向丝杠安装孔的平行度

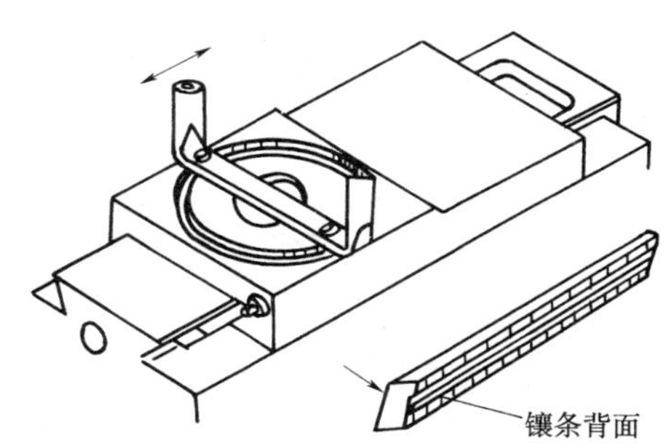

图 5—5—10　中滑板燕尾导轨的镶条配刮

4. 配刮床鞍下导轨面

以床身导轨为基准，配刮床鞍下导轨面至要求：接触点为 10 ~ 12 点/（25 mm × 25 mm），床鞍上、下导轨的垂直度要求为 300 mm 长度上允差为 0. 02 mm，只允许偏向床头。检测床鞍上、下导轨的垂直度时，应先纵向移动床鞍，调整床身上放置的直角尺，使直角尺的一个边与床鞍移动方向平行，如图 5—5—11 所示。然后将百分表测头与直角尺的另一直角边接触，沿燕尾导轨全长上移动中滑板，百分表的最大示值差即为床鞍上、下导轨的垂直度误差，如图 5—5—12 所示。若超差，应继续刮削床鞍下导轨面，直至合格。

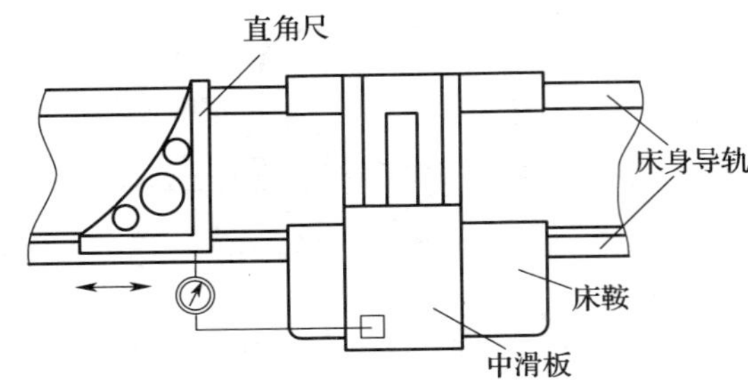

图 5—5—11　调整直角尺与床鞍移动方向平行示意图

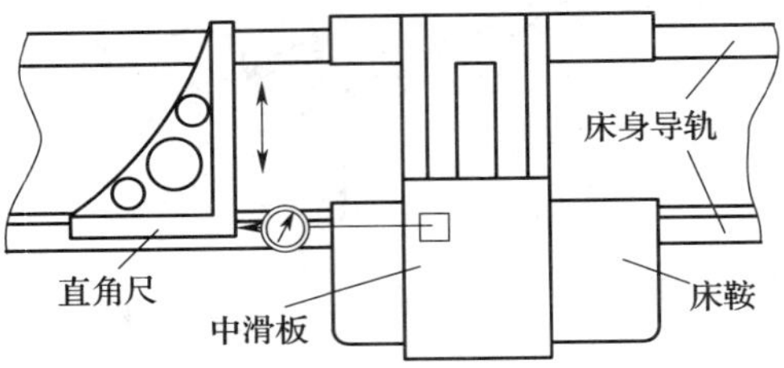

图 5—5—12　床鞍上、下导轨垂直度检测示意图

刮研床鞍下导轨面达到垂直度要求的同时，还要使溜板箱安装面满足以下两项要求：

（1）横向应与进给箱安装面垂直　其测量方法如图 5—5—13 所示，在床身进给箱安装面上用夹板夹持一直角尺，在直角尺处于水平状态的上平面上移动百分表检查溜板箱安装面的位置精度，其允差为每 100 mm 长度上 0. 03 mm；也可以用框式水平仪分别紧贴进给箱安装面和溜板箱安装面检测。

（2）纵向与床身导轨平行　测量方法如图 5—5—14 所示，将百分表固定在床身上（一般用磁性表座吸附在齿条安装面上），纵向移动床鞍，在床鞍结合面（即溜板箱安装面）全长上百分表最大读数差值不得超过 0. 06 mm。

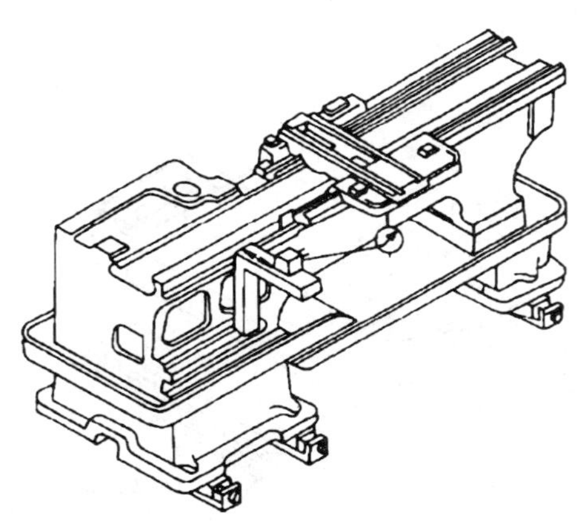

图 5—5—13　溜板箱安装面与进给箱安装面垂直度测量

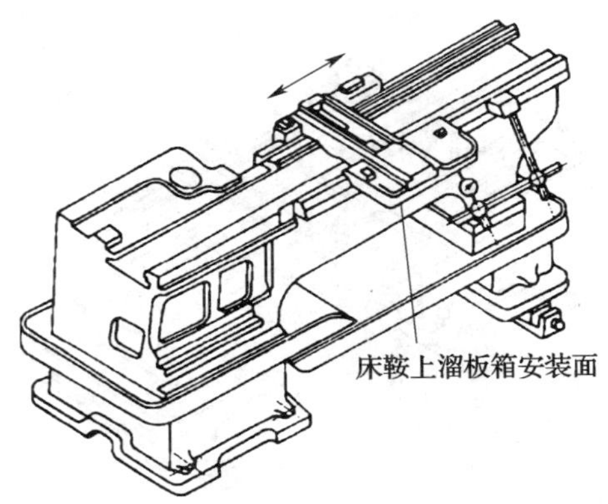

图 5—5—14　溜板箱安装面与床身导轨平行度测量

5. 床鞍与床身装配

床鞍与床身的装配，主要是刮研床身的下导轨面及配刮床鞍两侧压板，保证床身上、下导轨的平行度，以达到床鞍与床身导轨在全长上能均匀结合，平稳地移动。

如图5—5—15所示，装上两侧压板并调整到适当的配合，推研床鞍，按接触情况刮研两侧压板，要求接触点为6～8点/(25 mm×25 mm)。全部螺钉调整紧固后，用200～300 N力推动床鞍在导轨全长上移动无阻滞现象；用0.03 mm塞尺检查贴合程度，插入深度不大于20 mm。

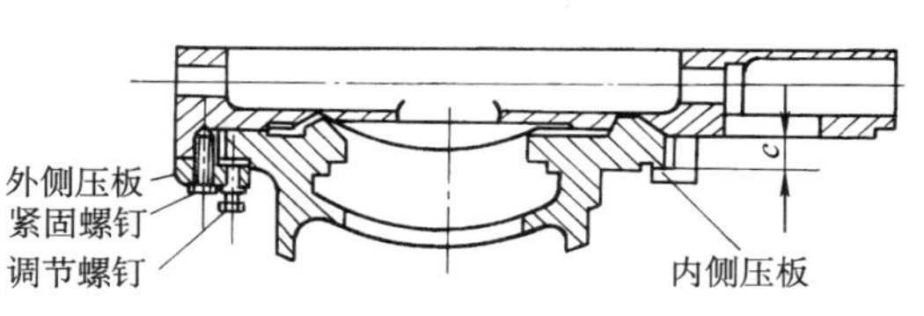

图5—5—15　床身与床鞍的装配

三、溜板箱、进给箱和主轴箱的安装

1. 安装溜板箱

溜板箱的安装在总装配过程中起着重要作用。其安装位置直接影响丝杠、螺母能否正确啮合，进给能否平稳进行，还是确定进给箱和丝杠后托架安装位置的基准。确定溜板箱位置应按下列步骤进行：

(1) 校正开合螺母中心线与床身导轨的平行度　如图5—5—16所示，在溜板箱的开合螺母体内卡紧一检验棒，在床身检验桥板上紧固丝杠中心测量工具。分别在左、右两端校正检验棒上母线和侧母线与床身导轨的平行度，其误差值应在0.15 mm以内。

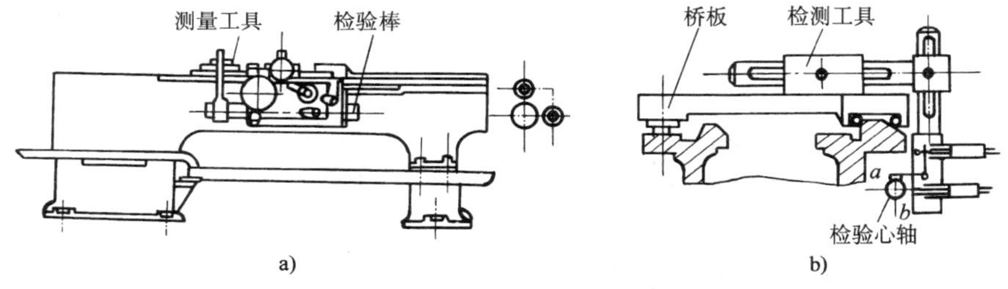

图5—5—16　溜板箱安装面与进给箱安装面垂直度检测

(2) 确定溜板箱位置　左右移动溜板箱，使中滑板横向进给传动齿轮副有合适的齿侧间隙，如图5—5—17所示，将一张厚0.08 mm的纸放在齿轮啮合处，转动齿轮使印痕呈现将断与不断的状态为正常侧隙。此外，侧隙也可通过控制横向进给手轮空转量不超过1/30转来检查。

(3) 溜板箱最后定位　溜板箱预装精度校正后，应等到进给箱和丝杠后托架的位置校正后才能钻、铰溜板箱定位销孔，配做定位锥销实现最后定位。

2. 安装齿条

溜板箱位置校正后，则可安装床身齿条，主要是保证纵走刀小齿轮与齿条的啮合间隙和啮合接触区。正常啮合侧隙为0.08 mm；啮合接触区位于齿宽的中部。测量啮合侧隙的方法与横向进给齿轮副侧隙检验方法相同；测量接触区可采用涂色法来确定。最后确定齿条的安装位置及其高度尺寸。

由于受齿条加工工艺的限制，车床齿条一般由几根短齿条拼接装配而成。为保证两相邻齿条接合处的齿距精度，齿条拼装时，应采用标准齿条进行跨接校正，如图5—5—18所示。校正时，在两根相接齿条的接合端面之间，须留有0.5 mm左右的间隙。

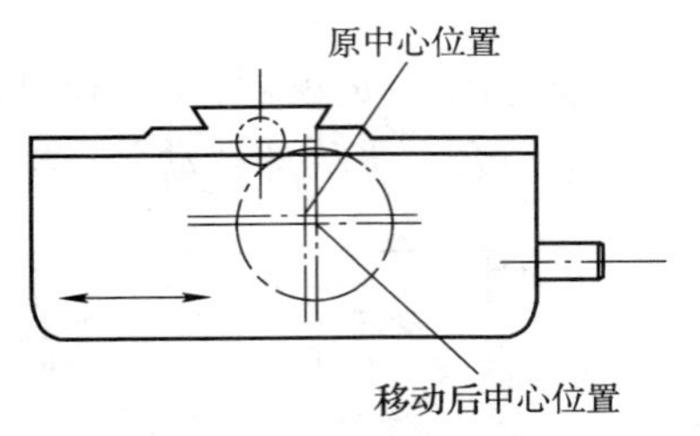

图 5—5—17　溜板箱横向进给齿轮副侧隙调整

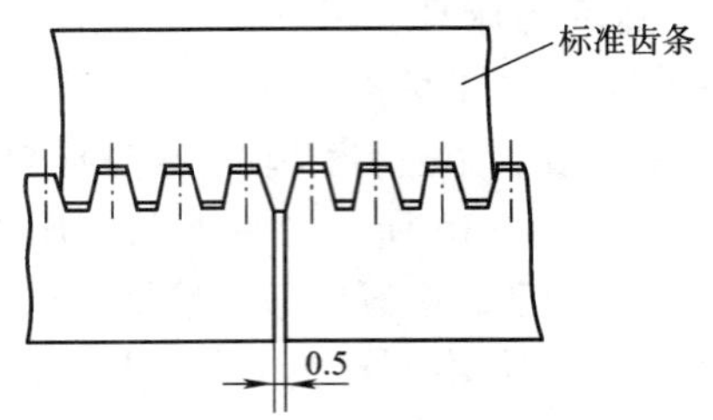

图 5—5—18　齿条跨接校正

齿条安装后，必须在床鞍行程的全长上检查纵向走刀小齿轮与齿条的啮合间隙及接触区，间隙要均匀一致。齿条位置调好后，每块齿条都配有两个定位销，以确定其安装位置。

3. 安装进给箱和丝杠后托架

安装进给箱和丝杠后托架主要应保证进给箱、溜板箱、丝杠后托架上三个丝杠安装孔的同轴度，并保证丝杠与床身导轨的平行度。

安装时，先按图 5—5—19 所示进行测量调整，即在进给箱、溜板箱、后托架的丝杠安装孔中，各装入一根配合间隙不大于 0. 005 mm 的检验棒，三根检验棒外伸测量端的外径相等。溜板箱用检验棒有两种：一种其外径尺寸与开合螺母体外径相等，它在开合螺母未装入时使用；另一种具有与丝杠中径尺寸一样的螺纹，卡在开合螺母中使用。前者测量可靠；后者测量误差较大。

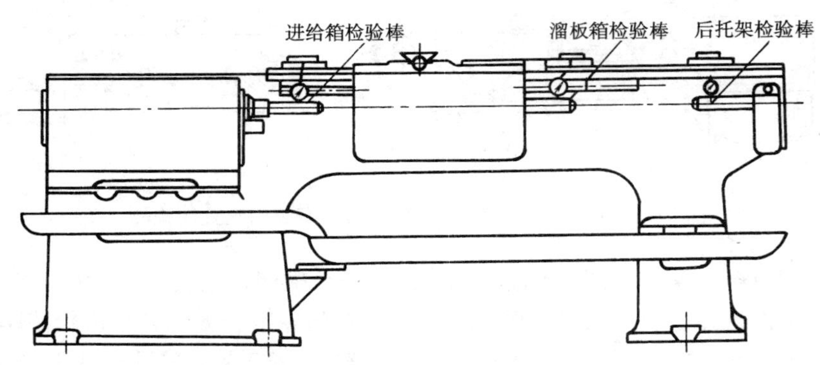

图 5—5—19　三孔同轴度测量

安装进给箱和丝杠后托架可按下列步骤进行：

（1）调整进给箱和后托架丝杠安装孔中心线与床身导轨平行度　用图 5—5—16 中所用的专用测量工具，检查进给箱和后托架丝杠安装孔的中心线相对于床身导轨的平行度，其允差为上母线 0. 02 mm/100 mm，只允许前端向上偏；侧母线 0. 01 mm/100 mm，只允许前端向床身方向偏。若超差，则通过刮削进给箱和后托架与床身的结合面来调整。

（2）调整进给箱、溜板箱和后托架丝杠安装孔的同轴度　以溜板箱上开合螺母孔中心线为基准，通过抬高或降低进给箱和后托架丝杠安装孔的中心线，使三处丝杠安装孔同轴，其测量如图 5—5—19 所示，上母线测量误差不大于 0. 01 mm/100 mm。横向移出或推进溜板箱，使开合螺母中心线与进给箱、后托架中心线同轴，其侧母线测量误差不大于0.01 mm/100 mm。

调整合格后，进给箱、溜板箱和后托架即配做定位销，并予以固定，以确保调整好的位置不变。

4. 安装主轴箱

主轴箱是以其底平面和凸块侧面与床身主轴箱安装面接触来保证正确安装位置的。主轴箱底平面用来控制主轴轴线与床身导轨在铅垂平面内的平行度；凸块侧面控制主轴轴线在水平面内与床身导轨的平行度。安装时，按图5—5—20所示进行测量和调整。在主轴锥孔中插入检验棒，百分表座固定在中滑板上，分别在上母线和侧母线上测量，百分表在全长（300 mm）范围内读数差即为平行度误差值。

安装要求：上母线为0.03 mm/300 mm，只允许检验棒外端向上抬起（俗称“抬头”），若超差可刮削主轴箱底平面；侧母线为0.015 mm/300 mm，只允许检验棒偏向操作者方向（俗称“里勾”），若超差可通过刮削凸块侧面来满足要求。

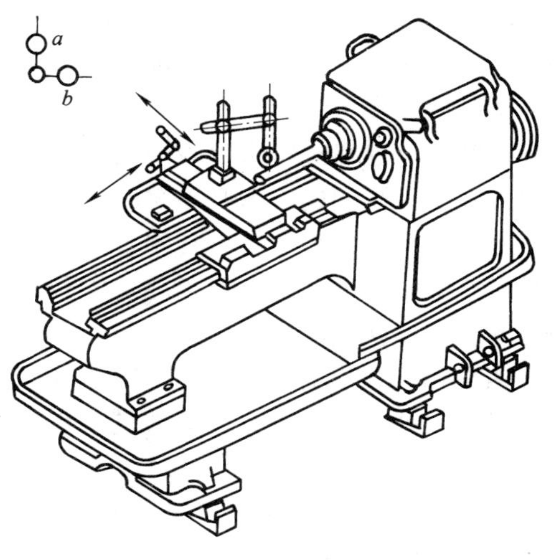

图5—5—20　主轴轴线与床身导轨平行度测量

为消除检验棒本身误差对检测的影响，检测时旋转主轴180°做两次检测，两次检测结果的平均值就是平行度误差。

四、尾座的安装

1. 调整尾座的安放位置

以床身上尾座导轨为基准，配刮尾座底板，使其达到装配质量技术要求中规定的刮研点数。将尾座部件装在床身上，按图5—5—21所示测量尾座的两项精度。

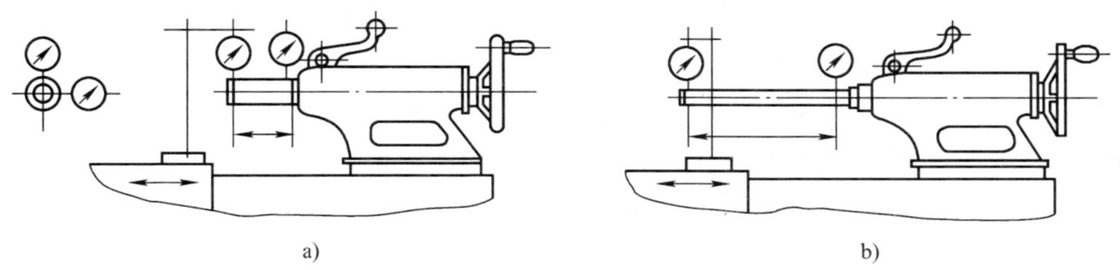

图5—5—21　尾座套筒轴线对床鞍移动平行度的测量

a）床鞍移动对尾座套筒伸出部分轴线的平行度　b）床鞍移动对尾座套筒轴孔中心线的平行度

（1）床鞍移动轨迹对尾座套筒伸出部分轴线的平行度　测量方法是：将尾座套筒伸出尾座体100 mm，并与尾座体锁紧。移动床鞍使固定在其上的百分表测头分别触于尾座套筒的上母线和侧母线上，百分表在100 mm内的读数差，即为床鞍移动轨迹对尾座套筒伸出部分轴线的平行度误差，如图5—5—21a所示。该项精度要求为：上母线允差为0.01 mm/100 mm，只允许抬头；侧母线允差为0.03 mm/100 mm，只允许里勾。

（2）床鞍移动轨迹对尾座套筒锥孔中心线的平行度　在尾座套筒内插入一根检验棒

（测量长度 300 mm），尾座套筒退回尾座体内并锁紧，然后移动床鞍，使固定在床鞍上的百分表测头分别触于检验棒的上母线和侧母线，百分表在 300 mm 长度范围内的读数差，即为床鞍移动轨迹对尾座套筒锥孔中心线的平行度误差，如图 5—5—21b 所示。其精度要求为；上母线允差为 0. 03 mm/300 mm；侧母线允差为 0. 03 mm/300 mm。为了消除检验棒本身误差对测量的影响，一次检验后，将检验棒退出，转 180°再插入，重新检验一次，两次测量结果的代数和之半，即为该项实际误差值。

2. 调整主轴锥孔中心线和尾座套筒锥孔中心线对床身导轨的等距度

测量方法如图 5—5—22a 所示，在主轴箱主轴锥孔内插入一个顶尖，并校正其与主轴轴线的同轴度。在尾座套筒锥孔内，同样装入一个顶尖，两顶尖间装夹一根长度为1 500 mm 的标准圆柱检验棒。将百分表固定在床鞍上，先将百分表测头触在检验棒的侧母线上，校正检验棒在水平平面内与床身导轨的平行度。再将测头触于检验棒的上母线，百分表在检验棒两端的读数差，即为主轴锥孔中心线与尾座套筒锥孔中心线对床身导轨的等距度误差。为了消除尾座套筒中的顶尖本身误差对测量的影响，一次检验后将顶尖退出，转过 180°后再重新检验一次，两次测量结果的代数和一半，即为其误差值。

图5—5—22b 为另一种测量方法，即分别测量主轴和尾座锥孔中心线的上母线，再根据两检验棒的直径尺寸和百分表的读数，经计算求得实际误差值。在测量之前，同样要校正两检验棒在水平面内与床身导轨的平行度。

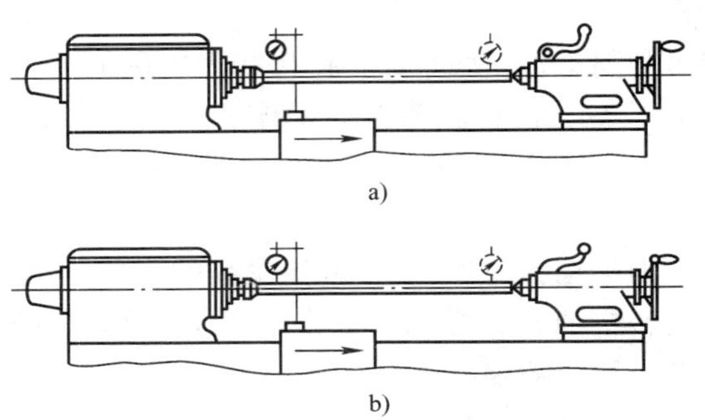

图 5—5—22 主轴锥孔中心线与尾座套筒锥孔中心线对床身导轨等距度的测量

等距度允差为 0. 06 mm，只允许尾座高于主轴箱，为了弥补使用中的磨损，应尽量接近允差值。若超差则通过修刮尾座底板与尾座的连接面来调整。修刮后要求尾座体与尾座底板之间的接触面间用 0. 03 mm 塞尺检查时不得插入，用手扳动时不得出现左右摇晃现象。

五、丝杠、光杠和操纵杆的安装

溜板箱、进给箱、后托架的三个丝杠安装孔同轴度校正后，就能装入丝杠、光杠和操纵杆。丝杠装入后应检验如下两项精度：

1. 测量丝杠两轴承中心线与开合螺母中心线对床身导轨的等距度

测量方法如图 5—5—23 所示，用图 5—5—16 所示的专用测量工具在丝杠两端和中间三处测量。三个位置中对导轨相对距离的最大差值，就是等距度误差。此项精度要求为：在丝杠上母线上测量允差为 0. 15 mm；在丝杠侧母线上测量允差为 0. 15 mm。测量时，开合螺母应处于闭合状态，这样可以排除丝杠因重力下垂、自身弯曲等因素对测量数值的影响。溜板箱应置于床身全长的中部，以防止丝杠挠度对测量的影响。

2. 测量丝杠的轴向窜动

测量方法如图 5—5—23 所示，在丝杠后端的中心孔内，用黄油紧密粘住一个钢球，平头百分表顶在钢球上，合上开合螺母，使丝杠转动进行测量，百分表的读数差即为丝杠的轴向窜动误差，最大不应超过 0. 015 mm。

六、小滑板的安装

将小滑板部件装配在中滑板上，装配时按图 5—5—24 所示方法测量小滑板移动轨迹对主轴中心线的平行度。

测量时先横向移动中滑板，使百分表触及主轴锥孔中插入的检验棒的上母线，再纵向移动小滑板进行测量，误差不超过 0.03 mm/100 mm。若超差，通过刮削小滑板与回转盘的结合面来调整。

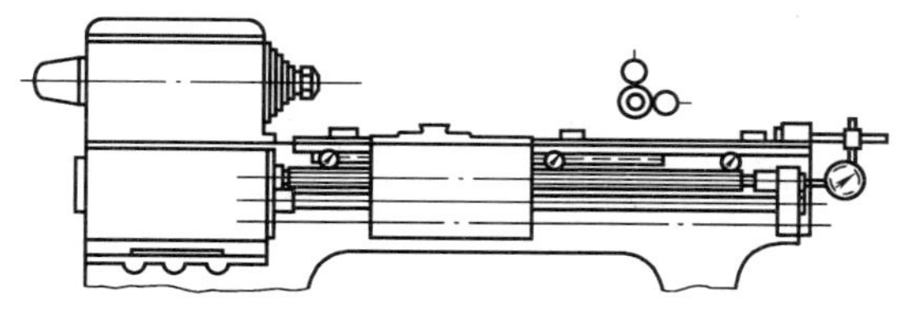

图 5—5—23　丝杠与导轨等距度及轴向窜动量的测量

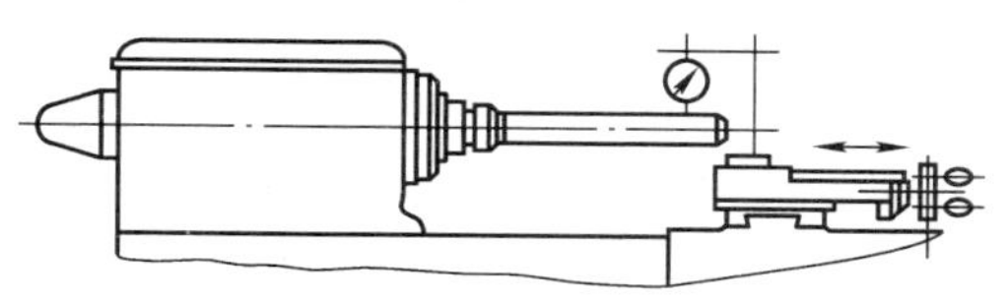

图 5—5—24　小滑板移动轨迹对主轴中心线的平行度测量

七、其他部件的安装

其他部件的安装包括挂轮架安装、电动机 V 带安装与预紧及润滑防护系统、冷却系统、照明系统、机床标牌等的安装。

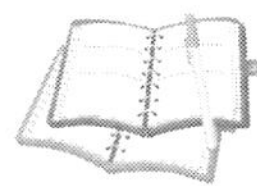

复习思考题

1. 卧式车床总装配工作的主要内容是什么？
2. 卧式车床床身的床鞍导轨为什么要求中凸？
3. 床鞍的上导轨为什么要垂直于下导轨？为什么只许上导轨的后端偏向床头？
4. 确定溜板箱安装位置的主要依据是什么？
5. 如何保证进给箱、溜板箱、丝杠后托架丝杠安装孔的同轴度？
6. 主轴箱安装时应满足哪些要求？超差时应如何修刮？
7. 安装车床尾座时应满足哪些技术要求？为什么要求尾座套筒锥孔轴线要比主轴锥孔轴线高一些？其等距度应如何测量？

课题六　卧式车床的试车和验收

车床经总装配后，必须进行试车和验收。卧式车床的试车和验收一般包括静态检查、空运转试验、负荷试验和精度检验四个方面。

一、静态检查

静态检查是车床在进行性能试验之前的检查，主要检查车床各部位是否安全、可靠，以保证试车时不出故障，主要从以下几方面检查：

（1）用手转动各传动件，应运转灵活。

（2）变速手柄和换向手柄应操纵灵活、定位准确、安全可靠。手轮或手柄转动时，其转动力用拉力器测量，不应超过 80 N。

（3）移动机构的反向空行程量应尽量小，直接传动的丝杠，空行程不得超过回转圆周的 1/30 转；间接传动的丝杠，空行程不得超过 1/20 转。

（4）滑板、床鞍等滑动导轨在行程范围内移动时，应轻重均匀、平稳。

（5）尾座套筒在尾座孔中做全长伸缩，应滑动灵活而无阻滞，手轮转动轻快，锁紧机构灵敏无卡死现象。

（6）开合螺母机构开合准确可靠，无阻滞或过松的感觉。

（7）安全离合器应灵活可靠，能传递足够力矩又不致因空运转而产生过热，在超负荷时，能及时切断运动。

（8）挂轮架交换齿轮间的侧隙适当，固定装置可靠。

（9）各部分的润滑加油孔有明显的标记，润滑油清洁且油路畅通。油窗明亮，油尺清洁，插入深度与松紧合适。

（10）电器按钮灵敏可靠，电器设备启动、停止安全可靠。

二、空运转试验

空运转试验是在无负荷状态下进行的运转试验。目的是发现机床在运动中可能出现的故障，并对机床进行必要的调整，为以后的负荷试验、工作精度检验做好准备。空运转试验和调整应包括以下内容：

（1）试验前对机床进行调平，使机床尽量处于自然水平状态。检查主轴箱的油平面不得低于油标线，也不能把油加得过满。

（2）检查各变速、变向操纵手柄是否灵活、可靠。

（3）运转机床的主运动机构。从最低转速依次提高到最高转速，各级转速的运转时间不少于 5 min，最高转速的运转时间不少于 30 min。同时，对机床的进给机构也要进行低、中、高进给量及纵横快速移动的空运转，并检查润滑油泵输油情况。

（4）在所有的转速下，车床的各部位工作机构应运转正常，不应有明显的振动。各操纵机构应平稳、可靠，无异常噪声和异味。

（5）润滑系统正常、畅通、可靠、无泄漏现象。

（6）安全防护装置和保险装置安全可靠。

（7）在主轴轴承达到稳定温度时（即热平衡状态），轴承的温度和温升均不得超过如下规定：滑动轴承温度 60℃，温升 30℃；滚动轴承温度 70℃，温升 40℃；其他机构的轴承温升不得超过 20℃。

三、负荷试验

车床空运试验合格后，将其调至中速（最高转速的 1/2 或高于 1/2 的相邻一级转速）继续运转达到热平衡状态时，则可进行负荷试验。

1. 全负荷强度试验

（1）目的　考核车床主传动系统能否输出设计所允许的最大扭转力矩和功率。

（2）试验方法　将尺寸为 ϕ120 mm×250 mm 的中碳钢试件，一端用三爪自定心卡盘夹紧，一端用顶尖顶住。用45°硬质合金（YT5）标准右偏刀进行外圆车削，切削用量为 n = 50 r/min、a_p = 12 mm、f = 0.6 mm/r。

（3）试验要求　在全负荷下，车床所有机构均应工作正常，动作平稳，不能有振动和噪音。主轴转速不得比空转时降低5%以上。各手柄不得有颤抖和自动换位现象。试验时，允许将摩擦离合器调紧2~3孔，待切削完毕再松开至正常位置。安全防护装置和保险装置必须安全可靠，在超负荷时，能及时切断运动。

2. 精车外圆试验

（1）目的　检验车床在正常工作温度下，主轴轴线与床鞍移动方向是否平行，主轴的旋转精度是否合格。

（2）试验方法　如图5—6—1所示，在车床三爪自定心卡盘上夹持尺寸为 ϕ80 mm×300 mm的中碳钢试件，检验长度 l_1 = 300 mm，l_2 = 20 mm，不用尾座顶尖，采用高速钢车刀，切削用量取 n = 400 r/min，a_p = 0.15 mm，f = 0.1 mm/r，精车外圆表面。

（3）试验要求　精车后试件允差：圆度误差不大于0.01 mm，圆柱度误差不大于0.04 mm/300 mm，表面粗糙度值不大于 Ra3.2 μm。

3. 精车端面试验

精车端面试验应在精车外圆合格后进行。

（1）目的　检查车床在正常工作温度下，刀架横向移动对主轴轴线的垂直度和横向导轨的直线度。

（2）试验方法　如图5—6—2所示，试件为 ϕ250 mm×50 mm 的铸铁圆盘，用三爪自定心卡盘夹持；用40°硬质合金（YG8）右偏刀精车端面；切削用量取 n = 230 r/min，a_p = 0.2 mm，f = 0.15 mm/r。

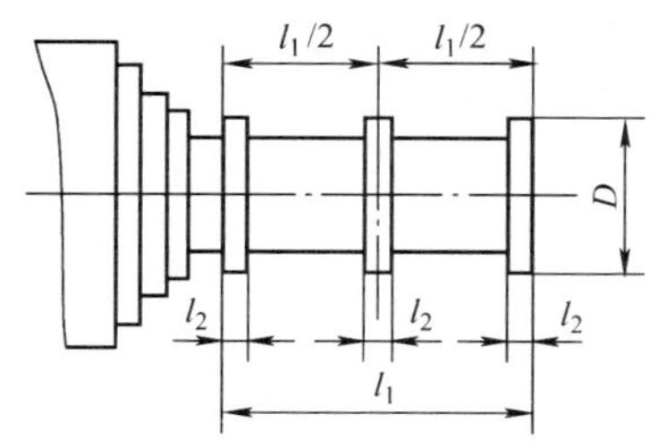

图5—6—1　外圆试切件

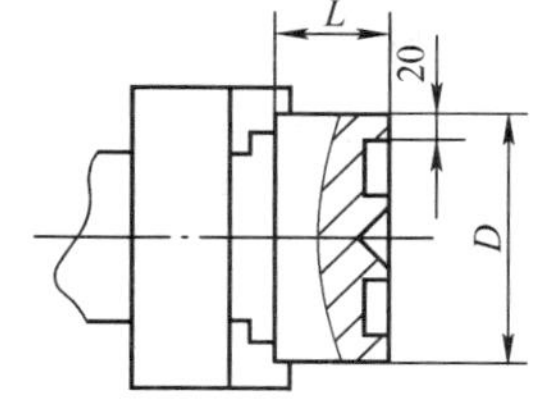

图5—6—2　端面试切件

（3）试验要求　精车端面后试件平面度误差不大于0.02 mm（只许中凹）。

4. 车槽试验

（1）目的　检验车床主轴系统及刀架系统的抗振性能，检查主轴部件的装配精度、主轴旋转精度、床鞍刀架系统各配合间隙的调整是否合格。

（2）试验方法　试验件为 ϕ80 mm×150 mm 的中碳钢棒料；用前角 γ_o = 8°~10°，后角 α_o = 5°~6°的YT15硬质合金车槽刀车削；切削用量为 v_c = 40~70 m/min，f = 0.1~0.2 mm/r。车槽刀宽度为5 mm，在距三爪自定心卡盘端（1.5~2）d（d 为工件直径）处车槽。

（3）试验要求　不应有明显振动和振痕。

5. 精车螺纹试验

（1）目的　检验车床上加工螺纹传动系统的准确性。

（2）试验方法　试验件为 ϕ40 mm×500 mm 的中碳钢试件，两端用顶尖装夹；用60°高速钢标准螺纹车刀进行车削；切削用量为 n = 20 r/min，a_p = 0. 02 mm，f = 6 mm/r。

（3）试验要求　精车螺纹试验精度要求螺距累计误差应小于 0. 04 mm/300 mm，表面粗糙度值不大于 Ra3. 2 μm，无振动波纹。

四、精度检验

完成上述各项试验之后，在车床热平衡状态下，按 GB/T 4020—1997 规定逐项做好精度检验，并认真做好纪录，合格后方可使用。GB/T 4020—1997 规定了卧式车床精度检验标准，其中 G1 ~ G15 项为几何精度检验，P1 ~ P3 项为工作精度检验，其允差值参见附表 3。

1. 几何精度检验

一般机床的几何精度检验分两次进行，一次在空运转试验后进行，另一次在工作精度检验之后进行。

（1）检验序号 G1（床身导轨调平）

1）导轨在竖直平面内的直线度　在床鞍上靠近前导轨处，沿纵向放一台水平仪，等距离（近似等于规定的局部误差的测量长度）移动床鞍检验，画出导轨误差曲线；也可将水平仪直接放在床身上进行检验（见图 5—6—3a、b、c、d 位置）。

2）导轨在垂直平面内的平行度　如图 5—6—3 所示，在床鞍上 f 横向放置一台水平仪，等距离移动床鞍检验（移动距离与检验竖直面内的直线度相同）。

（2）检验序号 G2（床鞍移动在水平面内的直线度）

1）当床鞍行程小于或等于 2 000 mm 时，可利用检验棒和百分表检验（见图 5—6—4a）。将百分表固定在床鞍上，使测头触及检验棒表面，调整尾座，使百分表在检验棒两端的读数相等。移动床鞍在全部行程上检验，百分表读数的最大差值即为直线度误差。

2）当床鞍行程大于 2 000 mm 时，用直径约为 0. 1 mm 的钢丝和读数显微镜检验（见图 5—6—4b）。在机床中心高的位置上绷紧一根钢丝，显微镜固定在床鞍上，调整钢丝，使显微镜在钢丝两端的读数相等。等距离移动床鞍，在全部行程上检验，显微镜读数的最大差值即为该导轨直线度误差。

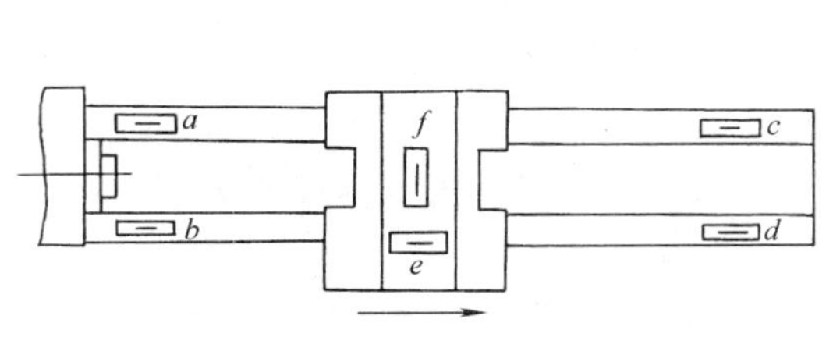

图 5—6—3　床身导轨调平检验

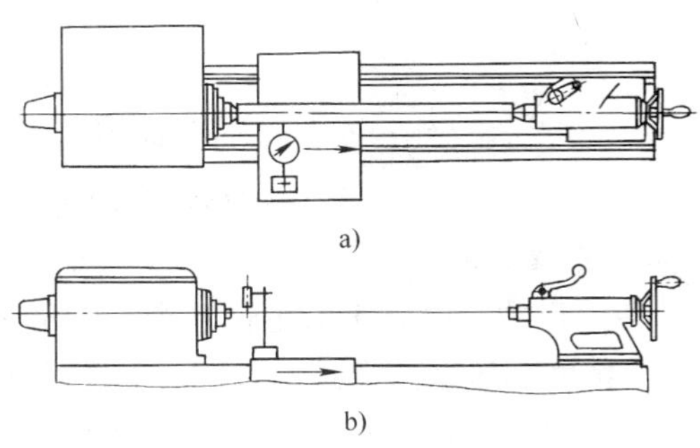

图 5—6—4　床鞍移动在水平面内的直线度检验

（3）检验序号 G3（尾座移动对床鞍移动的平行度）　将百分表固定在床鞍上，使其测头触及尾座体端面的顶尖套上（见图 5—6—5）：*a* 为在垂直平面内；*b* 为在水平平面内。锁紧顶尖套，使尾座与床鞍一起移动，在床鞍全部行程上检验。百分表在任意 500 mm 行程上和全部行程上读数的最大差值就是局部长度和全长上平行度误差。*a*、*b* 的误差应分别计算。

（4）检验序号 G4（主轴的轴向窜动和主轴轴肩支承面的圆跳动）

1）主轴的轴向窜动　固定百分表，使百分表测头触及检验棒端部中心孔内的钢球上（见图 5—6—6 的 *a* 处）。为消除主轴游隙对测量的影响，在测量方向上沿主轴轴线加一力 *F*。缓慢旋转主轴，百分表读数的最大差值就是轴向窜动误差。

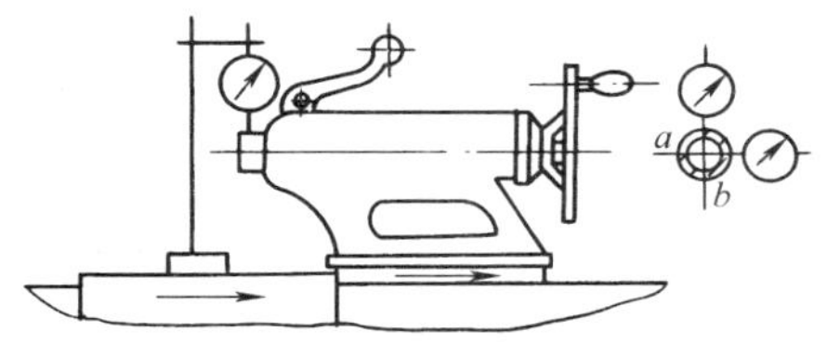

图 5—6—5　尾座移动对床鞍移动的平行度检验

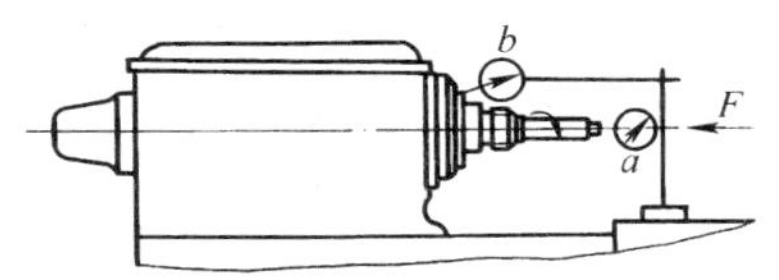

图 5—6—6　主轴的轴向窜动和主轴轴肩支承面的圆跳动检验

2）主轴轴肩支承面圆跳动　固定百分表，使其测头触及主轴轴肩支承面上（见图 5—6—6 的 *b* 处），沿主轴轴线加一力 *F*。慢慢旋转主轴，将百分表放置在轴肩支承面不同直径处的一系列位置上检验，其中最大误差值就是包括轴向窜动误差值在内的轴肩支承面的圆跳动误差。

（5）检验序号 G5（主轴定心轴颈的径向圆跳动）　固定百分表，使其测头垂直触及轴颈（包括圆锥轴颈）的表面，沿主轴轴线加一力 *F*。旋转主轴检验，百分表读数的最大差值就是径向圆跳动误差（见图 5—6—7）。

（6）检验序号 G6（主轴锥孔轴线的径向圆跳动）

1）将检验棒插入主轴锥孔内，固定百分表，使其测头触及检验心棒的表面，*a* 为靠近主轴端面，*b* 为距主轴端面 *L* 处，旋转主轴检验。

2）拔出检验棒，相对主轴旋转 90°，重新插入主轴锥孔中，依次重复，共检验四次，四次测量结果的平均值就是径向圆跳动误差值。*a*、*b* 的误差应分别计算（见图 5—6—8）。

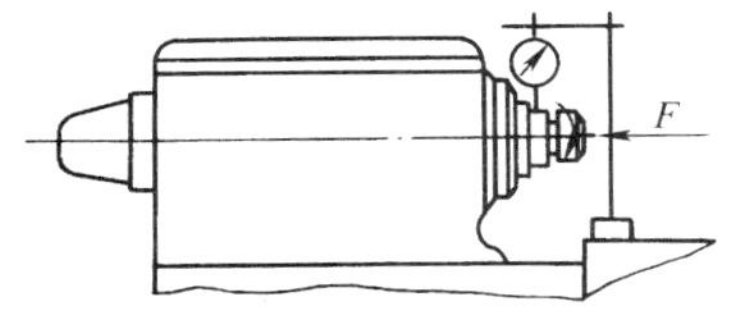

图 5—6—7　主轴定心轴颈的径向圆跳动检验

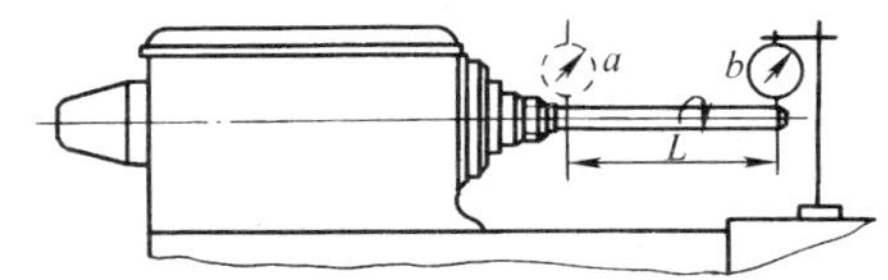

图 5—6—8　主轴锥孔轴线的径向圆跳动检验

（7）检验序号 G7（主轴轴线对床鞍移动的平行度）

1）将百分表固定在床鞍上，使其测头触及检验棒表面：*a* 为在垂直平面内，*b* 为在水平面内。移动床鞍进行检验。

2）将主轴旋转 180°再重复检验一次，两次测量结果代数和的一半就是平行度误差，*a*、*b* 的误差应分别计算（见图 5—6—9）。

（8）检验序号 G8（主轴顶尖的径向圆跳动）　将顶尖插入主轴锥孔内，固定百分表，使其测头垂直触及顶尖锥面，沿主轴轴线加一力 F。旋转主轴，百分表读数的最大差乘以 $\cos\alpha$（α 为圆锥半角）后，就是顶尖径向圆跳动误差（见图 5—6—10）。

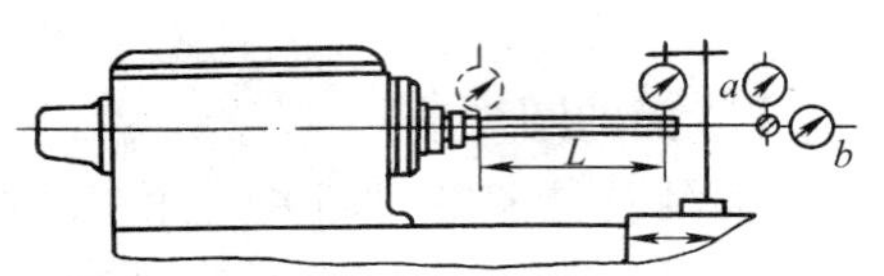

图 5—6—9　主轴轴线对床鞍移动的平行度检验

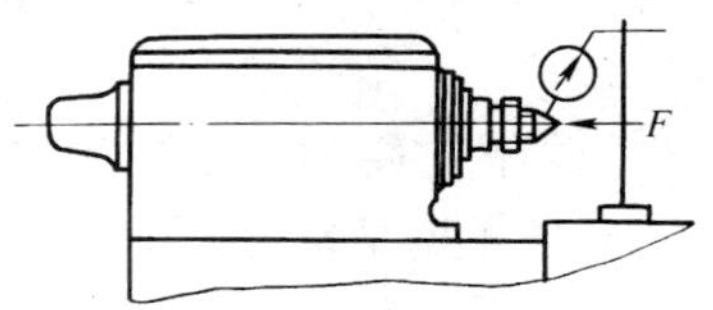

图 5—6—10　主轴顶尖的径向圆跳动检验

（9）检验序号 G9（尾座套筒轴线对床鞍移动的平行度）　当被加工工件最大长度 D_c 小于或等于 500 mm 时，应将尾座紧固在导轨的末端；当 D_c 大于 500 mm 时，应紧固在 $D_c/2$ 处，但最大不大于 2 000 mm。尾座套筒伸出量约为最大伸出量的一半，并锁紧。将百分表固定在床鞍上，使其测头触及尾座套筒表面，a 为在垂直平面内，b 为在水平平面内。移动床鞍检验，百分表读数的最大差值就是平行度误差。a、b 的误差应分别计算（见图 5—6—11）。

（10）检验序号 G10（尾座套筒锥孔轴线对床鞍移动的平行度）　检验时尾座的位置同 G9，尾座套筒退入尾座孔内，并锁紧。

在尾座套筒的锥孔内插入检验棒，百分表固定在床鞍上，使其测头触及检验棒表面：a 为在垂直平面内；b 为在水平平面内。移动床鞍检验，一次检验后，拔出检验棒，旋转 180° 重新插入尾座套筒的锥孔内，重复检查一次。两次测量结果的代数和之半就是平行度误差。a、b 误差应分别计算（见图 5—6—12）。

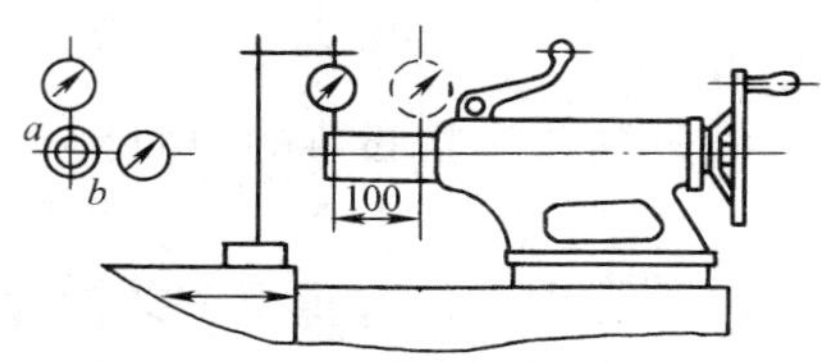

图 5—6—11　尾座套筒轴线对床鞍移动的平行度检验

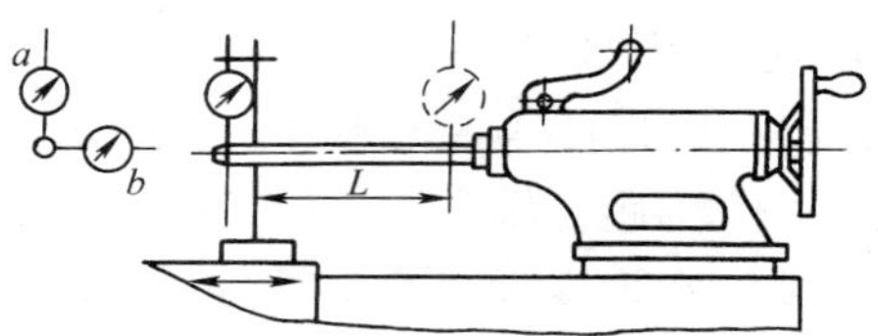

图 5—6—12　尾座套筒锥孔轴线对床鞍移动的平行度检验

（11）检验序号 G11（主轴和尾座两顶尖的等高度）　在主轴与尾座两顶尖间装入检验棒，百分表固定在床鞍上，使其测头在竖直平面内触及检验棒，移动床鞍在检验棒两极限位置上检验。百分表在检验棒两端的读数差就是等高度误差（见图 5—6—13）。检验时尾座套筒应退回尾座体内，并锁紧。

（12）检验序号 G12（小滑板纵向移动对主轴轴线的平行度）　将检验棒插入主轴锥孔内，百分表固定在小滑板上，使其测头在水平面内触及检验棒。调整小滑板，使百分表在检验棒两端的读数相等，再将百分表的测头在竖直平面内触及检验棒，移动小滑板检验。检验一次后将主轴旋转 180°，再重复检验一次，两次检验结果代数和的一半就是平行度误差（见图 5—6—14）。

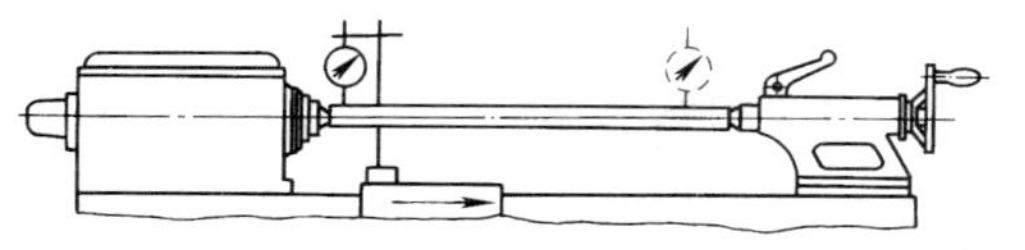

图 5—6—13　主轴和尾座两顶尖的等高度检验

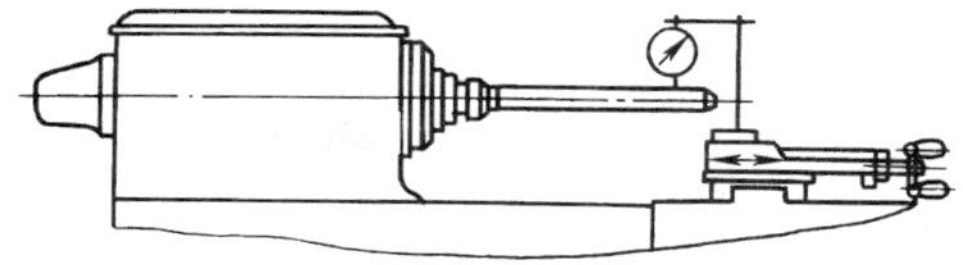

图 5—6—14　小滑板纵向移动对主轴轴线的平行度检验

（13）检验序号 G13（中滑板横向移动对主轴轴线的垂直度）　将平面圆盘固定在主轴上，百分表固定在中滑板上，使其测头触及圆盘平面，移动中滑板进行检验。检验一次后，将主轴旋转 180°再重复检验一次，两次检验结果的代数和之半就是垂直度误差（见图 5—6—15）。

（14）检验序号 G14（丝杠的轴向窜动）　将百分表固定在床身上，使其测头触及丝杠中心孔内的钢球（钢球应用润滑脂粘牢）。在丝杠中段处闭合开合螺母，旋转丝杠检验。检验时，有托架的丝杠应在装有托架的状态下检验。百分表读数的最大差值就是丝杠的轴向窜动误差（见图 5—6—16）。

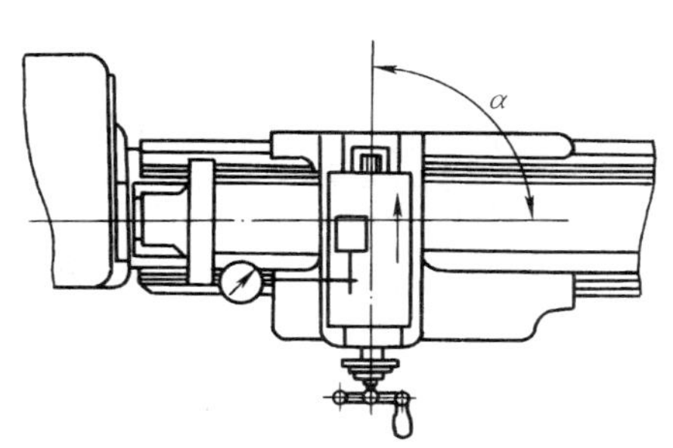

图 5—6—15　中滑板横向移动对主轴轴线的垂直度检验

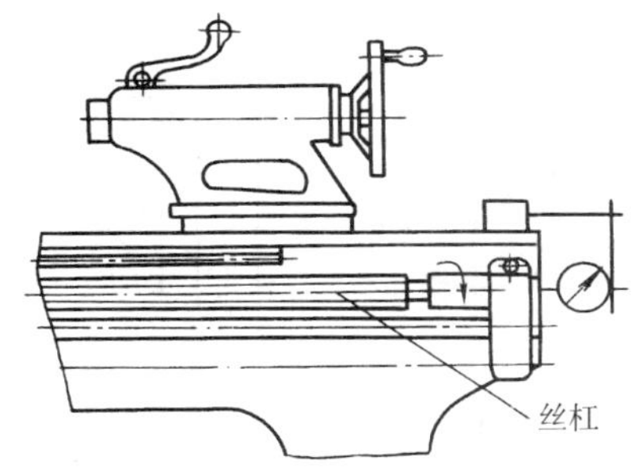

图 5—6—16　丝杠的轴向窜动检验

（15）检验序号 G15（由丝杠所产生的螺距累积误差）　将不小于 300 mm 长的标准丝杠装到主轴与尾座的两顶尖间，电感器固定在刀架上，使其测头触及螺纹侧面，移动床鞍进行检验。电感器在任意 300 mm 和任意 60 mm 测量长度内的读数差，就是丝杠所产生的螺距累积误差。也可用螺纹规代替标准丝杠检验（见图 5—6—17）。

2. 工作精度检验

机床进行工作精度检验前应重新检查机床安装水平并将机床紧固。按精度检验标准要求的试件形状、尺寸、材料准备试切件；按试切要求准备刀具、卡盘等。按检验要求准备检验试切件精度、表面粗糙度的测量器具。

（1）检验序号 P1（车削夹在卡盘中的圆柱试件）　在圆柱试件上车削三段直径，当 $L_1<50$ mm 时可车削两段直径。精车后在三段直径上检验圆度和圆柱度。

1）圆度误差以试件同一横截面内最大与最小值之差计算。

2）圆柱度误差以试件任意轴向截面内最大值与最小值之差计算（见图 5—6—18）。

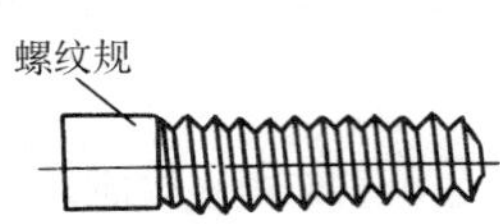

图 5—6—17　由丝杠所产生的螺距累积误差检验

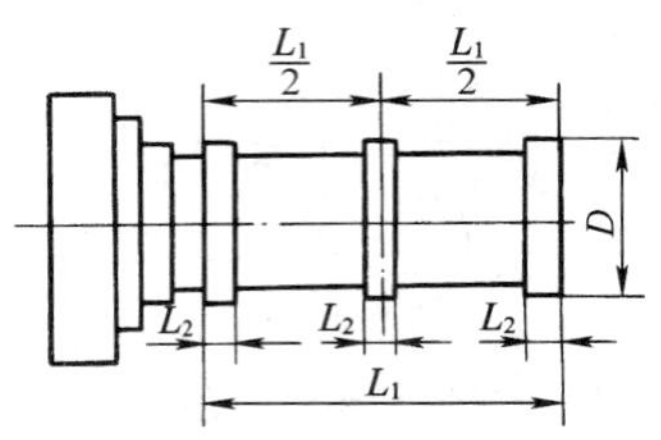

图 5—6—18　精车外圆检验

（2）检验序号 P2（车削夹在卡盘中的圆柱试件）

1）精车垂直于主轴的端面（可车两个或三个 20 mm 宽的平面，其中之一为中心平面）。

2）将百分表固定在中滑板上，使其测头触及端面的后部半径上，移动中滑板检验。百分表读数的最大差值的一半就是平面度误差（见图 5—6—19）。

（3）检验序号 P3（圆柱试件的螺纹加工）　试件螺距应与车床母丝杠的螺距相同，直径应接近母丝杠的直径。精车后在 300 mm 和任意 50 mm 长度内进行检验，螺纹表面应洁净，无凹陷与波纹（见图 5—6—20）。

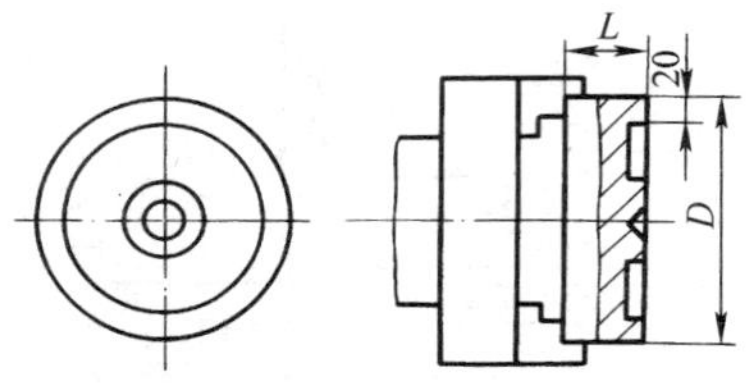

图 5—6—19　精车端面检验

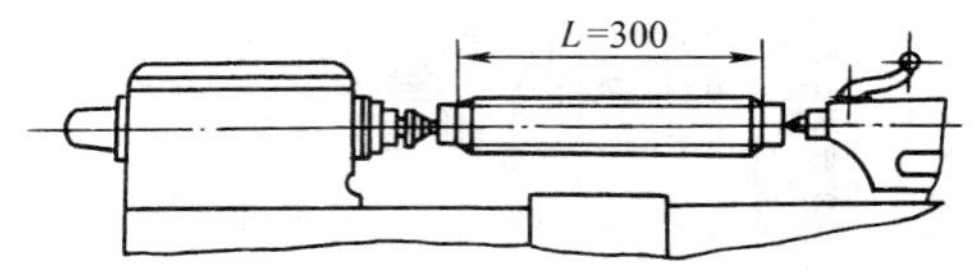

图 5—6—20　精车螺纹检验

复习思考题

1. 车床静态检查有哪些内容？
2. 车床空运转的目的是什么？其方法和要求如何？
3. 车床负荷试验的目的是什么？包括哪些内容？
4. 车床精度检验包括哪些内容？

第六单元

机械设备的润滑、密封与保养

课题一 机械设备的润滑

在机械设备中，合理选择润滑剂及润滑装置，对机械装置实行有效润滑，可以降低摩擦副的摩擦阻力、减缓磨损，提高机械设备的使用效率和延长寿命，同时对摩擦副还能起冷却、防锈、吸振、清洗和防止污染等作用。

一、润滑剂的种类

润滑剂的种类很多，根据润滑剂的来源分为矿物性润滑剂（如机械油）、植物性润滑剂（如蓖麻油）、动物性润滑剂（如牛脂）、合成润滑剂等；根据润滑剂的状态分为润滑油、润滑脂及固体润滑剂。生产中常用的润滑剂的特点及应用见表6—1—1。

表6—1—1　　润滑剂的种类、特点及应用

种类		特点及应用
润滑油	机械油（L—AN全损耗系统用油）	其牌号有N10、N15、N32、N46等。数值表示油的黏度等级。黏度等级小的油适用于高速轻载的机械；黏度等级大的油适用于低速重载的机械
	精密机床主轴油	其牌号有N2、N5、N7、N15共4种。既适用于精密机床主轴的滑动轴承，也适用于中等转速的精密滚动轴承
	重型机械用油	其牌号有N68。适用于大型轧钢机和剪断机
润滑脂	钙基润滑脂	应用最广，呈黄色，防水性好，但熔点低、耐热性差。适用于工作温度不高和潮湿的场合
	钠基润滑脂	呈暗褐色或黑色，耐热性较好，但不耐水。适用于高温重载的场合
	锂基润滑脂	一种高效能润滑脂，呈白色，表面光滑，具有良好的防腐和抗水性能。适用于高速和精密机床的滚动轴承
	铝基润滑脂	呈奶油状，表面光滑，缺乏塑性。具有很好的耐水、耐热、润滑和黏附性。常用于精密仪器和高速齿轮等润滑
固体润滑剂	石墨、二硫化钼、聚四氟乙烯等	耐高温、高压，适用于速度很低、载荷特重或温度很高、很低的特殊条件及不允许有油、脂污染的场合

二、润滑剂的选用

选用润滑剂时，一般须考虑摩擦副的运动情况、材料、表面粗糙度、工作环境和工作条件，以及润滑剂的性能等多方面因素。润滑剂的主要性能包括：

1. 黏度

润滑剂的黏度可定性地定义为它的流动阻力，它是润滑油最重要的性能之一。

2. 油性

油性是指润滑油中极性分子与金属表面吸附形成一层边界油膜，以减小摩擦和磨损的性能，油性越好，油膜与金属表面的吸附能力就越强。

3. 极压性

极压性能是润滑油中加入硫、氯、磷的有机极性化合物后，油中极性分子在金属表面生成抗磨、耐高压的化学反应边界膜的性能。

4. 闪点

当油在标准仪器中加热所蒸发出的油气，一遇到火焰即能发出闪光时的最低温度，称为油的闪点。

5. 凝点

润滑油在规定的条件下，不能再自由流动时所达到的最高温度。

6. 氧化稳定性

这是一些胶状沉积物，不但腐蚀金属，而且加剧零件的磨损。

三、机械设备常用的润滑方式

在机械设备中，因结构和润滑的要求不同，其润滑的方式也有所不同。按操作方法分为手工润滑和自动润滑；按输入方法分为集中润滑和分散润滑；按压力分为压力润滑和无压润滑；按输入状态分为连续润滑和间歇润滑等。生产中应根据实际情况灵活选用。

四、机械装置的润滑

机床中需要润滑的机械装置主要包括滑动轴承、滚动轴承、导轨、变速箱和链传动机构等。

1. 滑动轴承的润滑

由于轴颈与轴瓦为面接触，摩擦和磨损严重，因此，润滑对滑动轴承非常重要。

（1）润滑剂选择　滑动轴承的润滑剂可根据轴颈速度和轴承的工作条件、工作要求和工作环境等进行选择，一般用矿物润滑油和润滑脂。其中润滑油应用广泛；润滑脂则适用于轴颈速度小于 1 ~2 m/s 的滑动轴承，在温度变化大或高速场合下不宜使用。

（2）润滑方式选择　重要或精密机床主轴的滑动轴承，一般均采用连续润滑（滴油、油浴或压力润滑）方式，以保证其在充分润滑条件下工作；小型、低速或间歇运转的轴承，可用油壶或油杯人工定期供油。图 6—1—1 所示为连续润滑方式，图 6—1—2 所示为常用的油杯结构。

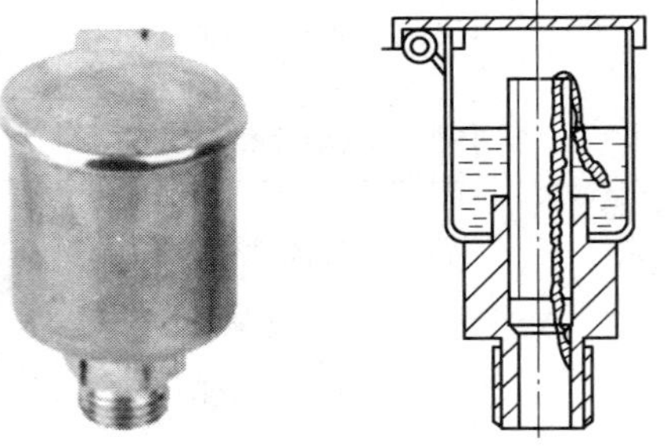

图 6—1—1　连续润滑

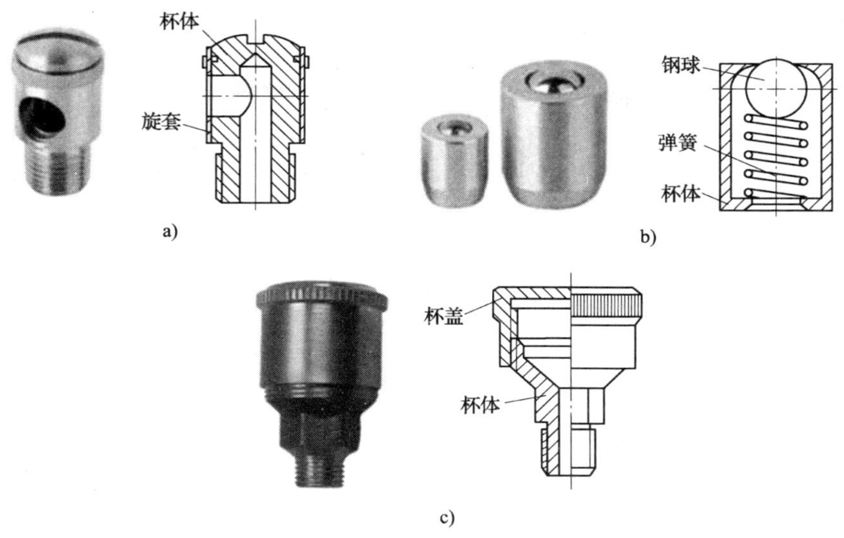

图 6—1—2　油杯

a）旋套式　b）压配式　c）旋盖式

知识拓展

润滑油黏度的大小由轴颈转速、轴承间隙及轴承所承受的载荷来决定。一般应具有在轴承工作温度下，形成油膜的最低黏度。选择润滑油黏度的一般原则如下：

（1）重载低速、温度高等条件下，选用高黏度主轴油。

（2）高速时，选用低黏度的主轴油。如当主轴转速为 1 000 ~3 000 r/min、主轴与轴承间的热间隙为 0.01 ~0.02 mm 时，选用的主轴油牌号为 N15。

（3）重载时，润滑油的黏度也应选高些。

（4）加工粗糙、轴承与轴的间隙较大的情况应选黏度较高的油。

2. 滚动轴承的润滑

（1）润滑方式选择　滚动轴承的润滑方式要根据轴承具体的工作情况来确定。如间歇运动机构的轴承可采用间歇润滑方式；低速轴承可采用油浴润滑等，如图 6—1—3 所示。

（2）润滑油或润滑脂选择　滚动轴承可采用油润滑或脂润滑。选用润滑油或润滑脂主要应考虑到摩擦副的运动性质及速度、摩擦副的工作条件、环境温度、摩擦表面的状态、润滑方法及机床的特殊要求。在高温条件下工作的润滑剂，热稳定性和化学稳定性要好。而液压系统用油则应具有较好的抗氧化、抗磨损、抗泡沫和防锈蚀等性能，黏度指数还要高。常用的有 L-HL15、L-HL22、L-HL46 的液压油及 L-AN32、L-AN46 全损耗系统用油或 N15 主轴油，高速全损耗系统用油等。

（3）润滑油或润滑脂黏度选择

1）在冲击、振动或间歇性工作条件下工作的摩擦副，应用黏度高的润滑油（脂）。

2）高速、轻载时，应选用低黏度油（脂）。

3）低速、重载时，则应选用高黏度的油（脂）。

润滑油的具体选择可参考图 6—1—4，根据 dn（轴承内径和转速的乘积）值及工作温度，选定所需的黏度，然后再从有关手册中选定相应的牌号。

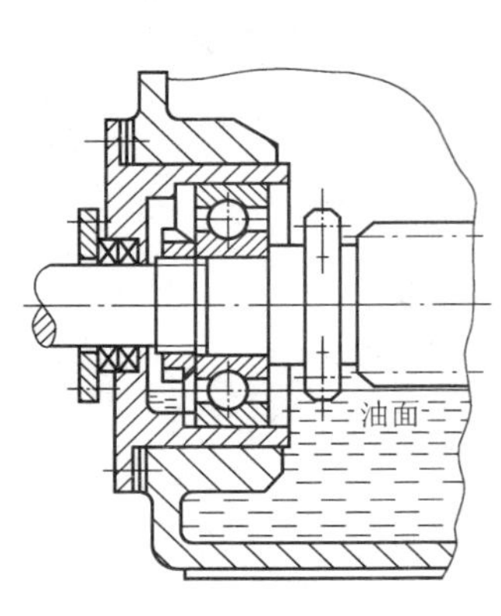

图 6—1—3　油浴润滑

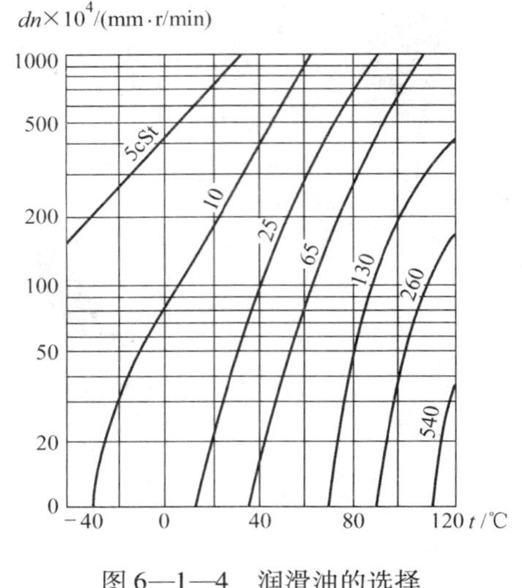

图 6—1—4　润滑油的选择

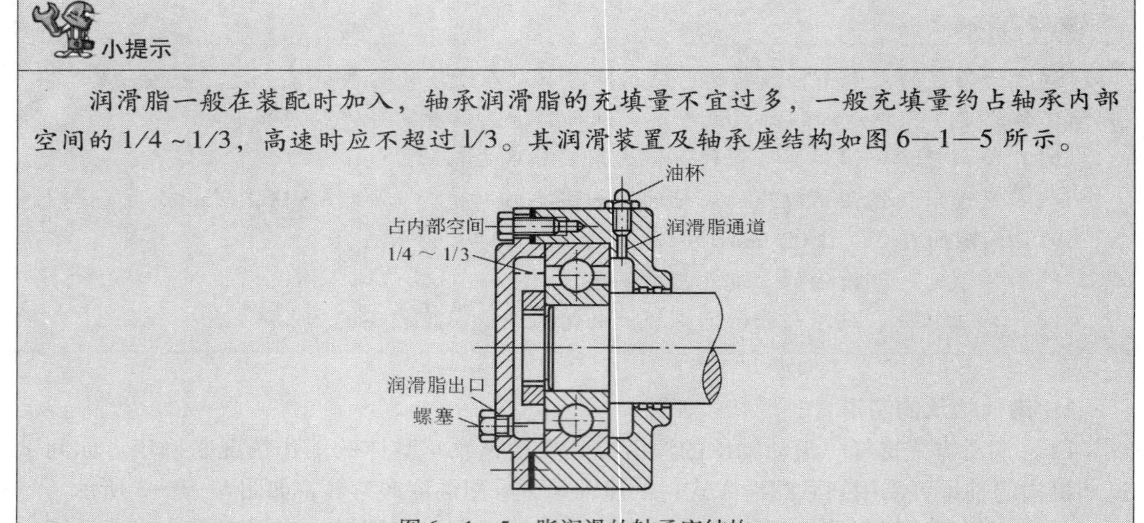

小提示

润滑脂一般在装配时加入，轴承润滑脂的充填量不宜过多，一般充填量约占轴承内部空间的 1/4 ~ 1/3，高速时应不超过 1/3。其润滑装置及轴承座结构如图 6—1—5 所示。

图 6—1—5　脂润滑的轴承座结构

3. 导轨的润滑

导轨因结构形式的不同，可分为滑动导轨、静压导轨及滚动导轨，下面主要介绍滑动导轨的润滑。

（1）润滑方式选择　当导轨面负荷较小、摩擦频率较小时，采用间歇无压润滑；当导轨面负荷较大，且连续摩擦时，采用连续压力循环润滑方式。

（2）润滑剂选择　精密机床导轨滑行速度很慢，当润滑剂供给不足、质量不好或选择不当时，易产生爬行现象，因此不能使用一般的全损耗系统用油，必须选用具有良好抗爬行性并具有合适黏度的导轨油。

当机床导轨面负荷较大时，应选用黏度较高的导轨油，如滚齿机、坐标镗床应选用N68、N100、N150导轨油；而导轨面负荷较小时（如磨床），选用N32或N68导轨油即可。

大部分磨床导轨和液压系统共用一种油，且负荷低、移动速度慢。由于液压系统和导轨润滑是同一个油路系统，既要保证加工精度、避免导轨的慢速爬行，又要保证润滑油顺利运行，一般选用运动黏度为20～40（50℃）的导轨油。采用叶片泵、齿轮泵的机床选用N32～N68液压导轨油；采用螺杆泵的机床可使用N68导轨油。

小提示

机床的导轨在修理过程中，可通过改变修理工艺，由宽刮代替点刮来改善润滑条件。因宽刮利于油楔的建立，增加了油膜厚度，减少了摩擦系数，从而改善了导轨的润滑状态。

4. 变速箱的润滑

变速箱是机械设备中最复杂的部件，一般由箱体、传动轴、轴承、齿轮副、离合器、凸轮、螺旋副及操纵元件等组成。由于各种不同的摩擦副同时集中在同一箱体中，所以一般均采用集中润滑方式。

（1）润滑方式选择　对常见的齿轮副，选择变速箱齿轮的润滑方式主要根据齿轮工作的线速度确定。一般当齿轮旋转的最大线速度小于0.8 m/s时，可采用手工涂润滑脂的方法进行润滑；当线速度在0.8～4.0 m/s时，采用浸油润滑或使用润滑脂；当线速度为4.0～12 m/s时，采用浸油润滑；当齿轮的线速度大于12 m/s时，则采用压力喷油润滑。

（2）润滑剂选择　一般应根据变速箱的变速级数、齿轮中心距和环境温度等进行选择。

5. 链传动机构的润滑

根据链节距 p 和链速 v 的不同可采用不同的链传动润滑方式，如图6—1—6所示。常选用的润滑剂有N32等机械油。注意高温环境下工作应选用黏度较大的润滑油。

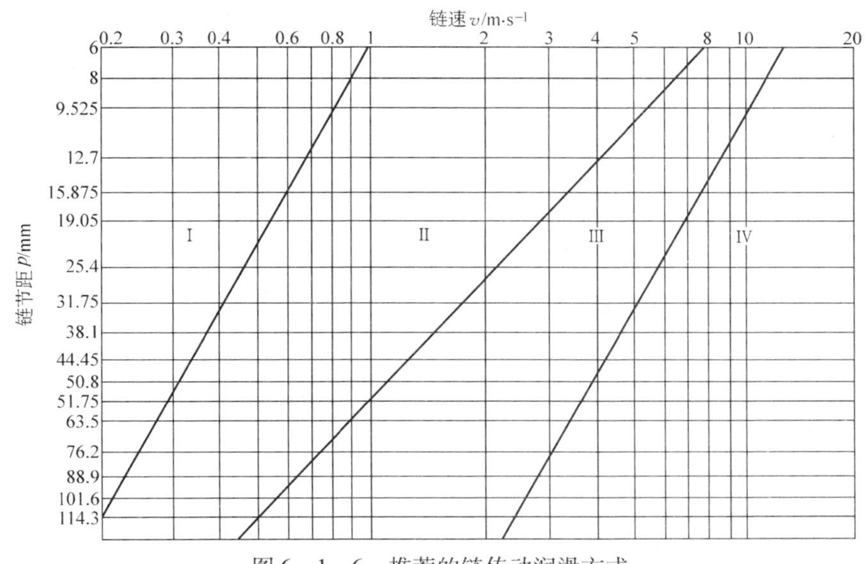

图6—1—6　推荐的链传动润滑方式

Ⅰ—人工定期润滑　Ⅱ—滴油润滑　Ⅲ—油浴式飞溅润滑　Ⅳ—压力喷油润滑

复习思考题

1. 润滑在机械设备中起什么作用?
2. 润滑剂有哪几种?各适用于什么场合?
3. 常用的润滑方式有哪些?
4. 变速箱齿轮副的润滑方式如何确定?

课题二 机械装置的密封

机械装置的密封是指采用适当措施以阻挡零件间接触处出现液体或气体的泄漏。密封可以防止灰尘、杂质的侵入，减少润滑剂的流失。从而避免资源、能源的浪费和环境的污染，保持设备安全、稳定运行。对于有压力要求或易燃、有毒及放射性物质的场合，密封就更加重要。

一、密封的类型

密封的类型很多，根据密封的结构、密封机理、密封件外形和材料等，密封分类如下:

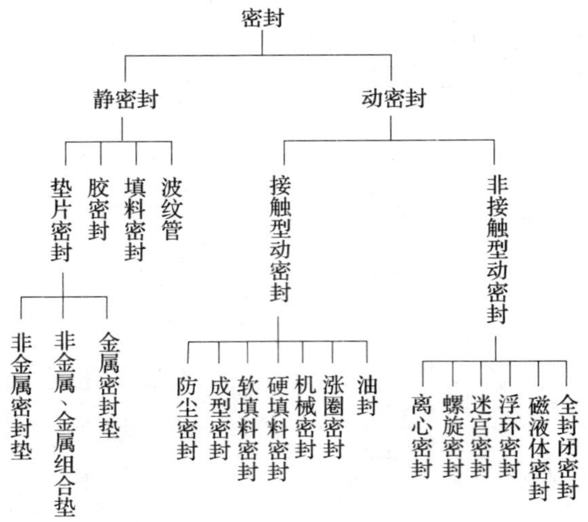

二、静密封

在工作状态下，两零件间无相对运动，其结合面之间的密封称静密封，静密封主要有垫片密封、胶密封和直接密封三大类。根据工作压力，静密封又可分为中低压静密封和高压静密封。中低压静密封常用材质较软、较宽的垫片密封，高压静密封则用材质较硬、接触宽度很窄的金属垫片密封，如图 6—2—1 所示。

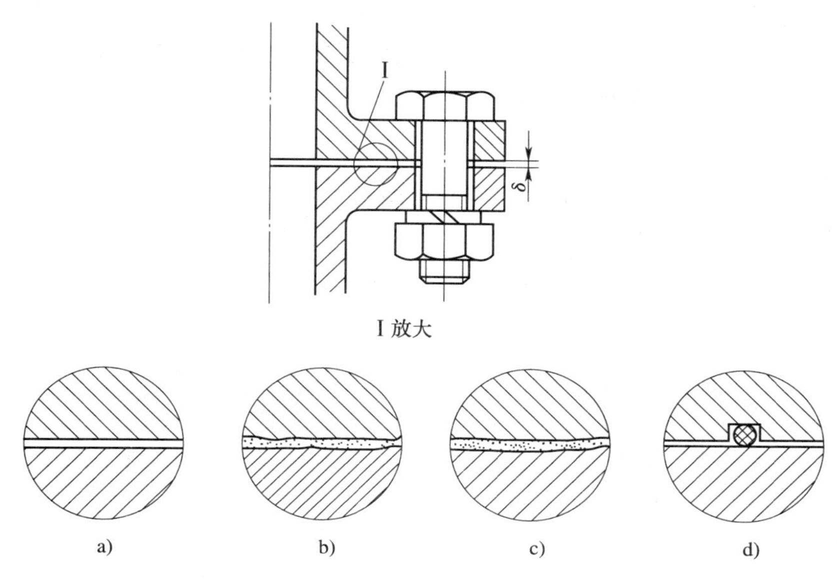

图 6—2—1　静密封

a）直接密封　b）垫片密封　c）密封胶密封　d）O 形圈填料密封

静密封的主要类型、特点及应用见表 6—2—1。

表 6—2—1　　静密封的类型、特点及应用

类型	特点及应用
金属垫片密封	采用纯铜、铝、铅、低碳钢、不锈钢及合金钢等制成的各种类型的垫片，垫于结合面中进行密封。常用于高温、高压的场合
非金属垫片密封	采用天然橡胶、纸板、牛皮、聚四氟乙烯及其合成品制成的各种垫片，垫于结合面中间进行密封。适用于常温及中、低压场合
密封胶密封	这类密封直接采用成品密封胶进行密封。使用时，把它们涂敷在设备的各种静结合面上。它们可以用于形状复杂或材料不同的结合面
波纹管密封	波纹管密封是一种机械轴向端面密封形式，与其他形式的密封（如压盖软填料密封）相比，具有泄漏量低、摩擦磨损小、使用寿命长、工作可靠、不需日常维护等一系列优点。因此在现代工业生产中得到了广泛的应用，特别是泵、阀设备中应用更加普遍。此外，在许多高压、高温、高速、易燃、易爆和腐蚀性介质等工况下也取得了较好的使用效果

三、动密封

在工作状态下，两零件间有相对运动的结合面之间的密封，称为动密封。动密封可以分为旋转密封和往复密封两种基本类型。按密封件与其相对运动的零部件是否接触，可以分为接触式密封和非接触式密封；按密封件的接触位置又可分为圆周（径向）密封和端面（轴向）密封。

1. 接触式密封

一般来说，接触式密封的密封性好，但受摩擦磨损限制，适用于密封面线速度较低的场合。在机械设备中常用的形式有：

（1）填料密封　如图 6—2—2 所示，这种密封装置结构简单，但因摩擦和磨损较大，高速时不能应用，主要应用于工作环境比较清洁的场合下密封润滑脂。密封处的圆周速度不应超过 4 ~5 m/s，工作温度不得超过 90℃。

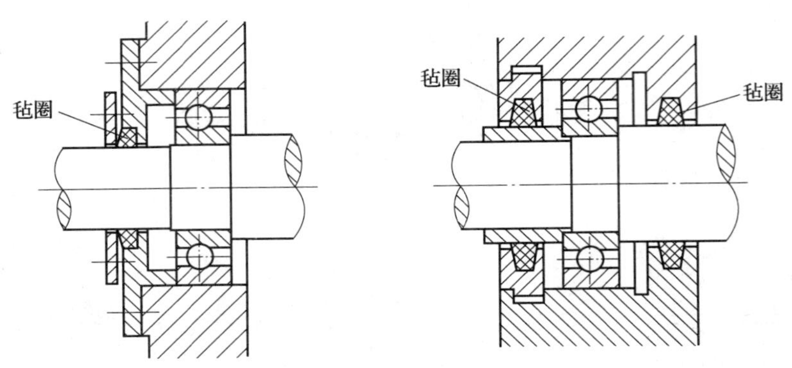

图 6—2—2　毛毡填料密封

（2）油封密封　如图 6—2—3 所示，油封通常用耐油橡胶制成，借助本身的弹性和弹簧使之压紧在轴上，可以密封润滑脂或润滑油。密封处的圆周速度不应超过 7 m/s，工作温度为 -40 ~100℃。安装时应注意密封唇的方向，也可以同时用两只密封圈以提高密封效果。

（3）机械密封　机械密封又称端面密封。如图 6—2—4 所示，动环与轴一起转动，静环固定在机座端盖上，动环与静环端面在弹簧的弹力作用下互相贴紧，起到很好的密封作用。这种密封多用于工作环境恶劣的场合。

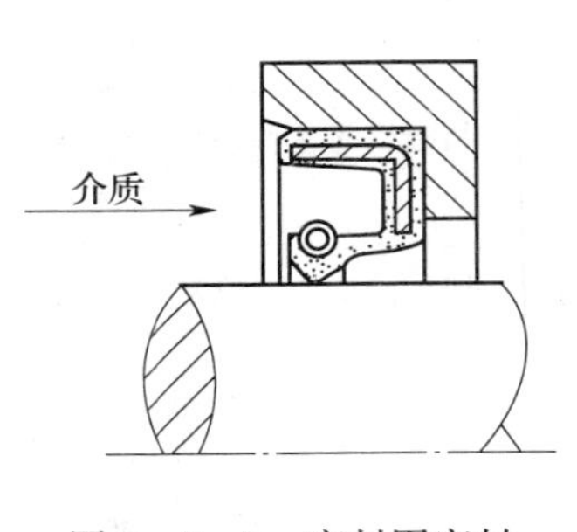

图 6—2—3　密封圈密封

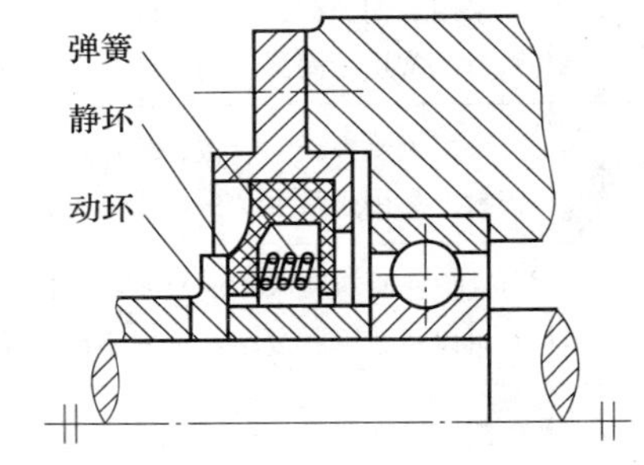

图 6—2—4　机械密封

2. 非接触式密封

非接触动密封有迷宫密封和动力密封等。前者是利用流体在间隙内的节流效应限漏，泄漏量较大，通常用在密封性要求不高的场合。动力密封有离心密封、浮环密封、螺旋密封等，是靠动力元件产生压力抵消密封两侧的压力差以克服泄漏，它有很高的密封性，但能耗大，且难以获得高压力。非接触式密封，由于密封面不直接接触，功率消耗小，寿命长，如果设计得合理，泄漏量也不会太大。但这类密封是利用流体力学的平衡状态而工作的，如果运转条件发生变化，就会引起泄漏量的波动变大。

（1）间隙密封　如图 6—2—5 所示，这种密封靠轴与轴承盖的孔之间充满润滑脂的微小间隙（0.1 ~0.3 mm）实现密封。在轴承盖的孔中开槽后，密封效果更好。这种装置常用于环境比较清洁和不很潮湿的场合。

（2）挡油环密封　如图 6—2—6 所示，工作时挡油环随轴一起转动，利用离心力甩去落在挡油环上的油和杂质，起到密封作用。挡油环常用于减速器内的齿轮用油润滑、轴承用脂润滑时轴承的密封。

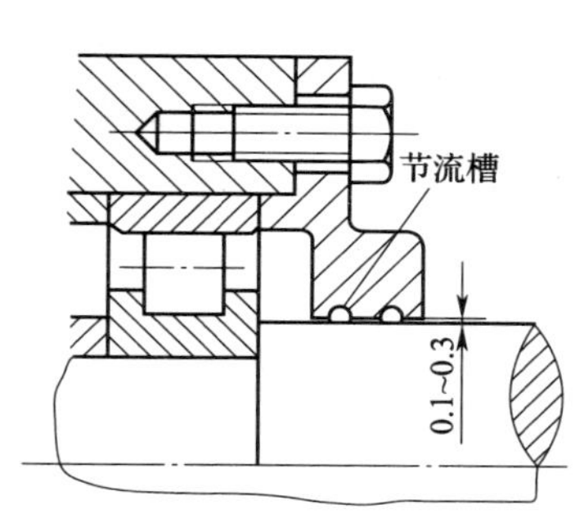

图 6—2—5　间隙密封

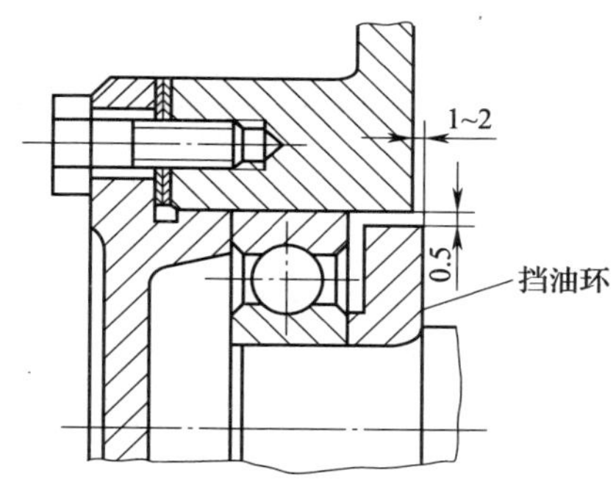

图 6—2—6　挡油环密封

（3）迷宫式密封　如图 6—2—7 所示，这种密封由转动件与固定件间曲折的窄缝形成，窄缝中的径向间隙为 0. 2 ~0. 5 mm，轴向间隙为 1 ~2. 5 mm，并注满润滑脂。工作时轴的圆周速度越高，其密封效果越好。多用于多尘、潮湿和轴表面圆周速度小于 30 mm/s 的场合。

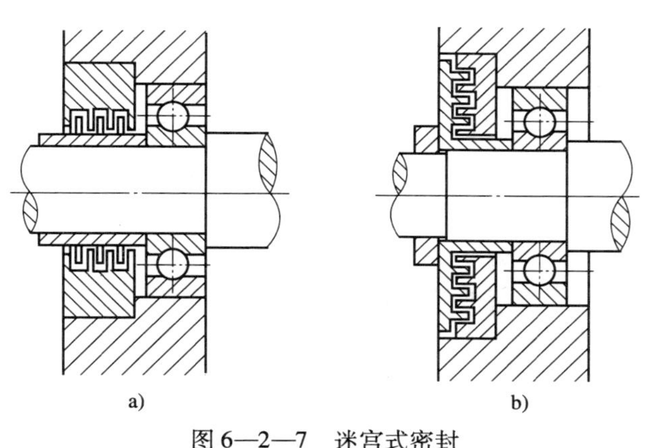

图 6—2—7　迷宫式密封

a）径向迷宫式密封　b）轴向迷宫式密封

3. 组合密封

在一些重要的密封部位通常可采用几种密封形式组合使用。如图 6—2—8 所示为毡圈密封与迷宫式密封的组合方式，可提高密封效果。

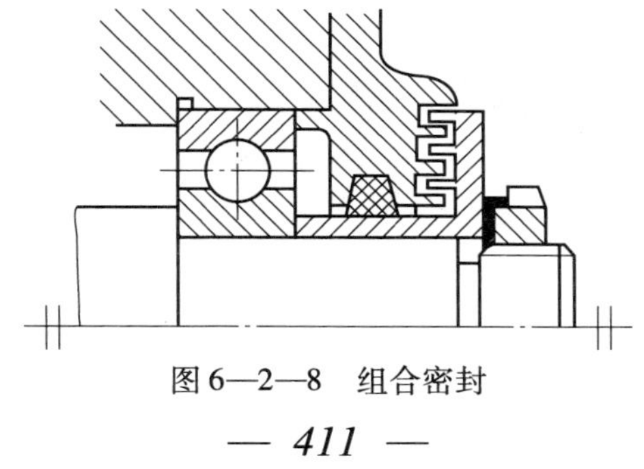

图 6—2—8　组合密封

知识拓展

密封材料的性能要求

密封材料的性能是保证有效密封的重要因素，选择密封材料，主要是根据密封元件的工作环境，如使用温度、工作压力、所使用的工作介质以及运动方式等。对密封材料的基本要求如下：

（1）具有一定的力学性能，如拉伸强度、伸长率等。

（2）弹性和硬度适当，压缩永久变形小。

（3）耐高温和低温，高温下不分解、软化，低温下不硬化。

（4）与工作介质相适应，不产生溶胀、分解、硬化等。

（5）耐氧化性和耐老化性好，经久耐用。

（6）耐磨损，不腐蚀金属。

（7）易于成形加工，价格低廉。

复习思考题

1. 密封的类型有哪些？
2. 润滑与密封在机械设备中各起什么作用？
3. 静密封有哪些类型？
4. 在回转轴的动密封中常用的结构形式有哪几种？各有何特点？
5. 对密封材料有哪些基本要求？

课题三 机械设备的保养

做好设备的维护保养，是延长设备使用寿命，减少设备故障，使设备长期保持良好的性能和精度，充分发挥设备效能的重要基础。因此，按设备安全操作规程用好设备；按保养规程做好设备保养，是每个操作者、维修人员的重要职责。一般工厂设备保养采用的是“三级保养”体系，即日常（例行）保养、一级保养和二级保养。

一、日常保养

日常保养又称例行保养。其主要内容是：进行清洁、润滑、紧固易松动的零件，检查零件、部件的完整。这类保养的项目和部位较少，大多数在设备外部。日常保养由操作工人承担。

二、一级保养

一级保养的主要内容是：普遍地进行拧紧、清洁、润滑、紧固，还要部分地进行调整。一般不进行拆卸解体，以疏通油路、清洗各油孔、毡垫，去除活动面毛刺，调整间隙为主。达到脱黄袍、清内脏，漆见本色铁见光，油路通、油窗亮，操作灵活，运转安全、正常。一级保养由设备使用单位按照要求编制实施计划并组织实施。一般根据设备使用情况 1～3 个月保养一次，以操作工为主、维修工为辅。

三、二级保养

1. 二级保养的基本要求

（1）除执行一级保养内容外，根据设备情况进行部分或全部零、部件拆卸，检查和保养。

（2）对已破坏的精度，应按完好标准或根据生产工艺要求进行修复。

（3）根据实际情况，更换或修复磨损零件，并给下次二级保养或大修提出备品配件并测绘易换件图纸。

（4）按油质情况，彻底清洗油箱，换油，换水。

（5）对电器箱、配电盘及操作控制部位等进行全面检修、清扫和整顿，达到整洁、灵敏、安全、可靠。

二级保养计划由设备主管部门按照规范编制计划实施，一般 6～12 个月为一周期。二级保养由维修人员负责，生产操作人员配合。

2. 二级保养的主要内容

（1）擦洗设备外观各部位　外观无黄袍、无油垢、物见本色，外观件齐全、无破损，工作台、导轨、丝杠无黑油及锈蚀现象。

（2）调整精度　调整床身、工作台及主轴精度，调整机床水平，达到满足工艺要求，并填写记录登记、存档。

（3）检查清洗各部箱体　各箱内清洁，无积垢杂物。更换磨损件，提出下次修理备件。

（4）检查设备润滑情况　清洁润滑油箱，更换润滑油。清洗液压系统各部件，更换液压油。修复、更换破损油管及过滤网。

（5）检查电器各部是否达到要求

1）电箱内外清洁，无灰尘、杂物，箱门无破损。

2）电器元件紧固好，线路整齐，线号清晰齐全。

3）皮管无脱落、断裂、油垢，防水弯头齐全。

4）电动机清洁无油垢、灰尘，更换轴承润滑油，风扇、外罩齐全。

5）更换修理损坏电器元件。

6）各限位、开关、连锁装置齐全、可靠。

7）指示仪表、信号灯齐全、准确。

8）电器装置绝缘良好、接地可靠。

设备二级保养的内容一般由企业根据设备的类型自行制定。常用普通设备的二级保养内容参见表 6—3—1 至表 6—3—4。

表 6—3—1 **普通车床二级保养**

序号	部位	保养内容
1	清洗检查三箱	检查主轴箱、进给箱、溜板箱各齿轮轴、离合器、轴承是否有磨损，根据情况进行修复或更换
2	调整精度	检查调整精度（视情况进行刮削），机床精度应能满足工艺要求和稳定批量生产加工质量
3	润滑	检查清洗各润滑装置，视完好情况补齐缺件并疏通油路；视情况更换油；清洗冷却箱，更换冷却液，处理渗漏现象
4	导轨、尾座	修研导轨、尾座套筒的毛刺、拉痕；清洗检查床鞍、中、小滑板及刀架，视情况修理调整
5	电器系统	检查电器元件触点烧蚀、导线连接、老化情况，视情况修磨、紧固、更换；清除电动机内灰尘，调整皮带，清洗电动机轴承并加油；检测电器系统绝缘值（≥4 MΩ）及接地良好（≤4 Ω）
6	安全试车	配齐各项安全防护装置，调整并达到灵敏可靠，试车正常

表 6—3—2 **普通铣床二级保养**

序号	部位	保养内容
1	变速箱	清洗变速箱各齿轮、轴承、轴，视情况进行修复或更换，提出备品配件
2	进给箱	拆下进给箱清洗检查各齿轮轴是否磨损，视情况修理调整或更换损坏件，提出备品配件
3	工作台及导轨	拆卸工作台，检查并疏通油管，修研各导轨面毛刺，调整镶条间隙，检查丝杆、螺母磨损情况，修整手柄、手轮、结合子、弹簧等，提出备品配件
4	润滑冷却	清洗油泵、过滤装置，检查疏通油路，清洗箱体并换油；清洗冷却箱，更换冷却液，处理渗漏现象
5	电器系统	检查电器元件触点烧蚀、导线连接、老化情况，视情况修磨、紧固、更换；清除电动机内灰尘，调整皮带，清洗电动机轴承并加油；检测电器系统绝缘值（≥4 MΩ）及接地良好（≤4 Ω）
6	安全试车	配齐各项安全防护装置，调整并达到灵敏可靠，试车正常

表 6—3—3 **万能外圆磨床二级保养**

序号	部位	保养内容
1	主轴	检查调整主轴轴瓦间隙，达到规定要求
2	磨头内圆磨具	检查润滑情况、运转情况，检查清洗内圆磨具，视情况更换轴承
3	液压润滑系统	清洗机身油池并换油；清洗油泵、滤油装置、控制阀，按需要调整；检查各润滑点的润滑情况，必要时调整

续表

序号	部位	保养内容
4	导轨、工作台	拆卸工作台，清洗活塞；修研导轨毛刺及工作台面伤痕；检查疏通油路
5	电器系统	检查电器元件触点烧蚀、导线连接、老化情况，视情况修磨、紧固、更换；清除电动机内灰尘，调整皮带，清洗电动机轴承并加油；检测电器系统绝缘值（≥4 MΩ）及接地良好（≤4 Ω）
6	安全试车	配齐各项安全防护装置，调整并达到灵敏可靠，试车正常

备注：磨头主轴如是静压轴承结构，对静压轴承供油系统的油泵、溢流阀、压力继电器等进行检查，管路清洁畅通，油箱清洗、油质符合要求，压力表灵敏可靠（安装油管时应先将油管一端放在供油箱内，另一端灌油 1 ~2 次后，再接在磨头上）。

表 6—3—4　　立式钻床二级保养

序号	部位	保养内容
1	外观	对机床外观及死角进行擦洗，清理
2	传动系统	检查各齿轮箱齿轮、轴承、摩擦片等的啮合磨损情况，视情况修复、调整或更换；清洗箱体，更换润滑油
3	立柱、工作台	修研毛刺、拉痕
4	冷却装置	清洗冷却箱，更换冷却液；清洗冷却泵及过滤装置，消除泄漏现象
5	电器系统	检查电器元件触点烧蚀、导线连接、老化情况，视情况修磨、紧固、更换；清除电动机内灰尘，调整皮带，清洗电动机轴承并加油；检测电器系统绝缘值（≥4 MΩ）及接地良好（≤4 Ω）
6	安全试车	配齐各项安全防护装置，调整并达到灵敏可靠，试车正常

复习思考题

1. 叙述一级保养的内容。
2. 简述二级保养的基本要求和主要内容。

附　　录

附表1　　　普通螺纹直径与螺距标准组合系列（摘自 GB/T 193—2003）

公称直径 *D*、*d*（mm）			螺距 *P*（mm）										
第一系列	第二系列	第三系列	粗牙	细牙									
				3	2	1.5	1.25	1	0.75	0.5	0.25	0.25	0.2
1			0.25										0.2
	1.1		0.25										0.2
1.2			0.25										0.2
	1.4		0.3										0.2
1.6			0.35										0.2
	1.8		0.35										0.2
2			0.4									0.25	
	2.2		0.45									0.25	
2.5			0.45								0.35		
3			0.5								0.35		
	3.5		0.6								0.35		
4			0.7							0.5			
	4.5		0.75							0.5			
5			0.8							0.5			
		5.5								0.5			
6			1						0.75				
	7		1						0.75				
8			1.25					1	0.75				
		9	1.25					1	0.75				
10			1.5				1.25	1	0.75				
		11	1.5			1.5		1	0.75				
12			1.75				1.25	1					
	14		2			1.5	1.25[a]	1					
		15				1.5		1					
16			2			1.5		1					
		17				1.5		1					
	18		2.5		2	1.5		1					
20			2.5		2	1.5		1					

续表

公称直径 D、d（mm）			螺距 P（mm）										
第一系列	第二系列	第三系列	粗牙	细牙									
				3	2	1.5	1.25	1	0.75	0.5	0.25	0.25	0.2
	22		2.5		2	1.5		1					
24			3		2	1.5		1					
		25			2	1.5		1					
		26				1.5							
	27		3		2	1.5		1					
		28			2	1.5		1					
30			3.5	(3)	2	1.5		1					
		32			2	1.5							
	33		3.5	(3)	2	1.5							
		35[b]				1.5							
36			4	3	2	1.5							
		38				1.5							
	39		4	3	2	1.5							
		40		3	2	1.5							

注：优先选用第一系列直径，其次选择第二系列直径，最后选择第三系列直径；尽可能地避免选用括号内的螺距；a 仅用于发动机的火花塞，b 仅用于轴承的锁紧螺母。

附表 2　　板牙套螺纹时的圆杆直径　　mm

普通粗牙螺纹				圆柱管螺纹		
公称直径	螺距	圆杆直径		公称直径	管子直径	
		最小	最大		最小	最大
M6	1	5.8	5.9	1/8	9.4	9.5
M8	1.25	7.8	7.9	1/4	12.7	13
M10	1.5	9.75	9.85	3/8	16.2	16.5
M12	1.75	11.75	11.9	1/2	20.5	20.8
M14	2	13.7	13.85	5/8	22.5	22.8
M16	2	15.7	15.85	3/4	26	26.3
M18	2.5	17.7	17.85	7/8	29.8	30.1
M20	2.5	19.7	19.85	1	32.8	33.1
M22	2.5	21.7	21.85	11/8	37.4	37.7
M24	3	23.65	23.8	11/4	41.4	41.7
M27	3	26.65	26.8	13/8	43.8	44.1
M30	3.5	29.6	29.8	11/2	47.3	47.6
M36	4	35.6	35.8	—	—	—
M42	4.5	41.55	41.75	—	—	—
M48	5	47.5	47.7	—	—	—

附表 3

卧式车床几何精度检验标准（摘自 GB/T 4020—1997）

<table>
<tr><th rowspan="3">序号</th><th rowspan="3">简　　图</th><th rowspan="3">检验项目</th><th colspan="3">允差①/mm</th><th rowspan="3">检验工具</th><th rowspan="3">检验方法
参照 GB/T 17421.1—1998
的有关条文</th></tr>
<tr><th>精密级</th><th colspan="2">普通级</th></tr>
<tr><th>D_a≤500 和
DC≤1 500</th><th>D_a≤800</th><th>800＜D_a≤1 600</th></tr>
<tr><td rowspan="9">G1</td><td rowspan="9"></td><td rowspan="8">A—床身导轨调平
a）纵向：导轨在垂直平面内的直线度</td><td rowspan="1">DC≤500
0.01（凸）</td><td colspan="2">DC≤500</td><td rowspan="8">精密水平仪、光学仪器或其他方法</td><td rowspan="8">a）3.1.1，3.2.1，5.2.1.2.2.1 和 5.2.1.2.2.2 条
应沿导轨全长在等距离各位置上检验
水平仪可以放在横向滑板上
当导轨不是水平面时，则用一个如 5.2.1.2.2.1b 条图 12 所示的特殊平尺</td></tr>
<tr><td rowspan="3">500＜DC≤1 000
0.015（凸）
局部公差②
任意 250 测量长度上为 0.005</td><td>0.01（凸）</td><td>0.015（凸）</td></tr>
<tr><td colspan="2">500＜DC≤1 000</td></tr>
<tr><td>0.02（凸）</td><td>0.03（凸）</td></tr>
<tr><td rowspan="4">1 000＜DC≤1 500
0.02（凸）
局部公差②
任意 250 测量长度上为 0.005</td><td colspan="2">局部公差
任意 250 测量长度上为</td></tr>
<tr><td>0.007 5</td><td>0.01</td></tr>
<tr><td colspan="2">DC＞1 000
最大工件长度每增加 1 000 公差增加</td></tr>
<tr><td>0.01</td><td>0.02</td></tr>
<tr><td colspan="3"></td><td colspan="2">局部公差
任意 500 测量长度上为</td><td colspan="2"></td></tr>
<tr><td></td><td></td><td></td><td></td><td>0.015</td><td>0.02</td><td></td><td></td></tr>
<tr><td></td><td></td><td>b）横向：导轨应在同一平面内</td><td>b）水平仪的变化
0.03/1 000</td><td colspan="2">b）水平仪的变化 0.04/1 000</td><td>精密水平仪</td><td>b）5.4.1.2.7 条
水平仪应横放在导轨上，并沿导轨全长在等距离各位置上进行检验
在任何位置上水平仪的变化均不得超过允差值</td></tr>
<tr><td rowspan="5">G2</td><td rowspan="5"></td><td rowspan="5">B—溜板
溜板移动在水平面内的直线度
在两顶尖轴线和刀尖所确定的平面内检验</td><td rowspan="2">DC≤500
0.01</td><td colspan="2">DC≤500</td><td rowspan="5">a）对于 DC≤2 000 mm：指示器和两顶尖间的检验棒或平尺
b）不管 DC 为任何值：钢丝和显微镜或光学方法</td><td rowspan="5">a）5.2.3.2.3a）和 5.2.3.2.1 条
指示器测头触及检验棒的正面母线（可以用具有两平行面的平尺代替检验棒）
顶尖间检验棒的长度应尽可能等于 DC 值
b）5.2.1.2.3 和 2.3.2.3b 条</td></tr>
<tr><td>0.015</td><td>0.02</td></tr>
<tr><td>500＜DC≤1 000
0.015</td><td>0.02</td><td>0.025</td></tr>
<tr><td rowspan="2">1 000＜DC≤1 500
0.02</td><td colspan="2">DC＞1 000
最大工件长度每增加 1 000 允差增加 0.005
最大允差</td></tr>
<tr><td>0.03</td><td>0.05</td></tr>
</table>

<table>
<tr><th rowspan="3">序号</th><th rowspan="3">简　图</th><th rowspan="3">检验项目</th><th colspan="3">允差[①]/mm</th><th rowspan="3">检验工具</th><th rowspan="3">检验方法
参照 GB/T 17421.1—1998
的有关条文</th></tr>
<tr><th>精密级</th><th colspan="2">普通级</th></tr>
<tr><th>$D_a \leq 500$ 和
$DC \leq 1\ 500$</th><th>$D_a \leq 800$</th><th>$800 < D_a \leq 1\ 600$</th></tr>
<tr><td rowspan="3">G3</td><td rowspan="3"></td><td rowspan="3">尾座移动对溜板移动的平行度
a）在水平面内
b）在垂直平面内</td><td rowspan="3">a）0.02 局部公差，任意 500 测量长度上为 0.01
b）0.03 局部公差，任意 500 测量长度上为 0.02</td><td colspan="2">$DC \leq 1\ 500$</td><td rowspan="3">指示器</td><td rowspan="3">5.4.2.2.5 条
尾座尽可能靠近溜板，在二者一起移动时测取读数：保持尾座套筒锁紧，使固定在溜板上的指示器的测头始终触及同一点</td></tr>
<tr><td>a）和 b）0.03</td><td>a）和 b）0.04</td></tr>
<tr><td colspan="2">局部公差
任意 500 测量长度上为 0.02
$DC > 1\ 500$
a）和 b）0.04
局部公差
任意 500 测量长度上为 0.03</td></tr>
<tr><td rowspan="2">G4</td><td rowspan="2"></td><td rowspan="2">C—主轴
a）主轴轴向窜动
b）主轴轴肩支承面的圆跳动</td><td rowspan="2">a）0.005
b）0.01 包括轴向窜动</td><td>a）0.01
b）0.02</td><td>a）0.015
b）0.02</td><td rowspan="2">指示器和专用检具</td><td rowspan="2">5.6.2，5.6.2.1.2，5.6.2.2.2 和 5.6.3.2 条
指示器的位置见 5.6.2，5.6.2.2 和 5.6.3.2 条的图 59 至图 64 和图 67。检验 a）和 b）时施加力 F 的数值由制造厂规定[③]</td></tr>
<tr><td colspan="2">包括轴向窜动</td></tr>
<tr><td>G5</td><td></td><td>主轴定心轴颈的径向圆跳动</td><td>0.007</td><td>0.01</td><td>0.015</td><td>指示器</td><td>5.6.1.2.2 和 5.6.2.1.2 条
施加力 F 的数值由制造厂规定[③]
如主轴端部是锥体，则指示器测头应垂直于锥体母线安置</td></tr>
</table>

续表

序号	简图	检验项目	允差[①]/mm			检验工具	检验方法 参照 GB/T 17421.1—1998 的有关条文
			精密级	普通级			
			D_a≤500 和 DC≤1 500	D_a≤800	800＜D_a≤1 600		
G6		主轴轴线的径向圆跳动 a）靠近主轴端面 b）距主轴端面 $D_a/2$ 或不超过 300 mm[1)]	a）0.005 b）在 300 测量长度上为 0.015，在 200 测量长度上为 0.01，在 100 测量长度上为 0.005	a）0.01 b）在 300 测量长度上为 0.02	a）0.015 b）在 500 测量长度上为 0.05	指示器和检验棒	5.6.1.2.3 条 注：1）对于 D_a＞800 mm 的车床，其测量长度可增加至 500 mm
G7		主轴轴线对溜板纵向移动的平行度 测量长度 $D_a/2$ 或不超过 300 mm[1)] a）在水平面内 b）在垂直平面内	a）在 300 测量长度上为 0.01 向前 b）在 300 测量长度上为 0.02 向上	a）在 300 测量长度上为 0.015 向前 b）在 300 测量长度上为 0.02 向上	a）在 500 测量长度上为 0.03 向前 b）在 500 测量长度上为 0.04 向上	指示器和检验棒	5.4.1.2.1，5.4.2.2.3 和 3.2.2 条 注：1）对于 D_a＞800 mm 的车床，其测量长度可增加至 500 mm
G8		主轴顶尖的径向圆跳动	0.01	0.015	0.02	指示器	5.6.1.2.2 和 5.6.2.1.1 条 指示器垂直于主轴顶尖锥面上。因为规定的公差是在与主轴轴线垂直平面内的，所以读数应除以 $\cos\alpha$，α 为锥体的半锥角。施加力 F 的数值应由制造厂规定[③]

续表

序号	简图	检验项目	允差①/mm			检验工具	检验方法 参照 GB/T 17421.1—1998 的有关条文
			精密级	普通级			
			D_a≤500 和 DC≤1 500	D_a≤800	800 < D_a≤1 600		
G9		D—尾座 尾座套筒轴线对溜板移动的平行度 a）在水平面内 b）在垂直平面内	a）在 100 测量长度上为 0.01 向前 b）在 100 测量长度上为 0.015 向上	a）在 100 测量长度上为 0.015 向前 b）在 100 测量长度上为 0.02 向上	a）在 100 测量长度上为 0.02 向前 b）在 100 测量长度上为 0.03 向上	指示器	5.4.2.2.3 条 尾座套筒伸出定长后，应按正常工作状态锁紧
G10		尾座套筒锥孔轴线对溜板移动的平行度 测量长度为 D_a/4 或不超过 300 mm[1)] a）在水平面内 b）在垂直平面内	a）在 300 测量长度上为 0.02 向前 b）在 300 测量长度上为 0.02 向上	a）在 300 测量长度上为 0.03 向前 b）在 300 测量长度上为 0.03 向上	a）在 500 测量长度上为 0.05 向前 b）在 500 测量长度上为 0.05 向上	指示器和检验棒	5.4.2.2.3 条 尾座套筒按正常工作状况锁紧 注：1）对于 D_a > 800 mm 的车床，其测量长度可增加至 500 mm

续表

序号	简　图	检验项目	允差[①]/mm			检验工具	检验方法 参照 GB/T 17421.1—1998 的有关条文
			精密级	普通级			
			D_a≤500 和 DC≤1 500	D_a≤800	800<D_a≤1 600		
G11		E—顶尖 主轴和尾座两顶尖的等高度	0.02 尾座顶尖高于主轴顶尖	0.04 尾座顶尖高于主轴顶尖	0.06 尾座顶尖高于主轴顶尖	指示器和检验棒	5.4.2.2.3 和 3.2.2 指示器测头触及检验棒上母线。尾座和尾座套筒按正常工作状况锁紧，在检验棒两末端位置测取读数
G12		F—小滑板 小滑板纵向移动对主轴轴线的平行度	在 150 测量长度上为 0.015	在 300 测量长度上为 0.04		指示器和检验棒	5.4.2.2.3 条 调整好小滑板与主轴轴线在水平面内的平行之后，在垂直平面内检验（仅在小滑板的工作位置内）
G13	平盘 α	G—中滑板 中滑板横向移动对主轴轴线的垂直度	0.01/300 偏差方向 α≥90°	0.02/300 偏差方向 α≥90°		指示器和平盘或平尺	5.5.2.2.3 和 3.2.2 条

续表

<table>
<tr><th rowspan="3">序号</th><th rowspan="3">简　图</th><th rowspan="3">检验项目</th><th colspan="3">允差[①]/mm</th><th rowspan="3">检验工具</th><th rowspan="3">检验方法
参照 GB/T 17421.1—1998
的有关条文</th></tr>
<tr><th>精密级</th><th colspan="2">普通级</th></tr>
<tr><th>$D_a \leq 500$ 和
$DC \leq 1\ 500$</th><th>$D_a \leq 800$</th><th>$800 < D_a \leq 1\ 600$</th></tr>
<tr><td>G14</td><td></td><td>H—丝杠
丝杠的轴向窜动</td><td>0.01</td><td>0.015</td><td>0.02</td><td>指示器</td><td>5.6.2.2.1 和 5.6.2.2.2 条
如果进行 P3 工作精度检验，则此项可以删除</td></tr>
<tr><td>G15</td><td></td><td>由丝杠所产生的螺距累积误差</td><td>a）任意 300 测量长度上为 0.03
b）任意 60 测量长度上为 0.01</td><td colspan="2">a）在 300 测量长度上为
$DC \leq 2\ 000$
0.04
$DC > 2\ 000$
最大工件长度每增加 1 000，允差增加 0.005
最大允差
0.05
b）任意 60 测量长度上为 0.015</td><td>电传感器、标准丝杠、长度规和指示器</td><td>6.1 和 6.2 条
螺距精度用电传感器和两顶尖顶紧一根长度为 300 mm 的标准丝杠，测头触及螺纹的侧面检验。普通级车床还可用长度规和指示器一起使用，以便比较主轴转过几周后，溜板移动的相应长度
对于这两种等级的车床来说，丝杠精度记录均应符合规定（在指定长度上沿变换 90°的 4 条母线向前检查）
注：测量方法和允差由制造厂和用户协商，误差可以在 300 mm 范围内检查</td></tr>
</table>

续表

序号	简图	检验性质	切削条件	检验项目	允差①/mm 精密级 $D_a \leqslant 500$ 和 $DC \leqslant 1\ 500$	允差①/mm 普通级 $D_a \leqslant 800$	允差①/mm 普通级 $800 < D_a \leqslant 1\ 600$	检验工具	检验方法参照 GB/T 17421.1—1998 的有关条文
P1		车削夹在卡盘中的圆柱试件④（圆柱试件也可插入主轴锥孔中） $D \geqslant D_a/8$ $L_1 = 0.5D_a$ $L_{1max} = 500$ mm $L_{2max} = 20$ mm	用单刃刀具在圆柱体上车削三段直径（如果 $L_1 < 50$ mm 则车削两段直径）	精车外圆 a）圆度 试件固定端环带处的直径变化，至少取四个读数（见 GB1958） b）在纵截面内直径的一致性 在同一纵向截面内测得的试件各端环带处加工后直径间的变化，应当是大直径靠近主轴端	a）0.007 b）0.02 $L_1 = 300$ 相邻环带间的差值不应超过两端环带之间测量差值的 75%（只有两个环带时除外）	a）0.01 b）0.04 $L_1 = 300$	a）0.02 b）0.04	圆度仪或千分尺	3.1 和 3.2.2 条 4.1 和 4.2 条
P2		车削夹在卡盘中的圆柱试件④ $D \geqslant 0.5D_a$ $L_{max} = D_a/8$	车削垂直于主轴的平面（仅车两段或三段平面，其中之一为中间平面）	精车端面的平面度只许凹	300 直径上为 0.015	300 直径上为 0.025		平尺和量块或指示器	3.1 和 3.2.2 条 4.1 和 4.2 条

续表

序号	简图	检验性质	切削条件	检验项目	允差①/mm			检验工具	检验方法参照 GB/T 17421.1—1998 的有关条文
					精密级	普通级			
					D_a≤500 和 DC≤1 500	D_a≤800	800 < D_a ≤1 600		
P3		圆柱试件④的螺纹加工 L = 300 mm 车三角形螺纹（GB 192）	从丝杠某一点开始切削螺纹，试件的直径和螺距应尽可能接近丝杠的直径和螺距	精车 300 mm 长螺纹的螺距累积误差	a）在 300 测量长度上为 0.03 b）任意 60 测量长度上为 0.01	a）在 300 测量长度上为 DC≤2 000 0.04 DC > 2 000 最大工件长度每增加 1 000，允差增加 0.005 最大允差 0.05 b）任意 60 测量长度上为 0.015		专用检验工具	3.1 和 3.2.2 条 4.1 和 4.2 条 6.1 和 6.2 条 螺纹应当洁净，无凹陷或波纹

①DC = 最大工件长度，D_a = 床身上最大回转直径。

②形状位置公差通常是指整个形状位置上的公差，它不能满意地限制局部长度上的允许偏差，为此可建立一个针对全长上的一部分而言的局部公差来达到目的。

③F 为消除主轴轴承的轴向游隙而施加的恒定力。

④试件用易切钢或铸铁件。